DIE FERNROHRE UND ENTFERNUNGSMESSER

VON

ALBERT KÖNIG †

DR. PHIL., DR.-ING. E. H.
WEIL. WISSENSCHAFTLICHER MITARBEITER DER FIRMA CARL ZEISS

UND

HORST KÖHLER

DR. RER. NAT.
APL. PROFESSOR AN DER TECHNISCHEN HOCHSCHULE STUTTGART
WISSENSCHAFTLICHER MITARBEITER DER FIRMA CARL ZEISS

DRITTE VÖLLIG NEU BEARBEITETE AUFLAGE

MIT 471 ABBILDUNGEN

Springer-Verlag Berlin Heidelberg GmbH

1959

ISBN 978-3-642-49124-5   ISBN 978-3-642-86260-1 (eBook)
DOI 10.1007/978-3-642-86260-1

Vorwort zur ersten Auflage

Das Fernrohr dient neben der Beobachtung entfernter Gegenstände besonders der feineren Winkelmessung. Seine Anwendung in der Astronomie und Geodäsie zu verfolgen, lag daher nahe. Ich habe statt dessen seine Anwendung für die Entfernungsmessung gewählt, weil dies eine Beispiel genügend Gelegenheit bietet, auf die verschiedensten Hilfsmittel und Bedingungen einer feineren Winkelmessung einzugehen. Die Ausbildung des Entfernungsmessers in den letzten Jahrzehnten war zwar vorwiegend durch die Bedürfnisse des Krieges bestimmt; sie ist aber schon dadurch lehrreich, daß sie nur durch volles Ausnutzen der heutigen Hilfsmittel der Technik erreicht werden konnte, und möchte auch dem Anregung bieten, der sich mit anderen optischen Aufgaben beschäftigt. Die aussichtsreiche Stereophotogrammetrie ist hier aus Mangel an Raum nicht behandelt; zudem liegen gute Darstellungen, wie die von ihrem Begründer, meinem Kollegen PULFRICH, vor.

Bei der Darstellung habe ich mit möglichst wenigen und einfachen mathematischen Hilfsmitteln auszukommen gesucht, außer in den kleingedruckten Abschnitten, die beim ersten, weniger eingehenden Lesen des Buches überschlagen werden können. Der beschränkte Umfang des Buches verbot die Anführung der Quellen und die Schilderung der geschichtlichen Entwicklung; es sind nur die wichtigsten Namen und Jahreszahlen ohne strenge Grundsätze für die Auswahl genannt.

Jena, im September 1922 A. König

Vorwort zur zweiten Auflage

Das Büchlein ist durchgreifend umgearbeitet worden; erweitert wurde es um die Abschnitte über die Höhenmesser zur Bekämpfung der Flieger durch Geschütze und über die Geschichte des Fernrohres von LIPPERHEY bis PORRO. Dreizehn Bildnisse erinnern an die Förderer der praktischen Optik. Von den Abbildungen wurde etwa die Hälfte ausgeschieden und durch etwa die doppelte Zahl neuer ersetzt, sowohl zur Berücksichtigung des Fortschrittes wie zur Erleichterung des Verständnisses, die auch in der Darstellung angestrebt wurde. Eine große Anzahl von Druckstöcken wurde von der Fa. Zeiss überlassen, die zu den Abb. 75 und 140 von der Fa. Emil Busch A.-G., Rathenow.

Jena, im Januar 1937 A. König

Vorwort zur dritten Auflage

Die 26 Jahre, die seit dem Erscheinen der ersten Auflage von KÖNIGs „Fernrohre und Entfernungsmesser" verstrichen sind, sind für eine Monographie auf dem Gebiete der angewandten Physik eine lange Zeit, wenn man bedenkt, daß auch hier die Kriegsjahre doppelt zählen. Als ich mit dem Verlag übereinkam, die erste Nachkriegsauflage der Schrift zu besorgen, war mir das nicht so klar wie jetzt, nachdem das Manuskript fertig vorliegt. Es hat sich nicht nur — wie es nicht anders zu erwarten ist — der Stoffumfang vergrößert, es haben sich vielmehr auch die Anforderungen geändert, die man in technisch-physikalisch interessierten Kreisen heute an die Stoffauswahl für eine Monographie über Fernrohre und Entfernungsmesser stellt, und der Stil der Darstellungsweise ist heute nicht mehr der von 1922 — wobei man zu berücksichtigen hat, daß bezüglich der Stoffauswahl und dem Stil der Darstellung die zweite Königsche Auflage sich von der ersten nur wenig unterschied. Weiter zeigte sich, daß es für einen Physiker unserer Generation nahezu unmöglich ist, in dem ungewöhnlichen — telegrammartigen — Stil KÖNIGs zu schreiben. Alles das veranlaßte mich, das Werk im Aufbau und in der Darstellungsweise grundsätzlich neu zu gestalten. Ich hoffe so dem Andenken meines verehrten Lehrmeisters den besten Dienst zu erweisen.

Übernommen aus den früheren Auflagen ist die Stoffauswahl im großen, die im wesentlichen durch das Thema gegeben ist. Diese neue dritte Auflage gliedert sich also ebenfalls wieder in einen Abschnitt über Fernrohre, einen über Mikrometer und einen über Entfernungsmesser. Im Gegensatz zu früher ist der gesamte Stoff in durchlaufend numerierte Paragraphen gegliedert — der besseren Orientierung wegen. Es ist versucht worden, in den Paragraphen den Stoff straffer zu gliedern. Neu hinzugekommen ist ein Anhang, der eine Zusammenstellung der wichtigsten Gleichungen der Dioptrik, eine Übersicht über die lichttechnischen Einheiten und den historischen Teil enthält, für den in der zweiten Auflage ein selbständiger Abschnitt vorgesehen war.

Die theoretischen Grundlagen sind völlig neu dargestellt worden. Im Abschnitt A II, „Die konstruktive Gestaltung der Fernrohre", sind die wichtigsten, heute verwendeten optischen Systeme mit ihren vollständigen optischen Daten und ihrem Korrektionszustand tabellarisch wiedergegeben worden. Die Anwendungsbeispiele für die Fernrohre sind auf Fernrohre für die industrielle Längenmeßtechnik und auf Fernrohre in physikalisch-optischen Meßgeräten ausgedehnt worden. Die Fernrohre für die Astronomie sind wesentlich ausführlicher in fünf Paragraphen behandelt worden. Aufgenommen wurde ferner ein Paragraph über die Anwendung der Fernrohre in der Photographie und Kinematographie. Ebenfalls neu geschrieben wurde der Abschnitt A III „Die Prüfung der Fernrohre". Es wurde versucht, alle einschlägigen Prüfmethoden, auch die in den letzten Jahren entwickelten, möglichst vollständig zu behandeln. Demgegenüber konnte der Abschnitt B „Die Mikrometer" unverändert übernommen werden. Jede Veränderung hätte dieser meisterlichen Darstellung KÖNIGs nur geschadet. Der Abschnitt C „Die Entfernungsmesser" wurde in den Teilen neu gestaltet, in denen seit der zweiten Auflage technische Fortschritte erzielt wurden. Im übrigen wurde vom Stoff der vorhergehenden Auflage, soweit er die Entfernungsmesser im engeren Sinne betrifft, nichts gestrichen — auch wenn es sich um Meßprinzipien und Justierverfahren handelt, die heute keine praktische Bedeutung mehr haben. Mir schien auf diesem Teilgebiet eine möglichst vollständige Übersicht wichtig. Lediglich auf die Wiedergabe des Kapitels über die Höhenmesser wurde verzichtet; denn die alten Höhenmesser sind heute technisch überholt. Anstelle dieses Kapitels müßte ein solches über die Kommandogeräte treten, welches jedoch den Umfang des Buches überschreiten würde.

Die vorhergehenden Auflagen hatten keine Literaturverzeichnisse, wie es dem Charakter dieser Schrift angemessen war. Das ist hin und wieder als Mangel empfunden worden. Ich habe daher für die wichtigsten — insbesondere die neuen — Literaturstellen ein solches Verzeichnis dem Buche beigegeben. Ich bitte indes Verständnis dafür zu haben, daß es nicht vollständig sein kann, wenn sein Umfang in einem vernünftigen Verhältnis zum Umfange des Buches bleiben soll.

Die Herren Prof. Dr. HECKMANN, Hamburg, Prof. Dr. KIENLE, HEIDELBERG und Prof. Dr. SIEDENTOPF, Tübingen, waren mir behilflich bei der Beschaffung von Abbildungsunterlagen. Die Firmen Askania-Werke A. G., Berlin-Friedenau; Bausch & Lomb Optical Co., Rochester, N. Y.; Otto Fennel Söhne K. G., Kassel; M. Hensoldt & Söhne A. G., Wetzlar; Kern & Co. A. G., Aarau (Schweiz); Wild Heerbrugg A. G., Heerbrugg (Schweiz) stellten mir ausgezeichnete Photos zur Anfertigung der Druckstöcke zur Verfügung. Viele weitere Abbildungsunterlagen konnte ich bei der Fa. C. Zeiss entnehmen. Allen genannten Herren und Firmen danke ich sehr. Besonders danke ich Herrn Prof. Dr. HANSEN für die Durchsicht des Manuskriptes und viele anregende Diskussionen. Nicht minder herzlich ist der Dank an meine Mitarbeiter: Herrn Dipl.-Phys. R. LEINHOS und Herrn H. KNUTTI für das Lesen von Korrekturen, an Herrn E. WALTER für die Anfertigung zahlreicher Zeichnungen, und Frau A. STREHLE für das Schreiben des Manuskriptes. Zu danken habe ich ferner noch dem Verlag für seine Bereitschaft, das Buch in dem erweiterten Umfange und in so trefflicher Ausstattung herauszubringen.

Heidenheim a. d. Brenz, im Oktober 1959   H. KÖHLER

Inhaltsverzeichnis

A. Die Fernrohre

I. Die theoretischen Grundlagen

§ 1. Der Abbildungsvorgang

Mit einem Fernrohr wollen wir mehr sehen als mit dem bloßen Auge. Dieses Mehrsehen ist in erster Linie so zu verstehen, daß man mit dem Fernrohr mehr Einzelheiten erkennen will, als es mit dem bloßen Auge möglich ist. Gelegentlich kann das Mehrsehen jedoch auch bedeuten, daß man Dinge sehen will, die von dem jeweiligen Standpunkt aus dem bloßen Auge nicht sichtbar sind, ohne daß daran die Forderung geknüpft ist, mehr zu erkennen als mit bloßem Auge. Die so skizzierte Aufgabe wird durch Abbildung mittels optischer Systeme gelöst. Es scheint daher angebracht, zunächst einige Betrachtungen über das Wesen des Abbildungsvorganges anzustellen. Jede optische Abbildung kommt dadurch zustande, daß die Lichtenergie durch ein optisches Instrument in einer für die vorliegende Aufgabe geeigneten Weise an bestimmte Stellen des Raumes geleitet wird. Es ist heute Allgemeingut, daß das Licht eine elektro-magnetische Wellenbewegung ist, d. h. die Lichtenergie breitet sich genauso aus wie die elektro-magnetischen Wellen größerer Wellenlänge, z. B. des Rundfunks. Eine physikalisch strenge Untersuchung des Abbildungsvorganges würde also bedeuten, daß man den Verlauf der elektro-magnetischen Wellenbewegung durch das optische System hindurch auf der Grundlage der Maxwellschen Lichttheorie verfolgen müßte. Eine solche Behandlung ist wegen der ungeheuren mathematischen Schwierigkeiten für ein optisches System aus Linsen oder Spiegeln bis heute noch nicht gelungen. Für technische Belange reicht es jedoch völlig aus, wenn man den Abbildungsvorgang mit Hilfe einer Abstraktion durchführt, die viel älter ist, als die eben skizzierte physikalische Auffassung von der Natur des Lichts und die wir als Geometrische Optik bezeichnen. Die Geometrische Optik stellt den Grenzfall des Abbildungsvorganges dar, wenn man die Wellenlänge unendlich klein annimmt und außerdem unberücksichtigt läßt, daß die elektro-magnetische Welle sich aus Schwingungen von elektrischen und magnetischen Vektoren zusammensetzt. Das bedeutet, daß man auf die Erfassung aller derjenigen Phänomene verzichtet, die man in der Physik als Beugung und Polarisation kennt. Um bei der eingangs erwähnten Auffassung von der elektro-magnetischen Wellenbewegung zu bleiben, bedeutet die Abstraktion der Geometrischen Optik, daß man von Lichtpunkten ausgehende

„skalare"[1] Wellen annimmt und daß man das Schicksal der skalaren Wellenflächen rein geometrisch durch das optische System hindurch verfolgt. Für eine von einem Lichtpunkt ausgehende skalare Kugelwelle, die auf eine Linse auftrifft und den Lichtpunkt in einem Bildpunkt abbilden soll, ist dieser Vorgang in Abb. 1 schematisch angedeutet. Im allgemeinen Falle wird man zu erwarten haben, daß die Kugelwelle deformiert wird und daß nach dem Durchtritt durch das optische System asphärische Wellenflächen entstehen. Die Form dieser Wellenflächen kann man mit rein geometrischen Mitteln bestimmen. Bequemer und seit langem üblich ist es nun allerdings, daß man nicht die Form der

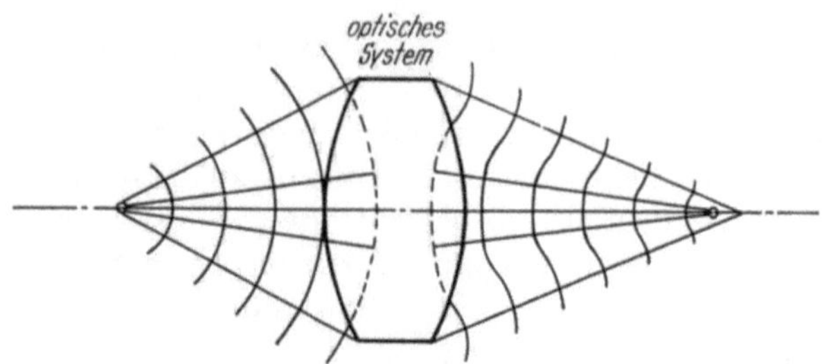

Abb. 1. Schema des Abbildungsvorgangs

Wellenflächen, sondern vielmehr den Verlauf der Normalen dieser Wellenflächen verfolgt. Der Verlauf dieser Normalen läßt sich mit ganz einfachen Hilfsmitteln der Trigonometrie erfassen. Diese Normalen sind nichts anderes als die Lichtstrahlen der Geometrischen Optik. In der modernen theoretischen Physik haben diese Lichtstrahlen die Bedeutung der Ausbreitungsrichtung der Lichtquanten. Diese Zusammenhänge können wir unberücksichtigt lassen. Für das folgende sind die Lichtstrahlen die Normalen der Wellenfläche und somit nur rein mathematische Fiktionen. In Abb. 1 sind die eben genannten Lichtstrahlen angedeutet; mit ihren wichtigsten Gesetzmäßigkeiten wollen wir uns nun befassen.

§ 2. Grundzüge der Gaußschen Dioptrik

Ein Fundamentalgesetz der Geometrischen Optik stellt das Brechungsgesetz dar. Es lautet:

$$n \sin i = n' \sin i' \qquad (2.1)$$

und verknüpft den Einfallswinkel i eines „Lichtstrahls", d. h. einer Wellennormale gegen das Einfallslot mit dem Austrittswinkel i', ebenfalls

---

[1] „Skalare" Wellen sind solche, die, ähnlich wie die Longitudinalwellen in elastischen Medien, keine ausgezeichneten, durch die Fortpflanzungsrichtung gehenden Schwingungsebenen besitzen. Im Gegensatz zu den elektromagnetischen Wellen werden sie mathematisch nicht durch vektorielle, sondern durch skalare Größen dargestellt.

gegen das Einfallslot gerechnet (vgl. Abb. 2). Bemerkt sei, daß n den Brechungsindex im ersten Medium und n' den Brechungsindex im zweiten Medium darstellt. Für das Vakuum und angenähert auch für Luft hat der Brechungsindex den Wert 1. Die optischen Gläser haben Brechungsindizes zwischen 1,4 und 1,9. Das in die Geometrische Optik als Grundaxiom eingehende Brechungsgesetz ist im übrigen eine Folge der Maxwellschen Lichttheorie. Seine physikalische Realität ist natürlich längst seit Jahrhunderten experimentell gesichert. Das Brechungsgesetz nach Gl. (2.1) gilt im übrigen formell auch für den Reflexionsvorgang. Man hat dann $n' = -n$ zu setzen. Es ergibt sich dann, daß der

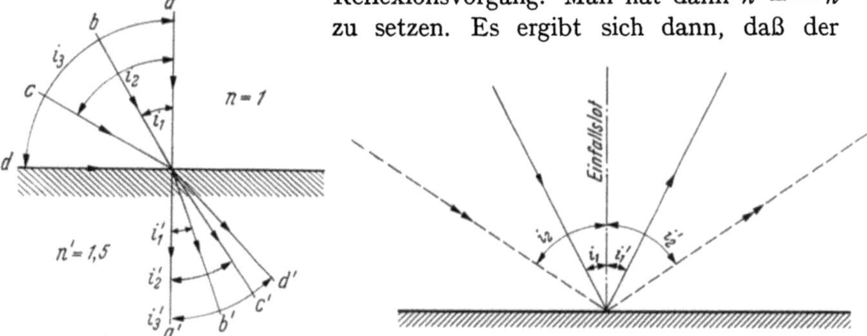

Abb. 2. Die Brechung an einer Ebene Abb. 3. Die Spiegelung an einer Ebene

Austrittswinkel dem Betrage nach gleich dem Eintrittswinkel ist, sein Vorzeichen jedoch den entgegengesetzten Wert hat (vgl. Abb. 3).

Das Brechungsgesetz enthält noch eine wichtige Konsequenz: $\sin i$ und ebenso $\sin i'$ können nie größer als 1 werden. Somit können auch die Größen $\dfrac{n}{n'}\sin i$ und $\dfrac{n'}{n}\sin i'$ niemals größer als 1 sein. Ist das erste Mittel Luft, das zweite, durch n' charakterisierte, Glas — wobei $n = 1$ ist — dann bedeutet das, daß zum größtmöglichen Einfallswinkel $i = 90°$ ein Grenzwinkel i^+ existiert oder, wenn man den Strahlenverlauf in umgekehrter Richtung betrachtet, daß oberhalb eines Winkels i^+ keine Lichtstrahlen mehr aus dem Glas nach Luft austreten können. Dabei ist gegeben:

$$\sin i^+ = \frac{1}{n'}. \tag{2.2}$$

Wir haben dann den Fall der Totalreflexion. Man nennt i^+ den Grenzwinkel dieser Totalreflexion. Die Strahlen, die sich in Luft innerhalb eines Kegelwinkels von 180° befinden, sind in Glas auf einen Kegelwinkel $2\,i^+$ zusammengedrängt (Abb. 2); dem Strahl d mit $i = 90°$ entspricht der Strahl d' mit $i' = i^+$. Für $n' = 1,5$ bzw. 1,6 ist $i^+ = 41,8°$ bzw. 38,7°. Blickt man in senkrechter Aufsicht durch ein rechtwinkliges Prisma gegen eine gleichmäßig helle Fläche wie den Himmel, so sieht man in dem Prisma die gekrümmte blaue Grenze der Totalreflexion zwischen einem helleren und einem dunkleren Feld. Schiebt man ein leeres Reagenzglas in schräger Richtung in ein mit Wasser gefülltes Glas, so bemerkt man ebenfalls bei genügender Neigung die Totalreflexion, wenn man senkrecht auf das Wasser sieht. Das Blau der Grenze erklärt sich durch die stärkere Brechung des blauen Anteils im weißen Licht.

Wir wollen nunmehr einen Lichtstrahl verfolgen, der von einem Objektpunkt O ausgeht und eine einzelne brechende Kugelfläche im Punkte P trifft. Der Objektpunkt liege auf der optischen Achse,

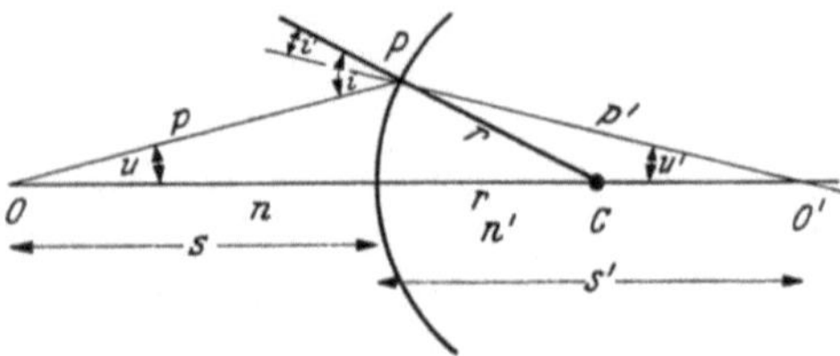

Abb. 4. Strahlenverlauf an einer Kugelfläche

worunter wir eine Gerade verstehen, die durch den Kugelmittelpunkt der brechenden Kugelfläche geht. Unser Strahl bilde mit dieser optischen Achse den Winkel u (vgl. hierzu Abb. 4). Sein Vorzeichen sei positiv, wenn der Strahl von links oben nach rechts unten verläuft, es sei negativ, wenn die Strahlrichtung von links unten nach rechts oben weist. In Abb. 4 ist der Kugelmittelpunkt durch C gekennzeichnet. Mit dem Einfallslot, also mit dem Radius nach dem Punkte P bilde unser einfallender Strahl den Einfallswinkel i. Nach der Brechung bilde der austretende Strahl mit dem Einfallslot den Winkel i', er schneide die optische Achse im Bildpunkt O'. Der Scheitelabstand des Objektpunktes auf der optischen Achse sei s, derjenige des Bildpunktes s'. Der Koordinatenursprung falle in den Flächenscheitel; die positive Richtung sei die Ausbreitungsrichtung des Lichtes. Wir bezeichnen im folgenden s und s' als objektseitige und bildseitige Schnittweite. Wir stellen uns nun die Aufgabe, eine Beziehung zwischen s' und s zu finden, in die der Radius der Kugelfläche und die Brechungsindizes vor und nach der Brechung aller Voraussicht nach eingehen werden. Die Anwendung des Sinussatzes der elementaren Trigonometrie liefert für das Dreieck OPC die Beziehung:

$$\frac{s-r}{r} = \frac{\sin i}{\sin u} ; \qquad (2.3)$$

darin bedeutet r den Radius der brechenden Kugelfläche. Für das Dreieck $O'PC$, das den gebrochenen Strahl enthält, ergibt sich analog:

$$\frac{s'-r}{r} = \frac{\sin i'}{\sin u'} \qquad (2.4)$$

u' ist darin der Winkel, den der gebrochene Strahl mit der Achse bildet. Für sein Vorzeichen gilt das bei u Gesagte.

Durch wiederholte Anwendung der beiden Beziehungen (2.3) und (2.4) ist man bereits in der Lage, einen von einem Achspunkt ausgehenden Strahl durch ein System von zentrierten[1] Kugelflächen hindurch zu verfolgen. In der Tat wird nach diesen Beziehungen auch heute noch in den meisten Rechenbüros der optischen Industrie der Strahlenverlauf durch optische Systeme bestimmt. Um den gewünschten Zusammenhang zwischen s' und s extenso zu erhalten, lösen wir die Gl. (2.3) und (2.4) nach r auf und setzen sie beide einander gleich. Das ergibt:

$$(s' - r)\,\frac{\sin u'}{\sin i'} = (s - r)\,\frac{\sin u}{\sin i}\,. \tag{2.5}$$

Führen wir noch ein:

$$\frac{\sin u}{\sin u'} = \frac{p'}{p}\,, \tag{2.6}$$

wobei p und p' entsprechend Abb. 4 die Strahllängen von O bis P bzw. O' bis P darstellen, dann erhält man mit dem Brechungsgesetz und Gl. (2.6) aus (2.5):

$$n'\,\frac{s' - r}{p'} = n\,\frac{s - r}{p}\,. \tag{2.7}$$

Man drückt nun p und p' durch den Kosinussatz aus, den man für die Dreiecke OPC bzw. $O'PC$ anwendet. Das ergibt:

$$p^2 = (s - r)^2 + r^2 + 2r(s - r)\cos\varphi\,, \tag{2.8a}$$

$$p'^2 = (s' - r)^2 + r^2 + 2r(s' - r)\cos\varphi\,. \tag{2.8b}$$

Führt man diese beiden Beziehungen (2.8) in die Gl. (2.7) ein, dann erhält man schließlich die folgende gewünschte Beziehung:

$$\frac{n'(s' - r)}{\sqrt{(s' - r)^2 + r^2 + 2r(s' - r)\cos\varphi}} = \frac{n(s - r)}{\sqrt{(s - r)^2 + s^2 + 2r(s - r)\cos\varphi}}\,. \tag{2.9}$$

Der Winkel φ ist der Zentriwinkel für den Einfallspunkt P. Man entnimmt der transzendenten Gl. (2.9), daß die den Bildpunkt bestimmende Schnittweite s' bei festgehaltenem s von dem Zentriwinkel, also von dem Öffnungswinkel u des einfallenden Strahles abhängt. Es ist dies die bekannte Erscheinung, daß ein Strahlenbündel endlicher Öffnung durch die Brechung an einer Kugelwelle mit sog. sphärischer Aberration behaftet ist, d. h. in größerer Achsdistanz auf eine Kugelfläche auftreffenden Strahlen schneiden die Achse in einem kürzeren Scheitelabstand, als Strahlenbündel, die mit geringerer Öffnung einfallen. Auf diese Erscheinung kommen wir noch einmal zurück (vgl. Abb. 5).

Um zunächst einen Überblick über die Gesetze des Strahlenverlaufs zu erhalten, beschränken wir uns auf kleine Bündelöffnungen, d. h. wir setzen voraus, daß u und u' und ebenso φ unendlich klein sein sollen. Wir können dann in Gl. (2.9) $\cos\varphi = 1$ setzen.

---

[1] Zentrierte Kugelflächen sind solche, deren Krümmungsmittelpunkte auf einer gemeinsamen Geraden, der optischen Achse liegen.

Der Wurzelausdruck auf der linken Seite ist dann gleich s', der auf der rechten Seite gleich s. Wir erhalten somit unter der Voraussetzung unendlich kleiner Bündelöffnung anstelle von Gl. (2.9) einen einfacheren Ausdruck, den wir in den folgenden beiden Darstellungsformen wiedergeben wollen:

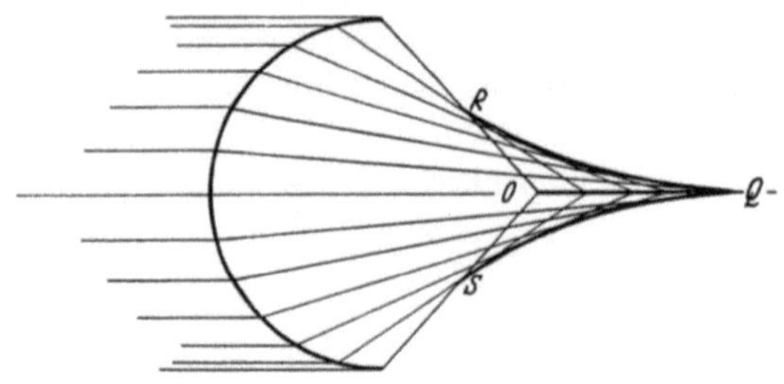

Abb. 5. Die sphärische Abweichung einer Kugelfläche

$$\frac{n'}{s'} = \frac{n}{s} + \frac{n'-n}{r}$$

Nullstrahlgleichung

$$(2.10\,\text{a})$$

$$\frac{1}{s'} \cdot \frac{n'r}{n'-n} - \frac{1}{s} \cdot \frac{nr}{n'-n} - 1 = 0\,. \qquad (2.10\,\text{b})$$

Die Ausdrücke

$$\frac{n'r}{n'-n} \quad \text{und} \quad \frac{nr}{n'-n}$$

in Gleichung (2.10b) enthalten nur spezifische Größen der brechenden Kugelfläche. Sie haben die Dimension einer Länge. Wir führen für diese Größen die folgenden Bezeichnungen ein:

$$\frac{n'r}{n'-n} = f' \qquad (2.11\text{a})$$

$$- \frac{nr}{n'-n} = f \qquad (2.11\text{b})$$

und nennen f die vordere und f' die hintere Brennweite der brechenden Kugelfläche. Zwischen beiden besteht die Beziehung

$$\frac{f'}{f} = - \frac{n'}{n}\,. \qquad (2.12)$$

Man erkennt die geometrische Bedeutung der so eingeführten Brennweiten, wenn man einmal $s = \infty$ und das andere Mal $s' = \infty$ setzt. Im ersten Falle erhält man $s' = f'$, im zweiten Falle $s = f$. f' ist also der Scheitelabstand eines Strahlenvereinigungspunktes für ein Bündel, das vor der Brechung aus dem Unendlichen kommt. Ganz analog ist f der Scheitelabstand eines Objektpunktes, der zu einem Bündel gehört, das nach der Brechung zu einem achsenparallelen Bündel wird. Unter Benutzung der eben eingeführten Brennweiten kann man die Gl. (2.10b) schreiben:

$$\frac{f'}{s'} + \frac{f}{s} - 1 = 0 \qquad (2.13)$$

oder

$$\boxed{\frac{n'}{s'} - \frac{n}{s} = \frac{n'}{f'}}$$ (2.14)

Abb. 6 zeigt die Kugelfläche und die dazugehörigen Brennweiten f und f'. Ihre Endpunkte, die zu parallel einfallenden bzw. parallel austretenden Strahlen gehören, nennt man Brennpunkte, sie sind mit F und F' bezeichnet. Abb. 6 soll gleichzeitig mit zwei wichtigen Gattungen von

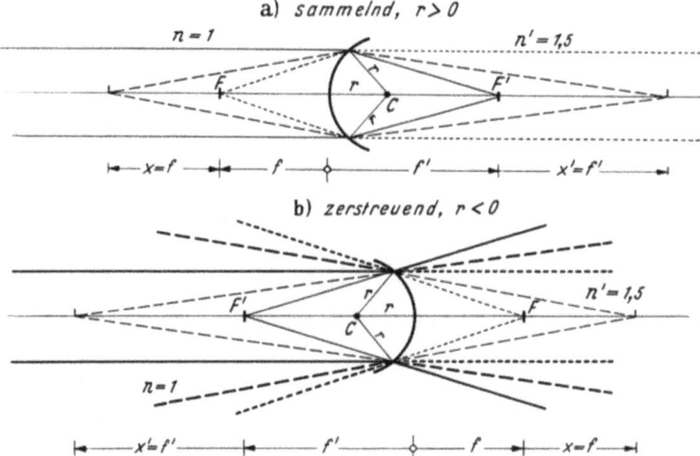

Abb. 6a u. b. a) Die Abbildung eines Achspunktes durch eine sammelnde Kugelfläche; b) Die Abbildung eines Achspunktes durch eine zerstreuende Kugelfläche

Abbildungsarten vertraut machen. In Abb. 6a ist der Radius der brechenden Fläche positiv, in Abb. 6b negativ. Demzufolge ist bei den angenommenen Brechzahlen im Falle der Abb. 6a f' ebenfalls positiv, im Falle der Abb. 6b negativ. Man erkennt aus Abb. 6, daß im Falle von positiver hinterer Brennweite das Bündel nach der Brechung konvergenter, im Falle von negativer Brennweite divergenter wird. Man spricht infolgedessen im Falle der Abb. 6a von sammelnden Flächen, im Falle der Abb. 6b von zerstreuenden Flächen. In Abb. 7 sind die gleichen Verhältnisse an reflektierenden Kugelflächen wiedergegeben, und zwar zeigt Abb. 7a einen Konkavspiegel, Abb. 7b einen Konvexspiegel. Nach unserer obigen Feststellung soll bei Reflexion $n' = -n = 1$ sein. Das heißt bei einer spiegelnden Kugelfläche ist

$$f = f' = \frac{r}{2}.$$ (2.15)

Somit hat in dieser Darstellung der Konkavspiegel eine negative hintere Brennweite und der Konvexspiegel eine positive hintere Brennweite. Wie Abb. 7 zeigt, wird jedoch durch die Reflexion an einem Konkavspiegel das Bündel konvergenter und durch einen Konvexspiegel divergenter. In seiner grundsätzlichen Wirkung entspricht also der Konkavspiegel einer sammelnden brechenden Fläche, der Konvexspiegel einer

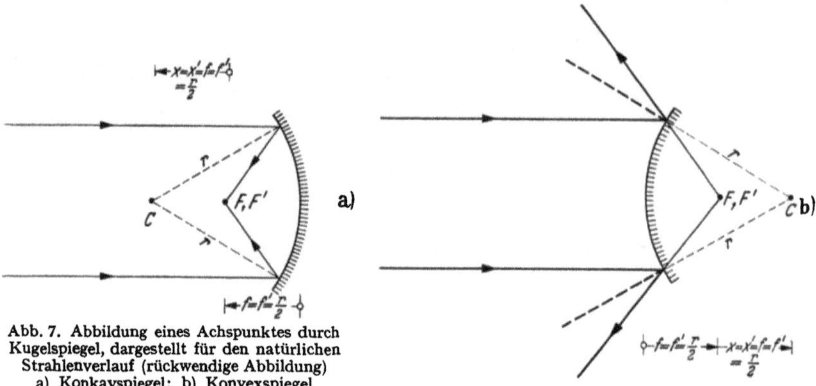

Abb. 7. Abbildung eines Achspunktes durch Kugelspiegel, dargestellt für den natürlichen Strahlenverlauf (rückwendige Abbildung) a) Konkavspiegel; b) Konvexspiegel

zerstreuenden brechenden Fläche. Das andere Vorzeichen beim Spiegel ist dadurch bedingt, daß man es bei der Abbildung durch Spiegel mit einer sog. rückwendigen Abbildung zu tun hat, d. h. die Lichtrichtung kehrt um. Diese Eigenschaft ist für die theoretische Behandlung von Spiegelsystemen, die ja für Fernrohre eine große Bedeutung haben, recht unbequem, so daß man die Abbildung durch Spiegel zweckmäßigerweise formal zu einer Geradeausabbildung (oder rechtwendigen Abbildung) macht. Das heißt, man klappt das rückwärts verlaufende Strahlenbündel um 180° in die Lichtausbreitungsrichtung um. Man ordnet dann dem objektseitig einfallenden Strahlenbündel den Radius r und dem bildseitigen Strahlenbündel einen Radius $r' = -r$ zu. Das ist in Abb. 8

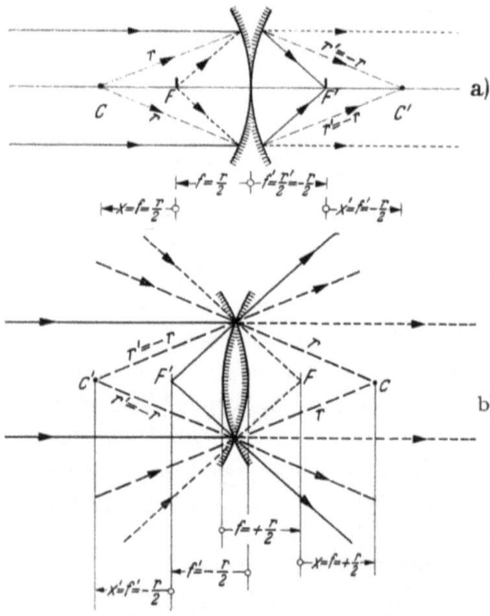

Abb. 8. Abbildung eines Achspunktes durch Kugelspiegel als rechtwendige Abbildung schematisiert. a) Konkavspiegel; b) Konvexspiegel

dargestellt. Damit in dieser Darstellung das Brechungsgesetz seine Gültigkeit behält, muß man nunmehr in Gl. (2.10) $n = n' = 1$ setzen.

Man erhält also formal anstelle von Gl. (2.10a):

$$\frac{n'}{s'} = \frac{n}{s} + \frac{n'}{r'} - \frac{n}{r} \qquad (2.16\,\text{a})$$

und an Stelle von Gl. (2.10b):

$$\frac{1}{s'} \cdot \frac{n'\,r\,r'}{n'\,r - n\,r'} - \frac{1}{s} \frac{n\,r\,r'}{n'\,r - n\,r'} - 1 = 0. \qquad (2.16\,\text{b})$$

Mit $n = n'$, $r' = -r$ erhält man die Brennweiten als Koeffizienten von $\frac{1}{s'}$ und $\frac{1}{s}$ zu:

$$\boxed{f = \frac{r}{2} \; ; f' = -\frac{r}{2}} \qquad (2.16\,\text{c})$$

Mit diesen Brennweiten gilt nun Gl. (2.13) und Gl. (2.14) unbeschränkt. Anstelle von Gl. (2.10) bzw. Gl. (2.16b) schreibt man dann:

$$\boxed{\frac{1}{s'} = \frac{1}{s} + \frac{1}{r'} - \frac{1}{r} = \frac{1}{s} - \frac{2}{r}} \qquad (2.17)$$

Mit diesen Festsetzungen kann also eine spiegelnde Fläche wie eine brechende Fläche behandelt werden. Im folgenden wird nun nicht mehr ausdrücklich zwischen einer brechenden und spiegelnden Fläche unterschieden.

Anstelle der Gleichungen (2.10), (2.13) und (2.14) interessiert noch eine andere Schreibweise für das Abbildungsgesetz eines axialen Bildortes. Diese andere Form des Abbildungsgesetzes erhält man, wenn man Objekt- und Bildort auf der Achse anstelle durch die auf den Flächenscheitel bezogenen Schnittweiten s und s' durch die Abstände von den entsprechenden Brennpunkten ausdrückt. Wie in Abb. 6 dargestellt, sollen diese auf den Brennpunkt bezogenen Achsdistanzen für das Objekt mit x und für das Bild mit x' bezeichnet werden. Man hat also in Gl. (2.13) anstelle von s und s' die folgenden Transformationsgleichungen einzusetzen:

$$s' = f' + x' \qquad (2.18\,\text{a})$$

$$s = f + x. \qquad (2.18\,\text{b})$$

Damit erhält man aus (13):

$$\frac{f'}{f' + x'} + \frac{f}{f + x} = 1 \,,$$

welche Beziehung man auch schreiben kann:

$$\boxed{x\,x' = f\,f'}$$

(2.19a)

$$\boxed{x\,x' = -\,\frac{n}{n'}\,f'^2}$$

(2.19b)

Dieses ist die bekannte Newtonsche Form der Abbildungsgleichung.

Bis jetzt hatten wir nur nach dem Bildort auf der Achse für punktförmige auf der Achse gelegene Objekte gefragt. Ein vollständiges Abbildungsgesetz muß auch die Frage nach dem Verhältnis der seitlichen

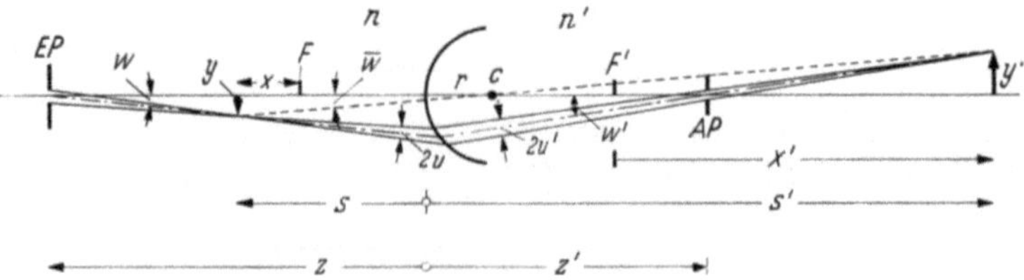

Abb. 9. Abbildung eines unendlich kleinen, achsensenkrechten Linienelementes
durch eine brechende Kugelfläche

Ausdehnung von Objekt und Bild beantworten. Das bedeutet, daß wir eine Beziehung zwischen dem Abbildungsmaßstab und der Objekt- bzw. Bildlage gewinnen müssen. Hierzu diene Abb. 9. Wir betrachten die Abbildung eines unendlich kleinen Linienelements y, dessen Bild ebenfalls als unendlich kleines Bildelement y' erscheinen soll (die positive Richtung von y und y' weise nach oben!). Die Abbildung durch die brechende Kugelfläche werde durch ein unendlich dünnes Elementarbündel vermittelt, welches ausgezogen dargestellt ist. Wenn man den strichpunktierten Mittelstrahl durch dieses Elementarbündel verfolgt, so sieht man, daß er auf der Objektseite die Achse im Punkte EP und auf der Bildseite in dem Punkte AP schneidet. Zwischen den beiden eben genannten Punkten, die von der Kugelfläche die Scheitelabstände z und z' haben, besteht im übrigen eine Abbildung entsprechend den vorhergehenden abgeleiteten Beziehungen. Diesen strichpunktierten Mittelstrahl nennt man den *Hauptstrahl* des abbildenden Elementarbündels, er ist für das Zustandekommen der Abbildung eines außeraxialen Objektes ebenso wichtig wie die ausgezogenen Strahlen, die wir fortan Abbildungsstrahlen nennen wollen. Wenn man in einem der beiden mit EP und AP bezeichneten Punkte eine Blende anbringt, so ist der jeweilige andere Punkt ein Bild dieser Blende. Die Größe der Blende bestimmt die Bündelöffnung, also den Winkel u auf der Objektseite und den Winkel u' auf der Bildseite. Man nennt die Bündelbegrenzung durch eine Blende bzw. durch das Bild einer Blende in den Punkten EP bzw. AP die Eintrittspupille oder die Austrittspupille der brechenden Fläche. Der Hauptstrahlengang, der die Abbildung der Pupillen vermittelt, hat daher auch die Bezeichnung Pupillenstrahlengang. Die Neigung des Hauptstrahls bezeichnen wir zur Unterscheidung gegen den Öffnungswinkel u auf der Objektseite mit dem Buchstaben w und auf der Bildseite mit dem Buchstaben w' (vgl. Abb. 9).

Wenn wir näherungsweise annehmen, daß nicht nur die Öffnung des abbildenden Elementarbündels, sondern auch die Neigungswinkel für den Hauptstrahl unendlich klein sind, dann können wir die Abbildung eines unendlich kleinen außeraxialen Objektes als eine Achsabbildung entlang der gestrichelten Nebenachse darstellen. (Nebenachse ist jede Gerade durch den Kugelmittelpunkt C.) Da wir alle Winkel klein angenommen haben, ist auch der Winkel zwischen Hauptachse und Nebenachse $\overline{w}$ unendlich klein und wir können das ausgezogene abbildende Elementarbündel als ein Teil eines zur Nebenachse gehörenden Axialbündels auffassen, das die Achsabbildung (auf der Nebenachse) des Endpunktes von y in den Endpunkt von y' bewirkt. In dieser Darstellungsweise sind streng genommen die Linienelemente y und y' kleine Kreisbögen, wegen der Kleinheit der Strecken können wir sie näherungsweise als senkrechte Linienelemente auffassen. Den gesuchten Abbildungsmaßstab $\frac{y'}{y}$ erhalten wir nun durch Anwendung des Strahlensatzes als die folgende einfache Proportion:

$$\frac{y'}{y} = \frac{s' - r}{s - r}. \tag{2.20}$$

Wir drücken nun in dieser Gleichung s durch s' entsprechend Gl. (2.10a) aus, welche ergibt:

$$s = \frac{n}{\dfrac{n'}{s'} - \dfrac{n' - n}{r}} = \frac{n s' r}{n' r - n' s' + n s'}; \tag{2.21}$$

daraus bildet man weiter:

$$s - r = \frac{n' r (s' - r)}{n' r - n' s' + n s'}.$$

Dieser Ausdruck in Gl. (2.21) eingesetzt, liefert bereits die gewünschte Beziehung:

$$\frac{y'}{y} = \frac{n' r - (n' - n) s'}{n' r} = \frac{n' - n}{n' r} \left\{ \frac{n' r}{n' - n} - s' \right\}. \tag{2.22}$$

Man erkennt im ersten Glied des Klammerausdruckes dieser Gleichung den Ausdruck für die hintere Brennweite gemäß Gl. (2.11a). Führt man

diese hintere Brennweite ein, bezeichnet ferner den Abbildungsmaßstab
mit β, so erhält man schließlich die Beziehung

$$\frac{y'}{y} = \beta = \frac{f'-s'}{f'} = 1 - \frac{s'}{f'} \qquad (2.23\,\text{a})$$

Nach Gl. (2.18a) war nun $s'-f'$ die auf den Brennpunkt bezogene
Koordinate x', die man gemäß der Newtonschen Abbildungsgleichung
(2.19a) auch durch die entsprechende objektseitige Koordinate x ausdrücken kann. Führt man dieses sowie die Beziehung zwischen vorderer
und hinterer Brennweite nach Gl. (2.12) ein, dann gewinnen wir folgende
weitere Schreibweisen für den Abbildungsmaßstab:

$$\beta = -\frac{x'}{f'} = -\frac{f}{x} = \frac{n}{n'} \cdot \frac{f'}{x} \qquad (2.23\,\text{b})$$

Und daraus:

$$\beta = -\frac{f}{s-f} = \frac{n}{n'}\,\frac{f'}{s + \dfrac{n}{n'}\,f'} \qquad (2.23\,\text{c})$$

Ein Vergleich zwischen den Gl. (2.21) und (2.22) liefert noch eine weitere
Schreibweise für den Abbildungsmaßstab, nämlich:

$$\beta = \frac{s'}{s} \cdot \frac{n}{n'} \qquad (2.23\,\text{d})$$

Von allen in Gl. (2.23a) bis (2.23d) wiedergegebenen Beziehungen für den
Abbildungsmaßstab werden wir im folgenden Gebrauch machen.

Wir stellen nun die weitere Frage, in welchem Verhältnis die Öffnungswinkel der abbildenden Elementarbündel auf Objekt- und Bildseite,
u und u', zueinander stehen. Das Verhältnis u' zu u nennen wir Konvergenzverhältnis oder Angularvergrößerung und bezeichnen es mit γ, für
axiale Bündel folgt unmittelbar

$$\gamma = \frac{s}{s'} \qquad (2.24\,\text{a})$$

Näherungsweise können wir diese Beziehung auch für Elementarbündel
anwenden, die mit unendlich kleiner Neigung kleine, achsensenkrechte
Linienelemente abbilden. Ein Vergleich mit Gl. (2.23d) liefert unmittel-

bar folgenden weiteren Zusammenhang:

$$\gamma = \frac{n}{n'} \cdot \frac{1}{\beta}$$

(2.24 b)

Führt man für β nun noch die verschiedenen Ausdrücke nach Gl. (2.23b) und (2.23c) ein, dann ergeben sich die weiteren Schreibweisen:

$$\gamma = \frac{f}{x'} = -\frac{n}{n'} \cdot \frac{f'}{x'} = -\frac{n}{n'} \frac{x}{f} = \frac{x}{f'}$$

(2.24 c)

Der durch (2.24b) wiedergegebene Zusammenhang ist für die gesamte Abbildungstheorie von großer Bedeutung; man kann diesen Ausdruck nämlich in der folgenden Weise schreiben:

$$n\,u\,y = n'\,u'\,y'$$

(2.25)

Das ist der nach HELMHOLTZ und LAGRANGE benannte Satz, welcher besagt, daß für ein optisches System das Produkt aus Brechzahl und Öffnungswinkel des abbildenden Bündels mal Objekt bzw. Bildhöhe eine Invariante ist. Wir haben diesen Satz zwar zunächst erst an einer brechenden Kugelfläche abgeleitet, da aber entsprechend unserer Ableitung an jeder brechenden Kugelfläche eine Abbildung der beschriebenen Art zustande kommt und die Werte n'_ν, u'_ν, y'_ν nach der ν-ten Fläche mit den Werten $n_{\nu+1}$, $u_{\nu+1}$, $y_{\nu+1}$ vor der $\nu+1$ten Fläche identisch sind, gilt dieser Satz, ohne daß es näher bewiesen werden muß, auch für ein System aus einer beliebigen Anzahl von zentrierten Kugelflächen.

Als letzte stellen wir die Frage, in welchem Maße sich eine axiale Distanz von Objektpunkten im Bildraum abbildet. Wir nehmen zwei solcher Objektpunkte mit den Newtonschen Koordinaten x_1 und x_2 an und fragen nach dem Verhältnis $\frac{x'_1 - x'_2}{x_1 - x_2}$, welches wir Tiefenvergrößerung nennen und mit α bezeichnen wollen. Zur Berechnung von α drücken wir die Größen x'_1 und x'_2 durch die Newtonsche Abbildungsgleichung (2.19a) aus und erhalten somit

$$\alpha = \frac{x'_1 - x'_2}{x_1 - x_2} = \frac{f f' \left(\dfrac{1}{x_1} - \dfrac{1}{x_2} \right)}{x_1 - x_2}$$

Dies können wir auch in der folgenden Form schreiben:

$$\alpha = -\frac{f f'}{x_1 x_2} \approx -\frac{f f'}{x^2} = -\beta^2 \frac{f'}{f} = \beta^2 \cdot \frac{n'}{n}$$

(2.26)

Man erkennt somit, daß die Tiefenvergrößerung im wesentlichen dem Quadrat des Abbildungsmaßstabes β (auch Lateralvergrößerung genannt) entspricht. Ein Vergleich von Gl. (2.26) mit (2.24b) zeigt, daß zwischen den drei verschiedenen Vergrößerungen einer Kugelfläche die Beziehung

$$\frac{\alpha\,\gamma}{\beta} = 1 \tag{2.27}$$

besteht.

In den bis jetzt erörterten Abbildungsgleichungen ist noch ein weiterer Zusammenhang enthalten, der für die Herleitungen von Beziehungen zusammengesetzter Systeme sich nützlich erweisen wird. Es handelt sich um einen Zusammenhang zwischen der Achsdistanz eines

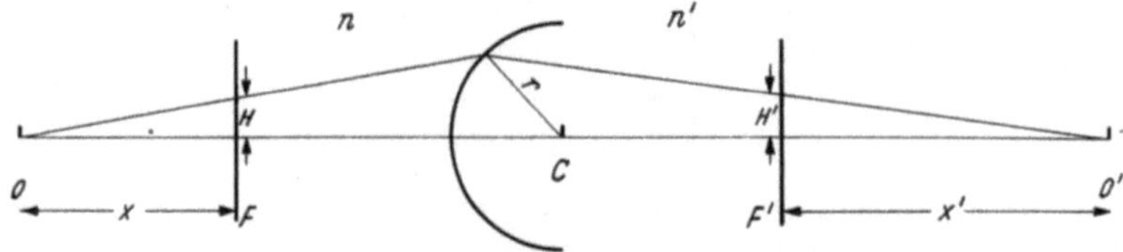

Abb. 10. Zu den Grundgleichungen der Gaußschen Abbildung

Strahles in einer der beiden Brennebenen zu Brennweite und Öffnungswinkel in dem der jeweils betrachteten Brennebene abgewandten Raum. Als Erläuterung diene Abb. 10. Die Durchstoßhöhen in den beiden Brennebenen bezeichnen wir als H und H'. Wir können dann für die Neigungswinkel des jeweils betrachteten Strahles mit der Achse setzen:

$$u = \frac{H}{x} \tag{2.28a}$$

$$u' = \frac{H'}{x'}\,. \tag{2.28b}$$

Mit der Newtonschen Abbildungsgleichung (2.19a) liefert das

$$H = \frac{f}{x'}\,u f'$$

oder mit (2.24c)

$$H = u\,\gamma\,f'\,;$$

das ist aber

$$\boxed{H = u'f'} \tag{2.29a}$$

Entsprechend erhält man für die Durchstoßhöhe der hinteren Brennebene

$$\boxed{H' = u f} \tag{2.29b}$$

(2.29a, b) sind die sog. Hauptgleichungen der Gauß'schen Dioptrik und können zur Definition der Brennweite benutzt werden.

Wenn man eine Folge von zentrierten brechenden oder reflektierenden Kugelflächen betrachtet, so vermittelt jede einzelne Kugelfläche einen Abbildungsvorgang, und zwar so, daß der Bildpunkt einer Fläche zum Objektpunkt für die nachfolgende Fläche wird. Für jede einzelne Fläche gelten die soeben abgeleiteten Beziehungen. Man wird also einen Abbildungsmaßstab β und ein Konvergenzverhältnis γ erhalten, daß das Produkt der entsprechenden Größen der einzelnen Flächen ist. Man wird einem solchen System aus zentrierten Flächen nun auch eine vordere und eine hintere Brennweite zuordnen, die durch die zuletzt abgeleiteten Gl. (2.29a) und (2.29b) definiert sind. Die für die gesamte Flächenfolge resultierenden Abbildungskonstanten f, f', β, γ und α lassen sich nun verhältnismäßig leicht numerisch dadurch gewinnen, daß man die sog. Nullstrahlgleichung (2.10a) der Reihe nach für jede einzelne Fläche anwendet. Und zwar ergibt sich die Eingangsschnittweite s einer Fläche innerhalb der Folge dadurch, daß von der bildseitigen Schnittweite s' der vorhergehenden Fläche der Abstand zwischen den beiden Flächen abgezogen wird. Vermittelt die Flächenfolge die Abbildung eines im Endlichen gelegenen axialen Objektpunktes und sind s_ν und s'_ν die bei der Durchrechnung sich ergebenden objekt- und bildseitigen Schnittweiten der ν-ten Flächenfolge, dann erhält man die resultierende Lateralvergrößerung (Abbildungsmaßstab) durch wiederholte Anwendung der Gl. (2.23d):

$$\beta = \frac{s'_1\, n_1}{s_1\, n'_1} \cdot \frac{s'_2\, n_2}{s_2\, n'_2} \cdots \frac{s'_\nu\, n_\nu}{s_\nu\, n_\nu}$$

oder

$$\beta = \frac{s'_\nu}{s_1} \cdot \frac{n_1}{n_\nu} \left(\frac{s'_1}{s_2} \cdot \frac{s'_2}{s_3} \cdot \frac{s'_3}{s_4} \cdots \frac{s_{\nu-1}}{s_\nu} \right). \tag{2.30}$$

Entsprechend ergibt sich durch Anwendung von Gl. (2.24a):

$$\gamma = \frac{s_1}{s'_1} \cdot \frac{s_2}{s'_2} \cdot \frac{s_3}{s'_3} \cdots \frac{s_\nu}{s'_\nu}$$

oder

$$\gamma = \frac{s_1}{s'_\nu} \cdot \frac{1}{\dfrac{s'_1}{s_2} \cdot \dfrac{s'_2}{s_3} \cdot \dfrac{s'_3}{s_4} \cdots \dfrac{s'_{\nu-1}}{s_\nu}}. \tag{2.31}$$

Aus der Durchrechnung für einen im Unendlichen gelegenen Objektpunkt gewinnt man die Brennweite f' in der folgenden Weise (vgl. Abb. 11):

Die Durchstoßhöhe des von einem im Unendlichen gelegenen Objektpunkt ausgehenden Strahles sei an der ν-ten Fläche h_ν. Aus Abb. 11 entnimmt man, daß für das Verhältnis zweier aufeinanderfolgenden Durchstoßhöhen gilt:

$$\frac{h_{\nu-1}}{h_\nu} = \frac{s'_{\nu-1}}{s_\nu} = \frac{s'_{\nu-1}}{s'_{\nu-1} - d_{\nu-1}}. \tag{2.32}$$

Die Brennweite gewinnen wir durch Anwendung der Definitionsgleichung
(2.29a) wobei wir für einen aus dem Unendlich kommenden Strahl H
in Gl. (2.29a) mit unserem h_1 identisch setzen können. Somit gilt

$$f' = \frac{h_1}{u_\nu}$$

oder

$$f' = \frac{h_1}{h_\nu} \cdot s'_\nu = \frac{h_1}{h_2} \cdot \frac{h_2}{h_3} \cdots \frac{h_{\nu-1}}{h_\nu} \, s'_\nu \, .$$

Mit Gl. (2.32) ergibt das jedoch

$$f' = s'_\nu \left(\frac{s'_1}{s_2} \cdot \frac{s'_2}{s_3} \cdot \frac{s'_3}{s_4} \cdots \frac{s'_{\nu-1}}{s_\nu} \right) . \tag{2.33}$$

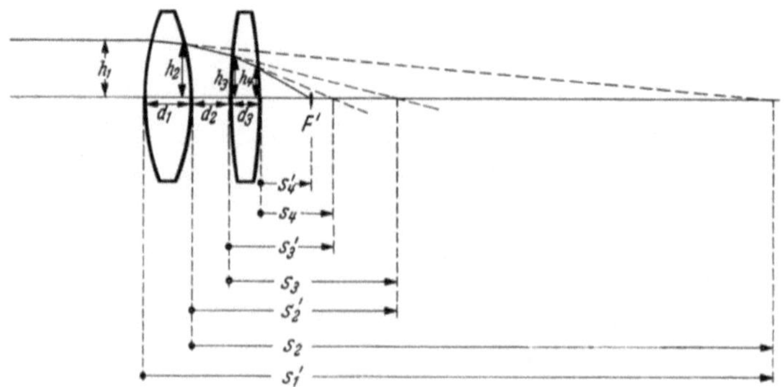

Abb. 11. Zur Ermittlung der Brennweite einer Flächenfolge

Womit nun sämtliche, die Abbildung bestimmenden Größen für eine
Flächenfolge aus den Einzelflächen bestimmt sind.

Aus den Gl. (2.23b) und (2.24c), die auch für ein System von zentrierten Flächen gelten, folgt

$$\beta \, \gamma = - \frac{f}{f'} \, . \tag{2.34}$$

Wendet man diese Beziehung auf die soeben abgeleiteten Gl. (2.30) und
(2.31) an, dann sieht man, daß auch für ein beliebiges, rotationssymme-
trisches, optisches System gelten muß:

$$\frac{f}{f'} = - \frac{n}{n'} \, . \tag{2.35}$$

Wir haben gesehen, daß eine Folge von zentrierten brechenden oder
reflektierenden Kugelflächen eine Abbildung vermittelt. Wir haben
gezeigt, wie man die Konstanten der Abbildung numerisch ermitteln
kann und haben schließlich gesehen, daß es Flächenfolgen geben muß,
die eine endliche vordere und hintere Brennweite besitzen. Die Beziehungen zur Ermittlung dieser Brennweiten sind angegeben. Sind für

eine beliebige Flächenfolge die Brennweiten und die Lage der Brennpunkte bekannt, dann läßt sich mit Hilfe der Newtonschen Abbildungsgleichung (2.19) sowie den Beziehungen (2.23b), (2.24c) und (2.26) der gesamte Abbildungsvorgang beschreiben. Um rasch einen Überblick über den Strahlenverlauf im Objekt- und Bildraum beliebiger Systeme zu gewinnen, von denen nur die Brennweite und die Lage der Brennpunkte bekannt zu sein brauchen, ist es nützlich, ein ausgezeichnetes achsensenkrechtes Ebenenpaar, die sog. Hauptebenen einzuführen. Die vordere Hauptebene H wird im Abstand $-f$ vom vorderen Brennpunkt und die hintere Hauptebene H' wird im Abstand $-f'$ vom hinteren

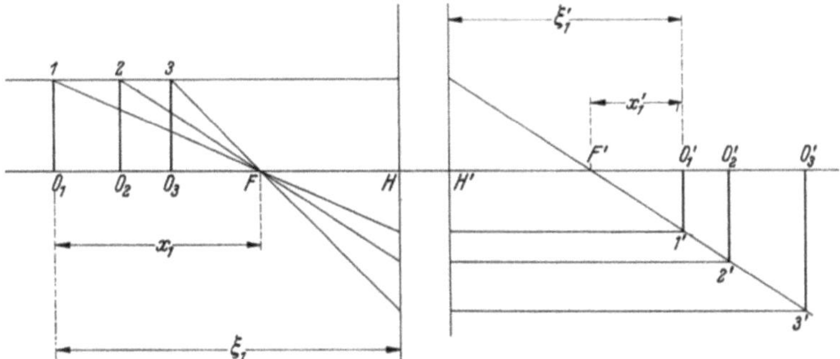

Abb. 12. Konstruktion der Abbildung bei bekannter Lage der Hauptebene und des Brennpunktes. Sammelndes System, der Objektpunkt liegt vor dem vorderen Brennpunkt

Brennpunkt angenommen. Wenn man in den Gl. (2.19), (2.23b), (2.24b) und (2.24c) x durch $-f$ und x' durch $-f'$ ersetzt, erkennt man, daß zwischen den Hauptebenen eine Abbildung entsprechend unseren Gesetzen besteht, daß die Lateralvergrößerung zwischen den Hauptebenen $\beta = 1$ und die Angularvergrößerung $\gamma = \dfrac{n}{n'}$ ist. Der Strahl, der in einer bestimmten Höhe die vordere Hauptebene trifft, tritt mit der gleichen Höhe aus der hinteren Hauptebene wieder aus. Winkel, die Strahlen durch den Achs-Schnittpunkt der Hauptebenen mit der Achse bilden, verhalten sich umgekehrt wie die Brechungsindizes. Bemerkt sei, daß bei der brechenden oder spiegelnden Einzelfläche beide Hauptebenen im Flächenscheitel zusammenfallen. Im allgemeinen Falle sind bei Flächensystemen die Hauptebenen jedoch durch einen endlichen Zwischenraum getrennt, und sie können sowohl innerhalb als auch außerhalb des Systems liegen.

In den Abb. 12—14 ist gezeigt, wie man mit Hilfe der Hauptebenen zu einem Objekt bekannter Lage und bekannter Größe das Bild konstruieren kann. In allen drei Fällen ist $n = n' = 1$ angenommen, wie es bei Linsen- oder Spiegelsystemen meistens der Fall ist. Abb. 12 entspricht einem sammelnden System, wobei das Objekt sich vor dem vorderen Brennpunkt befindet. Man findet zu den Objektpunkten 1, 2, 3

die entsprechenden Bildpunkte 1′, 2′, 3′ auf Grund der Tatsache, daß
der durch 1 bzw. 2 und 3 gehende achsenparallele Strahl die hintere
Hauptebene in der gleichen Achsdistanz verläßt, wie er die vordere
Hauptebene getroffen hat. Von der hinteren Hauptebene wird er nach
dem hinteren Brennpunkt f' abgelenkt. Die Bilder entsprechen den
Schnittpunkten des soeben beschriebenen Strahles mit einem anderen
Strahl, der vom Objekt durch den vorderen Brennpunkt geht, die
vordere Hauptebene in einer bestimmten Höhe schneidet und in derselben Höhe als achsparalleler Strahl die hintere Hauptebene verläßt.

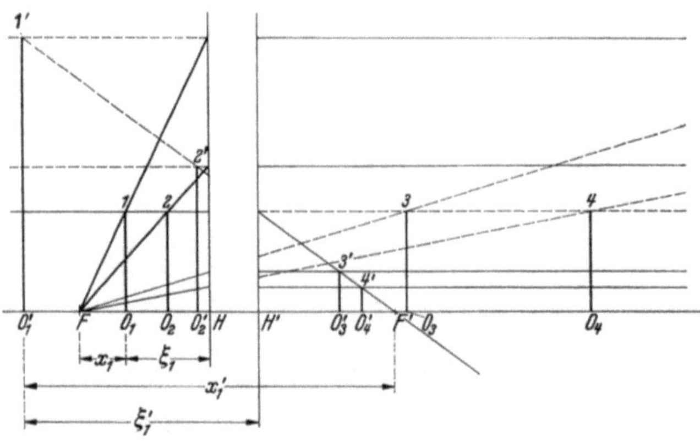

Abb. 13. Konstruktion der Abbildung bei bekannter Lage der Hauptebenen und der Brennpunkte.
Sammelndes System, der Objektpunkt liegt hinter dem vorderen Brennpunkt

Bei der Abbildung braucht man sich nun nicht nur auf den Fall zu
beschränken, daß die Punkte des Gegenstandes im Sinne des einfallenden
Lichtes vor dem optischen System liegen, daß sie also *reell* sind. Das
Bild kann auch unzugänglich oder *virtuell* sein. Solche virtuellen Bilder
haben auch praktische Bedeutung, denn sie können durch eine reelle
Abbildung wie z. B. die in Abb. 12 gezeigte wieder zugänglich gemacht
werden. Bei einem System mit positiver hinterer Brennweite, also einem
sammelnden System erhält man eine solche virtuelle Abbildung, wenn
das Objekt hinter dem ersten Brennpunkt (in Lichtrichtung gerechnet)
liegt. Das ist in Abb. 13 gezeigt. Die Strahlkonstruktion erfolgt in der
oben erläuterten Weise. Zu den reellen Objekten 1 und 2 ergeben sich
dabei die virtuellen Bilder 1′ und 2′. In der gleichen Abbildung ist auch
die Strahlkonstruktion für zwei virtuelle Objekte, nämlich 3 und 4
angegeben, die in diesem Falle die reellen Bilder 3′ und 4′ liefern.

Der Fall eines zerstreuenden Systems, bei dem also f' negativ ist, der
hintere Brennpunkt also vor der hinteren Hauptebene liegt, ist in Abb. 14
wiedergegeben. Bei einem solchen System kommt bei einem reellen

Objekt nie eine reelle Abbildung zustande. Weitere Einzelheiten entnehme man der Abbildung.

Bei der Einzelfläche hatten wir unter anderem Darstellungsformen der Abbildungsgesetze mit den Scheitelabständen s und s' gewonnen. Da, wie erwähnt, bei der Einzelfläche beide Hauptebenen im Flächenscheitel zusammenfallen, kann man diese Beziehungen [es handelt sich um die Gl. (2.13), (2.14), (2.23a), (2.23c), (2.23d) und (2.24a)] auch auf Systeme anwenden, für die nur die Brennweiten, die Lage der Brennpunkte und somit auch die Lage der Hauptebenen bekannt sind. Man hat dann die

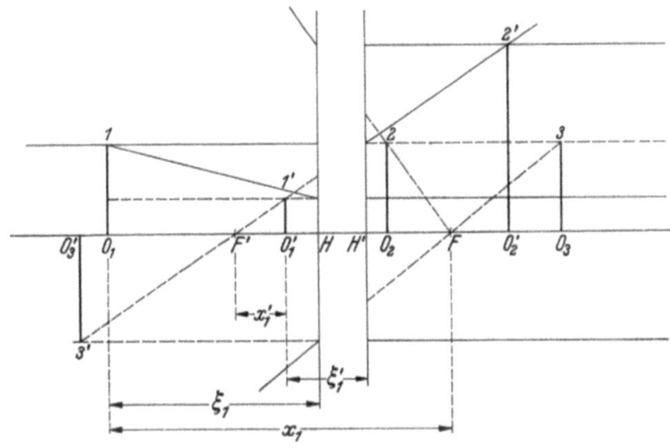

Abb. 14. Konstruktion der Abbildung bei bekannter Lage der Hauptebenen und der Brennpunkte. Zerstreuendes System

oben aufgeführten Gleichungen der Größen s und s' durch die Abstände auszudrücken, die das Objekt von der vorderen Hauptebene und das Bild von der hinteren Hauptebene hat. Zur Unterscheidung von den immer auf den Flächenscheitel bezogenen Abständen s und s' wollen wir die Abstände von den Hauptebenen im allgemeinen Falle mit ξ und ξ' bezeichnen. In den Abb. 12—14 sind für einzelne Objekt- und Bildpunkte diese auf die Hauptebenen bezogenen Objekt- bzw. Bildkoordinaten ξ und ξ' eingezeichnet. Man hat also in den Gleichungen der Einzelfläche s und s' durch ξ und ξ' zu ersetzen, wenn die entsprechenden Gleichungen für den allgemeinen Fall gelten sollen. Wir wollen uns ersparen, sämtliche Gleichungen an dieser Stelle noch einmal mit ξ und ξ' als Variablen anzuschreiben. Es sei auf den Anhang verwiesen, wo sämtliche Abbildungsgleichungen in verschiedenen Schreibweisen noch einmal zusammengestellt sind.

Bemerkt sei noch, daß die eben behandelten Abbildungsgesetze, die als Näherung für kleine Bündelöffnung, und kleine Objekthöhe aufzufassen sind, mit dem hier beschriebenen Umfange von GAUSS aufgestellt

2*

worden sind, der auch den Begriff der Hauptebenen eingeführt und auf deren Bedeutung für die Strahlkonstruktion hingewiesen hat. In Abb. 15 ist zum Abschluß dieser allgemeinen Betrachtungen eine graphische

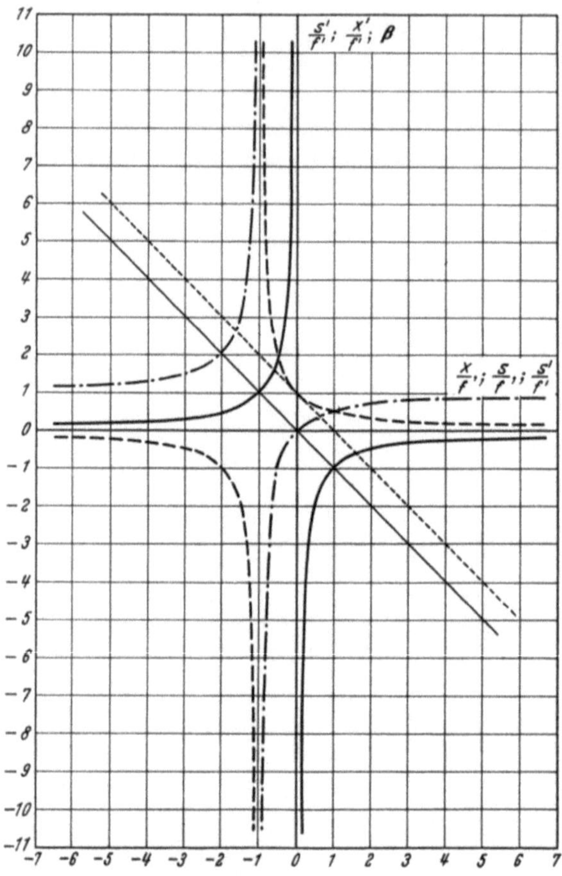

Abb. 15. Graphische Darstellung der Abbildungsgesetze ($n = n' = 1$)

$$\text{——} \quad \frac{x'}{f'} = -\beta = \varphi_1\left(\frac{x}{f}\right)$$

$$\text{– – –} \quad \beta = \varphi_2\left(\frac{\xi}{f'}\right) \ \left(\text{bzw. } \varphi_2\left(\frac{s}{f'}\right)\right) \qquad\qquad \text{——} \quad \beta = \varphi_4\left(\frac{x'}{f'}\right)$$

$$\text{– · –} \quad \frac{\xi'}{f'} = \varphi_3\left(\frac{\xi}{f'}\right) \ \left(\text{bzw. } \frac{s'}{f'} = \varphi_3\left(\frac{s}{f'}\right)\right) \qquad \text{·······} \quad \beta = \varphi_5\left(\frac{\xi'}{f'}\right) \ \left(\text{bzw. } \varphi_5\left(\frac{s'}{f'}\right)\right)$$

Darstellung sämtlicher behandelten Abbildungsgesetze, für den Fall $n = n' = 1$, wiedergegeben.

Es sollen nun noch explizite Beziehungen für die Brennweiten sowie die Lage der Hauptebenen einiger spezieller Systeme kurz behandelt werden. Als erstes betrachten wir eine Linse endlicher Dicke (vgl.

Abb. 16). Der Brechungsindex des Glases sei N; vor der Linse und hinter
der Linse sei er 1. Man hat nun, wie oben beschrieben, durch zweimalige
Anwendung der Gl. (2.10a) bei angenommenem $s_1 = \infty$, die letzte Schnittweite s_2' nach der Linse zu bestimmen. n_1 und n_2' sind dabei 1, während
$n_1' = n_2 = N$ zu setzen ist. Mit s_2' ist die Lage des hinteren Brennpunktes
in bezug auf den zweiten Flächenscheitel bestimmt. Mit Gl. (2.33)
erhält man schließlich f'. Führt man das gleiche Verfahren entgegen der
Lichtrichtung durch, dann erhält man in der gleichen Weise f und den
Abstand des vorderen Brennpunktes vom vorderen Linsenscheitel. Die

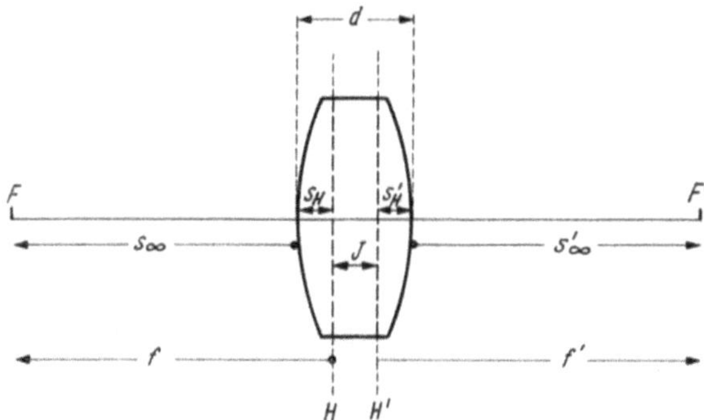

Abb. 16. Die Linse endlicher Dicke

zwar triviale aber etwas aufwändige Rechnung wollen wir übergehen
und gleich das Ergebnis anführen. Wir bezeichnen dabei den Radius
der ersten Fläche mit r_1, den der zweiten mit r_2, die Linsendicke mit d
und wie oben den Brechungsindex der Linse mit N. Führt man nun
noch die Abkürzung

$$R = N(r_2 - r_1) + (N - 1)\, d \tag{2.36}$$

ein, dann erhält man mit der oben angedeuteten Rechnung für den
Scheitelabstand des hinteren Brennpunktes

$$s'_\infty = \frac{r_2(Nr_2 - R)}{(N - 1)R} \tag{2.37}$$

und für die hintere Brennweite

$$f' = \frac{Nr_1 r_2}{(N - 1)R}\,. \tag{2.38}$$

Die Differenz zwischen den beiden letztgenannten Gleichungen liefert
den Abstand s'_H der hinteren Hauptebene vom zweiten Linsenscheitel zu:

$$s'_H = s'_\infty - f' = \frac{r_2 d}{R}\,. \tag{2.39}$$

Ganz entsprechend erhält man den Scheitelabstand des vorderen Brennpunktes zu

$$s_\infty = \frac{-r_1(Nr_1 + R)}{(N - 1)R} \tag{2.40}$$

und den Abstand der vorderen Hauptebene vom ersten Linsenscheitel zu

$$s_H = s_\infty - f = s_\infty + f' = \frac{-r_1 d}{R}. \qquad (2.41)$$

Schließlich ergibt sich der Abstand J zwischen den beiden Hauptebenen zu

$$J = d - s_H + s'_H = \frac{d}{R}(N-1)(r_2 - r_1 + d) \qquad (2.42)$$

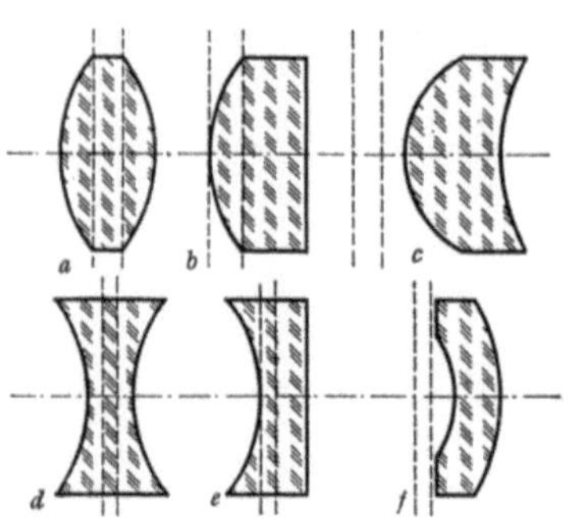

Abb. 17. Linsen endlicher Dicke und ihre Hauptebenen

für den Fall, daß

$$d \ll |r_1 - r_2|$$

vereinfacht sich Gl. (2.42) zu:

$$J = \frac{d(N-1)}{N}. \qquad (2.43)$$

In Abb. 17 ist für die wichtigsten Grundtypen von Einzellinsen die Lage der Hauptebenen schematisch wiedergegeben. Man sieht, daß im Falle der Bikonvex- und der Bikonkavlinse die Hauptebenen symmetrisch zu den begrenzenden Flächen im Inneren der Linse liegen, der Abstand der Hauptebenen von dem jeweils benachbarten Linsenscheitel ist $\frac{d}{2N}$. Bei Plankonvex- und Plankonkavlinsen (Abb. 17b und 17e) fällt eine Hauptebene immer in den Flächenscheitel. Bei dem sammelnden Meniskus der Abb. 17c und dem zerstreuenden Meniskus der Abb. 17f liegen die Hauptebenen außerhalb der Linse. Für die unendlich dünne Linse fallen, wie bei der Einzelfläche, die Hauptebenen in der Linse zusammen. Die Brennweite der dünnen Linse folgt aus (2.38) mit $d = 0$ zu

$$\frac{1}{f'_1} = (n-1)\left(\frac{1}{r_1} - \frac{1}{r_2}\right). \qquad (2.44)$$

Bei der Behandlung von Systemen aus mehreren dünnen Einzellinsen ist es bequemer, die Wirkung der Einzellinse nicht durch ihre hintere Brennweite f', sondern deren Kehrwert $\varphi = \frac{1}{f'}$ auszudrücken. Diese Größe bezeichnet man als Brechkraft. Wählt man für die Darstellung der Brechkraft als Längeneinheit das Meter, dann ist die Einheit der Brechkraft eine Dioptrie mit der Dimension $\left[\frac{1}{m}\right]$.

In der Praxis ist es häufig nützlich, Systeme von dünnen Einzellinsen in endlichen Abständen voneinander durchzurechnen. Ist die Brechkraft der dünnen Einzellinse, wie soeben behandelt, φ, dann kann man die Abbildungsgleichung schreiben

$$\frac{1}{s'} = \frac{1}{s} + \varphi \tag{2.45}$$

s und s' sind dabei die auf die Flächenscheitel der dünnen Einzellinse bezogenen Schnittweiten. Die Gleichung gilt auch noch für dicke Einzellinsen, dann sind s und s' auf die Hauptebenen der dicken Einzellinse bezogen. Hat man ein System aus mehreren Linsen, so gilt (2.45) für jede einzelne Linse mit dem dazugehörigen Index. Hat die zweite Linse von der ersten den Abstand d_1, die dritte von der zweiten d_2 usw., dann ergibt sich die Eingangsschnittweite s_ν aus der Ausgangsschnittweite $s'_{\nu-1}$ der vorhergehenden Linse in folgender Weise:

$$s_\nu = s'_{\nu-1} - d_{\nu-1} \,. \tag{2.46}$$

Man kann bei gegebener Eingangsschnittweite somit sehr schnell, meist mit dem Rechenschieber, die Schluß-Schnittweite s'_k aus einer Folge aus k-Linsen bestimmen. In Analogie zu (2.30), (2.31) und (2.33) erhält man aus einer solchen Durchrechnung auch die anderen Abbildungskonstanten:

$$\beta_k = \frac{s'_k}{s_1}\left(\frac{s'_1}{s_2} \cdot \frac{s'_2}{s_3} \cdot \frac{s'_3}{s_4} \cdots \frac{s'_{k-1}}{s_k}\right), \tag{2.47}$$

$$\gamma = \frac{1}{\beta}, \tag{2.48}$$

bzw. wenn $s_1 = \infty$ war, also nach (2.45)

$$\frac{1}{s'_1} = \varphi_1$$

ergibt sich allgemein die Brennweite:

$$f'_k = s'_k\left(\frac{s'_1}{s_2}\frac{s'_2}{s_3}\frac{s'_3}{s_4}\cdots\frac{s'_{k-1}}{s_k}\right). \tag{2.49}$$

Auch diese Beziehungen lassen sich auf dicke Linsen in Luft anwenden, wenn die s_ν und s'_ν sowie die Dicken jeweils auf die Hauptebenen der dicken Linsen bezogen werden. Die Lage der Hauptebenen hat man dann nach (2.39) und (2.41) zu bestimmen. Für die Gl. (2.49) gibt es noch eine andere Form, deren Anwendung gelegentlich vorteilhaft ist. Man geht dabei aus von einem einfallenden Parallelstrahlenbündel. Die Durchstoßhöhe an der ν-ten Linse sei h_ν. Es gilt wieder wie auf S. 15

$$\frac{h_{\nu-1}}{h_\nu} = \frac{s'_{\nu-1}}{s_\nu} = \frac{s'_{\nu-1}}{s'_{\nu-1} - d_{\nu-1}}\,. \tag{2.50}$$

s_ν und s'_ν sind jetzt die für die dünnen Einzellinsen geltenden Schnittweiten nach Gl. (2.45). Eine Durchrechnung eines Systems aus dünnen

Einzellinsen unter Verwendung von (2.50) führt dann zu folgenden Zwischenergebnissen:

$$\frac{1}{s_1'} = \varphi_1$$

$$\frac{1}{s_2} = \frac{h_1}{h_2}\,\varphi_1$$

$$\frac{1}{s_2'} = \frac{h_1}{h_2}\,\varphi_1 + \varphi_2$$

$$\frac{1}{s_3} = \frac{h_2}{h_3}\cdot\frac{1}{s_2'} = \frac{h_2}{h_3}\cdot\frac{h_1}{h_2}\cdot\varphi_1 + \frac{h_2}{h_3}\,\varphi_2$$

$$\frac{1}{s_3'} = \frac{h_1}{h_3}\,\varphi_1 + \frac{h_2}{h_3}\,\varphi_2 + \varphi_3$$

schließlich

$$\frac{1}{s_k'} = \frac{h_1}{h_k}\,\varphi_1 + \frac{h_2}{h_k}\,\varphi_2 + \frac{h_3}{h_k}\,\varphi_3 + \cdots \varphi_k\,. \tag{2.51}$$

Wie auf S. 16 ergibt sich daraus die Brechkraft der Folge:

$$\boxed{\frac{1}{f_k'} = \Phi_k = \frac{1}{s_k'}\cdot\frac{h_k}{h_1} = \varphi_1 + \frac{h_2}{h_1}\,\varphi_2 + \frac{h_3}{h_1}\,\varphi_3 + \cdots \frac{h_k}{h_1}\,\varphi_k} \tag{2.52}$$

Für ein System aus zwei Linsen, ein Dublet, erhält man mit

$$\frac{h_2}{h_1} = \frac{s_1' - d}{s_1'} = 1 - d\,\varphi_1$$

$$\boxed{\Phi = \varphi_1 + \varphi_2 - d\,\varphi_1\,\varphi_2} \tag{2.53}$$

Für die Hauptebenenabstände s_H und s_H' bezogen auf den ersten bzw. auf den letzten Linsenscheitel, erhält man in einem ähnlichen Durchrechnungsverfahren

$$s_H = \frac{d\,f_1'}{f_1' + f_2' - d} = \frac{d\,\varphi_2}{\Phi} \tag{2.54}$$

$$s_H' = \frac{-d\,f_2'}{f_1' + f_2' - d} = \frac{-d\,\varphi_1}{\Phi}\,. \tag{2.55}$$

Der Zwischenraum zwischen den Hauptebenen beträgt:

$$J = \frac{-d^2}{f_1' + f_2' - d}\,. \tag{2.56}$$

Die letzte Schnittweite ist:

$$s_2' = \frac{(f_1' - d)\,f_2'}{f_1' + f_2' - d}\,. \tag{2.57}$$

Die Länge des Dublets, gerechnet vom ersten Linsenscheitel bis zum Brennpunkt, ist schließlich:

$$L = f' + \frac{d\,(f_1' - d)}{f_1' + f_2' - d}\,. \tag{2.58}$$

Von den Systemen aus zwei dünnen Einzellinsen im endlichen Abstand
ist ein System aus einer Sammel- und einer Zerstreuungslinse besonders
interessant. Es ist in Abb. 18 wiedergegeben. Wie die Anwendungen
der Gl. (2.53) bis (2.58) auf eine solche Linsenkombination zeigen,
liegen die Hauptebenen außerhalb des Systems, und zwar vor dem
sammelnden Glied. Wird ein solches System in der in Abb. 18 gezeigten
Richtung benutzt, also so, daß das sammelnde Glied zuerst vom Licht
getroffen wird, dann ist der Abstand L vom vorderen Linsenscheitel
bis zum hinteren Brennpunkt nach Gl. (2.58) kürzer als die Brennweite,

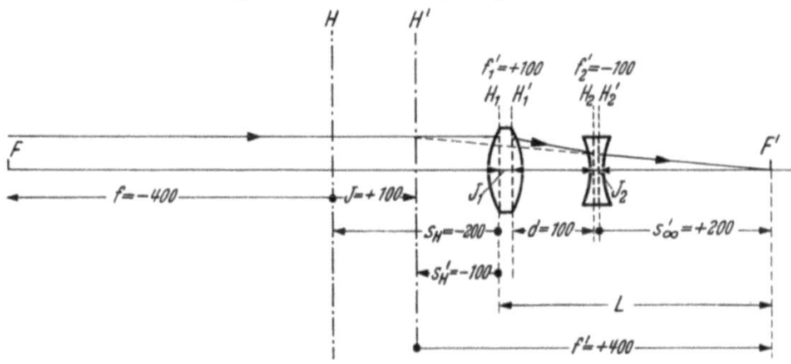

Abb. 18. Ein Teleobjektiv

da das zweite Glied in Gl. (2.58) negativ ist. Man bezeichnet dann ein solches System als Tele-Objektiv. Es hat überall da Bedeutung, wo man bei
kurzer Baulänge große Brennweiten erzielen will. Wird diese Linsenkombination in umgekehrter Richtung benutzt, also so, daß das zerstreuende
Glied zuerst vom Licht getroffen wird, dann bezeichnet man es als umgekehrtes Tele-Objektiv und seine Baulänge, gerechnet vom ersten Linsenscheitel bis zum hinteren Brennpunkt, ist dann größer als die Brennweite.

Für ein System aus drei Linsen mit zwei Luftabständen, ein Triplet,
werde ohne Ableitung lediglich eine Beziehung zur Berechnung der
Gesamtbrechkraft angeführt:

$$\Phi = \varphi_1 + \varphi_2 + \varphi_3 - d_1\varphi_1(\varphi_2 + \varphi_3) - d_2\varphi_3(\varphi_1 + \varphi_2) + d_1 d_2 \varphi_1 \varphi_2 \varphi_3. \quad (2.59)$$

Zum Schluß werde nun der wichtigste Spezialfall von Gl. (2.52) behandelt, nämlich der Fall, daß die Luftabstände alle Null sind, dann ist
nämlich

$$\frac{h_2}{h_1} = \frac{h_3}{h_1} = \cdots \frac{h_\nu}{h_1} = 1$$

und somit

$$\boxed{\Phi_k = \sum_{\nu}^{k} \varphi_\nu} \qquad (2.60)$$

d. h., in diesem Falle ist die Gesamtbrechkraft die Summe der Einzel-
brechkräfte.

§ 3. Die afokalen Systeme (Fernrohrsysteme)

Bei der Einzelfläche und bei der einzelnen Linse waren hintere und vordere Brennweite stets endlich. Bei der allgemeinen Behandlung von Folgen aus beliebigen zentrierten Einzelflächen hatten wir zunächst auch nur solche Systeme behandelt, die endliche Brennweiten besitzen; denn andernfalls wäre die oben beschriebene Konstruktion der Hauptebenen nicht möglich. Wie wir gesehen haben, ist bei solchen Systemen mit endlicher Brennweite einem unendlich fernen Objekt ein in der hinteren Brennebene, also im Endlichen gelegenes Bild zugeordnet. Ebenso entspricht einem im Unendlichen liegenden Bild ein Objekt in der vorderen Brennebene, also ebenfalls im Endlichen. Ein weiteres Charakteristikum für Systeme mit endlicher Brennweite ist die Tatsache, daß der Abbildungsmaßstab von der Objekt- bzw. Bildlage abhängt.

Für das Thema dieses Buches hat nun eine andere Gruppe von abbildenden Systemen besonderes Interesse; nämlich solche Systeme, deren Brennweite unendlich groß ist. Es sind dies die Systeme, die das unendlich ferne Objekt als unendlich fernes Bild abbilden. Da sie keinen endlichen Brennpunkt besitzen, nennt man sie afokale oder auch teleskopische Systeme. Es sind dies vor allem die optischen Systeme der Fernrohre. Wie sich leicht einsehen läßt, erhält man solche Systeme, wenn man Teilsysteme mit endlicher Brennweite so zusammensetzt, daß der bildseitige Brennpunkt des einen mit dem objektseitigen Brennpunkt des anderen Teilsystems zusammenfällt. Abb. 19 zeigt schematisch die wichtigsten durch eine solche Zusammensetzung zustande gekommenen afokalen (Fernrohr-) Systeme. Abb. 19a entspricht dem astronomischen Fernrohr und ist durch einfaches Aneinandersetzen zweier sammelnder Glieder entstanden, das erste nennt man Objektiv, das zweite Okular. Das in Abb. 19b wiedergegebene System stellt die Kombination eines sammelnden und eines zerstreuenden Teilgliedes dar. Man nennt diese Kombination holländisches oder Galileisches Fernrohr. (Über die Herkunft der Bezeichnung s. Abschnitt D.) In der gezeichneten Stellung ist das sammelnde Teilglied dem einfallenden Licht zugewandt und hat hier die Aufgabe des Objektivs, das zerstreuende Teilglied wirkt als Okular. Die Benutzung eines afokalen Systems nach Abb. 19b ist selbstverständlich auch in umgekehrter Richtung denkbar und hat in dieser Benutzungsrichtung auch praktische Bedeutung. In diesem zuletzt genannten Falle ist das zerstreuende Teilglied das Objektiv und das sammelnde das Okular. Darauf wird noch einmal zurückzukommen sein. Das System nach Abb. 19c, welches terrestrisches oder auch Keplersches Fernrohr genannt wird, kommt dadurch zustande, daß zwischen dem hinteren Brennpunkt des sammelnden Objektivs und dem vorderen Brennpunkt des sammelnden Okulars ein System mit endlicher, vorwiegend reeller Abbildung, wie gezeichnet, eingeschaltet wird. Dieses eingeschaltete System nennt man Umkehrsystem; es besitzt zwischen seinem Objekt- und Bildpunkt (dem hinteren Brennpunkt des Objektivs und dem vorderen Brennpunkt des Okulars) die Vergrößerung β_u, die im achsennahen Raum nach den in § 2 behandelten Beziehungen zu berechnen ist.

Bezeichnet man den Durchmesser eines aus dem Unendlichen kommenden achsenparallelen Bündels kreisförmiger Begrenzung mit D

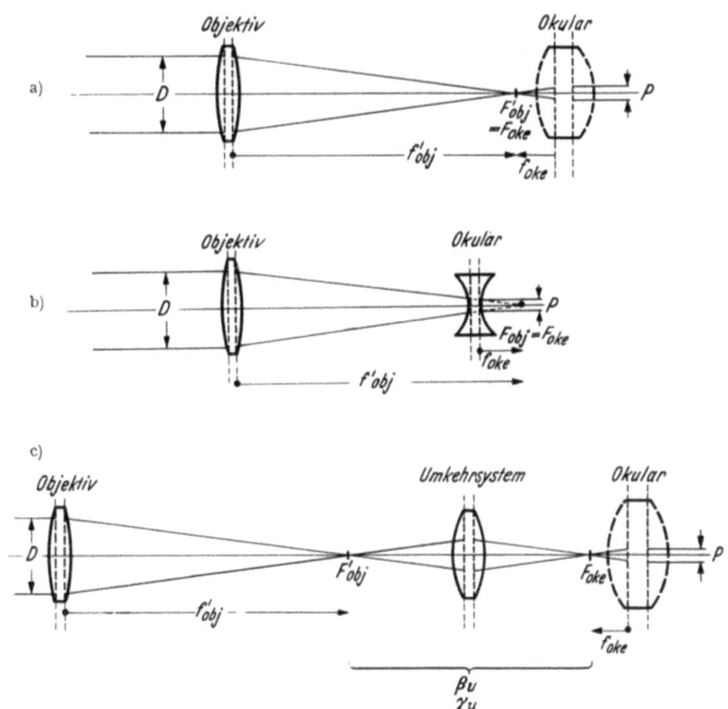

Abb. 19. Die wichtigsten Grundtypen afokaler Systeme.
a) astronomisches; b) Galileisches Fernrohr; c) terrestrisches Fernrohr

und den Durchmesser des aus dem System austretenden Bündels achsenparalleler Strahlen mit p und setzt man zur Vereinfachung des Problems voraus, daß sich sämtliche Teilglieder wieder in Luft befinden, daß also vor und hinter den Teilgliedern die Brechzahl gleich 1 ist, dann kann man für das Verhältnis der Bündeldurchmesser auf der Eintritts- und Austrittsseite des Systems aus Abb. 19 ablesen:

Beim astronomischen und Galileischen Fernrohr (Abb. 19a und 19b):

$$\frac{D}{p} = \frac{f'_{obj}}{f_{okl}} = -\frac{f'_{obj}}{f'_{okl}} . \tag{3.1a}$$

Für das terrestrische (-Keplersche) Fernrohr (Abb. 19c):

$$\frac{D}{p} = -\,\frac{f'_{obj}}{f'_{okl}}\cdot\beta_u\,. \tag{3.1b}$$

Wir untersuchen nun die Abbildung außeraxialer, im Unendlichen liegender Objektpunkte. Ihnen entsprechen — ebenfalls im Unendlichen

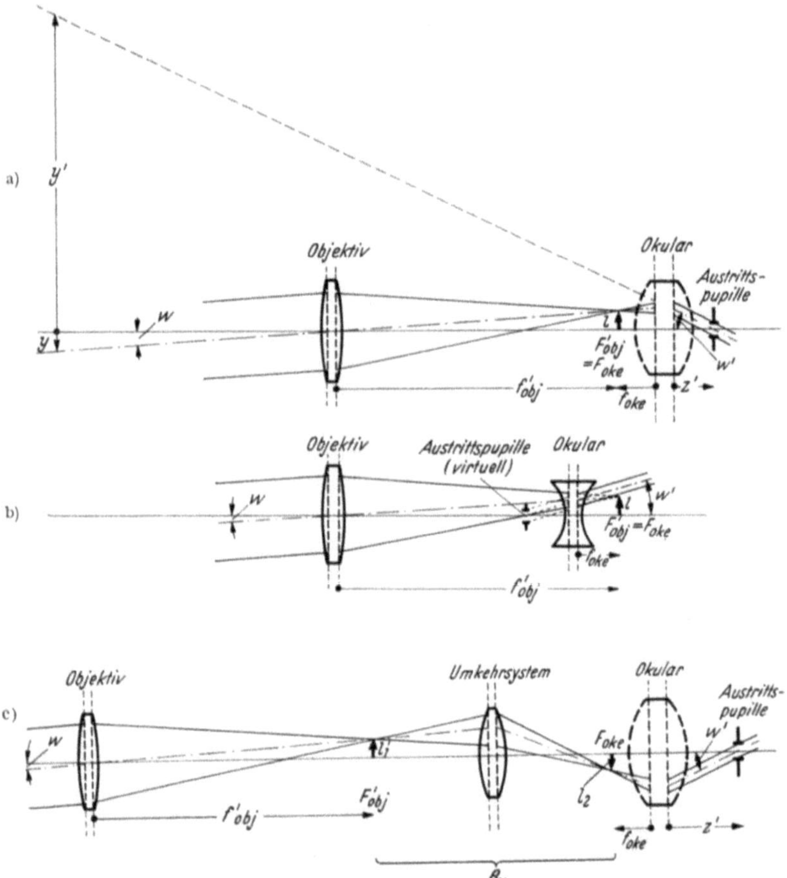

Abb. 20. Die Abbildung außeraxialer, unendlich ferner Objekte durch afokale Systeme. a) durch ein astronomisches Fernrohr; b) durch ein Galileisches Fernrohr; c) durch ein terrestrisches Fernrohr

liegende — Bildpunkte. Die einfallenden und austretenden Strahlenbündel sind Parallelstrahlenbündel, die mit der Achse die Winkel w (auf der Objektseite) und w' (auf der Bildseite) bilden. Gesucht ist das Verhältnis $\dfrac{w'}{w}$. Hierzu betrachte man Abb. 20. Wir wenden dabei die Gl. (2.29a) und (2.29b) des §2, die ja ganz allgemein für jeden beliebigen

Strahl gelten, auf den strichpunktierten Mittenstrahl (Hauptstrahl) des schief einfallenden bzw. des schief austretenden parallelen Bündels an. Die Winkel u bzw. u' von Gl. (2.29) sind hier durch die Winkel w und w' des Hauptstrahls zu ersetzen. Der Bildhöhe l in der gemeinsamen Bildebene von Objektiv und Okular beim astronomischen und Galileischen Fernrohr entspricht in bezug auf das Objektiv die Größe H' [Gl. (2.29b)] und in bezug auf das Okular die Größe H [Gl. 2.29a)]. Somit ergibt sich für das astronomische und Galileische Fernrohr:

In bezug auf das Objektiv:

$$l = w f_{obj} = - w f'_{obj} \, . \tag{3.2a}$$

In bezug auf das Okular:

$$l = w' f'_{oke} \, . \tag{3.2b}$$

Ganz entsprechend findet man für das terrestrische (Keplersche) Fernrohr:

In bezug auf das Objektiv:

$$l_2 = - w f'_{obj} \, \beta_u \, . \tag{3.3a}$$

In bezug auf das Okular:

$$l_2 = w' f'_{okl} \, . \tag{3.3b}$$

Gleichsetzen von Gl. (3.2a) mit Gl. (3.2b) und Gl. (3.3a) mit (3.3b) liefert:

Für das astronomische und Galileische Fernrohr:

$$\frac{w'}{w} = - \frac{f'_{obj}}{f'_{okl}} \, . \tag{3.4a}$$

Entsprechend für das terrestrische (Keplersche) Fernrohr:

$$\frac{w'}{w} = - \frac{f'_{obj}}{f'_{okl}} \, \beta_u \, . \tag{3.4b}$$

Bei der Herleitung der Gl. (3.1) bis (3.4) haben wir uns der im § 2 abgeleiteten Beziehungen der Gaußschen Dioptrik bedient. Diese gelten nur im achsennahen Raum, d. h. für kleine Bündelöffnungen, kleine Bild- bzw. Objekthöhen und dementsprechend kleine Hauptstrahlneigungen. Unter diesen Voraussetzungen gelten zunächst auch nur unsere Gl. (3.1) bis (3.4). Welcher Wert von $\frac{w'}{w}$ bei endlicher Hauptstrahlneigung und endlicher Bündelöffnung sich ergibt, hängt von den speziellen Eigenschaften des Okulars und des Objektivs ab. Darauf werden wir noch in § 6 (Die Bildfehler) eingehen. An dieser Stelle wollen wir nur festlegen, wie sich bei endlichen Bündelneigungen w' zu w verhalten muß, damit die unendlich ferne Objektebene auf die unendlich ferne Bildebene maßstab- und winkelgetreu abgebildet wird. In Übereinstimmung mit

den Abbildungsgesetzen der projektiven Geometrie entnimmt man der
Abb. 20, daß form- und winkelgetreue Abbildung dann erfolgt, wenn das
Verhältnis der im Unendlich gelegenen infolgedessen auch unendlich
groß anzunehmenden Objekt- und Bildhöhen y und y' von ihrer absoluten Größen unabhängig sind. Das heißt, es muß gelten:

$$\frac{y'}{y} = \frac{tg\,w'}{tg\,w} = \text{const}\,. \tag{3.5}$$

Das ist die von Bow und SUTTON 1861 bzw. 1862 aufgestellte Bedingung
für die Verzeichnungsfreiheit eines afokalen Systemes. Das Verhältnis
$\frac{tg\,w'}{tg\,w}$ stellt bei der Anwendung eines afokalen Systems als Fernrohr die
scheinbare Vergrößerung dar, mit der der unendlich ferne Gegenstand
als unendlich fernes Bild unter der Voraussetzung verzeichnungsfreier
Abbildung gesehen wird. Das Verhältnis wollen wir als Fernrohrvergrößerung bezeichnen und dafür den Buchstaben Γ einführen. Wir
haben also als Definitionsgleichung

$$\boxed{\Gamma = \frac{tg\,w'}{tg\,w}} \tag{3.6}$$

Unter Beschränkung auf den achsennahen Raum haben wir somit
entsprechend Gl. (3.4):

Für das astronomische und Galileische Fernrohr:

$$\boxed{\Gamma = -\frac{f'_{obj}}{f'_{okl}}} \tag{3.7a}$$

Entsprechend für das terrestrische (Keplersche) Fernrohr:

$$\boxed{\Gamma' = -\frac{f'_{obj}}{f'_{okl}}\,\beta} \tag{3.7b}$$

Bei der gleichen Beschränkung auf den achsennahen Raum kommt
ferner durch Vergleich mit Gl. (3.1):

$$\boxed{p = \frac{D}{\Gamma}} \tag{3.8}$$

Bei der Einführung von Gl. (3.6) haben wir erstmalig kennengelernt,
daß die im Rahmen der Gaußschen Dioptrik abgeleiteten, also die für
den achsennahen Raum gültigen Beziehungen, wenn man sie unbesehen
auf endliche Bildwinkel anwendet, keine verzeichnungsfreie Abbildung
liefern. Man muß vielmehr eine konkrete Festsetzung treffen, durch

welche trigonometrische Funktionen die im achsennahen Raum gültigen Winkelwerte dargestellt werden sollen. Das war im vorliegenden Falle der Tangens. Ähnliche Verhältnisse gelten natürlich auch bei der Abbildung mit endlicher Brennweite. Man hätte also ganz entsprechend den Gl. (3.2) und (3.3) die Werte w und w' durch $tg\,w$ und $tg\,w'$ ersetzen müssen, wenn durch die Gl. (3.2) und (3.3) hätte ausgedrückt werden sollen, daß die Abbildung der unendlich fernen Objektebene auf die Brennebene und wiederum die Abbildung der Brennebene auf die unendlich ferne Bildebene verzeichnungsfrei erfolgen soll. Es sei jedoch bemerkt, daß der Ersatz der Winkelfunktion durch deren Tangens nur für die Neigungswinkel des Hauptstrahls bzw. die Bildwinkel gerechtfertigt ist. In dieser Formulierung sind die Abbildungsgesetze als Forderung an die Eigenschaften des optischen Systems aufzufassen, wenn die Abbildung verzeichnungsfrei erfolgen soll. Ein genereller Ersatz der Winkelwerte durch die Tangensfunktion in den Beziehungen der Gaußschen Optik etwa bei der Definition für γ nach Gl. (2.24a), im Helmholtzschen Satz nach Gl. (2.25) oder in den Definitionsgleichungen für die Brennweite (2.29a) und (2.29b), so wie es im übrigen die strenge mathematische Theorie für die getreue Abbildung einer Objektebene in eine Bildebene (die sog. Theorie von der kollinearen Abbildung) erfordern würde, führt teilweise auf Beziehungen, die selbst durch streng bildfehlerfreie Systeme nicht realisiert werden können (vgl. § 6). Diese Tatsache war im wesentlichen der Grund dafür, daß wir die Abbildungsgesetze der Gaußschen Dioptrik in der etwas mühevolleren Weise von der einzelnen Kugelfläche ausgehend abgeleitet haben und nicht den eleganteren Weg über die Theorie der kollinearen Abbildung gewählt haben.

Ein afokales System, von dem zunächst nur bekannt ist, daß es ein unendlich fernes Objekt in ein unendlich fernes Bild abbildet, kann auch eine Abbildung von einem im Endlichen gelegenen Objekt in ein ebenfalls im Endlichen gelegenen Bild vermitteln. Für den Fall des astronomischen Fernrohrs, ist das in Abb. 21a und 21b dargestellt. Es ist zunächst trivial, daß der vordere Brennpunkt des Objektivs in den hinteren Brennpunkt des Okulars abgebildet wird. Es ist also zunächst ein Punktpaar bekannt, zwischen dem wenigstens auf der Achse eine Abbildung zustande kommt, wir nennen die beiden Punkte entsprechende Punkte. Sie sind mit 1 und 1' gekennzeichnet. Wir betrachten nun einige weitere Objektpunkte 2 oder 3, sie seien gekennzeichnet durch ihre Abstandskoordinate vom Punkt 1, $\mathfrak{x}$. Dem Punkt 2 oder 3 entspricht hinter dem Objektiv eine Brennpunktdistanz $\mathfrak{x}'_1$, die entsprechend dem grundsätzlichen Aufbau eines afokalen Systems gleich der objektseitigen Brennpunktdistanz $\mathfrak{x}_2$ für das Okular ist. Somit ergibt sich die Achskoordinate $\mathfrak{x}'$, für die Bildpunkte 2', 3' usw. bezogen auf den

Bildpunkt 1′ entsprechend der Newtonschen Abbildungsgleichung in
der folgenden Weise:

$$\mathfrak{x}_2 = \mathfrak{x}_1' = -\frac{f_{obj}'^2}{\mathfrak{x}}$$

$$\mathfrak{x}' = -\frac{f_{okl}'^2}{\mathfrak{x}_2} = \frac{f_{okl}'^2}{f_{obj}'^2}\,\mathfrak{x} = \frac{1}{\Gamma^2}\,\mathfrak{x}\;.$$

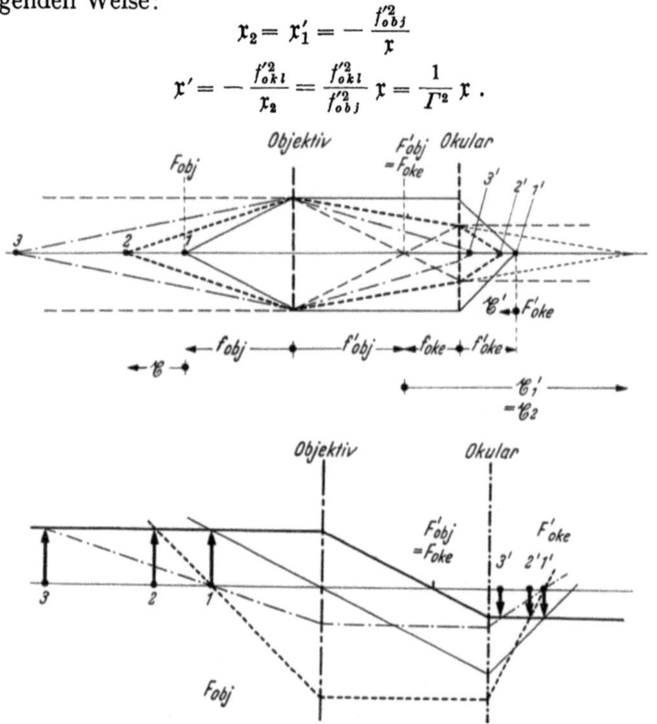

Abb. 21 a u. b. Abbildung von Objekten in endlicher Entfernung durch afokale Systeme.
a) axiale Objektpunkte; b) außeraxiale Objektpunkte

Führt man jetzt für das Verhältnis $\dfrac{\mathfrak{x}'}{\mathfrak{x}}$ die Tiefenergrößerung des afokalen Systems α_0 ein, so hat man

$$\boxed{\alpha_0 = \frac{\mathfrak{x}'}{\mathfrak{x}} = \frac{1}{\Gamma^2}}\tag{3.9}$$

Die Abb. 21b zeigt ohne weitere Erläuterung entsprechend dem dort
gezeigten Strahlenverlauf daß der Abbildungsmaßstab für außeraxiale
Objekte im gesamten Objekt- und Bildraum, also entlang der optischen
Achse konstant ist. Das ist ein wesentlicher Unterschied zu der endlichen
Abbildung durch Systeme mit endlicher Brennweite. Bezeichnen wir
die Lateralvergrößerung (Abbildungsmaßstab) für afokale Systeme mit
β_0 so entnimmt man der Abb. 21b:

$$\boxed{\frac{y_0'}{y_0} = \beta_0 = \frac{f_{okl}}{f_{obj}} = -\frac{f_{okl}'}{f_{okj}'} = \frac{1}{\Gamma}}\tag{3.10}$$

Man sieht also, daß der konstante Abbildungsmaßstab dem Reziprokwert der Fernrohrvergrößerung entspricht und daß die Tiefenvergrößerung dem Quadrat der reziproken Fernrohrvergrößerung gleich ist.

Ein afokales System ist auch eine Planplatte. Die in Fernrohren vielfach verwendeten Prismen-Umkehrsysteme (vgl. § 5) haben auf die Strahlenvereinigung ebenfalls die Wirkung von Planplatten. Die Konstanten der afokalen Abbildung einer Planplatte gewinnt man sehr einfach durch Anwendung der Nullstrahlgleichung (2.10a) auf die die Platte begrenzenden Glasflächen (vgl. hierzu Abb. 22). Da in Gl. (2.10a) für die Planfläche r gleich ∞ wird, reduziert sich die Nullstrahlgleichung (2.10a) für Planflächen auf

$$s' = \frac{n'}{n}\, s\,. \qquad (3.11)$$

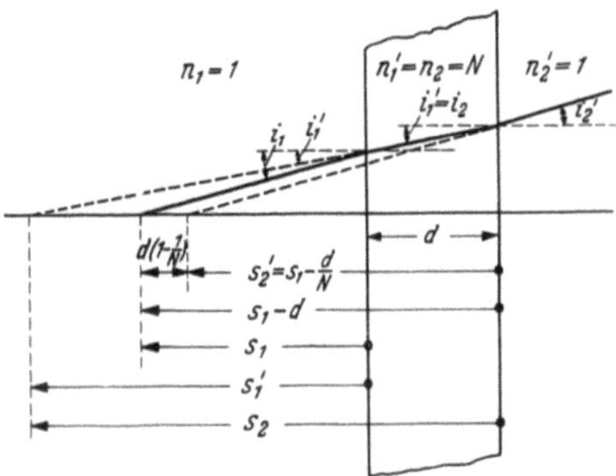

Abb. 22. Abbildung durch eine Planplatte im achsennahen Raum

Wendet man diese Beziehung auf die beiden in Abb. 22 dargestellten Planflächen an, dann erhält man mit den in Abb. 22 angeführten Bezeichnungen:

$$s_1' = N\, s_1$$
$$s_2 = s_1' - d = N\, s_1 - d \qquad (3.12)$$
$$s_2' = \frac{s_2}{N} = s_1 - \frac{d}{N}\,.$$

Für eine „Platte aus Luft" würde man anstelle von Gl. (3.12) erhalten: $s_2' = s_1 - d$. Die Glasplatte wirkt also auf ein Strahlenbündel wie eine Luftplatte der Dicke:

$$\boxed{d_L = \frac{d}{N}} \qquad (3.13)$$

Man nennt d_L den „auf Luft reduzierten Glasweg" einer Planplatte (Prismensystems).

Man entnimmt weiter der Abb. 22 und der Gl. (3.12), daß durch das Einbringen der Planplatte in den Strahlengang der Bildort auf der Achse um die Strecke

$$d_v = d - \frac{d}{N} = d\,\frac{(N-1)}{N}\,. \qquad (3.14)$$

verschoben wird. Das ist also der Abstand zweier „entsprechender Punkte", wenn wir die Planplatte als afokales System auffassen. Um

diesen Betrag wird z. B. die Baulänge eines Fernrohrobjektivs durch das
Einschalten eines Prismensystems mit dem Glasweg d verlängert.

§ 4. Die Strahlenbegrenzung

Wenn man die für den achsennahen Raum abgeleiteten Beziehungen
der Gaußschen Dioptrik als Näherung für Systeme mit endlicher Öffnung
und endlichem Bildwinkel bzw. endlicher Größe von Objekt und Bild
anwenden will, dann muß man als erstes die Frage nach der Wirkung der
Strahlenbegrenzung stellen, denn die Bauelemente eines optischen
Systems, Linsen und Spiegel besitzen ja nur eine endlich begrenzte

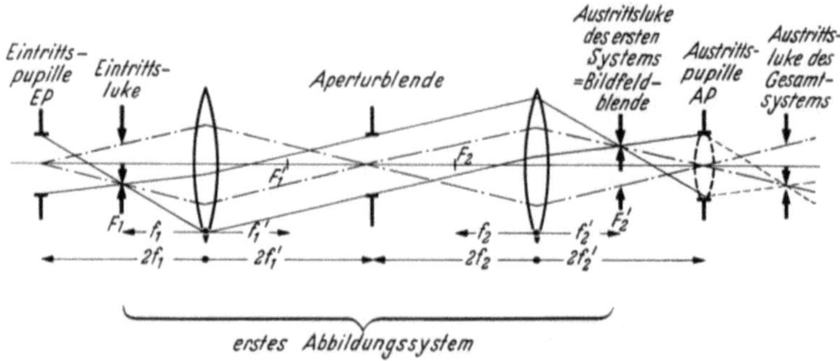

Abb. 23. Die Strahlenbegrenzung bei einem symmetrischen System aus zwei dünnen Einzellinsen
mit Mittelblende

Öffnung. Die grundsätzliche Wirkung der Strahlenbegrenzung hatten
wir bereits bei der Ableitung der Ausdrücke für die Lateralvergrößerung
an der Einzelfläche auf S. 10 kennengelernt, wenn auch bei Beschränkung auf kleine Bündelöffnungen und kleine Bildwinkel. Es zeigte sich
bei der Abbildung eines außeraxialen Objektes durch eine Einzelfläche,
daß sich für alle zur Abbildung beitragenden Strahlen eine zweifache
Mannigfaltigkeit ergab. Diese zweifache Mannigfaltigkeit war durch die
Begriffe Abbildungsstrahlengang und Haupt- oder Pupillenstrahlengang
gekennzeichnet. Diese zunächst für den achsennahen Raum abgeleiteten
Beziehungen können wir sinngemäß auf Systeme mit endlicher Bündelöffnung und endlichem Bildwinkel übertragen. Wobei wir fürs erste
noch annehmen wollen, daß die Abbildungen bildfehlerfrei erfolgen.
Die Verhältnisse sollen an dem in Abb. 23 wiedergegebenen System aus
zwei dünnen Einzellinsen gleicher Brechkraft, die symmetrisch zu einer
Blende angeordnet sind, erläutert werden. Der Einfachheit halber sind
die beiden Einzellinsen im Abstand der vierfachen Brennweite angenommen, das Objekt befindet sich im vorderen Brennpunkt der ersten Linse,
das Bild im hinteren Brennpunkt der zweiten Linse. Infolgedessen ist
der Abbildungsstrahlengang zwischen den beiden Linsen parallel. Die

substantielle Blende bestimmt allein die Bündelöffnung, man nennt sie deshalb Aperturblende. Mit Hilfe der strichpunktierten Hauptstrahlen erfolgt nun sowohl eine Abbildung der Aperturblende in den Objektraum als auch in den Bildraum. Man nennt diese Bilder der Aperturblende wie bereits im § 2 erwähnt, Eintrittspupille und Austrittspupille, sie sind in Abb. 23 mit EP und AP gekennzeichnet. Im dargestellten Falle sind die Eintrittspupille und die Austrittspupille reell. Eine reelle Austrittspupille läßt sich z. B. durch Projektion auf einer Mattscheibe sichtbar machen. Diese Bilder sind also keine Fiktionen, sondern sie stellen eine physikalische Realität dar.

Wenn man nun in der Bildebene des Systems, d. h. in der Brennebene F_2' eine substantielle Blende anbringt, so begrenzt diese Blende das Bildfeld und da man sie rückwärts durch das System hindurch in die Objektebene, also in die Ebene von F_1 sich abgebildet vorstellen kann, begrenzt sie somit auch das Objektfeld. Das Bild der bildfeldbegrenzenden Blende im Objektraum nennt man Eintrittsluke, das Bild im Bildraum, das bei dem ersten, bisher besprochenem System aus den beiden ausgezogenen Linsen mit der Blende selbst zusammenfällt, Austrittsluke. Bringt man in der Austrittspupille dieses ersten Systems ein weiteres — gestrichelt gezeichnetes — Abbildungssystem an, das den Ort der Austrittspupille nicht verändert und das ein reelles Bild der Bildfeldblende liefert, dann erhält man ein Gesamtsystem, bei dem auch die Austrittsluke das Bild einer substantiellen Blende ist. Die Aperturblende mit ihren Bildern der Eintrittspupille und der Austrittspupille legt also die Kreuzungspunkte des Hauptstrahls mit der optischen Achse fest. Die Größe der Aperturblende bzw. der Pupillen bestimmt die Bündelöffnung. Andererseits bestimmt der Objekt- bzw. Bildort die Strahlschnittpunkte der Abbildungsstrahlen, die Größe der Bildfeldblende bzw. der Luken bestimmt das übersehbare Bildfeld.

Für die in Abb. 20 wiedergegebenen Fernrohrstrahlengänge war die Aperturblende in der vorderen Hauptebene des Objektivs angenommen und bildet somit gleichzeitig die Eintrittspupille. Die Austrittspupille findet man als das vom Okular entworfene Bild des Objektivs, wobei man sich die Abbildung durch die strichpunktierten Hauptstrahlen vorzustellen hat. Beim astronomischen Fernrohr und beim terrestrischen Fernrohr erhält man eine reelle Austrittspupille in der Nähe des hinteren Brennpunktes des Okulars. Die Bildfeldblende wird beim astronomischen und beim terrestrischen Fernrohr durch eine substantielle Blende gebildet, die Eintrittsluke und Austrittsluke liegen im Unendlichen und sind durch die vom Blendendurchmesser bestimmten größtmöglichen Winkel des eingangsseitigen und des ausgangsseitigen Hauptstrahls w_{max} und w'_{max} bestimmt. Zu bemerken ist noch, daß beim astronomischen Fernrohr nach Abb. 20a es nur eine Möglichkeit gibt, eine substantielle Bildfeldblende anzubringen, nämlich in der gemeinsamen Brennebene, während beim terrestrischen Fernrohr nach der Abb. 20c es freigestellt ist, ob man in der ersten oder in der zweiten Bildebene des Umkehrsystems die Bildfeldblende anbringen will. Bei der Anbringung von mehreren Umkehrsystemen bestehen entsprechend mehrere Möglichkeiten für die Anbringung einer Bildfeldblende.

Beim Galileischen Fernrohr nach Abb. 20b bei dem zunächst die Aperturblende ebenfalls in der vorderen Hauptebene des Objektivs angenommen war, sind die Dinge etwas verwickelter. Wie man der Abb. 20b entnimmt, liegt die Austrittspupille, also das durch das Okular

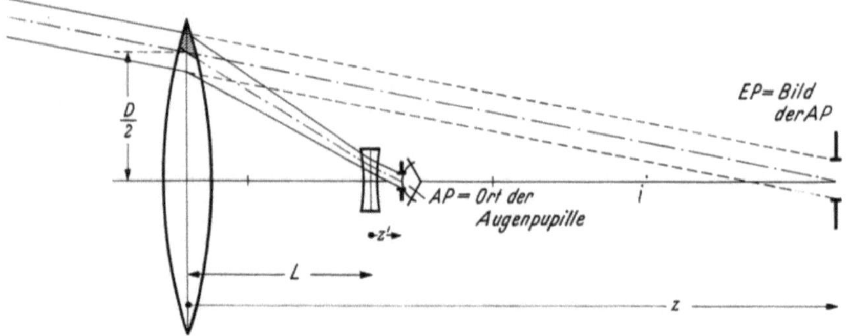

Abb. 24. Strahlenbegrenzung beim Galileischen Fernrohr, wenn die hinter dem Okular befindliche Augenpupille die substantielle Aperturblende darstellt

vermittelte Bild, der Aperturblende virtuell vor dem Okular. An Stellen, wo man ein Galileisches Fernrohr im Zusammenhang mit einem komplizierteren optischen Instrument verwendet, es also beispielsweise als Vergrößerungswechsler vor ein Beobachtungsfernrohr setzt, kann man durch die sonstige Ausbildung des Strahlenganges auf die virtuelle Austrittspupille Rücksicht nehmen. Wird jedoch ein einfaches Galileisches Fernrohr unmittelbar vor das Auge gesetzt, dann kann die Objektivöffnung nicht mehr als Aperturblende wirksam sein, da ja die Eintrittspupille des Auges jetzt hinter dem Okular als substantielle Aperturblende wirksam ist. Man muß also in diesem Falle von der jetzt hinter dem Okular angenommenen Augenpupille als substantieller Aperturblende ausgehen und den Strahlengang von da aus rückwärts durch das Fernrohr verfolgen. Das ist in Abb. 24 dargestellt. Man sieht, daß die Eintrittspupille jetzt virtuell wird und weit hinter dem Okular liegt. Die Bildfeldbegrenzung erfolgt im wesentlichen durch die Objektivfassung, doch nicht so, daß eine scharfe Begrenzung des Bildfeldes entsteht. Mit zunehmendem Bild- bzw. Objektwinkel nimmt von einem bestimmten Betrage dieses Winkels an, der wirksame Querschnitt der abbildenden Bündel und damit die Bildhelligkeit stetig bis auf Null ab.

Man sagt, das Bildfeld wird durch einen Strahlengang der hier vorliegenden Art vignettiert. Wenn man für den nichtvignettierten Teil des beschnittenen Randbündels den Mittenstrahl als neuen Hauptstrahl bestimmt, so ist der objektseitige (im vorliegenden Falle virtuelle) Kreuzungspunkt des Hauptstrahls, der Ort der Eintrittspupille, vom Bildwinkel abhängig. Eine lineare Vignettierung von 50% ist gegeben, wenn die Hälfte des Randbündels bis auf den ursprünglichen Hauptstrahl abgeschnitten wird. Ist z' der Abstand der Augenpupille von dem als dünne Linse angenommenen Okular, L der Abstand zwischen Objektiv und Okular und D wie oben, der Durchmesser des Objektivs, dann

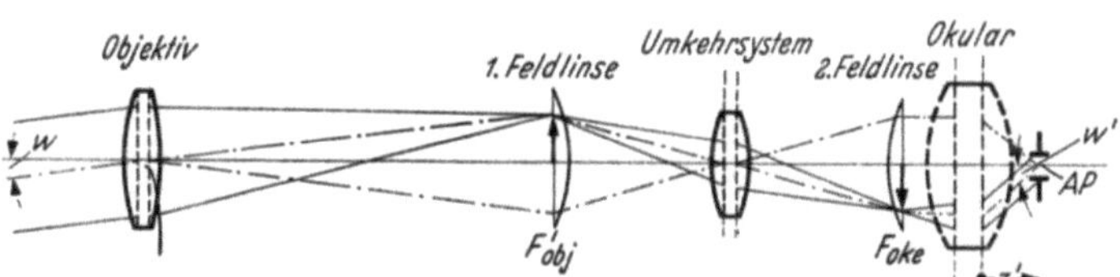

Abb. 25. Strahlengang beim terrestrischen Fernrohr mit Feldlinsen in den Bildebenen

ergibt sich für den objektseitigen Hauptstrahlwinkel, bei dem die Vignettierung gerade 50% beträgt:

$$\operatorname{tg} w = \frac{D}{2\,\Gamma(z'\,\Gamma + L)}. \tag{4.1}$$

Vielfach ist es erwünscht, den Hauptstrahlengang zu ändern ohne den Abbildungsstrahlengang zu beeinflussen. Das ist z. B. notwendig, wenn für ein Systemteil, beispielsweise das Okular, ein kleiner Durchmesser angestrebt werden soll, so daß man an dieser Stelle die Durchstoßhöhe des Hauptstrahls möglichst klein machen muß. Es kann auch der Fall eintreten, daß eine bestimmte Lage von Eintritts- bzw. Austrittspupille erzielt werden soll. Eine solche Beeinflussung des Hauptstrahlenganges erfolgt durch Feldlinsen. Das sind Linsen die unmittelbar in einer Bildebene angeordnet werden, da sie dort ohne Wirkung auf den Abbildungsstrahlengang sind. Zur Erläuterung ist in Abb. 25 der Strahlengang des Fernrohrs mit terrestrischem Okular wiedergegeben, wo in beiden Bildebenen je eine Feldlinse angebracht ist. Die Feldlinse der ersten Bildebene bildet die Objektivöffnung im Umkehrsystem ab, d. h. der Kreuzungspunkt des Hauptstrahls wird in das Umkehrsystem verlegt. Die Feldlinse in der zweiten Bildebene bewirkt, daß die Durchstoßhöhe des Hauptstrahls durch das Okular geringer wird als in Abb. 20c. Der Abbildungsstrahlengang wird dadurch, wie man sieht nicht beeinflußt, die Austrittspupille rückt dabei etwas näher an das Okular heran. Abb. 26 zeigt als weiteres Beispiel die Wirkung der Feldlinse eines astronomischen Fernrohrs, das eine substantielle Aperturblende vor dem Objektiv besitzt. Mit diesem Beispiel soll gleichzeitig ein Fernrohrstrahlengang vorgeführt werden, bei dem nicht wie üblich die Aperturblende mit dem Objektiv zusammenfällt. Bei Spezialfernrohren treten in der Praxis solche Strahlengänge durchaus auf. Man sieht in Abb. 26, daß durch das Einschalten der Feldlinse der Strahlengang so weit umgelenkt wird, daß ein Okular mit geringerem Durchmesser angewendet

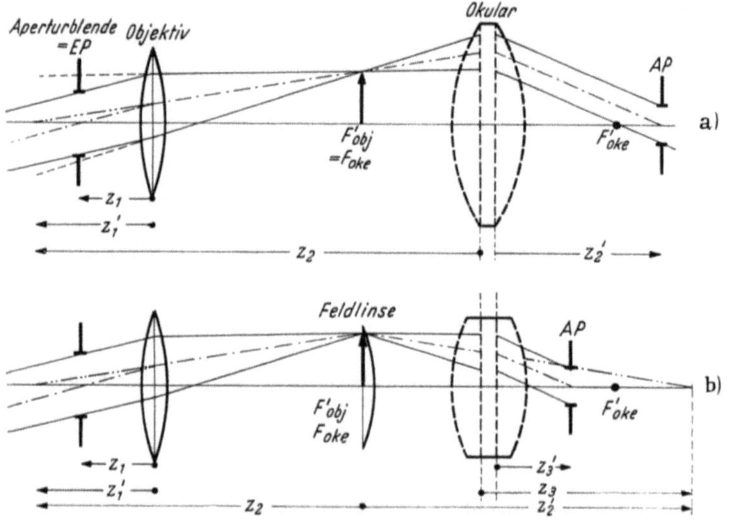

Abb. 26a u. b. Strahlengang bei einem astronomischen Fernrohr mit Aperturblende vor dem Objektiv a) ohne Feldlinse; b) mit Feldlinse

werden kann. Die Anwendung der Feldlinse bewirkt außerdem, daß der Abstand der Austrittspupille vom Okular geringer wird.

Es ist in der Praxis nicht immer möglich, die Feldlinsen unmittelbar in der Bildebene anzubringen; teils weil man vermeiden will, daß auf der Linse sich absetzende Staubteile abgebildet werden und teils weil Feldlinsen eine endliche·Dicke haben und somit überhaupt nicht exakt in der Bildebene angebracht werden können. Prinzipiell ändert sich dann gegenüber den hier dargelegten Verhältnissen nichts; man muß dann allerdings in Betracht ziehen, daß der Abbildungsstrahlengang nicht mehr unverändert bleibt. Den Einfluß der Feldlinse auf den Abbildungsstrahlengang muß man dann durch eine numerische Durchrechnung ermitteln.

Darauf hingewiesen sei noch, daß der Fall besondere Bedeutung besitzt, wenn der Hauptstrahlengang parallel ist, d. h. wenn sich die diesbezügliche Pupille im Unendlichen befindet. Nach ABBE bezeichnet man einen derartigen Hauptstrahlengang als telezentrisch. Im Beispiel der Abb. 25 wird durch die Feldlinse der Hauptstrahlengang vor dem Okular auf dessen Objektseite telezentrisch. Bei einem gewöhnlichen astronomischen Fernrohr nähert man sich bei Aperturblende im Objektiv immer mehr dem Fall des telezentrischen Strahlenganges je länger die Objektivbrennweite ist. Der telezentrische Strahlengang hat besonders für Meß-Fernrohre Bedeutung, denn, wie leicht einzusehen ist, ist die genaue Lage des Bündelschwerpunktes in allen achsensenkrechten Ebenen die gleiche. Das bedeutet, daß bei telezentrischem Strahlengang auf der Bildseite des Okulars Fokussierfehler lediglich eine Vergrößerung der Unschärfe, aber keine Winkelfehler verursachen.

§ 5. Spiegel und Prismen

Bei Fernrohren, die nur aus Linsen bestehen, wird nur in bestimmten Fällen ein aufrechtes Bild erzeugt, wie z. B. beim Galileischen und beim terrestrischen Fernrohr. Beim astronomischen Fernrohr und bei einem Fernrohr mit sammelndem Objektiv und sammelndem Okular, das eine geradzahlige Anzahl von Umkehrsystemen besitzt, erfolgt Bildumkehr. In vielen Fällen wird diese Bildumkehr durch umkehrende Spiegel- oder Prismensysteme aufgehoben. Andererseits werden bei den in Abschnitt B zu behandelnden Mikrometern und den Entfernungsmessern des Abschnittes C Prismen in der Form von Meßkeilen als Meßmittel verwendet. Wegen der großen Bedeutung dieser Bauelemente soll auf ihre Wirkungsweise jetzt etwas näher eingegangen werden.

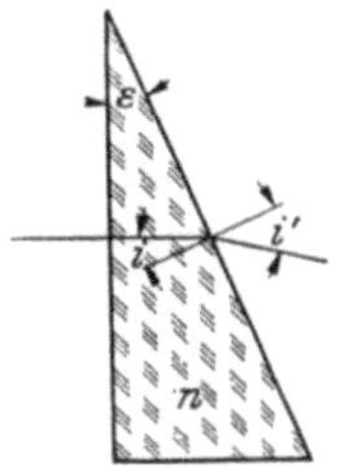

Abb. 27. Strahlenverlauf durch einen Glaskeil

Ein Glasstück, das von zwei zueinander geneigten Ebenen begrenzt wird, nennt man ein Prisma (Abb. 27), den Winkel, den die beiden Ebenen miteinander bilden, den brechenden Winkel oder Keilwinkel ε und ihre Schnittkante die brechende Kante. Geht nun ein Lichtstrahl senkrecht durch die erste Ebene hindurch, so wird er nur an der zweiten Ebene gebrochen; die Ablenkung ist $i' - i$, und wenn man kleine Winkel voraussetzt, ist die Ablenkung $(n - 1)\,\varepsilon$. Diese Ablenkung bleibt auch, wenn der Lichtstrahl an beiden Ebenen gebrochen wird, dieselbe, solange der Einfallswinkel an der ersten Ebene klein bleibt. Man erkennt dies, wenn man den Glaskeil durch einen Schnitt senkrecht zum Strahl im Glase in zwei Keile zerlegt und die Summe ihrer Ablenkungen nimmt. Wird der Einfallswinkel größer, so wächst die Ablenkung erst langsam, dann schneller und schneller. Will man eine Glasplatte darauf prüfen, ob die Ebenen zueinander parallel sind, ob sie also den Keilwinkel Null haben, so erkennt man dies am leichtesten, wenn man nahe streifend darauf und hindurch nach einer geraden Kante so sieht, daß man sie teils durch die Glasplatte, teils an dieser vorbei sieht. Die Versetzung der Teile der Kante, ähnlich wie die der Noniusstriche gegen die Teilungsstriche, läßt den Keilwinkel erkennen. Faßt man den Randteil einer Linse, die von einem Strahl durchsetzt wird, als ein brechendes Prisma auf, so kann man aus der Ablenkung des Strahles $(n - I)\,\varepsilon$ die Formel (44) für die Stärke der Linse ableiten.

Fallen die von einem Dingpunkt O ausgehenden Strahlen auf einen ebenen Spiegel (Abb. 28), so erkennt man mit Hilfe des Reflexionsgesetzes, daß die zurückgeworfenen Strahlen von einem virtuellen Bildpunkt O' ausgehen, den man findet, wenn man von O das Lot auf den Spiegel fällt und um sich selbst bis O' verlängert. Der ganze Raum wird so mit dem Abbildungsmaßstab 1 abgebildet. Wird der Spiegel um eine Senkrechte zur Einfallsebene gedreht, so wird der Strahl um den doppelten Betrag in demselben Sinne gedreht.

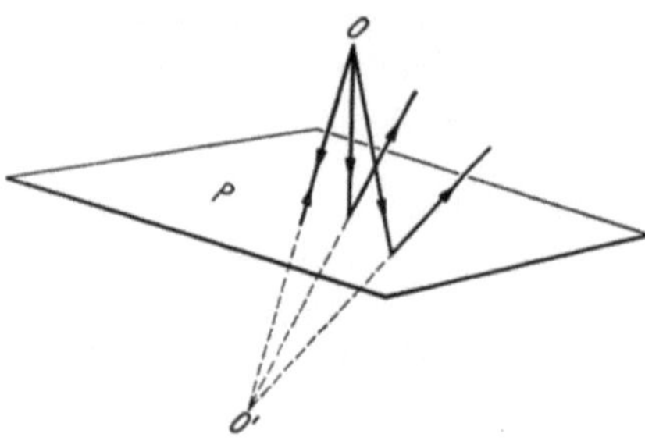

Abb. 28. Die Abbildung durch einen ebenen Spiegel

Man benutzt demgemäß den Spiegel, z. B. bei Galvanometern, um durch die Drehung von Lichtstrahlen die Drehung des Spiegels anzuzeigen, etwa, indem man beobachtet, wie der von den Lichtstrahlen auf einem entfernten Schirm erzeugte Lichtfleck wandert. Zwei Spiegel, die im Winkel w zueinander stehen, bilden einen Winkelspiegel; die Schnittgerade der Spiegelebenen nennt man die Spiegelachse. Wie man aus Abb. 29 erkennt, findet man das von einem Punkt O durch doppelte Spiegelung erzeugte Bild O'', indem man die Bilder von den einfachen Spiegelbildern O' sucht oder einfacher, indem man den Punkt O um die Spiegelachse um den doppelten Spiegelwinkel $2w$ dreht, und zwar in demselben Sinne, in dem man den zuerst getroffenen Spiegel auf den zweiten dreht. Man erkennt dies auch, wenn man die Bilder, die von dem ersten und zweiten Spiegel als Gegenstandsebenen durch doppelte Spiegelung entworfen werden, aufsucht und berücksichtigt, daß der Abbildungsmaßstab 1 ist. In dem gezeichneten Fall $(w = 90°)$ fallen die durch doppelte Spiegelung entstandenen

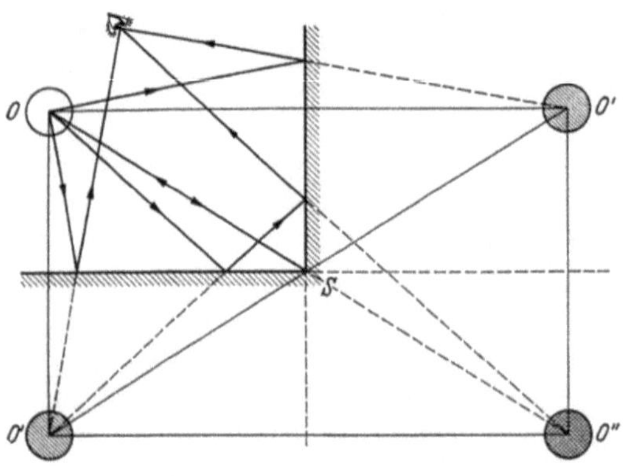

Abb. 29. Die Abbildung durch einen Winkelspiegel

Bilder zusammen. Ein Winkelspiegel von 45 bzw. 90° lenkt also um 90 bzw. 180° ab, unabhängig davon, wie groß der Einfallswinkel in der zur Spiegelachse senkrechten Ebene ist. Dreht man den Winkelspiegel um die Spiegelachse, so bleibt die Ablenkung unverändert. Man benutzt daher nach dem älteren ADAMS (* um 1720, † 1773) den Winkelspiegel von 45° bei der Landmessung zum Abstecken von rechten Winkeln, indem man den einen Richtpfahl unmittelbar und den anderen durch doppelte Spiegelung an derselben Stelle wie den ersten sieht.

Abb. 30 zeigt bei einem 90°-Winkelspiegel die bei den durch einfache Spiegelung entstehenden Bilder einer Hand, einer Uhr und einer Schraube, und auch das durch doppelte Spiegelung entstehende. Man bemerkt,

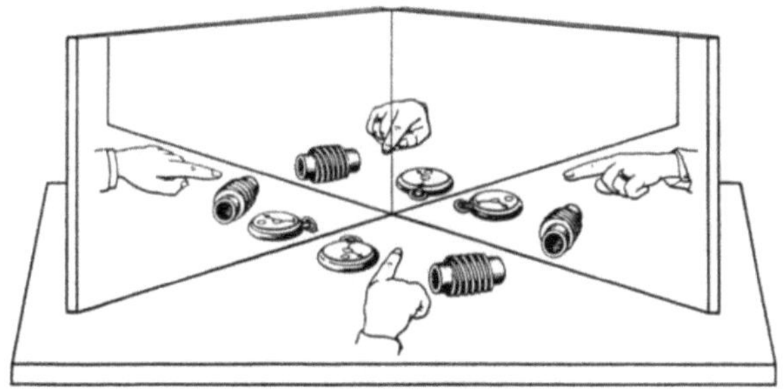

Abb. 30. Die Bilder bei einem Winkelspiegel

daß die einfachen Spiegelbilder die rechte Hand als linke, d. h. spiegelverkehrt wiedergeben, das doppelte Spiegelbild gibt sie richtig wieder als rechte. Ebenso ist das 3., 5. und 7. Bild spiegelverkehrt; diese Bilder können nicht mit dem Gegenstand zur Deckung gebracht werden wie das 2., 4. und 6. Bild. Ein spiegelverkehrtes Bild erkennt man daran, daß das Bild von geschriebenen oder gedruckten Buchstaben in Spiegelschrift erscheint, die man nur schwer liest, ganz gleich, wie man das Blatt mit den Buchstaben in seiner Ebene drehen mag. Ist das Bild spiegelverkehrt, so spricht man von rückwendiger Abbildung, den Gegensatz dazu bildet die rechtwendige Abbildung, wie sie z. B. durch Linsen stattfindet (vgl. S. 8). Wird ein Gegenstand durch den Spiegel betrachtet, so kann sich die Verschiedenheit des Spiegelbildes vom Gegenstand entweder darin zeigen, daß oben und unten, oder darin, daß links und rechts vertauscht ist. Im ersten Fall spricht man von einem höhenverkehrten, im zweiten von einem seitenverkehrten Bilde. Blickt man senkrecht auf einen Spiegel, so erscheint das Bild seitenverkehrt; blickt man schräg auf einen waagerechten Spiegel, so erscheint das Bild höhenverkehrt. Dreht man den Spiegel aus dieser Lage in die senkrechte, so findet der Übergang von höhen- zu seitenverkehrt statt, wenn der von der Mitte des Spiegels reflektierte Strahl von der Stelle kommt, die sich

senkrecht über dem Beobachter befindet. Bei der unmittelbaren
Beobachtung würde man ja bis zu dieser Stelle den Blick durch Zurück-
legen des Kopfes wandern lassen, dann aber erst weiter nach einer
Körperwendung um 180°. Die Beurteilung, ob das Bild seiten- oder
höhenverkehrt ist, hängt bei waagerechter Ding- oder Bildebene von der
gewohnten oder gerade eingenommenen Beobachtungsstellung ab. Man
sieht in diesem Falle diejenige Gerade als eine waagerechte an, die der
Verbindungslinie der Augen parallel ist. Von diesen Ausnahmelagen
der Ding- und Bildebene abgesehen nennt man ein Bild aufrecht, wenn
eine waagerechte Gerade als waagerechte und oben und unten unver-
tauscht wiedergegeben wird, ein aufrechtes spiegelverkehrtes Bild ist,

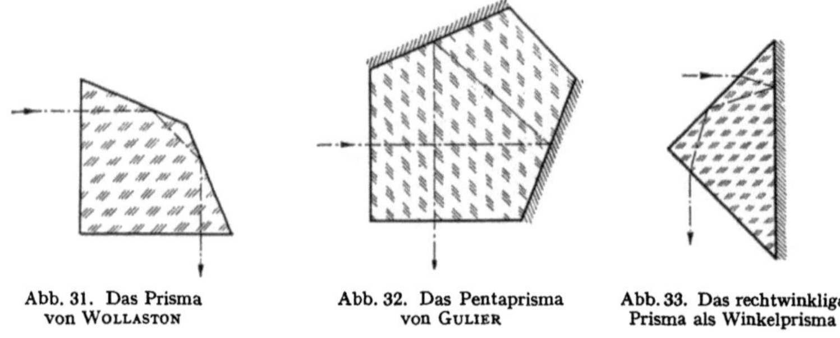

<table>
<tr><td>Abb. 31. Das Prisma
von WOLLASTON</td><td>Abb. 32. Das Pentaprisma
von GULIER</td><td>Abb. 33. Das rechtwinklige
Prisma als Winkelprisma</td></tr>
</table>

wie schon oben bemerkt, seitenverkehrt, ein umgekehrtes spiegelverkehrtes Bild höhenverkehrt; unter aufrechten oder umgekehrtem Bildern
kurzweg seien im folgenden solche verstanden, die nicht spiegelverkehrt sind.

Statt des 45°-Winkelspiegels benutzt man vielfach Prismen gleicher
Wirkung. WOLLASTON gab 1812 das total reflektierende Prisma nach
Abb. 31 für einen Zeichenapparat an, GOULIER (1864) das Pentaprisma
(Fünfseitprisma) nach Abb. 32 mit versilberten Spiegelflächen für
Entfernungsmesser; auch ein rechtwinklig gleichschenkliges Prisma ist
nach BAUERNFEIND (1868) bei Versilberung der Hypothenusenfläche
geeignet (Abb. 33).

Ein Winkelspiegel mit veränderlichem Winkel wird bei dem Sextanten von HADLEY (1731) benutzt, der für freihändige Winkelmessung
besonders geeignet ist, da die zusammengespiegelten vermischten
Bilder nur in Deckung zu bringen sind. Die Strahlen L (Abb. 34) des
einen Bildes gelangen unmittelbar über den Spiegel s hinweg in das
Fernrohr, die Strahlen R des anderen Bildes nach Spiegelung an S und s.
Der Spiegel S wird für die Winkelmessung so mit dem Zeigerarm A für
die Teilung gedreht, daß der Strahl R nach Zurückwerfung an S und s
in die gleiche Richtung mit L kommt; der Winkel zwischen dem drehbaren Spiegel S und dem festen Spiegel s ist dann gleich dem halben

Winkel zwischen R und L. Der Zeigerarm A hat bei M Klemmung und Feineinstellung. Der Teilkreis wird mit Lupe Lp und Nonius abgelesen. [1], [2] und [3] sind Rauchgläser zum Abschwächen des einen oder anderen Bildes.

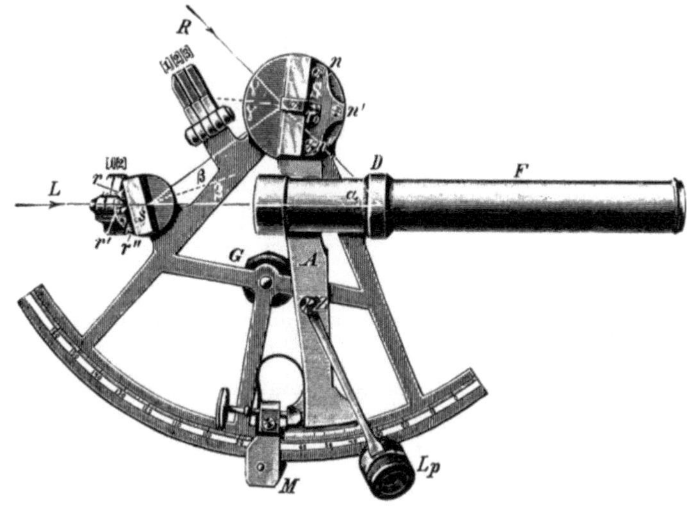

Abb. 34. Ein Sextant

Stehen drei Spiegel in rechtem Winkel zueinander wie die Ebenen eines Würfels in einer Ecke, so spricht man von einem Zentralspiegel, auch wohl Tripelspiegel, der als Prisma aus einem Stück verwirklicht

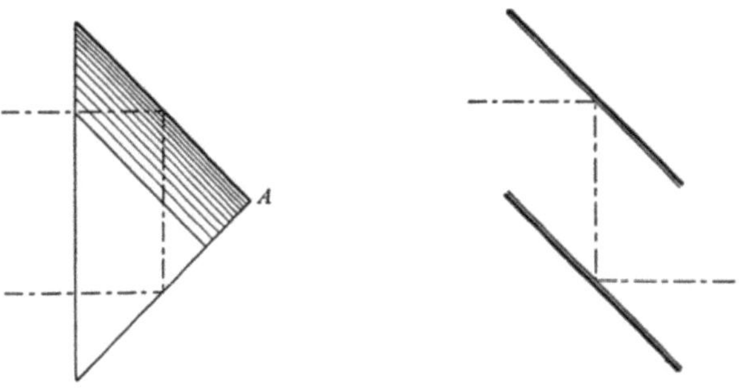

Abb. 35. Das Tripelspiegelprisma   Abb. 36. Der Rhombusspiegel

werden kann (Abb. 35). Man findet das Bild eines Punktes, das durch dreifache Spiegelung entsteht, wenn man den Strahl nach der Ecke A zieht und um sich selbst verlängert; das Bild ist höhenverkehrt. Jeder Strahl wird in seine eigene Richtung, aber im allgemeinen versetzt zurückgeworfen; durch Drehen des Zentralspiegels um eine beliebige

Achse wird die Richtung des zurückgeworfenen Strahles nicht verändert.
Diese Unveränderlichkeit des zurückgeworfenen Strahles besitzt auch
der Winkelspiegel aus zwei parallelen Spiegeln, den man bei 45° Licht-
einfall auch als Rhombusspiegel (Abb. 36) bezeichnen kann; hier ist
das Bild aufrecht, die Versetzung des Bildraumes gegen den Dingraum
ist gleich dem $\sqrt{2}$fachen Abstand der Spiegel in Richtung der Spiegel-
senkrechten.

Einen Spiegel kann man durch ein gleichschenkliges Prisma ersetzen.
Abb. 37 zeigt die Wirkung eines solchen rechtwinkligen Prismas für

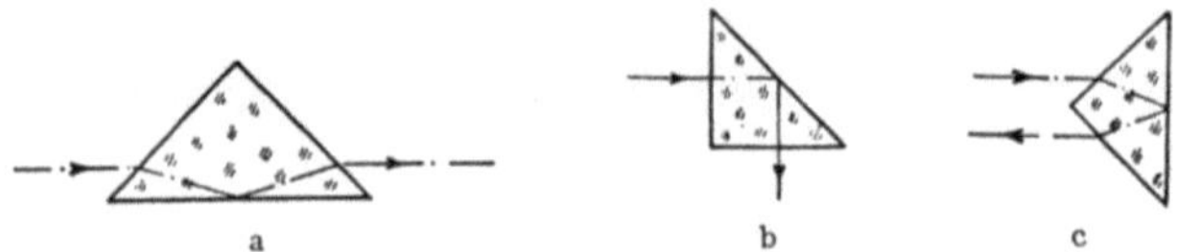

Abb. 37. Das rechtwinklige Prisma bei verschiedenen Ablenkungen.
a) geradsichtig; b) winkelsichtig; c) rücksichtig

verschiedene Ablenkungen. Ist der Einfallwinkel bei gewöhnlichem
Kronglas größer als 41°, so findet Totalreflexion statt, der Spiegel
braucht dann nicht versilbert zu werden. Die Wirkung der Brechungen
beim Ein- und Austritt hebt sich aus der Gesamtablenkung heraus;
damit heben sich auch die bei der Brechung auftretenden Farbensäume
für entfernte Gegenstände auf, wenn nur Ein- und Austrittsfläche mit

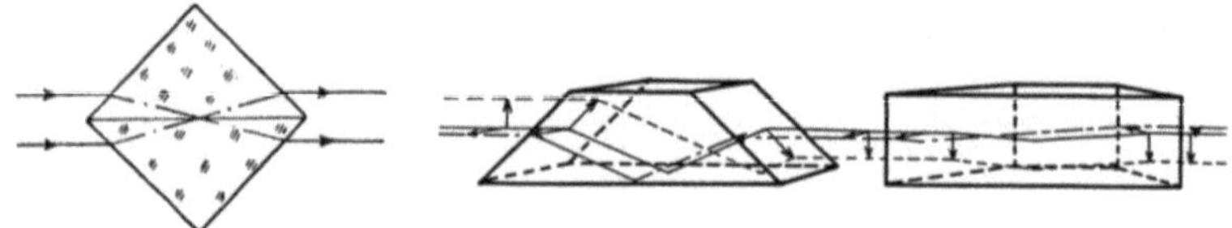

Abb. 38. Das Doppelwendeprisma   Abb. 39. Das Umkehrprismensystem nach Delaborne

der Spiegelfläche gleiche Winkel bilden; im übrigen wirken die beiden
Brechungen wie die einer schräg durchsetzten Parallelplatte mit gleichem
Glasweg. Legt man nach Abb. 38 zwei Prismen zusammen, so wird die
Büschelbreite für gerade Durchsicht verdoppelt und man kann von
dieser Sicht nach beiden Seiten unmittelbar ablenken; zur Vermeidung
von Doppelbildern müssen aber die beiden Spiegelflächen genau parallel
gehalten werden. Dreht man das einfache oder doppelte Prisma in der
Lage für gerade Durchsicht um die Visierlinie, so bleibt die Visierlinie
unabgelenkt, aber das Bild wird gedreht, und zwar wegen der Symmetrie
zur Spiegelebene um den doppelten Drehwinkel. In dieser Verwendung
bezeichnet man das einfache Prisma nach Abb. 37a als Amicisches
Reflexionsprisma oder als Wende (Reversions) Prisma. Nach 90°
Prismendrehung ist das Bild statt seitenverkehrt höhenverkehrt geworden. Ordnet man nun zwei solche Prismen, das eine mit senkrechter,

das andere mit waagerechter Spiegelebene, hintereinander an (Abb. 39),
so erhält man ein umgekehrtes Bild, da durch das eine Prisma die Höhe,
durch das andere die Seite verkehrt wurde. Hier ist der Mittelstrahl
ausgezogen; der in der Höhe und der in der Seite versetzte sind durch
Strichlung unterschieden; die Pfeile, die die Bildlage kennzeichnen, sind
in der Ein- und Austrittsfläche wiederholt. Da die Abbildung rechtwendig
ist, findet bei Drehung des Doppelprismas um die Visierlinie keine
Bilddrehung statt. Diese Unabhängigkeit gilt für alle geradsichtigen
Spiegelsysteme mit einer geraden Anzahl Spiegelungen und für alle rücksichtigen mit einer ungeraden
Anzahl, während alle geradsichtigen Systeme mit einer
ungeraden Anzahl Spiegelungen und alle rücksichtigen mit
einer geraden Anzahl wie ein

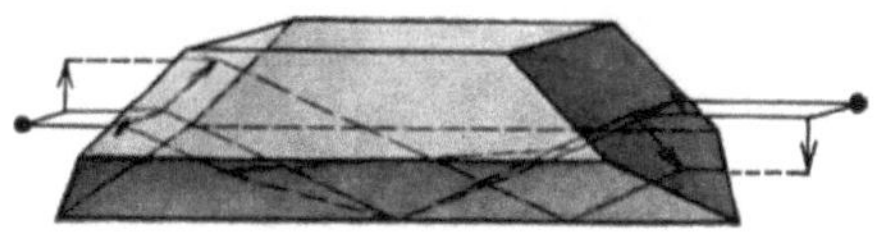

Abb. 40. Das geradsichtige Dachprisma

Wendeprisma wirken.

Die Wirkung des eben beschriebenen Prismen-Umkehrsystems aus
zwei einzelnen Reversionsprismen kann man auch mit einem einzigen
Prisma nach Abb. 40 verwirklichen. Man nennt ein solches Prisma ein
Dachkantprisma. Die Reihenfolge, in der die Spiegel getroffen werden,
ist bei der einen Hälfte des Bündels die umgekehrte wie bei der anderen;
die Flächen werden doppelt benutzt, jeder Punkt wird von zwei Strahlen
getroffen. Die Dachflächen müssen einen Winkel von genau 90° bilden,
damit kein Doppelbild entsteht, d. h. in beiden Fällen das Bild genau
um 180° gedreht ist.

Der Doppelbildfehler δ im Winkelmaß wird $\delta = 4n\ \Delta\alpha \sin\sigma$, wobei $\Delta\alpha$ die Abweichung des Dachwinkels von 90° und σ die Strahlneigung gegen die Dachkante ist.
Die Dachkante hat auch einen Nachteil: In den Teilbündeln werden die Polarisationsebenen in verschiedener Richtung gedreht. Die auf Seite 66 angestellten Überlegungen sind dann nicht mehr zulässig, da die Überlagerung der Elementarwellen
gleichgerichtete Polarisationsebenen zur Vorraussetzung hat. Die Dachkante bewirkt also eine für das Auflösungsvermögen ungüstigere Intensitätsverteilung
gegenüber Abb. 76 bzw. 77. Das bedeutet eine Bildverschlechterung besonders bei
hohen Vergrößerungen und kleinen Austruttspupillen.

Die beschriebenen beiden Formen des bildumkehrenden Prismas haben
den Nachteil, daß die Strahlen beim Ein- und Austritt entgegengesetzte
Brechungen erleiden, das wirkt sich, wie wir in § 6 sehen werden, ungünstig
auf die Bildfehler aus; diese Bildfehler verschwinden nur bei parallelen
Abbildungsbündeln. Prismen nach Abb. 39 und 40 können daher nur vor
oder hinter einem Fernrohr oder in einem Umkehrsystem mit parallelem
Strahlengang verwendet werden. Zwischen Auge und Okular ist gewöhnlich für das Prisma kein Platz; will man es nun, wie es meist für die
Ersparnis an Raum und Werkstoff erwünscht ist, zwischen den Linsen
unterbringen, so kann man den störendsten Bildfehler, den Astigmatismus

(s. § 6) vermeiden, wenn die optische Achse ungebrochen durch Ein- und Austrittsfläche verläuft. Das ist z. B. für 90° Ablenkung bei dem nach dem Erfinder AMICI benannten Prisma (1843) nach Abb. 41 der Fall. Es liefert sowohl bei der Ablenkung nach oben, wenn der Beobachter senkrecht zum eintretenden Achsenstrahl stehend hineinsieht, wie bei Ablenkung in waagerechter Ebene ein umgekehrtes Bild. Für gerade Durchsicht wendet man nun statt der Ablenkung durch Brechungen solche durch Spiegelungen an, wie es Abb. 42 zeigt. Ähnlich ist die

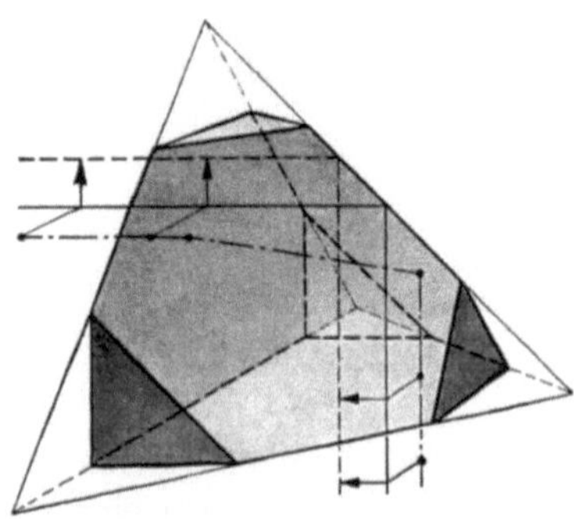

Abb. 41. Das Dachprisma mit 90° Ablenkung nach AMICI

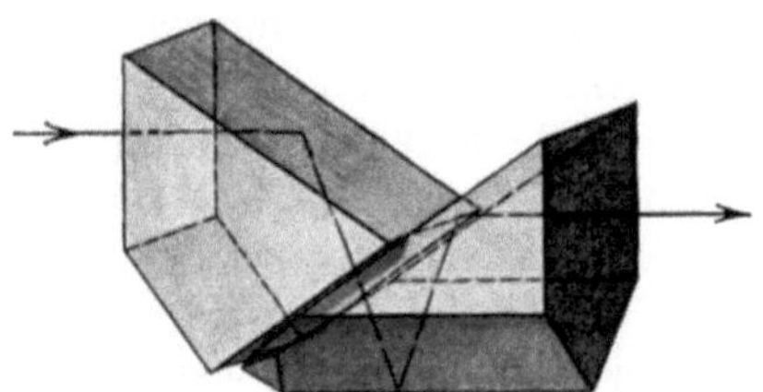

Abb. 42. Das Umkehrprisma nach ABBE

Wirkung des bekannten „Dialyt“-Prismas der Firma Hensoldt, das Abb. 43 zeigt. Statt die Spiegelungen vor und hinter dem Dach anzuordnen, kann man sie beide vor oder hinter ihm anordnen; man ergänzt

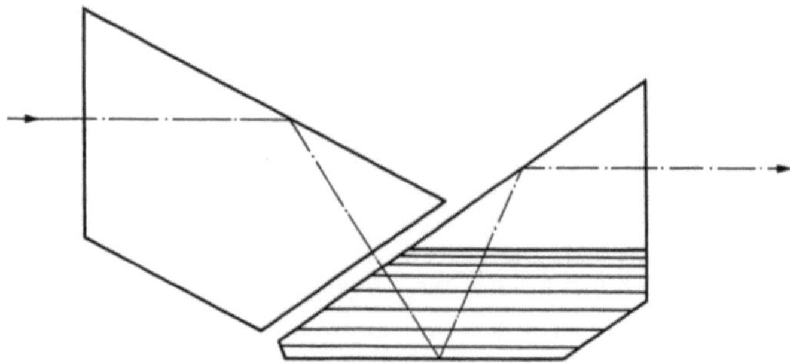

Abb. 43. Das Dialyt-Prisma

das Dachprisma durch einen Winkelspiegel von passender Ablenkung, wie es Abb. 44 zeigt; dieses Lemansche Prisma kann aus einem Stück hergestellt werden. Welche Fläche als Dach ausgebildet ist, ist für die Bildumkehrung ohne Belang; Beispiele dafür zeigen die Abb. 45—48. Bei den Prismen nach Abb. 47 und 48 werden die Eintrittsflächen nicht senkrecht durchsetzt. Wird bei dem Prisma von ASTORRI auf die Geradsichtigkeit verzichtet, so erhält man das Prisma nach Abb. 48 mit senkrechtem Lichtdurchtritt und schrägem Einblick. Verzichtet man bei der Form nach Abb. 46 auf die doppelte Benutzung des Daches, so daß auch die genaue

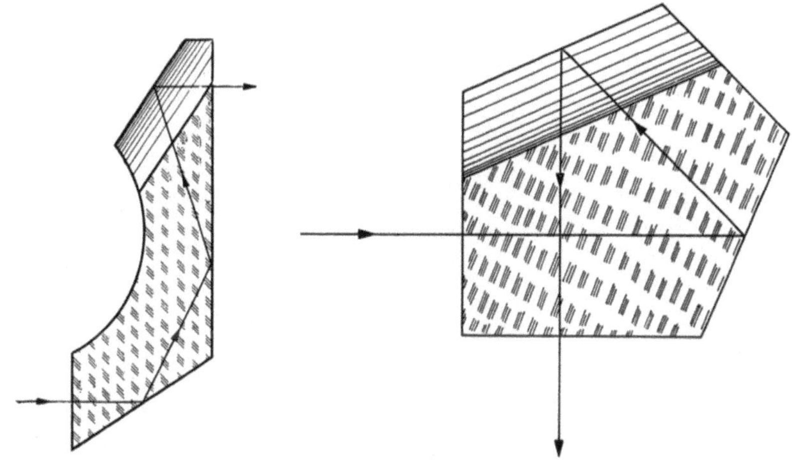

Abb. 44. Das Umkehrprisma nach LEMAN

Abb. 45. Pentaprisma mit Dachkante

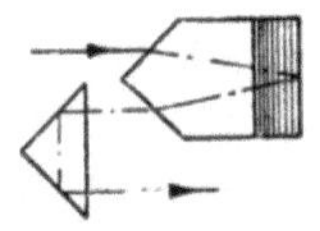

Abb. 46. Ein Umkehrprismensystem mit rücksichtigem Dachprisma

Einhaltung seines Winkels entfällt, so erhält man eine für die Ausführung bequeme Form (Abb. 49), das erste Porrosche

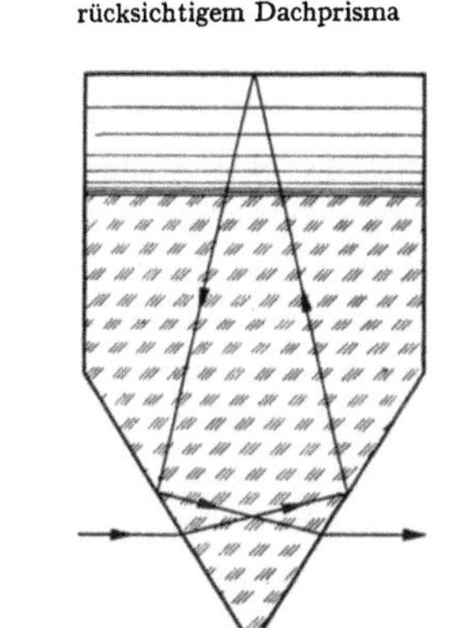

Abb. 47. Das Umkehrprisma nach ASTORRI

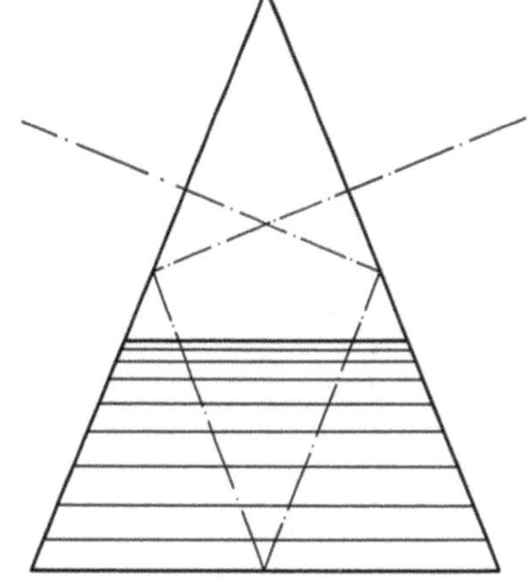

Abb. 48. Umkehrprisma mit Dachkante für schrägen Einblick

Umkehrsystem (1854). Es besteht gewöhnlich aus zwei rücksichtigen rechtwinkligen Prismen, die je einem 90°-Winkelspiegel entsprechen; es kann aber auch in drei oder vier Prismen zerlegt werden; in Abb. 49 sind diese A, B, C, D. Die Bildumkehrung kann hier dadurch erklärt werden, daß zwei Drehungen um 180° um die zueinander senkrechten Spiegelachsen einer Drehung um 180° um die zu diesen Achsen senkrechte Visierlinie gleichwertig sind. Wie das erste aus Abb. 46 kann das zweite

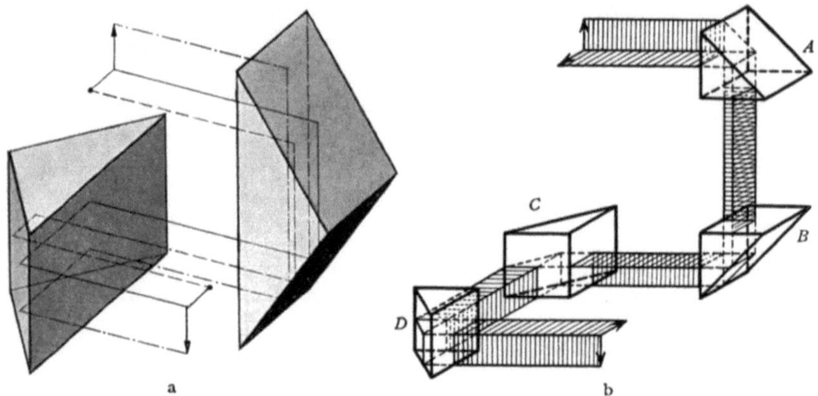

Abb. 49. Porrosches Prismenumkehrsystem erster Art

Porrosche Umkehrsystem (Abb. 50) aus der Form nach Abb. 42 abgeleitet werden, wenn man den Endspiegeln stärkere Ablenkung gibt. Diese Form kann aus zwei symmetrisch gleichen oder drei bzw. vier rechtwinklig gleichschenkligen Prismen aufgebaut werden; bei beiden

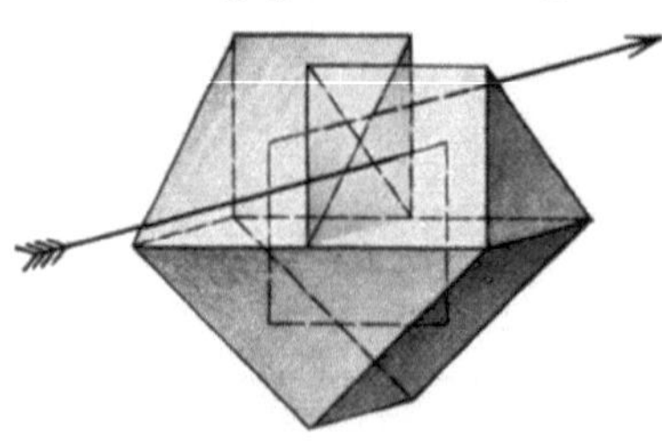

Abb. 50. Porrosches Prismenumkehrsystem
zweiter Art

Porroschen Formen besteht die Möglichkeit, alle Prismen zu verkitten. Von den geradsichtigen Systemen mit sechs Spiegelungen ist das aus zwei gleichen rücksichtigen Prismen nach Abb. 51 bemerkenswert. Abb. 51a soll die Wirkungsweise des Umkehrsatzes verständlich machen. Abb. 51b stellt die praktische Ausführung einer Umkehrhälfte, ein sog.

„Tetraederprisma" dar. Man kann dieses sich so entstanden denken, daß die Kombination dreier Reckteckprismen nach Abb. 37b zu einem Tetraeder ergänzt wurde, wobei optisch nicht benutzte Teile weggeschliffen worden sind. (Das „Tetraeder" nach Abb. 51b ist gegenüber der linken Umkehrhälfte in Abb. 51a um 135° im Sinne des Uhrzeigers verdreht gezeichnet). Wie man aus Abb. 51a ersieht, lenkt jede einzelne Umkehrhälfte dreimal um 90° ab, wobei jede Einfallsebene auf den beiden anderen senkrecht steht. Das Prisma dreht das Bild um 90° unabhängig von der Drehung um den Einblick, aber nach links oder rechts, je nachdem in welchem Sinne das Licht durch das Prisma

geht. Je nach der Zusammensetzung des ganzen Systems aus den beiden
Prismen ist das Bild aufrecht oder umgekehrt; in der gestreckten Lage

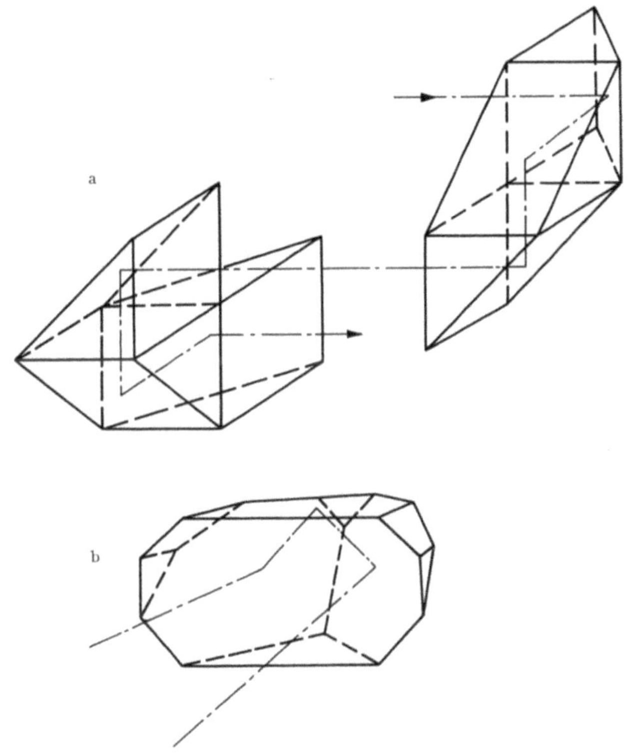

Abb. 51. Umkehrprismensatz nach DAUBRESSE

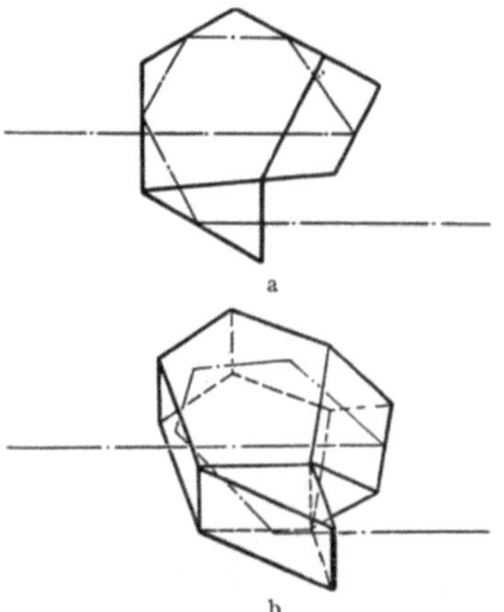

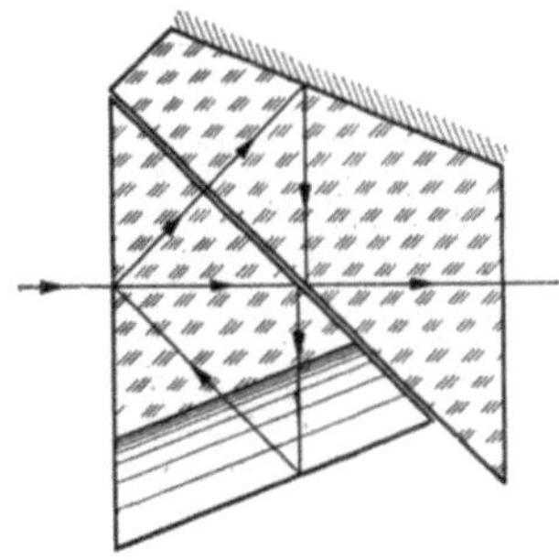

Abb. 52. Umkehrprisma nach MÖLLER   Abb. 53. Umkehrprisma nach SCHMIDT

König/Köhler, Fernrohre, 3. Auflage   4

teilt es mit den Umkehrprismen mit Dach die flache Form. In Abb. 53, 54, 55 sind ferner noch einige Dachprismen mit sechs Spiegelungen wiedergegeben; bei dem Prisma nach Abb. 53 ist die kammartig gestrichelte Fläche zu versilbern.

Eine weitere bemerkenswerte Anwendung von Prismen stellt der in Abb. 56 gezeigte Prismensatz von Amici dar. Bei geeigneter Lage der beiden Prismen zueinander tritt ein parallel einfallendes Strahlenbündel wieder als Parallelstrahlen-

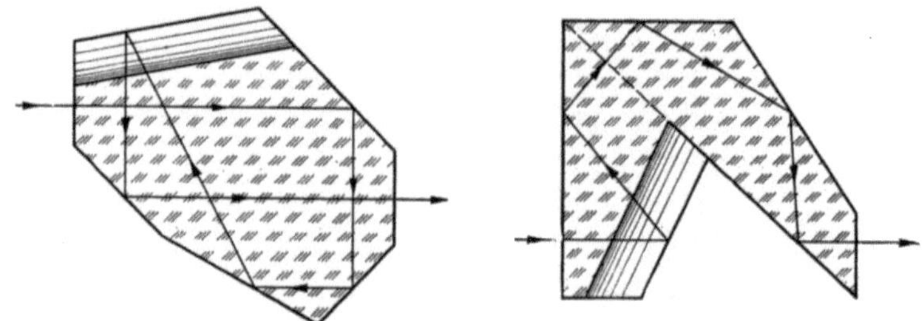

Abb. 54. Umkehrprisma aus einem Stück mit 6 totalen Reflexionen

Abb. 55. Zweiteiliges Umkehrprisma mit 6 totalen Reflexionen

bündel aus. Es ist also im gezeichneten Schnitt ein afokales System im Sinne des § 3. Wie man sieht, ist der Abstand p auf der Austrittseite anders (im dargestellten Falle kleiner) als der entsprechende Abstand D auf der Eintrittseite. $\dfrac{D}{p}$ ist wie in § 3 gleich der Fernrohrvergrößerung Γ, für die man erhält:

$$\Gamma = \frac{\cos i_1}{\cos i_1'} \cdot \frac{\cos i_2}{\cos i_2'} \cdot \frac{\cos i_3}{\cos i_3'} \cdot \frac{\cos i_4}{\cos i_4'}. \tag{5.1}$$

Dabei sind i_ν die Einfallswinkel und i_ν' die Winkel nach der Brechung an den vier Flächen der Prismen. Im Falle der Abb. 56 ist die Fernrohrvergrößerung nur

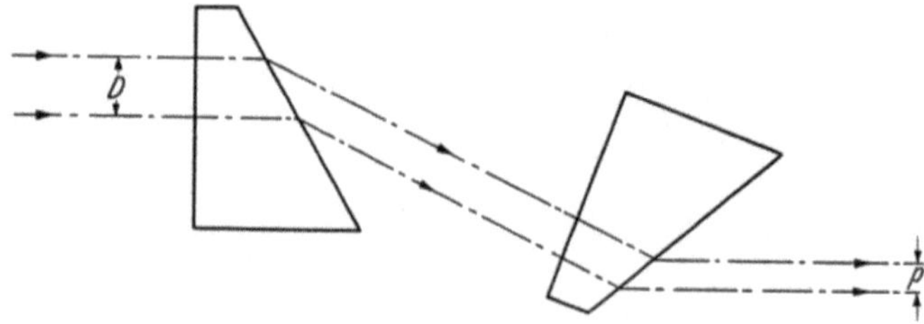

Abb. 56. Der Prismensatz von Amici (auch Brewstersches Fernrohr genannt)

in einem Schnitt wirksam; im Schnitt senkrecht zur Zeichenebene ist sie gleich 1. Es handelt sich um eine sog. „anamorphotische Abbildung", d. h. eine Abbildung, bei der der Abbildungsmaßstab in zwei zueinander senkrechten Schnitten voneinander verschieden ist; das Objekt wird also verzerrt abgebildet. Solche Systeme haben Bedeutung in der Kinotechnik (vgl. § 34). Setzt man zwei Prismensätze nach

Abb. 56 in Lichtrichtung so aneinander, daß ihre Hauptschnitte senkrecht aufeinanderstehen, dann erhält man ein Fernrohr, das eine reguläre, rotationssymmetrische Abbildung mit der Vergrößerung Γ nach Gl. (5.1) vermittelt. In der Praxis lassen sich für Γ Werte bis zu 1,7 erreichen.

§ 6. Die Bildfehler

Die Abbildungsgesetze im § 2 und § 3 waren unter der ausdrücklichen Voraussetzung abgeleitet worden, daß sowohl die Öffnung der abbildenden Bündel als auch die Ausdehnung von Objekt und Bild senkrecht zur Achse bzw. die dazugehörenden Bildwinkel sehr klein sein sollen. Bei den Systemen der Praxis treffen diese Voraussetzungen kaum zu.

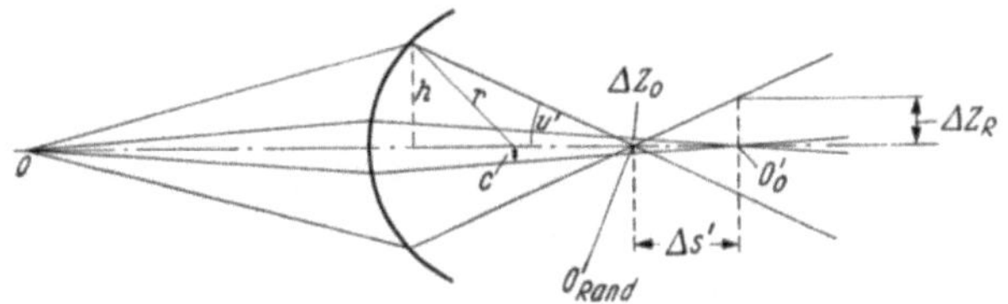

Abb. 57. Schema der sphärischen Abweichung

Infolgedessen hat man bei einem Abbildungssystem mit den sog. Bildfehlern zu rechnen. Darunter versteht man, daß die Strahlenvereinigung nicht mehr ideal ist, daß also nicht mehr alle die Abbildung vermittelnden Strahlen sich im Bildpunkt schneiden. Das Wesen dieser Bildfehler soll nun zunächst einmal für ein System mit im Endlichen gelegenen Bildpunkt bzw. für eine einzelne Fläche erörtert werden.

Je nach Art ihres geometrischen Zustandekommens unterscheidet man verschiedene Bildfehler. Einen dieser Bildfehler hatten wir bei der Ableitung der Abbildungsgesetze in Gl. (2.9) bereits erwähnt. Es handelt sich hierbei um die sog. sphärische Aberration achsensymmetrischer Bündel. Wie bereits im Zusammenhang mit Gl. (2.9) erwähnt, hängt bei achsenparallelen Bündeln mit endlicher Öffnung der bildseitige Achsschnittpunkt der Abbildungsstrahlen von der Bündelöffnung (charakterisiert durch den Zentriwinkel φ an der Fläche) ab. Abb. 57 zeigt den Strahlenverlauf beim Vorhandensein von sphärischer Abweichung an einer Kugelfläche. Man sieht, daß Lichtstrahlen mit größerer Bündelöffnung die Achse in einer kürzeren Scheiteldistanz schneiden als solche mit kleinerer Bündelöffnung. In achsensenkrechten Ebenen beschreiben die Strahlen Zerstreuungskreise. Der Zerstreuungskreis in der ursprünglichen Gaußschen Bildebene ist in Abb. 57 angedeutet. Auch bei der geometrischen Behandlung der Bildfehler sei darauf hingewiesen, daß die Strahlengeometrie und somit auch die Zerstreuungsfiguren zunächst mathematische Fiktionen sind; welche physikalische Realität ihnen zukommt, d. h. inwieweit die Zerstreuungsfiguren die wirkliche Licht-

4*

verteilung repräsentieren, werden wir erst in einem der nächsten Paragraphen sehen.

Im einfachsten Falle ist die sphärische Längsabweichung dem Quadrat des Öffnungswinkels bzw. der Einfallshöhe proportional. Häufig ist die Abhängigkeit durch ein Polynom gegeben, wobei die Glieder des Polynoms geradzahlige Potenzen des Öffnungswinkels bzw. der Einfallshöhe sind. Besondere praktische Bedeutung hat der Fall, daß das Polynom ein quadratisches und ein Glied vierter Ordnung enthält. Einen solchen Verlauf zeigen z. B. die Kurven 1, 4, 13 und 16 in Abb. 119, S. 130. Gelingt es bei einem derartigen Charakter der sphärischen Abweichung, die Schnittweitendifferenz für den Randstrahl zu beseitigen, dann hat die Schnittweitendifferenz für einen Strahl mit dem um den Faktor $\dfrac{1}{\sqrt{2}}$ kleinerem Öffnungswinkel (bzw. Einfallshöhe) ein Maximum. Den durch das Glied vierten Grades

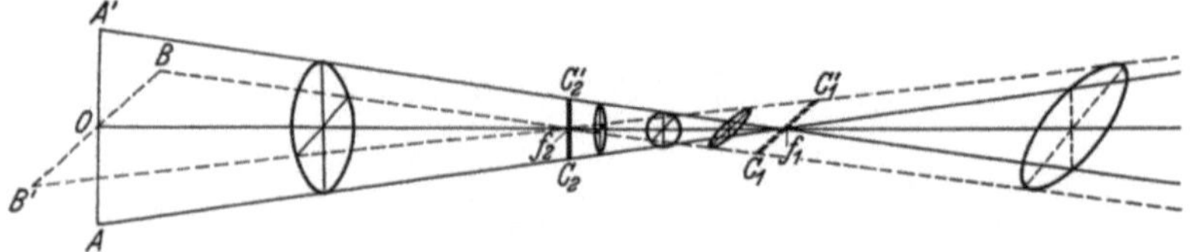

Abb. 58. Strahlenverlauf bei Astigmatismus

bedingten Anteil an der sphärischen Abberation nennt man „Zonenfehler". Er wird zahlenmäßig charakterisiert durch die negative Differenz zwischen halber Randstrahlabweichung und der Abweichung des Strahles mit dem um den Faktor $\dfrac{1}{\sqrt{2}}$ niedrigeren Öffnungswinkel (bzw. Einfallshöhe).

Abb. 58 zeigt einen weiteren Bildfehler, den Astigmatismus schiefer Bündel. Er tritt bei der Abbildung außeraxialer Objektpunkte auf, wenn man zwar noch an der Kleinheit der Bündelöffnung der abbildenden Strahlen festhält, jedoch zu endlicher Objektgröße bzw. endlichen Objekt- und Bildwinkeln übergeht. Dieser Bildfehler tritt auf, sobald die abbildende Fläche schräg durchsetzt wird. Er ist eine Folge der allgemeinen Geometrie einer Kugelfläche; denn wenn eine Kugelfläche schief durchsetzt wird, tritt im Meridian eine andere Brechkraft auf als im Schnitt senkrecht dazu, den man in der angewandten Optik „Sagittalschnitt" nennt. Man erhält beim Auftreten des eben genannten Fehlers keine punktförmige Strahlenvereinigung mehr, sondern anstelle eines Punktes entstehen zwei senkrecht zueinander stehende „Bildlinien" in senkrecht auf dem Hauptstrahl stehenden Ebenen. Man spricht von der meridionalen und der sagittalen Bildlinie. Zwischen beiden Bildlinien befindet sich eine zum Hauptstrahl senkrechte Ebene, in der der Bündelquerschnitt ein Minimum besitzt und nahezu kreisförmige Gestalt hat. Man bezeichnet diese minimale Zerstreuungsfigur bisweilen als „Kreis kleinster Verwirrung". Der Bildfehler selbst heißt Astigmatismus (Stigma, der Punkt, astigmatisch: nicht punktförmig). Der Abstand zwischen meridionaler und sagittaler Bildlinie wird astigmatische

Differenz genannt. Die geometrischen Örter für die meridionalen und sagittalen Bildlinien sind in erster Näherung Kugeln, die sich im Gaußschen Bildpunkt auf der Achse berühren (vgl. Abb. 59). Der Abstand der Bildlinien von der Gaußschen Bildebene und ebenso die astigmatische Differenz sind somit in erster Näherung vom Quadrat der Bildhöhe bzw. vom Quadrat des Bildwinkels abhängig. Der Reziprokwert vom Radius der meridionalen und sagittalen „Bildschale" wird meridionale bzw. sagittale Bildkrümmung genannt. Das arithmetische Mittel aus den beiden Bildkrümmungen liefert die sog. mittlere Bildkrümmung, diese kennzeichnet wiederum eine Bildschale, nämlich den geometrischen Ort für die Kreise kleinster Verwirrung. Im Beispiel der Abb. 59 ist diese mittlere Bildkrümmung Null, d. h. der Kreis kleinster Verwirrung liegt für alle Bildwinkel in diesem Spezialfall in der Gaußschen Bildebene. Man spricht dann von Bildebnung im übertragenen Sinne.

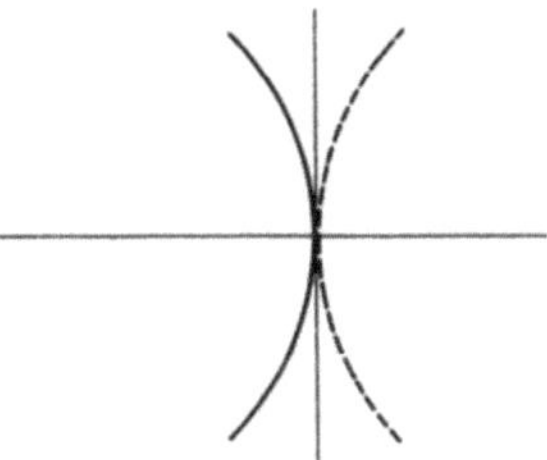

Abb. 59. Die Bildfeldebnung im übertragenen Sinne

Bemerkt sei noch, daß ein System, bei dem sowohl Astigmatismus als auch Bildkrümmung zu Null gemacht sind, als anastigmatisch korrigiertes System bezeichnet wird.

Der Zusammenhang zwischen der Größe der Bildfehler mit den Konstruktionsdaten des optischen Systems, bzw. dem Strahlenverlauf ist verhältnismäßig kompliziert und kann hier nicht erörtert werden. Lediglich eine Beziehung zwischen Bildfehlergrößen und Konstruktionsdaten des Systems soll ohne Ableitung erwähnt werden, die sog. Petzval-Bedingung. Bezeichnet man mit R_m und R_s den Krümmungsradius der meridionalen bzw. sagittalen Bildschale, dann gilt die Petzval-Bedingung:

$$\frac{1}{R_m} - \frac{3}{R_s} = 2\Sigma P \,. \tag{6.1}$$

Der auf der rechten Seite stehende Ausdruck ΣP ist die sog. Petzvalsumme. Sie ergibt sich aus den Konstruktionsdaten eines optischen Systems, das aus $2k$-Flächen bzw. k-Linsen besteht, in folgender Weise:

$$\sum_{1}^{2k}{}_{\nu} P = - \sum_{1}^{2k}{}_{\nu} \frac{1}{r_\nu}\left(\frac{1}{n_\nu'} - \frac{1}{n_\nu}\right) = \sum_{1}^{k}{}_{\mu} \frac{\varphi_\mu}{N_\mu} \tag{6.2}$$

r_ν ist dabei der Radius der ν-ten Fläche n_ν und n_ν' die Brechzahlen vor und nach der Fläche. In der Linsenschreibweise ist φ_μ die nach (2.44) bestimmte Brechkraft der Linse. Sie muß dabei in jedem Falle als dünne Linse gerechnet werden, auch wenn sie in Wirklichkeit eine endliche Dicke besitzt. Die Petzvalsumme, eine wichtige System-

konstante gibt Auskunft darüber, wie groß die Bildfeldkrümmung ist,
wenn bei gegebenen Linsenbrechkräften durch spezielle Linsenformen
es z. B. gelingen mag, den Astigmatismus zu beseitigen, oder umgekehrt
wie groß der Astigmatismus ist, wenn man das Mittel aus meridionaler
und sagittaler Bildkrümmung zu Null macht, d. h. im übertragenen
Sinne ebnet. Im ersteren Falle hat man nämlich

$$\frac{1}{R_m} = \frac{1}{R_s} = - \Sigma P \tag{6.3}$$

und im zweiten Falle, wenn man $\frac{1}{R_m} = - \frac{1}{R_s}$ erreichen will, dann bleibt
eine astigmatische Differenz

$$\frac{1}{R_m} - \frac{1}{R_s} = \frac{2}{R_m} = \Sigma P . \tag{6.4}$$

Betrachtet man bei der Abbildung eines außeraxialen Punktes nunmehr kein extrem enges Bündel mehr, sondern ein solches mit endlicher

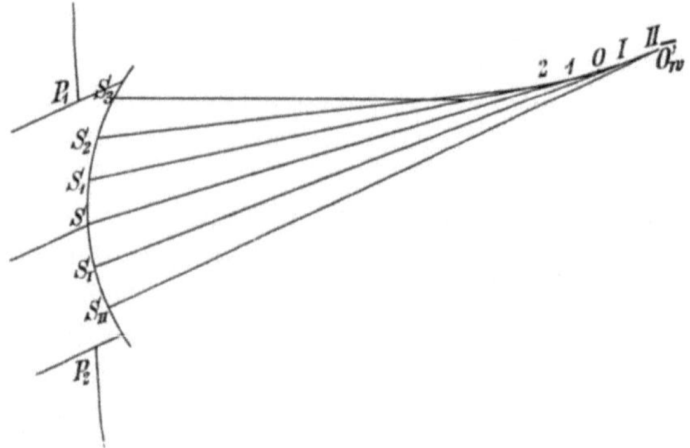

Abb. 60. Die Koma einer brechenden Kugelfläche

Öffnung, dann tritt zum Astigmatismus schiefer Bündel als weiterer
Bildfehler die „Koma" oder der „Asymmetriefehler". In Abb. 60 ist er
im Haupt- oder Meridianschnitt dargestellt. Er kommt, wie Abb. 60
zeigt, dadurch zustande, daß der Strahl durch den Kugelmittelpunkt,
der bei der Kugel die natürliche Symmetrieachse darstellt, jetzt nicht
mehr der Mittenstrahl des schiefen Bündels ist. Die sphärische Aberration, wie sie der Abb. 57 entspricht, entartet jetzt zu einer unsymmetrischen Kaustik, der Koma. Im Falle von reiner Koma wird die Zerstreuungsfigur in einer achsensenkrechten Ebene durch ein System von
Kreisen gebildet, wie sie in Abb. 61 dargestellt sind. Jeder Kreis
entspricht einem Strahlenbündel, das durch den Umfang eines Kreises
der Austrittspupille geht. Die Durchmesser und Exzentrizitäten dieser
Zerstreuungskreise nehmen mit dem Durchmesser des dazugehörigen
Kreises in der Austrittspupille zu. Die Zerstreuungskreise werden von

zwei Geraden berührt, die mit dem Hauptschnitt einen Winkel von 30°
bilden. In Abb. 62 ist ein Kreis in der Austrittspupille dargestellt und
verschiedene Strahlendurchstoßpunkte sind mit kleinen lateinischen
Buchstaben gekennzeichnet. Abb. 63 zeigt den dazugehörigen Zerstreuungskreis, woraus hervorgeht, daß die bei a und a' die Austrittspupille verlassenden Strahlen sich in einem Punkt aa' schneiden, das
gleiche gilt für die Strahlen bb', cc' und dd'. Es ist also ein Charakteristikum des Komafehlers, daß der Polarwinkel im Zerstreuungskreis
dem doppelten Polarwinkel in der Austrittspupille entspricht.

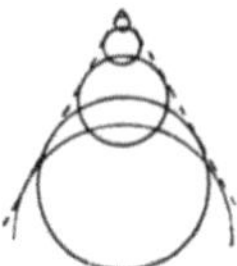

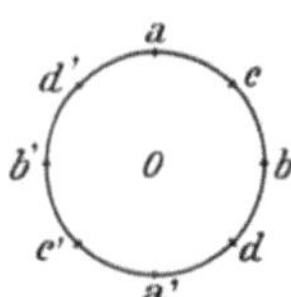

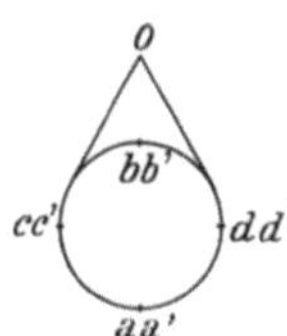

Abb. 61. Zerstreuungsfigur   Abb. 62. Kennzeichnung der   Abb. 63. Komafigur für die in
bei reiner Koma   Strahlen in der Eintrittspupille   Abb. 61 gekennzeichneten Strahlen

Es gibt ein einfaches Kriterium, welches bereits aus dem Strahlenverlauf der Achsabbildung erkennen läßt, ob für kleine Bildwinkel
jedoch endliche Bündelöffnung Komafehler auftritt. Es ist dies die sog.
Sinusbedingung, deren Bedeutung für die Korrektion optischer Instrumente ABBE zuerst entdeckt hatte. Unter der Voraussetzung, daß die
sphärische Abweichung behoben ist, verlangt die Sinusbedingung, daß
anstelle der Helmholtz-Lagrangeschen Gl. (2.25) für endliche Bündelöffnungen erfüllt sein muß:

$$\frac{y'}{y} = \beta = \frac{n}{n'} \frac{\sin u}{\sin u'}, \qquad (6.5)$$

bzw. bei Objekt im Unendlichen:

$$f' = \frac{h}{\sin u'}. \qquad (6.6)$$

Dabei ist h die Einfallshöhe eines parallel zur Achse verlaufenden
Strahles.

Ein optisches System, bei dem die sphärische Abweichung behoben
ist und das die Sinusbedingung erfüllt, wird seit ABBE aplanatisch
genannt. Da es die Sinusbedingung erfüllt, ist es bezüglich des Abbil-
dungsstrahlenganges nicht verzeichnungsfrei im Sinne der kollinearen
Abbildung (vgl. S. 30).

Als letzter Bildfehler sei die Verzeichnung behandelt. Das Wesen
dieses Bildfehlers hatten wir schon im § 3 besprochen. Nach dem dort
Gesagten ist die Abbildung durch ein optisches System mit einem Ver-
zeichnungsfehler behaftet, wenn die Abbildung nicht mehr maßstab-
getreu erfolgt; d. h., wenn der Vergrößerungsmaßstab β, die Fernrohr-

vergrößerung Γ oder die effektive (— für eine bestimmte endliche Bildhöhe wirksame —) Brennweite sich mit dem Bildwinkel bzw. mit der Bildhöhe ändert. Ergibt sich bei dem Bildwinkel w oder der Bildhöhe l' ein Vergrößerungsmaßstab $\bar{\beta}$ bzw. eine Fernrohrvergrößerung $\bar{\Gamma}$ (die bei einer mit Verzeichnung behafteten Abbildung also nicht mehr mit den Werten β und Γ der Gaußschen Dioptrik identisch sind) und bezeichnet man in entsprechender Weise den Ausdruck $-\dfrac{l'}{\mathrm{tg}\,w} = \bar{f}'$, so ist die Verzeichnung durch die Verhältniszahlen

$$V_z = \frac{\bar{\beta} - \beta}{\beta} = \frac{\bar{f}' - f'}{f'} = \frac{\bar{\Gamma} - \Gamma}{\Gamma}. \qquad (6.7)$$

gekennzeichnet. Bei positiver Verzeichnung nimmt der Abbildungsmaßstab mit zunehmender Bildhöhe zu, bei negativer ab. Die Konsequenz eines Systems mit Verzeichnung besteht darin, daß bei positiver Verzeichnung ein Quadratnetz kissenförmig, bei negativer Verzeichnung tonnenförmig verzerrt wird. Abb. 64 zeigt die Wiedergabe eines Quadratnetzes bei kissenförmiger Verzeichnung.

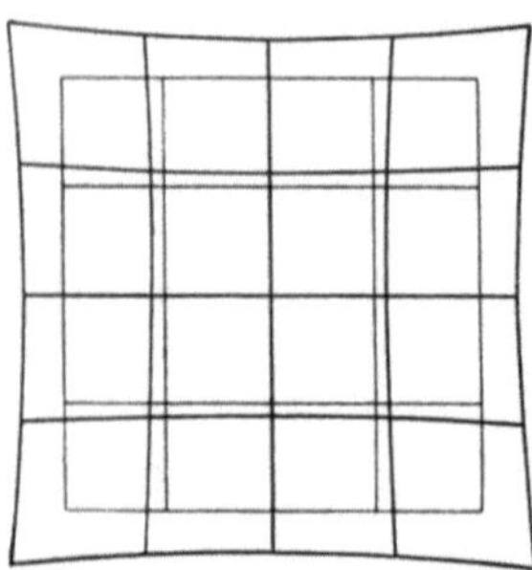

Abb. 64. Wiedergabe eines Quadrates bei kissenförmiger Verzeichnung

Die soeben für ein System mit endlicher Abbildung erörterten Bildfehler, sind auch bei einem afokalen System wirksam. Betrachtet man Objektiv und Okular eines afokalen Systems getrennt, so treten die soeben erörterten Bildfehler an jedem der Teilglieder getrennt auf. Man kann den Korrektionszustand eines afokalen Systems infolgedessen so

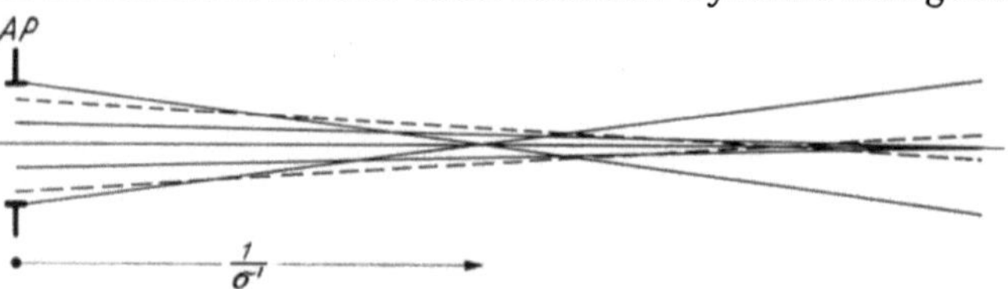

Abb. 65. Sphärische Abweichung eines afokalen Systems

charakterisieren, daß man die zu den Bildfehlern gehörigen Abweichungen in der gemeinsamen Bildebene bildet, wenn man das Objektiv in Lichtrichtung, das Okular entgegen der Lichtrichtung betrachtet und sodann die als Längsabweichungen ausgedrückten Bildfehler in der gemeinsamen Bildebene addiert. Verfolgt man die Abbildungsstrahlen durch ein afokales System hindurch, dann erhält man anstelle eines austretenden parallelen Bündels ein Bündel, bei dem die einzelnen Strahlen verschiedene Neigung zur Achse bzw. zum Hauptstrahl haben. Für den Fall der sphärischen Abweichung und des Astigmatismus sind diese Verhältnisse in Abb. 65 und 66 wiedergegeben. Man sieht, daß im

Falle von sphärischer Abweichung (Abb. 65) nur die der Achse unmittelbar benachbarten Bündel parallel sind (vorausgesetzt, daß das Fernrohr für die Paraxialstrahlen fokussiert ist). Strahlen mit endlicher Austrittshöhe haben einen im Endlichen gelegenen Schnittpunkt mit der Achse, der positiv oder negativ bezogen auf die Austrittspupille sein kann. Man gibt in diesem Falle die sphärische Aberration meistens als den in Dioptrien $\left(\left[\dfrac{1}{m}\right]\right)$ ausgedrückten Kehrwert der Schnittweite des mit Aberration behafteten Strahls an. Diesen Kehrwert bezeichnet man

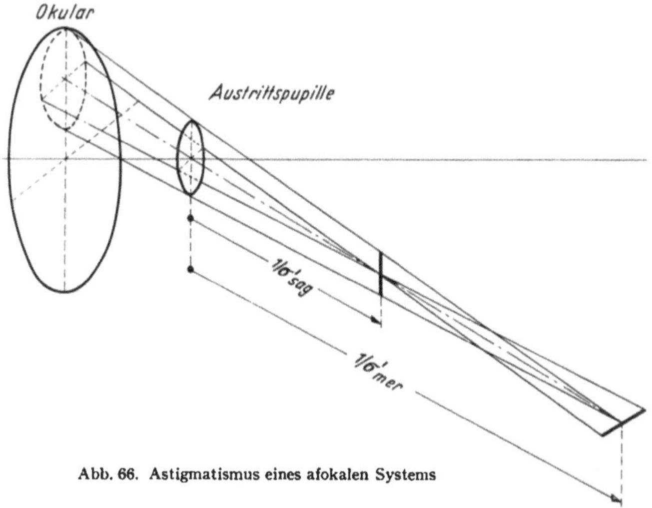

Abb. 66. Astigmatismus eines afokalen Systems

vielfach mit σ'. Ist die Abweichung in der gemeinsamen Bildebene bekannt, dann läßt sich σ' leicht mit Hilfe der Gl. (2.19) ausrechnen. Ähnlich sind die Verhältnisse für den in Abb. 66 wiedergegebenen Fall eines afokalen Systems, bei dem Astigmatismus auftritt. Auch hier wird man den Korrektionszustand durch die Kehrwerte der sagittalen und meridionalen Schnittweiten auf dem Hauptstrahl — meistens bezogen auf die Austrittspupille — ausdrücken. Bemerkt sei, daß entsprechend Gl. (2.19) die Vorzeichen der in Dioptrien ausgedrückten Aberrationen entgegengesetzt den Vorzeichen der Längsaberrationen in der gemeinsamen Bildebene sind. Um den Fall gemischt auftretender Aberrationen bei einem afokalen System leicht zu übersehen, empfiehlt es sich, die Winkelabweichung der verschieden austretenden Strahlen gegen den Hauptstrahl in Form einer Zerstreuungsfigur darzustellen, wobei man die einzelnen Strahlen durch ihren Radius und ihr Azimut in der Pupille charakterisiert. Solche Darstellungen sind in Abb. 67 und Abb. 68 wiedergegeben. Das Azimut in der Pupille ist in Graden angegeben. Die Zerstreuungsfiguren sind für drei Kreise mit verschiedenen Radien in der Pupille dargestellt.

Wird hinter ein afokales System ein sammelndes System gebracht, beispielsweise das menschliche Auge, dann hat man entsprechend Gl. (2.29) die in Abb. 67 und Abb. 68 dargestellten Winkelwerte mit der Brennweite des sammelnden Systems zu multiplizieren, um die Querabweichungen in der Bildebene dieses sammelnden Systems — z. B. auf

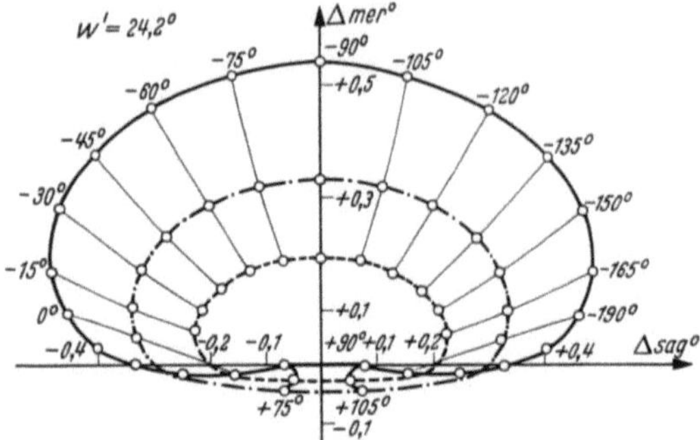

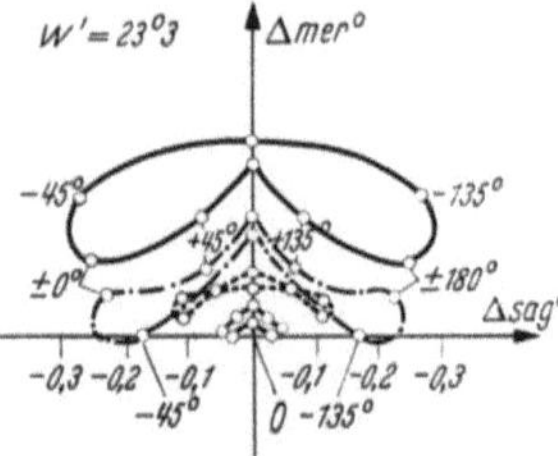

Abb. 67. Gerechnete außeraxiale Zerstreuungsfigur eines Fernrohres, das auf Unendlich fokussiert ist

Abb. 68. Gerechnete außeraxiale Zerstreuungsfigur eines Fernrohres, das auf —2 dptr fokussiert ist (kleinste Ausdehnung)

der Netzhaut — zu erhalten. Solche Zerstreuungsfiguren können sichtbar gemacht werden, wenn man hinter das Fernrohr eine Kamera mit langer Brennweite (etwa 500 mm) setzt und von dem in der Kamerabildebene entstehenden Bild eines unendlich weit entfernten punktförmigen Objek-

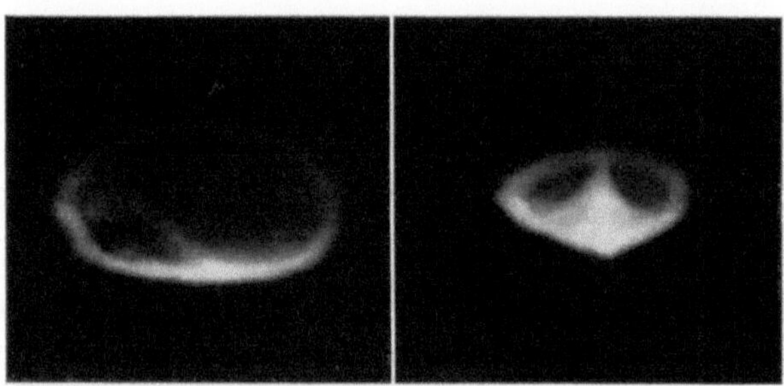

Abb. 69. Photographische Aufnahme von Zerstreuungsfiguren eines 8 × 30 Fernrohrs mit einer Kamera mit einer Brennweite 500 mm hinter dem Okular. Okularseitiger Bildwinkel 23,4°.
Links: Das Fernrohr war auf Unendlich fokussiert. Rechts: Das Fernrohr war auf —2 dptr (kleinste Ausdehnung der Zerstreuungsfigur) fokussiert

tes eine Aufnahme macht. Abb. 69 zeigt solche, den gerechneten Zerstreuungsfiguren der Abb. 67 und 68 entsprechende Aufnahmen.

Die Verzeichnung eines afokalen Systems wirkt sich praktisch genauso aus, wie bei einem endlichen System, vorausgesetzt, daß das Bild nach dem afokalen System in einer feststehenden Bildebene aufgefangen wird. Bei der Fernrohrbeobachtung mit blickendem Auge werden diese Verhältnisse indes verwickelter, darauf wird in § 9 noch näher eingegangen.

Weißes Licht setzt sich bekanntlich aus elektromagnetischen Schwingungen mit verschiedener Wellenlänge zusammen. Jede Wellenlänge charakterisiert eine bestimmte Farbe des Spektrums. Für die nun folgende Diskussion der Farbfehler betrachten wir ganz bestimmte Wellenlängen. Zur Charakterisierung des roten Spektralbereichs verwenden wir die rote Wasserstofflinie (H_α) mit einer Wellenlänge von 656 mμ, nach FRAUNHOFER wird sie mit C bezeichnet. Entsprechend benutzt man zur Charakterisierung des Gelben, der Mitte des Spektrums, die gelbe Heliumlinie (587 mμ), die in Anlehnung an FRAUNHOFER mit d bezeichnet wird. Früher wurde anstelle dessen die ursprüngliche Fraunhofersche Linie D (Mitte des gelben Natriumduplets $\lambda = 589$ mμ) benutzt. Üblich ist auch die Verwendung der grünen Quecksilberlinie (546 mμ)mit der Bezeichnung e. Im blauen Spektralbereich wird die blaue Wasserstofflinie (H_β, 486 mμ) mit der Fraunhoferschen Bezeichnung F verwendet, während für das Violette die violette Quecksilberlinie (436 mμ) unter der Bezeichnung g benutzt wird. In älteren Darstellungen findet man noch anstelle dessen die Linie G' (Wasserstofflinie $H\gamma$) mit $\lambda = 434$ mμ. Bei allen bekannten durchsichtigen Stoffen ändert sich die Brechzahl n mit der Wellenlänge. Und zwar im allgemeinen so, daß mit zunehmender Wellenlänge die Brechzahl abnimmt. Diese Eigenschaft der durchsichtigen Stoffe nennt man Dispersion, sie ist der Grund dafür, daß für die verschiedenen Farben die Ablenkung durch ein Prisma verschieden ist und daß überhaupt ein Spektrum zustande kommt. Man kennzeichnet eine durchsichtige Substanz, also vor allem das optische Glas, durch seine mittlere Brechzahl n_d für die gelbe Heliumlinie und durch die Dispersion zwischen der roten und der blauen Wasserstofflinie $n_F - n_C$. Für die Farbabweichung von Linsensystemen ist besonders die aus den beiden eben genannten Größen gebildete Abbesche Zahl $\nu = \dfrac{n_d - 1}{n_F - n_C}$ von Bedeutung.

Die Farbenzerstreuung des Lichtes ist eines der größten Hindernisse einer guten Strahlenvereinigung. Alle die Abbildung kennzeichnenden Größen, die von der Brechzahl abhängen, ändern sich mit dieser. Es ändern sich so nicht nur die Lage und Größe der Bilder, sondern auch die bisher untersuchten Bildfehler. Es entsteht eine Reihe seitlich verschobener und hintereinander liegender verschiedener Bilder mit verschiedener Strahlenvereinigung. Alle diese Abweichungen faßt man als Farbenabweichungen (chromatische Aberrationen) zusammen.

Der wichtigste Fehler ist die Änderung des Bildortes auf der Achse mit der Farbe. Den Unterschied $V s'$ der Achsenschnittweiten für zwei

Farben bezeichnet man als Farbenlängsabweichung für diese Farben.
Für Beobachtungssysteme gibt man sie meist für die Linien C und F an.
In Abb. 70 sei O'_F der Schnittpunkt der F-Strahlen, O'_C der der C-Strah-
len. Einem einfallenden Dingstrahl mit der Neigung u entsprechen im
allgemeinen austretende Strahlen mit nur wenig verschiedener Neigung,
so daß wir hier $u'_C = u'_F = u'$ setzen können. Die C-Strahlen bilden im
Bildpunkt O'_F und ebenso die F-Strahlen im Bildpunkt O'_C einen Zerstreuungskreis von gleicher Größe. Der Radius des Zerstreuungs-
kreises $r_c = V\,s'\,\mathrm{tg}\,u'$, der in der Mitte zwischen O'_C und O'_F entsteht, gibt
einen Anhalt für die Bildverschlechterung. Dieser Zerstreuungskreis

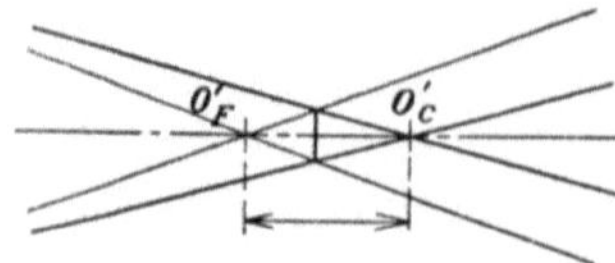

Abb. 70. Der Zerstreuungskreis der
Farbenabweichung in der Achse

entspricht der engsten Einschnürung des
Bündels. An dieser Stelle entsteht für eine
mittlere Farbe zwischen C und F ein annähernd scharfer Bildpunkt. Alle anderen
Farben bilden wieder Zerstreuungskreise,
und zwar um so größere, je mehr ihre
Wellenlänge von dieser mittleren Farbe
abweicht. In dem Zerstreuungskreis treten so Mischfarben auf. Mit
der Einstellung ändern sich die Farben sowohl des scharfen Kernes
wie des verwaschenen Saumes. Noch deutlicher tritt die Art der Farbenabweichung hervor, wenn man die eine Hälfte der Öffnung des Systems
abdeckt. Man erhält dann ein richtiges Spektrum, das allerdings nur
für die eingestellte Farbe rein ist und nach allen Seiten trüber wird,
da sich die benachbarten Farben immer mehr überschieben. Man
erkennt daraus auch, ob die Schnittweiten mit der Wellenlänge zu-
oder abnehmen. Beobachtet man einen dunklen oder hellen Streifen
auf hellem oder dunklem Grund, so wird das Spektrum auseinander
gerissen, die Farben der einen Hälfte umsäumen den einen, die anderen
den anderen Rand.

Ist die Stärke der dünnen Linse für die erste Farbe φ, so ist der
Stärkenunterschied für die beiden Farben $\varphi : \nu$; die Längsabweichung
ist angenähert $f' : \nu$, die Seitenabweichung $f'\,\mathrm{tg}\,u' : \nu$. Der ν-Wert ist
für verschiedene Glasarten verschieden. Vereinigt man eine dünne
Sammellinse aus Kronglas mit einer dünnen Zerstreuungslinse aus
Flintglas zu einer dünnen sammelnden Doppellinse mit der Brechkraft
$\Phi = \varphi_1 + \varphi_2$, so kann man die Einzelstärken φ_1 und φ_2 so wählen, daß
$\dfrac{\varphi_1}{\nu_1} + \dfrac{\varphi_2}{\nu_2} = 0$ ist, d. h. die Farbenabweichung für die Brennweite und die
Brennpunkte gehoben ist. Die Einzellinsen müssen dann den Bedingungen
genügen:

$$\varphi_1 = \frac{\nu_1}{\nu_1 - \nu_2}\,\Phi\,, \tag{6.8a}$$

$$\varphi_2 = \frac{-\nu_2}{\nu_1 - \nu_2}\,\Phi\,. \tag{6.8b}$$

Eine solche Doppellinse nennt man achromatisch (farbenfrei) oder einen
Achromaten. Sie zeigt für andere Farben noch Abweichungen, die man
sekundäres Spektrum nennt. Die dritte Farbe entspreche der Linie g
($\lambda = 0{,}435\,\mu$), dann nennt man $(n_g - n_C) : (n_F - n_C)$ die relative Teil-
dispersion oder den ϑ-Wert. Es ist nun die Stärkenabweichung der
dritten Farbe bei einem dünnen Linsensystem

$$W\,\Phi = \sum_{\nu = 1}^{k} \frac{\vartheta_\nu\,\varphi_\nu}{\nu_\nu}\,. \qquad (6.9)$$

Für die Glasarten gilt mit einigen Ausnahmen praktisch

$$\vartheta_\nu = A + B\nu_\nu\,, \qquad (6.10)$$

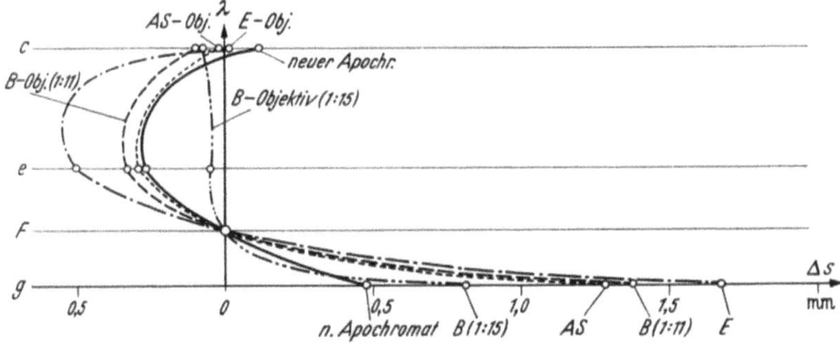

Abb. 71. Das sekundäre Spektrum von verschiedenen Objektiven

wo $A = 1{,}648$ und $B = -\,0{,}00175$ ist. Setzt man dies ein, so erhält man
für ein achromatisches System $W\,\Phi = -\,0{,}00175\,\Phi$ praktisch gleichbedeutend mit $Ws' = +\,0{,}00175\,f'$. Entspricht die dritte Farbe der
Linie d, so ist $Ws' = -\,0{,}00057\,f'$. Der Fehler ist bei großen Brennweiten und großem Öffnungsverhältnis recht störend, er kann bei einem
dünnen Linsensystem nur gehoben werden, wenn bei den benutzten Glasarten nicht ϑ linear von ν abhängig ist. Erst 1886 wurden von Abbe und
Schott für größere Fernrohrobjektive solche Glasarten auf den Markt gebracht. Sie werden als „Kurzflintgläser" bezeichnet. Als sich herausstellte,
daß unter den in den letzten 30 Jahren erschmolzenen Gläsern hoher
Brechung, den sog. „Schwerflintgläsern", sich auch solche befinden, bei
denen der ϑ-Wert von der linearen Beziehung (6.10) abweicht, wurden
bei Zeiss (H. Köhler, R. Conradi) dreilinsige Objektive entwickelt, die
bei Verwendung dieser Gläser eine Verminderung des sekundären Spektrums ergeben und ein größeres Öffnungsverhältnis als Objektive mit
Kurzflintgläsern zulassen. Man bezeichnet Systeme mit verringertem
sekundärem Spektrum als Apochromate. In Abb. 71 sind Kurven
der chromatischen Abweichung, bezogen auf den Brennpunktsort
für die Farbe F für verschiedene Objektive mit einer Brennweite von

1000 mm wiedergegeben. Es bedeutet in dieser Darstellung: E-Objektiv: Objektiv aus gewöhnlichen Gläsern (auch Fraunhofer-Objektiv genannt); AS-Objektiv: Zweilinsiger Apochromat mit Kurzflintgläsern; B-Objektiv: Dreilinsiger Apochromat nach A. KÖNIG mit Kurzflint. Die Kurve „neuer Apochromat" entspricht dem soeben erwähnten Zeiss'schen Objektiv, bei dem Schwerflintgläser verwendet werden und für das inzwischen die Bezeichnung F-Objektiv vorgeschlagen wurde. Bei einem System aus getrennten Linsen mit alten Glasarten kann das sekundäre Spektrum zwar gehoben werden, es wird aber der Bildpunkt für einen reellen Dingpunkt virtuell.

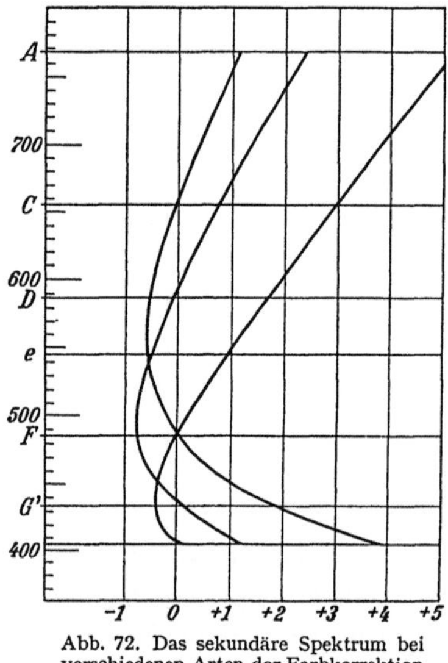

Abb. 72. Das sekundäre Spektrum bei verschiedenen Arten der Farbkorrektion

Man kann nun fragen, welche Farben bei einem Achromaten zu vereinigen sind. Es kommt darauf an, was für Licht von den Gegenständen ausgeht, und wie sich die Empfindlichkeit der Aufnahmeschicht (der Netzhaut oder der photographischen Platte) mit der Wellenlänge ändert. Es gilt für zweckmäßig, daß die jeweils wirksamste Wellenlänge dem Scheitel der Farbenabweichungskurve entspricht; man vereinigt so (Abb. 72) für Beobachtungszwecke C und F, für Astrophotographie F und h ($\lambda = 405$ m) für die gewöhnliche Photographie (Porträt und Landschaft mit den gewöhnlichen für Blau empfindlichen Platten) d und g. Im letzten Falle kann so auch für verschiedene Dingentfernungen mit der Mattscheibe bequem für ein scharfes Bild auf der Platte eingestellt werden; das Objektiv bezeichnet man als frei von Fokusdifferenz. Bei dem heute üblichen, auch im roten Spektralbereich empfindlichen Platten- und Filmmaterial und ganz besonders bei den Objektiven für die Farbphotographie geht man immer mehr dazu über, die gleiche Korrektion wie bei visueller Beobachtung, also ein Zusammenlegen der Bildpunkte für die Farben C und F anzustreben. Abb. 72 zeigt das sekundäre Spektrum in Millimetern bei den verschiedenen Arten der Korrektion für eine Brennweite von 1000 mm.

Ein weiterer — oft entscheidender — Farbfehler ist die sog. „chromatische Vergrößerungsdifferenz". Sie ist dadurch gekennzeichnet, daß sich für verschiedene Farben verschiedene Bildgrößen ergeben; d. h., daß β, Γ oder f' bzw. $\bar{\beta}$, $\bar{F}$ oder $\bar{f}'$ von der Wellenlänge abhängen. Das kann auch dann auftreten, wenn die chromatische Längsabweichung auskorrigiert ist. Man kann sich das so vorstellen, daß trotz Achromasie des Bildpunktes die Lage der Hauptebenen von der Wellenlänge abhängt oder daß die Neigung des Hauptstrahls und damit die des gesamten außeraxialen Bündels auf der Bildseite farbabhängig ist. Helle wie dunkle felgenrechte Linien außer der Achse zeigen auf der einen Seite gelbe, auf der anderen blaue Farbsäume, die mit dem Abstand von der Achse greller werden; Grenzen von Schwarz und Weiß zeigen nur den einen Farbsaum.

Weitere Farbfehler ergeben sich, wenn die oben erörterten Bildfehler für eine Farbe mit der Wellenlänge variieren. Besonders störend ist es, wenn die sphärische Abweichung farbabhängig ist. Trotz Achromasie in der Achse erhält man dann farbige Säume. Liegt eine solche „chromatische Differenz der sphärischen Abweichung" vor, dann erhält man die kleinsten Zerstreuungsscheibchen, wenn die chromatische Längsabweichung in der Achse der halben chromatischen Differenz der sphärischen Abweichung mit umgekehrten Vorzeichen für die beiden Grenzfarben entspricht und die sphärischen Abweichungen für die beiden Grenzfarben entgegengesetzt gleich gemacht werden. Die chromatische Differenz der sphärischen Abweichung wurde als Bildfehler schon von GAUSS behandelt, sie wird daher gewöhnlich als „Gaußfehler" bezeichnet.

Sowohl die oben diskutierten Bildfehler für eine Farbe, als auch die soeben behandelten Farbabweichungen treten grundsätzlich bei jeder Kombination von zentrierten, brechenden oder reflektierenden Flächen auf. Es ist nun Aufgabe des rechnenden Optikers, diese Fehler durch geeignete Zusammenstellung von Linsen und Spiegel so weit zu heben, wie es für den entsprechenden Zweck erforderlich ist. Beim Fernrohr-Objektiv kommt es dabei in erster Linie auf die Abbildung in der Achse an; die sphärische Abweichung, die Sinusbedingung sowie die Farbabweichung sind sehr gut zu korrigieren. Beim Fernrohr-Okular ist in erster Linie der Astigmatismus schiefer Bündel sowie die Koma und die chromatische Vergrößerungsdifferenz klein zu halten. Bei einem photographischen Objektiv hat man sowohl die Abbildungsfehler in der Achse als auch die außeraxialen Fehler möglichst klein zu halten. Außer den oben angeführten Zerstreuungsfiguren ist es in der angewandten Optik üblich, den Korrektionszustand eines Systems graphisch darzustellen. Dabei ist es zur Gepflogenheit geworden, die unabhängige Variable als Ordinate aufzutragen. Bei den axialen Bildfehlern gibt man so die Längsabweichung oder Querabweichung als Funktion der Einfallshöhe bzw. der Einfallsapertur ($\sin u$) an, der Astigmatismus und die Verzeichnung wird als Funktion des Bildwinkels bzw. der Bildhöhe aufgetragen, während man die Koma (Längsabweichung oder Querabweichung) als Funktion der Einfallshöhe bzw. Eingangsapertur für jeden einzeln betrachteten Bildwinkel bzw. jede einzeln betrachtete

Bildhöhe darstellt. Auf solche graphischen Darstellungen werden wir im folgenden noch zurückkommen.

Darauf hingewiesen werde noch, daß auch eine Planplatte, die in den Strahlengang eines abbildenden Systems eingeschaltet wird, Bildfehler bewirkt. Das wirkt sich weniger in einem parallelen Strahlengang als vielmehr bei Bündeln mit endlicher Neigung aus. Das hat erhebliche praktische Bedeutung bei Fernrohren mit Umkehrsystemen aus reflektierenden Prismen, die ja auf die Strahlenvereinigung wie Planplatten wirken. Eine Planplatte bringt Beiträge zu allen hier erörterten Bildfehlern. Bezüglich der sphärischen Abweichung bewirkt sie eine Überkorrektion vom Betrage

$$\Delta s' = \frac{d}{N}\left\{1 - \frac{\cos i}{\cos i'}\right\} \approx d\,\frac{N^2 - 1}{2\,N^3}\,\sin^2 i \tag{6.11}$$

(Für $d = 100$ mm, $i = 10°$ und $N = 1,5168$ ergibt das: $\Delta s' = +0,56$ mm).

Bezüglich der astigmatischen Korrektion ergibt sich für die Planplatte

$$\Delta s'_{sag} = \frac{1}{3}\,\Delta s'_{mer} = \frac{1}{2}\,\Delta s'_{ast} \approx \frac{d}{2\,n}\left(1 - \frac{1}{N^2}\right)i^2. \tag{6.12}$$

Am meisten wird der Farbfehler durch eine Planplatte beeinflußt. Hinsichtlich der chromatischen Längsabweichung entsteht eine Überkorrektion vom Betrage

$$\Delta s' = d\,\frac{N_F - N_C}{N_d^2}. \tag{6.13}$$

(Für das Schottglas BK 7 ergibt sich bei $d = 100$ mm $\Delta s' = +0,35$ mm.) Wird eine Planplatte hinter ein Objektiv aus dünnen Linsen geschaltet, dann muß dieses um einen der Gl. (6.13) entsprechenden Betrag unterkorrigiert werden, wenn sich hinter der Planplatte Achromasie ergeben soll. Diese Unterkorrektion bewirkt bei einem Objektiv aus dünnen Linsen sowohl eine Unterkorrektion der bildseitigen Schnittweite als auch eine Unterkorrektion der Brennweite. Im Zusammenwirken mit der Planplatte wird jedoch nur die Schnittweitendifferenz kompensiert. Die Unterkorrektion der Brennweite bleibt, da auf diese, wie sich bei einer Anwendung der Gl. (2.33) zeigt, eine Planplatte unwirksam ist. Die hinter der Planplatte wirksame Brennweitendifferenz bei gehobener Schnittweitenabweichung bewirkt einen Farbvergrößerungsfehler (chromatische Vergrößerungsdifferenz) vom Betrage

$$\delta = -\frac{\Delta s'}{f'} = -\frac{d}{f'}\cdot\frac{N_F - N_C}{N_d^2}. \tag{6.14}$$

Mit $\Delta s'$ nach Gl. (6.13). Dieser Farbvergrößerungsfehler wird bei einem Fernrohr in der Regel im Okular kompensiert.

§ 7. Die Beugungserscheinungen

Wir hatten in dem Vorangegangenen mehrfach ausdrücklich darauf hingewiesen, daß die geometrisch-optische Betrachtungsweise des Abbildungsvorganges lediglich eine mathematische Fiktion zu didaktischen Zwecken darstellt. Die geometrische Optik muß also versagen, wenn wir eine Antwort auf die Frage verlangen, wie die physikalisch meßbare Lichtverteilung hinter einem optischen Instrument aussieht. Das Versagen der geometrisch-optischen Betrachtungsweise im physikalischen Sinne wird bereits deutlich, wenn man die Frage nach der Lichtverteilung im Bildpunkt eines ideal korrigierten Objektives stellt. In der geometrisch-optischen Betrachtungsweise schneiden sich ja die Lichtstrahlen im Bildpunkt eines ideal korrigierten Objektivs in einem Punkt. Würde man den Lichtstrahlen physikalische Realität zuerkennen, dann würde das bedeuten, daß im Bildpunkt eines ideal korrigierten Objektivs die gesamte Energie in einem Punkt konzentriert wäre oder mit anderen Worten, daß dort die Energiedichte unendlich groß wäre.

Das ist natürlich nicht möglich und in der Tat zeigt auch eine entsprechend vergrößerte Aufnahme in der Bildebene eines ideal korrigierten Objektivs bei noch so kleinem Objekt keinen Lichtpunkt im mathematischen Sinne; man erhält vielmehr ein Lichtscheibchen von meßbarer Ausdehnung, welches von einem System konzentrischer heller Ringe umgeben ist, deren Intensität mit dem Abstand vom Zentrum der Lichterscheinung abnimmt. Eine solche Aufnahme zeigt Abb. 73. Erscheinungen dieser Art sind in der Physik als Beugungsphänomene

Abb. 73. Aufnahme der Beugungserscheinung in der Bildebene eines aberrationsfreien Objektivs

bekannt. Für die Anwendung aller optischen Instrumente, besonders auch für Fernrohre, ist die Kenntnis der Beugungserscheinungen, also der Physik des Abbildungsvorganges, ebenso wichtig wie die oben behandelten geometrisch-optischen Zusammenhänge. Unter Hinweis auf die Ausführungen des § 1 sei noch bemerkt, daß die getrennte Betrachtungsweise des Abbildungsvorganges einmal im geometrisch-optischen Sinne und sodann im beugungstheoretischen Sinne nur deshalb erforderlich ist, weil die strenge Behandlung des Abbildungsvorganges im theoretisch-physikalischen Sinne an den zu großen mathematischen Schwierigkeiten scheitern würde. Wenn wir uns nunmehr ein Bild über die Beugungserscheinungen machen wollen, nachdem die geometrische Optik eines optischen Instrumentes bekannt ist, so kann das nur unter Vernachlässigung wichtiger physikalischer Zusammenhänge erfolgen, worauf hier nicht näher eingegangen werden kann und die im übrigen die praktische Anwendbarkeit der folgenden Betrachtungen nicht einschränken.

Das Wesen der Beugungserscheinungen an optischen Instrumenten läßt sich mit geringstem mathematischen Aufwand am besten an einem Fernrohr klarmachen. Das Fernrohr werde als ideal korrigiert angenommen, und wir betrachten den Fall, daß ein punktförmiges axiales Objekt durch ein achsenparalleles Parallelstrahlenbündel wieder ins Unendliche aberrationsfrei abgebildet wird. Unter Berücksichtigung der oben angedeuteten Vernachlässigungen theoretisch-physikalischer Art können wir nun unterstellen, daß aus der kreisförmigen Austrittspupille vom Durchmesser p eine ebene Welle kreisförmiger Begrenzung austritt. Außerhalb der kreisförmigen Begrenzung sei die Amplitude dieser ebenen Welle 0, innerhalb der kreisförmigen Begrenzung sei sie U. Die vektorielle Natur des Lichtes, also die Polarisationserscheinungen, bleibt dabei unberücksichtigt. Wir wollen weiterhin die Beugungserscheinung als ebenes Problem betrachten, d. h. wir legen einen Schnitt durch die Austrittspupille und nehmen an, daß ihre Ausdehnung senkrecht zur Zeichenebene unendlich groß wäre. Unter diesen Voraussetzungen können wir nun nach dem Huygensschen Prinzip annehmen, daß von jedem Flächenelement der Austrittspupille eine Kugelwelle ausgehe. Da wir die Beugungserscheinungen senkrecht zur Zeichenebene vernachlässigen wollen (durch die Annahme einer unendlich großen Ausdehnung der Pupille senkrecht zur Zeichenebene) betrachten wir nur die Projektion der Kugelwellen in die Zeichenebene. Wir wollen nun die relative Lichtintensität in einer beliebigen Richtung α bezogen auf die optische Achse berechnen. Wir bestimmen zunächst einmal die resultierende Amplitude der Lichterregung in einem von der Austrittspupille unendlich weit entfernten Aufpunkt, der von der Achse die Winkeldistanz α

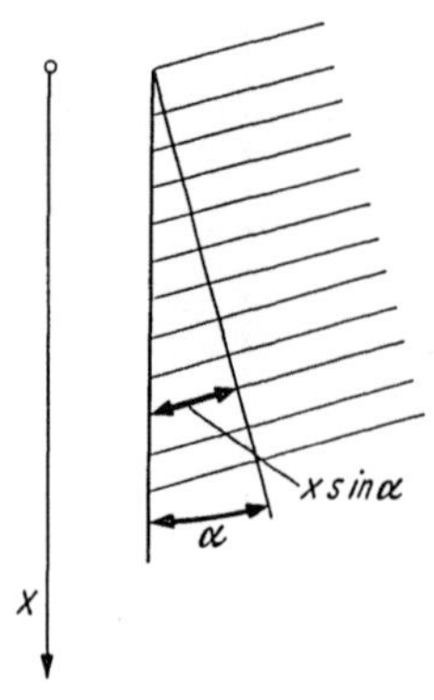

Abb. 74. Zur Berechnung der Beugungserscheinung bei einem Fernrohr

hat. Die resultierende Amplitude ist nach dem Huygensschen Prinzip die Summe der Amplituden sämtlicher Elementarwellen. Wenn die Richtung nach dem unendlich entfernten Aufpunkt mit der optischen Achse den Winkel α bildet, dann haben die einzelnen Elementarwellen gegeneinander eine Phasenverschiebung. Man kann diese unter Berücksichtigung der Abb. 74 berechnen. Der der Koordinate x zugeordneten Elementarwelle entspricht dabei eine Phasenverschiebung von $\frac{2\pi x}{\lambda} \sin \alpha$. Die Lichterregung einer Elementarwelle im unendlich entfernten Aufpunkt der die Winkeldistanz α zur optischen Achse besitzt, läßt sich also angeben

$$dU_\alpha = U_x \cos\left(\omega t + \frac{2\pi x}{\lambda} \sin \alpha\right) dx . \tag{7.1}$$

Darin bedeutet t die Zeit, und $\omega = \dfrac{2\pi}{T} = \dfrac{2\pi c}{\lambda}$ (T: Periode der Schwingung, c: Lichtgeschwindigkeit, λ: Wellenlänge). Die resultierende Amplitude ist nun das Integral über alle Elementarwellen von O bis p, also

$$U_\alpha = \int_0^p dU_\alpha = U_x \int_0^p \cos\left(\omega t + \frac{2\pi x}{\lambda}\sin\alpha\right) dx \,. \qquad (7.2)$$

Die Ausführung der Integration liefert

$$U_\alpha = U_x \cdot p \cdot \frac{\sin\dfrac{\pi p}{\lambda}\sin\alpha}{\dfrac{\pi p}{\lambda}\sin\alpha} \cdot \sin\left(\omega t + \frac{\pi p}{\lambda}\sin\alpha\right). \qquad (7.3)$$

Dieser Ausdruck stellt nun wieder eine periodische Schwingung mit der Kreisfrequenz ω dar. Man sieht, daß die Amplitude dieser Schwingung vom Winkel α abhängt. Der vom Winkel abhängige Faktor der Amplitude ist durch die Funktion

$$y = \frac{\sin\dfrac{\pi p}{\lambda}\sin\alpha}{\dfrac{\pi p}{\lambda}\sin\alpha} = \frac{\sin z}{z}$$

gegeben. Der Verlauf von $\dfrac{\sin z}{z}$ ist in Abb. 75 dargestellt.

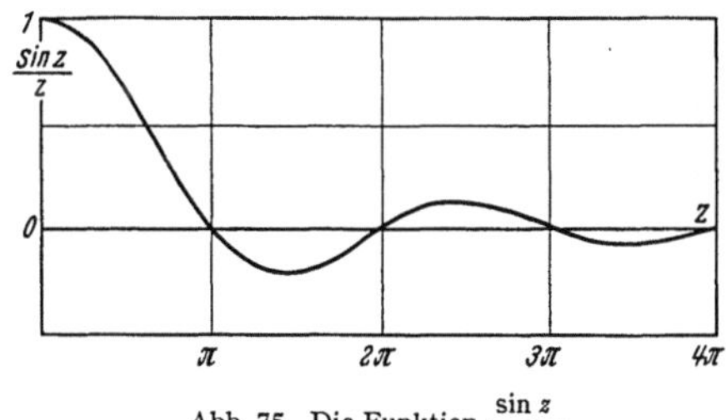

Abb. 75. Die Funktion $\dfrac{\sin z}{z}$

Man sieht, daß für $\alpha = 0$, also in Richtung der optischen Achse die Erregungsamplitude ein Maximum besitzt, dieses entspricht der zentralen Beugungsscheibe; für $z = \dfrac{\pi p}{\lambda}\sin\alpha = \pi, 2\pi, 3\pi \ldots$ hat die Funktion y Nullstellen. Für diese Werte des Arguments ergeben sich die dunklen Ringe in der Beugungsfigur. Für die Wirkung auf den Empfänger der Schwingungsenergie, in unserem Falle auf das Auge, ist nun nicht die Amplitude, sondern die Lichtenergie maßgebend. Diese ist wiederum dem Quadrat der Amplitude proportional. Da uns nur Relativwerte interessieren, können wir den Absolutwert der Amplitude $|U_x p|$ unberücksichtigt lassen und schreiben für die relative Lichtintensität

$$\boxed{\; I = \left(\frac{\sin\dfrac{\pi p}{\lambda}\sin\alpha}{\dfrac{\pi p}{\lambda}\sin\alpha}\right)^2 \;} \qquad (7.4)$$

Eine solche Lichtverteilungskurve für ein punktförmiges Objekt zeigt Abb. 76. Zunächst gilt diese Lichtverteilung nur in der Zeichenebene, da bei der Ableitung, vorausgesetzt war, daß die Austrittspupille senkrecht zur Zeichenebene unendliche Ausdehnung besitzen sollte. Für kreisförmige Pupille hätte man eine räumliche Integration durchführen müssen, die den Rahmen dieser Schrift übersteigt. Man kann jedoch ohne einen allzugroßen Fehler zu begehen, die soeben berechnete

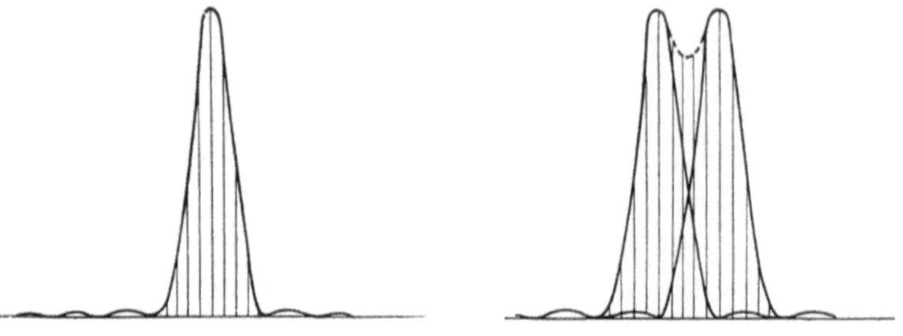

Abb. 76. Die Lichtverteilung im Beugungsscheibchen

Abb. 77. Die Lichtverteilung bei Übereinanderlagerung zweier Beugungsscheibchen im Schnitt

und in Abb. 76 wiedergegebene Intensitätsverteilung rotationssymmetrisch zur optischen Achse annehmen. Dann entspricht die in Abb. 76 wiedergegebene Lichtverteilung in der Tat der Sternaufnahme Abb. 73.

In Abb. 77 sind entsprechende Beugungsfiguren für zwei benachbarte punktförmige Objekte, z. B. einen Doppelstern, wiedergegeben. Die dazugehörige Lichtverteilung senkrecht zur bisherigen Zeichenebene zeigt Abb. 78. Sowohl Abb. 77 als auch Abb. 78 waren so dargestellt, daß das Hauptmaximum des einen punktförmigen Objektes in das erste Minimum des anderen fällt. Unter diesen Voraussetzungen sinkt die Intensität der Beugungsfigur zwischen den beiden Maximis auf rund 70% ab. Man gibt das

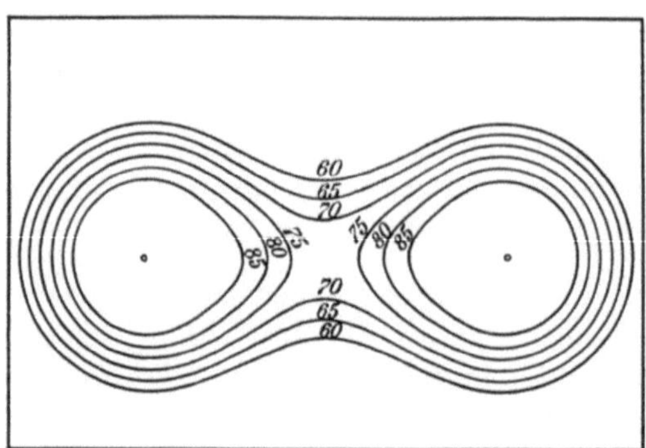

Abb. 78. Die Lichtverteilung bei Übereinanderlagerung zweier Beugungsscheibchen in Schichtendarstellung

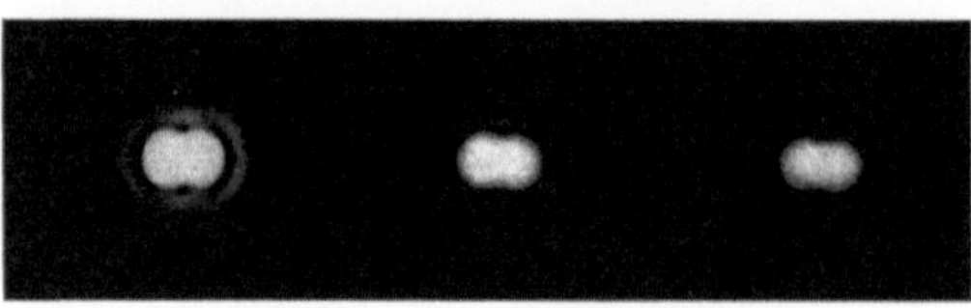

Abb. 79. Aufnahme von Beugungsbildern eines Doppelsternes (unterschiedliche Expositionszeit)

im allgemeinen als die Grenze dafür an, daß zwei benachbarte punktförmige Objekte noch getrennt werden können. Abb. 79 zeigt die dazugehörigen Sternaufnahmen.

Man kann also den Winkel α, für den die relative Intensität I ihr erstes Minimum besitzt, als kleinsten, überhaupt noch auflösbaren Grenzwinkel auffassen. Er bestimmt somit das Auflösungsvermögen des Fernrohrs. Man erhält ihn für

$$z = \frac{\pi p}{\lambda} \sin \alpha_0 = \pi \, ,$$

also wenn man den Sinus durch das Argument annähert

$$\alpha_0 = \frac{\lambda}{p} \, . \tag{7.5}$$

Für $\lambda = 580 \ \mathrm{m}\mu$ ergibt sich für α_0 in Bogensekunden

$$\alpha_0 = \frac{120''}{p} \, . \tag{7.6}$$

Dieses ist der durch die Beugung bedingte kleinste noch auflösbare Winkelabstand auf der Seite der Austrittspupille eines Fernrohrs. Meistens wird das Auflösungsvermögen jedoch auf das Objekt bezogen; dieser Winkel sei δ_0, wobei

$$\delta_0 = \frac{\alpha_0}{\Gamma} \, .$$

Führt man den Durchmesser D der Eintrittspupille ein, dann erhält man mit $D = \Gamma \cdot p$ aus (7.6)

$$\boxed{\delta_0 = \frac{120''}{D}} \, . \tag{7.7}$$

Man sieht also, daß durch den Durchmesser der Eintrittspupille, d. h. beim Fernrohr im wesentlichen durch den Durchmesser des Objektivs, ein Winkel festgelegt wird, unterhalb dessen aus physikalischen Gründen eine Objekttrennung nicht mehr möglich ist.

Die Gl. (7.7) hat sich als Faust-Formel für die Bestimmung des Auflösungsvermögens bei Fernrohren immer wieder als nützlich erwiesen. Bemerkt sei, daß bei der räumlichen Integration über eine kreisförmige Pupille die Gl. (7.5) bis (7.7) sich Werte ergeben hätten, die um den Faktor 1,22 größer sind. Dieser Unterschied ist geringer als die Streuung der sonstigen Einflüsse, die das Auflösungsvermögen noch bestimmen, beispielsweise der Eigenschaften des Empfängers (Auge) und der Luftunruhe.

In ähnlicher Weise wie für die aus dem Fernrohr austretende ebene Welle, läßt sich auch die Lichtverteilung im Brennpunkt des Objektivs, also für eine austretende Kugelwelle berechnen. Der mathematische Aufwand ist hier allerdings größer. Die Aussagen sind im Prinzip

genauso. Wenn man in Gl. (7.4) unter der Annahme, daß die Sinusbedingung erfüllt ist, setzt:

$$\frac{p}{2}\sin\alpha = -\sin u'\,f'_{okl}\sin\alpha = -\sin u'\,l',$$

wobei u' der bildseitige Aperturwinkel des Objektivs und l' die Bildhöhe
in der gemeinsamen Bildebene bedeutet, dann erhält man aus Gl. (7.4)
einen Ausdruck, der sowohl in der gemeinsamen Bildebene eines Fernrohrs, als auch in der Bildebene eines Objektivs Gültigkeit besitzt,
nämlich:

$$I \approx \left(\frac{\sin \dfrac{2\pi \sin u'\,l'}{\lambda}}{\dfrac{2\pi \sin u'\,l'}{\lambda}} \right)^2 \tag{7.8}$$

Die dargestellten, berechneten Beugungsfiguren gelten also sowohl für
Winkelkoordinaten als auch lineare Koordinaten in der Abszisse. Man
erhält die gleichen Sternaufnahmen sowohl mit einer Kamera hinter dem
Okular eines Fernrohrs als auch dann, wenn die Platte unmittelbar in
die Bildebene eines Objektivs gebracht wird. Für die Distanz $\Delta l'$ im
Bild zweier benachbarter Objektpunkte, die im Sinne der Abb. 77 und
78 „aufgelöst“ werden, erhält man sinngemäß

$$\Delta l' = \frac{\lambda}{2\sin u'} \tag{7.9}$$

oder wenn man bei Objektiven, die aus dem Unendlichen abbilden, die
Öffnungszahl

$$k = \frac{f'}{D} = \frac{1}{2\sin u'} \tag{7.10}$$

einführt

$$\Delta l' = k\lambda \tag{7.11}$$

Mit ähnlichen Überlegungen, jedoch wesentlich größerem mathematischen Aufwand kann man auch die Lichtverteilung außerhalb der
Brennebene eines Objektivs berechnen. In Abb. 80 sind die Ergebnisse
einer solchen Berechnung aus einer neueren Arbeit wiedergegeben.
Man sieht, daß die Intensität in der optischen Achse ebenfalls abnimmt,
wenn die Einstellebene aus der Brennebene heraus bewegt wird. Man
kann solche Rechnungen benutzen, um ein Maß für diejenige zulässige
Defokussierung zu gewinnen, die noch keine praktisch bemerkbare
Bildverschlechterung bewirkt. Man ist übereingekommen, die Bildqualität als praktisch ungestört zu bezeichnen, wenn die Maximal-
intensität auf nicht weniger als 80 % des im Brennpunkt geltenden Wertes
abgefallen ist. Die relative Intensität im Zentrum des Beugungsscheibchens bezogen auf den entsprechenden Wert im Brennpunkt,

nennt man im übrigen nach K. STREHL „Definitionshelligkeit". Mit
Rechnungen, die hier nicht wiedergegeben werden können, läßt sich nun
zeigen, daß bei einem idealen, fehlerfreien Objektiv die Definitionshelligkeit größer als 80% bleibt, wenn die Defokussierung Δx der
Beziehung

$$\Delta x \leqq \frac{\lambda}{2 \sin^2 u'} \tag{7.12}$$

genügt. u' ist dabei ebenfalls der bildseitige Aperturwinkel. Führt man
wieder die Öffnungszahl k nach Gl. (7.10) ein, dann gewinnt (7.12) die
Form:

$$\Delta x \leqq 2 \lambda k^2 \tag{7.13}$$

Diese Gleichung läßt sich auch verwenden für die beugungstheoretische
Schärfentiefe am Objekt, sofern sich das Objekt im Endlichen befindet.

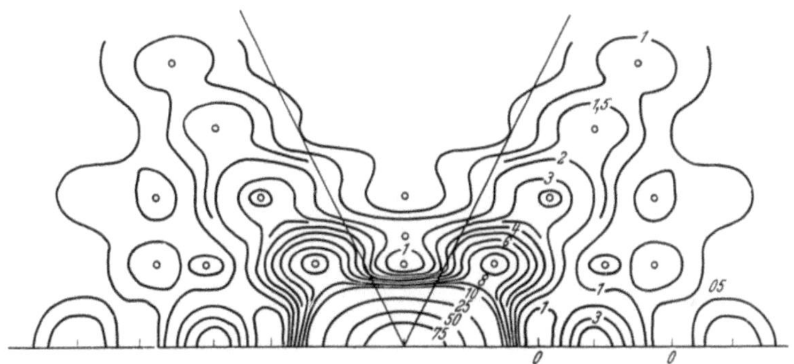

Abb. 80. Die Lichtverteilung im Längsschnitt zur optischen Achse bei einem ideal
abbildenden optischen System (nach Zernike und Nyboer)

Der Winkel u' in Gl. (7.12) ist dann durch den objektseitigen Aperturwinkel u zu ersetzen. Ist die Objektentfernung sehr groß, dann kann
Gl. (7.12) nicht mehr verwendet werden. An ihre Stelle hat man zu
setzen:

$$\left| \frac{1}{s_0} - \frac{1}{\bar{s}} \right| \leqq \frac{2\lambda}{D^2} . \tag{7.14}$$

Darin bedeutet s_0 die auf die Eintrittspupille bezogene Eingangsschnittweite des optischen Systems, $\bar{s}$ die ebenfalls auf die Eintrittspupille bezogene Distanz des nicht im geometrisch-optischen Objektpunkt
befindlichen Objektes. D ist der Durchmesser der Eintrittspupille. Für
ein Fernrohr, bei dem $s_0 = \infty$, geht (7.14) über in

$$\left| \frac{1}{\bar{s}} \right| \leqq \frac{2\lambda}{D^2} . \tag{7.15}$$

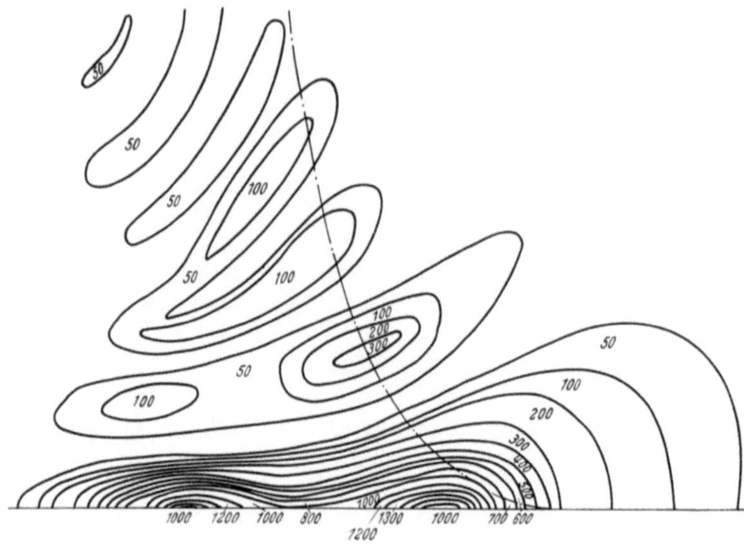

Abb. 81. Die Lichtverteilung im Längsschnitt zur optischen Achse bei einem System mit einer sphärischen Abweichung von $\varDelta s' = \dfrac{64\,\lambda}{\sin^2 u'}$ (Wellenaberration $= 4\,\lambda$) [nach MARECHAL]

Abb. 82. Die Lichtverteilung in der mittleren (zur Achse senkrechten) Einstellebene eines mit Astigmatismus behafteten Systems $\varDelta s'_{ast} = 2{,}6\,\dfrac{\lambda}{\sin^2 u'}$, (Wellenaberration $= 1{,}28\,\lambda$) [nach NIJBOER])

Durch diese Beziehung ist eine kürzeste Distanz $\bar{s}'$ bestimmt, in der das Objekt noch keinen praktisch feststellbaren Qualitätsverlust erleidet, wenn es mit einem auf Unendlich fokussierten Fernrohr beobachtet wird.

Die eben mitgeteilten Zusammenhänge hatten ein ideal korrigiertes Fernrohr bzw. ein ideal korrigiertes Objektiv zur Voraussetzung. Auch wenn ein optisches Instrument mit Bildfehlern behaftet ist, muß man Überlegungen wie die oben dargestellten anführen, um aus dem geometrisch-optischen Strahlenverlauf auf die physikalisch gegebene Lichtverteilung schließen zu können. Die Rechnungen werden dann ziemlich kompliziert. Aus neueren Arbeiten sind in den Abb. 81—83 Licht-

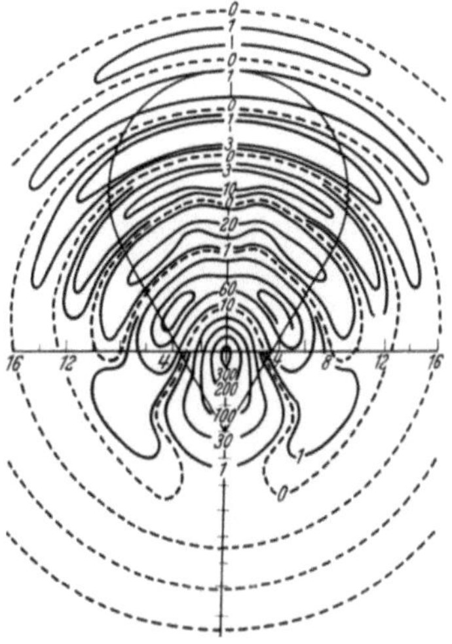

Abb. 83a. Die Lichtverteilung in der Bildebene eines mit Koma behafteten Systems. Abweichung von der Sinusbedingung:

$$\frac{\Delta l'}{l'} = \frac{4{,}3\,\lambda}{l'\sin u'} \quad \text{(Wellenaberration} = 2{,}8\,\lambda)$$

[nach Nijboer und Nienhuis]

Abb. 83b. Die Lichtverteilung in einer achsensenkrechten Ebene eines mit sphärischer Abweichung (2 λ), Koma (1 λ) und Astigmatismus (1 λ) behafteten Systems [nach Marechal]

verteilungskurven in der Nähe der Bildebene von Abbildungssystemen die mit Bildfehlern behaftet sind, wiedergegeben. Einzelheiten entnehme man den Bildunterschriften. Die Abb. 84—86 zeigen entsprechende Aufnahmen von Sternen, die durch Systeme mit Bildfehlern abgebildet

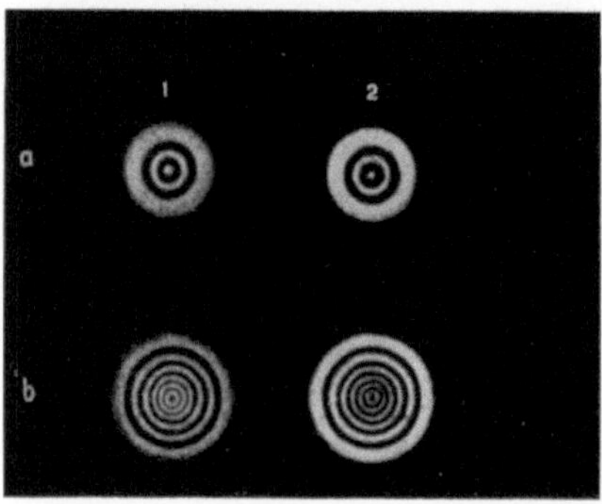

Abb. 84. Aufnahme eines Sternes, der durch ein mit sphärischer Abweichung behaftetes System abgebildet wird. a) in der Bildebene; b) außerhalb der Bildebene 2 stärkere Aberration als 1

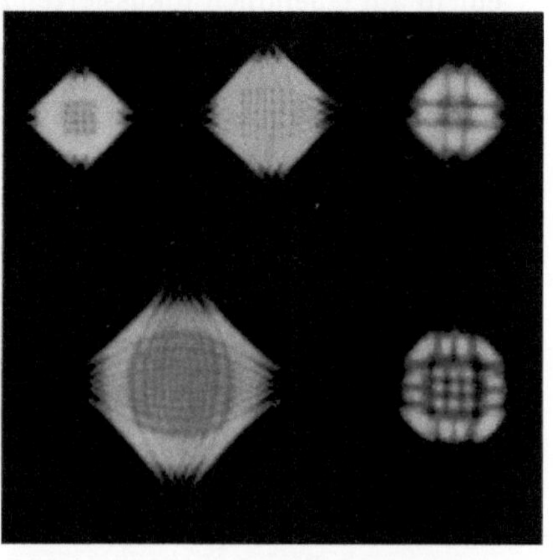

Abb. 85. Aufnahme eines Sternes, der durch ein mit Astigmatismus behaftetes System abgebildet wird

Obere Zeile: $\Delta s'_{ast} = \dfrac{10,8\,\lambda}{\sin^2 u'}$; $\dfrac{14\lambda}{\sin^2 u'}$; $\dfrac{5,8\,\lambda}{\sin^2 u'}$;
(Wellenaberration 5,4 λ, 7 λ, 2,9 λ).

Untere Zeile: $\Delta s'_{ast} = \dfrac{26\,\lambda}{\sin^2 u'}$; $\dfrac{7,6\,\lambda}{\sin^2 u'}$;
(Wellenaberration 13 λ, 3,8 λ) [nach Nienhuis]

worden sind. Aus diesen Rechnungen lassen sich übrigens ebenso wie im Falle der falschen Einstellung Bedingungen ableiten, die die einzelnen Bildfehler erfüllen müssen, damit die Definitionshelligkeit größer als 80% bleibt, d. h. also, daß die Bildqualität praktisch nicht gestört wird. Eine solche Beziehung werde ohne Ableitung angeführt für die gewöhnliche sphärische Abweichung. Bezeichnet man den Betrag der sphärischen Abweichung, die Differenz zwischen dem Rand- und Nullstrahl, mit Δs, dann lautet das Kriterium für die zulässige sphärische Abweichung

$$\Delta s \leqq \frac{4\,\lambda}{\sin^2 u'} \tag{7.16}$$

bzw.

$$\Delta s \leqq 16\,\lambda\,k^2 . \tag{7.17}$$

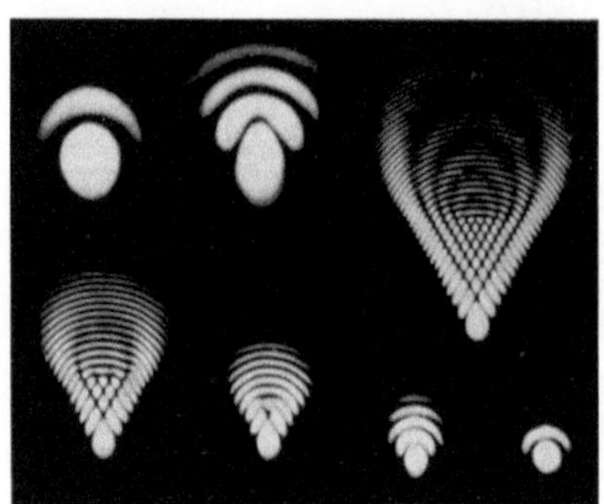

Abb. 86. Aufnahmen eines Sternes, der durch ein mit Koma behaftetes System abgebildet wird. Obere Zeile: Wellenaberration 0,95 λ; 2,8 λ; 60λ; untere Zeile, Wellenaberration: 30 λ; 14,4 λ; 5,7 λ; 1,6 λ [nach Nienhuis]

Für ein Fernrohr, bei dem die sphärische Abweichung durch die Schnittweite s'_{Rd} auf der Augenseite gegeben ist, gilt anstelle von den Gl. (7.16) und (7.17) Gleichung

$$\frac{1}{s'_{Rd}} \leqq \frac{16\,\lambda}{p^2}\,,\qquad\qquad (7.18)$$

wobei p wie früher den Durchmesser der Austrittspupille bedeutet.

Als Kriterium für die zulässige Farblängsabweichung können die Gl. (7.12) bis (7.15) verwendet werden. Man wendet sie in der Weise an, daß man für Δx in Gl. (7.12) und (7.13) den halben Wert der chromatischen Längsabweichung einsetzt, da man die Bildebene immer mitten zwischen den Bildpunkten für die beiden Grenzfarben anordnet. Im Falle sehr weit entfernter Objekte (Fernrohrbeobachtung) hat man die linke Seite in Gl. (7.14) durch $\dfrac{1}{2}\left|\dfrac{1}{s_1} - \dfrac{1}{s_2}\right|$ zu ersetzen, wobei s_1 und s_2 die Schnittweiten der objektseitigen Grenzfarben bedeuten. Sinngemäß erhält man für die zulässige Farbabweichung auf der Augenseite eines Fernrohrs:

$$\left|\frac{1}{s'_1} - \frac{1}{s'_2}\right| \leqq \frac{2\,\lambda}{p^2}\,.\qquad\qquad (7.19)$$

Führt man für Δx in Gl. (7.13) die halbe chromatische Längsabweichung einer dünnen Einzellinse von S. 60 ein, setzt man also $\Delta x = \dfrac{f'}{v}$, ersetzt ferner k wieder durch $\dfrac{f'}{D}$, dann erhält man eine untere Grenze für die Brennweite:

$$f' \geqq \frac{D^2}{2\,v\,\lambda}\qquad (7.20)$$

bzw.

$$f'\,[\text{mm}] \geqq \frac{850}{v}\cdot D^2\,[\text{mm}]\quad (7.21)$$

Für dünne Einzellinsen, deren Brennweite diesen Ungleichungen genügt, ist die durch die Farblängsabweichung zwischen den Farben C und F bedingte Definitionshelligkeit nicht kleiner als 80%.

Wenn in einem optischen System Teile der Öffnung ausgeblendet sind, wie es z. B. bei den noch zu behandelnden Spiegelsystemen vielfach der Fall ist, dann wird die Lichtverteilungskurve z. T. erheblich beeinflußt. Das Ausblenden eines zentralen

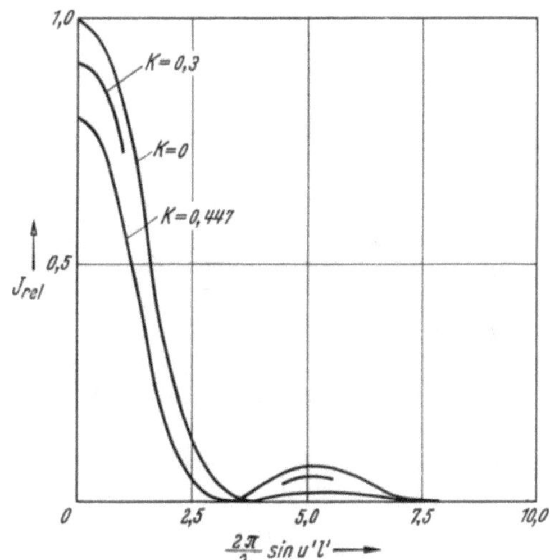

Abb. 87. Lichtverteilung in der Bildebene eines Systems mit ringförmiger Pupille. K Verhältnis des Durchmessers der abgeschatteten Mitte zu dem der vollen Pupille [nach STEEL]

Teiles der Pupille bewirkt im allgemeinen, daß das Hauptmaximum schmaler wird, dafür aber die Nebenmaxima größere Amplitude erhalten. In der Praxis wirkt sich das im allgemeinen so aus, daß die Kontrastwiedergabe eines Systems mit abgeschatteter Mitte der Pupille schlechter ist als bei einem System mit voller Pupille. Es gilt als allgemeine Regel, die Mittenabschattung nicht größer als 30% vom

Durchmesser der vollen Pupille zu machen. Abb. 87 zeigt die Lichtverteilung eines Systems mit abgeschatteter Mitte.

Da in dem zuletzt behandelten Beispiel gezeigt werden konnte, daß es möglich ist, die Lichtverteilung in der Bildebene bzw. auf der Okularseite eines optischen Instrumentes zu beeinflussen, hat es in den vergangenen 30 Jahren, besonders aber in letzter Zeit nicht an Versuchen

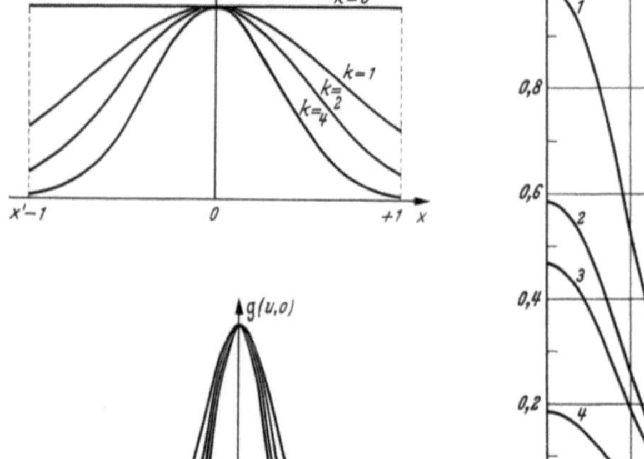

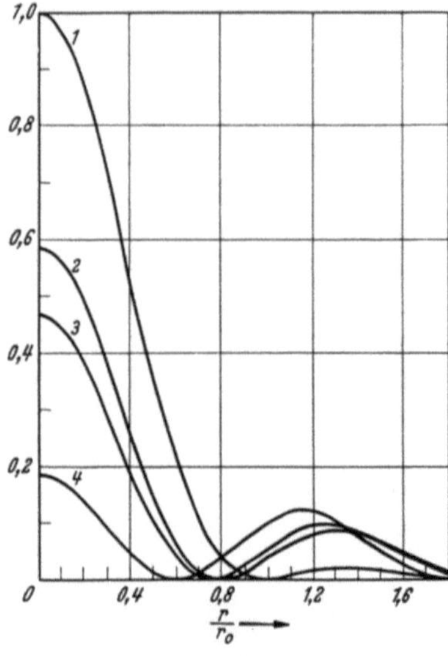

Abb. 89. Lichtverteilungskurven eines Systems mit Apodisationsfiltern (Phasenfilter)

1 Ideales, unbelegtes Objektiv (wie Abb. 76). Radius der ersten Nullstelle r_0.

Abb. 88. Lichtverteilungskurven eines Systems mit Apodisationsfilter (Amplitudenfilter). Oben: Durchlässigkeitskurven verschiedener Amplitudenfilter. Unten: Lichtverteilungskurven

2, 3, 4 Objektive mit Phasenfiltern, deren Phasenverlauf so bestimmt wurde, daß der Radius der ersten Nullstelle $0,8\,r_0$, $0,75\,r_0$, $0,6\,r_0$ wird [nach WILKINS]

gefehlt, an einem optischen Instrument Maßnahmen anzubringen, um der Lichtverteilung einen bestimmten Verlauf zu geben, und zwar abweichend von dem, wie er sich bei einem idealen Instrument mit voller Pupille ergeben hätte. Diese Mittel bestehen im wesentlichen darin, in der Pupille des optischen Instrumentes Mittel anzubringen, die sowohl die Amplitude, als auch die Phase der Lichterregung in Funktion des Pupillenradius beeinflussen. Ohne auf Einzelheiten einzugehen, sei bemerkt, daß man mit einem Absorptionsfilter in der Pupille, dessen Durchlässigkeit eine bestimmte Funktion des Pupillenradius ist, erreichen kann, daß die Nebenmaxima der Beugungsfigur verschwinden, dafür wird aber die Halbwertsbreite des Lichtabfalls entsprechend größer. Andere Filter wiederum erreichen eine Verringerung der Halbwertsbreite auf Kosten eines Anwachsens der Nebenmaxima, ähnlich

wie bei einer zentralen Abschattung. Von dieser letztgenannten Maßnahme hofft man, in bestimmten Spezialfällen das Auflösungsvermögen
des Instrumentes vergrößern zu können. Abb. 88 und 89 zeigen solche
künstlich veränderten Verteilungskurven, die im neueren Schrifttum
als „apodisés" bezeichnet werden. In der Praxis haben solche Systeme
für Fernrohre bisher kaum Eingang gefunden.

§ 8. Die lichttechnischen Eigenschaften des Fernrohrs

Wir denken uns ein kleines Flächenelement dF, das sich in der sehr
großen Entfernung E vor dem Objektiv eines Fernrohrs in der optischen
Achse befinde. Es leuchte mit der Leuchtdichte B. [Die Leuchtdichte B
wird in Stilb gemessen. Eine leuchtende Fläche hat die Leuchtdichte
1 Stilb (sb), wenn sie pro cm² mit der Lichtstärke 1 Candela (abgekürzt
cd) leuchtet. 1 Stilb hat also die Dimension cd/cm², vgl. im übrigen die
Zusammenstellung lichttechnischer Einheiten im Anhang, § 59.] Dieses
Flächenelement hat somit die Lichtstärke $B \cdot dF$ [cd]. Laut Definition ist die Lichtstärke derjenige Lichtstrom, den eine Lichtquelle
in die Einheit des Raumwinkels sendet. Das Objektiv unseres Fernrohrs
vom Durchmesser D erscheint dem leuchtenden axialen Flächenelement
in der Entfernung E unter dem Raumwinkel $d\omega = \dfrac{\pi}{4} \cdot \dfrac{D^2}{E^2}$, somit wird
vom Fernrohrobjektiv der Lichtstrom

$$d\Phi = \frac{\pi}{4} B \cdot \frac{dF}{E^2} \cdot D^2 \tag{8.1}$$

aufgenommen. Der Ausdruck $\dfrac{dF}{E^2}$ ist nun das Raumwinkelelement $d\Omega$,
unter dem das leuchtende Flächenelement vom Objektiv aus gesehen
erscheint. Damit wird (8.1):

$$d\Phi = \frac{\pi}{4} B \, d\Omega \, D^2 . \tag{8.2}$$

Nimmt man nun an, daß die Austrittspupille mit der Leuchtdichte B'
leuchtet, also eine Lichtstärke von $\dfrac{\pi}{4} B' p^2$ besitzt, wobei p, wie bisher,
den Durchmesser der Austrittspupille bedeute, dann wird von der
Austrittspupille aus in das Raumwinkelelement $d\Omega'$, unter dem das
Bild unseres leuchtenden Flächenelements erscheint, der Lichtstrom

$$d\Phi' = \frac{\pi}{4} B' \, d\Omega' p^2 \tag{8.3}$$

gesendet. Da entsprechend der Definition für die Fernrohrvergrößerung

$$d\Omega' = \Gamma^2 d\Omega \tag{8.4}$$

ist, $\dfrac{D^2}{\Gamma^2}$ aber nach (8.3) gleich p^2 ist, kann man (8.2) auch schreiben:

$$d\Phi = \frac{\pi}{4} \cdot B \, d\Omega' p^2 . \tag{8.5}$$

Da bei einem verlustlos angenommenen Fernrohr der austretende Lichtstrom nach dem Satz von der Erhaltung der Energie gleich dem eintretenden Lichtstrom sein muß, also $d\Phi'$ nach (3.8) gleich $d\Phi$ nach (8.5) ist, ist also $B = B'$. Das heißt, die Austrittspupille des Fernrohrs leuchtet mit der gleichen Leuchtdichte wie das objektseitige Flächenelement. Damit ist für den Sonderfall des Fernrohrs für axiale Objekte ein wichtiger Satz für die photometrischen Verhältnisse optischer Instrumente bewiesen, der besagt, daß bei dem optischen Abbildungsvorgang die Leuchtdichte invariant ist. Mit dem besten optischen Instrument kann man bestenfalls erreichen, daß die Austrittspupille mit der Leuchtdichte des Objekts leuchtet.

Maßgebend für den vom Auge empfundenen Helligkeitseindruck ist, wie wir im nächsten Paragraph sehen werden, die Lichtstärke, mit der die Austrittspupille leuchtet. (Wie ebenfalls im nächsten Paragraph gezeigt wird, gilt das nur unter der Voraussetzung, daß die Austrittspupille des Fernrohrs nicht größer ist als die Augenpupille.) Die Lichtstärke J ist definiert als derjenige Lichtstrom, der in die Einheit des Raumwinkels abgestrahlt wird, wir erhalten sie unmittelbar aus (8.5)

$$J = \frac{d\Phi}{d\Omega'} = \frac{\pi}{4} \cdot B p^2 \,. \tag{8.6}$$

Bei gegebener Objektleuchtdichte B wird also die Lichtstärke, mit der die Austrittspupille leuchtet, durch die Größe p^2 bestimmt. p^2 ist an sich nichts anderes als der Flächeninhalt des der Austrittspupille umbeschriebenen Quadrates. Es hat sich leider seit vielen Jahrzehnten eingebürgert, den Ausdruck p^2 unkorrekterweise als *„Geometrische Fernrohrlichtstärke"* zu bezeichnen. (Bis 1945 wurde vielfach sogar der zu Mißverständnissen führende Ausdruck „Lichtstärke" verwendet.) Es dürfte an der Zeit sein, die Begriffsbezeichnung Geometrische Fernrohrlichtstärke im wissenschaftlichen Schrifttum und in den Firmendruckschriften nicht mehr zu verwenden, sondern die Größe p^2 schlicht als „Pupillenquadrat" mit der Dimension mm^2 zu bezeichnen.

Zur Charakterisierung lichttechnischer Eigenschaften von optischen Instrumenten ist von G. Hansen der sog. Lichtleitwert, eine Instrumentalkonstante, eingeführt worden. Sie ist der Faktor, mit dem die Objektleuchtdichte multipliziert werden muß, um den durch das Instrument transportierten Lichtstrom zu erhalten. Für ein axiales Flächenelement erhält man den Lichtleitwert ΔW aus (8.5) zu:

$$\Delta W = \frac{\pi}{4} p^2 d\Omega' \,. \tag{8.7}$$

Die vollständige Behandlung der lichttechnischen Eigenschaften erfordert die Angabe des Lichtleitwertes nicht für ein axiales Flächenelement, sondern für ein ausgedehntes Objekt bzw. für ein ausgedehntes Bild, wobei entsprechend den Lehren der vorhergehenden Paragraphen, die Feldbegrenzung durch die Gesichtsfeldblende des Fernrohres erfolgt. Mit einer Ableitung, die der oben wiedergegebenen ähnlich ist, deren Einzelheiten hier jedoch nicht angeführt werden können, gilt für den Lichtstrom der in den räumlichen Winkel $d\Omega'$ durch ein Bündel gestrahlt wird, welches gegen die Achse die Neigung w' hat. anstelle von (8.5) die folgende Beziehung:

$$d\Phi = \frac{\pi}{4}\,p^2 \cdot B \cos w'\,d\Omega'. \tag{8.8}$$

Ohne auf Einzelheiten näher einzugehen, sei vermerkt, daß der Faktor $\cos w'$ durch das sog. Lambertsche Gesetz bedingt ist, welches besagt, daß in der Regel ein leuchtendes Objekt so strahlt, daß seine Lichtstärke für alle Richtungen gleich ist. Den Gesamtlichtstrom erhält man aus (8.8) durch Integration über alle möglichen Werte von w'. Der größtmögliche augenseitige Hauptstrahlwinkel, wie er durch die Gesichtsfeldblende bedingt ist, ist w_0'. Berücksichtigt man, daß das Raumwinkelelement $d\Omega'$ gegeben ist zu

$$d\Omega' = \sin w'\,dw'\,d\varphi \tag{8.9}$$

dann hat man folgendes Integral auszuwerten.

$$\Phi = \frac{\pi}{4}\,p^2 \cdot B \int_0^{w_0'} \int_0^{2\pi} \sin w'\cos w'\,dw'\,d\varphi. \tag{8.10}$$

Die Auswertung liefert

$$\Phi = \frac{\pi^2 p^2}{4}\cdot B \sin^2 w_0'. \tag{8.11}$$

Der Lichtleitwert W eines Fernrohrs, dessen augenseitiges Sehfeld $\pm w_0'$ ist, hat also den Betrag

$$\boxed{W = \frac{\pi^2 p^2}{4}\sin^2 w_0'} \tag{8.12}$$

In dieser Instrumentalkonstanten tritt das Pupillenquadrat p^2 als entscheidender Faktor auf. Der Lichtleitwert als Instrumentalkonstante ist wichtig, wenn die Frage nach dem gesamten, durch das Fernrohr transportierbaren Lichtstrom gestellt wird. Solche Fragen treten bei allen photometrischen Aufgaben auf, ganz besonders bei Aufgaben der lichtelektrischen Photometrie (z. B. in der modernen Astrophysik). Der Helligkeitseindruck der dem Auge durch das Fernrohr vermittelt wird, ist von der Größe des Sehfeldes, die ja im Lichtleitwert enthalten ist, im wesentlichen unabhängig. Aus diesem Grunde eignet sich die an sich vorzüglich definierte Instrumentalkonstante des Lichtleitwertes nicht zur Charakterisierung der Helligkeit bei subjektiver Fernrohrbeobachtung.

Bei allen bisherigen Betrachtungen über die lichttechnischen Eigenschaften des Fernrohrs war stillschweigend die Voraussetzung gemacht worden, daß das Licht die optischen Glieder ungeschwächt durchsetzt. Das ist in der Praxis nicht der Fall. Ein Teil der Lichtenergie wird beim Durchtritt durch die Linsen durch innermolekulare Vorgänge in Wärme umgewandelt, kann also die Linse nicht wieder als Licht verlassen. Man bezeichnet diesen Vorgang als Absorption. Er spielt heute bei optischen Instrumenten eine untergeordnete Rolle, da die optischen Gläser sich praktisch absorptionsfrei herstellen lassen. Auch in dem langen Glasweg eines modernen Prismen-Feldstechers von 100 mm beträgt der Absorptionsverlust höchstens einige Prozent. Viel gefährlicher ist eine andere Art von Lichtverlusten, die dadurch entsteht, daß an jeder brechenden Fläche nur ein Teil des Lichtes durchtritt und ein gewisser Restbetrag reflektiert wird. Bei einer reflektierenden Fläche — z. B. bei Spiegelfernrohren — muß demgegenüber damit gerechnet werden, daß nicht das gesamte auffallende Licht reflektiert wird, sondern ein Teil von der spiegelnden Oberfläche absorbiert wird.

Die beiden zuletzt genannten Erscheinungen — Lichtverlust durch Restreflektion an brechenden Flächen und Lichtverlust durch ungenügende Reflexion an spiegelnden Flächen — werden charakterisiert durch den Durchlaßgrad δ der einzelnen Fläche. Darunter wird das Verhältnis des von der Fläche „durchgelassenen" (bzw. bei Spiegeln reflektierten) Lichtstroms zum auffallenden Lichtstrom verstanden. Der Gesamtdurchlaßgrad eines optischen Instrumentes wird erhalten, indem man die Durchlaßgrade der einzelnen Flächen miteinander multipliziert. Ein System aus k-Flächen, die alle den gleichen Durchlaßgrad δ_0 besitzen, hat somit den Gesamtdurchlaßgrad

$$\delta_k = \delta_0^k\,.\tag{8.13}$$

Beträgt beispielsweise der Durchlaßgrad der Einzelfläche 95%, dann ergibt sich bei einem System aus 10 Flächen ein Gesamtdurchlaßgrad von $(0{,}95)^{10} = 0{,}63$, d. h. nur 63% des einfallenden Lichtes werden von dem Instrument hindurchgelassen.

Der Durchlaßgrad einer brechenden Fläche ist sowohl vom Brechzahlunterschied als auch von dem Winkel der einfallenden Wellenfront abhängig. Die Berücksichtigung der Winkelabhängigkeit macht die Übersicht über das Problem bei einem mehrflächigen optischen System recht unübersichtlich; man beschränkt sich daher darauf, den Lichtverlust an brechenden Flächen näherungsweise so zu berechnen, als würde die Fläche senkrecht von der Lichterregung getroffen. Der Reflexionsverlust ergibt sich aus der für diesen Sonderfall spezialisierten Fresnelschen Gleichung zu

$$1 - \delta_0 = \left(\frac{n' - n}{n' + n}\right)^2\,.\tag{8.14}$$

Wenn der Brechunterschied an einer Fläche sehr klein ist, wird auch der Reflektionsverlust nach (8.14) sehr klein. Im wesentlichen fallen daher die Grenzflächen zwischen Luft und brechender Substanz ins Gewicht. Zahlenwerte für die Durchlaßgrade von mehrflächigen Systemen bei verschiedenen Brechzahlen sind für den Fall der Glas-Luft-Grenzflächen in Tab. 1 wiedergegeben.

Tabelle 1. *Beim Übergang von Luft in einen Stoff mit der Brechzahl n geht durch Spiegelung an Licht $1 - \delta_0$% verloren*

n	1,3	1,4	1,5	1,6	1,7	1,8	1,9	2,0	2,1	2,2
$1-\delta$%	1,7	2,8	4,0	5,3	6,7	8,2	9,6	11,1	12,6	14,1

Durchlaßgrad einer Folge von k brechenden Flächen in %, wenn durch Spiegelung an einer Fläche an Licht $1-\delta_0$% verlorengeht:

$1-\delta_0$	8%	7%	6%	5%	4%	3%	2%	1%
k								
2	84,6	86,5	88,3	90,2	92,2	94,1	96,0	98,0
3	77,9	80,4	83,0	85,7	88,5	91,3	94,1	97,0
4	71,7	74,8	78,0	81,4	85,0	88,6	92,2	96,0
5	65,9	69,6	73,4	77,4	81,6	85,9	90,4	95,1
6	60,6	64,7	69,0	73,5	78,3	83,3	88,6	94,1
7	55,8	60,2	64,8	69,8	75,2	80,8	86,8	93,2
8	51,3	56,0	60,9	66,3	72,2	78,4	85,0	92,2
9	47,2	52,1	57,3	63,0	69,3	76,1	83,3	91,3
10	43,5	48,4	53,9	59,8	66,5	73,8	81,6	90,4
11	40,0	45,0	50,6	56,9	63,9	71,6	80,0	89,5
12	36,8	41,9	47,5	54,0	61,3	69,5	78,4	88,6
13	33,8	38,9	44,7	51,3	58,8	67,4	76,8	87,7
14	31,1	36,2	42,0	48,7	56,5	65,4	75,3	86,8
15	28,6	33,7	39,5	46,3	54,3	63,4	73,8	85,9
16	26,3	31,3	37,1	44,0	52,1	61,5	72,3	85,0
17	24,2	29,1	34,9	41,8	50,0	59,7	70,8	84,2
18	22,3	27,1	32,8	39,7	48,0	57,9	69,4	83,3
19	20,5	25,2	30,8	37,7	46,1	56,1	68,0	82,5
20	18,9	23,4	29,0	35,8	44,3	54,4	66,7	81,6
21	17,4	21,8	27,2	34,0	42,5	52,8	65,3	80,8
22	16,0	20,3	25,6	32,3	40,8	51,2	64,0	80,0
23	14,7	18,9	24,1	30,7	39,2	49,7	62,7	79,2
24	13,5	17,5	22,6	29,2	37,6	48,2	61,5	78,4
25	12,4	16,3	21,3	27,7	36,1	46,8	60,3	77,6
26	11,4	15,2	20,0	26,3	34,6	45,4	59,1	76,8
27	10,5	14,1	18,8	25,0	33,2	44,0	57,9	76,1
28	9,7	13,1	17,7	23,7	31,9	42,7	56,7	75,3
29	8,9	12,2	16,6	22,6	30,7	41,4	55,6	74,5
30	8,2	11,3	15,6	21,5	29,5	40,2	54,5	73,8
31	7,5	10,5	14,7	20,4	28,3	39,0	53,4	73,0
32	6,9	9,8	13,8	19,3	27,1	37,8	52,3	72,3

Man sieht, daß bereits bei der Brechzahl von 1,6, was etwa dem Mittelwert aller in optischen Instrumenten verwendeten Glasarten entspricht, bei einem System von 20 Flächen nur noch etwa 34% Licht hindurchgeht. Dieser Sachverhalt hat bis etwa 1936 die zulässige Anzahl von Glas-Luftflächen in einem optischen Instrument begrenzt. 1936 gelang es SMAKULA, im Zeiss-Werk die durch die obenstehende Tabelle wiedergegebenen Durchlaßgrade erheblich zu verbessern. Nach seinem Verfahren, das heut ein aller Welt angewendet wird, erreicht man die Verbesserung des Durchlaßgrades dadurch, daß man auf die Linsen-oberflächen im Vakuum eine durchsichtige Substanz aufdampft, die einen wesentlich niedrigeren Brechungsindex hat als die brechende Fläche. Die Schichtdicke dieser aufgedampften Substanz soll etwa $^1/_4$ der mittleren Lichtwellenlänge betragen. Von der Wirkungsweise dieses reflexmindernden Belages kann man sich in folgender Weise eine rohe Vorstellung bilden:

An der Grenzfläche zwischen Luft und aufgedampfter Substanz treffen die einfallende Welle und die an der Glasfläche reflektierte Welle (deren Amplitude einige % der einfallenden Welle beträgt) mit einer Phasenverschiebung von einer halben Wellenlänge zusammen. Die Phasenverschiebung von einer halben Wellenlänge ergibt sich, wenn die Schicht eine viertel Wellenlänge dick ist und zweimal durchlaufen wird. Licht mit der Amplitude von einer ähnlichen Größenordnung wird auch an der Trennschicht zwischen Luft- und aufgedampfter Schicht reflektiert. Diese beiden reflektierten Anteile haben nun wegen der Phasenverschiebung von einer halben Wellenlänge entgegengesetztes Vorzeichen und heben sich z. T. auf. Mit anderen Worten bedeutet das, durch diesen Auslöschungsvorgang wird die Energie nicht aus dem System herausgelassen, was gleichbedeutend damit ist, daß sie durch das System hindurchtritt. Die mit dem Aufdampfverfahren erzielten Durchlaßgrade für eine Einzelfläche sind um so besser, je höher die Brechzahl des optischen Glases ist. Sie liegen in der Praxis etwa zwischen 1 und 2%. Für den Fall des oben angeführten Beispiels entnimmt man der Tabelle, daß nunmehr der Durchlaßgrad von 34% auf rund 72% verbessert worden ist. Die Bedeutung der reflexmindernden Beläge liegt somit auf der Hand.

Bei der Spiegelung ist das Reflexionsvermögen von der Art des Metalls abhängig. Abb. 90 zeigt, wie es sich mit der Wellenlänge (angegeben in μ) ändert. Für Spiegelfernrohre verwandte man bis zur Mitte des 19. Jahrhunderts Legierungen, sog. Spiegelmetall (Kurve *Schr*); wie man Abb. 90 entnimmt, sind dabei an einer Fläche lediglich die Reflexionsgrade von 60—65% erreichbar, d. h. bei zwei Spiegeln geht der „Durchlaßgrad" bereits auf etwa 30% zurück. Heute verwendet man Glasspiegel, an deren Vorderseite eine dünne Metallschicht aufgebracht wird. Die Aufbringung solcher Metallschichten erfolgt heute zum größten Teil durch Aufdampfen im Vakuum. Am beliebtesten sind Schichten aus Aluminium, die einen Reflexionsgrad von 92% ergeben und bis weit ins Ultraviolett hinein eine gute Reflektion gewährleisten. Auch Rodium- und Silberschichten sind beliebt. Mit Silber erzielt man etwas höhere Reflexionsgrade, im sichtbaren Bereich (bis zu 96%), dafür ist die Reflexion im Ultravioletten schlechter. Bevor das Aufdampfverfahren zu der heutigen Vollkommenheit entwickelt war, war es allgemein üblich, chemisch Silberniederschläge zu erzeugen. Diese Niederschläge waren nicht sehr haltbar, die Versilberung mußte deswegen von Zeit zu Zeit erneuert werden. Statt der ebenen Spiegel verwendet man, wie auf S. 42 erwähnt, vielfach totalreflektierende Prismen; wenn selbst bei höherer Brechung die Totalreflexion an einer Prismenfläche nicht mehr eintritt, wird eine reflektierende Metallschicht aufgebracht. Diese Rückverspiegelung, die man durch einen Kupfer- oder Lacküberzug schützt, ist haltbar. Handelt es sich um die Reflexion von parallelen Strahlenbündeln an einer Ebene, so kann man Glas-

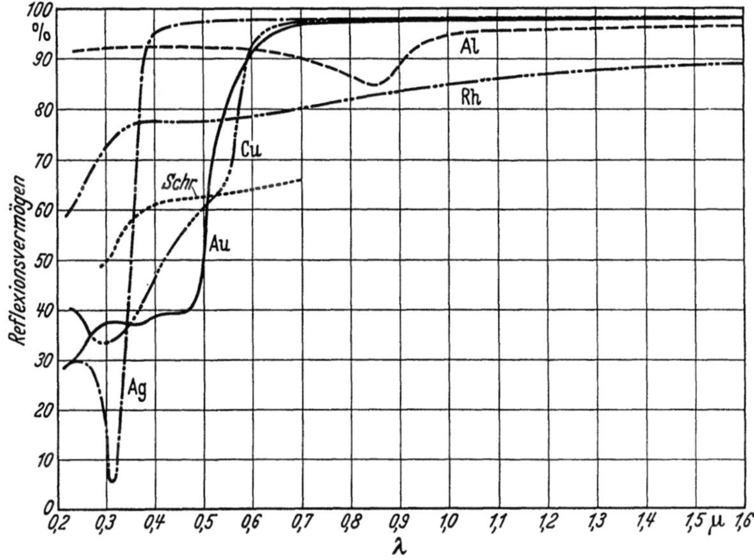

Abb. 90. Reflexionsvermögen verschiedener Substanzen

platten verwenden, die auf der Rückseite versilbert sind. Zur Vermeidung von Nebenbildern muß aber die Platte gut planparallel sein. Der Lichtverlust ist hier etwas größer als bei einem total reflektierenden Prisma.

In den letzten 20 Jahren ist die Technik der Oberflächenspiegel weiter entwickelt worden. Man ist dazu übergegangen, auf die aufgedampfte Metallschicht auch noch durchsichtige Substanzen von geeigneter Dicke aufzudampfen. Diese zusätzlich aufgedampften Schichten haben sowohl den Zweck, das Reflexionsvermögen zu erhöhen, als auch die Metallschicht vor atmosphärischen Einflüssen zu schützen. Verwendet werden verschiedene Substanzen, die vielfach von den Herstellern geheimgehalten werden. Bekannt geworden sind u. a. Zinksulfit, Magnesiumfluorit, Siliziummonoxyd (SiO) und Quarz. Praktische Bedeutung haben heute in erster Linie aluminiumbedampfte Spiegel, die entweder mit einer Schicht aus Siliziummonoxyd (SiO) bedampft sind oder mit

6*

einem Mehrschichtenbelag versehen sind. In Abb. 91 ist das Reflexionsvermögen verschieden belegter Aluminiumspiegel im Vergleich mit einer reinen Aluminiumschicht wiedergegeben. Eine SiO-Schicht (Kurve 2) bewirkt lediglich einen Schutz gegen atmosphärische Einflüsse, das Reflexionsvermögen hingegen wird durch eine SiO-Schicht verschlechtert. Eine Verbesserung des Reflexionsvermögens bei gleichzeitigem Schutz gegen atmosphärische Einflüsse bieten nur die in den letzten

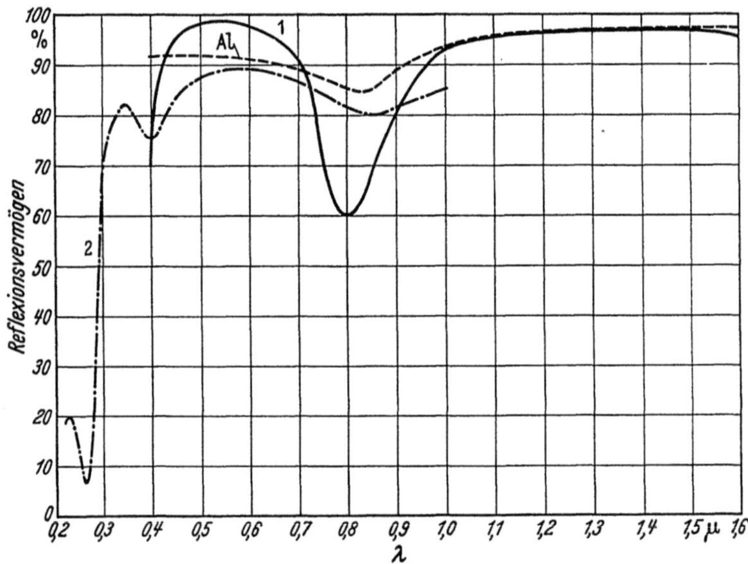

Abb. 91. Reflexionsvermögen. 1: Aluminium mit Mehrfachschicht (CeO_2—MgF_2—CeO_2). 2: Aluminium mit SiO-Schicht. Al: Reinaluminiumspiegel (nach Hass)

Jahren bekannt gewordenen Mehrfachschichten. Sie bestehen mindestens aus zwei, meistens jedoch aus drei Schichten in wechselnder Folge von Schichten mit sehr hoher und sehr niedriger Brechzahl. Kurve 1 in Abb. 91 zeigt das Reflexionsvermögen eines Aluminiumspiegels mit einer Mehrfachschicht aus Ceroxyd (hohe Brechzahl) und Magnesiumfluorit (niedere Brechzahl). Die Verbesserung der Reflexion durch die Aufbringung dünner Schichten beruht auf einem ähnlichen Interferenzeffekt wie die Reflexminderung bei brechenden Flächen; indes ist im hier vorliegenden Falle das Zustandekommen des Effektes nicht so einfach zu erklären, wie im Falle der brechenden Flächen.

Die Gl. (8.1) bis (8.13) dieses Paragraphen für die Berechnung des durchgelassenen Lichtstroms, der Lichtstärke, mit der die Austrittspupille leuchtet, und des Lichtleitwerts sind bei einem Fernrohr, das mit Lichtverlusten behaftet ist, mit dem Durchlaßgrad δ zu multiplizieren; d. h. die genannten lichttechnischen Werte sind um den Durchlaßgrad geringer als bei dem ursprünglich angenommenen Idealfernrohr. Als geometrisches Charakteristikum steht in allen diesen Ausdrücken jetzt das Pupillenquadrat multipliziert mit dem Durchlaßgrad. Für diese charakteristische Größe δp^2 ist gelegentlich die Bezeichnung „*Physikalische Fernrohrlichtstärke*" zum Unterschied gegen die Geometrische Fernrohrlichtstärke (das Pupillenquadrat) vorgeschlagen worden. Da diese Bezeichnungsweise sehr irreführend ist und im Gegensatz zur allgemeinen Bezeichnungsweise der Photometrie steht, ist von ihrer Weiterverwendung ebenso dringend abzuraten, wie von der Bezeichnung „Geometrische Fernrohrlichtstärke". Die Angabe des „Pupillenquadrates" und des Durchlaßgrades genügt zur Charakterisierung der lichttechnischen Verhältnisse vollauf.

Die Tatsache, daß an den brechenden Flächen nicht alles auffallende Licht hindurchgelassen wird, daß vielmehr ein Teil desselben reflektiert wird, hat noch eine weitere unangenehme Konsequenz. Das reflektierte Licht wird an anderen Linsenflächen und Gehäuseteilen im allgemeinen noch mehrmals reflektiert und überlagert sich schließlich als Lichtschleier im Bild. Das hat zur Folge, daß die ursprünglichen Helligkeitsunterschiede im Objekt, der Kontrast, verschlechtert werden. Zahlenmäßig wird diese Eigenschaft von Fernrohren durch die sog. Kontrastverminderung charakterisiert. Die Messung erfolgt so, daß zunächst Leuchtdichtenunterschiede in einem gegebenen, gut definierten Objekt[1], zunächst ohne Fernrohr, photometriert werden. Diese Messung ergibt ein bestimmtes Verhältnis zwischen dunklem und hellem Objektteil. Sodann wird die Messung mit Fernrohr wiederholt; das Verhältnis zwischen hellem und dunklem Objektteil muß jetzt ungünstiger geworden sein. Die prozentuale Veränderung ist nun die Kontrastminderung. Sie hängt im übrigen nicht nur von der Restreflexion der brechenden Glas-Luftflächen ab, sondern wird auch durch schlecht polierte oder schmutzige Oberflächen sowie durch unerwünschte Reflexionen an Gehäuseteilen ebenfalls bewirkt. Mit reflexminderndem Belag versehene Fernrohre mit etwa 10 Glas-Luftflächen erreichen heute Kontrastverminderungen von 1—2%. Die Kontrastverminderung unbelegter Fernrohre liegt bei etwa 6—8%.

§ 9. Das Auge

Das Auge (Abb. 92) ist ein Linsensystem, das aus Hornhaut C, der Augenkammer A mit dem Kammerwasser, der Augenlinse L und dem

---

[1] Ein solches Testobjekt zur Messung der Kontrastverminderung ist beispielsweise eine Ulbrichtsche Kugel, die in der üblichen Weise beleuchtet wird und die gegenüber vom Einblickfenster ihrer Wand eine Aussparung enthält, in der ein mit schwarzem Samt ausgeschlagener Hohlraum angebracht ist. Vom Ausblickfenster aus wird das Leuchtdichte-Verhältnis von weißer Kugelrückwand und diesem ausgeschlagenen, schwarz erscheinenden Hohlraum gemessen.

gallertartigen Glaskörper Q besteht, die annähernd kugelförmige und annähernd ausgerichtete Begrenzungsflächen besitzen. Die Brechzahlen für Hornhaut, Kammerwasser und Glaskörper sind 1,376, 1,336 und 1,336; die Linse besteht aus zwiebelartigen Schichten, deren Brechzahlen von 1,386 auf 1,404 nach innen zunehmen. Die Hornhaut ist der vordere, vorgewölbte Teil der äußeren dicken schützenden

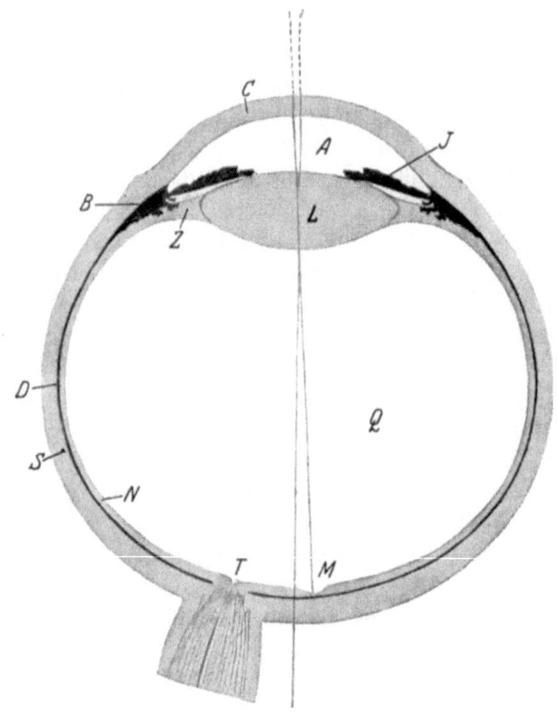

Abb. 92. Ein waagerechter Schnitt durch das rechte menschliche Auge

Sehnen- oder Lederhaut S. Nach innen folgt die dunkle Aderhaut D mit den ernährenden Blutgefäßen; sie setzt sich in den Strahlen-(Ziliar-)körper B und die Iris oder Regenbogenhaut J fort, nach der die Farbe des Auges bezeichnet wird, und die die dunkel erscheinende, das eintretende Licht begrenzende Pupille umschließt. Weiter nach innen folgt die Netzhaut N, die sich in das Strahlenblättchen Z mit nach der Linse ausgespannten Fäden fortsetzt. Daß das Auge ein umgekehrtes Bild auf der Netzhaut entwirft, wurde zuerst von KEPLER erkannt und von SCHEINER durch den Versuch festgestellt. Der Sehnerv tritt bei T ein und verbreitet sich über die Netzhaut mit Ausnahme des gelben Flecks M, in dessen Mitte sich die etwa 2 mm breite Netzhautgrube (Fovea) befindet. Abb. 93 zeigt einen Meridianschnitt durch den verwickelten Aufbau der Netzhaut, Abb. 94 einen Querschnitt durch das Zapfenmosaik. Die Zapfen *b* stehen zwischen den dünneren Stäbchen *a* zerstreut. Das eindringende Licht durchsetzt zunächst die Schicht 3 mit den Nervenfasern und Ganglienzellen, die mehrfache Schicht 2, die Schicht 1 mit den Zapfen und Stäbchen; rechts davon ist die Pigmentschicht der Aderhaut dargestellt. Das Gebiet der einigermaßen scharfen Abbildung, die Fovea, hat nur eine Ausdehnung von wenigen (3—7) Winkelgraden, was etwa $^1/_{300}$ der gesamten Netzhautfläche entspricht.

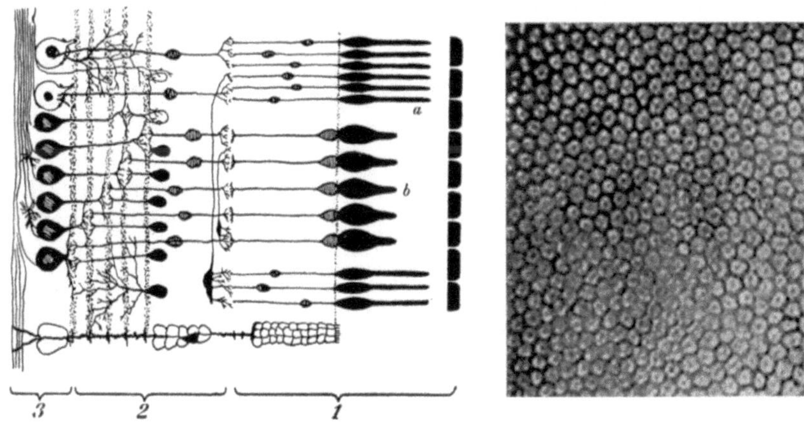

Abb. 93. Ein Meridianschnitt durch die Netzhaut nach R. v. Cajee

Abb. 94. Ein Querschnitt durch die Zapfen und Stäbchen der Netzhaut nach Heine

Trotzdem enden hier die Hälfte aller Sehnervenleitungen, die andere Hälfte entfällt auf die übrige Netzhaut. Die Fovea besitzt ein relativ kleines Gebiet von etwa 1° Ausdehnung, welches nur die eine Art der Empfangselemente, die farbempfindlichen Zapfen, etwa 130000/mm², enthält. Nach der Netzhautperipherie hin nimmt dieser Wert zunächst schnell ab und bleibt dann angenähert konstant 4000—5000/mm². Die Empfangselemente der anderen Art, die farbunempfindlichen, erst bei niederen Leuchtdichten funktionsfähig werdenden Stäbchen, haben ein flaches Maximum ihrer Verteilung bei 15—20° seitlich der Fovea, mit etwa 150000/mm². Die Durchmesser der Zapfen und Stäbchen liegen zwischen 1,5 μ in der Netzhautmitte und 5 μ an deren Rand.

In der Fovea besitzt jedes Empfangselement eine eigene Nervenleitung zum Gehirn, dies ändert sich außerhalb jedoch sehr wesentlich, hier kann nämlich eine Nervenleitung mit vielen, bis zu 250 Zapfen verbunden werden, auch die Stäbchen treten in Gruppen bis zu 450 Stück auf, die an eine Nervenleitung gekoppelt sind. Wahrscheinlich enthalten die peripheren Gruppen stets Zapfen und Stäbchen gleichzeitig (Vergesellschaftung der Netzhautelemente). Die vordere Brennweite des

Auges ($n = 1$) beträgt —17 mm, die hintere Brennweite ($n' \approx 1{,}34$) +22,8 mm. Auf die Größe von 0,0055 mm wird also ein Gegenstand abgebildet, der unter einem Sehwinkel von etwa 1′ erscheint. Die Tiefe, bis zu der beim Auge im Tagessehen mit etwa 2,5 mm Pupille die Schärfe der Abbildung reicht, kann man mit etwa 0,4 dptr ansetzen (§ 13). Nun besitzt aber das Auge die Fähigkeit, Akkommodation genannt, innerhalb eines viel größeren Bereiches scharf zu sehen, zwar nicht gleichzeitig, aber nacheinander, indem die Flächen der Linse stärker gekrümmt werden und dadurch die Brennweite des Auges um etwa $^1/_6$ verringert wird, so daß nun näher gelegene Gegenstände auf der Netzhaut abgebildet werden. Die Veränderung der Linse hat man durch Messung der Änderung der Größe der Reflexbilder festgestellt. Wie sie durch den Ziliarmuskel zustande kommt, zeigt Abb. 95; die sich überkreuzenden Zonulafasern c und d sind einerseits an den Fortsätzen des Ziliarmuskels, andererseits am Rande der Linse l angeheftet. Wird nun der ringförmige Muskel zusammengezogen, so werden die Fasern c stärker, die Fasern d schwächer entspannt, da der Muskel sich zugleich vorschiebt. Die Linse nimmt jetzt die durch die Elastizität ihrer äußeren Haut bestimmte Form an. Der entfernteste Punkt, der bei entspannter Akkommodation scharf gesehen werden kann, ist der Fernpunkt, der nächste bei gespannter der Nahpunkt; es ist der kürzeste Abstand, in dem das Doppelbild einer feinen Spitze noch durch die Akkommodation zum Verschwinden gebracht werden kann. Mißt man die Abstände von Nahpunkt und Fernpunkt vom Auge in Dioptrien, so gelten bei einem Lebensalter von 10, 30, 50, 70 Jahren für den Nahpunkt 14, 7, 2,5, —1 dptr, für den Fernpunkt 0, 0, 0, —1,5 dptr; nach S. 22 ist für x dptr der Abstand dieser Punkte vom Auge also 1000 mm dividiert durch x. Das negative Vorzeichen soll ausdrücken, daß der Nah- bzw. Fernpunkt virtuell ist, daß man diesen Punkt nur mit einem sammelnden Brillenglas scharf zu sehen vermag. Den Unterschied der Dioptrien für Nah- und Fernpunkt mit Berücksichtigung des Vorzeichens bezeichnet man als Akkommodationsvermögen (-breite); sie nimmt also mit dem Alter stark ab. Ein Auge, dessen Fernpunkt im Unendlichen liegt,

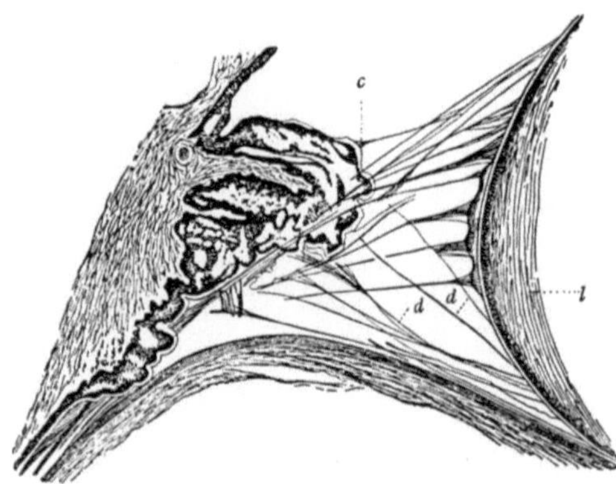

Abb. 95. Zur Erklärung des Akkommodationsvorgangs nach RETTINS

bezeichnet man als rechtsichtig (emmetrop), andere als fehlsichtig (ametrop). Ist der Fernpunkt im Endlichen reell, so ist das Auge kurzsichtig (myop), ist er virtuell, so ist das Auge übersichtig (hypermetrop). Die Fehlsichtigkeit ist vorwiegend durch abweichende Achsenlängen des Auges bedingt; während das rechtsichtige Auge etwa 24 mm lang ist, schwankt die Länge des fehlsichtigen zwischen 21 und 36 mm. Entspricht der Fernpunkt des kurzsichtigen Auges 5 dptr, so muß es durch

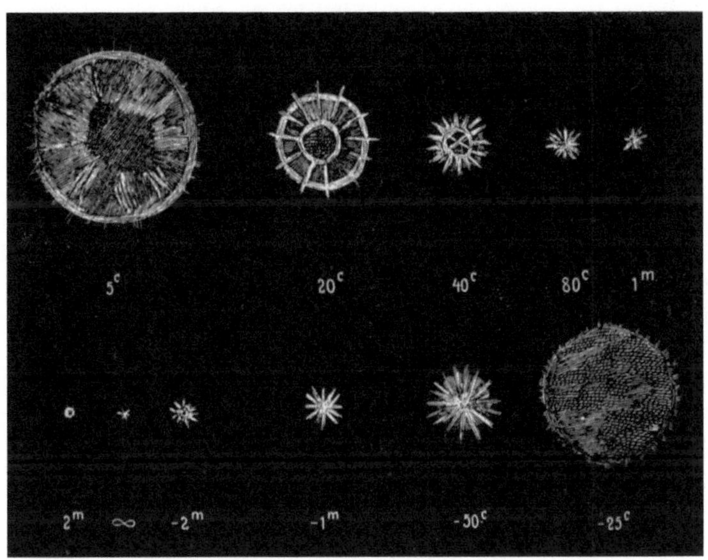

Abb. 96. Wiedergabe der Originalzeichnung von REE (1896) vom visuellen Eindruck eines leuchtenden Punktes in verschiedenen Entfernungen (ᵐ Meter, ᶜ Zentimeter; ohne Vorzeichen: reelle Objektlage; vor dem Auge; —: virtuelles Objekt, hinter dem Auge, durch Sammellinse erzeugt)

ein zerstreuendes Brillenglas von 5 dptr korrigiert werden; die von dem unendlich fernen Punkt ausgehenden Strahlen werden dadurch so gebrochen, daß sie von dem Fernpunkt des Auges auszugehen scheinen. Übersichtigkeit wird durch sammelnde Brillengläser ausgeglichen. Da die Akkommodationsbreite mit dem Alter stark abnimmt, so müssen ältere Personen sowohl eine Fernbrille (zum Sehen in die Ferne) wie eine Nahbrille benutzen. Ein anderer Fehler des Auges, der Astigmatismus (S. 57), der meist in ungleicher Krümmung der Hornhaut für zwei aufeinander senkrechte Achsenschnitte seinen Grund hat, wird durch Gläser mit zylindrischen oder torischen (Umdrehungs-)Flächen, ausgeglichen.

Was die Abbildungsfehler des Auges betrifft, so ist die sphärische Abweichung ziemlich beträchtlich. Der Zerstreuungskreis ist aber nicht rund, sondern zeigt strahlenförmigen Umriß und Lichtzerstreuung. Das ist der Grund dafür, daß Sterne dem Auge als „strahlig" erscheinen, während die photographische Platte sie als kreisförmige Beugungsbilder wiedergibt (s. o.). Seit dem Altertum sind Zeichnungen von dem visuellen Eindruck dieser „strahligen" Sterne bekannt. Eine berühmte derartige Zeichnung aus dem vorigen Jahrhundert zeigt Abb. 96. Der Betrag der sphärischen Abweichung des Auges selbst unterliegt starken individuellen Schwankungen und liegt in der Größenordnung von 1—2 mm. Die negativen Entfernungen in der Abbildung entsprechen einem virtuellen Lichtpunkt, der durch eine Linse erzeugt wird. Den Farbenfehler des Auges bemerkte schon NEWTON, indem er mit halbverdeckter Pupille Grenzen von Schwarz und Weiß beobachtete, die deren Hälftungslinie parallel waren (S. 60). Sieht ein rechtsichtiges Auge durch ein dunkelblaues Kobaltglas eine weiße Lichtquelle an, so sieht es bei größerer Entfernung eine rote Flamme mit blauviolettem Saum. Die chromatische Längsabweichung beträgt etwa 2—3 mm.

Der eintretende Strahl, der durch die Mitte der Pupille geht und auf die Mitte der Netzhautgrube trifft, bestimmt die Stelle, auf die das Auge gerichtet ist, die es fixiert. Fixiert man nun einen bestimmten Punkt, so bemerkt man, daß mit größerem seitlichen Abstand davon das deutliche Erkennen immer mehr nachläßt. Es fällt dies nicht besonders auf, weil beim Sehen mit ruhendem Auge die Wahrnehmungen in den Randteilen nur zur Orientierung und Warnung dienen. So wird auch nicht ohne weiteres bemerkt, daß an der Eintrittsstelle des Sehnerven nichts wahrgenommen wird, diese Stelle ist der blinde Fleck. Wird die Aufmerksamkeit auf einen bestimmten Punkt gerichtet, so dreht man unwillkürlich den Augapfel so, daß das Bild dieses Punktes auf die Netzhautgrube, die Stelle der größten Sehschärfe, fällt. Bei Beobachtung eines größeren Sehfeldes kommt es auf dies Sehen mit bewegtem Auge an, das als direktes Sehen dem indirekten mit ruhendem Auge gegenübergestellt wird. Beim direkten Sehen ist der Augendrehpunkt, der etwa $10^1/_2$ mm hinter der Pupille liegt, das Zentrum der Perspektive. Genügend kleine Gegenstände werden aber mit ruhendem Auge auf einmal deutlich gesehen, wobei die Pupille des Auges das Zentrum der Perspektive bleibt. Die scheinbare Größe (Winkelgröße) größerer Gegenstände wird von dem Augendrehpunkt aus durch die Blicklinien, die kleiner Gegenstände von der Augenpupille aus durch die Visierlinien bestimmt. Diese Perspektiven eines kleinen Feldes bezeichnet man als Füllperspektiven; aus ihnen setzt sich die Hauptperspektive des direkten Sehens mosaikartig zusammen. Sie gleicht einer aus einzelnen Blättern zusammengesetzten Zeichnung. Diese Blätter sind von den nahe beieinander gelegenen Punkten aufgenommen, die die Pupillenmitte bei der Drehung des Auges nacheinander einnimmt. Daß die Füllperspektiven bei nahen Gegenständen mit der Hauptperspektive nicht genau übereinstimmen, wird selbst bei besonders darauf gerichteter Aufmerksamkeit nicht gleich bemerkt.

Das Auge ist imstande, bei schwachem Mondlicht wie bei blendendem Sonnenlicht zu sehen, obwohl sich deren Beleuchtungsstärken wie 1 : 500 000 verhalten. Diese Anpassung wird einerseits erreicht durch Verengerung und Erweiterung der

Augenpupille in den Grenzen 2 und 8—9 mm, andererseits durch die Adaptation
des Auges, die Einstellung des Empfindlichkeitsgrades der Netzhaut für verschiedene Beleuchtung. Der Durchmesser der Augenpupille ist nach BLANCHARD
bei den Feldhelligkeiten von 0,0001 lx (Lux) 7,3 mm; 0,01: 7,0; 1: 6,0; 100: 3,9
und von 10000 lx 2,1 mm. Die Beleuchtung, die der Nachthimmel bei Neumond
gibt, ist 0,0006 lx, bei Vollmond 0,2 lx. Ausreichende Beleuchtung zum Lesen und
Schreiben soll mehr als 20 lx betragen. Im Freien im Schatten ist die Beleuchtung
über 1000 lx, mittags in der Sonne an einem klaren Sommertag etwa 100000 lx, bei
Sonnenauf- und -untergang nur etwa 300 lx. Für die Abnahme der größten Nacht-
pupille mit dem Lebensalter ergeben neuere Untersuchungen folgende Zahlen,
für das Alter von 15 Jahren 8 mm; 25: 7,6; 35: 7,3; 45: 7,0; 55: 6,7; 65: 6,4 mm.

Tritt man aus der hellerleuchteten Wohnung bei dunkler Nacht in die unbe-
leuchtete Umgebung, so erscheint diese zunächst völlig dunkel; erst nach einigen
Minuten bemerkt man, wie es anfängt heller zu werden, „man gewöhnt sich an die
Dunkelheit"; die volle, zuletzt immer schwächer steigende Anpassung an die
Dunkelheit dauert bis zu einer halben Stunde. Umgekehrt, wenn man aus der
Dunkelheit in einen hellen Raum tritt, setzt die Blendung vorübergehend das
Erkennen der Gegenstände herab; die Anpassung geht hier aber schneller vor sich.
Diese Einstellung der Netzhaut für die Beleuchtungsstärken nennt man die Adapta-
tion des Auges, man unterscheidet die letzte, die Helladaptation, von der ersten,
der Dunkeladaptation. Bei der Dunkeladaptation ist die Änderung der Pupillen-
weite nach 1 min praktisch beendet. Dabei ist die Empfindlichkeit etwa auf das
20fache gestiegen. Nach etwa 10 min steigt die Empfindlichkeit auf etwa das
50fache; dann setzt das Dämmerungssehen und damit eine weitere große Steigerung
ein. Das Dämmerungssehen wird im wesentlichen durch die Stäbchen vermittelt, das
Tagessehen durch die Zapfen. Bei Nachtblinden ist die Adaptation herabgesetzt.

Der Abfall der Empfindlichkeit nach dem Rande des Gesichtsfeldes ist beim
helladaptierten Auge zunächst sehr stark, wird dann aber langsamer. Die Empfindlichkeit ist für verschiedene Netzhautstellen unterschiedlich, etwa 10° seitlich der
Mitte ist sie in der Dämmerung größer als in der Mitte. Schwache Sterne werden
im indirekten Sehen leichter erkannt als im direkten, z. B. die Anzahl der Sterne
in den Plejaden, wenn man einen hellen Stern daneben wie Aldebaran fixiert; es
werden aber weniger erkannt, wenn man den Blick auf sie richtet.

Farben werden nur mit den Zapfen gesehen, das Sehen mit den Stäbchen gleicht dem des Farbblinden. Während die Lichtempfindlichkeit für verschiedene Farben bei den Zapfen in der Nähe der Wellenlänge $\lambda = 0,55\,\mu$ am
größten ist und nach größeren und kleineren Wellenlängen gleichartig abfällt, ist
sie bei den Stäbchen am größten bei $\lambda = 0,515\,\mu$, d. h. mehr nach dem blauen Ende
des Spektrums zu, und fällt nach Rot besonders stark ab, so daß das leuchtende Rot
von Ziegeldächern im Stäbchensehen schwarz erscheint. Dadurch erklärt sich die
Purkinjesche Erscheinung, daß z. B. in der Morgendämmerung zuerst Blau bemerkt
wird und die roten Farben lange am dunkelsten bleiben. Im Beginn der Dunkeladaptation sehen wir noch mit dem farbentüchtigen, zu scharfer Formwahrnehmung
befähigten, aber starke Lichtreize erfordernden Tagesapparat, gegen das Ende mit
dem farbenblinden, nur unscharf die Formen erkennenden, aber sehr lichtempfind-
lichen Dämmerungsapparat. Hingewiesen sei noch auf die sog. Nachtmyopie.
Man versteht darunter die Erscheinung, daß ein sonst normalsichtiges Auge in
der Nacht kurzsichtig wird. Unterhalb von Beleuchtungsstärken von 0,1 lx rückt
der sonst normal liegende Fernpunkt auf etwa —1 bis —2 Dioptrien. Man nimmt
als Erklärung für diese Erscheinung zwei Ursachen an. Einesteils entspricht der
Akkommodation auf den Fernpunkt beim normalsichtigen Auge keine völlige
Entspannung der Augenmuskulatur. Der wirklich entspannte Zustand des Auges

liegt schon bei einer Myopie von $^1/_2$—1 Dioptrie. Die andere Ursache ist die sphärische Abweichung des Auges, die mit der größeren Dunkelpupille wirksam wird
und die zur Folge hat, daß die günstigste Einstellebene sich von der Netzhaut nach
der Augenlinse zu verschiebt. Der Erscheinung der Nachtmyopie, die erst während
der letzten 10 Jahre hinreichend untersucht wurde, kommt für die Fernrohrbeobachtung einige Bedeutung zu. Bei Beobachtung in der Nacht ist das Okular
gegenüber der Einstellung bei Tagesbeobachtung um —1,5 bis —2 dptr zu verstellen.

§ 10. Die Sehschärfe

Wir kommen nun zur quantitativen Erfassung der Wahrnehmungs-
eigenschaften des Auges. Wir können zunächst feststellen, daß das
Auge überhaupt in der Lage ist, Helligkeitseindruck, Farbeindruck und
Aussagen über den umgebenden Raum zu liefern. Nach SCHOBER
bezeichnet man diese drei Eigenschaften als die drei primären Seh-
qualitäten. Das Auge ist jedoch auch in der Lage, Leuchtdichtenunterschiede, Farbunterschiede und räumlich getrennte Lichtempfin-
dungen wahrzunehmen sowie Formen von Gegenständen und deren
Bewegungen zu erkennen. Diese fünf letzten Wahrnehmungseigen-
schaften bezeichnet man als die sekundären Grundaufgaben des Auges.
Kann etwas nicht wahrgenommen werden, so können mehrere Faktoren
dafür verantwortlich sein: Das Objekt kann selbst zu klein sein, so daß
hierfür das Auflösungsvermögen des Auges nicht ausreicht, es kann aber
auch die vom Objekt ausgehende Energie zu gering sein. Ferner kann
etwas nicht wahrgenommen werden, wenn der Helligkeitsunterschied
eines an sich genügend großen Gegenstandes gegenüber seiner Umgebung
nicht groß genug ist; d. h., wenn der Kontrast K zahlenmäßig ausgedrückt als das relative Leuchtdichteverhältnis eines Objektes zu
seiner Umgebung:

$$K = \frac{U_i - U}{U} \tag{10.1}$$

U_i: Leuchtdichte des Objektes

U : Leuchtdichte des Umfeldes

unterhalb einer bestimmten Schwelle liegt. Die Wahrnehmbarkeit wird
also grundsätzlich immer von Objektgröße, Leuchtdichte und Kontrast
abhängig sein. Da die Empfindlichkeit des Auges, wie wir im vorigen
Paragraphen gesehen haben, variabel ist und sich automatisch an die
jeweiligen Beobachtungsbedingungen anpaßt, kann das Nichtwahr-
nehmen lediglich nur zeitlich bedingt sein und nach entsprechender
Anpassung des Auges dennoch erfolgen.

Den Kehrwert der in Winkelminuten ausgedrückten Größe eines
Objektes, das gerade eben noch wahrgenommen wird, bezeichnet man
als Sehschärfe S. Also:

$$S = \frac{1}{\sigma} \tag{10.2}$$

σ: Objektgröße in Winkelminuten

Die Sehschärfe S ist eine Funktion von Umfeldleuchtdichte, Kontrast, Adaptationszustand und Farbe bzw. von Farbunterschieden im Objekt. Der Zahlenwert der Sehschärfe ist auch nicht unabhängig von der Form des Objektes. Man glaubte früher drei verschiedene Kategorien von Sehschärfen unterscheiden zu müssen, je nachdem ob es sich bei der Grenzobjektgröße σ um die Sichtbarkeitsgrenze überhaupt (minimum visibile), um das Trennvermögen benachbarter Konturen (minimum separabile) oder um die Formerkennbarkeit (minimum legibile) handeln solle. Für die labormäßige Prüfung der Sehschärfe hatte man daher auch drei verschiedene Kategorien von Sehzeichen vorgesehen. Zur Bestimmung des Minimum visibile, der reinen Sichtbarkeitsgrenze, benutzt man helle Kreisscheiben auf dunklem oder dunkle Kreisscheiben auf hellem Grund. Der Durchmesser σ in Winkelminuten der eben noch erkannten Kreisscheibe bestimmt dann die Sehschärfe.

Die bekannteste Testfigur zur Bestimmung des Minimum separabile der „Trenn"-Sehschärfe ist der Landoltring, dessen international festgelegte Abmessungen Abb. 97 zeigt. Die Grenzobjektgröße σ

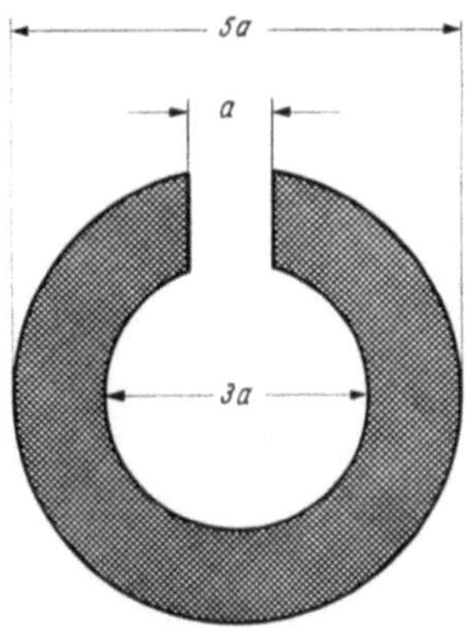

Abb. 97. Der Landoltsche Ring

Abb. 98. Sehproben nach Snellen und Pflüger

entspricht der Winkelgröße (in Minuten) a der Ringlücke, deren Lage bei einer größeren Anzahl von dargebotenen Ringen mit Sicherheit richtig erkannt wird.

Zur Ermittlung des Minimum legibile, der „Formerkennbarkeits"-Sehschärfe wurden im allgemeinen kompliziertere Testfiguren, die Hesseschen Buchstaben und die Haken nach Snellen und Pflüger benutzt. (Die letztgenannten zeigt Abb. 98.)

Man hat heute erkannt, daß es einen grundlegenden Unterschied zwischen den drei verschiedenen Sehschärfenkategorien eigentlich nicht gibt. In jedem Falle ist die Unterschiedsschwelle der Leuchtdichte maßgebend. Zwar ergeben die verschiedenen Testfiguren verschiedene Zahlenwerte der Sehschärfe. Man ist jedoch heute in der Lage, die eine aus der anderen zu berechnen (Kühl).

Die Wahl der Testfiguren erfolgt daher bei Sehschärfenmessungen heute wohl mehr nach Zweckmäßigkeitsgesichtspunkten. So wird zur augenärztlichen Sehschärfenmessung meist eine gemischte Tafel aus

Zahlen und Landoltringen verwendet, wie sie Abb. 99 zeigt. Für grundsätzliche Untersuchungen der physiologischen Optik und für Untersuchungen, um Unterlagen für den Instrumentenbau zu gewinnen, werden Kreisscheiben und Landoltringe bevorzugt. Als Beispiele

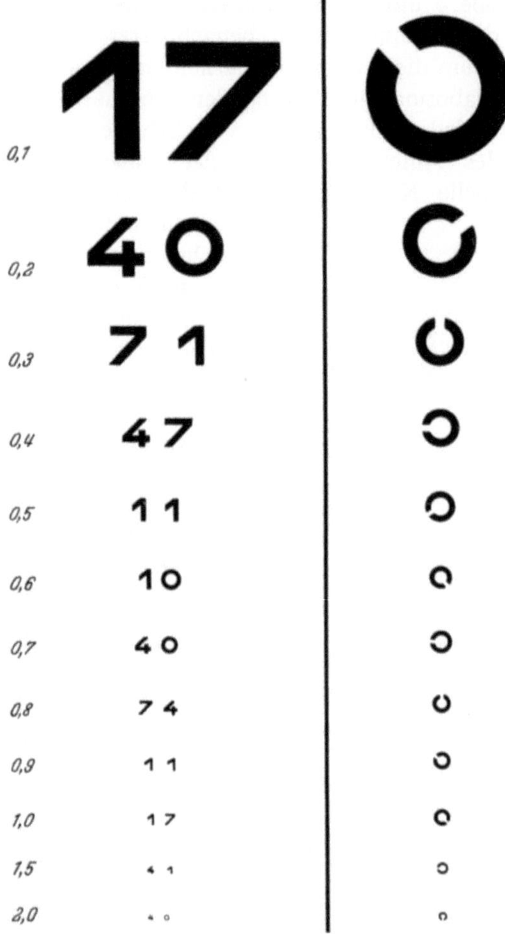

Abb. 99. Eine Sehprobentafel

solcher Messungen zeigt Abb. 100 einige ältere Sehschärfenkurven verschiedener Autoren mit verschiedenen dunklen Sehzeichen auf hellem Grund ($K = -1$). In Abb. 101 ist eine neuere Messung von TEUCHER mit Kreisscheiben bei verschiedenen Kontrasten wiedergegeben. Man sieht, daß bei niederen Leuchtdichten und niederen Kontrastwerten die Sehschärfe unter 10^{-3} abfällt. Das entspricht dem groben Mosaik der lichtempfindlichsten Stäbchengruppen an der Netzhautperipherie. Die Sehschärfe bei mittleren Tagesleuchtdichten liegt etwa bei 1. Werte von 2 und 3 für die Tagessehschärfe sind keine Seltenheit. Bei Kindern und unzivilisierten Völkern kommen solche hohen Sehschärfenwerte sogar recht häufig vor.

Es gibt eine Reihe von Ansätzen, um den in Abb. 100 und 101 beispielsweise dargestellten Verlauf der Sehschärfenkurven formelmäßig auszu-

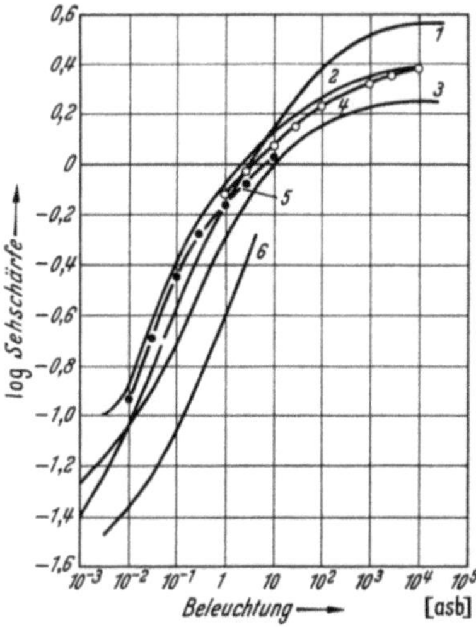

Abb. 100. Sehschärfenkurven verschiedener Autoren (nach SIEDENTOPF, MEYER und WEMPE). 1 Jenaer Messung 1940, Kreistest; 2 Jenaer Messung 1940, Landoltscher Ring; 3 König 1897, Snellenscher Haken; 4 Schober und Wittmann, 1938, Landoltscher Ring; 5 Conner und Ganoung, 1935, Landoltscher Ring; 6 Nagel u. Klughardt, 1936, Landoltscher Ring

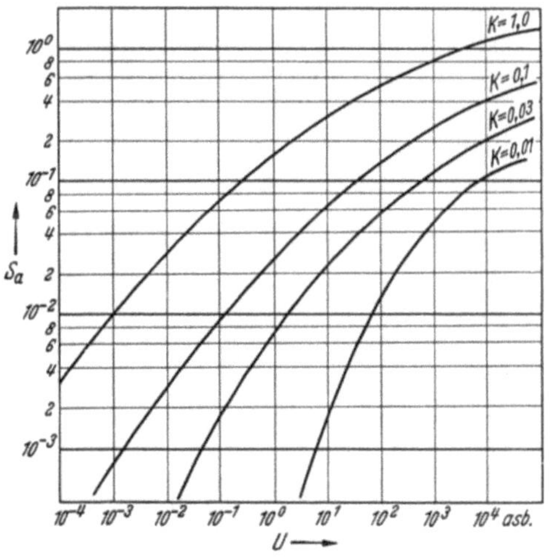

Abb. 101. Sehschärfen im freiäugigen Sehen bei verschiedenen Umfeldleuchtdichten und verschiedenen Kontrasten nach R. TEUCHER (gemessen 7° extraforeal)

drücken. Einer der ältesten dieser Ansätze ist der von ARTHUR KÖNIG. Er lautet:

$$S = a + b \log U. \qquad (10.3)$$

a und b sind darin Konstanten, für die KÖNIG durch Messung an Snellenschen Haken folgende Werte ermittelt hatte:

oberhalb einer Umfeldleuchtdichte von 100 asb (Zapfensehen):

$$a = 0{,}55 \,\frac{1}{\min} \; ; \quad b = 0{,}43 \,\frac{1}{\min \cdot \log \mathrm{asb}} \, ,$$

unterhalb einer Umfeldleuchtdichte von 0,02 asb (Stäbchensehen):

$$a = 0{,}17 \,\frac{1}{\min} \; ; \quad b = 0{,}04 \,\frac{1}{\min \cdot \log \mathrm{asb}} \, .$$

Da im doppeltlogarithmischen Maßstab die Sehschärfenkurven in einzelnen Bereichen nahezu Gerade sind, ist auch der folgende Ansatz berechtigt:

$$S = c \cdot U^m. \qquad (10.4)$$

Beide empirische Ansätze lassen sich ineinander überführen. Im Bereich der mittleren Dämmerung (zwischen 0,02 und 1 asb) ist nach Messung von Löhle mit $m \approx 0,25$ zu rechnen.

Alle diese bisher mitgeteilten Ansätze zur Darstellung der Abhängigkeit der Sehschärfe von der Umfeldleuchtdichte, die zwar relativ einfach sind, erfassen indes nicht alle Faktoren, die die Sehschärfe bestimmen. Vor allem ist dabei die Abhängigkeit vom Kontrast nicht berücksichtigt. Von den vielen Versuchen, aus dem Beobachtungsbefund empirisch Gesetzmäßigkeiten aufzustellen, seien zunächst die von Kühl und Teucher erwähnt. Diese Autoren gewinnen für den Schwellenwert der Leuchtdichte $\Delta P_a = U_i - U$ folgenden empirischen Ansatz:

$$\lg (U_i - U) = \lg \Delta P_a = \xi \psi^2 + \eta \psi + \zeta , \tag{10.5}$$

darin bedeutet:

U_i Leuchtdichte des Objektes,

U Leuchtdichte des Umfeldes,

ferner

$$\psi = \lg \operatorname{tg} \sigma , \tag{10.6}$$

wobei σ die eben noch erkannte Objektgröße im Winkelmaß bedeutet. ξ, η und ζ sind logarithmische Funktionen der Umfeldleuchtdichte U, die folgendermaßen definiert sind:

$$\xi = a + b \lg U , \tag{10.7}$$

$$\eta = c + d \lg U , \tag{10.8}$$

$$\zeta = e + f \lg U + g \, (\lg U)^2. \tag{10.9}$$

Die Größen a bis g sind Konstanten, die für die einzelnen Beobachter verschieden sind und wie alle physiologischen Faktoren von der jeweiligen Konstitution des jeweiligen Beobachters abhängen, also zeitlich veränderlich sein können. R. Teucher hat z. B. bei seinen Beobachtungen folgende Werte für diese Konstanten gefunden:

$$a = 0,553 \qquad c = 1,446 \qquad e = -2,077 \qquad g = 0,0167$$
$$b = 0,0462 \qquad d = 0,2584 \qquad f = 1,012$$

Unabhängig von diesen eben erörterten, rein empirisch gefundenen Sehschärfengesetzen, hat man sich seit langem bemüht, auf Grund von allgemeinen physikalischen und physiologischen Schlußfolgerungen zu allgemein gültigen Gesetzen des Sehvorganges zu gelangen. Solche allgemeinen Gesetze haben auch heute noch ihre Bedeutung, man ist sich doch darüber im klaren, daß jede dieser Gesetzmäßigkeiten nur in einem beschränkten Bereich Gültigkeit besitzt. Diese Gesetze sind als Riccoscher Satz, Pipersche Regel und Weber-Fechnersches Gesetz bekannt geworden. Der Riccosche Satz sagt aus, daß der zum Erreichen des Schwellenwertes des Auges notwendige Lichtstrom konstant und unabhängig vom Sehwinkel σ ist. Er beträgt im fovealen Sehen etwa 10^{-12} lm. Mathematisch formuliert lautet das Riccosche Gesetz, wenn man berücksichtigt, daß der Lichtstrom als das Produkt von Objektleuchtdichte und dem Quadrat des Sehwinkels (korrekt eigentlich des räumlichen Winkels) ist:

$$U_i \sigma^2 = \Phi_0. \tag{10.10}$$

Für dunkeladaptiertes Auge, also für helle Objekte auf dunklem Grund, ist die Gültigkeit des Riccoschen Gesetzes bis zu Objektgrößen von 20' sichergestellt. Bei helladaptiertem Auge, also kleinen Kontrasten bei relativ hellem Umfeld, ist das Riccosche Gesetz nur noch bis zu Objektgrößen von 0,4'' nachgewiesenermaßen erfüllt. Das Riccosche Gesetz gilt also ausschließlich für kleine Objekte, es hat also vorwiegend Bedeutung bei astronomischer Beobachtung. In der Tat hängt auch die Erkennbarkeit eines fernen Fixsternes ausschließlich von dem Lichtstrom ab, der von diesem Stern dem Auge zugeführt wird.

Die Pipersche Regel besagt demgegenüber, daß zur Erreichung des Schwellenwertes ein Lichtstrom erforderlich ist, der dem Sehwinkel direkt proportional ist. In mathematischer Formulierung bedeutet das

$$\Phi = \mathrm{const}\,\sigma. \tag{10.11}$$

Die Pipersche Regel gilt für Objekte, die größer als 30' sind. Allerdings ist ihre Gültigkeit nicht so sicher nachgewiesen, wie die des Riccoschen Gesetzes.

Beim Weber-Fechnerschen Gesetz handelt es sich um ein allgemeines Prinzip der Sinnesphysiologie, das u. a. auch für den Hörsinn gültig ist. In der Optik besagt es, daß der noch erkennbare Leuchtdichteunterschied dem Logarithmus der Leuchtdichte selbst proportional ist. Das Weber-Fechnersche Gesetz gilt mit Sicherheit im Tagessehen, wenn die Objektgröße über dem Auflösungsvermögen des Auges liegt. Die Objektgröße geht im übrigen in dieses Gesetz nicht ein.

Durch Auswertung von Schwellenwertmessungen mehrerer Beobachter hat BEREK ein Gesetz zur Darstellung der Sehschärfe angegeben, das für kleine Sehwinkel in den Riccoschen Satz und für große Sehwinkel in das Weber-Fechnersche Gesetz übergeht. Gegenüber den oben angeführten, rein empirischen Sehschärfengesetzen, versucht die Bereksche Darstellung an bekannte physiologische Prinzipien anzuschließen. Dieses Gesetz lautet:

$$\sqrt{K} = \frac{1}{\sigma}\sqrt{\frac{\varphi(U_a)}{U_a}} + \sqrt{\frac{b(U_a)}{U_a}}. \tag{10.12}$$

Wie bereits erwähnt, wertet Berek Schwellenmessungen verschiedener Autoren aus. U_a bedeutet darin die Adaptationsleuchtdichte und K wie in (10.1) den Kontrast. Die Funktionen $\varphi(U_a)$ und $b(U_a)$ werden tabellarisch angegeben. Der Ansatz (10.12) ist durch das Riccosche Gesetz und das Weber-Fechnersche Gesetz nahegelegt, denn im Bereich von sehr kleinen Objektdurchmessern geht Gl. (10.12) über in

$$\sigma^2 U_a K \approx \varphi(U_a)\,, \tag{10.13}$$

das ist das Riccosche Gesetz und im Bereich von sehr großen Objektdurchmessern wird

$$K = \frac{b(U_a)}{U_a} \quad \text{bzw.} \quad U_i - U_a = b(U_a)\,, \tag{10.14}$$

das entspricht wiederum dem Weber-Fechnerschen Gesetz.

Neben der soeben beschriebenen Sehschärfe, bei der es um das Erkennen von Objekten bzw. die Trennung benachbarter Konturen ging, spielt bei den Fernrohren und den Entfernungsmessern eine andere Art der Sehschärfe eine Rolle, die im allgemeinen als Noniensehschärfe bezeichnet wird. Man erfaßt damit das Erkennungsvermögen kleiner seitlicher Lagenunterschiede. Für solche seitlichen Lagenunterschiede von Objekten, die selbst über der Wahrnehmbarkeitsgrenze im oben erörterten Sinne liegen, ist das Auge außerordentlich empfindlich. Es kann Beträge von Lagenunterschieden wahrnehmen, die weit unter der Auflösungsgrenze des Auges liegen. Dies spielt bei Messungen, wie z. B. der Noniuseinstellung eine Rolle, ähnliche Verhältnisse hat man bei den Halbbildentfernungsmessern (S. 384). Grenzen zwei Tafeln mit scharfem Rande dicht aneinander, tragen sie je einen bis an den Rand durchgezogenen Strich, und kann die eine Tafel entlang dem Rande verschoben werden, so kann **man** von der Einstellung, wie sie in Abb. 143 rechts und links dargestellt ist, zu der in **der** Mitte übergehen. Geübte Beobachter erreichen bei dieser Einstellung unter günstigsten Laboratoriumsverhältnissen einen mittleren Fehler von 1—2″. Die Abweichung der fertigen Einstellung wird mit geringerer Genauigkeit erkannt. Auch die Einstellung eines Striches oder Fadens zwischen zwei parallele benachbarte oder die Teilung eines weißen bzw. schwarzen Streifens durch einen schwarzen bzw. weißen Strich wird sehr genau ausgeführt; doch ist hier das Kriterium der Einstellung mehr ein photometrischer Vergleich der beiden hellen Streifen.

Für die letzte Art hat man auch den systematischen, konstanten Fehler näher untersucht. Er ist vielfach für beide Augen entgegengesetzt, bei beidäugigem Sehen nähert er sich dem Mittel. Er kann für waagerechte und senkrechte Hälftung verschieden sein; bei dieser

scheint durchweg die obere Hälfte zu klein gemacht zu werden; man sehe
eine gedruckte 8 nach Drehung um 180° an. Dieser Fehler spielt besonders eine Rolle, wenn der Abstand von Streifen verschiedener Breite
gemessen werden soll. Wo es möglich ist, wie bei der Ausmessung von
Platten, gleicht man den Fehler durch eine zweite Messung nach Drehen
der Platte um 180° aus. Sonst dreht man mit dem Wendeprisma (S. 44)
das Bild um 180°; allerdings ist der Fehler bei Einstellung von rechts
und links etwas verschieden. Wird ein Lichtpunkt unscharf gesehen, so
erscheint infolge der Fehler des Auges, besonders der Augenlinse, der
Lichtfleck in unregelmäßiger Begrenzung und Lichtverteilung (Abb. 96).
In der Auffassung des Ortes des Fleckes werden sich um so größere
systematische Fehler zeigen, je breiter der Fleck
ist. Blickt man z. B. nach dem Spiegelbild des
Auges, das von einem 90°-Winkelspiegel geliefert
wird (am besten durch ein Prisma verkörpert),
so sollte die Schnittkante der beiden Spiegel
das Augenbild halbieren; bei den meisten Beobachtern zeigen sich aber kleine Abweichungen;
die Kante wird ja nicht gleichzeitig mit dem
Augenbild scharf gesehen. So erklären sich auch
einseitige Fehler beim Zielen über Kimme und
Korn (S. 205).

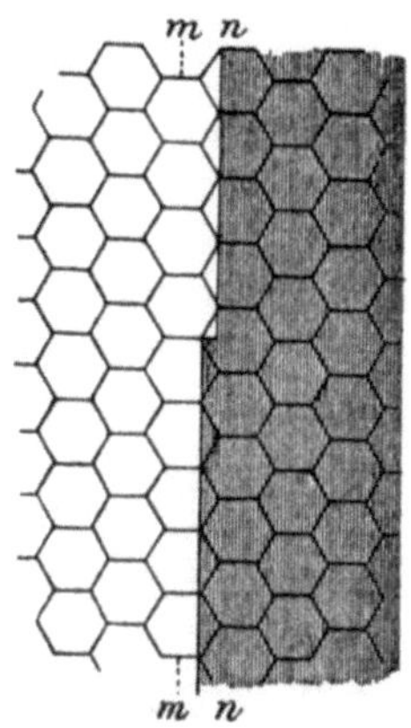

Abb. 102. Der Einfluß der
Zapfenordnung auf die
Breitenwahrnehmung

Der zufällige oder mittlere Fehler kann
durch ein passendes Verhältnis zwischen Faden-
(Strich-)dicke und Streifenbreite oder durch die
Wahl des Doppelfadenabstandes sehr verringert
werden. Es kommt bei dunklen Strichen darauf
an, daß die beiden hellen Zwischenräume neben
dem Mittelstrich so schmal sind, wie es die Beleuchtung zuläßt. Bei
sehr heller Beleuchtung eines Streifenausschnittes von 8,5′ Breite mit
durchfallendem Azetylenlicht konnte NOETZLI einen Faden, dessen
Dicke 99,6% dieser Breite betrug, mit der erstaunlichen Genauigkeit
von 0,02″ auf Mitte einstellen. Bei gewöhnlicher Beleuchtung, wie sie
in Meßgeräten vorkommt, ist die Genauigkeit der der Noniuseinstellung
nahezu gleich, eher überlegen. Auch die Genauigkeit des Erkennens von
Bewegungen ist recht groß, wenn Vergleichsgegenstände da sind. Die
kleinste Verschiebung, die noch einen Bewegungseindruck gibt, liegt
zwischen 10 und 20″. Während das Auflösungsvermögen damit zu-
sammenhängt, daß das getrennt Wahrgenommene auf verschiedene
Zapfen fällt, ist die Genauigkeit der Breitenwahrnehmung schwerer zu
erklären. Man erklärt sie nach HERING durch Abb. 102; in der unteren
Hälfte werden nicht bloß Zapfen *n*, sondern auch Zapfen *m*, wenn auch
schwach, gereizt.

§ 11. Die Sehschärfe bei der Fernrohrbeobachtung

Bei der Beobachtung mit einem Fernrohr wird das Bild auf der Netzhaut um den Faktor der Fernrohrvergrößerung vergrößert dargeboten. Man könnte also geneigt sein anzunehmen, daß die Sehschärfe mit Fernrohr um den Faktor der Fernrohrvergrößerung größer sei als die Sehschärfe des unbewaffneten Auges. Das ist nun in Wirklichkeit nicht der Fall; denn vielfach ist ja die Austrittspupille des Fernrohres kleiner als die Pupille des menschlichen Auges. Das bedeutet, daß die Beleuchtungsstärke auf der Netzhaut bei dem durch das Fernrohr vergrößerten Bild niedriger sein kann, als die im freiäugigen Sehen. Ob man mit Fernrohrvergrößerung mehr sieht als mit bloßem Auge, erfordert also zusätzliche Untersuchungen, wobei es im wesentlichen darum geht, festzustellen, ob der mögliche Gewinn an Sehschärfe durch die Vergrößerung des Netzhautbildes größer oder kleiner ist als die Einbuße an Sehschärfe infolge des Helligkeitsverlustes, wenn ein vergrößertes Bild mit einer kleineren Austrittspupille dargeboten wird. Aber auch wenn die Austrittspupille gleich der Augenpupille oder größer als diese ist, was ja im Tagessehen meistens der Fall ist, kann nicht ohne weiteres angenommen werden, daß die Sehschärfe bei Beobachtung mit Fernrohr um den Faktor Fernrohrvergrößerung größer als die Sehschärfe im freiäugigen Sehen ist. Bei der Fernrohrbeobachtung treten nämlich eine Reihe zusätzlicher Effekte auf. So ändert z. B. das Auge seinen Adaptationszustand bereits, wenn es durch ein linsenloses Rohr blickt. Eine weitere Änderung tritt auf, wenn durch eine sehr kleine Öffnung, in diesem Falle die Fernrohrpupille, geblickt wird. Theoretisch lassen sich diese Effekte, da sie z. T. physiologischer oder gar psychologischer Art sind, sehr schwer verfolgen.

Das, was mit dem Fernrohr wirklich mehr gesehen wird als mit bloßem Auge, charakterisiert man durch die Fernrohrleistung L. Sie ist definiert:

$$L = \frac{S_F}{S_a}.\tag{11.1}$$

Darin bedeutet S_F die bei Beobachtung durch das Fernrohr erhaltene Sehschärfe, während S_a die Sehschärfe im freiäugigen Sehen unter sonst gleichen Beobachtungsbedingungen bedeutet.

Es werde zunächst die Fernrohrleistung im Tagessehen behandelt. Wenn im Tagessehen die Austrittspupille des Fernrohres größer als die Augenpupille, d. h. wenn ihr Durchmesser größer als 2 mm ist, wie es bei den Feldstechern, den Beobachtungsfernrohren und den Entfernungsmessern in der Regel der Fall ist, dann ergibt sich eine Fernrohrleistung, die der Fernrohrvergrößerung multipliziert mit einem Faktor, kleiner als 1, entspricht. Dieser Faktor ist bedingt durch die oben beschriebenen physiologischen Effekte beim Blicken durch ein Fernrohr und durch die Zitterbewegung der Hand, wenn das Fernrohr freihändig gehalten wird. Gemessene Werte von Fernrohrleistungen im Tagessehen an handelsüblichen Feldstechern, die nicht mit reflexminderndem Belag versehen sind, zeigt Tab. 2.

Tabelle 2. *Fernrohrleistungen beim Tagessehen, nach* K. Brunnckow, E. Reeger *und* H. Siedentopf (1944). Gemessen an unbelegten Zeiss-Feldstechern

$\Gamma \times D$	Fernrohrleistung im Tagessehen, aufgelegt gemessen L aufgelegt	$\dfrac{L \text{ aufgel.}}{\Gamma}$	Fernrohrleistung im Tagessehen, freih. gemessen L freihändig	$\dfrac{L \text{ freih.}}{\Gamma}$	$\dfrac{L \text{ freih.}}{L \text{ aufgel.}}$
6 × 30	5,02	0,84	3,95	0,66	0,79
8 × 30	6,40	0,80	5,00	0,62	0,78
7 × 50	6,48	0,93	4,55	0,65	0,70
10 × 50	9,12	0,91	5,62	0,56	0,62
15 × 60	11,75	0,78	6,48	0,43	0,55

Die Werte sind einer Messung entnommen, die 1944 in der Jenaer Universitäts-Sternwarte an unbelegten Gläsern durchgeführt wurden. Man sieht, daß man mit aufgelegtem Feldstecher eine Fernrohrleistung erreicht, die im besten Falle rund 90% der Fernrohrvergrößerung beträgt. Diese 90%, der sog. Nutzungsgrad des Fernrohres, nehmen mit zunehmender Vergrößerung sehr ab. Man sieht ferner, daß der Nutzungsgrad, besonders bei freihändiger Beobachtung, wesentlich niedriger liegt und daß er besonders bei Vergrößerungen über 8fach bei freihändiger Beobachtung kleiner als 60% wird. Eine 8fache Vergrößerung ist also für Freihandbeobachtung am günstigsten. Die Tabelle zeigt auch, daß die äußerste Grenze für Freihandgebrauch eines Feldstechers eine etwa 10fache Vergrößerung darstellt, die nicht überschritten werden soll.

Die soeben mitgeteilten Verhältnisse gelten unter der Voraussetzung, daß die Austrittspupille größer als 2 mm ist. Das bedeutet, daß die in § 7 behandelten Beugungserscheinungen unberücksichtigt bleiben können. Man sieht nämlich aus Gl. (7.6), daß bei einem Durchmesser der Austrittspupille von 2 mm die augenseitige Winkeldistanz α_0 zweier eben noch aufgelöster punktförmiger Objekte gerade eine Minute beträgt. Das ist aber etwa das Auflösungsvermögen des Auges im Tagessehen. Wenn also ein Fernrohr eine Vergrößerung hat, daß sich eine Austrittspupille von 2 mm ergibt, dann entspricht die Beugungsunschärfe gerade eben dem Auflösungsvermögen der Netzhaut. Man sagt, ein solches Fernrohr besitzt die „*förderliche Vergrößerung*". Es ist in vielen Fällen angebracht, die Vergrößerung weiter zu steigern, etwa so, daß die Winkeldistanz zweier getrennter Objekte etwa dem doppelten Auflösungsvermögen des Auges entspricht. Man wendet also die doppelte förderliche Vergrößerung an und erhält eine Austrittspupille mit einem

Durchmesser von 1 mm. Man kann das allenfalls noch bis zur 4fachen förderlichen Vergrößerung, d. h. bis zu einer Austrittspupille von 0,5 mm Durchmesser treiben, man muß sich aber darüber im klaren sein, daß diese Steigerung der Vergrößerung bestenfalls der Bequemlichkeit des Beobachters, keineswegs aber einer weiteren Erkennbarkeit von Einzelheiten dient. Eine weitere Verkleinerung der Austrittspupille ist auf alle Fälle schädlich, da dann die sog. entoptischen Erscheinungen sich bemerkbar machen. Man versteht darunter das plötzliche Auftreten von schwarzen Flecken im Gesichtsfeld, bedingt durch Einschlüsse im Glaskörper des Auges. Wenn man die Vergrößerung in diesen letztgenannten Fällen sehr hoch treibt, um die durch die Beugungserscheinungen gegebene Auflösungsgrenze auf alle Fälle auszunutzen, dann kann man selbstverständlich nicht mehr erwarten, daß in diesen Fällen die Fernrohrleistung bzw. der Nutzungsgrad mit den in Tab. 2 gegebenen Werten vergleichbar ist. Er wird vielmehr wesentlich darunter liegen, leider ist für diese Fälle noch kein so ausführliches Versuchsmaterial wie bei den Feldstechern veröffentlicht worden. Lediglich die Zielgenauigkeit ist bei so hohen Vergrößerungen untersucht worden (vgl. die Untersuchungen von NOETZLI, über die in § 22 und § 27 berichtet wird).

Im Bereich des Dämmerungs- und Nachtsehens, d. h. bei Umfeldleuchtdichten unterhalb von 1 asb, sind die Verhältnisse verwickelter. In diesen Fällen wird ja im allgemeinen die Austrittspupille des Fernrohres kleiner sein als die Augenpupille. Gerade in diesem Falle hat man die oben erwähnte Tatsache zu berücksichtigen, daß durch das Fernrohr einesteils die Sehschärfe durch die Vergrößerung erhöht wird, andererseits aber die Beleuchtungsstärke auf der Netzhaut und damit wiederum die Sehschärfe herabgesetzt wird.

Um einen Überblick über das Problem des Dämmerungs- und Nachtsehens zu gewinnen, werde zunächst einmal eine Rechnung unter vereinfachten Bedingungen durchgeführt. Die Sehschärfe kann man als Funktion von Kontrast und Adaptationsleuchtdichte darstellen, also

$$S_a = F_1(K, U_a) \, . \tag{11.2}$$

F_1 ist monoton wachsend und von Beobachter zu Beobachter verschieden anzusetzen. F_1 braucht zeitlich nicht konstant zu sein. Vernachlässigt man den Einfluß des Fernrohres auf den Adaptationszustand des Auges, dann kann man zunächst für die Fernrohrsehschärfe ansetzen

$$S_F = \Gamma \cdot F_1 \left\{ K \left(\frac{p_F^2}{p_a^2} \cdot \delta_F \cdot U_a \right) \right\} \tag{11.3}$$

worin bedeuten:

p_F Durchmesser der Austrittspupille des Fernrohrs,
p_a Durchmesser der Augenpupille (Funktion der Adaptationsleuchtdichte),
δ_F Durchlaßgrad des Fernrohrs.

Gl. (11.3) bedeutet, daß bei festgehaltenem Objektivdurchmesser D und Adaptationsleuchtdichte U_a wegen

$$p_F = \frac{D}{\Gamma} \tag{11.4}$$

mit zunehmender Vergrößerung Γ die Funktion F_1 abnimmt, da $\left(\frac{p_F}{p_a}\right)^2 U_a$ kleiner wird. Gleichzeitig wird aber die Fernrohrsehschärfe mit Γ linear anwachsen. Die Streitfrage geht darum, ob im Gebiet der Dämmerung, also bei etwa 3×10^{-1} asb der Einfluß von $\left(\frac{p_F}{p_a}\right)^2 U_a$ oder von Γ überwiegt. In der Praxis bedeutet das, ob man z. B. mit einem 10×50 Fernrohr mehr sieht als mit einem 7×50 Fernrohr.

Bei unserem provisorischen Ansatz würde die Beantwortung dieser Frage im wesentlichen vom Charakter der empirischen Funktion F_1 abhängen. Verwendet man für große Kontraste den empirischen Ansatz aus dem vorigen Paragraph

$$S_a = C \cdot U_a^m \,, \tag{10.4}$$

dann würde man aus (11.1), (11.3) und (11.4) erhalten

$$L = \frac{1}{p_a^{2m}} \cdot \delta_F^m \cdot D^{2m} \, \Gamma^{1-2m} \,. \tag{11.5}$$

Für den praktischen Gebrauch ist es sinnvoll, die Gl. (11.5) für den Durchlaßgrad 1 anzuschreiben, da der Einfluß des Durchlaßgrades in Gl. (11.5) innerhalb der Genauigkeit liegt, mit der Fernrohrleistungen überhaupt bestimmt werden können und weil die Kontrastverminderung, die sich zwangsläufig bei einem kleinen Durchlaßgrad ergibt, wahrscheinlich von größerem Einfluß auf die Fernrohrleistung ist als der Helligkeitsverlust, mit dem der Durchlaßgrad in unsere Ableitung eingeht. Außerdem ist es sinnvoll, den Faktor $\frac{1}{p_a^{2m}}$ durch eine Konstante k zu ersetzen. Man kann dann noch weitergehen und diese Konstante k nicht genau mit dem Faktor $\frac{1}{p_a^{2m}}$ identisch zu machen, sondern man kann sie als individuelle Konstante auffassen, deren vom Wert $\frac{1}{p_a^{2m}}$ abweichende Größe den Einfluß der oben erwähnten physiologisch-optischen Effekte berücksichtigt. Somit kommt man schließlich für die Fernrohrleistung zu der Gleichung

$$\boxed{L = k\, D^{2m} \, \Gamma^{1-2m}} \tag{11.6}$$

Diese Gleichung gilt auch für das Tagessehen, dort hat man m gleich Null zu setzen. Man sieht, daß dann die Fernrohrleistung der Vergrößerung proportional wird, die Konstante k ist in diesem Fall mit dem

Nutzungsgrad, wie wir ihn in der oben angeführten Tabelle kennengelernt haben, identisch. Wie KÜHL und unabhängig davon LÖHLE experimentell nachgewiesen haben, kann in einem relativ großen Bereich des Dämmerungssehens (zwischen 0,01 und 1 asb) die Größe m nahezu konstant und gleich $^1/_4$ angenommen werden, dann geht (11.6) über in:

$$\boxed{\begin{array}{c} \text{gültig zwischen 0,01 asb und 1 asb:} \\ L_{\text{Dämmerung}} = k\sqrt{\Gamma D} \end{array}} \qquad (11.7)$$

Bei noch niedrigeren Umfeldleuchtdichten nähert sich die Größe m immer mehr dem Wert $\dfrac{1}{2}$, der bei Umfeldleuchtdichten unter 10^{-3} asb erreicht wird. Für die Fernrohrbeobachtung ist dieser Bereich an sich uninteressant, da es sich hierbei eigentlich nicht mehr um „Sehen", sondern vielmehr um das vage Erkennen von unbestimmten Umrissen handelt. In diesem Bereich gilt für die Fernrohrleistung
gültig unter 10^{-3} asb:

$$L_{\text{Nacht}} = k \cdot D \qquad (11.8)$$

ein Ausdruck, der sich in Übereinstimmung mit dem Riccoschen Satz befindet.

Die soeben wiedergegebene Ableitung stellt an sich eine grobe Vereinfachung dar. Es gibt eine große Anzahl Theorien der Fernrohrleistung, die die große Zahl der physiologisch-optischen Nebeneffekte zu berücksichtigen versuchen. Die vollständigste Theorie der Fernrohrleistung stammt von KÜHL, der von der Gl. (10.8) des vorigen Paragraphen ausgeht. Ihre vollständige Wiedergabe würde hier zu weit führen. Vermerkt sei lediglich, daß im Bereich der Dämmerung, also zwischen 0,01 asb und 1 asb die verwickelten Ergebnisse der Kühlschen Theorie sich in recht guter Näherung auf die Gl. (11.7) zurückführen lassen. Die Konstante k hat dabei einen Wert von etwa 0,3. Man erhält somit für die Leistung in der Dämmerung:

$$\boxed{L_{\text{Dämmerung}} \approx 0,3\sqrt{\Gamma D}} \qquad (11.9)$$

Von H. KÖHLER und R. LEINHOS ist kürzlich eine erneute experimentelle Überprüfung der Gesetzmäßigkeiten des Fernrohrsehens erfolgt. Als Testobjekt dienten Landoltsche Ringe. Die Abb. 103 und 104 zeigen als Ergebnisse dieser Untersuchungen Messungen der Sehschärfe mit Fernrohr in Abhängigkeit von der Umfeldleuchtdichte an verschiedenen handelsüblichen Feldstechern. Man entnimmt aus Abb. 103, daß in dem besonders interessierenden Bereich des Dämmerungssehens zwischen 0,01 asb und 1 asb bei gleichem Objektivdurchmesser Fernrohre mit höherer Vergrößerung eine höhere Sehschärfe ergeben. Die Abb. 104 stellt analoge Messungen an solchen Feldstechern dar, bei denen der Ausdruck $\sqrt{\Gamma \cdot D}$ konstant gehalten wurde. Man sieht in der letzten Abbildung sehr deutlich, daß im Bereich des Dämmerungssehens Feldstecher mit gleichem Wert von $\sqrt{\Gamma D}$ die gleiche Sehschärfe liefern.

Auf dieses Ergebnis sei noch einmal besonders hingewiesen; denn es steht im Widerspruch zu einer jahrzehntelang verbreiteten Meinung, die auch von den Feldstecher-Herstellern unterstützt wurde und die besagte, daß es im Dämmerungssehen lediglich darauf ankäme, einen Feldstecher mit einem möglichst großen Durchmesser der Austrittspupille bzw. mit einem möglichst großen Wert des Pupillenquadrates zu verwenden. Die hier mitgeteilten Zusammenhänge über das Dämmerungssehen sind mittlerweile so

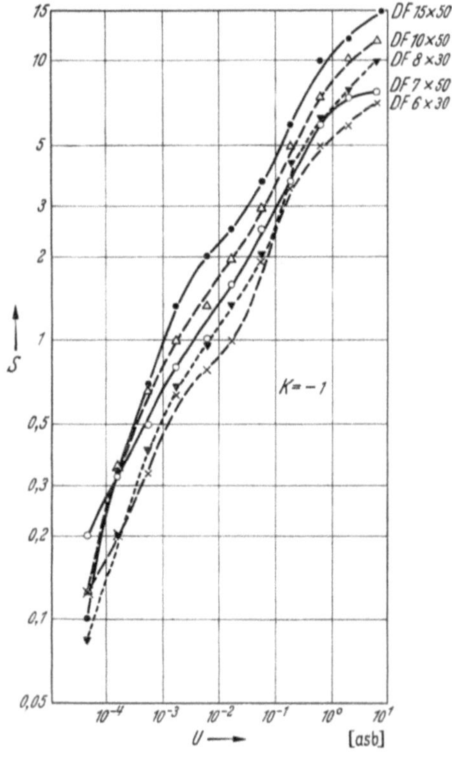

Abb. 103. Ergebnisse neuer Messungen von Fernrohrsehschärfen nach H. Köhler und R. Leinhos

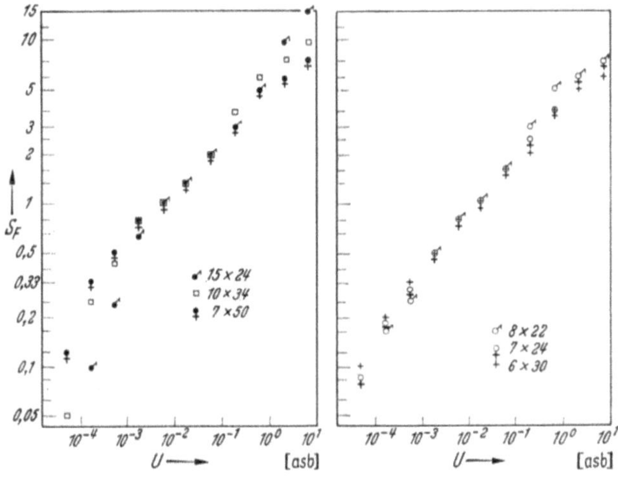

Abb. 104. Ergebnisse neuer Messungen von Fernrohrsehschärfen nach H. Köhler und R. Leinhos

sichergestellt, daß einer Empfehlung des Deutschen Normenausschusses zufolge zur Charakterisierung der Dämmerungsleistung eines Feldstechers die Dämmerungszahl Z_D entsprechend der Beziehung

$$Z_D = \sqrt{\Gamma D} \qquad (11.10)$$

eingeführt werden soll. Die Werte der Dämmerungszahl stellen das z. Z. verläßlichste relative Maß für die mit den verschiedenen Feldstecher-Typen erzielbaren Sehschärfen bzw. Fernrohrleistungen in der Dämmerung dar.

Diese Ergebnisse sind sichergestellt unter der Voraussetzung, daß der Durchmesser der Austrittspupille größer als 2 mm und kleiner als der Durchmesser der Augenpupille ist. Auch im Dämmerungssehen wirkt sich also eine Steigerung der Vergrößerung bis zur „förderlichen Vergrößerung" günstig aus, wenn nicht andere Einflüsse (Luftunruhe, Zitterbewegung der Hand usw.) die höchstzulässige Vergrößerung bestimmen.

Die Grundlagen der bisher mitgeteilten Ergebnisse waren Sehschärfenmessungen an beleuchteten, remittierenden Testobjekten. Das entspricht den Verhältnissen bei der terrestrischen Beobachtung, einschließlich der Beobachtung nicht selbst leuchtender Flugziele; denn im Normalfall der terrestrischen Beobachtung werden die Beobachtungsobjekte ja auch durch fremde Lichtquellen — vorwiegend durch die Sonne, direkt oder indirekt — beleuchtet. In der Regel sind die terrestrischen Objekte so groß, daß ihr geometrisch-optisches Bild auf der Netzhaut — mit oder ohne Fernrohr — größer ist als das Beugungsbild, das durch die Augenpupille oder die Fernrohrpupille erzeugt wird. [Ein punktförmiges Objekt bewirkt bei einem Pupillendurchmesser von 2 mm (Tagessehen) einen Durchmesser des mittleren Beugungsscheibchens von 2′, im Winkelmaß auf der Objektseite gemessen; bei einem Pupillendurchmesser von 7,5 mm (Nachtsehen) ist der entsprechende Durchmesser des mittleren Beugungsscheibchens 0,53′)]. Die mitgeteilten Ergebnisse erfassen also noch nicht den für die Anwendung von Fernrohren sehr wichtigen Fall der astronomischen Beobachtung. Bei der astronomischen Beobachtung hat man es mit sehr kleinen Objekten hoher Leuchtdichte zu tun, deren geometrisch-optisches Bild auf der Netzhaut — zumindest soweit es sich um Fixsterne handelt — wesentlich kleiner als das dazugehörige Beugungsbild ist. Der Fall der Beobachtung astronomischer Objekte erfordert also eine gesonderte Behandlung. Wir wollen uns nun mit den Gesetzmäßigkeiten der Beobachtung astronomischer Objekte durch Fernrohre befassen, wobei wir uns von vornherein jedoch auf kleine, selbstleuchtende Objekte beschränken, deren geometrisch optisches Bild auf der Netzhaut gegenüber dem Beugungsbild vernachlässigbar klein ist. Diese Betrachtungen gelten somit streng für Fixsterne und angenähert für Planeten. Für ausgedehnte astronomische Objekte, also ferne Nebel, Mond und Sonne, gelten im wesentlichen die im ersten Teil dieses Paragraphen erörterten Verhältnisse.

Für hinreichend kleine, leuchtende Objekte gilt das Riccósche Gesetz (10.10): Das (sehr kleine) Objekt wird unabhängig von seiner Größe erkannt, wenn der vom Objekt in das Auge gelangende Lichtstrom größer als der Schwellenwert Φ_0 ist. Erzeugt das kleine Objekt am Beobachtungsort die Beleuchtungsstärke E^*, dann ist für das Beobachtungssystem (Auge oder Fernrohr) eine Mindestöffnung D^* erforderlich, für die also gelten muß:

$$\frac{\pi}{4} \cdot D^{*2} \cdot E^* \geqq \Phi_0 \tag{11.11}$$

bzw.

$$D^{*2} \geqq 1{,}28 \frac{\Phi_0}{E^*}. \tag{11.12}$$

Hiernach wäre für die Erkennbarkeit von Fixsternen ausschließlich der Objektivdurchmesser und nicht die Vergrößerung maßgebend. (Unter der selbstverständlichen Voraussetzung, daß der gesamte vom Objektiv aufgenommene Lichtstrom auch wirklich dem Auge zugeführt wird, d. h., daß die Austrittspupille nicht größer als die Augenpupille ist.) Diese Aussage ist jedoch nur scheinbar, denn der Schwellenwert des Lichtstromes Φ_0 hängt von der vom Umfeld auf der Netzhaut erzeugten Beleuchtungsstärke ab. Mit zunehmender Umfeldbeleuchtungsstärke auf der Netzhaut nimmt auch der Schwellenwert des Lichtstromes Φ_0 zu. Wird bei festgehaltenem Objektivdurchmesser durch Heraufsetzen der Vergrößerung der Durchmesser der Austrittspupille eines Fernrohres kleiner als die Augenpupille, dann wird die vom Umfeld herrührende Beleuchtungsstärke auf der Netzhaut und dementsprechend der Schwellenwert des Lichtstromes Φ_0 herabgesetzt. Der vom Objekt erzeugte Lichtstrom $\frac{\pi}{4} \cdot D^{*2} E^*$ bleibt jedoch unverändert, solange das Netzhautbild innerhalb den durch das Riccósche Gesetz bestimmten Grenzen bleibt. Das heißt aber, eine Steigerung der Fernrohrvergrößerung über die Normalvergrößerung hinaus (Normalvergrößerung ist diejenige Vergrößerung, bei der der Durchmesser der Austrittspupille gleich dem der Augenpupille ist) muß die Sichtbarkeit der Fixsterne verbessern. Bis zu welcher Grenze das gilt, soll später erörtert werden. Zunächst soll jedoch die Größengleichung (11.12) als Zahlenwertgleichung, ausgedrückt durch die astronomischen Größenklassen, dargestellt werden. Mit der Größenklasse m $(-\infty < m < +\infty)$ wird in der Astronomie die Helligkeit eines Sternes beschrieben. Erzeugt ein Stern der Größenklasse $m = 0$

(in der Astronomie übliche Schreibweise 0^m) am Beobachtungsort die Beleuchtungsstärke E_0, dann ist die Beleuchtungsstärke E eines Sternes der Größenklasse m durch die Definitionsgleichung

$$m = -2,5 \log \frac{E}{E_0} \tag{11.13}$$

bzw.

$$\log E = \log E_0 - 0,4\,m \tag{11.14}$$

gegeben. Nach neueren Literaturangaben[1] beträgt $E_0 = 10^{-5,72}$ lx; diesen Wert in Gl. (11.14) eingesetzt, liefert die Zahlenwertgleichung

$$\log E = -5,72 - 0,4\,m \tag{11.15}$$

bzw.

$$E = 10^{-(5,72 + 0,4\,m)} \tag{11.16}$$

Setzt man diesen Wert für E^* in Gl. (11.12) ein, dann erhält man eine Beziehung zwischen der Größenklasse m eines gerade noch erkannten Sternes, den von der Umfeldhelligkeit bei der Beobachtung abhängigen Schwellenwert des Lichtstromes Φ_0 und den für die Erkennbarkeit erforderlichen Mindestdurchmesser der Eintrittsöffnung des optischen Systems D^*. Nach je einer der 3 genannten Variablen aufgelöst, erhält man somit die folgenden 3 Gleichungen:

$$m = 5 \log D^* \text{ [mm]} - 2,5 \log \Phi_0 \text{ [lm]} - 29,6 \tag{11.17a}$$

$$\log \Phi_0 \text{ [lm]} = 2 \log D^* \text{ [mm]} - 0,4\,m - 11,83 \tag{11.17b}$$

$$\log D^* \text{ [mm]} \geqq 0,5 \log \Phi_0 \text{ [lm]} + 0,2\,m + 5,92 \tag{11.17c}$$

Die Werte von Φ_0, um Grenzgrößen bei gegebenem D^* nach Gl.(11.17a zu berechnen, erhält man aus dem im astronomischen Schrifttum veröffentlichten Beobachtungsmaterial über die Grenzgrößen von Fixsternen bei der Beobachtung mit dem bloßen Auge bei verschiedener Umfeldhelligkeit. Tab. 3 zeigt eine solche Zusammenstellung. Die Grenzgröße m des eben noch erkannten Sternes in Abhängigkeit von der Umfeldleuchtdichte U ist der Literatur entnommen, die Werte E^* und Φ_0 sind daraus nach Gl. (11.16) bzw. (11.17b) berechnet[2].

---

[1] Vgl. z. B. LANDOLT-BÖRNSTEIN: Zahlenwerte und Funktionen aus Physik, Chemie, Astronomie, Geophysik und Technik. 6. Aufl. der Physikalisch-chemischen Tabellen, Bd. 3, Heidelberg 1952, S. 137.

[2] Der Wert für $U = 0$, also die Sichtbarkeit im völlig dunklen Umfeld bei Elimination des Streulichtes (z. B. bei Beobachtung durch ein langes linsenloses Rohr) entspricht den viel zitierten Angaben von RUSSELL, Astrophysic. J. **45**, 60 (1917). Der mit einem Durchmesser der Dunkelpupille von 7,5 mm daraus berechnete Schwellenwert des Lichtstromes von $3,3 \cdot 10^{-14}$ lm, der offenbar unter sehr günstigen Bedingungen gewonnen wurde, liegt niedriger als neuere Veröffentlichungen. SIEDENTOPF (Grundriß der Astrophysik, Stuttgart 1950) gibt z. B. an $m = 8,0$, dem würde entsprechen $E = 1,2 \cdot 10^{-9}$ lx und $\Phi_0 = 5,4 \cdot 10^{-14}$ lm. Die übrigen Werte der Tab. 3 sind aus der Kurvendarstellung von SIEDENTOPF (l. c.) für kleine Objektdurchmesser entnommen bzw. aus diesen Angaben interpoliert.

Die in der zweiten Zeile der Tab. 3 angeführte Umfeldleuchtdichte von $0,6 \cdot 10^{-3}$ asb entspricht der mittleren Leuchtdichte des wolkenlosen Nachthimmels, die zwischen $0,3 \cdot 10^{-3}$ asb und $1,0 \cdot 10^{-3}$ asb schwankt. Der dabei beobachteten Grenzgröße $m = 6$ entspricht ein Schwellenwert

Tabelle 3

U asb	m	E^* lx	Φ_0 lm
0	$+8,5$	$7,6 \cdot 10^{-10}$	$3,3 \cdot 10^{-14}$
$0,6 \cdot 10^{-3}$	$6,0$	$7,6 \cdot 10^{-9}$	$3,3 \cdot 10^{-13}$
10^{-3}	$+5,5$	$1,2 \cdot 10^{-8}$	$5,0 \cdot 10^{-13}$
10^{-2}	$+4,9$	$2,2 \cdot 10^{-8}$	$8,5 \cdot 10^{-13}$
10^{-1}	$+4,2$	$4,0 \cdot 10^{-8}$	$1,36 \cdot 10^{-12}$
10^{0}	$+3,6$	$7,1 \cdot 10^{-8}$	$2,0 \cdot 10^{-12}$
10^{1}	$+2,4$	$2,1 \cdot 10^{-7}$	$4,3 \cdot 10^{-12}$
10^{2}	$+0,9$	$8,9 \cdot 10^{-7}$	$1,06 \cdot 10^{-11}$
10^{3}	$-0,9$	$4,4 \cdot 10^{-6}$	$3,3 \cdot 10^{-11}$
10^{4}	$-3,3$	$4,1 \cdot 10^{-5}$	$8,2 \cdot 10^{-11}$

von $3,3 \cdot 10^{-13}$ lm. Mit diesem Wert erhält man nach Gl. (11.17a) für verschiedene Eintrittsöffnungen des optischen Systems die in Tab. 4 als m_{ber} aufgeführten Grenzgrößen.

Tabelle 4[1]

D^* mn	m_{ber} für Normal- vergrößerung	m_{beob} bei Normal- vergrößerung	m_{beob} bei 6 × Normal- vergrößerung	$\Phi_0 \cdot 10^{-13}$ lm bei 6 × Normal- vergrößerung
7,5 (freies Auge)	$+\ 6,00$	$+\ 6,00$		
27	$+\ 8,75$		10,0	1,1
50	$+10,1$			
78	$+11,0$	$+11,00$		
100	$+11,6$			
135	$+12,2$		13,0	1,7
200	$+13,1$			
270	$+13,8$		14,5	1,7
600	$+15,5$		16,0	2,1

Diese Werte müßten erhalten werden, wenn mit Normalvergrößerung (also einer Austrittspupille, deren Durchmesser gleich dem der Augenpupille ist) beobachtet wird. Das Beobachtungsergebnis bei $D^* = 78$ mm und Normalvergrößerung stimmt damit gut überein. Wenn die Vergrößerung über die Normalvergrößerung hinaus gesteigert wird, also mit einer Austrittspupille beobachtet wird, die kleiner als die Augenpupille ist,

---

[1] Die Werte für die beobachteten Grenzgrößen in Tab. 4 entsprechen den Angaben von H. von Klürer in: Newcomb-Engelmann: Populäre Astronomie, 8. Aufl., Leipzig 1948.

dann sind nach dem oben Gesagten niedrigere Schwellenwerte des Lichtstromes und damit nach positiven Werten hin verschobene Grenzgrößen zu erwarten. Wie man der vierten Spalte der Tab. 4 entnimmt, sind bei Beobachtung mit 6facher Normalvergrößerung, also einer Austrittspupille von etwa 1,3 mm Durchmesser, Verbesserungen in der Erkennbarkeit gewonnen worden, die zwischen 1,25 und 0,5 Größenklassen liegen. Aus diesen Beobachtungsergebnissen wurden nach Gl. (11.17b) die dazugehörigen Schwellenwerte berechnet und in der fünften Spalte von Tab. 4 wiedergegeben. Man sieht, daß bei kleinen Durchmessern D^* und dementsprechend kleinen Vergrößerungen der Schwellenwert um den Faktor 3, bei stärkeren Vergrößerungen um den Faktor 1,5 unter dem Wert liegt, der für die Normalvergrößerung gilt. (Die geringere Verbesserung bei größeren Durchmessern und stärkeren Vergrößerungen dürften Auswirkungen der Luftunruhe sein.) Der Steigerung der Vergrößerung bzw. der Herabsetzung der Austrittspupille sind Grenzen gesetzt. Die äußerste Grenze ist, wie oben bereits einmal erwähnt, der Durchmesser der Austrittspupille von 0,5 mm, da bei kleineren Austrittspupillen die entoptischen Erscheinungen auftreten. Im allgemeinen wird eine etwa 6fache Normalvergrößerung, wie sie den Beobachtungen der Tab. 4 zugrunde gelegen hat, für die Fixsternbeobachtung am Nachthimmel für zweckmäßig gehalten. Systematische Untersuchungen, ob dieser Wert wirklich das Optimum darstellt, sind nicht bekannt geworden.

Für die Sichtbarkeit der Sterne bei größeren Umfeldleuchtdichten, also in der Dämmerung und am Tage, gelten die gleichen Überlegungen. Mit den in Tab. 3 wiedergegebenen Werten von Φ_0 lassen sich nach Gl. (11.17a) die dementsprechenden Grenzgrößen berechnen. Die so erhaltenen Werte gelten wieder für Beobachtung mit Normalvergrößerung. Eine Erhöhung der Vergrößerung in gewissen Grenzen dürfte auch hier zu einer Verschiebung der Grenzgrößen nach positiven Werten hin führen. Für eine Umfeldleuchtdichte von 10^{-1} asb sind einige Zahlenwerte in Tab. 5 wiedergegeben, die aus Tab. 3 interpoliert worden sind.

Tabelle 5. *Verbesserung der Sichtbarkeit der Fixsterne durch Übervergrößerung* $U = 10^{-1}$ asb; p_a:Durchmesser der Augenpupille; p_F:Durchmesser der Fernrohrpupille

Übervergrößerung $= \dfrac{p_a}{p_F}$	p_F mm	Resultierende Umfeldleuchtdichte $\dfrac{p_F^2}{p_a^2}\,U$ asb	$\Phi_0 \cdot 10^{13}$ lm	Δm nach Gl. (11.17a)
1,0	6,6	$10 \cdot 10^{-2}$	13,6	0
1,25	5,3	$6,4 \cdot 10^{-2}$	12,0	$+0,14$
1,67	4,0	$3,6 \cdot 10^{-2}$	11,0	$+0,23$
2,5	2,6	$1,6 \cdot 10^{-2}$	9,5	$+0,39$
6,0	1,1	$2,8 \cdot 10^{-3}$	6,5	$+0,800$

Der Verminderung der für das Auge wirksamen Umfeldleuchtdichte entspricht auch hier eine Herabsetzung des Schwellenwertes des Lichtstromes, dem wiederum eine Verschiebung der Grenzgrößen um Δm nach Gl. (11.17a) entspricht. Man sieht auch hier die Verbesserung der Sichtbarkeit bei zunehmender Übervergrößerung. Ob allerdings bei einer Vergrößerung, die dieser 6fachen Normalvergrößerung entspricht, wirklich ein Gewinn von 0,8 Größenklassen erreicht wird, ist als gesichertes Beobachtungsergebnis nicht publiziert; es gilt vielmehr bei den Astronomen als feste Regel, auch bei höheren Umfeldleuchtdichten mit möglichst starker Übervergrößerung zu arbeiten.

Überhaupt hat man bei größeren Umfeldleuchtdichten als 10^{-1} asb damit zu rechnen, daß die Grenze, bis zu der eine Übervergrößerung auf die Erkennbarkeit von Sternen wirksam ist, immer geringer wird. Mit zunehmender Umfeldleuchtdichte nimmt der Sehwinkel, innerhalb dessen das Riccósche Gesetz gilt, ab. Bei einer Leuchtdichte von 10 asb ergibt sich dieser Grenzwinkel aus der Kurvendarstellung von SIEDENTOPF (l. c.) zu etwa 0,7'. Bei der gleichen Leuchtdichte ist der Durchmesser der Augenpupille 5 mm, und dem entspricht ein Durchmesser der mittleren Zerstreuungsscheibe der Beugungsfigur von 0,8'; d. h., bei dieser Leuchtdichte liegt der Durchmesser der mittleren Zerstreuungsscheibe bereits außerhalb der Gültigkeit des Riccóschen Gesetzes. Bei einer weiteren Steigerung der Vergrößerung kommt also das Netzhautbild immer mehr in Größenordnungen, wo nicht mehr der Lichtstrom, sondern in steigendem Maße die Leuchtdichte die Sehschärfe bestimmt. Man kann also bei größeren Umfeldleuchtdichten als 10 asb eine Verbesserung in der Erkennbarkeit der Fixsterne nur insoweit erwarten, als durch die Verringerung des Durchmessers der Austrittspupille die Abbildungsfehler des Auges (sphärische Abweichung und Farblängsabweichung) geringer werden und somit das Verhältnis der Leuchtdichte im Beugungsscheibchen zu dem des Umfeldes verbessert wird. Zahlenwerte hierfür sind nicht bekannt, man sollte annehmen, daß eine Steigerung über die Normalvergrößerung hinaus etwa bis zur förderlichen Vergrößerung (Durchmesser der Austrittspupille = 2 mm) doch eine Verbesserung bringen dürfte.

Zusammenfassend kann man also bezüglich der Fixsternbeobachtung mit Fernrohren sagen, daß die Erkennbarkeit der Sterne um so besser wird, je größer der Objektivdurchmesser ist, daß man aber auch wie bei terrestrischen Objekten eine möglichst hohe Vergrößerung anwenden sollte. Unsicherheit besteht in der oberen Grenze für die Übervergrößerung. Für die Beobachtung am Nachthimmel scheint 6fache Normalvergrößerung günstig zu sein, für die Beobachtung der Fixsterne in der Dämmerung und bei Tage dürfen schwächere Übervergrößerungen, höchstens bis zur förderlichen Vergrößerung angebracht sein.

Ergänzend sei noch bemerkt, daß die Gl. (11.17) auch für photographische und lichtelektrische Beobachtung gelten. Bei lichtelektrischer Beobachtung hat man als Schwellenwert φ_0 die — ebenfalls von der Umfeldhelligkeit abhängige — Ansprechempfindlichkeit des lichtelektrischen Empfängers einzusetzen. Bei der Nachthimmelbeobachtung rechnet man im günstigsten Falle mit $\varphi_0 = 6 \cdot 10^{-13}$ lm. Bei der photographischen Beobachtung hängt der Schwellenwert φ_0 von der Belichtungszeit und ebenfalls von der Umfeldleuchtdichte ab. Den Angaben bei SIEDENTOPF (l. c.) entsprechen für hochempfindliche Platten folgende Werte:

Bei 10 min Belichtungszeit $\varphi_0 = 1{,}5 \cdot 10^{-13}$ lm;
bei 30 min Belichtungszeit $\varphi_0 = 6 \cdot 10^{-14}$ lm;
bei 100 min Belichtungszeit $\varphi_0 = 2{,}3 \cdot 10^{-14}$ lm.

Die effektive Beleuchtungsstärke des Umfeldes auf der Photokathode bzw. auf der photographischen Schicht ist proportional dem Quadrat des Öffnungsverhältnisses, also umgekehrt proportional dem Quadrat der Öffnungszahl k des Objektivs. Der auf den Empfänger fallende Lichtstrom ist vom Öffnungsverhältnis unabhängig. Ähnlich wie eine Steigerung der Fernrohrvergrößerung bei der visuellen Beobachtung für die Erkennbarkeit der Fixsterne günstig ist, müßte sich auch eine Herabsetzung des Öffnungsverhältnisses auf die Erkennbarkeit bei der lichtelektrischen und photographischen Beobachtung auswirken, sofern das abbildende System gleiche Restaberrationen besitzt und die Größe des Beugungsscheibchens kleiner als das Auflösungsvermögen der Schicht ist, was man bei der Fixsternbeobachtung und den üblicherweise angewendeten Öffnungsverhältnissen allgemein annehmen kann. Das Auflösungsvermögen der Photokathode bzw. der photographischen Schicht spielt bei der objektiven Beobachtung die gleiche Rolle wie der Grenzwinkel für die Gültigkeit des Riccoschen Gesetzes bei der visuellen Beobachtung. (Für die angeführten Schwellenwerte bei der lichtelektrischen und photographischen Beobachtung, die der Literatur entnommen sind, ist leider das Öffnungsverhältnis, bei dem sie gewonnen wurden, nicht bekannt.)

§ 12. Das räumliche Sehen

Dienen die Augen zur Beurteilung der Entfernung in der Sehrichtung, der Tiefenunterschiede im Raum, so sind zweierlei Arten der Wahrnehmung zu unterscheiden. Bei der einen, wie sie auch ein Auge allein vermittelt, wird auf Grund der Erfassung über die besondere Art der Seheindrücke geurteilt. Wenn auch diese Eindrücke meist so zwingend sind, daß höchstens von einem unbewußten Urteil die Rede sein kann, so geben sie doch nur eine Vorstellung, die irrtümlich sein und durch andere Einflüsse verdrängt werden kann. Wenn der von Jugend an Einäugige auch mit bemerkenswerter Sicherheit die Entfernungen beurteilt, so ist er doch z. B. beim Einfädeln einer Nadel oder beim Eingießen von Wasser in ein Glas aus einiger Höhe unsicher. Die Hilfsmittel der ersten Art der Wahrnehmung sind vorwiegend dieselben, mit denen ein Gemälde oder eine gute Photographie uns die Gliederung des Raumes nach der Tiefe vortäuscht. Da ist besonders die richtige perspektivische Darstellung hervorzuheben; eine solche von dem Kantengerüst eines geometrischen Körpers gibt auch bei verwickelten Formen, wenn sie nicht ganz fremdartig und sinnlos erscheinen, einen guten räumlichen Eindruck. In der Akkommodation ist nun eine Größe gegeben, die durch die Entfernung des Gegenstandes vom Beobachter bestimmt ist, also muß auch umgekehrt die Entfernung aus der Akkommodationsanstrengung erkannt werden; allerdings führt diese Akkommodationsanstrengung nur zu einer rohen Abschätzung der Entfernung. Ein weiteres wichtiges Mittel zur sicheren Erkennung der Tiefenverhältnisse sind Bewegungen des Kopfes, wenn der betrachtete Gegenstand in Ruhe ist und die eigene Bewegung richtig beurteilt wird; dabei wird aber wohl meist die Tiefe nur beurteilt, aber nicht wirklich gesehen.

Den entscheidendsten Tiefeneindruck vermittelt das beidäugige Sehen. Dieser Eindruck ist ganz eigenartig und zeichnet sich durch besondere Eindringlichkeit, Stärke, Sicherheit und Feinheit aus, so daß man von einem neuen Sinn, dem eigentlichen Raumsinn reden kann. Wheatstone hat zuerst die Bedeutung der Verschiedenheit der Netzhautbilder für den körperhaften Eindruck erkannt und die Verhältnisse durch sorgfältige Versuche aufgeklärt. Die Netzhautbilder sind ja verschieden, entsprechend der durch den verschiedenen Ort der beiden Augen bedingten verschiedenen Perspektive. Wenn man nach diesem Forscher mit jedem Auge einzeln auf einer im Fixierpunkt zur mittleren Blicklinie senkrechten Glastafel die Projektion eines Körpers aufzeichnet und diese beiden Bilder jedem Auge gesondert darbietet, so daß also hinsichtlich der Umrisse dieselben Netzhautbilder erzeugt werden wie von dem Körper, so verschmelzen diese Bilder zu einem Raumeindruck, der der gleiche ist wie der des Körpers selbst und dieselbe eigenartige Bestimmtheit besitzt. Die Photographie bietet uns nun die Möglichkeit, mit zwei Objektiven, deren Brennweite gleich dem Betrachtungsabstand ist, die am Ort der beiden Augen aufgestellt sind und deren Achsen mit der Blickrichtung auf den Fixationspunkt zusammenfallen, solche Halbbilder bequem und genau herzustellen, die dann in dem bekannten Betrachtungsgerät, dem Stereoskop, dem beidäugigen Beobachter die räumliche Wirklichkeit darstellen. Während bei der einäugigen Betrachtung von Photographien kräftige Schatten die plastische Wirkung fördern, geben im Stereoskop gerade flaue Aufnahmen eine besonders auffallende plastische Wirkung. Die Gesamtheit der Schnittpunkte, die je zwei nach entsprechenden Punkten der Halbbilder zielende, von den Augendrehpunkten ausgehende Strahlen liefern, bezeichnet man als Raumbild.

Den Abstand der beiden Aufnahmepunkte der Perspektive, hier der Augendrehpunkte A und B (Abb. 105), bezeichnet man als Stand- oder Grundlinie (Basis) b. Wir nehmen zunächst ruhende, senkrecht zur Standlinie in waagerechter Richtung blickende Augen an und beschränken uns auf Punkte P des Sehfeldes, deren seitlicher Abstand von den senkrechten Ebenen durch die Blicklinien AS und BS klein gegen ihre Entfernung von den Augenpupillen sind. Dann ist die Entfernung $PC = E_p$ des Punktes P von der senkrecht zu den Blicklinien durch AB gelegten Ebene angenähert $= b : \operatorname{tg} \eta$, wo $\eta = APB$ als beidäugige (binokulare) Parallaxe bezeichnet wird. Der Unterschied $\Delta \eta$ der Parallaxe zweier Punkte P' und P in den Entfernungen E_p' und E_p mit dem Unterschied ΔE_p ist

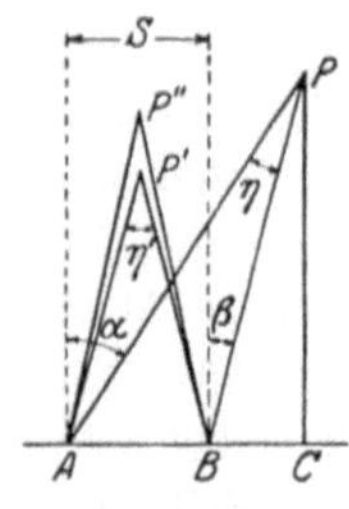

Abb. 105. Die Tiefenunterscheidung beim beidäugigen Sehen

$$\Delta \eta = b \left(\frac{1}{E_p'} - \frac{1}{E_p} \right) = \frac{b \Delta E_p}{E_p' E_p} . \tag{12.1}$$

Die Erfahrung zeigt nun, daß $\Delta \eta$ maßgebend für das Erkennen von Tiefenunterschieden ist, auch dann, wenn die Augen auf einen anderen Punkt in endlicher Entfernung und kleinem Abstande von AS und BS gerichtet sind. Bei einem Grenzwert von $\Delta \eta = 10''$ heben sich bei einem mittleren Augenabstande von 65 mm Gegenstände in etwa 1300 m Entfernung noch eben von der unendlich entfernten Ebene ab; an den Gegenständen selbst werden dort natürlich keine Tiefenunterschiede mehr erkannt. Wenn ΔE_p klein gegen E_p ist, wächst der kleinste erkennbare Entfernungsunterschied mit dem Quadrate der Entfernung; man bemerkt ferner, daß die Formel für $\Delta \eta$ mit der für die Tiefe der Abbildung verwandt ist.

Sind die beiden Augenachsen zur Seite geschwenkt, so wird gleichsam die Standlinie verkürzt. Der Punkt P liege nun in größerem Abstande von AS und BS und seine Lage sei durch das Mittel E_m der Entfernungen $E_a = AP$ und $E_b = BP$ und die mittlere Blickrichtung $\alpha_m = (\alpha + \beta) : 2$ gegeben. Für kleines η ist dann $E_m = b \cos \alpha_m : \operatorname{tg} \eta$ und $dE : E = - 2 d \eta : \sin 2 \eta$. Mithin ist der geometrische Ort gleicher Genauigkeit für das Erkennen von Entfernungsunterschieden im Verhältnis zur Entfernung ein Kreis durch die Punkte A und B mit dem Durchmesser $b \, dE : E \, d \eta$, wenn η klein ist. Befinden sich P' und P'' auf einer Geraden, die durch die Mitte zwischen beiden Augen geht, so werden P' und P'' nicht als ein Bild, sondern als Doppelbilder gesehen, die beidäugige Tiefenvergleichung ist nicht möglich, wohl aber, wenn P' und P'' übereinander liegen. Daß der räumliche Eindruck nicht auf der verschiedenen Konvergenz der Augenachsen für verschiedene Entfernungen beruht, geht daraus hervor, daß er auch bei Augenblicksbeleuchtung durch den elektrischen Funken zustande kommt. Die Genauigkeit der Tiefenwahrnehmung ist allerdings viel geringer als bei Dauerbeobachtung doch wird sie durch Übung bedeutend verbessert. Ferner spricht dagegen, daß auch die Nachbilder von sehr hell beleuchteten Gegenständen einen körperlichen Eindruck geben, obwohl diese Bilder ihre Lage auf der Netzhaut nicht ändern. Zum Schluß muß darauf hingewiesen werden, daß in dieser Darstellung die Verhältnisse mathematisch schematisiert sind; auf die verwickelten physiologischen Verhältnisse kann hier aber nicht eingegangen werden.

Zur Prüfung der Tiefensehschärfe im Stereoskop eignet sich die Probetafel (Abb. 106) von PULFRICH mit einfachen Liniengruppen und geometrischen Figuren, die Tiefenunterschiede verschiedener Größe an der Grenze der Wahrnehmbarkeit zeigen. Die Genauigkeit, mit der

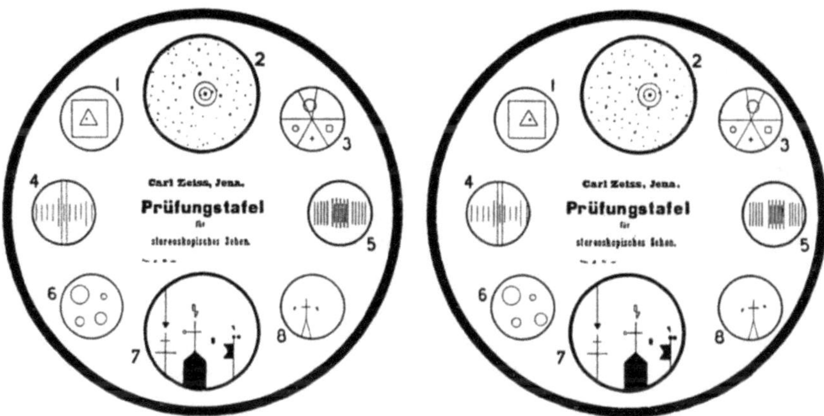

Abb. 106. Pulfrichs Prüftafel für das räumliche Sehen

diese Tiefenunterschiede erkannt werden können, beruht nach dem obigen darauf, wie genau der parallaktische Winkel η erkannt werden kann; es zeigt sich, daß unter günstigen Laboratoriumsverhältnissen dieselbe Genauigkeit wie bei der Noniuseinstellung (S. 98) erreicht wird; s. jedoch auch S. 386 und 399.

Aus der Formel (12.1) geht hervor, daß die Genauigkeit der Tiefenwahrnehmung mit größerem Augenabstand genauer wird. Man kann diesen nun künstlich vergrößern wie HELMHOLTZ mit seinem Telestereoskop (Abb. 107). Bei diesem werden die Strahlen durch zwei Doppelspiegel b, c versetzt. Man erhält denselben Eindruck, als wenn sich die Augen dd auf den Geraden ab um die Strecken bcd hinter b befänden. Ist also in Abb. 108 ac der Abstand der äußeren Spiegel und I, II, III, IV, V der Gegenstand, so erhalten die Augen im Abstand $ab = ac : n$ als Bild das $n$mal verkleinerte Modell 1, 2, 3, 4, 5. Der Eindruck eines verkleinerten Modells entsteht allerdings auch dann nicht, wenn der Augenabstand vielmal vergrößert ist. Die Tiefenabmessungen sind in diesem Modell zwar $n$mal verkleinert, aber, da es

8*

im $n$fach kleineren Abstand geboten wird und die Genauigkeit n^2mal gesteigert ist, werden die Tiefenunterschiede $n$mal genauer erkannt.

Statt den Augenabstand künstlich zu vergrößern, kann man ihn auch verkleinern; bei dem Pinakoskop v. ROHRS (Abb. 109) wird er auf Null gebracht.

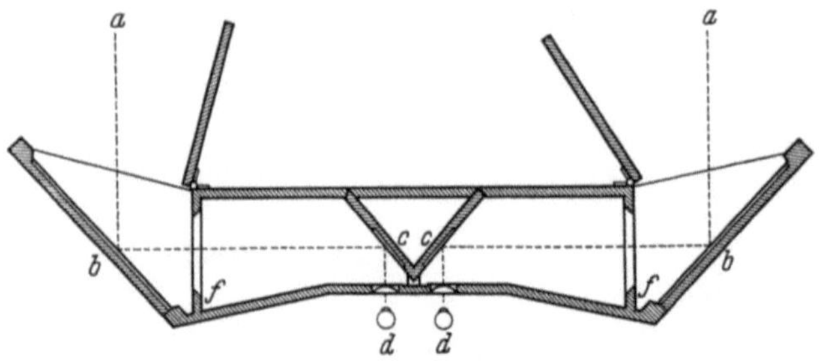

Abb. 107. Das Telestereoskop von HELMHOLTZ

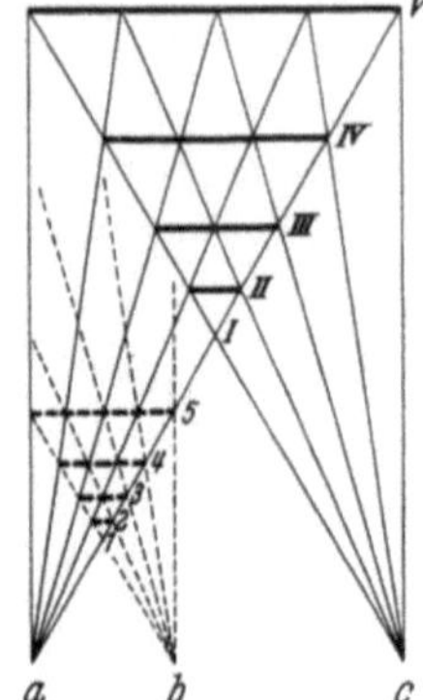

Abb. 108. Das Raumbild bei vergrößertem Abstand der Eintrittspupillen

Das eine Auge A_1 sieht hier durch einen halbdurchlässigen Spiegel (gestrichelt), das andere A_2 erhält das Licht nach einer ersten Reflexion an dem halbdurchlässigen Spiegel und nach einer zweiten Reflexion an einem vollspiegelnden (ausgezogen). Man sieht hiermit wie ein Einäugiger. Das Gerät ist besonders für die Betrachtung von Gemälden geeignet. Daß die Zentren der Perspektiven für die beiden Augen hintereinander liegen, und dadurch nahe Gegenstände in verschiedener Größe erscheinen, beeinträchtigt praktisch das beidäugige Sehen nicht.

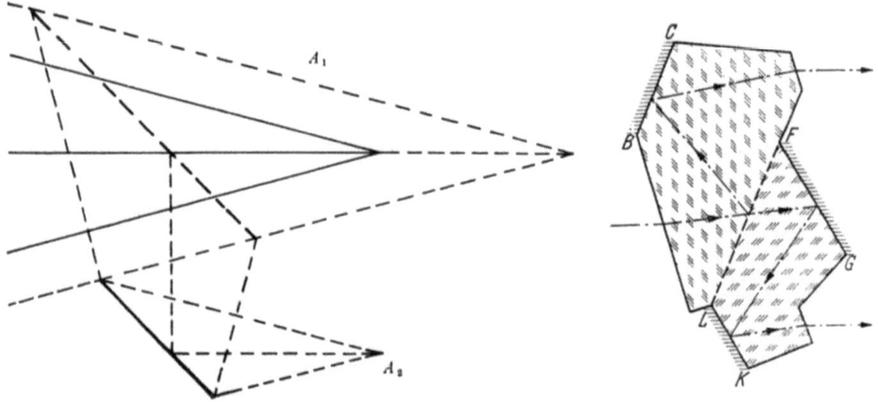

Abb. 109. Das Pinakoskop von M. v. ROHR

Abb. 110. Das Synopter VAN ALBADAS

Dieser geringfügige Nachteil wird bei dem Synopter VAN ALBADAS (Abb. 110) vermieden, das aus zwei bei LF zusammengekitteten Prismen besteht; an der Fläche LF ist das obere Prisma so schwach versilbert, daß es die Strahlen halb durchläßt, halb zurückwirft; die Flächen BC, KL und GF sind voll versilbert. Diese Geräte entkörpern die Gegenstände, die Größen von verschieden entfernten Gegenständen und die Tiefenunterschiede geraten in Widerspruch mit dem, was man gewöhnlich wahrnimmt.

Man kann nun noch weitergehen und negativen Augenabstand herbeiführen, den das Pseudoskop von EWALD (Abb. 111) verwirklicht. Anstelle der tiefenrichtigen (orthoskopischen) Wahrnehmung tritt die tiefenverkehrte (pseudoskopische); Vorsprünge erscheinen als Vertiefungen und umgekehrt, soweit dem nicht die Kenntnis der gewöhnlichen Form und die Schlagschatten zu sehr widersprechen; man sieht eine schwer verständliche Welt. Über die praktische Bedeutung s. S. 403. Den Übergang vom Tiefenrichtigen zum Tiefenverkehrten unter einfachen Verhältnissen erhält man, wenn man zwei Halbbilder, die aus drei so angeordneten senkrechten Strichen bestehen, daß sie zu einem Raumbild von zwei Strichen mit dem dritten davor verschmelzen, je um

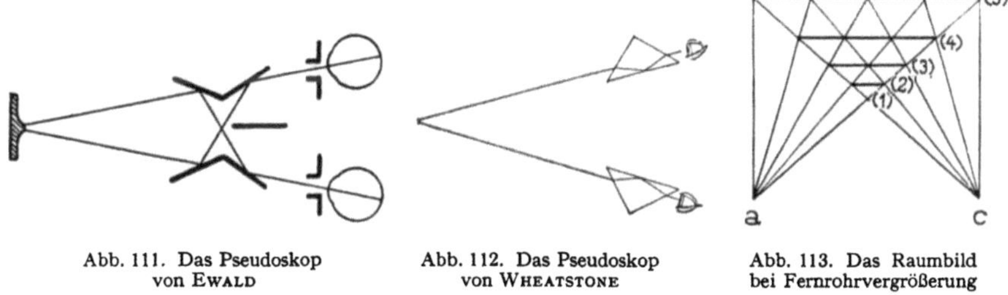

Abb. 111. Das Pseudoskop von EWALD   Abb. 112. Das Pseudoskop von WHEATSTONE   Abb. 113. Das Raumbild bei Fernrohrvergrößerung

die Mittelsenkrechte des Halbbildes dreht. Der tiefenverkehrte Eindruck kommt im umgekehrten Bild leichter zustande; man kann dazu ein Doppelfernrohr verwenden, das aus zwei astronomischen Fernrohren mit der Vergrößerung 1 besteht. Ebenso wirkt das Pseudoskop von WHEATSTONE (Abb. 112), bei dem die Bilder durch die Wendeprismen (S. 44) nur seitenverkehrt werden.

Die Wirkung eines gewöhnlichen Doppelfernrohres, bei dem die Achse des Objektives mit der des Okulars zusammenfällt, läßt Abb. 113 erkennen. Die Sehwinkel in Abb. 108 werden durch das Fernrohr Γ mal vergrößert, man erhält das Raumbild (1), (2), (3), (4), (5), das für $\Gamma = n$ in den Tiefenverhältnissen mit dem Modell 1, 2, 3, 4, 5 der Abb. 108 übereinstimmt, so daß auch hier die Tiefenwahrnehmung Γ mal größer ist. Man erhält ein raumverzerrtes (heteromorphes) Bild statt des raumrichtigen (orthomorphen). Vergleicht man den räumlichen Eindruck mit dem beim Sehen mit freiem Auge, so erscheinen die Gegenstände kulissenartig in der Sehrichtung zusammengedrängt. Trotzdem erkennt man die Tiefenabstände wie oben genauer. Beides ist eine notwendige Folge der Fernrohrvergrößerung. Um die Tiefenunterscheidung noch weiter zu erhöhen, kann man die Wirkung des Telestereoskopes mit der des Fernrohres vereinigen, wie es ABBE beim Prismendoppelfernrohr (S. 185), dem Scherenfernrohr (S. 199) und dem Stangenfernrohr (S. 202) tat. Bezeichnet man die durch die Vergrößerung des Abstandes der

Eintrittsachsen erreichte Steigerung als spezifische Plastik n, so ist $\varGamma n$ die totale Plastik eines solchen Fernrohres und dadurch sein Tiefenunterscheidungsvermögen gekennzeichnet.

Um bei den Prismenfeldstechern die Wirkung des vergrößerten Objektivabstandes zu zeigen, werden nach PULFRICH dem Beobachter gleichzeitig zwei Raumbilder dargeboten, von denen das eine mit, das andere ohne erweiterten Abstand der Eintrittspupillen erhalten wird.

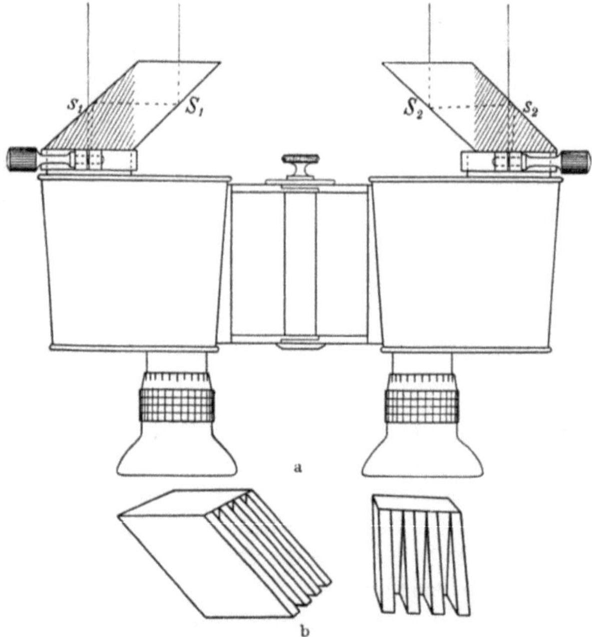

Abb. 114. Pulfrichs Einrichtung zum Prüfen der Wirkung des vergrößerten Objektivabstandes

Zu dem Zweck schaltet er nach Abb. 114a vor jedes Objektiv des Feldstechers ein rhombisches Zinkenprisma nach Abb. 114b, das die eine Hälfte der Strahlen unmittelbar zwischen den Zinken, die andere nach Durchgang durch das Prisma eintreten läßt.

Es sei hier darauf hingewiesen, daß auch beim Sehen mit einem Auge die Perspektive durch das Fernrohr verfälscht wird, und zwar ist dies ebenfalls nur in der vergrößernden Wirkung des Fernrohres begründet. Man sagt wohl, daß ein $n$mal vergrößerndes Fernrohr die Gegenstände zeigt, wie der Beobachter sie in $n$mal kleinerer Entfernung sehen würde. Dies gilt nur, soweit sie genügend nahe in einer zur Blickrichtung senkrechten Ebene liegen. Beobachtet man den Mond mit 110facher Vergrößerung, so weicht von diesem Bild das, was man von dem Monde in 110mal kleinerer Entfernung sieht, d. h. aus einem Abstand von seinem

Mittelpunkt gleich seinem Durchmesser, stark ab (man betrachte nur einen Globus aus dem entsprechenden Abstand); es fehlt der äußere Rand der uns sichtbaren Hälfte der Mondkugel, und nach dem Rande zu ist das Gesehene mehr zusammengedrängt. Man sieht durch ein stärkeres Fernrohr die ferne Gegend nahezu in Parallelperspektive; zwar auch mit freiem Auge so, aber bei der Vergrößerung durch das Fernrohr wirkt sich die befremdende Wirkung der Parallelperspektive in manchen Fällen besonders aus, z. B. wenn man gegen eine Hausecke wie in Abb. 115 sieht; durch optische Täuschung scheinen hier die parallelen Geraden zu divergieren. Die vergrößernde Wirkung des Fernrohres führt zu ähnlichen Erscheinungen wie die Betrachtung von Photographien aus

Abb. 115. Zur Perspektive beim Fernrohr

zu kleinem Abstand; dies ist meist der Fall bei Aufnahmen mit einem Teleobjektiv, das große Brennweite besitzt, infolgedessen erscheinen die fernen Gegenstände zu groß, das Bild flach, kulissenhaft. Abb. 116 stellt diese Verhältnisse für einen Gegenstand $ABCD$ dar, der nach a bei der Projektion von P das Abbild AED liefert.

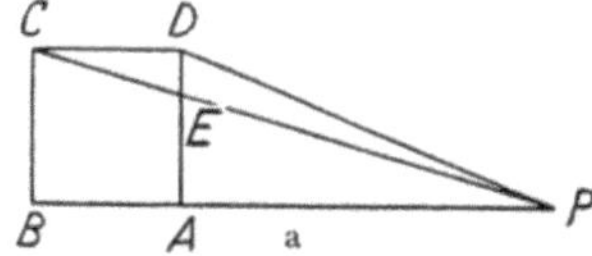
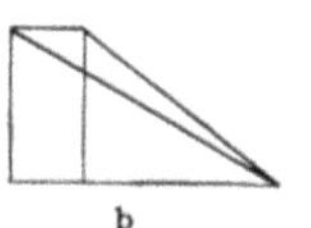
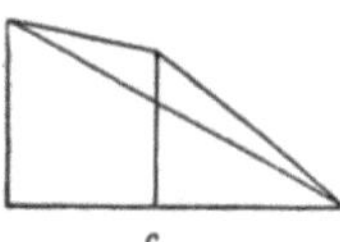

Abb. 116. Zur Änderung der Raumvorstellung durch unrichtigen Betrachtungsabstand

Erscheint dies Abbild unter vergrößertem Winkel, so entsteht entweder nach b der Eindruck einer Verringerung des Tiefenabstandes (Kulissenwirkung) oder nach c einer Vergrößerung des Hintergrundes; es fällt dies besonders auf, wenn man einen Gang oder eine Fensterfront entlang sieht. Fehler der Gleise treten bei Fernrohrbeobachtung auffallend hervor. Auch erscheinen Bewegungen in der Blickrichtung verändert, z. B. die eines ankommenden oder abfahrenden Eisenbahnzuges. Die Wirkung tritt noch auffallender hervor, wenn man das eine Mal wie gewöhnlich durch das Fernrohr sieht, das andere Mal von der Objektivseite, wobei das Bild verkleinert ist.

Im Zusammenhang mit den Gesetzen des räumlichen Sehens seien noch einige Bemerkungen eingefügt, inwieweit der Verlauf des Verzeichnungsfehlers (vgl. § 3) von Einfluß auf den natürlichen Seheindruck bei der Fernrohrbeobachtung ist. In § 3 hatten wir gesehen, daß verzeichnungsfreie Wiedergabe im Sinne der kollinearen Abbildung die Erfüllung der Bow-Suttonschen Bedingung nach Gl. (3.5) erfordert. Dann wird bei feststehendem Fernrohr ein Quadrat wieder als Quadrat abgebildet. Ist der Wert $\frac{\operatorname{tg} w'}{\operatorname{tg} w}$ in Gl. (3.5) nicht konstant, sondern nimmt nach dem Rande hin zu, dann wird das Quadrat kissenförmig verzeichnet, wie es in Abb. 64 dargestellt war. Solange mit einem räumlich feststehendem Fernrohr beobachtet wird, ist die Gültigkeit dieser der Theorie der kollinearen Abbildung entsprechenden Aussage mehrfach bestätigt worden. Neuere Untersuchungen haben indes gezeigt, daß ein Fernrohr, welches hinsichtlich der Verzeichnung nach der Bow-Suttonschen Bedingung (3.5) korrigiert ist und das, wie eben erwähnt, bei Beobachtung mit ruhendem Fernrohr ein völlig naturgetreues Bild vermittelt, bei Beobachtung mit geschwenktem Fernrohr einen unnatürlichen Seheindruck ergibt. Der unnatürliche Eindruck besteht darin, daß ein Objekt, wenn es beim Schwenken des Fernrohres von der Mitte nach dem Rand zu sich im Gesichtsfeld bewegt, seine Größenausdehnung verändert, und zwar erscheint seine Ausdehnung in der Schwenkrichtung am Rande kleiner als in der Mitte. Beobachtet man zwei Objekte in verschiedener Distanz, so täuscht der beim Schwenken des Fernrohres veränderliche seitliche Abstand der beiden Objekte eine Bewegung des Vordergrundes gegen den Hintergrund vor. Bei der Beobachtung ausgedehnter ebener Objekte entsteht bisweilen auch der Eindruck, als ob der Objektraum auf einer gekrümmten, nach dem Beobachter zu durchgebogenen Fläche abrolle. Es werde für diesen Effekt die Bezeichnung „*Bildverbiegung*" vorgeschlagen. Die Bildverbiegung verschwindet, wenn man dem Fernrohr eine kissenförmige Verzeichnung gibt, die so groß ist, daß die sog. Winkelbedingung

$$\frac{w'}{w} = \varGamma_0 = \text{const} \tag{12.2}$$

anstelle der Bow-Suttonschen Beziehung (3.5) erfüllt ist. In Abb. 117 ist das Zustandekommen dieser Erscheinung erläutert. Es werde angenommen, der im oberen Teil der Abbildung gegebene Rasterzaun werde zunächst im freiäugigen Sehen aus einem solchen Abstand beobachtet, daß er unter einem Sehwinkel von $\pm 35°$ erscheint. Ein Rasterelement hat dann die Winkelausdehnung von $1°$. In der zweiten Zeile der Abb. 117 ist die Winkelausdehnung, wie sie sich beim freiäugigen Beobachten des Rasterzaunes ergibt, dargestellt. Die Winkelausdehnung der einzelnen Rasterelemente in senkrechter Richtung

nimmt $\sim \cos^2 w$ ab (w: Sehwinkel bezogen auf die Hauptblickrichtung),
während die horizontale Winkelausdehnung $\sim \cos w$ abnimmt. Das
sind die üblichen Gesetze der Zentralperspektive. Sie bleiben erhalten,
wenn der Rasterzaun mit einem verzeichnungsfreien Fernrohr [nach der
Bow-Sutton-Bedingung (3.5)] beobachtet wird. Für ein Fernrohr mit
7facher Vergrößerung ist das im oberen Teil des in Abb. 117 wiedergegebenen Fernrohrgesichtsfel-
des dargestellt. Auch hier nimmt
in horizontaler Richtung die
Ausdehnung der Rasterele-
mente $\sim \cos^2 w'$ und in senkrechter Ausdehnung $\sim \cos w'$
ab (w' sind jetzt die bildseitigen
Sehwinkel auf der Okularseite
des Fernrohres). Es ist nun
leicht einzusehen, daß beim
Schwenken des Fernrohres ein
zunächst in der Mitte befind-
liches Rasterelement am Rande
des Sehfeldes kleiner erscheint.
Dieser Eindruck muß unnatür-
lich erscheinen, da es im freiäugigen Sehen nicht möglich ist,
große subjektive Sehfelder aneinander zu setzen. Im freiäugigen Sehen ist die Maximal-
ausdehnung des Sehfeldes auf
$\pm 90°$ bei der Betrachtung ebener
Objekte beschränkt. Es ist nunmehr auch weiter einzusehen,
daß der Effekt vermieden wird,
wenn man dafür sorgt, daß

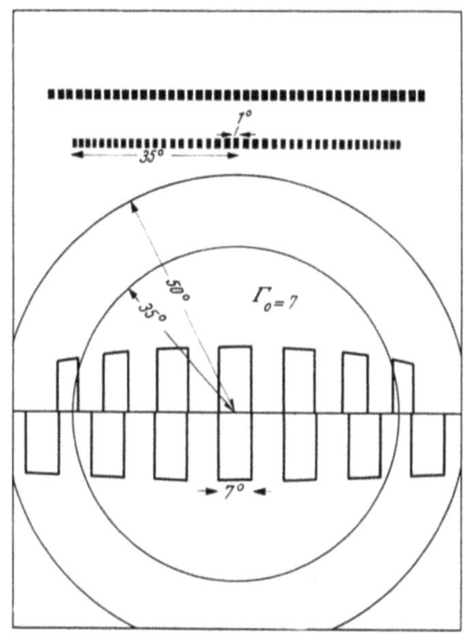

Abb. 117. Oben: Schematische Darstellung der Seh-
winkel, nach denen die Elemente eines Rasterzaunes in
Zentralperspektive erscheinen. Unten: Subjektive Seh-
winkel bei der Abbildung des Rasterzaunes durch ein
Fernrohr mit $\Gamma = 7$ bei verschiedenem Verlauf der
Verzeichnung, nämlich:

obere Sehfeldhälfte: $\dfrac{\operatorname{tg} w'}{\operatorname{tg} w} = \Gamma_0 = \text{const.}$

untere Sehfeldhälfte: $\dfrac{w'}{w} = \Gamma_0 = \text{const.}$

$$\frac{dw'}{dw} = \Gamma_0 = \text{const} \qquad (12.3)$$

ist. Das ist jedoch gleichbedeutend mit der Bedingung (12.2). Im
unteren Teil des in Abb. 117 wiedergegebenen Fernrohrgesichtsfeldes
ist die Abbildung des Rasterzaunes bei einem solchen Verzeichnungsverlauf wiedergegeben. Man sieht, daß in der Horizontalen, die hier als
Schwenkrichtung angenommen ist, die Ausdehnung unverändert bleibt.
Also wird man auch beim Schwenken des Fernrohres die Rasterelemente
in gleicher Größe sehen. Ein Verzeichnungsverlauf nach Gl. (12.2)
bedeutet jedoch, wie wir oben gesehen haben, eine kissenförmige Ver-

zeichnung bei der Beobachtung mit ruhendem Fernrohr. Verzeichnungsfreie Wiedergabe von geraden Linien bei ruhendem Fernrohr und eine
Freiheit von Bildverbiegung bei Beobachtung mit geschwenktem Fernrohr lassen sich also nicht gleichzeitig beheben. Bei Objekten, die
vorzugsweise mit Handfernrohren betrachtet werden, ist die Bildverbiegung der bei weitem am meisten störende Fehler. Deshalb werden
die modernen Weitwinkelfeldstecher vorwiegend so korrigiert, daß die
Verzeichnung einen Verlauf entsprechend Gl. (12.2) hat. Sie zeigen also
bei Beobachtung mit ruhendem Fernrohr durchweg kissenförmige Verzeichnung. Bei den heute üblichen Gesichtsfeldern der sog. Weitwinkel-
Feldstecher mit subjektiven Gesichtsfeldern von $\pm 35°$ bedeutet das
eine kissenförmige Verzeichnung nach der Bow-Suttonschen Bedingung
(3.5) von etwa 12%.

§ 13. Die Tiefe der scharfen Abbildung

Es soll nun behandelt werden, in welchem Entfernungsbereich
Gegenstände mit einem Fernrohr scharf gesehen werden. Bei allen
vorangehenden Betrachtungen war diese Frage ausgeklammert worden.
Nach dem in § 3 Gesagten wird ein im Unendlichen gelegenes Objekt
wieder im Unendlichen abgebildet. Beträgt die Objektentfernung,
gemessen vom Objektiv bis zum Objekt E, dann erscheint das Bild im
Abstand E', gerechnet von der Austrittspupille. Nach (3.9) ergibt
sich für E'

$$E' = \alpha E = \frac{E}{\Gamma^2} \, .\tag{13.1}$$

Wenn mit d' der Kehrwert der Bildentfernung von der Austrittspupille
in Dioptrien bezeichnet wird, dann gilt

$$d' = \Gamma^2 \cdot \frac{1}{E \, [\mathrm{m}]} \, .\tag{13.2}$$

Für ein im Endlichen gelegenes Objekt erhält man ein Bild, das vor der
Austrittspupille des Fernrohres, also entgegen der Lichtrichtung vor
dem Auge des Beobachters liegt. Kann ein normalsichtiges Auge noch
d'_a-Dioptrien akkommodieren, dann beträgt die geringste Entfernung,
in der ein Gegenstand noch scharf gesehen werden kann,

$$E_{[\mathrm{m}]} = \frac{\Gamma^2}{d'_a} \, .\tag{13.3}$$

Ein Dreißigjähriger, der nach S. 88 einen Nahpunktabstand von
7 dptr besitzt, kann also mit einem Fernrohr mit 8facher Vergrößerung
noch bis auf eine Entfernung $\frac{64}{7} = 9{,}1$ m scharf sehen. Ein Fünfzig-
jähriger mit einem Nahpunktabstand von 2 dptr sieht indes mit dem
gleichen Fernrohr nur auf $\frac{64}{2} = 32$ m scharf. Um nahe Entfernungen

scharf zu sehen, muß daher bei geringer Akkommodationsbreite das Fernrohr nachfokussiert werden. Dazu ist es notwendig, den Abstand des Okulars von der Bildebene um den Betrag Δ zu vergrößern. Das erfolgt in der Regel mit der Dioptrienverstellung. In der heute üblichen Bezeichnungsweise haben die Dioptrienwerte, die zur Einstellung auf eine nähere Entfernung erforderlich sind, positives Vorzeichen. (Das positive Vorzeichen rührt daher, daß ein so defokussiertes Fernrohr die Wirkung eines Brillenglases mit positiver Brechkraft besitzt.) Der Betrag, um den das Okular ausgezogen werden muß bei bestimmten geforderten Dioptrienwerten, ergibt sich aus Gl. (2.19b) zu

$$\Delta = f_{okl}'^{2} \cdot \frac{d'}{1000} \, . \tag{13.4}$$

Handelt es sich um ein fehlsichtiges Auge, so ist das Fernrohr bereits bei Beobachtung eines im Unendlichen gelegenen Gegenstandes entsprechend der Gl. (13.4) auf einen Wert von d', der dem Fernpunktabstand des fehlsichtigen Auges entspricht, zu fokussieren. In einiger Näherung kann dann die kürzeste noch scharf gesehene Entfernung nach (13.3) bestimmt werden, wobei d_a' die Differenz in Dioptrien zwischen Fernpunktabstand und Nahpunktabstand darstellt.

Diese eben mitgeteilten Beziehungen stellen die durch den Akkommodationsvorgang bedingte Schärfentiefe eines Fernrohres dar. Im allgemeinen reichen diese Beziehungen aus, um in der Praxis den Bereich der scharfen Abbildung zu bestimmen. Aber auch wenn die Akkommodation ausgeschaltet wird, sei es als Alterserscheinung, sei es durch pathologische Veränderungen oder durch Einwirkung spezieller Medikamente, ist noch ein Tiefenschärfenbereich vorhanden. Auch für ein akkommodationsfähiges Auge ist es interessant diesen Bereich zu kennen, denn er stellt den Bereich dar, innerhalb dessen ohne Akkommodationsbewegung ein Objekt noch scharf wahrgenommen werden kann. Damit ist also ein Intervall für E' nach (13.1) bestimmt. Diese Schärfentiefe im eigentlichen Sinne wird durch zwei verschiedene Ursachen bewirkt. Im Bereich der kleinen Austrittspupillen unter 1 mm Durchmesser entspricht die Schärfentiefe den durch die Beugungstheorie bestimmten Werten nach (7.12). Bei Austrittspupillen mit Durchmessern größer als 1 mm wird die eigentliche nicht durch Akkommodation bedingte Schärfentiefe durch das mangelnde Auflösungsvermögen der Netzhaut bestimmt. Nach A. KÖNIG kann man annehmen, daß Objekte in dem Bereich scharf gesehen werden, in dem der augenseitige Zerstreuungskreis kleiner als 3,4 Winkelminuten bleibt, unter der Voraussetzung, daß die Austrittspupille nicht so klein ist, daß die Beugungstheorie einen größeren Schärfentiefenbereich erfordern würde. Gehört bei einem auf Unendlich fokussierten Fernrohr zur endlichen Objektentfernung E, entsprechend der Gl. (13.2) der augenseitige Dioptrienwert d', dann ist der augenseitige Zerstreuungswinkel ζ [min] bei einem Durchmesser der Austrittspupille p:

$$\zeta \,[\text{min}] = \frac{p\,[\text{mm}]}{1000}\, d'\,[\text{dptr}] \cdot 57{,}3 \cdot 60 = p\,d' \cdot 3{,}4\,. \qquad (13.5)$$

Soll dieser Wert kleiner als 3,4 min sein, erhält man als augenseitigen Tiefenschärfenbereich nach dieser geometrischen Theorie

$$d'\,[\text{dptr}] \leqq \frac{1}{p\,[\text{mm}]}\,. \qquad (13.6)$$

Andererseits ergibt sich durch Anwendung der beugungstheoretischen Beziehung (7.15) auf die Augenseite, wenn man diese Beziehung für eine mittlere Wellenlänge von 500 mμ anschreibt:

$$d'\,[\text{dptr}] \leqq \frac{1}{p^2\,[\text{mm}^2]}\,. \qquad (13.7)$$

Die Verhältnisse werden durch die Zahlenwerte der Tab. 6 erläutert:

Man sieht, daß oberhalb eines Pupillendurchmessers von 1 mm die in der letzten Spalte angegebenen Dioptrienwerte die Schärfentiefe bestimmen, unterhalb von 1 mm wird die Schärfentiefe durch das der Beugungstheorie entsprechende d' bestimmt. Die dazugehörigen Objektentfernungen erhält man aus d' mit Hilfe der Gl. (13.2).

Für Systeme mit im Endlich gelegenen Brennpunkt gelten ganz ähnliche Verhältnisse. Die der Beugungstheorie entsprechende Schärfentiefe ergibt sich entsprechend Gl. (7.12). Man kann nun auch ein geometrisches Schärfentiefenkriterium angeben, das dann Gültigkeit besitzt, wenn das Empfangsorgan, beispielsweise die photographische Platte oder die Mattscheibe, ein geringeres Auflösungsvermögen besitzt als es zur Ausnutzung der durch die Beugungstheorie gekennzeichneten physikalischen Lichtverteilung erforderlich wäre. Beträgt der durch das unvollkommene Auflösungsvermögen des Empfangsorganes bedingte zulässige Halbmesser des Zerstreuungsscheibchens $\Delta z'$, der mit dem bildseitigen Aperturwinkel u' und der Defokussierung Δx sich ergibt zu

$$\Delta z' = \Delta x \, \text{tg}\, u'\,, \qquad (13.8)$$

Tabelle 6

p mm	d' dptr nach Beugungstheorie	ζ nach Gl. (13.5) mit d' entspr. der Beugungstheorie	d' dptr geometrisch (für $\zeta = 3{,}4'$)
8	$\frac{1}{64}$	0,43'	$\frac{1}{8}$
6	$\frac{1}{36}$	0,57'	$\frac{1}{6}$
4	$\frac{1}{16}$	0,85'	$\frac{1}{4}$
2	$\frac{1}{4}$	1,7'	$\frac{1}{2}$
1	1	3,4'	1
0,5	4	6,8'	2

dann folgt als geometrisches Kriterium für die Schärfentiefe

$$\Delta x \lessgtr \frac{\Delta z'}{\operatorname{tg} u'}. \qquad (13.9)$$

Dieses geometrische Kriterium bestimmt die Schärfentiefe immer dann, wenn der (13.9) entsprechende Wert von Δx größer ist als der nach Gl. (7.12).

Wie oben bereits erwähnt, wird ein defokussiertes Fernrohr zu einem System mit endlicher Brennweite, es wirkt wie ein sammelndes System, wenn es auf positive Dioptrienwerte fokussiert wird und wie ein zerstreuendes System, wenn es auf negative Dioptrienwerte defokussiert wird. Die Brennweite eines defokussierten Fernrohres ergibt sich zu

$$f' = \frac{1000\,\Gamma}{d'}. \qquad (13.10)$$

(vergl. § 34). Die Schärfentiefe eines so defokussierten Fernrohres, das zur Erzeugung reeller Bilder verwendet wird, berechnet sich entsprechend den Gl. (7.12) und (7.13) bzw. (13.9).

II. Die konstruktive Gestaltung der Fernrohre

§ 14. Allgemeines

Fernrohre sind in der Regel Instrumente, die, wie wir im vorhergehenden Abschnitt gesehen haben, Sehwinkel, unter denen ein Objekt erscheint, vergrößern sollen. Diese Wirkung wird durch afokale oder teleskopische Systeme erzielt, wie wir sie in § 3 kennengelernt haben. Dort waren folgende Gattungen von afokalen Systemen behandelt worden:

a) Das astronomische Fernrohr. Es besteht aus einem sammelnden Objektiv und einem sammelnden Okular.

b) Das holländische oder Galileische Fernrohr. Es besteht aus einem sammelnden Objektiv und einem zerstreuenden Okular.

c) Das terrestrische Fernrohr, es entspricht einem astronomischen Fernrohr, bei dem zwischen Objektiv und Okular ein Umkehrsystem aus Linsen eingeschaltet ist.

Diese drei Grundgattungen von Fernrohren waren in Abb. 19 wiedergegeben. Als weitere für die Praxis wichtige Fernrohrgattung haben wir noch hinzuzufügen:

d) Fernrohre mit Prismenumkehrsystemen.

Wie die bedeutsamste Fernrohreigenschaft, die Vergrößerung (bzw. gelegentlich auch Verkleinerung) des Sehwinkels, geometrisch optisch zustande kommt und wie sich die Fernrohrvergrößerung Γ als das Verhältnis von Objektiv- zu Okularbrennweite (gegebenenfalls noch multipliziert mit dem Vergrößerungsfaktor des Umkehrsystems) ergibt, hatten wir in § 3 gesehen. Dort war ebenfalls gezeigt worden, daß sich die Durchmesser von Eintrittspupille zur Austrittspupille wie die Fernrohrvergrößerung verhalten. Die Wirkung der Strahlenbegrenzung durch die Objektivfassungen oder durch Blenden sowie die Wirkung sog. Feldlinsen ist in § 4 dargelegt worden. Die in den eben angeführten Paragraphen wiedergegebenen Ableitungen waren unter der ausdrücklichen Beschränkung auf kleine Bündelöffnungen und kleine Bildwinkel gemacht worden. Das heißt, die optischen Systeme (Objektive, Okulare, Umkehrsysteme, Feldlinsen) waren, wenn man die Betrachtungen auf

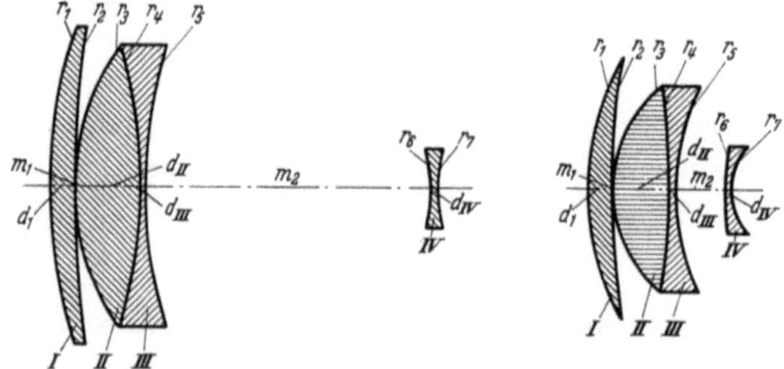

Abb. 118. Fernrohrsysteme Galileischer Bauart nach M. v. Rohr

endliche Bündelöffnungen und Bildwinkel anwenden will, als ideal abbildend angenommen. Wie wir indes in § 6 gesehen hatten, haben brechende und reflektierende Flächen und ebenso einfache Linsen und Spiegel Bildfehler zur Folge. Würde man entsprechend den Lehren des § 3 Fernrohre aus einfachen Linsen zusammensetzen, so würde sich sehr schlechte Strahlenvereinigung und damit ungenügende Abbildung ergeben. Es ist deshalb erforderlich als Objektive, Okulare und Umkehrsysteme zusammengesetzte Linsensysteme zu verwenden. Der rechnende Optiker hat diese zusammengesetzten Linsensysteme so zu ermitteln, daß die an den einzelnen Flächen entstehenden Bildfehleranteile sich bis auf gewisse zulässige Restbeträge kompensieren. Der erforderliche Grad von Bildfehlerfreiheit bei gegebenen optischen Leistungen eines Fernrohres bestimmt also den Aufbau, d. h. Anzahl und Form der Einzellinsen der Teilsysteme. Es kann nicht Aufgabe dieses Buches sein, Verfahren wiederzugeben, nach denen solche optischen Systeme berechnet werden. Wir wollen uns hier nur auf einige grundsätzliche Bemerkungen beschränken.

Grundsätzlich wird man zunächst bestrebt sein, die Teilsysteme (Objektiv, Okular, Umkehrsystem) so zu bestimmen, daß bereits in jedem Teilsystem die Bildfehler bis auf die zulässigen Restbeträge beseitigt sind. Bei Fernrohren, die in einer oder mehreren Bildebenen Strichplatten zur Richtungsbestimmung oder zur Messung von Winkelgrößen besitzen, ist eine ausreichende Korrektion der Bildfehler in der Strichplattenbildebene zur Vermeidung von Parallaxe (vgl. § 23) unbedingt erforderlich. So weit es die Bildfehler in der Achse anbetrifft, also chromatische Abweichung, sphärische Abweichung, Abweichung von der Sinusbedingung, ist die Korrektion eines jeden Teilsystems für sich ohne besonderen Aufwand im allgemeinen möglich und wird in der Regel auch durchgeführt. Eine Ausnahme von dieser Regel bilden einfache Galileische Fernrohre, bei denen man mit geringerem Aufwand auskommt, wenn Objektiv und Okular in der Achse als Gesamtsystem korrigiert werden. In Abb. 118 sind zwei solcher Galileischer Fernrohrsysteme wiedergegeben. Der Tab. 7 sind die dazugehörigen Konstruktionsdaten zu entnehmen.

Tabelle 7. *Konstruktionsdaten der Galileischen Fernrohre nach Abb.* 118

links:		rechts:	
Glasarten:		Glasarten:	

$n_{DI} = n_{DII} = n_{DIV} = 1{,}5726$
$n_{DIII} = 1{,}6245$
$v_I = v_{II} = v_{IV} = 57{,}5$
$v_{III} = 35{,}8$

$n_{DI} = 1{,}5163$	$v_I = 64{,}0$
$n_{DII} = 1{,}6099$	$v_{II} = 58{,}9$
$n_{DIII} = 1{,}6103$	$v_{III} = 37{,}2$
$n_{IV} = 1{,}5825$	$v_{IV} = 46{,}4$

Radien, Dicken und Entfernungen:		Radien, Dicken und Entfernungen:	
$r_1 = +\ 90{,}0$	$d_I = 5{,}0$	$r_1 = +\ 48{,}0$	$d_I = 5{,}0$
$r_2 = +185{,}0$	$m_I = 0{,}0$	$r_2 = +156{,}5$	$m_1 = 0{,}0$
$r_3 = +\ 43{,}0$	$d_{II} = 13{,}2$	$r_3 = +\ 25{,}0$	$d_{II} = 11{,}0$
$r_4 = -\ 92{,}0$	$d_{III} = 1{,}0$	$r_4 = -120{,}0$	$d_{III} = 1{,}0$
$r_5 = +\ 91{,}0$	$m_2 = 57{,}0$	$r_5 = +\ 44{,}7$	$m_2 = 9{,}8$
$r_6 = -\ 28{,}1$	$d_{IV} = 1{,}0$	$r_6 = +\ 66{,}5$	$d_{IV} = 1{,}0$
$r_7 = +\ 28{,}1$		$r_7 = +\ 11{,}5$	

Hingewiesen werde noch auf ein Galileisches Fernrohr besonderer Art, das von M. Lange (1919) angegeben wurde. Es besteht aus drei miteinander verkitteten Linsen. Die äußeren Flächen (1 und 4) sind Planflächen, die beiden inneren (2 und 3) konzentrische Kugelflächen. Sind N_1, N_2 und N_3 die Brechzahlen der drei Linsen in der Reihenfolge des Lichtdurchtritts und sind die Bedingungen erfüllt:

$$N_2^2 = N_1 N_3$$

sowie

$$N_1 r_2 = -N_2 r_3,$$

dann ist das Fernrohr theoretisch streng frei von allen Schärfenfehlern für eine Farbe. (Es hat also noch Verzeichnung.) Die erste, sammelnde Kittfläche wirkt als Objektiv, die zweite, zerstreuende Kittfläche entspricht dem Okular. Die Vergrößerung ist

$$\Gamma = \frac{N_2}{N_1}$$

Bezüglich der außeraxialen Bildfehler ist eine Korrektion der Teilglieder für sich nicht oder nur mit großem Aufwand möglich. Bei den außeraxialen Bildfehlern ist man also im Gegensatz zu den Bildfehlern in der Achse in der Regel gezwungen, die Bildfehler von Objektiv und Okular gegebenenfalls auch noch von denen des Umkehrsystems gegeneinander zu kompensieren. Man wird also bestrebt sein, Astigmatismus, Bildfeldwölbung, Koma und chromatische Vergrößerungsdifferenz des Objektivs und des Prismensystems (dieses bedingt vor allem eine chromatische Vergrößerungsdifferenz) durch die nachfolgenden Systeme, das Okular oder das Okular mit Umkehrsystem zu kompensieren. Außer den soeben erörterten Bedingungen, die Form und Aufwand der Teilglieder bestimmen, treten häufig noch besondere konstruktive Forderungen auf. Diese erfordern häufig, daß die Baulänge eines Teilgliedes, z. B. eines Objektivs größer oder kleiner sein soll als die entsprechende geometrisch-optische Länge, die sich bei einem dünnen Linsensystem ergeben würde. Vielfach sind bestimmte Forderungen für den Hauptstrahlengang vorgeschrieben. So z. B., wenn bei Fernrohren für militärische Zwecke durch Schießluken beobachtet werden soll und eine bestimmte Lage der Eintrittspupille vor dem Objektiv vorgeschrieben ist, oder wenn, wie z. B. bei Gewehrzielfernrohren ein bestimmter Mindestabstand zwischen letztem Linsenscheitel und der Austrittspupille gefordert wird. Bedenkt man, daß in der Praxis Fernrohre mit Objektivdurchmessern von wenigen Millimetern bis zu mehreren Metern (bei astronomischen Fernrohren) gebaut werden, daß Vergrößerungen von einfach bis tausendfach und darüber angewendet werden, daß die objektivseitigen Bildwinkel von wenigen Minuten bis zu 140 Grad eine praktische Bedeutung haben, dann ist leicht einzusehen, daß unter Berücksichtigung der eben erörterten geometrisch-optischen und konstruktiven Bedingungen sich eine große Vielzahl von Bauformen für Objektive, Okulare und Umkehrsysteme ergibt. Die wichtigsten Bauformen der Teilglieder sollen nun behandelt werden. Im Anschluß daran wollen wir uns mit konstruktiven Einzelheiten der Fernrohre befassen.

§ 15. Objektive aus Linsen

Eine Auswahl von 27 der wichtigsten Objektivtypen für Fernrohre, ist in der nachfolgenden Tab. 8 wiedergegeben. Die Objektive sind alle auf die Brennweite von 100 Längeneinheiten normiert. Soweit nicht ausdrücklich vermerkt, sind die wiedergegebenen Achsschnitte im Maßstab 1 : 2 (Längeneinheit = 1 mm) dargestellt. Die angeführten Radien sind nicht in allen Fällen mit der für die Fertigung erforderlichen Genauigkeit wiedergegeben. Die Konstruktionsdaten befinden sich auf der rechten Seite der Tabelle. Dazu ist zu bemerken, daß Dicken bzw. Luftabstände jeweils mit dem Index der vorhergehenden brechenden Fläche aufgeführt werden. Bei der Angabe für die korrigierbaren Bildfehler sind folgende Abkürzungen verwendet worden:

S sphärische Abweichung;

Sb Sinusbedingung;

Ch chromatische Abweichung der primären Farben (für zwei Farben in der Regel für die Fraunhoferschen Linien C und F);

Z Zonenfehler;

ChS chromatische Differenz der sphärischen Abweichung (Gaußfehler);

Ch (I und II): volle angenäherte Korrektion des sekundären Spektrums;

ChV chromatische Vergrößerungsdifferenz;

Ast Astigmatismus.

$Ö$ Öffnungsverhältnis ($1 : k$)

Wenn man von der Einzellinse absieht, die als Fernrohrobjektiv vor 3 Jahrhunderten noch Bedeutung hatte, so besteht das einfachste Fernrohrobjektiv aus zwei Linsen, nämlich einer Sammellinse und einer Zerstreuungslinse. In Nr. 1—5 der Tab. 8 sind Beispiele dafür angeführt. Für Durchmesser bis etwa 60 mm lassen sich die beiden Linsen miteinander verkitten. Das bringt Vorteile für die Fassung, beschränkt jedoch die Korrektionsmöglichkeiten, wie man aus einer Gegenüberstellung der Achskorrektionsdarstellung in Abb. 119 für das Objektiv Nr. 1 und z. B. Nr. 4 erkennt. Bei Nr. 4 wirkt sich vor allem der große Luftabstand günstig aus, der fast eine Beseitigung des Zonenfehlers und des Gaußfehlers ermöglicht. Wenn die Flintlinse des zweilinsigen Objektivs aus einem Glas, das für die Kleinhaltung des sekundären Spektrums geeignet ist, einem sog. Kurzflintglas besteht, dann ist auch eine Verminderung des sekundären Spektrums möglich. Das ist bei dem sog. AS-Objektiv von ZEISS erfüllt, das in Nr. 5 wiedergegeben ist. Allerdings ist zu bemerken, daß die geringe Differenz in den Abbeschen Zahlen, die sich bei der Verwendung solcher Gläser ergibt, eine sehr starke Krümmung der Radien erfordert und infolgedessen Öffnungsverhältnisse von höchstens 1 : 11 ermöglicht. Die astigmatische Korrektion der eben behandelten Objektive, deren Dicke in der Regel klein gegenüber der Gesamtbrennweite ist, läßt sich durch Glaswahl und Radienwahl nicht nennenswert beeinflussen. Der astigmatische Korrektionszustand, wie er in Abb. 120 für das Objektiv Nr. 1 wiedergegeben ist und wie er sich nahezu in der gleichen Weise für alle Objektive ergibt, deren Dicke klein im Vergleich zur Brennweite sind, ist praktisch konstant und läßt sich faustformelmäßig berechnen, wenn man sich merkt, daß für eine Brennweite von 100 Längeneinheiten und für einen Bildwinkel von 10° die tangentiale Längsabweichung —5,7 und die sagittale Längsabweichung —2,6 Längeneinheiten beträgt. Diese variieren quadratisch mit dem Bildwinkel und linear mit der Brennweite.

Um über die in den Bemerkungen zu Nr. 1—5 angegebenen maximalen Öffnungsverhältnisse hinauszukommen, wird man die Objektive drei- oder vierlinsig ausführen. Beispiele davon für Objektive

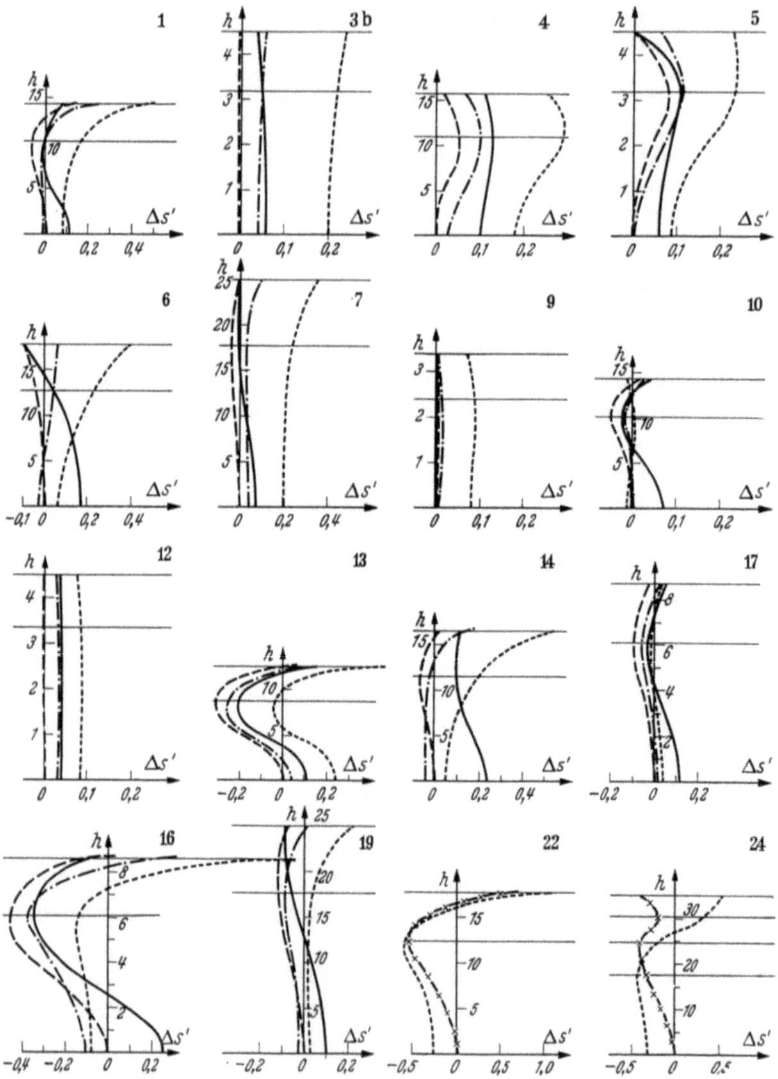

Abb. 119. Axiale Korrektion einiger Fernrohrobjektive nach Tabelle 8 (normiert auf Brennweite 100)
——— C; × — × d; — — — — e; — · — F; · · · · g

aus gewöhnlichen Gläsern stellen die Systeme Nr. 6—8 in der Tab. 8 dar. Für Nr. 6 und Nr. 7 ist der erzielte axiale Korrektionszustand in Abb. 119 wiedergegeben. Das in Nr. 8 wiedergegebene dreilinsige Objektiv, das an sich nur bis zu Öffnungsverhältnis von 1 : 6 korrigierbar ist, zeichnet sich dadurch aus, daß die Hauptbrechkraft durch die einzeln stehende Sammellinse repräsentiert wird. Das davorstehende Kittglied ist fast afokal und dient lediglich dazu, die Bildfehler der

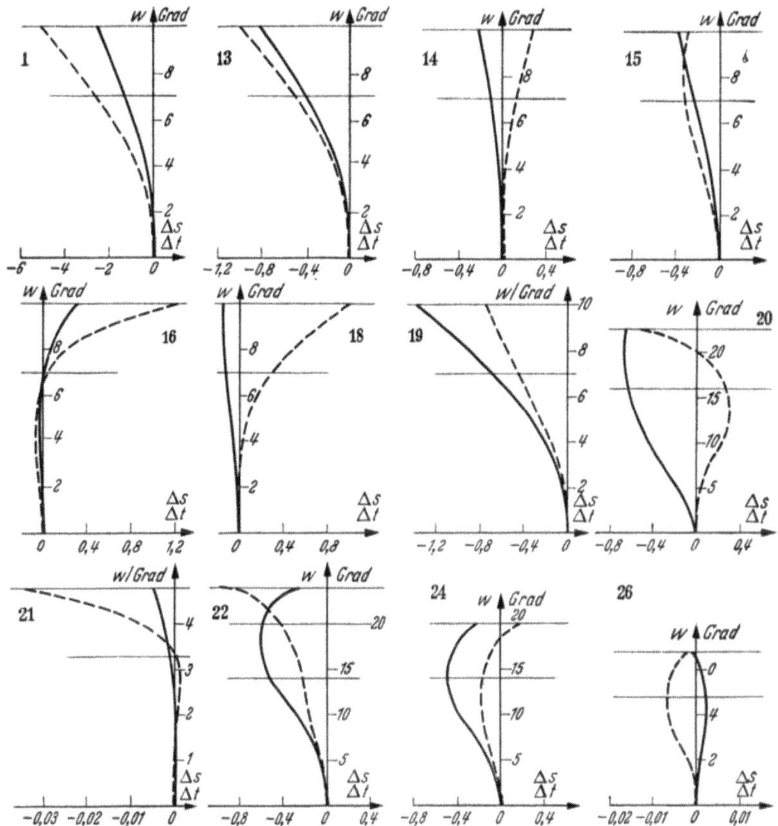

Abb. 120. Astigmatische Korrektion einiger Fernrohrobjektive nach Tabelle 8 (normiert auf Brennweite 100)
———— sagittale Längsabweichung, — — — tangentiale Längsabweichung

Sammellinse zu korrigieren. Objektive solcher Art sind auf Dezentrierung der beiden getrennten Glieder gegeneinander sehr unempfindlich, sie werden vorzugsweise bei Kollimatoren für Entfernungsmesser verwendet. Da die Dicke der soeben behandelten dreilinsigen Objektive auch noch klein gegenüber der Brennweite ist, gilt für die astigmatische Korrektion das gleiche, was für die zweilinsigen Objektive gesagt worden ist. Der astigmatische Korrektionszustand ist ebenfalls durch die Kurve Nr. 1 in Abb. 120 gekennzeichnet.

Tabelle 8. *Linsenobjektive*

		r	d	n_d	v_d	ϑ_g
Nr. 1. Gewöhnlicher Achromat „Kron voraus", $\ddot{O} < 1:3,5$, korrig. f. S. Sb. Ch.	1 2 3 $s' = 94,3$	1: $+$ 60,025 2: $-$ 40,65 3: $-$115,67	8,5 4,0	1,4875 1,6254	70,04 35,57	1,527 1,586
Nr. 2. Gewöhnlicher Achromat „Flint voraus", $\ddot{O} < 1:3,5$, korrig. f. S. Sb. Ch.	1 2 3 $s' = 91,2$	1: $+$ 49,0 2: $+$ 25,47 3: $+$806,29	4,1 8,2	1,7283 1,6177	28,34 49,78	1,605 1,560
Nr. 3a. Zweilinsiges Objektiv mit kleinem Luftabstand („Fraunhofer-Objektiv"), $\ddot{O} < 1:3$, korrig. f. S. Sb. Z. Ch.	1 2 3 4 $s' = 94,3$	1: $+$ 61,1 2: $-$ 54,5 3: $-$ 53,0 4: $-$123,2	8,0 0,08 4,0	1,5168 1,7283	64,20 28,34	1,536 1,605
Nr. 3b. Klassisches Fraunhofer-Objektiv für die Astronomie (E-Objektiv von Zeiss), $\ddot{O} < 1:11$, korrig. wie Nr. 3a	1 2 3 4 $s' = 98,8$ Maßstab 2,5 : 1	1: $+$ 66,7 2: $-$ 32,4 3: $-$ 32,7 4: $-$120,7	1,04 0,11 0,83	1,5168 1,6129	64,20 36,95	1,536 1,582

Nr. 4. Zweilinsiges Objektiv mit
großem Luftabstand, $\ddot{O} < 1:3$,
korrig. f. S. Sb. Z. Ch. ChS.

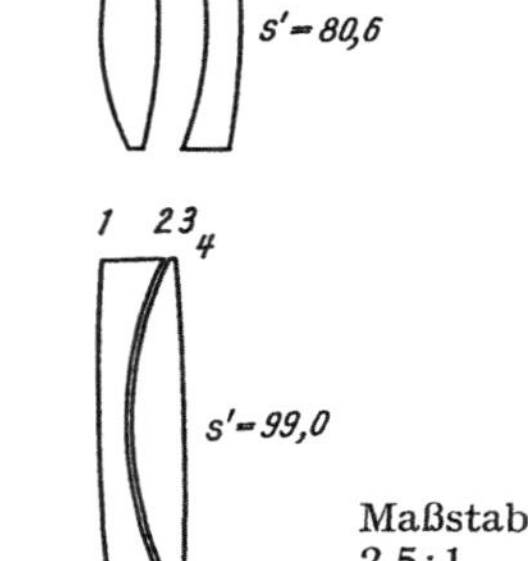

1: $+$ 41,7	7,0	1,5168	64,20	1,536
2: $-$ 64,23	6,0			
3: $-$ 46,02	4,0	1,7283	28,34	1,605
4: $-$192,91				

Nr. 5. AS-Objektiv von Zeiss
(„Halbapochromat"), $\ddot{O} < 1:11$,
korrig. f. S. Sb. Ch. (I u. II), (Z.
durch Deformation)

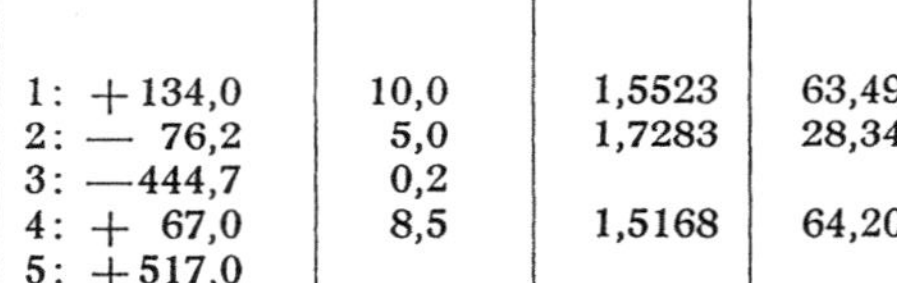

1: $+$ 55,6	0,67	1,5294	51,80	1,551
2: $+$ 10,42	0,06			
3: $+$ 10,43	1,09	1,5168	64,2	1,536
4: $-$310,0				

Nr. 6. Dreilinsiges verkittetes
Objektiv mit gewöhnlicher
Farbkorrektion, $\ddot{O} < 1:2,8$,
korrig. f. S. Sb. Z. Ch.

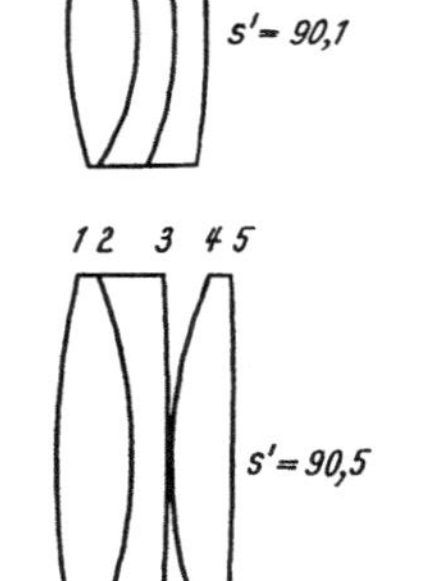

1: $+$ 60,5	9,3	1,5241	53,05	1,548
2: $-$ 32,1	4,6	1,4645	65,79	1,536
3: $-$ 38,6	4,2	1,7283	28,34	1,604
4: $-$112,5				

Nr. 7. Dreilinsiges Objektiv mit
einem Luftabstand, gewöhnl.
Farbkorrektion, $\ddot{O} < 1:2$,
korrig. f. S. Sb. Z. Ch.

1: $+$134,0	10,0	1,5523	63,49	1,536
2: $-$ 76,2	5,0	1,7283	28,34	1,605
3: $-$444,7	0,2			
4: $+$ 67,0	8,5	1,5168	64,20	1,536
5: $+$517,0				

Tabelle 8 (Fortsetzung)

	r	d	n_d	v_d	ϑ_d
Nr. 8. Dreilinsiges Objektiv mit afokalem Korrektionsglied, $\ddot{O} < 1{:}6$, korrig. f. S. Sb. Ch.	1: ∞ 2: $-\ 32{,}6$ 3: -254 4: $+\ 99$ 5: -134	3,3 1,0 9,5 2,6	1,5209 1,6236 1,6074	60,22 36,75 56,66	1,544 1,583 1,549
Nr. 9. B-Objektiv von Zeiss (A. König), Apochromat, $\ddot{O} < 1{:}15$, korrig. f. S. Sb. Z. Ch. (I u. II) ChS.	1: $+\ 36{,}2$ 2: $-\ \ 9{,}40$ 3: $-\ \ 9{,}15$ 4: $+\ \ 7{,}75$ 5: $+\ \ 8{,}04$ 6: $+\ 70{,}8$	0,94 0,007 0,445 0,364 0,94	1,5796 1,5294 1,5111	53,86 51,80 60,49	1,552 1,551 1,542
Nr. 10. Schwerflintapochromat von Zeiss 1. Art, $\ddot{O} < 1{:}3$, korrig. f. S. Sb. Z. Ch. (I u. II) ChS.	1: $+156{,}19$ 2: $-\ 27{,}37$ 3: $+\ 24{,}52$ 4: $-\ 62{,}77$	7,5 2,8 10,3	1,5523 1,7552 1,7847	63,49 27,53 25,71	1,536 1,604 1,615
Nr. 11. Schwerflintapochromat von Zeiss 2. Art, $\ddot{O} < 1{:}3$, korrig. f. S. Sb. Z. Ch. (I u. II) ChS.	1: $+\ 37{,}7$ 2: $-\ 56{,}5$ 3: $-\ 39{,}8$ 4: $+\ 38{,}1$ 5: $-173{,}0$	7,1 6,6 2,3 5,2	1,4875 1,7552 1,7847	70,04 27,53 25,71	1,527 1,604 1,615

$s' = 99{,}7$ (Nr. 8) — $s' = 98{,}5$ (Nr. 9), Maßstab 2,5 : 1 — $s' = 100{,}0$ (Nr. 10) — $s' = 77{,}2$ (Nr. 11)

Nr. 12. Schwerflintapochromat
(F-Objektiv)
von Zeiss f. d. Astronomie,
korrig. wie Nr. 11, $\ddot{O} < 1:11$

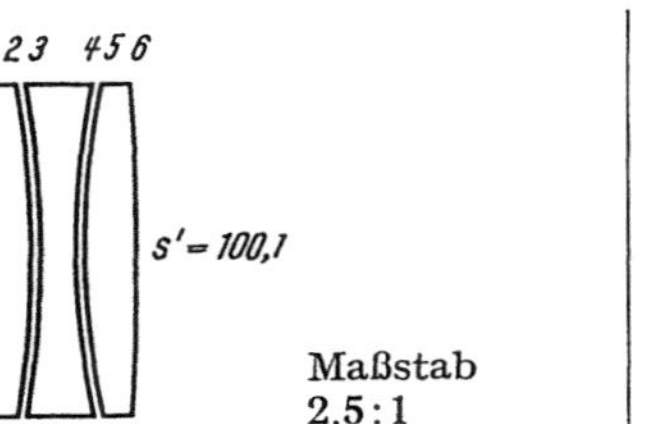

1: + 98,8	1,33	1,5523	63,5	1,536
2: − 31,0	0,013			
3: − 31,0	0,85	1,7552	27,5	1,604
4: + 24,7	0,21			
5: + 24,9	1,33	1,7847	25,7	1,615
6: − 80,4				

Nr. 13. „Hemiplanar" 1. Art von
A. KÖNIG mit einfachem
Meniskus, $\ddot{O} < 1:4$,
korrig. f. S. Sb. Ch. ChS. Ast.

1: − 22,0	7,0	1,6129	36,95	1,582
2: − 26,3	0,6			
3: +117,0	1,9	1,6483	33,77	1,590
4: + 38,3	5,5	1,5046	64,70	1,532
5: − 57,9				

Nr. 14. „Hemiplanar" 1. Art von
A. KÖNIG mit verkittetem
Meniskus, $\ddot{O} < 1:2,8$,
korrig. f. S. Sb. Z. Ch. ChV. Ast.

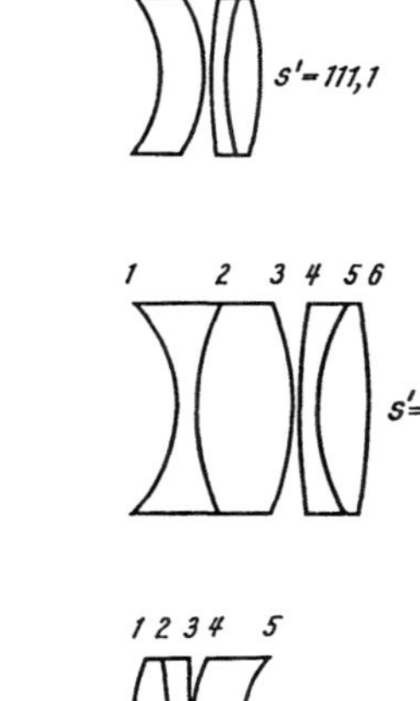

1: − 24,1	3,0	1,5744	56,43	1,548
2: + 42,2	15,1	1,6073	49,25	1,562
3: − 42,7	0,2			
4: +127,8	3,0	1,7283	28,34	1,605
5: + 34,76	7,5	1,6148	51,11	1,558
6: − 85,10				

Nr. 15. „Hemiplanar" 2. Art von
A. KÖNIG, $\ddot{O} < 1:5$,
korrig. f. S. Sb. Ch. Ast.

1: + 26,5	5,5	1,5145	54,62	1,550
2: − 49,1	3,0	1,7283	28,34	1,605
3: +2000	0,2			
4: + 22,9	7,8	1,5101	63,37	1,537
5: + 14,616				

Tabelle 8 (Fortsetzung)

	r	d	n_d	v_d	ϑ_g
Nr. 16. Teleobjektiv, $Ö < 1:5,6$, korrig. f. S. Sb. Ch. ChV. Ast.	1: $+\ 32,15$	4,8	1,5725	57,48	1,547
	2: $-\ 19,4$	1,4	1,6477	33,88	1,589
	3: $-\ 96,5$	17,7			
	4: $+\ 69,5$	1,8	1,6129	36,95	1,582
	5: $-\ 34,2$	0,8	1,5182	58,96	1,545
	6: $+\ 16,21$				
Nr. 17. Apochromatisches Teleobjektiv von Zeiss für geodätische Instrumente, $Ö < 1:5,7$, korrig. f. S. Sb. Ch. (I, II)	1: $+\ 26,54$	5,4	1,7618	26,52	1,611
	2: $-\ 16,04$	1,3	1,7552	27,53	1,604
	3: $+\ 13,50$	3,7	1,5523	63,49	1,536
	4: $-172,38$	34,3			
	5: $-\ 19,06$	1,5	1,6205	37,97	1,580
	6: $-\ \ 4,65$	0,5	1,5601	47,03	1,563
	7: $+\ 30,22$				
Nr. 18. Umgekehrtes Teleobjektiv, $Ö < 1:6$, korrig. f. S. Sb. Ch. ChV. Ast.	1: $-\ 47,7$	1,2	1,5725	57,48	1,547
	2: $+\ 68,0$	2,4	1,6057	37,95	1,580
	3: $-135,5$	43,8			
	4: $+152,0$	4,4	1,5725	57,48	1,547
	5: $-\ 22,57$	1,6	1,6477	33,88	1,589
	6: $-\ 53,114$				
Nr. 19. Fernrohraplanat, $Ö < 1:2$, korrig. f. S. Sb. Ch. ChS. ChV. Ast. Koma, $w'\ 20°$	1: $+\ 93,2$	12,6	1,6080	46,20	1,565
	2: $-\ 78,1$	4,0	1,7283	28,34	1,605
	3: $-902,1$	78,2			
	4: $+\ 69,0$	11,6	1,5891	61,24	1,541
	5: $-\ 42,6$	3,0	1,6477	33,88	1,589
	6: -393				

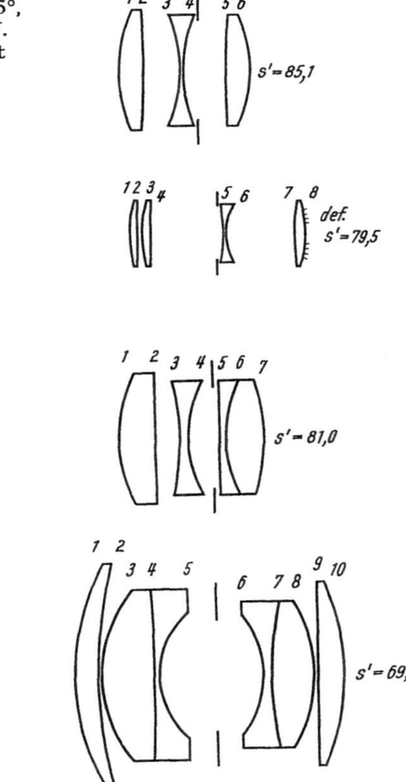

Nr. 20. Triplet, $\ddot{O} < 1:3$, $w < 25°$, korrig. f. S. Sb. Ch. ChS. ChV. Ast. Koma (nach Brit. Patent 155 640, 1919) $s' = 85,1$	1: $+$ 40,1 2: -537 3: $-$ 47,0 4: $+$ 40,0 5: $+234,5$ 6: $-$ 37,9	6,0 10,0 1,0 10,8 6,0	1,613 1,621 1,613	58,5 36,2 58,5	
Nr. 21. Astrovierlinser von SONNEFELD, $\ddot{O} < 1:5,6$, $w < 5°$ *def.* $s' = 79,5$	1: $+$ 44,2 2: $+181,8$ 3: $+$ 44,2 4: $+181,8$ 5: $-$ 54,0 6: $+$ 18,8 7: $+109,0$ 8: $-$ 25,7	1,61 1,22 1,61 19,5 0,35 18,0 2,17	1,5168 1,5163 1,6210 1,5165	64,0 63,9 36,2 64,0	1,536 1,536 1,584 1,536
Nr. 22. Tessar 1:2,8, $w < 26°$ $s' = 81,0$	1: $+$ 37,9 2: $+600,8$ 3: $-$ 80,1 4: $+$ 33,3 5: $+4400$ 6: $+$ 38,5 7: $-$ 55,1	9,9 6,0 2,1 7,9 1,8 9,6	1,6910 1,6254 1,5814 1,7170	54,8 35,6 40,8 47,6	1,548 1,586 1,573 1,556
Nr. 23. Planar 1:2, $w < 26°$ $s' = 69,4$	1: $+$ 63,2 2: $+152,1$ 3: $+$ 36,6 4: $-307,9$ 5: $+$ 23,8 6: $-$ 27,0 7: $+122,5$ 8: $-$ 36,6 9: ∞ 10: $-$ 60,1	6,5 0,19 13,1 1,7 26,8 1,9 11,5 0,19 7,6	1,6910 1,6223 1,5750 1,6990 1,6676 1,7170	54,8 53,1 41,3 30,1 41,9 47,9	1,544 1,553 1,574 1,600 1,574 1,556

Tabelle 8 (Fortsetzung)

Nr. 24. Sonnar 1:1,4, $w < 20°$ ($s' = 45,5$)

	r	d	n_d	v_d	ϑ_g
1:	$+\ 81,85$	8,5	1,7439	44,8	
2:	$+392,7$	0,23			
3:	$+\ 38,05$	10,7	1,7205	50,3	
4:	$+\ 70,27$	9,0	1,4874	70,0	
5:	$-948,3$	1,84	1,7201	29,0	
6:	$+\ 25,42$	13,7			
7:	$+1223$	6,7	1,5230	51,0	
8:	$+\ 76,63$	21,7	1,7205	50,3	
9:	$-\ 23,66$	3,0	1,6582	57,3	
10:	$-119,5$				

Nr. 25. Sonnar 1:4, $w < 10°$ ($s' = 47,4$)

	r	d	n_d	v_d	ϑ_g
1:	$+\ 47,41$	3,7	1,5687	63,1	1,538
2:	$+224,3$	0,37			
3:	$+\ 27,44$	7,9	1,4875	70,0	1,527
4:	$-158,8$	14,4	1,6034	38,0	1,580
5:	$+\ 17,82$	15,3			
6:	$+\ 45,40$	3,0	1,7283	28,3	1,605
7:	$+\ 84,30$				

Nr. 26. Symmetrischer Chromat von H. Köhler und G. Pradel, $Ö = 1:5,7$, $w < 6,75°$

	r	d	n_d	v_d	ϑ_g
1:	$+\ 38,9$	3,2	1,5168	64,20	1,536
2:	$+\ 62,1$	18,4			
3:	∞	0,3	1,5168	64,20	1,536
4:	def.	25,4			
5:	$+254,2$	3,1	1,5168	64,20	1,536
6:	$-110,9$	67,8			
7:	$-\ 43,5$	2,2	1,5168	64,20	1,536
8:	∞				

Die Verminderung bzw. Beseitigung des sekundären Spektrums gelang bis vor wenigen Jahren am besten mit einer dreilinsigen Kombination, bei der die Zerstreuungslinse aus Kurzflint besteht und die in der Astronomie eine große Bedeutung unter dem Namen B-Objektiv gewonnen hat. Dieses geht auf A. KÖNIG zurück und ist als Nr. 9 in der Tab. 8 wiedergegeben. Da bei einer weitgehenden Korrektion des sekundären Spektrums man auf Gläser angewiesen ist, die eine noch geringere Differenz der Abbeschen Zahl aufweisen als das bei dem AS-Objektiv nach Nr. 5 der Fall war, sind beim B-Objektiv die Radien noch krummer. Infolgedessen ist bei der wiedergegebenen Form praktisch nur ein Öffnungsverhältnis von 1 : 15 erzielbar. Objektive dieser Art sind im übrigen sehr empfindlich gegenüber Dezentrierungen der einzelnen Flächen. Von R. CONRADI und H. KÖHLER wurde in den letzten Jahren ein neuartiger Fernrohr-Objektivtyp mit vermindertem sekundären Spektrum entwickelt (vgl. S. 61), von dem einige Ausführungsbeispiele als Nr. 10, 11 und 12 wiedergegeben sind. Die Darstellung der dazugehörigen Korrektionszustände der Achsbündel, die gleichzeitig einen Vergleich mit dem klassischen B-Objektiv gewährleisten, sind in Abb. 71 enthalten. Das wesentliche Kennzeichen dieser neuen Objektive mit vermindertem sekundären Spektrum besteht darin, daß sowohl eine Zerstreuungslinse als auch eine Sammellinse aus sehr hochbrechenden Gläsern, sog. Schwerflinten, besteht. Es hatte sich nämlich gezeigt, daß diese Schwerflinte ebenfalls einen geeigneten anomalen Verlauf der Dispersionskurve zeigten. Allerdings sind die Abweichungen von der Liniarität im sog. $v - \vartheta$-Diagramm gerade entgegengesetzt als bei den Kurzflinten. Daher ist es erforderlich, daß eine Sammellinse aus Schwerflint gefertigt wird. Für kleinere Durchmesser bis etwa 60 mm lassen sich die einzelnen Linsen miteinander verkitten, wie z. B. im System Nr. 10. Für größere Durchmesser, an denen die Astronomie interessiert ist und bei denen keine übertrieben großen Öffnungsverhältnisse verlangt werden, läßt sich die Verkittung ohne weiteres aufgeben, wie z. B. beim System Nr. 12. Um eine Verkürzung der Baulänge zu ermöglichen, kann man auch eine Kittfläche trennen und einen größeren Luftabstand einführen, wie z. B. beim System Nr. 11. Auch für die besprochenen Fernrohrobjekte mit vermindertem sekundären Spektrum gilt für die astigmatische Korrektion dasselbe, was für die gewöhnlichen Achromate gesagt wurde. Werden an die Abbildungsgüte außeraxialer Objekte höhere Anforderungen gestellt als sie mit den bisher beschriebenen Objektiven Nr. 1—12 realisiert werden können, dann werden Objektive erforderlich, die eine bessere astigmatische Korrektion ermöglichen. Solche Objektive sind in der Tab. 8 von Nr. 13 an bis zum Schluß der Tabelle aufgeführt. Die einfachsten und für Fernrohrzwecke viel verwendeten Objektive dieser Art sind die von A. KÖNIG eingeführten „Hemiplanare", von denen drei spezielle Ausführungsformen als Nr. 13, 14 und 15 wiedergegeben sind. Die Verbesserung der astigmatischen Korrektion wird dabei durch einen dicken durchgebogenen Meniskus bewirkt, dadurch gewinnt man eine bessere Petzvalsumme. Befindet sich der Meniskus vor dem Kittglied (Nr. 13 und 14), dann erhält man eine relativ große Schnittweite oder, anders ausgedrückt, die Gesamtbaulänge des Objektivs, gerechnet vom vorderen Linsenscheitel bis zum Brennpunkt ist größer als die Brennweite. Wenn der Meniskus hinter dem Kittglied steht (Nr. 15), so hat man demgegenüber eine Verkürzung der Schnittweite und damit eine Verkürzung der gesamten Baulänge. Wie die Darstellungen der astigmatischen Korrektion in Abb. 120 zeigen, kann man diese Objektive, wenn keine allzu hohen Forderungen an die Randschärfe gestellt werden, bis zu Bildwinkeln von etwa 10° verwenden. Ist der Meniskus nur als einfache unverkittete Linse ausgeführt, wie z. B. in Nr. 13 und 15, dann muß mit einem erheblichen Zonenfehler gerechnet werden, der im Falle von Nr. 13 das Öffnungsverhältnis auf 1 : 4 und im Falle von Nr. 15 auf 1 : 5 beschränkt (vgl. die Darstellung der axialen Korrektion in Abb. 119). Dieser Übelstand läßt sich vermeiden, wenn der Meniskus, wie in Nr. 14 gezeigt ist, verkittet ausgeführt wird. Die Anwendung von Öffnungsverhältnissen bis 1 : 2,8 ist dann noch möglich. Wie Abb. 120 zeigt, bewirkt der verkittete Meniskus auch noch eine weitere Verbesserung der astigmatischen Korrektion. Das in Nr. 16 gezeigte Tele-Objektiv wird vor allem dort angewendet, wo man von der kurzen Baulänge Gebrauch machen muß. Eines seiner Hauptanwendungsgebiete sind die Fernrohre für geodätische Instrumente. Dabei wird durch eine Verschiebung des negativen Hintergliedes gleichzeitig die Fokussierung auf endliche Ziele bewirkt. Wie man der Korrektionsdarstellung in Abb. 120 entnimmt, ist für das wiedergegebene Beispiel anastigmatische Bildfeldebnung bis zu Bildwinkeln von 7° gewährleistet, erst darüber hinaus tritt ein merklicher astigmatischer Fehler auf. Die erzielbaren Öffnungsverhältnisse für Tele-Objektive der Bauart Nr. 16 liegen allerdings nicht über 1 : 5,6. Bezüglich der axialen Korrektion ist das sekundäre Spektrum und der Gauß-Fehler dieser herkömmlichen Tele-Objektive recht beträchtlich, wie die Abb. 119 zeigt. Bei den eben erwähnten Fernrohren für geodätische Instrumente macht sich die mangelhafte chromatische Korrektion sehr unangenehm bemerkbar. Das läßt sich vermeiden, wenn das Vorderglied als Schwerflint-Apochromat ausgeführt wird, ähnlich wie er unter den Nummern 10, 11 und 12 behandelt wurde. Bei dieser Kombination ist eine Umkehrung der Reihenfolge der einzelnen Linsen des Vordergliedes angebracht. Damit erzielt man eine noch weitere Verkürzung, weil die zerstreuende Kittfläche des Vordergliedes dem Vorderglied selbst schon die Wirkung eines Tele-Objektivs gibt. Diese von H. KNUTTI berechnete Form des Schwerflint-Apochromaten erweist sich hinsichtlich des Bildfehlerkorrektion gerade bei der Verwendung als Vorderglied eines Teleobjektivs als vorteilhaft. Ein Beispiel dafür ist in Nr. 17 wiedergegeben, die Darstellung des axialen Korrektionszustandes in Abb. 119 zeigt die damit gewonnene Verbesserung. Im Fernrohrbau treten gelegentlich Konstruktionsaufgaben auf, bei denen es erwünscht ist, eine möglichst große Baulänge für das System zu erzielen. Man wendet dann ein umgekehrtes Tele-Objektiv an wie es als Nr. 18 in Tab. 8 wiedergegeben ist. Für das Ausführungsbeispiel ist, wie Abb. 120 zeigt, die astigmatische Korrektion nicht so gut wie die des Tele-Objektives Nr. 16, aber immerhin noch wesentlich besser als die der dünnen Fernrohr-Objektive. Für die axiale Korrektion gilt dasselbe, was bei dem gewöhnlichen Tele-Objektiv gesagt wurde.

Das größte Öffnungsverhältnis bei den Fernrohr-Objektiven im engeren Sinne, die für ein größeres Bildfeld korrigierbar sind, wird mit der in Nr. 19 wiedergegebenen Kombination von zwei Kittgliedern mit einem größeren Luftabstand erreicht. Diese Kombination wird vielfach als „Fernrohraplanat" bezeichnet. Die astigmatische Korrektion entspricht für 10° etwa der des Hemiplanars Nr. 13, die axiale Korrektion ist bis zu Öffnungsverhältnissen von 1 : 2 praktisch frei von Gauß-Fehler und Zonenfehler. Besonders gut läßt sich bei diesem Objektivtyp auch die Koma korrigieren. Werden noch höhere Anforderungen an die Bildfeldkorrektion gestellt, als sie mit den bisher behandelten Fernrohr-Objektiven im engeren Sinne erreicht werden können, dann ist eine Verwendung derjenigen Objektivtypen erforderlich, die ursprünglich für photographische Zwecke entwickelt worden sind. Einige wichtige Vertreter dieser Gattung sind als Nr. 20—25 in der Tab. 8 wiedergegeben. Wenn man von dem speziellen Anwendungszweck der Astro-Photographie absieht, für die vorwiegend Objektive vom Typ des Sonnefeldschen Astro-Vierlinsers Nr. 21 in Frage kommen, sind die Aufgaben in der Fernrohr-Technik, bei denen unbedingt photographische Objektive verwendet werden müssen, nicht allzu häufig.

Der zuletzt erwähnte „Fernrohraplanat" gehört an sich schon zu den photographischen Objektiven. Er geht bezüglich seines Grundaufbaues auf das Petzvalsche Porträt-Objektiv zurück. Ausgangspunkt für eine größere Anzahl von Photo-Objektiven ist das klassische Triplet, Nr. 20. Es besteht aus drei Einzellinsen, die beiden äußeren sind sammelnd, die mittlere zerstreuend. Die beiden Luftabstände sind nicht mehr klein gegenüber der Brennweite, die Blende befindet sich in der Nähe der zerstreuenden Mittellinse. Erzielbar sind Öffnungsverhältnisse bis 1 : 3, Bildwinkel bis zu 25°, wenn man einen gewissen Schärfenabfall nach dem Rande zu mit in Kauf nimmt (vgl. die Korrektionsdarstellung

in Abb. 119 und 120). Für astronomische Anwendungen hat die von
A. SONNEFELD angegebene Abwandlung des klassischen Triplets jahr-
zehntelange große Bedeutung gehabt. Es ist der in Nr. 21 wiedergegebene Vierlinser. Bei den für astrographische Zwecke interessanten
Brennweiten von mehr als einem Meter, läßt sich ein Öffnungsverhältnis
von 1 : 5,6 erreichen. Bei den hohen Anforderungen an die außeraxiale
Abbildungsgüte wird man diesen Objektivtyp allerdings nicht für einen
größeren Bildwinkel als 5° anwenden. (Bezüglich der erhöhten Anforderungen an astronomische Systeme vergleiche unten.) Zu bemerken
ist noch, daß an der letzten Fläche des Astro-Vierlinsers eine lokale
Retusche angebracht wird, um die außeraxialen Unschärfefehler zu
verbessern und eine gleichmäßige Abbildungsgüte über das gesamte
Bildfeld zu erzielen. Die Korrektionsdarstellungen sind in Abb. 119
und 120 enthalten. Eine der bekanntesten Weiterentwicklungen des
klassischen Triplets, das seine Hauptbedeutung wohl für die Photographie besitzt, jedoch aber auch als Astrographen-Objektiv benutzt
wird, ist das von R. RUDOLPH errechnete *Tessar*. Eine moderne Abwandlung ist in Nr. 22 wiedergegeben, Abb. 119 und 120 enthalten Korrektionsdarstellungen. Dort ist ein für photographische Objektive typischer
Korrektionsverlauf dargestellt. Ein Vergleich mit der Korrektion der
Fernrohr-Objektive im engeren Sinne zeigt, daß die axiale Korrektion
der Objektive für photographische Anwendungen bei gleich großem
Öffnungsverhältnis schlechter ist als die der Fernrohr-Objektive; dafür
läßt sich mit den eigentlichen photographischen Objektiven in einem
wesentlich größeren Bildfeld eine ausreichende Korrektion der sagittalen
und tangentialen Abweichung, sowie der hier nicht wiedergegebenen
Koma erzielen. Bei den photographischen Objektiven wird also eine
möglichst gleichmäßige Schärfe über ein möglichst großes Bildfeld
angestrebt. Der heute bei den modernen photographischen Objektiven
erzielte Korrektionszustand, wie er für das Beispiel Nr. 22 und ebenso
für das Beispiel Nr. 24 wiedergegeben ist, reicht im Hinblick auf das
begrenzte Auflösungsvermögen der photographischen Emulsionen bei
weitem aus. Bei der Anwendung photographischer Objektive für Fernrohre hat man indes zu bedenken, daß das vom Objektiv entworfene
Bild mit Hilfe des Okulars mit einer recht beträchtlichen Nachver-
größerung betrachtet wird. Wenn, wie wir in § 9 und 10 gesehen haben,
das Auflösungsvermögen des Auges zwar auch begrenzt ist, so kann indes
die durch das Okular bedingte Vergrößerung bewirken, daß der axiale
Korrektionszustand der üblichen photographischen Objektive für
Fernrohrzwecke nicht in allen Fällen ausreicht. Diese Feststellung gilt
mehr oder weniger für alle photographischen Objektive, eine Ausnahme
bildet das als Nr. 25 wiedergegebene *Sonnar* 1 : 4, das beieiner Brennweite von 105 mm im axialen Korrektionszustand praktisch dem der

Fernrohr-Objektive entspricht. Als weiterer Vertreter der photographischen Objektive ist in Nr. 23 das *Planar* von ZEISS wiedergegeben, man bezeichnet diesen Typ aus zwei nahezu symmetrischen Hälften, die symmetrisch zu einer Blende angeordnet sind, als „Gauß-Objektive". Die Bezeichnung rührt daher, daß die Einzelhälfte auf einen von GAUSS für Fernrohre angegebenen Objektivtyp zurückgeht, bei dem die sphärische Abweichung, die chromatische Abweichung und die chromatische Differenz der sphärischen Abweichung, also der Gauß-Fehler korrigiert sind. Aplanasie wird durch die Zusammenfügung der beiden nahezu symmetrischen Hälften erreicht. Nr. 24, wofür die Korrektionsdarstellung in Abb. 119 und 120 wiedergegeben ist, und Nr. 25 sind spezielle Ausführungsformen des von H. BERTELE errechneten *Sonnars*. Mit dem Sonnartyp werden für photographische Zwecke sehr große Öffnungsverhältnisse erreicht.

Wenn in dem Vorangehenden Ausführungen über erreichbare Öffnungsverhältnisse und Bildwinkel gemacht wurden, war stillschweigend an eine Ausführung der Systeme für „mittlere Brennweiten", d. h. Brennweiten von 50—100 mm gedacht. Man kann natürlich ein einmal errechnetes optisches System in jedem beliebigen Maßstab ausführen. Alle Bestimmungsstücke, selbstverständlich auch die Brennweite, ändern sich ja linear. Man hat dabei jedoch zu berücksichtigen, daß sich dann auch die Restaberrationen linear ändern. Leider ändern sich die Schärfekriterien — sei es das Auflösungsvermögen des Empfangssystems (Auge bzw. photographische Platte) oder die durch die Beugungstheorie gegebenen Schärfekriterien (vgl. § 7) — nicht mit. Infolgedessen kann ein System, dessen Restaberrationen bei 100 mm noch weit unterhalb der zulässigen Schärfekriterien liegen, bei einer Brennweite von 1000 mm unbrauchbar sein. Das hat zur Folge, daß Systeme für astronomische Anwendungen, die ja durch sehr große Brennweiten gekennzeichnet sind, nicht für die gleichen Öffnungsverhältnisse und die gleichen Bildwinkel brauchbar sind, wie die gleichen Systeme bei einer kürzeren Brennweite. Deswegen ist das Öffnungsverhältnis der spezifisch astronomischen Objektive Nr. 3b, 5, 9, 12 und der Bildwinkel des Astrographenobjektivs Nr. 21 kleiner angegeben als bei ähnlichen Systemen, die in der allgemeinen Fernrohrtechnik mit kleineren Brennweiten verwendet werden.

Auf ein spezielles Objektiv für astrophotographische Anwendungen sei zum Schluß noch hingewiesen, es ist der symmetrische Chromat, der von H. KÖHLER zusammen mit G. PRADL entwickelt wurde und als Nr. 26 aufgeführt ist. Bei diesem System ist keine Achromasie im üblichen Sinne angestrebt worden; d. h. bei diesem Objektiv sind nicht die Brennpunktörter für zwei Wellenlängen zusammengelegt worden. Vielmehr ist eine monoton von der Wellenlänge abhängige Fokusdifferenz angestrebt worden. Der Gradient der Fokalkurve beträgt bei einer Brennweite von 1000 mm 7.8 mm pro 1000 Å. Das System besteht zunächst aus zwei Sammellinsen mit den Flächen 1/2 und 5/6, dazwischen befindet sich die Blende und in der Blendenebene eine dünne deformierte Platte, die die Aufgabe hat, die sphärische Abweichung des Systems zu beheben. Damit die Petzvalsumme des Systems Null wird, d. h. damit anastigmatische Bildfeldebnung erzielt wird, ist in der Bildebene eine Negativlinse angebracht. Einzelheiten entnehme man den Korrektionsdarstellungen der Abb. 120.

§ 16. Die Spiegelobjektive

a) Die klassischen Spiegelsysteme. Ein entscheidender Bildfehler der Linsenobjektive ist der Farbfehler. Wie wir gesehen haben, läßt er

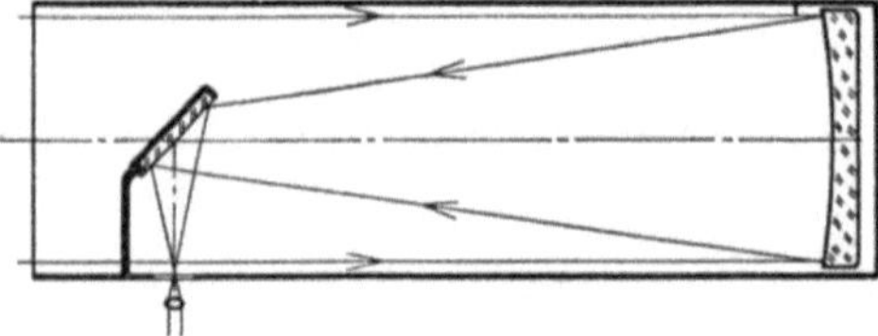

sich durch Kombinationen von Linsen mit verschiedenen Brecheigenschaften weitgehend kompensieren. Er hat seine Ursache darin, daß die Dispersion der Gläser, wie bei allen durchsichtigen Substanzen, von der Wellen-

Abb. 121. Das Spiegelfernrohr nach NEWTON (1672)

länge des Lichtes abhängt. Es lag daher nahe, Systeme als Objektive zu benutzen, bei denen die Brechkraft nicht durch brechende, son-

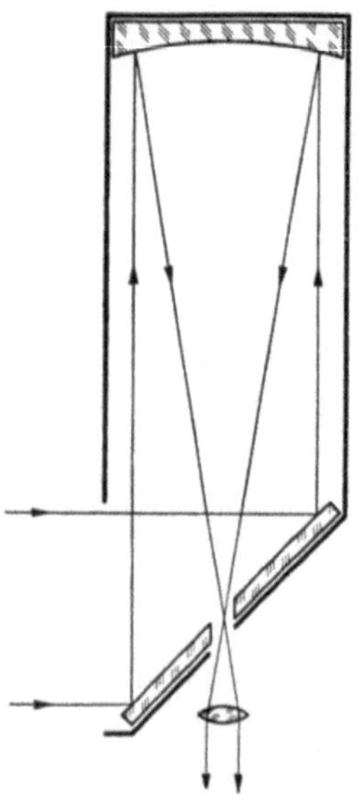

Abb. 122. Das Spiegelfernrohr nach MARTIN (1740)

dern reflektierende Flächen gebildet werden. Solche Systeme sind als Fernrohr-Objektive seit dem 17. Jahrhundert bekannt. Sie haben bis in das vergangene Jahrhundert hinein eine überragende Rolle gespielt; solange nämlich, bis es gelang, Linsenobjektive mit der heute bekannten Vollkommenheit herzustellen. Das einfachste Spiegelobjektiv ist der einfache Kugelspiegel. Soll er in einem Fernrohr, also für visuelle Beobachtung, Verwendung finden, dann hat man dafür zu sorgen, daß der in das einfallende Strahlenbündel hineinreflektierte Brennpunkt zugänglich gemacht wird. Das kann in verschiedener Weise erfolgen, die bekanntesten Anordnungen hierzu zeigen die Abb. 121—123. Bei den Anordnungen nach NEWTON (Abb. 121) und MARTIN (Abb. 122) muß man in Kauf nehmen, daß durch den Umlenkspiegel bzw. durch die Bohrung im Umlenkspiegel, ein Teil des Mittenbündels ausgeblendet wird, also für die Abbildung verloren geht. Es treten dann die auf S. 75 und Abb. 87 beschriebenen Verhältnisse ein. Die Nebenmaxima der Beugungsfigur sind größer als bei der ungestörten Abbildung und man muß mit einer schlechteren Kontrastwiedergabe rechnen. Wie auf S. 75 ausgeführt, muß bei den Spiegelanordnungen nach NEWTON und MARTIN

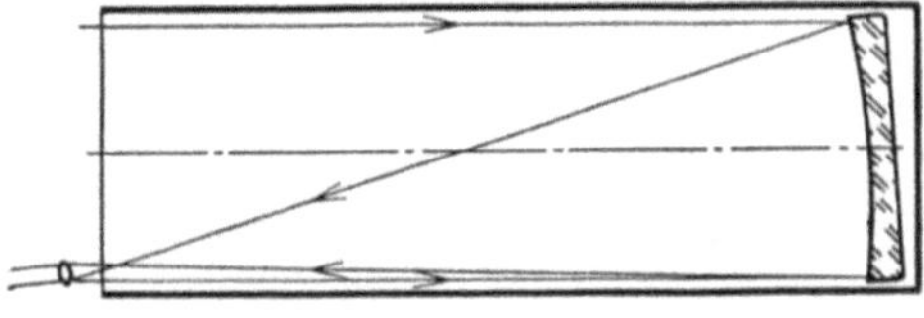

Abb. 123. Das Spiegelfernrohr nach HERSCHEL (1789)

dafür gesorgt werden, daß die Abschattung der Mitte nicht mehr als 30% vom Durchmesser der Eintrittspupille beträgt. Bei der Anordnung nach HERSCHEL (Abb. 123) ist zwar die Mittenabschattung vermieden, indes muß durch die Schrägstellung des Spiegels ein Astigmatismus bereits für das Mittenbündel mit in Kauf genommen werden.

Die reflektierende Kugelfläche ist ebenso wie die brechende Kugelfläche nicht frei von Abbildungsfehlern. Da der einfache Kugelspiegel keine Möglichkeiten zur Kompensation dieser Bildfehler besitzt, erzielt man damit hinreichende

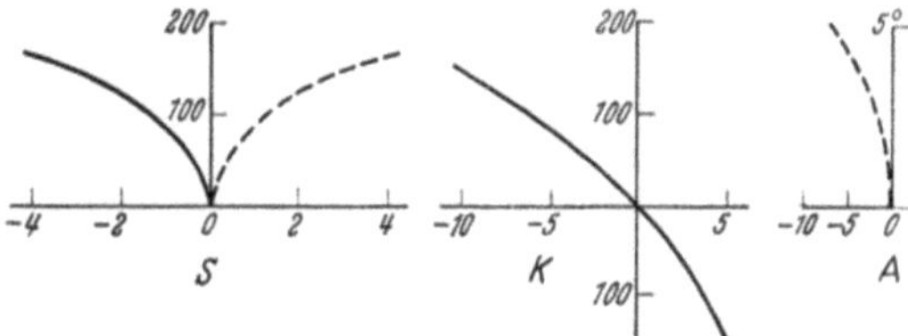

Abb. 124. Ergebnisse der trigonometrischen Durchrechnung des gewöhnlichen Kugelspiegels für $Ö = 1:4$, $w = 4°$, bezogen auf $f' = 1000$. S sphärische Abweichung; K Koma; A Astigmatismus

Abbildungsgüte nur dann, wenn man Öffnungsverhältnis und gegebenenfalls auch den Bildwinkel so klein wählt, daß die geometrisch gegebenen Aberrationen unterhalb der beugungstheoretischen Schärfekriterien bleiben. Bezogen auf eine Brennweite von 1000 Längeneinheiten, ein Öffnungsverhältnis von 1 : 3 und einen Bildwinkel von $\pm 4°$ sind in Abb. 124 die trigonometrisch ermittelten Aberrationen des Kugelspiegels wiedergegeben. Aus der Bildfehlertheorie dritter Ordnung ergeben sich für die sphärische Längsabweichung, die Längsabweichung der Komastrahlen und für die meridionale Längsabweichung die folgenden Ausdrücke:

$$(\varDelta s')_{sph} = - \frac{1}{32} f' \frac{1}{k^2}, \tag{16.1}$$

$$(\varDelta s')_{Koma} = - \frac{3}{8} f' \cdot \frac{1}{k} \cdot \operatorname{tg} w, \tag{16.2}$$

$$(\varDelta s')_{mer} = - f' \operatorname{tg}^2 w. \tag{16.3}$$

Hierin bedeutet k wie früher die Öffnungszahl $\left(Ö = \frac{1}{k} \right)$. Bei den Gl. (16.1) bis (16.3) war ebenso wie in Abb. 124 vorausgesetzt, daß sich die Blende im Spiegel befindet. Die sagittale Abweichung ist im übrigen unter dieser Voraussetzung gleich Null. Wenn die Bildfehler nach Gl. (16.1) bis (16.3) so klein bleiben sollen, daß das Maximum der Beugungsfigur, wie auf S. 75 beschrieben, größer als 80% bleiben soll (Definitionshelligkeit > 80%), dann ergeben sich nach einer hier im einzelnen nicht wiedergegebenen Rechnung bei gegebenem Spiegeldurchmesser Bedingungen für eine zulässige unter Grenze der Brennweite. Bezüglich der sphärischen Abweichung ergibt sich so:

$$f_{sph}'^3 > \frac{D^4}{512\,\lambda} \tag{16.4a}$$

bzw. mit $\lambda = 550\ \mathrm{m}\mu$:

$$f_{sph}'^3 > 3{,}55\,D^4\,. \tag{16.4b}$$

Entsprechend erhält man, wenn man nur die Komaabweichung berücksichtigt:

$$f_{Koma}'^2 > \frac{D^3}{19{,}8\,\lambda}\,\mathrm{tg}\,w \tag{16.5a}$$

und mit $\lambda = 550\ \mathrm{m}\mu$:

$$f_{Koma}'^2 > 92\,D^3\,\mathrm{tg}\,w\,. \tag{16.5b}$$

Schließlich erhält man, wenn der Astigmatismus unter der durch die Beugungstheorie gebenenen Grenze liegen soll:

$$f_{ast}' > \frac{D^2}{2{,}83\,\lambda}\,\mathrm{tg}^2\,w \tag{16.6a}$$

und mit $\lambda = 550\ \mathrm{m}\mu$:

$$f_{ast}' > 640\,D^2\,\mathrm{tg}^2\,w\,. \tag{16.6b}$$

Von den soeben geschilderten Bildfehlern läßt sich bei einem einfachen Spiegel lediglich die sphärische Abweichung beseitigen, und zwar dadurch, daß man von der Kugelgestalt abgeht und die reflektierende Fläche zur Parabel macht. Das ist zwar mit einem erheblich größeren Fertigungsaufwand verbunden, wird aber heute technisch bis zu Spiegeldurchmessern von 5 m beherrscht. Für einen Parabolspiegel entfällt die einschränkende Bedingung nach Gl. (16.4), er ist praktisch für beliebig große Öffnungsverhältnisse herstellbar. Nicht korrigierbar sind indes bei einem einfachen Spiegel die Koma und die meridionale Abweichung. Das hat zur Folge, daß bei astronomischen Anwendungen mit einem einfachen Spiegel nur ein kleines Sehfeld von wenigen Minuten Winkelausdehnung hinreichend scharf abgebildet wird. Solange man in der Astronomie noch überwiegend visuell arbeitete, konnte diese Erscheinung notfalls noch in Kauf genommen werden, da man ja bei visueller Beobachtung immer die Möglichkeit hat, das Objekt in die Bildmitte zu bringen. Die Nachteile des einfachen Spiegels machten sich jedoch um so mehr bemerkbar, je mehr man in der astronomischen

Beobachtungstechnik zur Astrophotographie überging. Der einfache Spiegel wurde immer mehr durch die aplanatischen Spiegelsysteme (vgl. unten) verdrängt. In modernen Instrumenten wird er heute nur noch bei extrem großen Spiegeldurchmessern verwendet, die sich nicht mehr als aplantische Spiegelsysteme ausbilden lassen. Man muß dann das geringe ausnutzbare Sehfeld mit in Kauf nehmen. Für den

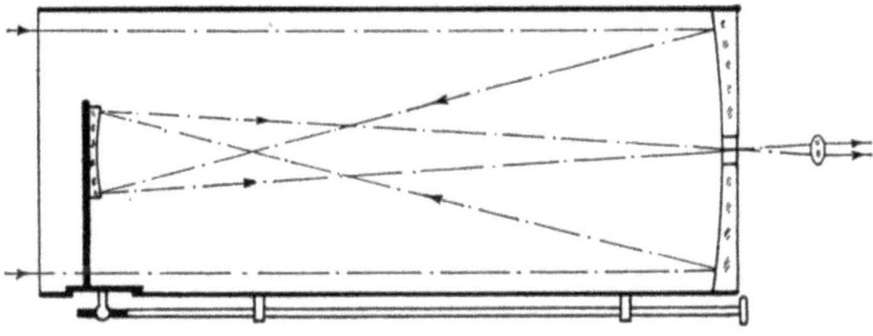

Abb. 125. Das Spiegelfernrohr von GREGORY (1661)

größten bisher ausgeführten Parabolspiegel des Observatoriums auf dem Mount Palomar in den USA werden nun noch die wichtigsten Daten angeführt: Der Durchmesser beträgt 5 m, die Brennweite 16,7 m ($\ddot{O} = 1 : 3{,}3$). Das beugungs-theoretische Auflösungsvermögen nach Gl. (7.7) ergibt sich zu 0,03″. Die gemessene Zerstreuungsfigur eines

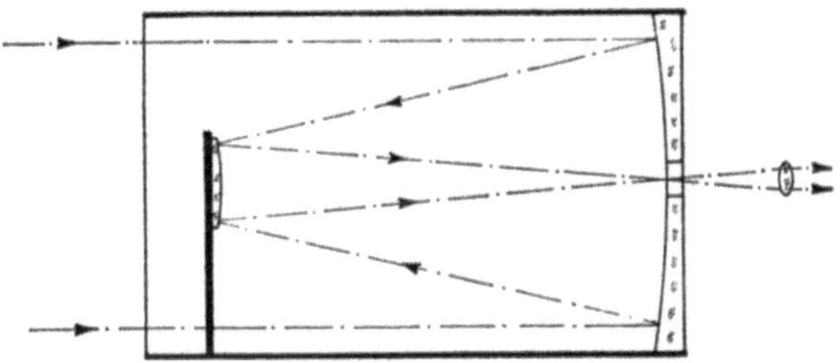

Abb. 126. Das Spiegelfernrohr von CASSEGRAIN (1672)

punktförmigen Objektes hat einen Durchmesser von etwa 20 μ, das ergibt bei der Brennweite von 16,7 m einen Winkeldurchmesser von 0,35″. Außerhalb eines Sehfeldes von etwa ±12,3″, d. h. außerhalb eines Bilddurchmessers von etwa 2 mm fällt bereits die Bilddefinition ab.

Schon im 17. Jahrhundert sind Systeme aus zwei Spiegeln bekannt gewesen, nämlich das von GREGORY (Abb. 125) und das von CASSEGRAIN (Abb. 126). Bei den beiden wiedergegebenen Systemen, die der Urform entsprechen, wird das Strahlenbündel durch eine Bohrung im Hauptspiegel herausgeführt. Das bedeutet eine erhebliche Erschwerung für die Fertigung, da beim Durchbohren des Spiegels häufig innere Spannungen frei werden. Man hat deshalb auch bei diesen Zweispiegelsystemen das Strahlenbündel ähnlich wie beim Newton-Spiegel seitlich herausgeführt, so z. B. bei der Anordnung von Nasmyth (Abb. 127). Das System von Gregory unterscheidet sich von dem von Cassegrain dadurch, daß der Fangspiegel über den Brennpunkt des Hauptspiegels hinausgerückt und als Hohlspiegel ausgebildet ist, während er beim System von Cassegrain erhaben ist. Das Fernrohr von Cassegrain hat infolgedessen als wesentlichen Vorteil eine wesentlich kürzere Baulänge als der einfache Spiegel, ein Vorteil, der größtenteils beim Gregory-System verlorengeht. Bei dem letztgenannten wirkt der Fangspiegel, der ja positive Brechkraft hat, wie ein Umkehrsystem eines Erdfernrohres.

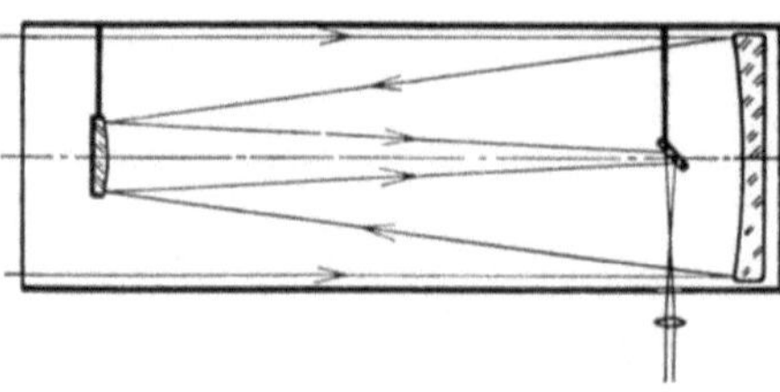

Abb. 127. Das Spiegelfernrohr von Nasmyth (1851)

Das Fernrohr von Cassegrain gibt ein umgekehrtes, das von Gregory ein aufrechtes Bild. Was die Bildfehler dieser klassischen Zweispiegelsysteme anbetrifft, so sind sie, wenn die Spiegel als Kugelspiegel ausgeführt werden, noch größer als beim einfachen Kugelspiegel; denn der Fangspiegel hat ja vergrößernde Wirkung und vergrößert somit auch die Bildfehler. Ähnlich wie beim einfachen Spiegel, kann man auch bei den Zweispiegelsystemen die sphärische Abweichung dadurch beheben, daß man den Spiegeln von der Kugelgestalt abweichende Form gibt. In beiden Fällen, sowohl in dem das Gregory-Systems als auch in dem des Cassegrain-Systems, hat man den Hauptspiegel parabolisch auszuführen. Dadurch wird im Brennpunkt des Hauptspiegels die sphärische Abweichung behoben. Dem Fangspiegel hat man dann eine solche Gestalt zu geben, daß er den bezüglich der sphärischen Abweichung aberrationsfreien primären Brennpunkt in den endgültigen Brennpunkt abbildet. Beim Gregory-System hat man den Fangspiegel elliptisch, beim Cassegrain-System hyperbolisch auszuführen. Die Berechnung der resultierenden Brennweite der Zweispiegelsysteme erfolgt nach den Lehren des § 2. Wie bereits bemerkt, gelingt durch die Ausführung der Spiegel als rotationssymmetrische Paraboloide, Ellipsoide oder Hyperboloide, lediglich die Korrektion der sphärischen Abweichung. Koma und astigmatische Bildfehler sind in der Regel noch größer als die des einfachen Kugelspiegels. Infolgedessen gilt für die Anwendung das gleiche, was über den einfachen Spiegel gesagt wurde. Demzufolge wird das klassische Gregory-System heute kaum noch angewendet, das klassische Cassegrain-System hat noch in den Fällen Bedeutung, wo man bei gegebener Baulänge (wie sie z. B. durch den verfügbaren Durchmesser der Kuppel eines Observatoriums gegeben sein mag) eine möglichst große Brennweite erzielen will. Bei modernen Systemen geht man dabei soweit, daß die Brennweite des Hauptspiegels von 4 m z. B. weit über 50 m verlängert wird. Man hat dann die Möglichkeit, den abgeknickten Strahlengang durch eine Achse der Montierung hindurchzuführen, so daß man an einem festen Punkt Spektrographen und ähnliche Apparaturen anschließen kann. Da man das erste Instrument dieser Art im vorigen Jahrhundert équatorial coudé nannte, wird heute ein Cassegrain-System, mit stark verlängerter Brennweite und räumlich festem Fokus auch Coudé-System genannt.

b) Die klassischen Spiegellinsen-Fernrohre. Die bisher beschriebenen Spiegelsysteme setzen Oberflächenspiegel voraus. Die Herstellung solcher Spiegel ist heute kein ernstes technisches Problem mehr, da man ja im Vakuum auch für Spiegel mit mehreren Metern Durchmesser

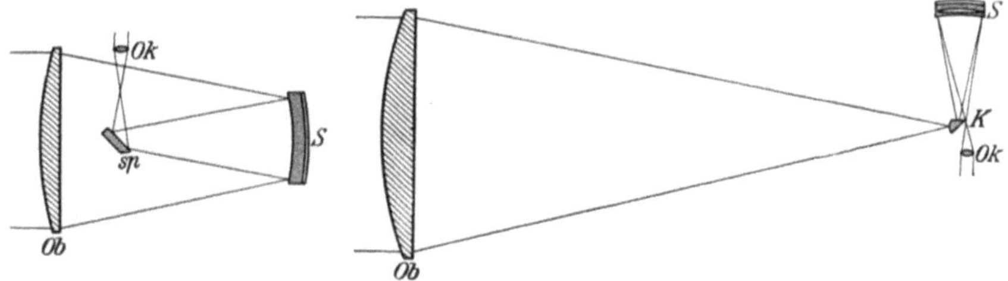

<table>
<tr><td>Abb. 128. Das Brachymedial₁.
von HAMILTON (1814)</td><td>Abb. 129. Das Medial von SCHUPMANN (1899)</td></tr>
</table>

reflektierende Schichten, vorwiegend aus Aluminium, aufdampfen kann. Bevor man die Aufdampfverfahren beherrschte, war man auf das von LIEBIG eingeführte Verfahren der chemischen Versilberung angewiesen, das wohl STEINHEIL 1856 erstmals anwendete. Zuvor hatte man mit ungenügendem Erfolg versucht, Spiegel aus Metall herzustellen. Um alle Schwierigkeiten, die vor Bekanntwerden des Aufdampfverfahrens bestanden, zu überwinden, lag es nahe, rückflächenversilberte Glasspiegel zu verwenden. Für eine einzelne derartige Spiegellinse ist die Aufgabe praktisch nicht zu lösen; denn wählt man die Radien der Spiegellinse so, daß das Hauptbild und die durch mehrmalige Reflexion entstandenen Nebenbilder dieselbe Achsschnittweite haben, so entsteht ein Farbvergrößerungsfehler und außerdem ist es technisch fast unmöglich, Hinter- und Vorderfläche einer solchen Linse mit der genügenden Genauigkeit zu zentrieren. Spiegellinsensysteme haben daher nur als mehrgliedrige Systeme praktische Bedeutung erlangt. Von den „klassischen" Systemen seien als wichtigste Vertreter das Brachymedial von HAMILTON (Abb. 128) und das Medial von SCHUPMANN (Abb. 129) angeführt. Beide Systeme gestatten in einem gewissen Umfang auch eine Beeinflussung der außeraxialen Bildfehler. Wesentlich ist ferner, daß bei den gegebenen Anordnungen die chromatische Längsabweichung nicht nur für die zwei primären Farben behoben werden kann, sondern daß sich auch das sekundäre Spektrum beseitigen läßt. Die Mediale stehen also trotz Verwendung von brechenden Flächen in der Farbreinheit den reinen Spiegelfernrohren nur wenig nach. Die Beseitigung des sekundären Spektrums gelingt hier noch mit gewöhnlichen Gläsern. Über diese Möglichkeit, das sekundäre Spektrum zu beseitigen, ist in § 6 nicht berichtet worden. Man kann zeigen, daß auch mit gewöhnlichen Gläsern das sekundäre Spektrum verschwindet, wenn man bei Systemen, die Luftabstände enthalten, bestimmte Bedingungen einhält. Dann ist aber in jedem Falle das Bild virtuell. Davon wird hier Gebrauch gemacht. Durch die Anwendung der Spiegellinse wird das virtuelle Bild zu einem reellen gemacht.

c) Die aplanatischen Spiegelsysteme. Wie bereits bemerkt, waren die klassischen Spiegelfernrohre und die Spiegellinsen-Fernrohre für die Astronomie brauchbar, solange vorwiegend visuell beobachtet wurde. In dem Maße, wie die Astrophysik von der visuellen Beobachtung auf die Photographie überging, traten die Unzulänglichkeiten der klassischen Systeme wegen der schlechten außeraxialen Abbildungseigenschaften immer mehr hervor. Man ging daher immer mehr zu den im vorigen Paragraphen behandelten speziellen astrophotographischen Objektiven aus Linsen über. Gleichzeitig setzt aber etwa um die Jahrhundertwende eine Entwicklung ein, mit dem Ziel, Spiegelsysteme für ein ausgedehntes Feld zu schaffen; denn die ausgezeichnete spektrale Unabhängigkeit des Bildortes der Spiegelsysteme gewann immer mehr an Bedeutung, je größer der die Astrophysiker interessierende Spektralbereich wurde. Da der zunächst am schwersten zu beseitigende Bildfehler der reinen Spiegelsysteme die Koma war, ging es in erster Linie darum, Spiegelsysteme zu schaffen, die frei von Koma waren. Nach dem von ABBE eingeführten Sprachgebrauch, sind das die sog. „aplanatischen" Spiegelsysteme. Es sollte sich zeigen, daß die Beseitigung der astigmatischen Bildfehler die leichter zu bewältigende Aufgabe war. Da, wie erwähnt, die aplanatischen Spiegelsysteme vorwiegend für die Astrophotographie Bedeutung haben, braucht man bei ihrer Konstruktion nicht unbedingt darauf Rücksicht zu nehmen, daß der Brennpunkt von außen zugänglich ist, man hat ja die Möglichkeit, die Plattenkassette in das Rohrinnere einzuführen. Dabei wird ein Teil des Mittenbündels ausgeblendet und es gelten die gleichen Verhältnisse, die bereits bei den klassischen Spiegelsystemen erörtert wurden. In der folgenden Tab. 9 sind die wichtigsten aplanatischen Spiegelsysteme im Meridianschnitt aufgeführt und die Konstruktionsdaten sind wiedergegeben. Die Angaben beziehen sich auf eine Brennweite von 1000 Längeneinheiten.

Das älteste aplanatische Spiegelsystem zeigt Nr. 1. Es stammt von SCHWARZSCHILD und wurde im Jahre 1903 angegeben. Beide Spiegel sind deformiert, jedoch nicht so wie beim klassischen Gregory-System, wobei die sphärischen Mittenbündel für jeden Teilspiegel auskorrigiert sind; sondern vielmehr so, daß die sphärische Abweichung durch die Summe der Wirkungen beider deformierten Spiegel beseitigt wird. Bei einer bestimmten Spiegelstellung und einem bestimmten Betrag der Deformation lassen sich Koma und Astigmatismus korrigieren. (Bei diesem Spiegel ergibt sich jedoch, wie man der Skizze entnimmt, keine Bildaufrichtung wie beim klassischen Gregory-System.) Für den Cassegrainschen Spiegeltyp wurde eine ähnliche Lösung von RITCHEY und CHRETIEN angegeben. In neuerer Zeit stammen Angaben zu ähnlichen Typen von SLEVOGT sowie von THEISSING und ZINKE. Die Abbildungsgüte außerhalb der Achse ist bei diesen Systemen schon wesentlich besser als bei den klassischen Spiegeln. Bei einer Brennweite von 1000 mm und einem Öffnungsverhältnis von 1:3 kann man mit einem für astronomische Zwecke komafreiem Gesichtsfeld von etwa ±50' rechnen. Alle diese Systeme haben keine praktische Bedeutung erlangt, da das Gesichtsfeld für die Himmelsphotographie noch zu klein ist und die Zentrier- und Deformationsschwierigkeiten solcher Systeme in keinem Verhältnis zur erzielten Vergrößerung des Bildfeldes stehen. Bekanntgeworden sind nur wenige ausgeführte Systeme. Das Schwarzschild-System wurde zweimal gebaut, einmal für die Universität von Indiania mit einer Öffnung von 600 mm und einmal für die Brown-Universität in den Vereinigten Staaten von Amerika mit 300 mm-Öffnung. Das Ritchey-Chrétien-System wurde einmal für das Naval-Observatory in Washington gebaut.

Eine große Umwälzung auf dem Gebiet der Spiegelsysteme brachte 1932 die Erfindung des von BERNHARD SCHMIDT in Hamburg erfundenen und nach ihm benannten „Schmidt-Spiegels". Zwei wichtige Ausführungsformen sind in der Tab. 9 als Nr. 2 und 3 dargestellt. Das Hauptkennzeichen des Schmidt-Spiegels besteht darin, daß die Blende, die gleichzeitig Eintrittspupille des Systems darstellt, sich im Krümmungsmittelpunkt eines Kugelhohlspiegels befindet. Wegen der Kugelsymmetrie ist jeder Strahl, der durch die Mitte der Blende geht, eine Hauptachse des Kugelspiegels. Demzufolge besteht kein Unterschied in der Kaustik von Parallelstrahlenbündeln, die unter verschiedenen Winkeln durch die Blende einfallen. Nach den Ausführungen des § 6 bedeutet das aber, daß kein Asymmetriefehler, also keine Koma vorhanden ist. Die Bündel eines so beschriebenen Kugelspiegels mit Blende im Krümmungsmittelpunkt sind nur noch mit sphärischer Abweichung behaftet. Entsprechend der Erfindung von BERNHARD SCHMIDT wird diese sphärische Abweichung durch eine sog. Korrektionsplatte ver-

Tabelle 9. *Aplanatische Spiegelsysteme*

	r	d	n_d	v
Nr. 1. System von SCHWARZ- SCHILD	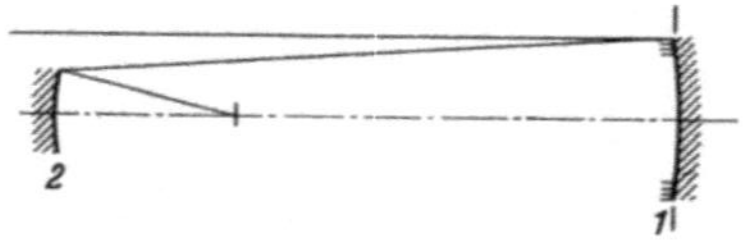 1: —5000 def. 2: —1667 def.	1250		
Nr. 2. Schmidt-Spiegel	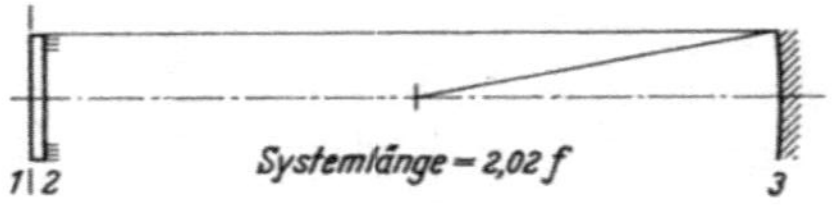 1: ∞ 2: —51738 def. 3: —1901	40 1961		
Nr. 3. Schmidt-Spiegel mit Ebnungslinse	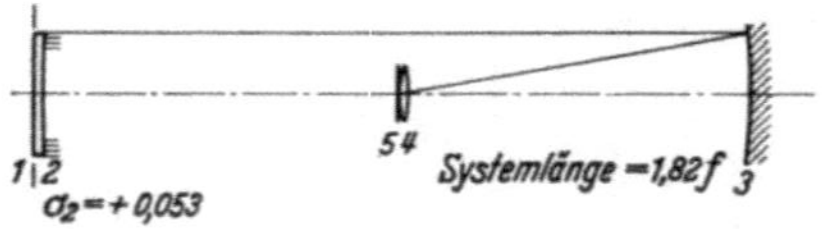 1: ∞ 2: ∞ def. 3: —2074 4: + 367 5: —10000	20 1917 1011 24		
Nr. 4. System nach WRIGHT und VÄISÄLÄ	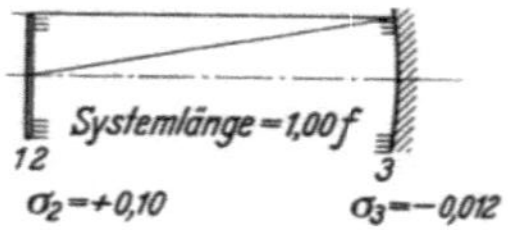 1: ∞ 2: ∞ def. 3: —2000	0 1000		

Nr. 5. System von BAKER mit deformiertem Hauptspiegel	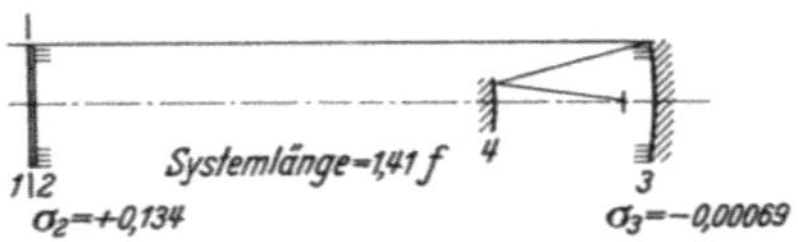 1: ∞	0		
	2: ∞ def.	1670		
	3: -1307 def.	427		
	4: $+1307$			
Nr. 6. Spiegel mit afokalem Linsensystem nach RICHTER und SLEVOGT	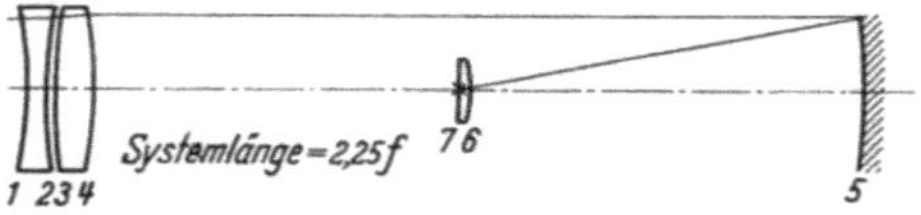 1: -1200	50	1,500	
	2: $+1645$	20		
	3: $+2198$	100	1,600	
	4: -1427	2000		
	5: -2152	1052		
	6: $+365$	23		
	7: ∞			
Nr. 7. System nach RICHTER und SLEVOGT von kurzer Baulänge	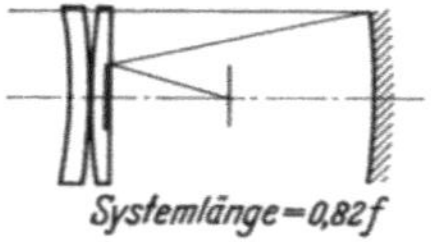 1: -885	50	1,5069	
	2: -1236	3,0		
	3: $+3505$	50	1,5069	
	4: ∞	714		
	5: -2035			
Nr. 8. System mit Negativlinse	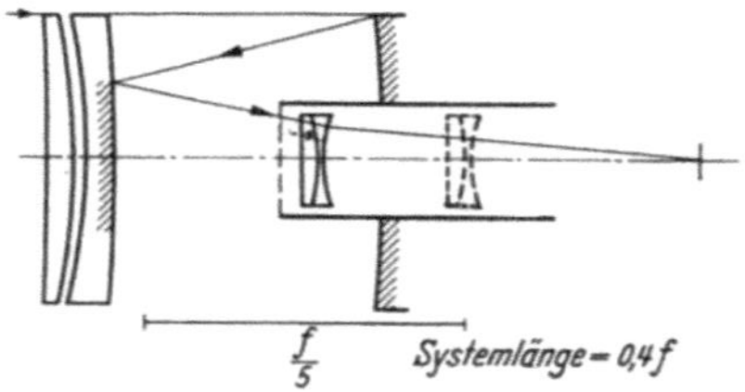 1: -2310	17,7	1,5168	64,20
	2: -558	7,05		
	3: -416	17,7	1,5168	64,20
	4: -990	166		
	5: -665	166		
	6: $+990$	132,5		
	7: $+1582$	8,8	1,6200	36,34
	8: $-121,2$	5,3	1,5168	64,20
	9: $+89,0$			

Tabelle 9 (Fortsetzung)

	r	d	n_d	ν
Nr. 9. Konzentrisches System erster Art	1: — 774 2: — 917 3: —2147	143 1231		
Nr. 10. Super-Schmidt-System	1: ∞ 2: ∞ def. 3: — 774 4: — 917 5: —2148	0 774 143 1231		
Nr. 11. System nach Wynne	1: + 1443 2: + 3522 3: + 3156 4: + 817 5: — 781 6: — 914 7: —2528	275 367 516 1447 264 1417	1,613 1,613 1,613	59,3 59,3 59,3

Nr. 12. Super-Schmidt-System, 1:0,67, $w = \pm 26°$, nach BAKER-WHIPPLE

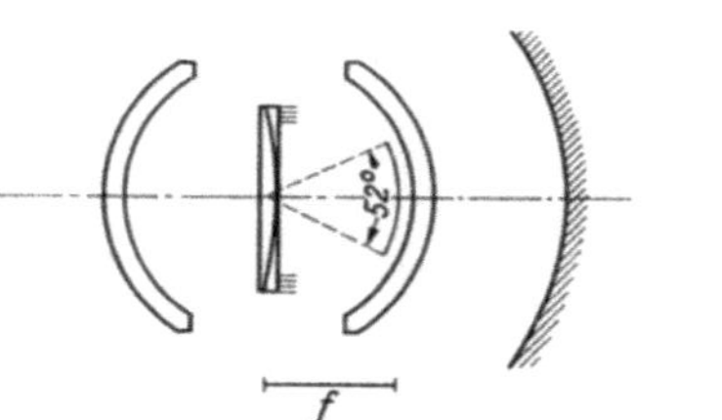

Systemlänge ≈ 3,7f

Nr. 13. Parabolspiegel mit Ross-Linse

Systemlänge ≈ f

1: —2000 def.	750	
2: + 845	0	
3: + 198	0	
4: + 134	0	
5: + 281	(als dünne Linse gerechnet)	

Nr. 14. System mit überkorrigiertem Hauptspiegel, afokalem Korrektionssystem und Ebnungslinse

Systemlänge = 1f

1: —1970 def.	788		
2: + 293	16,6	1,5163	64,0
3: —26200	0,11		
4: + 153,5	11,1	1,5163	64,0
5: + 89,0	163,0		
6: ∞	13,3	1,5163	64,0
7: — 260 def.			

Nr. 15. Cassegrain-Spiegel mit afokalem Korrektionssystem nach H. KÖHLER

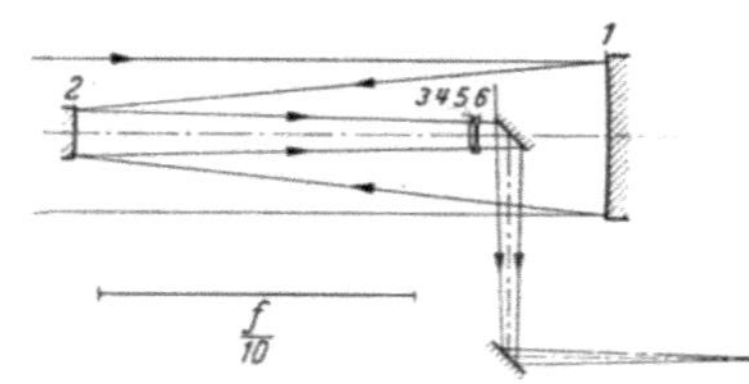

$\frac{f}{10}$

1: —4780	1675		
2: +1910 def.	1245		
3: + 281	12	1,5225	59,6
4: — 804	0,48		
5: —3380	8,6	1,5182	59,0
6: + 210			

mieden. Das ist eine in der Blende befindliche, verhältnismäßig dünne Glasscheibe, die auf einer Fläche ein asphärisches Profil erhält, das so bestimmt wird, daß die sphärische Abweichung des Bündels beseitigt ist. Es ist aus der Anschauung heraus leicht einzusehen, daß die außeraxialen Bilder auf einer Kugel entstehen, die ebenfalls symmetrisch zum Krümmungsmittelpunkt ist und die dem halben Kugelradius also der Brennweite entspricht. Das System hat also starke Bildkrümmung, aber keinen Astigmatismus. Der Schmidt-Spiegel läßt Öffnungsverhältnisse bis 1 : 2 zu und gestattet Bildwinkel bis ±10° abzubilden. Bei sehr großen Öffnungsverhältnissen bzw. sehr großen Bildwinkeln treten Störungen auf, da die Schmidt-Platte mit ihrem zur optischen Hauptachse orientierten Profil die Kugelsymmetrie stört. Bemerkt sei noch, daß BERNHARD SCHMIDT ebenfalls ein sehr geniales Verfahren angegeben hat, um die deformierten Schmidt-Platten herzustellen. Die Rohglasplatte wird auf einem Hohlzylinder so aufgelegt, daß sie mit dem Rande aufliegt. Der Zylinder wird evakuiert, so daß die Platte sich nach innen durchbiegt. Sodann wird auf die Platte ein Radius angeschliffen und poliert, danach wieder Luft in den Zylinder eingelassen. Das bei der Entspannung entstehende Profil entspricht ziemlich genau dem Profil, das für die Beseitigung der sphärischen Abweichung erforderlich ist. Die Tatsache, daß das Bild außeraxialer Objekte auf einer Kugel entsteht, ist heute kein praktisches Hindernis mehr. Man ist heute in der Lage, photographische Platten, wie sie für die Astrophotographie benötigt werden, mit Durchmessern bis zu 40 cm kugelig durchzubiegen. Bevor man diese Technik beherrschte, versuchte man die Bildfeldkrümmung durch Einbringung einer Ebnungslinse zu beseitigen, wie es bei dem System Nr. 3 dargestellt ist. Mit der Ebnungslinse wird die Petzvalsumme des Spiegels zu Null gemacht. Wie eben angedeutet, besteht für die Anwendung der Ebnungslinse beim Schmidt-Spiegel heute kein allzu großes Bedürfnis mehr, da sich nämlich gezeigt hat, daß sie häufig die Quelle unerwünschter Reflexe ist.

Der Schmidt-Spiegel wird am häufigsten in seiner ursprünglichen Form heute angewendet. Es sind indes eine größere Anzahl von Modifikationen bekannt geworden, die fast alle zu dem Zweck berechnet wurden, die unbequeme große Baulänge zu verringern. Nr. 4 zeigt ein verkürztes Schmidt-Spiegel-System von WRIGHT und VÄISÄLÄ. Die Schmidt-Platte und damit die Eintrittspupille des Systems befindet sich nicht mehr im Krümmungsmittelpunkt, sondern im Brennpunkt, also in einer Entfernung vom Spiegel, die dem halben Radius entspricht. Die Wirkungsweise ist jetzt natürlich nicht mehr so einfach zu verstehen, wie beim klassischen Schmidt-Spiegel. Dazu wären ausführliche theoretische Betrachtungen erforderlich, die den Rahmen dieser Schrift übersteigen. Bemerkt sei lediglich, daß bei dieser Anordnung Komafreiheit zwar auch noch gewährleistet ist, daß das System frei von Bildfeldkrümmung ist, dafür aber einen merklichen Astigmatismus besitzt. Das Bildfeld ist also nur im übertragenen Sinne geebnet (vgl. § 6). Eine größere Anzahl von verwandten Spiegel-Systemen mit verkürzter Baulänge wurde von BAKER angegeben, als Beispiel ist das System mit deformiertem Hauptspiegel Nr. 5 wiedergegeben. Auch diese Systeme haben eine kürzere Baulänge als der klassische Schmidt-Spiegel, die Korrektion ist praktisch der des klassischen Schmidt-Spiegels ebenbürtig, als Nachteil besitzen sie eine sehr starke Deformation der Schmidt-Platte (rund das $2^1/_2$ fache von der des klassischen Schmidt-Spiegels), ferner die Tatsache, daß die Abschattung des Mittenbüschels durch den Fangspiegel größer ist als beim klassischen Schmidt-Spiegel.

Für Systeme mit kleineren Öffnungen (etwa bis 100 mm) ist es vielfach vorteilhaft, die Schmidt-Platte durch sphärische Linsensysteme zu ersetzen. Mit gutem Erfolg sind während des Krieges im Zeiss-Werk solche Systeme nach Angaben von RICHTER und SLEVOGT ausgeführt worden; in Nr. 6 und 7 sind solche Systeme dargestellt. Bis zu Öffnungsverhältnissen von 1 : 2,5 und Bildwinkeln bis $\pm 10°$ sind sie bei kleineren bzw. mittleren Brennweiten gut brauchbar. In Verbindung mit einer Negativlinse, wie es bei dem von H. KÖHLER errechneten System in Nr. 8 dargestellt ist, läßt sich mit sehr kurzer Baulänge eine relativ große Brennweite erreichen und die Negativlinse sich gleichzeitig als Fokussiermittel zum Einstellen auf endliche Entfernungen benutzen. Eine solche Spiegellinsen-Kombination hat neuerdings Bedeutung für geodätische Fernrohre gewonnen.

In Fortführung des Gedankens von BERNHARD SCHMIDT entstand 1941 eine weitere Gattung von aplanatischen Spiegel-Systemen, nämlich die sog. „konzentrischen Systeme". Der Grundgedanke wurde während des zweiten Weltkrieges fast gleichzeitig in drei verschiedenen Ländern zum Patent angemeldet (K. PENNING, Deutschland, 6. 3. 1941; A. BOUWERS, Holland, 7. 7. 1941; D. D. MAKSUTOV, Sowjetunion, 3. 11. 1941). Ein Vertreter von der Gattung der konzentrischen Systeme ist als Nr. 9 in der Tab. 9 wiedergegeben. Wie beim klassischem Schmidt-Spiegel liegt auch bei den konzentrischen Systemen die Blende im Krümmungsmittelpunkt des Spiegels. Somit beruht auch die Wirkungsweise auf der Kugelsymmetrie aller durch den Krümmungsmittelpunkt gehenden Parallelstrahlenbündel. Zum Unterschied vom Schmidt-Spiegel wird bei den konzentrischen Systemen die sphärische Abweichung durch einen dicken Meniskus kompensiert, der konzentrisch zum Krümmungsmittelpunkt angeordnet ist. Ein solcher Meniskus hat, wie sich nach den Lehren des § 2 zeigen läßt, negative Brechkraft, er bewirkt eine sphärische Überkorrektion, mit der die Unterkorrektion des sphärischen Hauptspiegels kompensiert wird. Ein wesentlicher Vorteil der konzentrischen Systeme ist ein völlig gleichmäßiger Bildaufbau über das ganze Bildfeld, das lediglich durch die geometrischen Abmessungen bzw. durch die Abschattung der Mittenbündel begrenzt wird. Da der Meniskus nicht frei von Zonenfehlern ist, ist das konzentrische System mit einem merklichen Zonenfehler der sphärischen Abweichung behaftet.

Wie wir gesehen hatten, wird beim Schmidt-Spiegel das Bildfeld durch die auftretende Unsymmetrie begrenzt, während bei dem konzentrischen System die zulässige freie Öffnung durch den auftretenden Zonenfehler eine obere Grenze findet. Beide Nachteile vermeiden Systeme, welche im angelsächsischen Schrifttum als „Super-Schmidt-Systeme" bezeichnet werden. Sie bestehen aus der Kombination eines konzentrischen Systems mit einer Schmidt-Platte. Diese Systeme sind nahezu gleichzeitig von BOUWERS sowie von HAWKINS und LINFOOT angegeben worden. Ein Ausführungsbeispiel zeigt Nr. 10 in Tab. 9.

Tabelle 10. *Größte Ausdehnung der meridionalen Zerstreuungsfigur für $f = 100$*

Öffnungs-verhältnis	1 : 1,5			1 : 1			1 : 0,65		
Gesichts-feld	Schmidt-System	Konzentr. System	Super-Schmidt-System	Schmidt-System	Konzentr. System	Super-Schmidt-System	Schmidt-System	Konzentr. System	Super-Schmidt-System
0°	0		0	0		0	0		0
±5°	0,10		<0,01	0,33		<0,01	1,2		0,15
±10°	0,39		<0,01	1,3		0,02	4,9		0,35
±15°	0,87	0,02	<0,01	3,0	0,17	0,05	1,08	2,0	0,65
±20°	1,5		<0,01	5,2		0,08	>10		1,0
±25°	2,4		<0,01	8,2		0,12	>10		1,7
±30°	3,4		<0,01	11,7		0,15	>10		2,5

Eine Vorstellung von den erzielbaren Korrektionszuständen bei extrem großen Öffnungen und extrem großen Bildwinkeln zeigt die Tab. 10, die die größte Ausdehnung der meridionalen Zerstreuungsfigur außeraxialer Bündel von Schmidt-Spiegel, konzentrischen Systemen und Super-Schmidt-Systemen bei verschiedenen Öffnungsverhältnissen wiedergibt.

Eine ähnliche Wirkung wie mit der Kombination aus einem konzentrischen Meniskus und einer Schmidt-Platte erhält man, wenn man ein Linsensystem und einem konzentrischen oder nahezu konzentrischen Meniskus kombiniert, wie es bei dem System von WYNNE Nr. 11 der Fall ist. Bemerkenswert ist eine auf BAKER zurückgehende Entwicklung, die von WHIPPLE bekanntgegeben wurde und in Tab. 9 als Nr. 12 angeführt ist. Es handelt sich um ein Super-Schmidt-System mit zwei Menisken. Das extrem große Öffnungsverhältnis von 1 : 0,67 wird erreicht und ein Bildfeld von ±26° ausgezeichnet. Das System ist ausgeführt für eine Brennweite von 203 mm und einem Durchmesser von 304 mm, es hat einen Plattendurchmesser von 177,5 mm und einen Spiegeldurchmesser von 635 mm. Systeme mit so großen Öffnungsverhältnissen haben heute vorwiegend Bedeutung für die Meteor- und Satellitenphotographie.

Aus dem Bestreben heraus, einen vorhandenen Parabolspiegel für ein größeres Feld nutzbar zu machen, hat Ross ein afokales Korrektionssystem angegeben. Dieses Korrektionssystem wird in der Nähe des Brennpunktes eines Parabolspiegels in den Strahlengang gebracht. Nr. 13 der Tab. 9 zeigt dieses System. Durch Anwendung der Bildfehlertheorie läßt sich zeigen, daß man mit einem solchen System die Komafehler des Parabolspiegels beseitigen kann. Man muß dann allerdings in Kauf nehmen, daß entweder der Astigmatismus beträchtliche Werte annimmt, oder aber die durch das Parabolisieren angestrebte Korrektion der sphärischen Abweichung z. T. wieder aufgehoben wird. In der Praxis entscheidet man sich für einen Mittelweg. Es ist dabei immerhin gelungen, bei Brennweiten von etwa 1000 mm und einem Öffnungsverhältnis von 1 : 3, Gesichtsfelder von $\pm 1,5°$ auszuzeichnen. Fast alle großen modernen Parabolspiegel sind mit Zusatzsystemen dieser Art ausgerüstet. Auch der bereits oben erwähnte Fünfmeterspiegel auf dem Mount Palomar.

Die Nachteile des Ross-Systems in seiner ursprünglichen Form — daß man den Astigmatismus oder eine gewisse sphärische Abweichung als Restfehler mit in Kauf nehmen muß — vermeidet eine Spiegelkombination, die während des Krieges von A. Sonnefeld mit Erfolg angewandt wurde und von H. Köhler zusammen mit G. Pradel weiterentwickelt wurde. Nr. 14 zeigt ein solches System. Hauptspiegel ist jetzt nicht mehr ein Parabolspiegel, sondern ein Spiegel, dessen Meridiankurve sich der Hyperbel nähert, also bezüglich des sphärischen Mittenbündels überkorrigiert. Dann läßt sich ein Korrektionssystem finden, das sowohl die sphärische Abweichung als auch den Astigmatismus neben der Koma in ausreichendem Maße zu korrigieren gestattet. Die Ausführungsform nach Nr. 14 besitzt außerdem noch eine Ebnungslinse, damit ist das Bildfeld anastigmatisch geebnet. Bei Brennweiten von etwa 1000 mm steht die Korrektion der außeraxialen Bündel dieses Systems bis zu Bildwinkeln von etwa $\pm 4°$ der des Schmidt-Spiegels nicht allzu viel nach.

Die Einschaltung eines afokalen Korrektionssystems in der Nähe des Brennpunktes von Spiegelsystemen ist von H. Köhler auf weitere Fälle angewendet worden. So sollte z. B. bei dem Projekt eines 2 m-Spiegels für die Deutsche Akademie der Wissenschaften durch ein solches Korrektionssystem die sphärische Abweichung des Kugelhohlspiegels von 2 m Durchmesser und 4 m Brennweite behoben werden. Man kann so die Parabolisierung vermeiden und gleichzeitig nach Abbau des

Korrektionssystems den Kugelspiegel mit einer Schmidt-Platte zusammen als Schmidt-Spiegel verwenden. Bei dem in Nr. 15 der Tab. 9
wiedergegebenen System von H. Köhler wird das Korrektionssystem
bei einem Cassegrain-System benutzt, um — wenigstens in einem
beschränkten Feld ($w < \pm 0,2°$) — aplanatische und anastigmatische
Bildfeldebnung zu gewährleisten.

§ 17. Die Okulare

Okulare sind Lupen, die in der im § 3 gezeigten Weise das vom
Objektiv entworfene Bild im Auge unter einem größeren Sehwinkel
erscheinen lassen als es das unbewaffnete Auge wahrnimmt. Ein Okular
kann negative oder positive Brechkraft besitzen. Bei Okularen mit
negativer Brechkraft liegt das Bild des Objektivs virtuell hinter dem
Okular in Lichtrichtung gesehen. Man hat dann den Fall des Galileischen
Fernrohres (vgl. § 3). Da bei Fernrohren dieser Art, wie in § 14 ausgeführt, heute meistens mit dem Okular die Bildfehler des Objektivs
kompensiert werden, und zwar in der Regel, so weit es geht, sämtliche
Bildfehler, auch die axialen, ist eine spezielle Behandlung negativer
Okulare heute nicht mehr angebracht. Als Beispiele mögen die in
Abb. 118 in § 14 wiedergegebenen Galileischen Fernrohre genügen.

Für die heutige Fernrohrtechnik sind vor allem die sammelnden
Okulare von Bedeutung. In Tab. 11 sind die wichtigsten Okularformen
mit den dazugehörigen Konstruktionsdaten zusammengestellt. Die
Lichteinfallsrichtung ist dabei wie üblich von links nach rechts angenommen. Die angeführten Konstruktionsdaten sind auf eine Okularbrennweite von 100 Längeneinheiten bezogen. Darstellungen des
Korrektionszustandes für einige der in Tab. 11 wiedergegebenen Okulare
zeigt Abb. 130. Die Korrektionsdarstellungen geben die Aberrationen
in der Okularbildebene an; d. h. es ist angenommen, das Strahlenbündel
falle vom Auge her, also entgegengesetzt der Lichteinfallsrichtung, ein.
Bei der Ermittlung der Aberrationen im eben geschilderten Sinne ist also
für die Berechnung der außeraxialen Strahlenbündel die Austrittspupille
(in Tab. 11 mit AP gekennzeichnet) als Eintrittspupille angenommen
worden. Der in Tab. 11 angegebene Austrittswinkel w' (der Winkel, unter
dem das vom Fernrohr dargebotene Bild dem Auge erscheint) wird bei
der Korrektionsdarstellung zum Einfallswinkel der außeraxialen
Bündel w. Angeführt ist die sagittale und tangentiale Längsabweichung
in Millimetern, bezogen auf eine Okularbrennweite von 100 mm. Ferner
ist angegeben die Verzeichnung (als Tangentenverhältnis) in Prozent,
sowie die chromatische Vergrößerungsdifferenz zwischen den Farben
F und C in Promille.

Das einfachste sammelnde Okular ist die als Nr. 1 wiedergegebene
Plankonvexlinse. Sie bietet keine Möglichkeiten, die Bildfehler zu

korrigieren. Sie hat Bedeutung für ganz schwache Vergrößerung und wenn sonst keine Anforderungen an die Bildgüte gestellt werden. Die Anwendung größerer Bildfelder scheitert an dem beträchtlichen Betrag

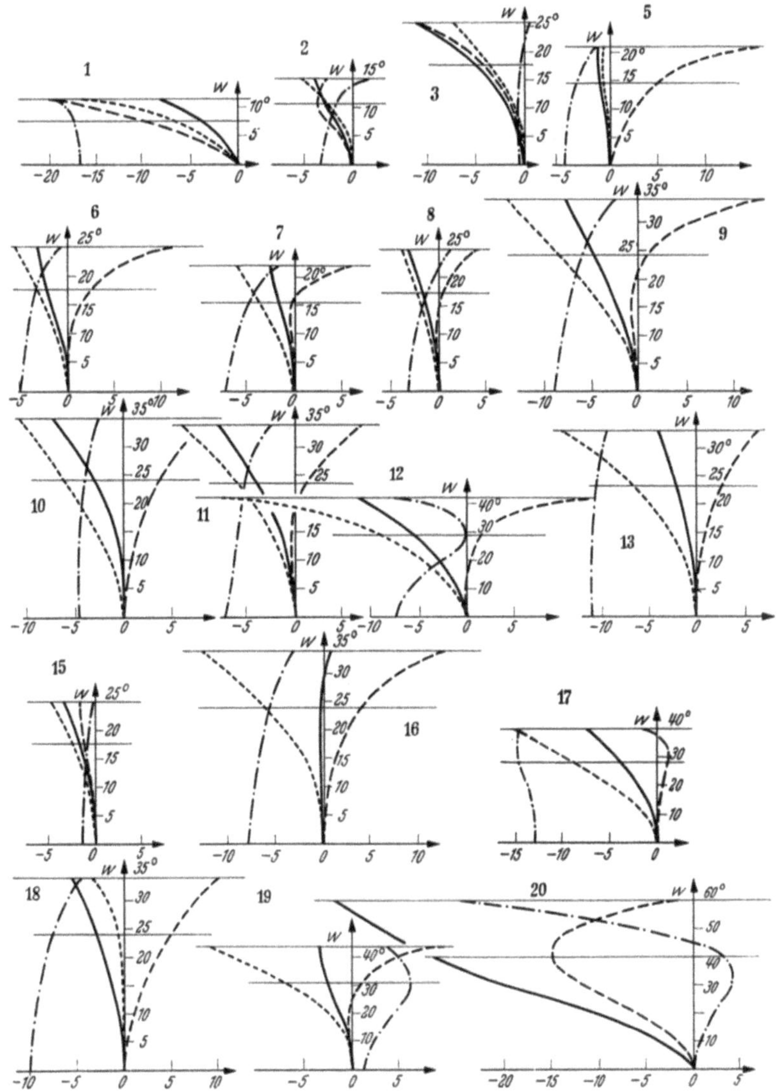

Abb. 130. Korrektion von Fernrohrokularen nach Tab. 11, bezogen auf eine Brennweite von 100 mm.
——— sag. Abw. in mm; — — — meridionale Abw. in mm; ---- Verz. in %;
—·— chrom. Vergr.-Differenz in °/₀₀

der chromatischen Vergrößerungsdifferenz, die bei der einfachen Plankonvexlinse den entscheidensten Bildfehler darstellt. Bei dem in Nr. 2

wiedergegebenen monozentrischen Okular ist die chromatische Vergrößerungsdifferenz durch Achromatisierung (Herstellung der Linse aus wenigstens 2 Gläsern mit verschiedener Dispersion) im wesentlichen beseitigt. Der noch vorhandene Rest rührt von dem Einfluß der nicht zu vernachlässigenden Dicke des Okulars her. Die Achromatisierung hat, wie man aus Tab. 11 entnimmt, eine Verschlechterung der Petzvalsumme bewirkt, die Kittflächen erlauben jedoch demgegenüber eine etwas günstigere Lage der sagittalen und tangentialen Bildschale als bei der Sammellinse. Man hat etwas stärkere Bildfeldwölbung, dafür geringeren Astigmatismus. Trotz seines geringen Sehfeldes hat dieses Okular Jahrzehnte hindurch eine große Bedeutung in der Astronomie bei visueller Beobachtung besessen, weil es praktisch frei von Reflexen ist. Es wurde 1865 von C. A. STEINHEIL angegeben.

Bereits 1703 zeigte CHR. HUYGENS durch eine Rechnung, die hier nicht wiedergegeben werden soll, daß ein System aus zwei getrennten Einzellinsen bei dem für ein Okular üblichen Strahlengang im paraxialem Bereich frei von chromatischer Vergrößerungsdifferenz ist, wenn die Bedingung erfüllt ist:

$$d = \frac{f_1' + f_2'}{2},\qquad(17.1)$$

d ist dabei der Abstand zwischen den beiden als unendlich dünn angenommenen Einzellinsen, f_1' und f_2' sind deren Brennweiten, die Indizierung folgt der Lichtrichtung, wie es der Tab. 11 entspricht. Führt man d nach Gl. (17.1) in die Gl. (2.53) ein, dann erhält man als Brechkraft einer solchen Kombination von zwei getrennten dünnen Einzellinsen:

$$\Phi = \frac{1}{2}\left(\varphi_1 + \varphi_2\right),\qquad(17.2)$$

wobei φ_1 und φ_2 jetzt die Brechkräfte der beiden Einzellinsen in der gleichen Zählweise wie oben darstellen. Nimmt man die Eingangsschnittweite des Hauptstrahls für eine solche zweilinsige Kombination, wie in Tab. 11 gezeigt, zu $-\infty$ an, dann ergibt sich nach der Brechung an der ersten Linse die Eingangsschnittweite des Hauptstrahls für die zweite Linse:

$$z_2 = f_1' - d = \frac{f_1' - f_2'}{2}.\qquad(17.3)$$

Durch Anwendung von (2.45) ergibt sich also für den Abstand der Austrittspupille von der Augenlinse:

$$z' = f_2'\,\frac{f_1' - f_2'}{f_1' + f_2'}.\qquad(17.4)$$

Durch die gleiche Rechnung entgegen der Lichtrichtung erhält man für die Eingangsschnittweite s des paraxialen Abbildungsstrahles unter

Tabelle 11. *Okulare*

	r	d	n_d	v
Nr. 1. Plankonvexlinse, $w' < 12°$, $\Sigma P = +0{,}66$	1: ∞ 2: $- 51{,}68$	12,0	1,5168	64,20
Nr. 2. Monocentrisches Okular, $w' < 15°$, $\Sigma P = +0{,}80$	1: $+ 75{,}6$ 2: $+ 39{,}4$ 3: $- 39{,}4$ 4: $- 75{,}6$	8,73 40,0 8,73	1,6200 1,5169 1,6200	36,3 59,6 36,3
Nr. 3. Huygenssches Okular, $w' < 25°$, $\Sigma P = +1{,}238$	1: $+ 91{,}6$ 2: ∞ 3: $+ 45{,}8$ 4: ∞	16,8 101,0 7,2	1,6074 1,6074	56,7 56,7
Nr. 4. Ramsdensches Okular, $w' < 25°$, $\Sigma P = +1{,}32$	1: ∞ 2: $- 51{,}7$ 3: $+ 51{,}7$ 4: ∞	12,0 100,0 12,0	1,5168 1,5168	64,20 64,20
Nr. 5. Kellnersches Okular (Urform), $w' < 20°$, $\Sigma P = +0{,}89$	1: ∞ 2: -100 3: $+ 53{,}8$ 4: $- 53{,}8$ 5: ∞	14,0 78,0 16,0 4,0	1,5100 1,5100 1,6128	63,5 63,5 36,9

11*

Tabelle 11 (Fortsetzung)

		r	d	n_d	v
Nr. 6. Kellnersches Okular (modifiziert), $w' < 25°$, $\Sigma P = +0,76$	$s = -61,5$ $z - s = -595$ $w = 4,2°$ $z' + 58,6$	1: $+396$ 2: -160 3: $+\ 85,0$ 4: $-\ 77,8$ 5: -1165	21,4 44,8 33,7 5,6	1,6204 1,6031 1,7283	60,29 60,68 28,34
Nr. 7. Okular nach König, $w' < 25°$, $\Sigma P = +0,56$	$s = -51,3$ $z - s = -620$ $z' = +106,5$	1: -225 2: $+\ 83,6$ 3: -102 4: $+110$ 5: -458	10,0 50,0 0,7 33,3	1,7552 1,6228 1,6074	27,5 56,9 56,7
Nr. 8. Orthoskopisches Okular nach Abbe, $w' < 25°$, $\Sigma P = +0,72$	$s = -56,5$ $z - s = \infty$ $z' = +81,4$	1: $+184$ 2: $-\ 77,5$ 3: $+\ 77,5$ 4: -156 5: $+101$ 6: ∞	31,3 6,25 34,3 0,6 21,9	1,6073 1,7618 1,6073 1,7283	49,2 26,5 59,5 28,3
Nr. 9. Okular aus zwei benachbarten Kittgliedern (Plössl), $w' < 30°$, $\Sigma P = +0,77$	$s = -55,8$ $z - s = -1020$ $z' = +60,7$	1: $+362$ 2: $+\ 96,7$ 3: -145 4: $+101$ 5: -128 6: -745	8,5 51,0 7,7 40,3 17,0	1,7283 1,5523 1,6073 1,6483	28,34 63,49 49,25 33,77

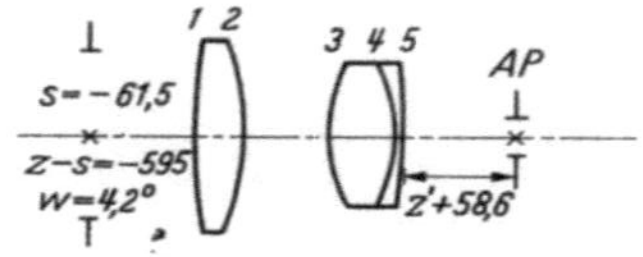

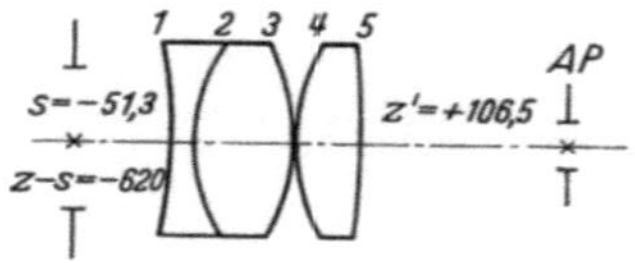

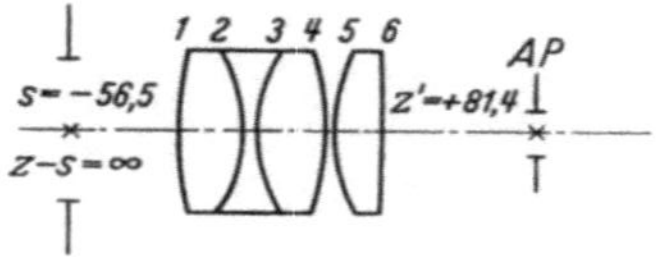

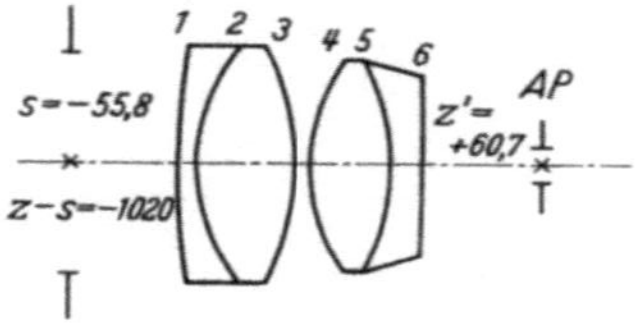

Nr. 10. Dreigliedriges Okular mit mittlerem Kittglied und einfacher Augenlinse
$w' < 35°,\ \Sigma P = +0{,}75$

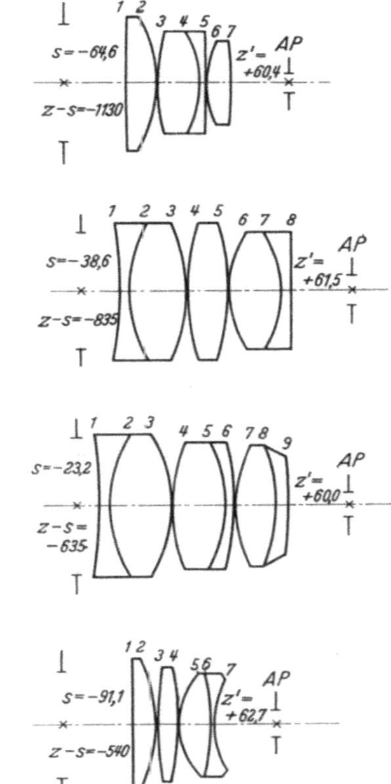

1:	$+$ 1310	30,2	1,5596	61,23
2:	$-$ 150,2	0,7		
3:	$+$ 224,5	40,3	1,5168	64,20
4:	$-$ 106,5	6,7	1,7283	28,34
5:	$-$ 1275	0,7		
6:	$+$ 106,2	23,5	1,5523	63,49
7:	$-$ 622			

Nr. 11. Okular von ERFLE (modifiziert),
$w' < 35°,\ \Sigma P = +0{,}62$

1:	$-$ 465	9,8	1,6483	33,77
2:	$+$ 136,1	55,0	1,5523	63,49
3:	$-$ 179,5	0,7		
4:	$+$ 246	39,3	1,4875	70,04
5:	$-$ 246	0,7		
6:	$+$ 107	52,3	1,5523	63,49
7:	$-$ 176	9,8	1,7283	28,34
8:	$-$ 3020			

Nr. 12. Okular aus drei Kittgliedern,
$w' < 42°,\ \Sigma P = +0{,}66$

1:	$-$ 466	9,1	1,6483	33,77
2:	$+$ 131,5	61,4	1,5168	64,20
3:	$-$ 156	0,9		
4:	$+$ 194,5	52,2	1,5567	58,54
5:	$-$ 141	9,0	1,7283	28,34
6:	$-$ 247	0,9		
7:	$+$ 143	38,7	1,5567	58,54
8:	$-$ 168	9,1	1,7283	28,34
9:	$-$ 451			

Nr. 13. Okular nach BERTELE (ursprüngliche Form),
$w' < 35°,\ \Sigma P = +0{,}54$

1:	∞	25	1,6073	59,5
2:	$-$ 159	1,0		
3:	$+$ 367,6	21	1,6073	59,5
4:	$-$ 338,6	0,5		
5:	$+$ 80,0	31	1,6073	59,5
6:	$-$ 222,0	2,5	1,6477	33,9
7:	$+$ 103,5			

Tabelle 11 (Fortsetzung)

		r	d	n_d	v
Nr. 14. Okular aus drei Gliedern mit einfachem Meniskus auf der Bildseite, $w' < 30°$, $\Sigma P = +0,56$		1: — 139	53,6	1,6204	60,3
		2: — 139	0,9		
		3: + 975	8,9	1,7618	26,5
		4: + 110	56,2	1,6204	60,3
		5: — 175,1	0,9		
		6: + 105,8	37,2	1,5523	63,5
		7: ∞			
Nr. 15. Astro-Planokular von Zeiss, $w' < 25°$, $\Sigma P = 0,60$		1: — 207	6,3	1,7283	28,3
		2: + 283,5	18,8	1,6073	59,5
		3: — 134	0,6		
		4: + 237,5	18,8	1,6073	59,5
		5: — 474	0,6		
		6: + 83,5	21,9	1,6074	56,7
		7: — 263,8	6,3	1,7283	28,3
		8: + 307			
Nr. 16. Neues Feldstecherokular von Zeiss, $w' < 35°$, $\Sigma P = 0,25$		1: — 99,0	12,1	1,7283	28,3
		2: + 332	59,5	1,6074	56,7
		3: — 132	0,75		
		4: +2340	39,2	1,6204	60,3
		5: — 208	0,75		
		6: + 231	39,2	1,6230	58,1
		7: —1030	0,75		
		8: + 100,5	52,0	1,5918	58,2
		9: ∞	11,3	1,7618	26,5
		10: + 112,8			

Nr. 17. Neueres Weitwinkel-
okular von BERTELE,
$w' < 40°$, $\Sigma P = 0{,}41$

Nr. 18. Okular mit asphärischer
Fläche nach RICHTER,
$w' < 35°$, $\Sigma P = +0{,}74$

Nr. 19. Okular für extrem großes
Sehfeld mit negativem
Kollektiv,
$w' < 60°$, $\Sigma P = +0{,}26$

Nr. 20. Okular für extrem großes
Sehfeld Huygensscher Bauart,
$w' < 60°$, $\Sigma P = 0{,}811$

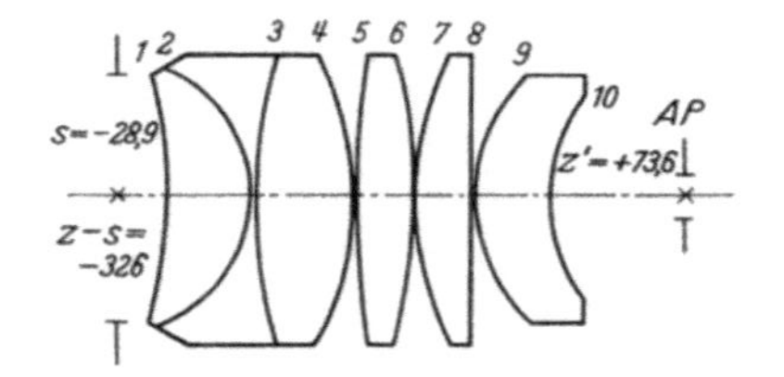

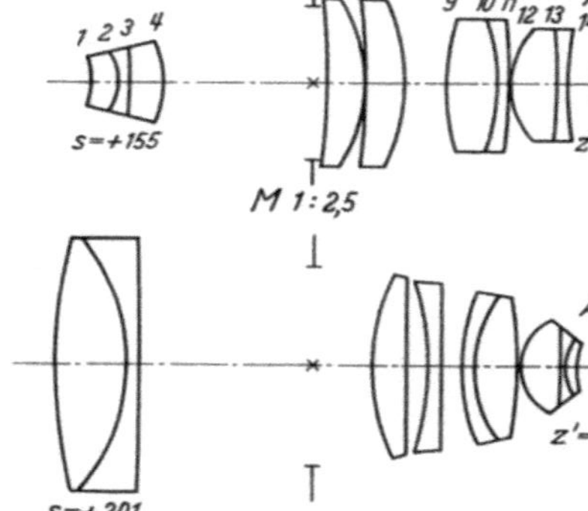

1:	— 241	45,1	1,6200	36,3
2:	— 80,3	3,4	1,6889	31,1
3:	+ 307,2	52,1	1,6073	59,5
4:	— 176,7	0,9		
5:	+ 550,5	31,6	1,6073	59,5
6:	— 329,5	0,8		
7:	+ 190,8	30,2	1,6073	59,5
8:	∞	0,6		
9:	+ 98,7	42,3	1,6073	59,5
10:	+ 104,6			

1:	∞	30,5	1,5596	61,2
2:	— 162,5	1,3		
3:	def. (73,6)	50,0	1,5168	64,2
4:	— 199	6,5	1,6477	33,9
5:	+ 100	29,9	1,5168	64,2
6:	— 250			

der Voraussetzung, daß das Bild auf der Augenseite im Unendlichen liegt, zu:

$$s = f_1' \frac{f_1' - f_2'}{f_1' + f_2'} = z' \cdot \frac{f_1'}{f_2'}. \tag{17.5}$$

Die letzten beiden Gleichungen besagen, daß bei einem Okular aus zwei dünnen Einzellinsen die Eingangsschnittweite für den paraxialen Abbildungsstrahl s notwendigerweise virtuell werden muß, wenn die Austrittspupille reell im positiven Abstand von der Augenlinse liegt. Die negative Schnittweite für den paraxialen Abbildungsstrahl in der Fernrohrbildebene, d. h. die reelle Lage des Fernrohrzwischenbildes zum Okular bedingt notwendigerweise virtuelle Lage der Austritts- pupille. Das von HUYGENS angegebene Okular, wie es Nr. 3 der Tab. 11 zeigt, hat eine reelle Austrittspupille und infolge des eben Gesagten virtuelle Lage des Fernrohrzwischenbildes. Das virtuelle Zwischenbild wird durch die erste Linse des Okulars (vielfach Feldlinse genannt) reell in der in der Tab. 11 gezeichneten Blendenebene abgebildet, jedoch mit den Bildfehlern, die dieser Abbildung durch eine Einzellinse entsprechen. HUYGENS wählte bei der Urform dieses Okulare, um eine möglichst kleine sphärische Abweichung des Abbildungsbündels zu erzielen:

$$f_1' = 2f' = 3f_2'; \quad f_2' = \frac{2}{3} f' = \frac{1}{3} f_1'; \quad d = \frac{4}{3} f' = \frac{2}{3} f_1'.$$

Um Verzeichnung sowie sagittale und tangentiale Abweichung etwas günstiger korrigieren zu können, weicht man von dieser Urform des Huygensschen Okulars ab. Bei fast allen heute ausgeführten Okularen gelten etwa die folgenden Bedingungen:

$$f_1' = \frac{3}{2} f' = 2f_2'; \quad f_2' = \frac{3}{4} f' = \frac{1}{2} f_1'; \quad d = \frac{9}{8} f' = \frac{3}{4} f_1'.$$

In der gleichen Weise ist auch unser Beispiel Nr. 3 in Tab. 11 ausgeführt. Die Existenz der Gl. (17.2) bedingt, daß die Petzvalsumme des Huygens- Okulares doppelt so groß ist wie eine Kombination von zwei dicht benachbarten dünnen Einzellinsen gleicher Gesamtbrennweite, als auch doppelt so groß wie die Petzvalsumme einer dünnen Einzellinse (vgl. die Zahlenwerte der Tab. 11). Die außeraxialen Unschärfefehler, abgesehen von der chromatischen Vergrößerungsdifferenz, müßten beim Huygens- Okular also größer sein als bei der einfachen Plankonvexlinse. Es läßt sich trotzdem für ein größeres Sehfeld als die Plankonvexlinse benützen, weil erstens die chromatische Vergrößerungsdifferenz gehoben ist und außerdem die beiden Einzellinsen bewirken, daß die Bildschalen gün- stiger gelegt werden können; man kann auf Kosten der Bildfeldwölbung den Astigmatismus einigermaßen korrigieren. Für mittlere Brennweiten (bis herab zu etwa 16 mm) ist das Huygens-Okular daher für Bildfeldwinkel bis $\pm 25°$ brauchbar. Für sehr große Brennweiten (100 mm und darüber) lassen sich auch größere Bildwinkel anwenden; so verwendet man z. B. bei den großen Refraktoren mit Brennweiten von mehreren Metern Huygens-Okulare mit 150 mm Brennweite und einem Bildwinkel von $\pm 35°$. An die außeraxiale Bildgüte solcher Okulare darf man dann allerdings keine allzu hohen Anforderungen mehr stellen.

Wir hatten gesehen, daß mit Rücksicht auf die Existenz der Gl. (17.4) und (17.5) reelle Lage des Fernrohrzwischenbildes und reelle Austrittspupille bei einer Kombination aus zwei dünnen getrennten Linsen nicht möglich sind. RAMSDEN gab daher offenbar ohne Kenntnis der Huygensschen Arbeiten 1783 die in Nr. 4 wiedergegebene Okularform an. Sie erfüllt ebenfalls die Huygenssche Bedingung (17.1), es ist jedoch

$$f'_1 = f'_2; \quad d = f_1' = f_2'; \quad f' = \frac{d}{2} = \frac{f_1'}{2} = \frac{f_2'}{2}.$$

Das Fernrohrzwischenbild liegt jetzt unmittelbar in der Feldlinse, die Austrittspupille unmittelbar in der Augenlinse. Für die Korrektionsmöglichkeiten der außeraxialen Bildfehler gilt das beim Huygens-Okular Gesagte. Sowohl die Lage der Fernrohrzwischenbildebene in der Feldlinse als auch die Lage der Austrittspupille in der Augenlinse machen die Anwendung des Ramsdenschen Okulars sehr unbequem. Da eine reelle Lage der Fernrohrzwischenbildebene in der Astronomie wegen Anbringung der Meßfäden außerhalb des Okularsystems immer wünschenswert erschien, ist die Ramsdensche Kombination im allgemeinen unter Inkaufnahme einer chromatischen Vergrößerungsdifferenz in abgewandelter Form angewendet worden. Man hat ohne Rücksicht auf die Korrektion der chromatischen Vergrößerungsdifferenz den Abstand zwischen beiden Linsen kleiner gewählt und somit reelle Lage der Fernrohrzwischenbildebene und der Austrittspupille erreicht. Heute hat das Ramsdensche Okular in seiner Urform keine praktische Bedeutung mehr.

Aus diesem modifizierten Ramsdenschen Okular heraus wurde 1849 von KELLNER die heute noch viel angewandte dreilinsige Okularform aus verkitteter Augenlinse und einfacher Feldlinse mit dazwischenliegendem Luftabstand entwickelt. Das aus zwei miteinander verkitteten Einzellinsen bestehende Augenglied ermöglicht eine Korrektion der chromatischen Vergrößerungsdifferenz bei reeller Lage von Fernrohrzwischenbild und Austrittspupille ohne Einhaltung der Huygensschen Bedingung (17.1). Die Urform des Kellnerschen Okulars, wie sie viele Jahrzehnte lang von der Firma Zeiss hergestellt wurde, zeigt Nr. 5, eine moderne Modifikation (Fa. Zeiss), zeigt Nr. 6. Sowohl die Urform Nr. 5 als auch ganz besonders die modifizierte Form Nr. 6 zeigen eine wesentlich bessere Petzvalsumme als das Huygenssche Okular. Die Urform entspricht etwa der Petzvalsumme des monozentrischen Okulars Nr. 2, die der modifizierten Form Nr. 6 kommt der der Plan-

konvexlinse sehr nahe. Die Urform wurde für mittlere Brennweiten
in der Regel bis zu einem Bildfeld von ±20° angewendet, die modifizierte
Form läßt Bildfelder bis ±25° zu. Von H. SCHRÖDER (1886) existiert
eine weitere Modifikation des Kellnerschen Okulars, bei der die Kittfläche im Augenglied ihre hohle Seite dem Auge zuwendet und etwa
1,5mal so stark ist wie beim Kellnerschen Okular. Es läßt sich ebenfalls
für ±25° Sehfeld korrigieren, die chromatische Vergrößerungsdifferenz
ist etwas schlechter als beim Kellnerschen Okular, die astigmatischen
Bildfehler haben jedoch eine geringere Zone und der Astigmatismus am
Rande ist kleiner. Der Hauptunterschied gegenüber dem Kellnerschen
Okular besteht vor allem darin, daß es praktisch frei von sphärischer
Abweichung ist. Das hat vor allen Dingen bei großen Okularbrennweiten
Bedeutung, wenn die sphärische Abweichung des Okulars nicht ohne
weiteres zu vernachlässigen ist.

Wie der Vergleich der Okularbeispiele Nr. 1—6 zeigt, ist die Petzvalsumme der Okulare mit Luftabstand zwischen den einzelnen Teilgliedern schlecht. Es lag daher nahe, daß sich die Entwicklung der
neuzeitlichen Okulare vorwiegend auf Typen mit kleinen Luftabständen,
also im wesentlichen auf Okulare mit dicht benachbarten Gliedern
beschränkte. Eine Auswahl solcher moderner Okulare ist als Nr. 7—12
in der Tab. 11 wiedergegeben. Am häufigsten angewandt wurde das auf
ERFLE zurückgehende Okular mit einzelner Mittellinse, die zwischen
zwei Kittgliedern steht, nach Nr. 11 (das wiedergegebene Beispiel ist
eine Modifikation von H. KÖHLER). Es ist bis zu Sehfeldern von ±35°
noch gut brauchbar. Etwas weiter läßt sich ein Okular aus drei benachbarten Kittgliedern (Nr. 12) korrigieren (das wiedergegebene Beispiel
ist für Sehfelder bis ±42° geeignet). Das in Nr. 8 wiedergegebene
orthoskopische Okular war lange Zeit in der Astronomie das Okular
mit der geringsten Verzeichnung. Das wiedergegebene Beispiel ist
ebenfalls gegenüber der Abbeschen Urform durch Einführung moderner
Gläser verbessert. Weitere Einzelheiten zu den Okularen Nr. 7—12
entnehme man der Tab. 11 bzw. der Abb. 130.

Einen entscheidenden Fortschritt in der Verbesserung der außeraxialen Bildfehler der Okulare brachte der von L. BERTELE 1924 eingeführte dicke Meniskus bei dem nach ihm benannten Okular, das in
seiner ursprünglichen Form als Nr. 13 in Tab. 11 wiedergegeben ist. Der
von BERTELE eingeführte Meniskus hat beim Okular die gleiche Wirkung
wie der früher von A. KÖNIG beim Hemiplanar (vgl. § 15) verwendete.
Der dicke Meniskus ist ein Bauelement, dessen Petzvalsumme absolut
stärker im Negativen liegt als bei einer gleichstarken dünnen Linse.
Nach Gl. (6.2) war die Petzvalsumme einer dicken Einzellinse

$$P = \frac{N-1}{N} \frac{r_2 - r_1}{r_1 \, r_2} \, . \tag{17.6}$$

Hiermit und aus Gl. (2.38) erhält man das Verhältnis von Petzvalsumme zu Brechkraft einer dicken Einzellinse zu:

$$\frac{P}{\Phi} = \frac{1}{N + (N-1)\dfrac{d}{r_2 - r_1}}. \qquad (17.7)$$

Für $d = 0$ geht dieses Verhältnis in das für die dünne Linse geltende Verhältnis $1:N$ über, je größer die Dicke desto mehr läßt sich die Verhältnis $\dfrac{P}{\Phi}$ absolut kleiner als $\dfrac{1}{N}$ machen. Eine ausgezeichnete Linsenform ist die mit gleichen Radien $r_1 = r_2$, dann ist nämlich die Petzvalsumme 0, aus (2.38) folgt für die Brennweite eines solchen Meniskus:

$$f'_{r_1 \to r_2} = \frac{N r^2}{(N-1)^2 d}. \qquad (17.8)$$

Man sieht aus (17.7), daß man bei geeigneter Dicke und Wahl der Radien die Petzvalsumme eines dicken sammelnden Meniskus negativ machen kann. Mit den Zahlenwerten des Beispiels Nr. 13 erhält man eine Petzvalsumme, die wesentlich unter der der bisher mitgeteilten Okularbeispiele liegt (0,54). Nach Abb. 130 ergibt sich auch eine recht brauchbare Korrektion für sagittale und tangentiale Abweichung, die Verzeichnung ist nicht größer als bei den anderen behandelten Okularen auch. Leider hat das Okular in der Urform einen recht beträchtlichen Betrag von chromatischer Vergrößerungsdifferenz von rund $10^0/_{00}$. Das hat Jahrzehnte hindurch seine praktische Anwendung erschwert, wenn nicht unmöglich gemacht. Erst in jüngster Vergangenheit sind brauchbare Okulare mit dicken Menisken ausgeführt worden, so z. B. das Okular Nr. 16, das vorzugsweise bei den neuen Zeiss-Feldstechern Verwendung gefunden hat. Auch in die Astronomie hat diese Neuerung Eingang gefunden, wie das in Nr. 15 wiedergegebene Beispiel, das neue Astro-Planokular von Zeiss, zeigt. Für astronomische Zwecke kann man die Menisken nicht so stark durchbiegen wie bei den Erdfernrohrokularen, die Wirkung auf die Petzvalsumme ist demzufolge auch nicht so groß, da jedoch für astronomische Anwendungen höchstens Sehfelder bis $\pm 25°$ gefordert werden, ist trotzdem die Verbesserung in der Randschärfe gegenüber den bisher üblichen astronomischen Okularen vom Huygensschen, monozentrischen, Kellnerschen oder orthoskopischen Typ beträchtlich. Das Okular mit Menisken Nr. 16 ebenso wie die Bertelsche Urform Nr. 13 sind für Sehfelder bis $\pm 35°$ verwendbar, für kleinere Sehfelder bis etwa $\pm 30°$ hat sich die Form Nr. 14 bewährt, die den Vorteil eines besonders großen Abstandes der Austrittspupille vom letzten Linsenscheitel hat. L. Bertele selbst hat in den Jahren nach dem zweiten Weltkrieg weitere Okularformen mit dicken Menisken angegeben, bei denen das ausnutzbare Sehfeld bis zu $\pm 40°$ ausgedehnt wurde. Um Verzeichnung und chromatische Vergrößerungsdifferenz für diese großen Sehfelder in gewissen Grenzen zu halten, mußten sowohl an Petzval-summe als auch an astigmatischer Randkorrektion Zugeständnisse gemacht werden, so daß diese Bertele-Okulare mit extrem großen Sehfeldern für Sehfelder von $\pm 35°$ beispielsweise dem Beispiel Nr. 16 in der Randkorrektion nachstehen. Aus der großen Anzahl der von BERTELE angegebenen neueren Okulartypen ist als Beispiel Nr. 17 angeführt.

Die nach der Tangentenbedingung in Gl. (3.5) berechnete Verzeichnung der bis jetzt behandelten Okulare mit nur sphärischen Flächen beträgt bei einem Bildwinkel von $35°$ etwa 13%. Das heißt der Verzeichnungsverlauf dieser Okulare entspricht etwa der Winkelbedingung nach Gl. (12.2). Nach dem in § 12 Gesagten ist das nicht als Nachteil dieser Okulare zu betrachten, denn wie dort ausführlich behandelt, ist ein solcher Verzeichnungsverlauf erforderlich, um beim Schwenken des Fernrohres ein sog. „ruhiges" Bild zu erzielen. Diese Erkenntnis über die zweckmäßige Wahl der Verzeichnung, die heute allgemein angewendet wird, ist indes noch nicht sehr alt, so daß man sich in den 30ger Jahren bemüht hat, die Verzeichnung zumindest bei Okularen mit Sehfeldern von etwa $\pm 35°$ zu beseitigen. Bei Okularen, die nur sphärische Flächen enthalten und deren Bildebenen und Austrittspupillen reell sind, ist die Korrektion der Verzeichnung für Sehfelder über $\pm 30°$ ohne Zunahme der Unschärfenfehler nicht gelungen. R. RICHTER gab 1932 als erster ein Okular mit gehobener Verzeichnung und einem Bildwinkel von $\pm 35°$ an. Die Korrektion der Verzeichnung war durch Einführung einer deformierten Fläche gelungen, die eine parabelähnliche Form besaß. Als Beispiel ist ein von RICHTER nach diesen Prinzipien gebautes Okular in Nr. 18 wiedergegeben, das in vielen Zehntausenden von Exemplaren als Feldstecherokular Verwendung fand. Die deformierte Fläche hatte die Gleichung:

$$x = \frac{y^2}{2r} - 0{,}00882\,\frac{y^4}{r^3}\,. \tag{17.9}$$

Die Petzvalsumme ist bedeutend schlechter als bei den Okularen mit Menisken, so daß mittlerweile solche Okulare außer Gebrauch gekommen sind, um so mehr als man erkannt hat, daß die Korrektion der Verzeichnung für den Gebrauch des Fernrohres unzweckmäßig ist.

Zum Schluß sollen noch die beiden Okulare Nr. 19 und 20 erwähnt werden, die ein extrem großes Sehfeld ermöglichen. Die Anwendung von Okularen mit so großen Sehfeldern ($\pm 60°$) ist technisch nur in wenigen Ausnahmefällen sinnvoll; z. B. für die Nachtluftsehrohre,

(Unterseeboot-Periskope) und bei ähnlichen militärischen Anwendungen. Das in Nr. 19 wiedergegebene Beispiel verwendet ein Bauelement, das nach seinem Erfinder auch Smythsche Linse genannt wird. Das ist eine Negativlinse vor der Bildebene. Eine solche Linse hat bekanntlich eine geringe Wirkung auf das Abbildungsstrahlenbündel, bringt aber die Petzvalsumme des Systems sehr stark nach minus. Sie hat jedoch den Nachteil, daß der Hauptstrahl sehr stark von der Achse abgelenkt und dadurch der Durchmesser der sammelnden Glieder des Okulars ganz erheblich vergrößert wird. Nach Abb. 130 ist eine durchaus brauchbare Korrektion zu erzielen, wenn man für diese extrem großen Sehfelder indes auch mit einer anderen Größenordnung in der Korrektion rechnen muß als bei den bisher behandelten Okularen. Der Nachteil des großen Durchmessers der augenseitigen Glieder ist in dem in Nr. 20 wiedergegebenen auf A. SONNEFELD zurückgehenden Okular vermieden. Dieser Okulartyp ist aus dem Huygens-Okular heraus entwickelt worden, wobei die Feldlinse als Kittglied und die Augenlinse als ein kompliziertes, aus mehreren Linsen bzw. Kittgliedern bestehendes Teil ausgebildet ist. Die Kleinhaltung der Petzvalsumme ist hier nicht angestrebt worden, dementsprechend ergeben sich auch recht beträchtliche Aberrationen (vgl. Abb. 130). Für Okulare der letztgenannten Art ist die Entwicklung im übrigen noch im Fluß.

§ 18. Die Umkehrsysteme

Das Bild eines astronomischen Fernrohrs aus sammelndem Objektiv und sammelndem Okular ist seiten- und höhenverkehrt. Wenn die Bildaufrichtung nicht durch Prismenumkehrsysteme erfolgt, müssen zwischen das vom Objektiv entworfene Bild und dem vorderen Brennpunkt des Okulars eine ungerade Anzahl von Zwischenabbildungen eingeschaltet werden. Die Systeme, die solche Zwischenabbildungen vermitteln, nennen wir „Umkehrsysteme". Die Umkehrsysteme bewirken eine Vergrößerung der Fernrohrlänge. Sie haben daher konstruktive Bedeutung zur Erzielung großer Baulänge, z. B. bei den Periskopen. Um diesem konstruktiven Zweck zu genügen, werden Zwischenabbildungssysteme vielfach ohne Rücksicht auf Bildumkehr, gelegentlich auch in gerader Anzahl verwendet. Dann muß die Bildumkehr zusätzlich durch Prismenumkehrsysteme bewirkt werden.

Bezüglich des Strahlenganges von Fernrohren mit Umkehrsystemen vergleiche man die Abb. 19c und 20c im § 3 sowie die Abb. 25 im § 4. Der Vergrößerungsmaßstab der Umkehrsysteme bzw. der Folgen von Umkehrsystemen kann jeden beliebigen Wert annehmen. Für den Vergrößerungsmaßstab β sind sowohl Werte kleiner als 1, gleich 1 und größer als 1 gebräuchlich. Man beachte, daß entsprechend Gl. (3.7b) die resultierende Fernrohrvergrößerung dem Vergrößerungsmaßstab β

proportional ist. Die dem Objektiv zugewandte Apertur des Umkehrsystems muß der Objektiv-Apertur der Brennpunktseite entsprechen. Die Durchmesser der Teilglieder des Umkehrsystems müssen den durch Bildwinkel und Eintrittspupille des Objektivs festgelegten Hauptstrahl hindurchlassen und darüber noch einen Teil der Büschel, die die Abbildung am Bildfeldrand vermitteln. In der Praxis reicht es aus, wenn die durchgelassene lineare Ausdehnung des Randbündels in der Meridianebene 20% des axialen Wertes beträgt. Um die Durchmesser der Teilglieder der Umkehrsysteme in erträglichen Grenzen zu halten, ist häufig erforderlich, in oder in der Nähe der Bildebenen Feldlinsen anzubringen, wie es in § 4 beschrieben wurde.

Es sind Umkehrsysteme von sehr verschiedenartigem Aufbau bekannt und angewendet worden. In der nachfolgenden Tab. 12 sind die drei wichtigsten Typen von Umkehrsystemen angeführt worden. Diese sind angegeben bei einem Abbildungsmaßstab $\beta \approx -1$, mit ähnlichem Aufbau lassen sich jedoch auch andere Abbildungsmaßstäbe erzielen. System Nr. 1, ist der einfache Achromat. Da er jetzt eine reelle Objektebene in eine reelle Bildebene abbilden soll, sind die Radienverhältnisse anders als bei seiner Verwendung als Objektiv (Nr. 1 in Tab. 8). Die Abbildung zwischen zwei endlichen Ebenen bedeutet eine größere Beanspruchung des Systems als bei der Verwendung als Objektiv, man verwendet sie deshalb ungern für größere objektseitige Aperturwinkel als 3° (Öffnungsverhältnis < 1 : 4,8). Der Hauptstrahlwinkel soll nach Möglichkeit kleiner als 4° sein, das ist gegebenenfalls durch entsprechend große Wahl der Brennweite für das Umkehrsystem zu erreichen. Durch geeignete Bemessung der Feldlinsen wählt man den Hauptstrahlengang zweckmäßigerweise so, daß ein Kreuzungspunkt im Umkehrsystem zu liegen kommt. Für höhere Beanspruchungen verwendet man das dreilinsige symmetrische Umkehrsystem Nr. 2, welches besonders größere Bildwinkel bis zu 8° zuläßt. Das am häufigsten verwendete Umkehrsystem besteht aus zwei Achromaten, zwischen denen paralleler Strahlengang herrscht. Wenn der Abbildungsmaßstab $\beta = 1$ verlangt wird, legt man zweckmäßigerweise die Blende in die Mitte zwischen die beiden Umkehrhälften. Ein Beispiel zeigt Nr. 3 in Tab. 8. Wenn der Strahlengang, wie bei diesem Beispiel gezeigt, symmetrisch ist, brauchen die einzelnen Umkehrhälften nicht mehr auf Koma korrigiert zu sein, da bei symmetrischem Aufbau die Komafehler der beiden Umkehrhälften sich gegenseitig kompensieren. Man nennt solche Umkehrsysteme daher auch bisweilen aplanatische Umkehrsysteme und die Teilglieder Aplanathälften. Diese Art von Umkehrsystemen sind bis zu den höchsten Beanspruchungen geeignet. Für größere Öffnungsverhältnisse als 1 : 4 für die einzelnen Aplanathälften und größere Bildwinkel als 6°, kommt man allerdings mit einfach ver-

Tabelle 12. *Umkehrsysteme*

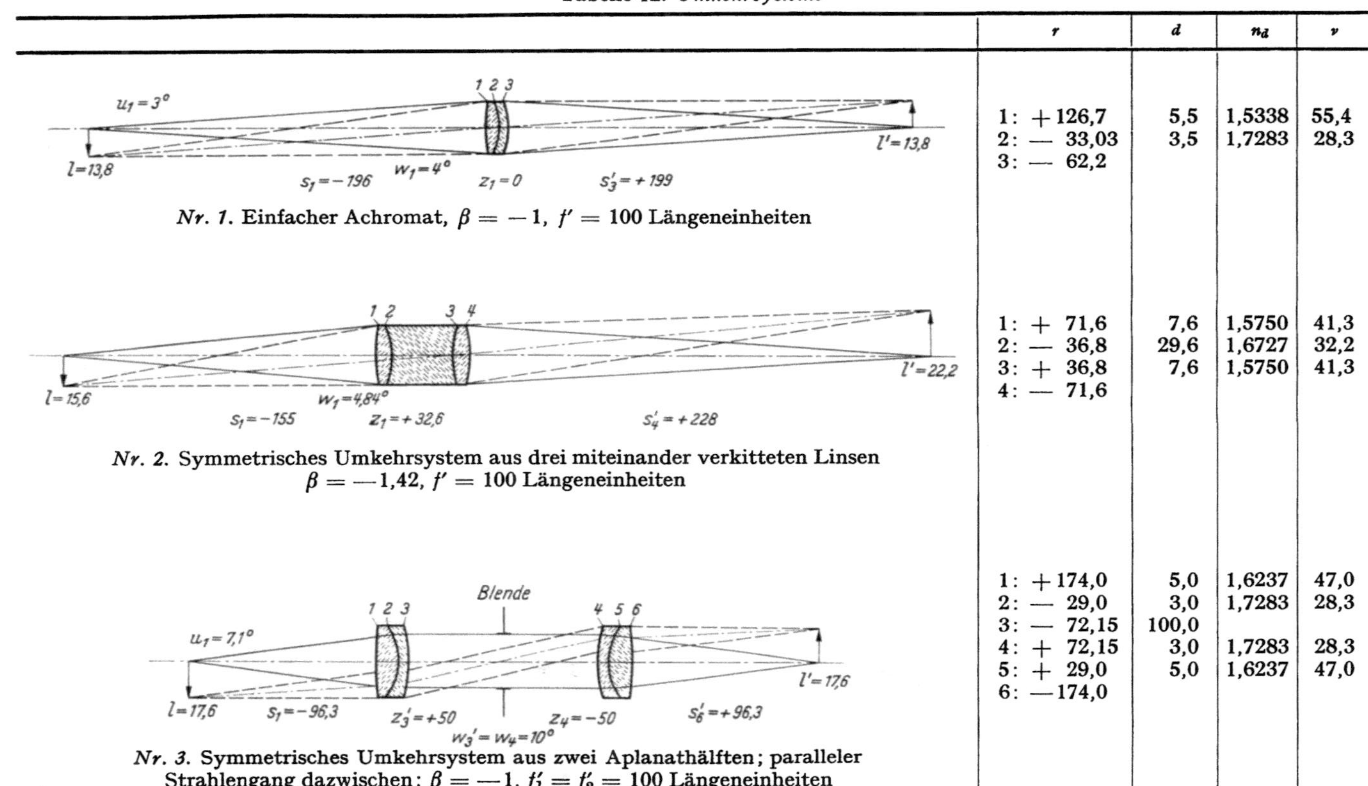

Nr. 1. Einfacher Achromat, $\beta = -1$, $f' = 100$ Längeneinheiten

Nr. 2. Symmetrisches Umkehrsystem aus drei miteinander verkitteten Linsen
$\beta = -1,42$, $f' = 100$ Längeneinheiten

Nr. 3. Symmetrisches Umkehrsystem aus zwei Aplanathälften; paralleler
Strahlengang dazwischen; $\beta = -1$, $f'_1 = f'_2 = 100$ Längeneinheiten

	r	d	n_d	v
1:	+ 126,7	5,5	1,5338	55,4
2:	— 33,03	3,5	1,7283	28,3
3:	— 62,2			
1:	+ 71,6	7,6	1,5750	41,3
2:	— 36,8	29,6	1,6727	32,2
3:	+ 36,8	7,6	1,5750	41,3
4:	— 71,6			
1:	+ 174,0	5,0	1,6237	47,0
2:	— 29,0	3,0	1,7283	28,3
3:	— 72,15	100,0		
4:	+ 72,15	3,0	1,7283	28,3
5:	+ 29,0	5,0	1,6237	47,0
6:	— 174,0			

kitteten Achromaten als Aplanathälften nicht mehr aus, man muß dann zu komplizierteren Systemen übergehen. Die Aplanathälften ähneln dann immer mehr den in Tab. 8 aufgeführten, komplizierteren anastigmatisch korrigierten Objektiven. Umkehrsysteme aus zwei Gliedern mit dazwischenliegendem parallelen Strahlengang, haben große Bedeutung bei den U-Boot-Sehrohren, wo eine extrem große Länge des Fernrohres verlangt wird. Sie haben auch da Bedeutung, wo ein sog. Reversionsprisma (Dove-Prisma, vgl. § 5) verwendet werden muß. Zur Vermeidung des Astigmatismus in der Achse, müssen sich diese Prismen im parallelen Strahlengang befinden. Wenn solche Prismen nicht vorhanden sind, braucht der parallele Strahlengang nicht streng angehalten zu werden. Davon wird in der Praxis oft Gebrauch gemacht.

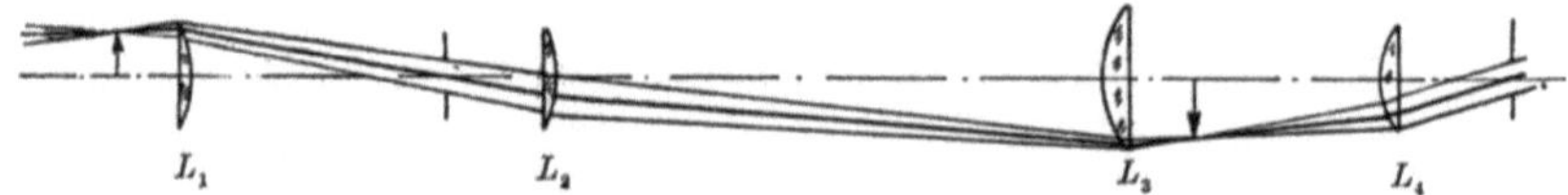

Abb. 131. Schema des terrestrischen Okulars

Man kann das Umkehrsystem auch als einen Teil des Okulars auffassen. Besonders dann, wenn man seine Brennweite kurz wählt und es für ein relativ kleines Bildfeld bei großer Objektivbrennweite verwendet. Das traf für die ersten terrestrischen Fernrohre des 17. und 18. Jahrhunderts zu. Bei den damaligen bescheidenen Anforderungen führte man die Teilglieder des Umkehrsystems vielfach als einfache Plankonvexlinsen aus. Beispiel eines solchen von FRAUNHOFER angegebenen terrestrischen Okulars zeigt Abb. 131, die dazugehörigen Optikdaten befinden sich auf S. 448.

§ 19. Die Fernrohre mit Vergrößerungswechsler

Die Änderung der Vergrößerung kann entweder in stetigem Übergang innerhalb gewisser Grenzen vorgesehen sein, oder es kann nur zwischen einigen bestimmten Vergrößerungen gewechselt werden; zweckmäßig wird dafür gesorgt, daß die Scharfstellung des Bildes erhalten bleibt. Im ersten Falle dient als Mittel die Änderung von Linsen-(Kugelspiegel-)abständen, man erreicht dies meist durch Verschieben von Linsen; man bezeichnet diese Fernrohre, wenn die Vergrößerungsänderung kontinuierlich erfolgt, als pankratische, früher auch als polyaldische. Wenn das Bild bei der Vergrößerungsänderung scharf bleiben soll, müssen für größere Änderungen mindestens zwei Linsen verschieden verschoben werden. Als solche wählt man wegen der leichteren Abdichtung zweckmäßig innere Linsen, z. B. die Feldlinse und die Umkehrlinse des Erdfernrohrokulars; die Änderung der Vergrößerung wird dabei meist hauptsächlich durch die Umkehrlinse bewirkt, die in der einen Grenzstellung vergrößernd, in der anderen verkleinernd wirkt, während die Verschiebung der Feldlinse mehr der Scharfstellung dient. Verschiebt man die Feldlinse über den Brennpunkt des Objektives hinaus, so kann man die Vergrößerungsänderung hauptsächlich durch die Feldlinse bewirken, die nun auch in der einen Grenzstellung vergrößert, in der anderen verkleinert, während die Scharfstellung mehr durch die Umkehrlinse

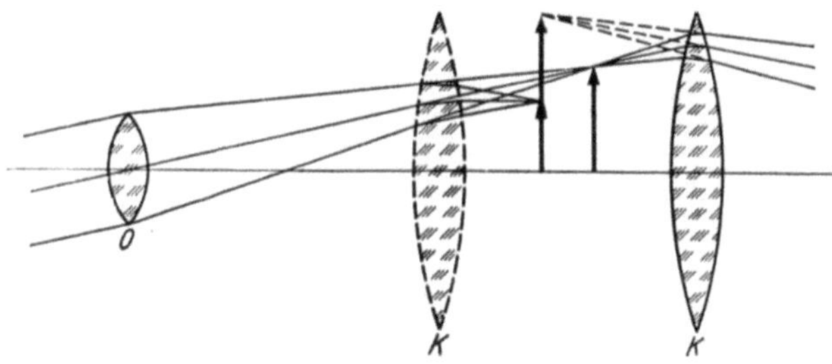

Abb. 132. Der Strahlengang beim Vergrößerungswechsel mit Schiebekollektiv

bewirkt wird. Will man nur zwei Vergrößerungen benutzen, so kommt man auch mit einer Verschiebung — entweder der Umkehrlinse oder der Feldlinse — aus; die Linse muß dann in der einen Stellung ebensoviel vergrößern wie in der anderen verkleinern. In Abb. 132 wird von dem vom Objektiv O entworfenen Bild durch die Kollektivlinse K in der

ausgezogenen Stellung ein vergrößertes Bild entworfen, in der gestrichelten ein verkleinertes. Bei Zielfernrohren mit Umkehrlinsen wird vielfach die Feldlinse im Brennpunkt des Objektives angeordnet, um auf ihr das

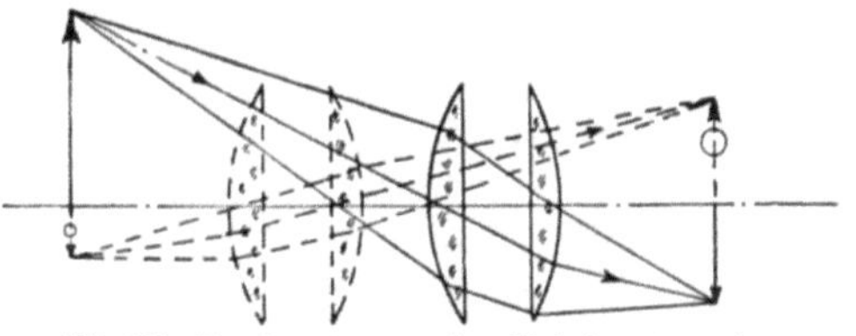

Abb. 133. Der Strahlengang eines Umkehrsystems des pankratischen Fernrohres

Fadenkreuz einätzen zu können; dann wird meist die Umkehrlinse geteilt, die beiden Teile werden für sich verschoben, wobei die mittlere Verschiebung mehr der Vergrößerungsänderung, die Abstandsänderung der Linsen mehr der Scharfstellung dient. In Abb. 133 gibt die doppelte Umkehrlinse in der ausgezogenen Stellung mit ausgezogenen Strahlen ein verkleinertes Bild, in der gestrichelten ein vergrößertes. Um die Bewegungen der beiden Linsen so zu kuppeln, daß das Bild scharf bleibt, tragen die Fassungen der Linsen je einen Stift, der in dem Längsschlitz eines die Fassungen umgebenden Rohres läuft; dieses Rohr umgibt ein weiteres, in das Schneckengänge eingeschnitten sind, die die Stifte und damit die Linsen in der vorgeschriebenen Weise bewegen; die eine Schnecke muß dabei ungleichmäßige Steigung erhalten.

Am gebräuchlichsten ist für das Wechseln zwischen bestimmten Vergrößerungen der Wechsel der Okulare, die zu dem Zweck mit Vorliebe (Abb. 134) auf einer kugelförmigen Drehscheibe (Revolver) oder, besonders bei periskopartigen Fernrohren, auf einem das Okularprisma

Abb. 134. Ein Aussichtsfernrohr mit Okularrevolver

umgebenden Ring angeordnet sind; der Durchmesser der Austrittspupille ist hier umgekehrt proportional der Vergrößerung. Demgegenüber bietet der Wechsel der Objektive den Vorteil, daß die Austrittspupille bei den verschiedenen Vergrößerungen gleichgemacht werden kann. Um die Länge des Fernrohres dabei annähernd gleichzuhalten, verwendet man wohl für das Objektiv langer Brennweite ein Teleobjektiv (Abb. 18), das aus einer vorderen Sammellinse und einer davon abstehenden hinteren Zerstreuungslinse besteht, und bei dem der Abstand zwischen Vorderlinse und Brennpunkt kleiner als bei einer dünnen Linse gleicher Brennweite ist. Als Objektiv kurzer Brennweite dient ein Objektiv aus einer vorderen Zerstreuungslinse und einer hinteren Sammellinse, bei dem diese Verhältnisse umgekehrt sind (Tab. 8, Nr. 18). Diese Ein-

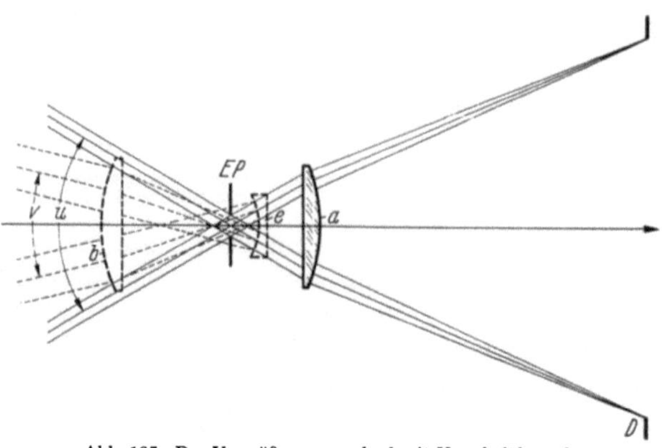

Abb. 135. Der Vergrößerungswechsel mit Vorschaltfernrohr

richtung hat den Nachteil, daß bei Fernrohren zum Messen oder Richten der Wechsel der Vergrößerung recht genau arbeiten muß, damit die Lage der Visierlinse erhalten bleibt. Kommt es auf die Lage der Visierlinse nur bei der einen Vergrößerung an, so schaltet man besondere

Linsen in den Strahlengang eines gewöhnlichen Fernrohres ein, z. B. setzt man davor ein holländisches Fernrohr, um die Vergrößerung zu steigern oder um bei umgekehrter Linsenfolge durch Herabsetzen der Vergrößerung ein größeres dingseitiges Gesichtsfeld für ein Übersichtsbild zu gewinnen. Die Strahlenbegrenzung in diesem Vorschaltfernrohr kann von der des holländischen Fernrohres wesentlich abweichen (vgl. § 4, S. 36). In Abb. 135 ist a das Fernrohrobjektiv mit der Gesichtsfeldblende D in dessen Brennebene; b und e sind die Linsen des Vorschaltfernrohres; die Eintrittspupille EP von a liegt zweckmäßig zwischen diesen Linsen. Durch das Vorschalten wird die Vergrößerung auf das Doppelte gesteigert, dafür aber das dingseitige Gesichtsfeld von u auf v herabgesetzt; umgekehrt ist es, wenn die Linse e der Linse b vorausgeht.

§ 20. Die Handfernrohre

Unter Handfernrohren wollen wir solche Fernrohre verstehen, die vorwiegend im freihändigen Gebrauch verwendet werden; in der Regel wird die Beobachtung nicht irgendwelchen Meßzwecken dienen. Bei den in Tab. 2 (§ 11) mitgeteilten Zahlenwerten ist es bei freihändiger Fernrohrbeobachtung mit Rücksicht auf die Beobachtungsunruhe nicht sinnvoll, Vergrößerungen anzuwenden, die über einer bestimmten Grenze liegen. Eine sichere Grenze ist eine 8fache Vergrößerung, allenfalls ist bei einiger Übung eine Vergrößerung von $10 \times$ noch angebracht,

Abb. 136. Ein älteres monokulares Fernrohr galileischer Bauart

höhere Vergrößerungen sind für Fernrohre, die vorwiegend freihändig gebraucht werden sollen, unzweckmäßig. Trotzdem werden Fernrohre in der für Freihandgebrauch üblichen Form auch mit 15facher und gelegentlich auch mit 18facher Vergrößerung ausgeführt, solche Gläser sind an sich für Stativgebrauch vorgesehen, können jedoch gelegentlich auch zur Freihandbeobachtung benutzt werden. Bei den jetzt zu behandelnden Handfernrohren haben wir uns also mit Fernrohren bis maximal 15 fache Vergrößerung zu befassen. Der Freihandgebrauch fordert von vornherein Beschränkung auf niedriges Gewicht (im alleräußersten Falle etwa 1200 g). Da das Gewicht im wesentlichen durch

Abb. 137. Ein Zugfernrohr (Spektiv)

den Durchmesser des Objektivs bestimmt ist (dieser bestimmt die Größe des Prismensystems, des Gehäuses und die Baulänge), ist ein maximal anwendbarer Objektivdurchmesser konstruktiv gegeben. Diese konstruktive Grenze für den Objektivdurchmesser liegt bei 60 mm.

Abb. 138. Monokularer Prismenfeldstecher 8 × 30

Weitaus die meisten Handfernrohre werden heute als Doppelfernrohre ausgeführt. Das ist nicht immer so gewesen. Die ersten Fernrohre für den Handgebrauch waren monokulare Fernrohre, deren mechanischer Aufwand wesentlich geringer ist. Solche monokularen Fernrohre sind als Galilei-Fernrohre, als terrestrische Fernrohre (mit Umkehrsystem) und als Prismenfernrohre bekannt geworden. Abb. 136 zeigt ein monokulares Fernrohr mit teleskopartigen Auszug und einem optischen System galileiischer Bauart. Bei dem wiedergegebenen Fernrohr ist das Objektiv ein einfacher Achromat (Tab. 8, Nr. 1), das Okular ist eine einfache Negativlinse. Die Anwendung komplizierterer Galilei-Systeme (Tab. 7) wäre bei einem solchen Fernrohr vorteilhaft. Fernrohre der eben beschriebenen Art sind seit Ende des vorigen Jahrhunderts außer Gebrauch gekommen. Ein Handfernrohr mit Umkehrsystem zeigt Abb. 137. Es handelt sich hierbei um ein sog. Zugfernrohr, auch Perspektiv genannt, um für den Transport die unhandliche Länge zu vermeiden. Sie werden heute nur noch wenig angewendet und dann meistens für Vergrößerungen, die für den Gebrauch als Handfernrohre viel zu hoch liegen, so daß solche Fernrohre praktisch nur mit einer Auflage verwendet werden können. Heute sind vielfach als monokulare Handfernrohre Hälften der unten ausführlich beschriebenen Prismenfeldstecher in Gebrauch. In Abb. 138 und 139 sind zwei solche monokularen Handfernrohre wiedergegeben. Bei dem letztgenannten handelt es sich um eines mit relativ hoher Vergrößerung, das nach dem Obengesagten vorwiegend auf dem Stativ zu benutzen ist. Eine bemerkenswerte neuere Bauform eines monokularen Prismenfernrohres ist in Abb. 140 wiedergegeben. Dieses kleine Taschenfernrohr ist vor allem für Bergsteiger gedacht. Um es bequem in der Tasche unterzubringen, läßt sich das in der Gebrauchsstellung abgewinkelte Prismensystem aufklappen.

Die eben beschriebenen monokularen Handfernrohre vermitteln

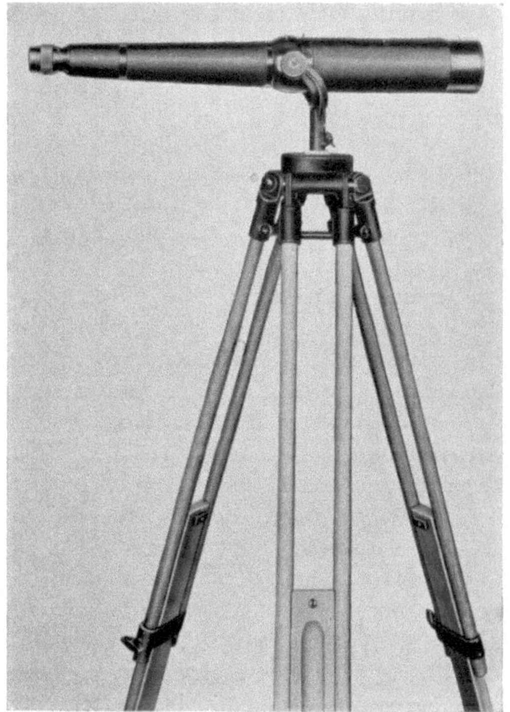

Abb. 139. Monokulares Prismenfernrohr 40 × 60

Abb. 140. Ein zusammenklappbares Prismenfernrohr 8 × 21

kein räumliches Bild, und ihr längerer Gebrauch führt leicht zur Ermüdung. Deshalb sind als Handfernrohre für Beobachtungszwecke heute zum größten Teile Doppelfernrohre in Gebrauch. Nach dem in § 12

Gesagten ist der durch ein Doppelfernrohr vermittelte räumliche Eindruck um so stärker, je größer der Abstand zwischen den beiden Objektiven des Doppelfernrohres ist. (Er entspräche der Raumwahrnehmung aus der um den Faktor Γ verminderten Entfernung, wenn der Objektivabstand gleich dem Γfachen des Augenabstandes wäre.) Um den räumlichen Eindruck dem Beobachter mühelos zu gewährleisten, müssen die von jeder Fernrohrhälfte gelieferten Bilder im Sinneswahrnehmungszentrum zusammenfallen wie im freiäugigen Sehen. Man nennt diesen Vorgang Fusion. Um mühelos diese Fusion der beiden Bilder zu gewährleisten, müssen bei Doppelfernrohren einige spezielle Bedingungen erfüllt sein. Erstens sollen die Achsen der Einzelfernrohre parallel sein, damit weit entfernte Gegenstände wieder mit parallelen Augenachsen gesehen werden. Sind sie um δ gegeneinander geneigt, so werden 2 Strahlen, die parallel in die Fernrohre eintreten, nach dem Austritt um $(\Gamma - 1)\,\delta$ in derselben Ebene wie die Fernrohrachsen gegeneinander geneigt sein. Abweichungen in einer Ebene durch die beiden Augen wirken sich auf die Fusion weniger schädlich aus als Höhenfehler. Man kann, um müheloses Beobachten zu gewährleisten, folgende Abweichungen von der Parallelität der optischen Achsen der beiden Einzelrohre zulassen: Für konvergenten Seitenfehler 1,5°, für divergenten Seitenfehler 30′, für Höhenfehler 20′. Die Verdrehung der von den beiden Teilfernrohren dargebotenen Bilder gegeneinander darf auch bestimmte Grenzen nicht überschreiten. Es wirkt sich sonst nachteilig auf den perspektivischen Eindruck aus, bei größeren Beträgen wird die Fusion gestört. Bei handelsüblichen Handfernrohren läßt man in der Regel 1° Bildverdrehung zu. Um bei einem fertig montierten Doppelfernrohr die optischen Achsen parallel zu richten, sind mehrere Maßnahmen möglich. Bei Prismenfernrohren wurden früher vielfach die Prismen verschoben. Heute wird die Justierung in überwiegendem Maße durch Verschiebung der Objektive vorgenommen, die über zwei drehbare exzentrische Ringe (Doppelexzenter) in das Gehäuse eingebaut sind. Bei Theatergläsern galileiischer Bauart ist vielfach die Justierung der (in diesem Falle meist relativ einfachen) Okulare mit 3 Stellschrauben im Okularbrückenteil üblich. Die Bildverdrehung tritt nur bei Prismenfernrohren auf. Sie kann nur durch ausreichende Maßhaltigkeit der Prismen und der Prismenfassungen oder aber durch Verdrehung der Prismen in den zulässigen Grenzen gehalten werden.

Für die Anpassung an den Augenabstand muß der Abstand der beiden Austrittspupillen geändert werden, indem die ganzen Einzelfernrohre oder Teile von ihnen parallel verschoben oder gedreht werden, wobei für die Erhaltung der Scharfstellung des Bildes zu sorgen ist. Die nächstliegende Anordnung für die Anpassung an den Augenabstand ist die parallele Verschiebung der beiden Rohre (Abb. 176). Dieses

Verfahren ist technisch unelegant, es erfordert sehr hohe Führungsgenauigkeit. Es wird heute selten angewendet. Am häufigsten wird heute zur Einstellung auf den Augenabstand das Gelenk benutzt, zu dem die optischen Achsen der beiden Fernrohre parallel sind (vgl. die unten wiedergegebenen Abbildungen verschiedener Prismenfeldstecher). Weniger für Handfernrohre als vielmehr für größere Beobachtungsfernrohre und für Entfernungsmesser ist die Anpassung des Augenabstandes mit rhombischen Prismen von Bedeutung (vgl. Abb. 141). Die beiden rhombischen Prismen R werden entweder einzeln von Hand

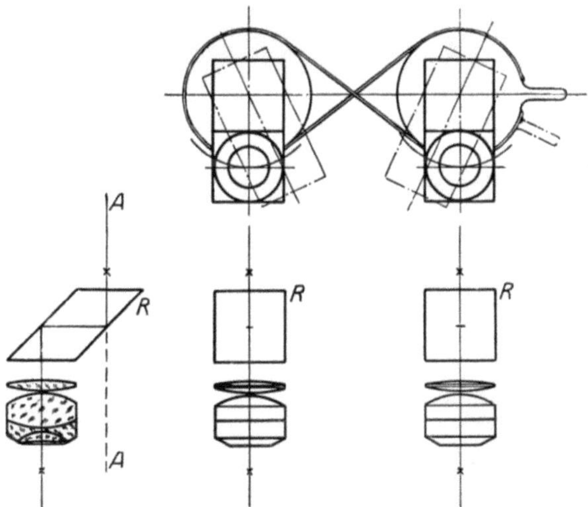

Abb. 141. Die Anpassung an den Augenabstand mit rhombischen Prismen

geschwenkt, oder wie in Abb. 141 gezeigt, durch Kreuzbandkupplung symmetrisch um die Eintrittsachse A samt den Okularen gedreht. Anstelle der rhombischen Prismen können auch bildumkehrende Prismen mit Achsversetzung benutzt werden.

Doppelfernrohre galileiischer Bauart für den Handgebrauch führen zu halbwegs sinnvollen Konstruktionen nur, wenn die Vergrößerung nicht größer als 4mal gewählt ist. Das ergibt sich durch die in § 4 [Abb. 24 und Gl. (4.1)] beschriebenen Zusammenhänge zwischen Objektivdurchmesser und Gesichtsfeldbeschränkung. Will man die Vergrößerung höher wählen, dann würde entweder das Sehfeld unzulässig klein, oder aber man müßte einen Objektivdurchmesser wählen, der wesentlich größer ist als derjenige, der sich aus lichttechnischen Gründen ergibt. Der Hauptanwendungsbereich galileiischer Doppelfernrohre ist daher das Theaterglas mit Vergrößerungen etwa $2^1/_2$—3mal, und Objektivdurchmessern von etwa 20—30 mm (vgl. Abb. 142b). Bei der eben erwähnten Dimensionierung ist die Austrittspupille so groß, daß man meistens auf eine Augenabstandsverstellung verzichten kann, da sich die Augenpupillen meistens immer in den wesentlich größeren Austrittspupillen des Doppelfernrohres befinden. Man kann diese Fernrohre auch in Brillenform ausführen (Abb. 142a). Man benutzte früher

Abb. 142. Doppelfernrohre galileischer Bauart. a) in Brillenform; b) als Theaterglas; c) als Jagdglas

solche Konstruktionen als Theaterbrillen, sie haben heute vielfach Bedeutung bei Betrachtung des Fernsehschirmes aus größerer Entfernung.   Galileische Fernrohre finden auch bei den sog. Fernrohrbrillen Verwendung, die $1^1/_2$—$2^1/_2$fache Vergrößerung besitzen und als

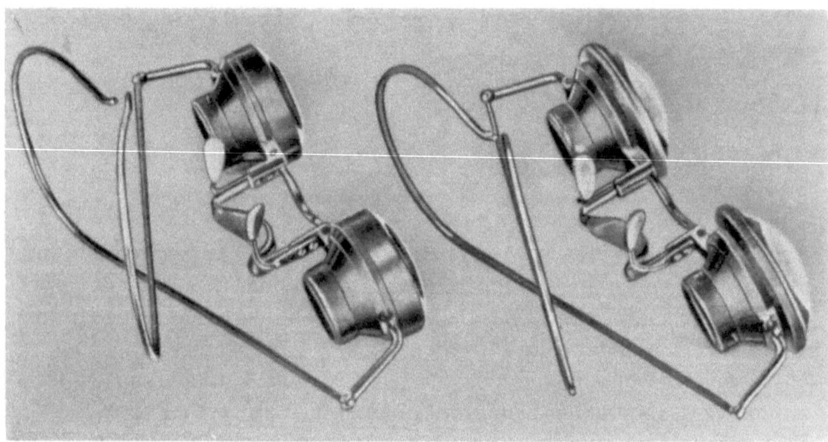

Abb. 143. Fernrohrbrille für Schwachsichtige

Sehhilfen für Schwachsichtige dienen (vgl. Abb. 143). Handfernrohre galileischer Bauart mit der höchstens noch sinnvoll erscheinenden Vergrößerung 4mal werden mit Objektivdurchmessern von etwa 50 mm lediglich noch zu reinen Beobachtungszwecken, z. B. für die Jagd, verwendet. In Abb. 142c ist ein solches Glas wiedergegeben. Der zur Erzielung eines halbwegs brauchbaren Sehfeldes nach Gl. (4.1) bedingte große Objektivdurchmesser hat bei der relativ schwachen Vergrößerung eine ungewöhnlich große Austrittspupille zur Folge. Daher bezeichnete man diese Art von Doppelfernrohren früher gern als Nachtfernrohre, was jedoch nach den Ausführungen des § 11 unzutreffend ist.

Größte Bedeutung als Handfernrohre haben heute die Prismenfernrohre, in Deutschland auch Feldstecher genannt. Der Erfinder des Prismenumkehrsystems war PORRO, die erste technisch brauchbare Konstruktion eines Prismendoppelfernrohres stammt von ABBE (1894). Das Schema des Abbeschen Prismenfeldstechers ist in Abb. 144 wiedergegeben, eine Ansicht in Abb. 145. Das Fernrohr ist ein astronomisches Fernrohr, zwischen Objektiv und Okular ist ein Porrosches Umkehrsystem erster Art, wie es in § 5 beschrieben war, eingeschaltet. Das erste Abbesche Prismenfernrohr hatte 8fache Vergrößerung, einen

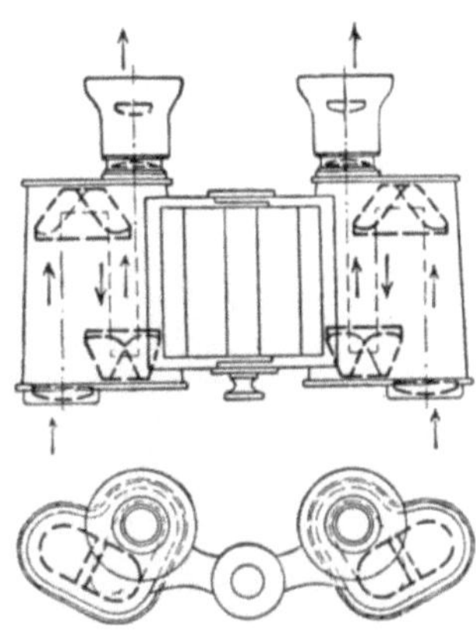

Abb. 144. Schema des Prismendoppelfernrohres nach ABBE

Objektivdurchmesser von 15 mm und ein Sehfeld von 45° subjektiv. In der Zwischenzeit ist dieses Instrument weiterentwickelt worden.

Abb. 145. Abbildung des ersten Zeiss-Prismenfeldstechers 8×15 aus dem Jahre 1894

Durch die Entwicklung der Okulare (vgl. § 17) ist das subjektive Sehfeld bei handelsüblichen Gläsern auf 70°, bei Spezialgläsern bis auf 90°

gesteigert worden. Standardformen verschiedener Prismenfeldstecher
bei verschiedener Leistung zeigen die in den Abb. 146, 147 und 148a, b,
als alte Modelle gekennzeichnete Geräte. Sie werden in dieser Form,
die auf Entwicklungen im Zeiss-Werk zurückgeht, in der ganzen Welt
gebaut. Eine etwas andere Gehäuseform bei Verwendung des Porroschen Umkehrsystems erster Art ist von der Firma Bausch & Lomb,

Abb. 146. 8×30-Feldstecher. Links alte, rechts neue Bauart

Rochester/USA, eingeführt worden. Ein Beispiel ist in Abb. 149 wiedergegeben. Eine Zeitlang hatten Feldstecher mit Porroschem Umkehrsystem zweiter Art Bedeutung (vgl. § 5). Bei diesem Umkehrsystem

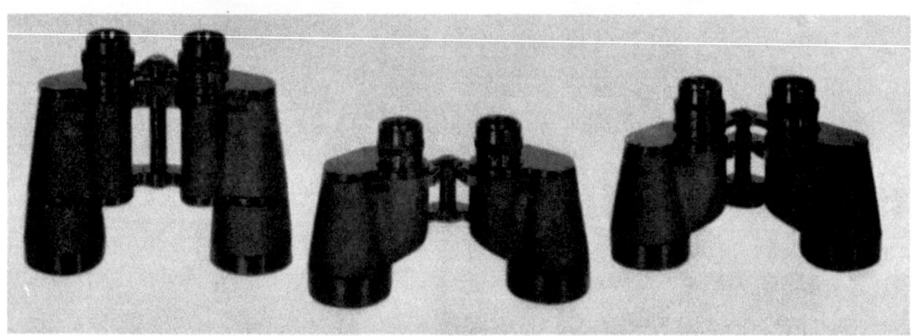

Abb. 147. Links: 7×50-Feldstecher alter Art. Mitte: 7×50-Feldstecher neuer Bauart.
Rechts: 8×50-Feldstecher neuer Bauart

lassen sich nämlich die Prismen verkitten. Dadurch werden Glasluftflächen vermieden. Wenn man die Kollektivlinse des Okulars dann noch
auf dem Prismensatz aufkittet, erhält man einen Feldstecher mit einem
Minimum von Glasluftflächen. Solange die reflexmindernden Ober-
flächenschichten nicht bekannt waren, wurden solche Feldstecher zur
Erzielung optimalen Durchlaßgrades verwendet. Abb. 150 zeigt einen
solchen bis Kriegsende gebauten Feldstecher. In den letzten Jahren

wurde im Zeiss-Werk von H. Köhler eine neue Form des Porro-Prismen-feldstechers entwickelt. Ziel dieser Neuentwicklung war eine Ver-ringerung der Abmessungen des Feldstechers. Bei der Verwendung gewöhnlicher Achromate (Tab. 8, Nr. 1) als Objektiv kann man die

Abb. 148a. 10×50-Feldstecher. Links: neue Bauart, rechts alte Bauart

Abb. 148b. 15×60-Feldstecher. Links: alte, rechts neue Bauart

Brennweite nicht mehr unter das Maß verkürzen, das zu den derzeitigen Standardabmessungen der Feldstecher geführt hat. (Mit einem Objektiv-durchmesser von 30 mm erhielt man eine Brennweite von 120 mm, ein Öffnungsverhältnis 1 : 4. Bei einem Objektivdurchmesser von 50 mm beträgt die übliche Brennweite 180 mm, Öffnungsverhältnis 1 : 3,5.)

Abb. 149. Prismenfeldstecher von Bausch & Lomb

Wollte man bei Verwendung gewöhnlicher Achromate als Objektive eine Bauhöhenverringerung durch eine weitere Verkürzung der Brennweite

Abb. 150. Prismenfeldstecher 7 × 50 mit Porroschem Umkehrsystem 2. Art

erreichen, dann würde der Zonenfehler und die chromatische Differenz der sphärischen Abweichung, der sog. Gauß-Fehler (vgl. § 6), so ansteigen, daß die Restaberrationen eine deutlich sichtbare Bildverschlechterung erwirken würde. Man ist daher von dem gewöhnlichen Achromaten als Objektiv abgegangen und verwendet als Feldstecherobjektiv ein 2 linsiges Objektiv nach Nr. 4 der Tab. 8, wobei der Luftabstand etwa 6% der Brennweite beträgt. Da sich bei einem solchen Objektiv der Zonenfehler und der Gauß-Fehler korrigieren lassen, ist bei gegebenem Objektivdurchmesser eine wesentlich kürzere Brennweite zulässig, ohne daß die Bildgüte darunter leidet. (Bei Objektivdurchmessern von 30 mm kann die Brennweite rund 100 mm und bei einem Objektivdurchmesser von 50 mm rund 150 mm betragen.) Eine

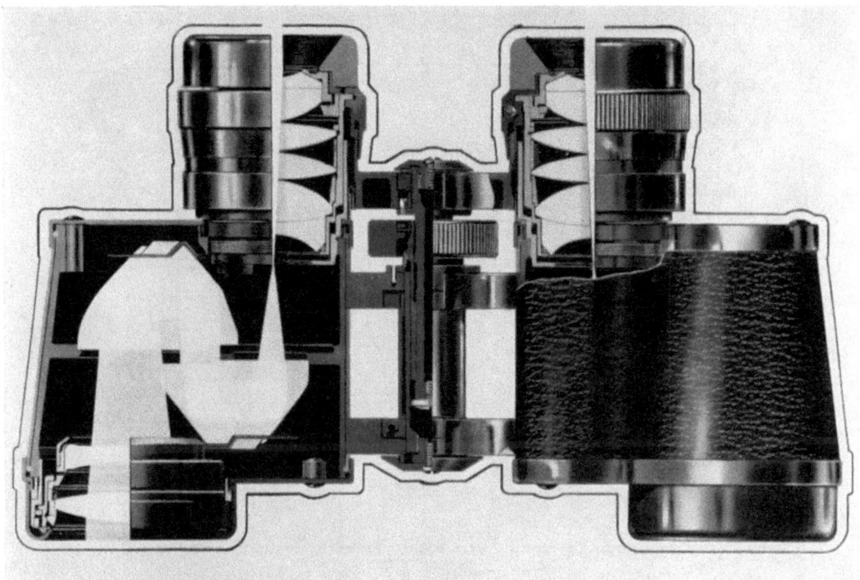

Abb. 151. Ein moderner Prismenfeldstecher 8×30 mit Teleobjektiven

weitere Bauhöhenverringerung ergibt sich aus der Tatsache, daß die Objektive mit Luftabstand „Teleobjektive" im Sinne des § 2, S. 25

sind. Abb. 151 zeigt einen nach diesen Gesichtspunkten gebauten Feldstecher. In den Abb. 146 bis 148b sind Feldstecher alter und neuer Art bei annähernd gleichen optischen Leistungen gegenübergestellt.

Man kann bei Doppelfernrohren mit Porroschem Umkehrsystem erster Art die Prismen auch so anordnen, daß der Objektivabstand kleiner als der Augenabstand ist. Dann ist zwar der räumliche Eindruck wesentlich schlechter als bei den bisher beschriebenen Fernrohren, dafür kommt man jedoch bei den kleineren Feldstechertypen zu handlicheren Abmessungen.

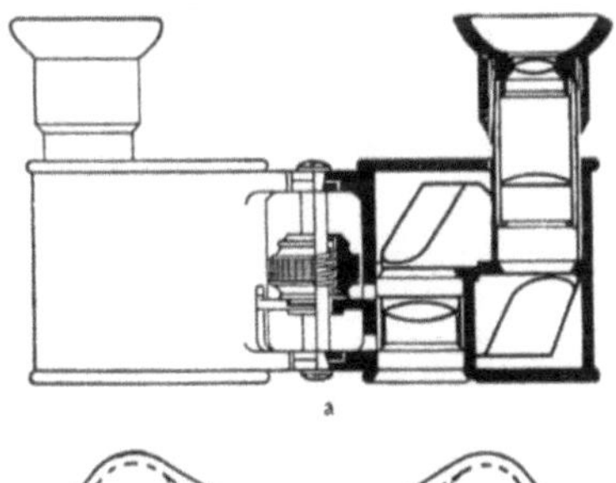

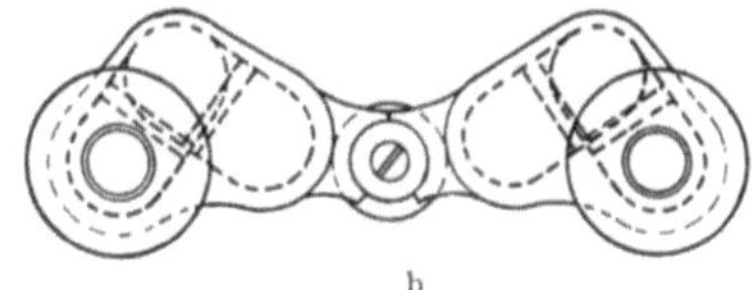

Abb. 152. Prismenfeldstecher mit verkleinertem Objektivabstand (Schema)

In Abb. 152 ist eine solche Feldstecher-Bauform im Schema und in Abb. 153 in der Ansicht wiedergegeben.

Außer den Umkehrprismen nach Porro sind auch andere Prismensysteme für Doppelfernrohre zum Handgebrauch verwendet worden.

Abb. 153. Ansicht eines Doppelfernrohres mit Porroprismen und verkleinertem Objektivabstand
(wie Abb. 152)

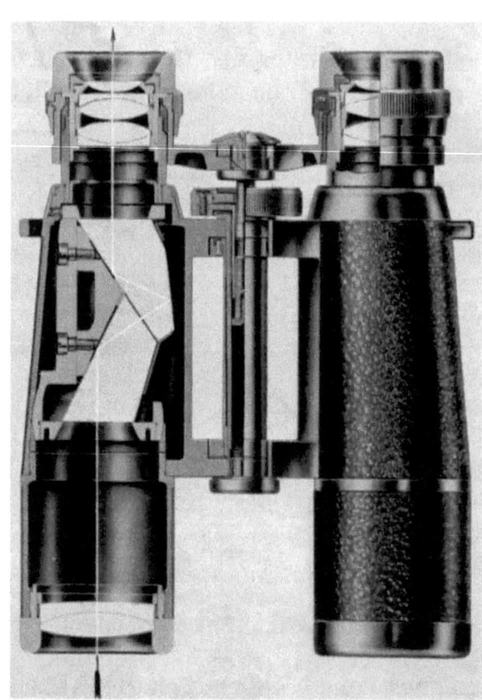

Abb. 154. Das Prismenfernrohr „Dialyt" 8 × 30 der Fa. Hensoldt

Als ist Beispiel in Abb. 154 ein Doppelfernrohr wiedergegeben, bei dem zur Bildumkehr Prismen verwendet werden, die im Prinzip dem in Abb. 42 (§ 5) wiedergegebenen Umkehrprisma nach ABBE entsprechen (vergl. auch Abb. 43). Es ist das unter dem Namen Dialyt bekanntgewordene Doppelfernrohr der Firma Hensoldt. Das in Abb. 44 erläuterte Umkehrprisma nach LEMAN wird auch in Doppelfernrohren verwendet, z. B. bei dem in Abb. 155 wiedergegebenen Theaterglas. Ähnlich in der Wirkung ist das Dachkant - Umkehrprisma von Möller, welches

Abb. 155. Ein Prismentheaterglas 3,5 × 15 mit Dachkantprismen

ähnlich wie das Dialyt-Prisma auch für Feldstecher mit größerem Objektivdurchmesser (30 mm) Verwendung findet. Abb. 156 zeigt ein Doppelfernrohr mit einem Umkehrprisma von Möller. Doppelfernrohre mit Dachkant-Umkehrprismen führen zu schlankeren Bauformen. Dieser Vorteil gegenüber den Gläsern mit Porro-Umkehrprismen wirkt sich jedoch nur dann aus, wenn der Durchmesser des Bildes in gewissen Grenzen bleibt. Das bedeutet bei den meisten Konstruktionen, die Dachkant-Umkehrprismen verwenden, eine Beschränkung im Sehfeld. Man findet daher nur wenige Gläser mit Dachkant-Umkehrprismen, deren subjektives Sehfeld größer als 50° ist. Erwähnt

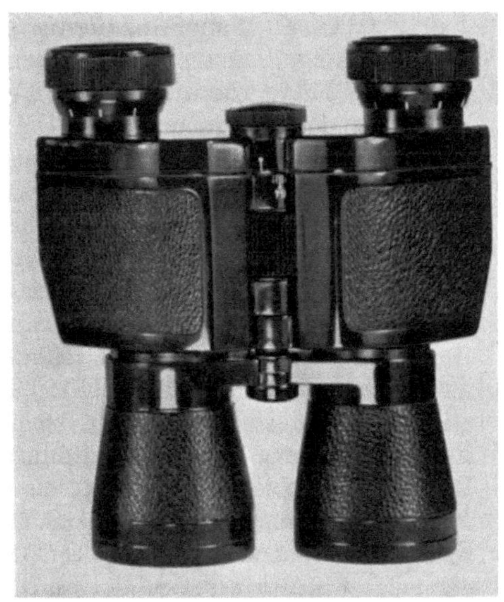

Abb. 156. Ein Feldstecher 8 × 40 mit Dachkantprismen der Fa. Möller in Wedel (Holstein)

sei noch, daß die Herstellung der Dachkante im Winkel mit einer Genauigkeit von wenigen Sekunden eingehalten werden muß, um

Doppelbilder zu vermeiden, was größeren Fertigungsaufwand erfordert, als die Herstellung von Porro-Prismen.

ABBE verwendete bei seinen ersten Feldstechern Okulare vom Kellnerschen Typ (Nr. 5, Tab. 11). Bei Doppelfernrohren, deren Sehfeld $\pm 25°$ nicht übersteigt, ist dieser Okulartyp bzw. seine neuere Modifikation (Nr. 6, Tab. 11) in Gebrauch. Daneben wird wegen seiner guten Randschärfe das Okular von KÖNIG (Nr. 7, Tab. 11) verwendet. Bei den modernen Weitwinkelgläsern mit subjektiven Sehfeldern von $\pm 35°$ sind 4-, 5- und 6-linsige Okulare in Gebrauch. Das am häufigsten für diese Zwecke angewendete Okular ist das von ERFLE (Nr. 11, Tab. 11). Die am Auge wirksamen Unschärfefehler des Okulars (Astigmatismus und Koma, ausgedrückt in Dioptrien) sind für ein und denselben Okulartyp umgekehrt proportional der Okularbrennweite. Wird diese verkürzt, wie bei dem neuen Zeiss-Feldstechern, dann genügen die herkömmlichen Okulare in der Randschärfe nicht mehr. Aus diesem Grunde wurden bei dem neuen Zeiss-Feldstecher 6linsige Okulare mit stark nach außen durchgebogenen Minisken angewendet (Nr. 16, Tab. 11 — vgl. dazu auch Abb. 151).

Nach den Ausführungen des § 13 ist es zweckmäßig, Handfernrohre mit Fokussiereinrichtungen auszurüsten. Sei es, um die Fehlsichtigkeit des Beobachters auszugleichen, sei es, um das Fernrohr auf ein nahes Ziel einzustellen. Das am häufigsten angewendete Fokussiermittel ist der Okularauszug, dessen Wirkungsweise in § 13 behandelt wurde. Bei den ersten Feldstechern wurde die Fokussierung an jedem einzelnen Okular getrennt vorgenommen. Jedes Okular ist dabei mit einem mehrgängigen Trapezgewinde verhältnismäßig geringer Steigung in den Feldstecherkörper eingeschraubt. Durch Drehen des Okulars an einem dafür vorgesehenen Rändelring wird der Abstand des Okulars von der Bildebene des Fernrohres geändert. Die nach Gl. (13.4) berechneten Dioptrienwerte können meistens außen an einer Skala abgelesen werden. So sind heute noch die Fernrohre ausgeführt, die besonders rauhen Bedingungen unterworfen sind (Militärgebrauch, Gebrauch auf See, in den Tropen). In Abb. 147 und 150 ist diese „Einzelfokussierung“ zu erkennen. Mit einiger Sorgfalt können solche Doppelfernrohre mit Einzelfokussierung bis zu einem Prüfdruck von 0,5 atü gebaut werden. Üblich ist eine Dichtigkeit von $^1/_{10}$ dieses Wertes. Wenn in besonderen Fällen eine besonders hohe Dichtigkeit des Doppelfernrohres verlangt wird, z. B. bei dem am Turm der U-Boote fest montierten Fernrohr, das beim Tauchen des Bootes eine Dichtigkeit über 10 atü aushalten muß, wird die Fokussierung durch ein im Innern des Glases verschiebbares optisches Element erwirkt. Häufig wird die Feldlinse des modifizierten Kellnerschen Okulars oder das zweite Glied eines Okulars nach Plösselscher Bauart verschoben. Der Dioptrienbereich ist dabei kleiner als bei der zuerst beschriebenen Fokussiermethode. Das verschiebbare Glied wird mittels einer Drehbewegung von außen bewegt. Abb. 157 zeigt ein derartiges druckdichtes Doppelfernrohr (7×50). Das Gehäuse besteht aus einer seewasserbeständigen Bronzelegierung. Es hat eine Wandstärke von ca. 6mm. Als Umkehrsystem dient ein Porroscher Prismensatz 2. Art.

Die Bedienung der Einzelfokussierung ist bei Einstellung auf nahe Ziele lästig. Bei Theatergläsern und bei Feldstechern, die für Sport, Touristik und Jagd verwendet werden, hat man schon seit langem daher eine Fokussiermethode angewendet, die es gestattet, beide Okulare gleichzeitig zu verstellen. Die gebräuchlichste Methode besteht darin, daß die Okulare in einem glatten Rohr gefaßt sind, welches in einem auf dem Fernrohrgehäuse sitzenden Führungsrohr verschiebbar ist. Die Verschiebung der Okulare beider Fernrohrhälften erfolgt über eine Brücke, die von einer Spindel bewegt wird, die sich in einer in der Gelenkachse angebrachten Mutter mit einem mehrgängigen Gewinde drehen läßt und von einer Rändelscheibe betätigt wird. Man bezeichnet diese Fokussierart im allgemeinen als „Mitteltriebfokussie-

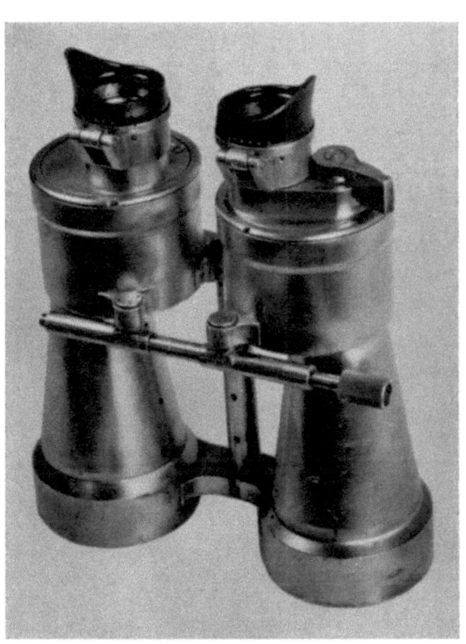

Abb. 157. Spezialdoppelfernrohr mit einer Druckdichtigkeit von 30 atü mit Innenfokussierung

rung" (im Englischen: central focusing). Die überwiegende Mehrzahl der handelsüblichen Doppelgläser ist mit dieser Mitteltriebfokussierung heute ausgerüstet. Doppelfernrohre mit Mitteltriebfokussierung in der eben beschriebenen, heute allgemein gebräuchlichen Art, gewährleisten nur eine beschränkte Dichtigkeit, da die Abdichtung der Okulare gegen das Gehäuse nur durch den Fettfilm der in ihrem Führungsrohr gleitenden Okulare gegeben ist. Bei den oben erwähnten neuen Zeiss-Feldstechern sind zur Vermeidung dieses Übelstandes die im Gehäuse beweglichen Okulare mit einer Gummistulpe mit dem Gehäuse absolut dicht verbunden. Die Gummistulpe läßt hinreichende Verschiebungen des Okulars zu. Abb. 158 zeigt diese Dichtungsart. Neuerdings sind auch Feldstecher mit Mitteltrieb- und Innenfokussierung auf den Markt gebracht worden (Firma Kern, Aarau, Schweiz). Bei diesen Fernrohren befindet

sich im Objektivsystem hinter einem Achromaten als Vorderglied eine
verschiebbare Negativlinse. Bei Verschieben der Negativlinse wird
nach den Regeln des § 2 sowohl die Brennweite des Objektivsystem
als auch die Lage des Objektpunktes verändert. Mit einem Hebel-
mechanismus wird die Schiebebewegung der Negativlinse auf die Mittel-

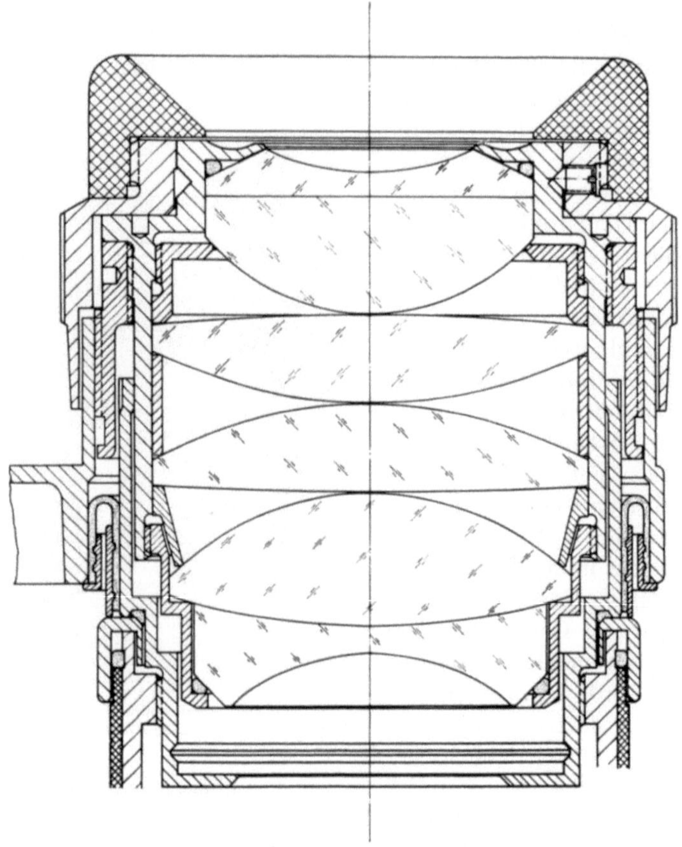

Abb. 158. Gummistulpendichtung

triebspindel übertragen. Abb. 159 zeigt einen solchen Feldstecher mit
Mitteltriebinnenfokussierung.

In Abb. 160 und 161 ist der optische Aufbau von zwei Feldstecher-
typen von BOUWERS wiedergegeben. Bei diesen Feldstechern sind
aplanatische Spiegelsysteme als Objektive verwendet worden. Die
Spiegelsysteme gehen vom System mit konzentrischem Meniskus
(Nr. 9, Tab. 9) aus. Bei dem in Abb. 160 wiedergegebenen Doppelfernrohr ist der Strahlengang des aplanatischen Spiegelobjektivs von der
Art des Gregory-Systems. Dadurch wird im Objektivsystem bereits die

Bildaufrichtung bewirkt. Bei dem in Abb. 161 wiedergegebenen System ist das nicht der Fall, deshalb ist ein Prismenumkehrsystem zusätzlich notwendig. Fernrohre mit diesen Spiegelobjektiven haben zwar den

Abb. 159. Feldstecher mit Mitteltrieb-Innenfokussierung der Fa. Kern in Aarau

Vorteil einer besseren chromatischen Korrektion als solche mit Linsenobjektiven, die Empfindlichkeit des Spiegels gegenüber Dejustierungen ist jedoch unvergleichlich größer. Außerdem bieten Spiegelobjektive keinen großen Spielraum in der Variation der optischen Daten, wie Vergrößerung, Objektivöffnung und Sehfeld. Die kreisförmige Ab-

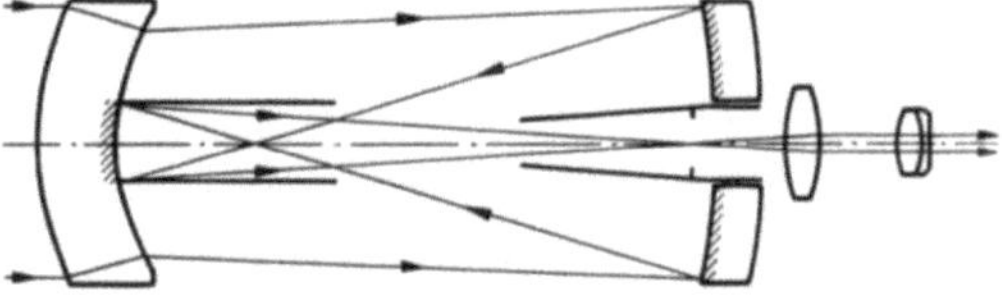

Abb. 160. Spiegelfeldstecher 12 × 35 von Bouwers

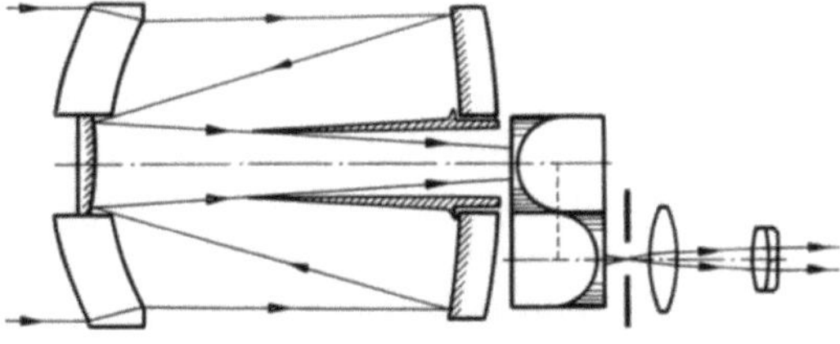

Abb. 161. Spiegelfeldstecher 22 × 60 von Bouwers

schattung der Pupille, die — wie wir in § 7 gesehen haben, aus beugungstheoretischen Gründen nicht mehr als 30% vom Durchmesser betragen soll muß — in der Austrittspupille gemessen — wesentlich kleiner als 2 mm

13*

sein, damit beim Tagessehen nicht die Augenpupille verdeckt wird. Der Bilddurchmesser kann andererseits nicht größer sein als das Loch im Hauptspiegel. Diese einschränkenden Bedingungen lassen praktisch nur die in den Abb. 160 und 161 wiedergegebenen optischen Daten realisieren. Fernrohre dieser Art haben sich daher nicht durchgesetzt.

Das Sehfeld wird nur dann bis zum Rande übersehen, wenn die Augenpupille mit der Austrittspupille des Fernrohres zusammenfällt. Bei festgehaltener, auf die Sehfeldmitte gerichteter Blickrichtung sieht man den Sehfeldrand nur im extrafovealem Sehen (vgl. § 9), also unscharf. Der Sehfeldrand wird nur dann scharf gesehen, wenn der Blick nach dem Sehfeldrand gerichtet wird. Damit das Auge noch in der Austrittspupille bleibt, ist eine kleine seitliche Bewegung des Fernrohres erforderlich. Bei der gewöhnlichen Beobachtungspraxis macht man das allerdings nicht. Man benutzt vielmehr den in extrafovealen Sehen wahrgenommenen Sehfeldrand zur Orientierung und schwenkt Kopf mit Fernrohr so, daß das zu beobachtende Objekt in die Sehfeldmitte kommt. Deswegen kann man bezüglich der außeraxialen Bildfehler bei Fernrohrokularen mehr Zugeständnisse machen als z. B. beim photographischen Objektiv. Die Kleinhaltung der außeraxialen Bildfehler ist beim Fernrohr keine technische Notwendigkeit, sondern erfolgt vorwiegend aus ästhetischen Gründen.

Damit die Augenpupille — wie soeben beschrieben — mit der Austrittspupille des Feldstechers zusammenfällt, muß die Fernrohrkonstruktion einen gewissen Mindestabstand der Austrittspupille vom letzten, augenseitigen Linsenscheitel gewährleisten. Dieser Abstand sollte nicht kleiner als 8 mm sein, da sonst Störungen durch die Augenwimpern eintreten. Die richtige Lage der Austrittspupille des Fernrohres zur Austrittspupille des Beobachters gewährleisten Okularmuscheln. Streng genommen müßten sie bei jedem einzelnen Beobachter seinem anatomischen Bau des Kopfes bzw. der Augenhöhlen angepaßt sein. Wie die Erfahrung zeigt, genügt es für die Mehrzahl der Individuen, die Augenmuscheln so zu bemessen, daß die Austrittspupille des Fernrohres 2 mm über dem oberen Rand der Augenmuschel liegt. Trotzdem gibt es noch relativ zahlreiche Individuen, für die eine höhere oder niedrigere Augenmuschel zweckmäßig wäre. Vielfach ist es erwünscht, jegliches Seitenlicht bei einer Fernrohrbeobachtung auszuschalten. Das gilt vorwiegend bei militärischen Fernrohren. Zu diesem Zwecke gibt es Augenmuscheln aus weichem Gummi, die sich dicht an das Gesicht anlegen.

Wenn der Abstand der Austrittspupille vom letzten Linsenscheitel die eben beschriebene Größe hat, kann ein Beobachter, der durch eine Brille oder die Fenster einer Gasmaske beobachtet, das Sehfeld nicht mehr voll übersehen. Bei Beobachtung mit Brille müßte der Abstand

der Austrittspupille vom letzten Linsenscheitel mindestens 17 mm, bei
Beobachtung mit Gasmaske möglichst 20 mm betragen. Im zweiten
Weltkrieg sind zu diesem Zwecke Spezialfernrohre mit sog. Gasmasken-
Okular entwickelt worden. Das sind Fernrohre, deren Bemessung der
Brennweite so groß gewählt worden ist (vorwiegend Fernrohre 7×50),
daß bei den in Tab. 11 wiedergegebenen Okulartypen der gewünschte
Abstand der Austrittspupille sich ergab. Das waren recht große und
unhandliche Fernrohre. Neuerdings ist von H. KÖHLER ein neuer

Abb. 162. Brillenträger-Feldstecher

Brillenträger-Feldstecher 8×30 für den Zivilgebrauch entwickelt
worden. Das Objektiv- und Prismensystem entspricht dem oben
beschriebenen neuen Zeiss-Feldstecher (Abb. 146 und 151). Der große
Pupillenabstand wird durch einen neu entwickelten Okulartyp gewonnen.
Um an den kleinen Abmessungen festzuhalten, muß der Brillenträger
eine gewisse Beschränkung des Sehfeldes auf etwa $55°$ subjektiv mit in
Kauf nehmen, die jedoch unerheblich ist, wenn man bedenkt, daß er
mit Brille und bei Verwendung eines gewöhnlichen Feldstechers ein
Gesichtsfeld von $25°$ überblicken kann. Bei der Verwendung eines
solchen speziellen Brillenträger-Feldstechers fällt also das lästige Auf-
und Absetzen der Brille bzw. die Verwendung von Aufsteckgläsern weg.
Abb. 162 zeigt diesen Brillenträger-Feldstecher. Bemerkt sei noch, daß
die wichtigsten optischen Daten, nämlich die Vergrößerung und der
Durchmesser der Eintrittspupille in Millimeter bei Handfernrohren
als 2 Zahlen in das Fernrohrgehäuse eingraviert sind („8×30" bedeutet

$\Gamma = 8$mal, $D = 30$ mm). Das augenseitige Sehfeld variiert zwischen 30 und 90°. Für einige häufig gebrauchte üblichen Fernrohrtypen sind in Tab. 13 die wichtigsten optischen Daten zusammengestellt.

Gleichzeitig mit dem Porro-Prismen-Feldstecher (1894) gab ABBE eine andere Art von Handfernrohren bekannt, die sog. Scheren- oder Relief-Fernrohre. Abb. 163 zeigt deren prinzipiellen Aufbau, in Abb. 164

Tabelle 13. *Die wichtigsten optischen Daten einiger häufig verwendeter Doppelfernrohre für den Handgebrauch*

$\Gamma \times D$	Durchm. d. Austrittspupille in mm	Dämmerungszahl $Z_D = \sqrt{\Gamma \cdot D}$	Augenseitiger Sehwinkel w'	Sehfeld in m auf 1000 m Abstand	Bemerkungen	Abb.
2,5 × 30	12,0	6,6	±21°	300	Theaterglas, Gal. Bauart	142 b
8 × 56	7,0	21,2	±14,5°	63	Gall. Bauart, sog. „Krimfeldstech.", heute nicht mehr gebräuchlich	142 c
3,5 × 15	4,3	7,25	±20°	192	Theaterglas mit Leman-Prismen	155
8 × 20	2,5	12,7	±25°	115	Feldstecher mit Porroprismen	
6 × 30	5,0	13,5	±25°	150	Feldstecher mit Porro- oder Dialyt-Prismen und Kellnerschem Okular	
8 × 30	3,8	15,5	±35°	150	Feldstecher mit Porro- oder Dialyt-Prismen und Weitwinkel-Okular-Standardglas	146, 151 und 154
7 × 35	5,0	15,6	±25°	115	Feldstecher mit Porroprismen i. d. USA bevorzugtes Modell	149
7 × 50	7,1	18,7	±25°	128	Feldstecher mit Porroprism. trad. Glas d. Seeleute	147, 150
8 × 50	6,25	20	±30°	128	Feldstecher mit Porroprisma für Jagdgebrauch	147
8 × 56	7,0	21,2	±25°	110	Feldstecher mit Dialytprisma für Jagdgebrauch	
10 × 50	5,0	22,4	±35°	128	Feldstecher mit Porroprisma für Jagd- u. Militärgebrauch	148 a
15 × 60	4,0	30,0	±35°	80	Spezialfeldstecher hoher Vergrößerung m. Porro-od. Dialyt-Prismen f. Ornithologen usw.	148 b

und 165 sind Ansichten solcher Fernrohre wiedergegeben. In gestreckter Lage der Arme ist der Objektivabstand und damit die plastische Raumwiedergabe gegenüber den bisher beschriebenen gewöhnlichen Porro-Prismen-Feldstechern ganz erheblich vergrößert. Bei hochgestellten

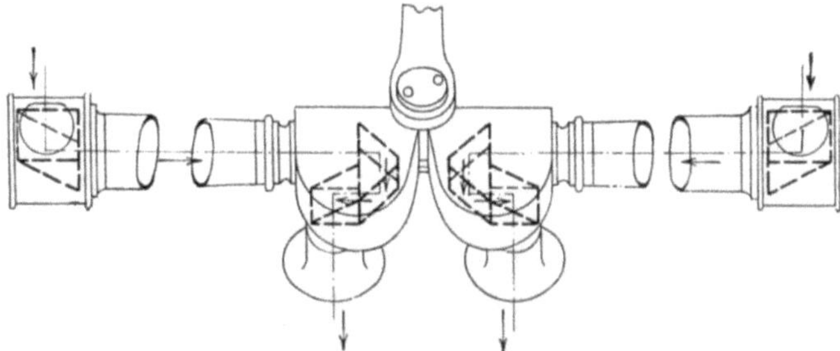

Abb. 163. Aufbau des Scherenfernrohres von ABBE

Armen ist die erhöhte Plastik zwar nicht mehr gegeben, dafür ermöglicht ein solches Fernrohr jedoch die Beobachtung in Deckung. Im übrigen gilt für diese Fernrohre sinngemäß das, was oben über Doppelfernrohre gesagt wurde. Die Anwendungen sind vorwiegend militärischer Art, bevorzugt werden sie mit 10facher Vergrößerung und 50 mm Objektivdurchmesser verwendet.

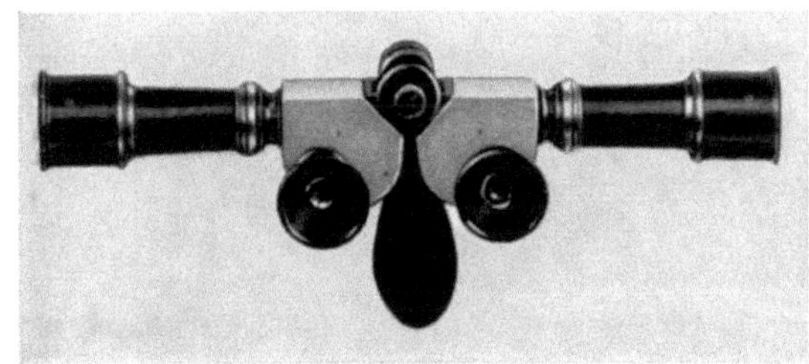

Abb. 164. Ein Handscherenfernrohr

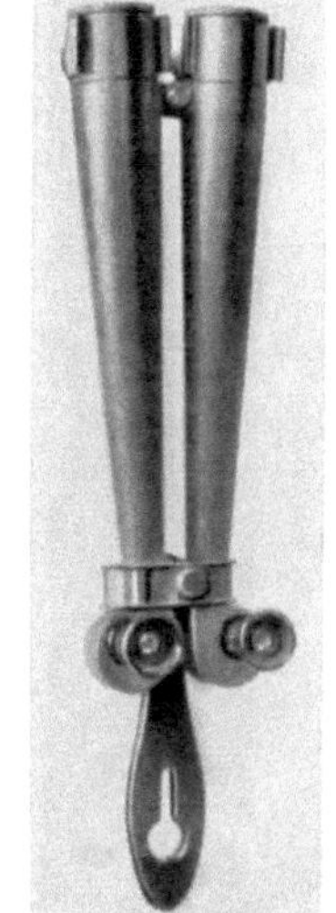

Abb. 165. Ein Graben-Handscherenfernrohr

§ 21. Beobachtungs- und Aussichtsfernrohre

Hier sollen Fernrohre behandelt werden, deren Vergrößerung und Dimensionen Beobachtung vom festen Standort aus (mit Stativ oder fester Montierung) erfordern. Das in Abb. 139 gezeigte Dialyt-Fernrohr (40 × 60) kann schon hierunter gerechnet werden. Die im § 20 ausführlich behandelten Prismenfernrohre können meist mit einfachen Zusatzeinrichtungen auf einem Stativ befestigt werden, wie es beispielsweise in Abb. 166 gezeigt ist. Für Fernrohre mit Vergrößerungen über 10 ist das überhaupt die einzig sinnvolle Beobachtungsart.

Auch die Scheren-Relief-Fernrohre sind in den letzten Jahrzehnten vorwiegend als „Standscherenfernrohre" ausgeführt worden. Meist können sie zusammen mit dem für artilleristische Zwecke notwendigen Richtkreis auf einem Stativ befestigt werden. Es handelt sich meist um 10×50-Fernrohre mit okularseitigem Gesichtsfeld von 50° (siehe Abb. 167).

Eine besondere Art von Beobachtungsfernrohren sind die sog. Richtungsweisersehrohre. Das sind Spezialfernrohre für die Kommando-

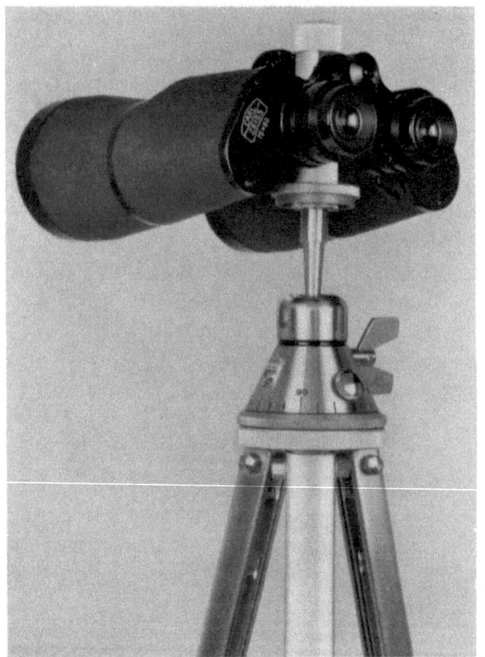

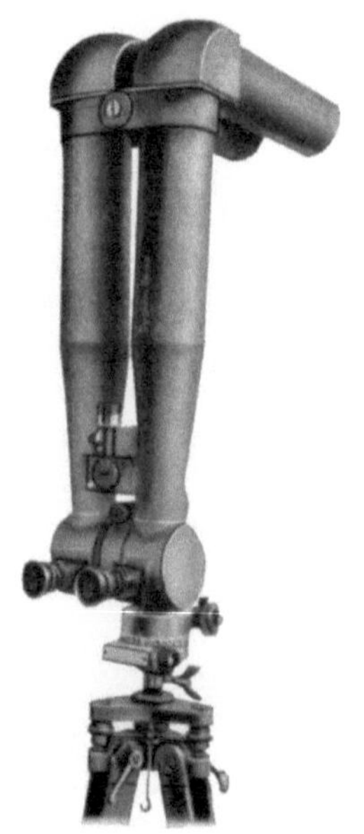

Abb. 166. Ein Doppelfernrohr auf Stativ (Zeiss 15×60)   Abb. 167. Ein Standscherenfernrohr

stände auf Schiffen (vgl. Abb. 168). Bei diesem Gerät sind 3 binokulare Fernrohre vereinigt. Ein geradsichtiges für den Artillerieoffizier, je eins mit seitlichem Einblick für die Richtleute. Das Handrad A dient für die feine Seitenverstellung, B für die Kippung des Objektivspiegels; der Höhenwinkel wird bei C angezeigt. Die Vergrößerung kann in den Grenzen 8—24fach mit der Kurbel D verändert werden und wird bei E angezeigt. Optisch wird die Vergrößerungsänderung durch pankratische Umkehrsysteme (vgl. § 19) bewirkt. Mit F können Linsen eingeschaltet werden, um die Fernrohre in Sucherfernrohre mit $1^1/_2$—$4^1/_2$facher Vergrößerung zu verwandeln. Mit den Knöpfen G neben den Okularen werden Farbgläser eingeschaltet.

Wenn die stereoskopische Raumwahrnehmung, kurz Plastik genannt, noch weiter erhöht werden soll, als es bei Scherenfernrohren mit gestreckten Armen möglich ist (z. B. bei artilleristischen Anwendungen bei der Ermittlung der Lage der Sprengpunkte), dann wendet man sog. Quer- oder Stangenfernrohre an. Abb. 169 zeigt den Aufbau eines solchen Fernrohres, Abb. 170 die Ansicht für eine Ausführung mit 2 m Objektivabstand. Mit diesem Stangenfernrohr ist ein Ringokularwechsler für 10- und 20fach Vergrößerung vorgesehen.

Beim Scherenfernrohr und Stangenfernrohr hat der vergrößerte Objektivabstand eine festgelegte Größe. Beim gewöhnlichen Scherenfernrohr ändert sich diese nur wenig bei der Einstellung auf den individuellen Augenabstand, der auch durch Schwenken der beiden Arme um kleine Beträge verstellt wird. Unter dem Namen Hyposkop ist ein ähnliches Fernrohr bekannt geworden (Abb. 171), bei welchem man bei gleichem Okularabstand den Objektivabstand ändern kann. Man kann so bequem die Wirkung einer Änderung der spezifischen Plastik beobachten. Die Achsen der einzelnen Periskope in Abb. 171 sind in der Mitte zweimal um 90° geknickt; um diesen mittleren Teil sind beide Okular- und Objektivarme drehbar. Die Drehung

Abb. 168. Ein Richtungsweiser-Sehrohr

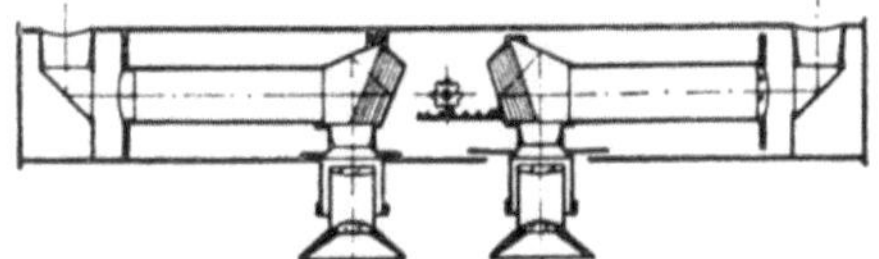

Abb. 169. Aufbau eines Stangenfernrohres

der Okulararme dient der Anpassung an den Augenabstand oder ermöglicht, daß gleichzeitig 2 Personen monokular beobachten. Eingang in die Praxis haben solche Fernrohre allerdings nicht gefunden.

Zu der hier behandelten Gattung von Fernrohren gehören auch die Aussichtsfernrohre. Man wird hier bestrebt sein, eine möglichst hohe Vergrößerung zu wählen. Hierfür ist eine obere Grenze durch die Luftunruhe und die partielle Refraktion der Luft gegeben. Auch unter günstigen atmosphärischen Verhältnissen ist eine höhere Vergrößerung als 40 mal nicht möglich. In vielen Fällen wird man sogar nur 25 fache Vergrößerung anwenden können. Da Aussichtsfernrohre vorwiegend

Abb. 170. Ein Stangenfernrohr mit 2 m Objektivabstand

am Tage gebraucht werden, die Austrittspupille also nicht wesentlich größer als 2 mm zu sein braucht, reicht also ein Objektivdurchmesser

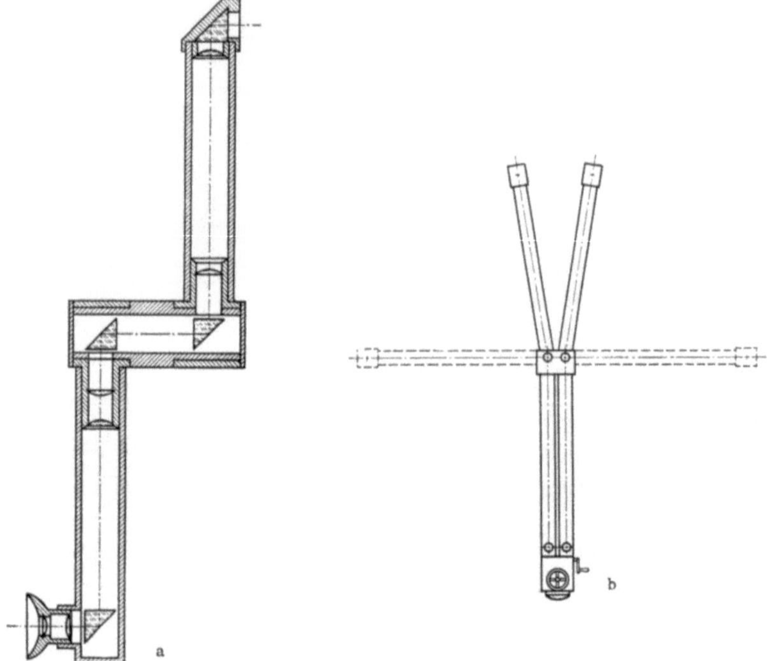

Abb. 171. Der Aufbau des Hyposkops

von 80 mm im allgemeinen aus. Ein solches Aussichtsfernrohr zeigt Abb. 172. Das Objektiv ist vom Fraunhoferschen Typ (Nr. 3, Tab. 8) mit 80 mm Durchmesser und 500 mm Brennweite. Die 3 an einem

Okularrevolver angebrachten Kellnerschen Okulare ermöglichen dann, verschiedene Vergrößerungen (20mal, 30mal, 40mal) einzustellen. Nach dem oben Gesagten ist ein solcher Vergrößerungswechsel mit Rücksicht auf die verschiedenen atmosphärischen Verhältnisse angebracht. Die Aufrichtung des Bildes erfolgt mit einem Prismenumkehr-

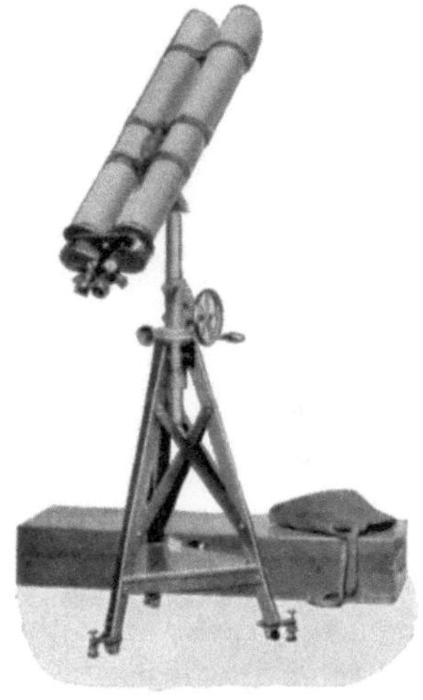

Abb. 172. Ein binokulares Aussichtsfernrohr mit Okularrevolver

Abb. 173. Ein Aussichtsfernrohr mit 130 mm Objektivöffnung

system nach PORRO. Will man mit einem Aussichtsfernrohr auch in der Dämmerung beobachten, dann wählt man den Objektivdurchmesser größer als 80 mm. Ein Aussichtsfernrohr mit 130 mm Objektivdurch-

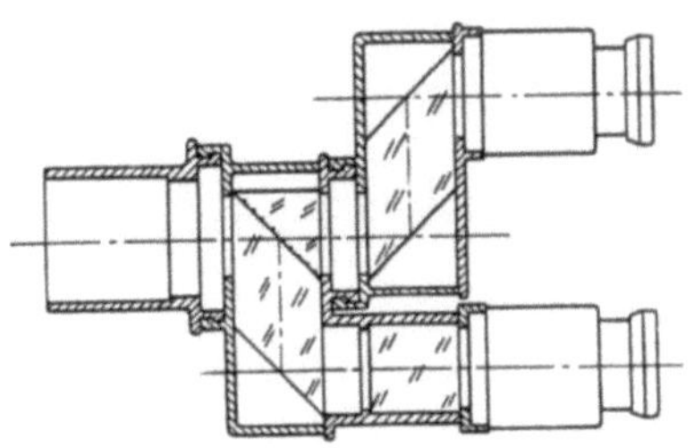

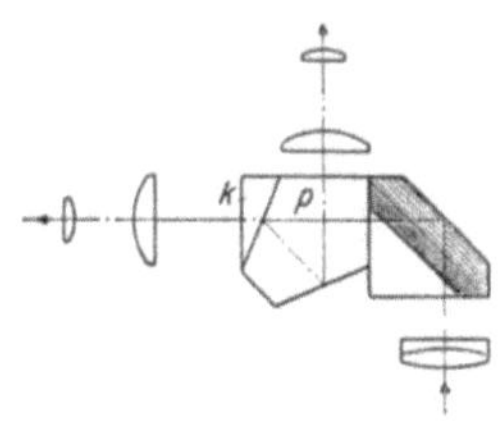

Abb. 174. Ein Okular für beidäugigen Gebrauch (Synopter)

Abb. 175. Ein Fernrohr mit doppeltem Einblick

messer zeigt Abb. 173. Aussichtsfernrohre werden häufig mit Geldautomaten an öffentlichen Aussichtspunkten verwendet. Sie werden auch in monokularer Ausführung verwendet. Will man sich bei monokularen-monoobjektiven Fernrohren die Bequemlichkeit der beidäugigen Beobachtung sichern, lassen sich sog. Synopter anwenden.

Das sind Zusatzeinrichtungen, die das von einem Objektiv erzeugte Bild in 2 Okularen darbieten. Wie Abb. 174 zeigt, werden bei einem solchen Synopter die Strahlen durch eine halb reflektierende und halb

Abb. 176. Ein Nachtbeobachtungsfernrohr 10 × 80

durchlässige Schicht, die durch Punkte hervorgehoben ist, zwischen verkitteten Prismen geteilt. Im Auge wird jetzt der halbe Lichtstrom im Vergleich zu einem binobjektiven Fernrohr dargeboten. Die Bilder

Abb. 177. Ein Nachtbeobachtungsfernrohr 25 × 100

erscheinen also nur halb so hell. Das ist bei der Anwendung solcher Zusatzgeräte zu beachten. Die Anpassung an den Augenabstand erfolgt durch Drehen der beiden Okulare gegeneinander. Es gibt auch Zusatzeinrichtungen, die gestatten, daß 2 Beobachter monokular das gleiche

Fernrohrbild beobachten. Eine solche Einrichtung ist in Abb. 175 wiedergegeben.

Zu den Beobachtungsfernrohren gehören auch die im Luftbeobachtungsdienst als „Nachtflakfernrohre" bezeichneten Geräte. Hier kommt es darauf an, eine möglichst große Dämmerungsleistung und Nachtleistung zu erzielen. Da vielfach mit solchen Fernrohren in tiefer Dunkelheit an der Wahrnehmungsschwelle gearbeitet wird, ist nach Gl. (11.8) die absolute Größe des Objektivdurchmessers von Bedeutung. Bei dem in Abb. 176 wiedergegebenen Nachtflakfernrohr beträgt die Vergrößerung $10 \times$, der Objektivdurchmesser 80 mm, es hat also eine Austrittspupille von 8 mm (für die meisten Beobachter ist dieser Wert größer als die menschliche Dunkelpupille). Die Dämmerungszahl ist 28,2. Das neuere, im zweiten Weltkrieg angewandte Nachtflakfernrohr nach Abb. 177 hat eine 25fache Vergrößerung und 100 mm Objektivdurchmesser. Hier sind die in § 11 wiedergegebenen physiologisch-optischen Überlegungen angewendet worden. Man hat das Fernrohr mit der optimalen Pupille mit einem Durchmesser von 4 mm ausgerüstet. Die Dämmerungszahl beträgt 50.

§ 22. Die Wirkungsweise der Richtfernrohre

Die hier zu behandelnden Fernrohre (Richtfernrohre, Zielfernrohre, Fluchtfernrohre, Theodolit- und Nivellierfernrohre usw.) dienen dazu, eine Richtung festzustellen oder um einen Gegenstand in eine bestimmte Richtung zu bringen. Das älteste Hilfsmittel ist das Absehen (Diopter), wie es z. B. zum Richten eines Gewehres in der Form von Kimme und Korn gebraucht wird; beim Scheibenschießen verwendet man auch statt der Kimme eine enge Kreisöffnung, an die das Auge näher

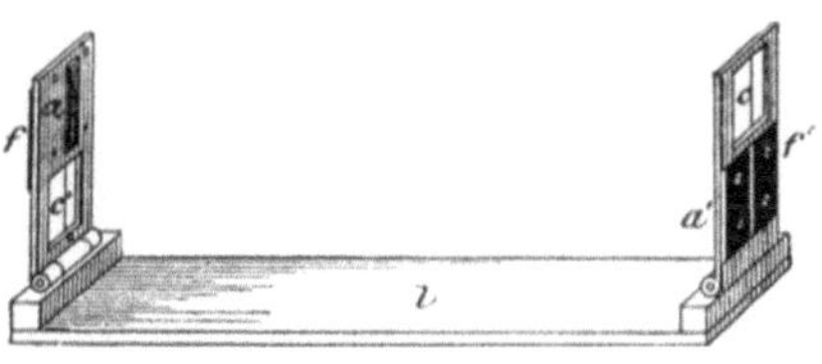

Abb. 178. Ein Absehen (Diopter)

herangebracht werden muß. Soll nur entweder die Höhen- oder Seitenrichtung festgestellt werden, so wendet man Spalt und Faden (Abb. 178) oder zwei schmale Spalte in etwa 15 cm Abstand an. STAMPFER fand eine Spaltbreite von 0,5—0,7 mm und einen Lochdurchmesser von der doppelten Größe vorteilhaft, er stellte bei günstigen Verhältnissen auf 10″ genau ein, doch wird man meist nur mit einer Genauigkeit von 1—2′ rechnen können. Die Genauigkeit aller dieser Absehen wird dadurch beeinträchtigt, daß deren beide Glieder und das Ziel in drei verschiedenen Entfernungen vom Auge liegen und daher nicht gleichzeitig scharf gesehen werden können. Ferner muß das Auge genau in der Absehenslinie gehalten werden. Das Zielen ist älteren Personen infolge des Mangels der Akkommodation noch mehr erschwert. Die Beobachtung ist so ermüdend; dazu kommen systematische Fehler, mögen sie nun auf den Bau

des Auges (§ 9) oder auf einseitige Beleuchtung des Abkommens zurückzuführen sein. Diese Nachteile werden vermieden, wenn das vordere
oder hintere Glied durch ein sammelndes optisches System ersetzt wird,
in dessen Brennpunkt das andere Glied als Zielmarke angeordnet ist.
Einfachste Einrichtung ist ein Kollimator, bei dem sich die Marke im
vorderen Brennpunkt des Objektivs befindet, also auf der vom Beobachter abgewandten Seite nach dem Ziel zu. Das Bild dieser Marke
wird also im Unendlichen entworfen und erscheint so mit dem Ziel
zusammen scharf. Das Richtglas (Abb. 179) ist ein Glasstab, dessen

Endfläche die Marke trägt, während an die andere eine Kugel von
solchem Radius angeschliffen ist,
daß die von der Marke ausgehenden
Strahlen parallel austreten. Eine
ähnliche Einrichtung mit Teilung
benutzte WOLLASTON (1813) zum
Messen von Winkeln. Man hält das
Auge so, daß die untere Hälfte der
Pupille Licht von der Marke, die
obere vom Ziel aufnimmt. Die Visierlinie geht durch die Augenmitte und

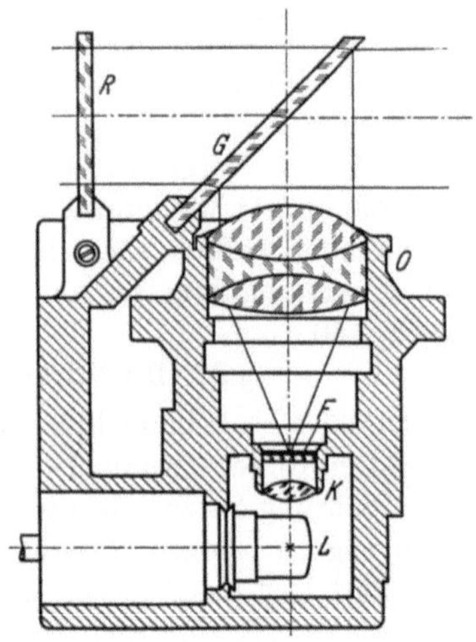

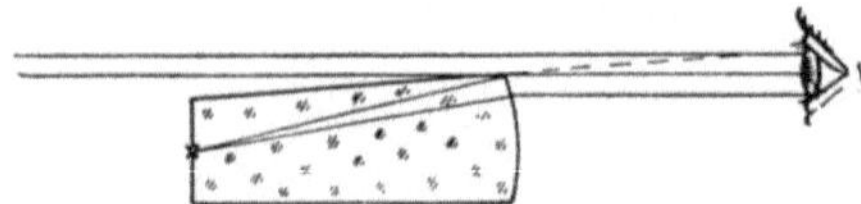

Abb. 179. Der Strahlengang beim Richtglas

Abb. 180. Schema des Reflexvisiers

ist der Visierachse, der Geraden durch Marke und Kugelmittelpunkt,
parallel. Die Visiereinrichtung bleibt also ungeändert, wenn das Auge
seitlich oder auf und ab bewegt wird, im letzten Fall ändert sich nur mit
der anderen Aufteilung der Pupille das Helligkeitsverhältnis von Ziel
und Marke, das so passend geregelt werden kann. Damit die obere
Fläche des Richtglases das Beobachten der unteren Fortsetzung des
Zieles nicht stört, ist sie entsprechend dem Verhältnis des Radius der
Pupille zu ihrem Abstand von der zugekehrten Richtglasendfläche
abzuschrägen und die Visierachse im Richtglas entsprechend tief zu
legen. Die obere Kante dieser Endfläche erscheint als unscharfer
schmaler Streifen, innerhalb dessen sich Markenbild und Ziel übereinanderlagern und die Helligkeit des Zieles von oben nach unten, die der
Marke von unten nach oben von dem vollen Wert auf Null abnimmt.
Bei dem Reflexvisier wird das Markenbild nach Abb. 180 durch einen
halbdurchlässigen Spiegel dem Auge dargeboten. Das Lämpchen L
wirft durch die Beleuchtungslinse K Licht auf die Strichplatte F, die

durch das Objektiv O im Unendlichen abgebildet wird. Die Glasplatte G dient als halbdurchlässiger Spiegel, R ist ein Rauchglas, das
eingeschaltet wird, wenn sich das Fadenbild gegen sehr hellen Himmel
nicht genügend abhebt. Hier lagert sich das Markenbild im ganzen
Gesichtsfeld mit gleichmäßiger Helligkeit über das Ziel. Abb. 181 zeigt
die Ansicht eines neueren Reflexvisiers. Für beide Richtmittel ist eine
helle Marke auf dem dunklen Grunde geeigneter, da so nur das Licht

Abb. 181. Ansicht eines Reflexvisiers für Jagdflugzeuge mit eingebautem Vorhaltrechner (Revi 16)

der Marke, nicht das ihrer Umgebung, als fremdes Licht über das Ziel
gelagert wird. Das Reflexvisier eignet sich besonders für künstliche Beleuchtung der Marke. Beim Richtglas dient gewöhnlich nur das Tageslicht zur Beleuchtung der Marke; über die Marke wird zuweilen noch
ein Glaskeil oder Spiegelprisma gekittet, um besseres Licht von oben
herabzuholen. Die Genauigkeit beider Richtmittel kann man erhöhen,
wenn man ein holländisches Fernrohr mit ihnen verbindet. Dies ist
zugleich die Möglichkeit, dieses Fernrohr mit einer Zielmarke auszurüsten.
   Der zweite Fall, in dem das Zielbild durch ein sammelndes System an
dem Ort der Zielmarke entworfen wird, wird durch das Richtfernrohr
verwirklicht. Das Richtglas, das Reflexvisier und das Richtfernrohr
sind auch ohne vergrößernde Wirkung dem einfachen Visier überlegen,

da die Marke und das Ziel gleichzeitig scharf gesehen werden. Bei richtigem Bau kann das Auge sich innerhalb der Austrittspupille bewegen, ohne daß die Visierlinie verändert wird. Besonders beim Reflexvisier kann man leicht dem hierfür maßgebenden Objektiv einen beträchtlichen Durchmesser geben. In der Dämmerung kann bei geeigneter Ausbildung der Marke (S. 219) mit dem Fernrohr länger gezielt werden als mit dem einfachen Visier. Als erster brachte GASCOIGNE (1640) in dem Fernrohr seines Höhenquadranten ein Fadenkreuz an. Das Richtfernrohr hat erst die feineren Winkelmessungen in der Astronomie und Geodäsie ermöglicht. Die optischen Verhältnisse der Übereinanderlagerung von Ziel und Marke sind beim Fernrohr von derselben Art, wie wenn sich die Marke unmittelbar vor dem Ziel befände; die Marke deckt nur einen kleinen Teil des Gegenstandes ab, dessen Erscheinung im übrigen ungestört ist. Von Sonderfällen abgesehen, wird Zielbild und Marke mit einem Okular vergrößert; beim Erdfernrohr, besonders bei dem mit veränderlicher Vergrößerung, bringt man vorzugsweise die Marke in der ersten Bildebene an, da gewöhnlich die Unveränderlichkeit der Visierlinie so am besten gesichert ist. Als Fadenkreuz benutzte man früher besonders Spinnfäden, neuerdings auch Quarz- und Platinfäden. In ein Glasplättchen eingerissene Striche sind am dauerhaftesten; dabei ist allerdings staubdichter Abschluß nötig, damit nicht die durch das Okular vergrößerten Staubteilchen auf der Glasplatte stören. Das Fadenkreuz oder das Objektiv ist vielfach zentrierbar, um die Visierlinie mit der durch die Lagerringe bestimmten Achse oder mit einer anderen mechanisch festgelegten Richtung parallel stellen zu können.

Es ist eine für alle Richtfernrohre einleuchtende Grundforderung, daß die durch die Lage des Fadenkreuzes gegebene Zielrichtung eindeutig bestimmt ist. Insbesondere darf sich durch eine seitliche Bewegung des Auges innerhalb der Austrittspupille die Zielrichtung nicht ändern. Tritt eine solche Änderung ein, die sich für den Beobachter so auswirkt, daß bei einer Bewegung des Auges quer zur optischen Achse das Fadenkreuz scheinbar zum Ziel sich bewegt, dann spricht man von Parallaxe des Fernrohres. Die Parallaxe kommt zustande, wenn sich entweder das Fadenkreuz nicht exakt in der Bildebene des Objektivs befindet oder wenn das Objektiv mit einer zu großen sphärischen Abweichung behaftet ist (bei komplizierteren Fernrohrsystemen sollen unter „Objektiv" immer sämtliche optischen Systeme *vor* dem Fadenkreuz verstanden werden, also gegebenenfalls Objektiv und Umkehrsysteme; unter „Okular" sollen sämtliche *nach* dem Fadenkreuz liegenden optischen Systeme, also gegebenenfalls Umkehrsysteme und das eigentliche Okular verstanden werden). Ferner sei vorausgesetzt, daß das Okular exakt, d. h. in dem durch die Sehschärfe des Auges gegebenen Intervall, auf die Objektivbildebene eingestellt sei. (Durch Betätigung des Okularauszuges wie in § 13 und § 20 beschrieben.) Unter den geschilderten Voraussetzungen sei die Parallaxe anhand von Abb. 182 beschrieben. Der Abstand, den das Fadenkreuz fälschlicherweise von der Objektivbildebene hat, sei Δx. Befindet sich die Mitte der Augenpupille in der optischen Achse, dann ist die Fadenkreuzmitte mit der Mitte der Objektivbildebene in Deckung. Bewegt sich das Auge um die Strecke $\frac{p}{2}$ an den Rand der Austrittspupille, dann erscheint die Mitte der Bildebene nach wie vor durch Vermittlung der ausgezogenen Strahlen in der

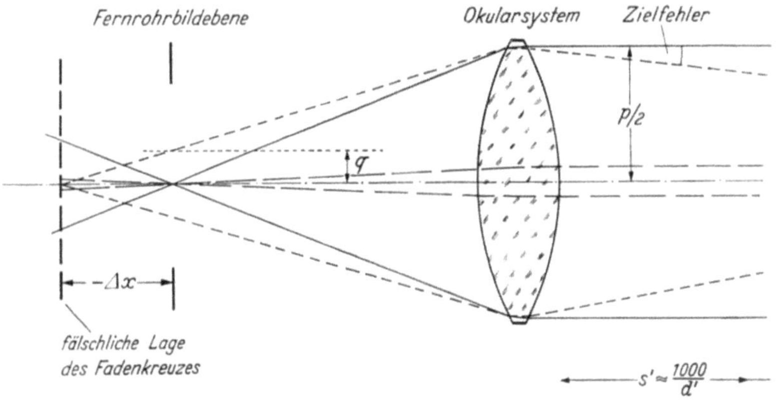

Abb. 182. Der Zielfehler infolge der Parallaxe bei ungenügender Fokussierung eines Fernrohres

gleichen Richtung wie die optische Achse. Infolge der fälschlichen Lage des Fadenkreuzes wird die Fadenkreuzmitte indes durch die kurz gestrichelten Strahlen wahrgenommen. Diese schneiden die Objektivbildebene im seitlichen Abstand q. Dieser Strecke entspricht nach Gl. (2.29a) ein augenseitiger Zielfehler ζ'. Um diesen Winkel scheint sich also das Fadenkreuz gegenüber dem Zielbild zu bewegen. Dividiert man ζ' durch die Fernrohrvergrößerung, dann erhält man den objektseitigen Zielfehler ζ, um den die Zielangabe bei einer Augenbewegung verfälscht werden kann. Die Anwendung des Strahlensatzes auf Abb. 182 liefert für die scheinbare lineare Querverschiebung q in der Objektivbildebene:

$$q = -\Delta x \frac{p}{2\,(f'_{Okl} - \Delta x)}. \tag{22.1}$$

Dieses q ist mit H in Gl. (2.29a) identisch. Für den Zielfehler ζ' erhält man somit laut Gl. (2.29a) die für den praktischen Gebrauch bequemere Zahlenwertgleichung:

$$\zeta'_{[Min]} = \frac{q\,[\mathrm{mm}]}{f'_{Okl}\,[\mathrm{mm}]} \cdot 3438 \tag{22.2}$$

bzw.

$$\zeta'_{[Min]} = -\Delta x \,[\text{mm}] \cdot \frac{p\,[\text{mm}]}{f'_{Okl}\,[\text{mm}]\,(f'_{Okl}\,[\text{mm}] - \Delta x\,[\text{mm}])} \cdot 1719$$

$$\approx -\Delta x\,[\text{mm}] \cdot \frac{p\,[\text{mm}]}{f'^{2}_{Okl}\,[\text{mm}^2]} \cdot 1719 \qquad (22.3)$$

Wird die Defokussierung des Fadenkreuzes in Dioptrien angegeben, wobei der Zusammenhang gilt:

$$d'\,[\text{dpt}] = -\frac{1000 \cdot \Delta x\,[\text{mm}]}{f'^{2}_{Okl}\,[\text{mm}^2]}, \qquad (22.4)$$

dann geht Gl. (22.3) über in

$$\zeta'_{[Min]} = d'\,[\text{dpt}]\,p\,[\text{mm}] \cdot \frac{f'_{Okl}\,[\text{mm}]}{f'_{Okl}\,[\text{mm}] - \Delta x\,[\text{mm}]} \cdot 1{,}719$$

$$\approx d'\,[\text{dpt}] \cdot p\,[\text{mm}] \cdot 1{,}719 \qquad (22.5)$$

Man sieht, daß der Zielfehler von der Größe der Austrittspupille und der in Dioptrien ausgedrückten Defokussierung der Strichplatte abhängt. Der zulässige Zielfehler ergibt sich entweder aus der geforderten Zielgenauigkeit. Man hat dann dafür zu sorgen, daß der nach Gl. (22.3) bzw. (22.5) gegebene augenseitige Zielfehler ζ', dividiert durch die Fernrohrvergrößerung, kleiner als die zulässige Zielungenauigkeit ist. Andererseits kann auch verlangt werden, daß die Parallaxe so klein sein soll, daß sie bei der seitlichen Augenbewegung auf keinen Fall als sichtbare Fadenkreuzverschiebung wahrgenommen wird. Solche Forderungen werden gelegentlich ohne Rücksicht auf die technisch bedingte Zielungenauigkeit erhoben. Erfahrungsgemäß rechnet man in diesem Falle mit etwa $1/_3$ Bogenminute für ζ'. Das entspricht etwa der halben Noniensehschärfe. (Vgl. § 10, die volle Noniensehschärfe wirkt sich hierbei offenbar nicht aus.) Bei einem Durchmesser der Austrittspupille von 1,2 mm bedeutet das nach Gl. (22.5) eine zulässige Fehlfokussierung der Strichplatte von rund 1/6 dptr. Für militärische Zielfernrohre wird in der Regel 1 Bogenminute für ζ' gefordert.

Ganz ähnlich wie bei falscher Lage des Fadenkreuzes läßt sich das Auftreten von Parallaxe bei sphärischer Abweichung des Objektivs anhand von Abb. 182 erklären. Wir nehmen an, der paraxiale Bildort falle mit der bisher betrachteten Fernrohrbildebene in Abb. 182 zusammen. Befindet sich das Auge in der Fernrohrachse, dann wird mit dem gestrichelten, paraxialen Strahlenbündel beobachtet. Wird das Auge an den Rand der Austrittspupille bewegt, dann wird wieder mit den punktierten Strahlen beobachtet, die nunmehr nicht mehr durch falsche Einstellung hervorgerufen werden, sondern den mit sphärischer Abweichung behafteten Randstrahlen des Objektivs entsprechen. Δx ist dabei die sphärische Längsabweichung des Objektivs. Die Gl. (22.3) und (22.5) gelten somit sinngemäß.

Wenn mit einem Fernrohr ausschließlich im Unendlichen liegende Ziele anvisiert werden sollen (das ist z. B. bei sämtlichen militärischen Richt- und Zielfernrohren der Fall), dann wird in der Regel das Fadenkreuz bzw. die Strichplatte vom Fernrohrhersteller fest eingebaut. Die Einhaltung der Gl. (22.3) bzw. (22.5) zur Begrenzung des Parallaxfehlers ist daher Angelegenheit des Fernrohrherstellers, der Fernrohrbenutzer hat selbst keinen Einfluß darauf. Anders ist es jedoch bei Fernrohren, die für Ziele in verschiedenen Entfernungen verwendet werden sollen (das sind z. B. sämtliche geodätischen Fernrohre und die im Maschinenbau verwendeten Fluchtfernrohre). Bei diesen Fernrohren hat der Benutzer die Fokussierung selbst vorzunehmen. Im einfachsten Falle ist zu diesem Zweck das Fernrohr mit einem sog. Okularauszug ausgerüstet. Man kann getrennt das Okular auf die Strichplatte einstellen und unabhängig davon durch Verschieben des Okulars mit Strichplatte eben diesen Okularauszug (vielfach ausgeführt als Zahntrieb) verstellen. Gelegentlich bleibt Okular mit Strichplatte im Fernrohrkörper fest und das Objektiv wird verschoben. Das läuft aber auf das gleiche hinaus. In der Praxis wird man zunächst das Okular verstellen, bis das Strichbild scharf erscheint, sodann wird die Fokussierung der Strichplatte vorgenommen; die richtige Stellung der Strichplatte erkennt man daran, daß beim seitlichen Bewegen des Auges die Parallaxe verschwindet.

Beim Anvisieren von Zielen in verschiedener Entfernung kann außer der Parallaxe ein weiterer Zielfehler auftreten, wenn der Okular- oder Objektivauszug mechanisches Spiel besitzt. Beträgt die mechanische Lose e und ist der Abbildungsmaßstab vom Ziel bis in die Objektivbildebene β, dann folgt daraus der Zielfehler, als Querabweichung am Objekt im linearen Maß:

$$\Delta z = \frac{e}{\beta}. \tag{22.6}$$

Mit Gl. (2.23c) wird daraus

$$\Delta z = - e\left(\frac{s}{f'_{obj}} + 1\right), \tag{22.7}$$

s ist dabei wie bisher die Eingangsschnittweite für das Fernrohr, also die auf die vordere Objektivhauptebene bezogene Zielentfernung mit negativem Vorzeichen. Daraus folgt der Zielfehler im Winkelmaß im gleichen Bezugssystem:

$$\zeta = - \frac{\Delta z}{s} = e\left(\frac{1}{f'_{obj}} + \frac{1}{s}\right). \tag{22.8}$$

Bei unendlicher Zielentfernung wird daraus:

$$\zeta_\infty = \frac{e}{f'_{obj}}\,.$$

(22.9)

Man sieht daraus, daß der Zielfehler durch Lose im Objektiv- bzw. im Okulartrieb um so geringer ist, je größer die Objektivbrennweite ist. Nimmt man als Führungslose für e einen Wert von 0,01 mm an (geringere Werte sind nur mit sehr großem Fertigungsaufwand zu erzielen), dann beträgt bei einer Objektivbrennweite von 1000 mm der Zielfehler rund 2″. Diese Zahlenwerte begründen die großen Brennweiten der geodätischen Instrumente für höchste Anforderungen.

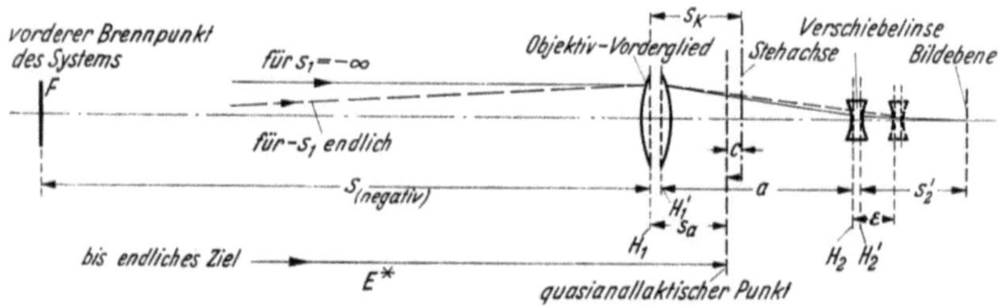

Abb. 183. Zur Theorie des Fernrohrs mit Fokussierlinse

Der Einfluß der Führungsungenauigkeit ist geringer bei Fernrohren, bei denen die Fokussierung auf Ziele in endlicher Entfernung durch die Verschiebung einer Linse zwischen Objektiv und Bildebene erfolgt. Man kann sowohl eine positive als auch eine negative Linse verschieben. (Bei dem Fernrohr des Nivellierinstrumentes nach Abb. 220, S. 237 ist eine positive Fokussierlinse verwendet, bei dem Theodolitfernrohr nach Abb. 221, S. 238 eine negative.) Eine positive Fokussierlinse verkürzt die Brennweite des Objektivvordergliedes. Demgegenüber wird durch eine negative Fokussierlinse die Brennweite des Objektivvordergliedes verlängert. Solche Fernrohre haben eine überragende Bedeutung gewonnen, insbesondere für geodätische Anwendungen. Wegen dieser besonderen Bedeutung werden einige für die Praxis wichtige Beziehungen für diese Fernrohre mit Fokussierlinse mitgeteilt (vgl. hierzu Abb. 183), Objektivvorderglied und Verschiebelinse sind jede als dünne Linsen angenommen. (Bei endlichen Dicken ist wie in Abb. 183 der Hauptebenenabstand zu berücksichtigen.) Die Brennweite des Objektivvordergliedes sei f'_1, die der Fokussierlinse f'_2 und wenn ein in unendlicher Entfernung liegendes Ziel in der feststehenden Bildebene scharf erscheint, sei der Abstand zwischen Objektiv und Fokussierlinse a. Dann hat das Gesamtsystem die Brennweite:

$$f'_\infty = \frac{f'_1 f'_2}{f'_1 + f'_2 - a}\,.$$

(22.10)

Um das Fernrohr auf endliche Ziele einzustellen, die vom Objektiv den negativen Abstand s_1 haben, muß die Fokussierlinse um die Strecke ε verschoben werden. Bei positiven Fokussierlinsen hat eine Verschiebung nach dem Objektiv zu, bei negativen Fokussierlinsen nach dem Bild zu zu erfolgen. Dann ändert sich die Brennweite in:

$$f' = \frac{f_1' f_2'}{f_1' + f_2' - a - \varepsilon} \approx f_\infty' + \frac{f_\infty'^2}{f_1' f_2'}\, \varepsilon\,. \qquad (22.11)$$

ε gewinnt man in einem längeren Rechnungsgang, der hier nicht wiedergegeben werden kann, aus einer quadratischen Gleichung. Die exakte Beziehung (nach JORDAN und EGGERT) lautet:

$$\varepsilon + a = \frac{m + d}{2} - \sqrt{m\left(f_2' - \frac{d}{2} + \frac{m}{4}\right) + d\left(\frac{d}{4} - f_2'\right)}\,. \qquad (22.12)$$

Mit den Hilfsgrößen:

$$m = \frac{f_1'}{1 - \dfrac{f_1'}{s_1}} \qquad (22.13)$$

und

$$d = a + s_2'\,. \qquad (22.14)$$

s_2' ist dabei der Abstand der Fokussierlinse von der Bildebene in der Fokussierstellung für Ziele im Unendlichen. Nach den Lehren des § 2 errechnet sich diese Größe:

$$s_2' = \frac{(f_1' - a)\, f_2'}{f_1' + f_2' - a}\,. \qquad (22.15)$$

Vielfach ist eine von A. KÖNIG angegebene Näherungslösung bequemer. Nach dieser erhält man:

$$\varepsilon = -\frac{A}{s_1 + B} \qquad (22.16)$$

mit den Abkürzungen

$$A = \frac{f_1'^2}{1 - \left(\dfrac{s_2}{s_2'}\right)^2} = -\frac{f_1'^2 f_2'^2}{2 f_2' (f_1' - a) + (f_2' - a)^2} \qquad (22.17)$$

und

$$B = f_1' + \frac{f_1'^2}{\left[\left(\dfrac{s_2'}{s_2}\right)^2 - 1\right](s_2' + s_2)} \qquad (22.18)$$

wo:

$$s_2 = f_1' - a\,. \qquad (22.19)$$

Es soll nun noch der durch die Führungslose der Fokussierlinse bedingte Zielfehler angegeben werden. Wenn die Fokussierlinse um den Betrag e seitlich zur optischen Achse dezentriert ist, dann erfährt die optische Achse eine Auslenkung $\Delta u'$ gemäß der Beziehung

$$\Delta u' = \frac{e}{f_2'}\,. \qquad (22.20)$$

Entsprechend Abb. 183 bewirkt das in der Bildebene eine Auslenkung $\Delta z'$ von dem Betrag:

$$\Delta z' = - (s_2' - \varepsilon) \cdot \frac{e}{f_2'} . \tag{22.21}$$

Daraus folgt der Zielfehler am Objekt im linearen Maß entsprechend Gl. (22.6) [dabei ist e in Gl. (22.6) durch $\Delta z'$ zu ersetzen]. β hat man nach den Lehren des § 2 zu berechnen. Es werde unter Umgehung der etwas umfangreichen Zwischenrechnung angeführt:

$$\frac{1}{\beta} = \frac{s_1 f_2'}{f_2' (s_2' + a) - a s_2' - \varepsilon (s_2' - a) + \varepsilon^2} = \frac{f_1' f_2'}{\varepsilon (f_1' - a + s_2' - \varepsilon)} . \tag{22.22}$$

Damit erhält man schließlich

$$\Delta z = e \cdot \frac{- (s_2' - \varepsilon) f_1'}{\varepsilon (f_1' - a + s_2' - \varepsilon)} . \tag{22.23}$$

Für den entsprechenden Zielfehler im Winkelmaß ergibt sich ähnlich wie in Gl. (22.8) mit Gl. (22.22) und Gl. (22.23):

$$\zeta = e \frac{s_2' - \varepsilon}{f_2' (s_2' + a) - a s_2' - \varepsilon (s_2' - a) + \varepsilon^2} . \tag{22.24}$$

Das läßt sich umformen in

$$\zeta = e \frac{s_2' - \varepsilon}{f_2' f_\infty' - \varepsilon (s_2' - a) + \varepsilon^2} . \tag{22.25}$$

Für unendlich große Zielentfernung geht das über in

$$\boxed{\zeta_\infty = \frac{e s_2'}{f_2' f_\infty'} = \frac{e (f_1' - a)}{f_1' f_2'}} \tag{22.26}$$

Vergleicht man diesen Ausdruck mit dem nach Gl. (22.9), dann sieht man, daß bei unendlicher Zielentfernung das Verhältnis der Zielfehler eines Fernrohrs mit Fokussierlinse zu dem eines Fernrohres mit Okularauszug den Wert hat:

$$\boxed{\frac{\zeta_\infty, \text{ F. Linse}}{\zeta_\infty, \text{ Auszug}} = \frac{s_2'}{f_2'}} \tag{22.27}$$

Man sieht, daß man dieses Verhältnis durch entsprechende Dimensionierung kleiner als 1 machen kann. Es wird um so kleiner, je dichter die Fokussierlinse an der Bildebene steht. In der Praxis ist eine Verbesserung des Zielfehlers durch Führungslose gegenüber einem Fernrohr mit Okularauszug um den Faktor 3—5 möglich.

Bei der Einstellung eines einfachen Fadens oder eines Doppelfadens auf ein Ziel oder eine Zielmarke kommt es auf eine Mitteneinstellung an, deren Verhältnisse in § 10 behandelt wurden. Hier ist noch zu untersuchen, wie sich die Leistung des Fernrohres dabei auswirkt. Um die Abhängigkeit der Genauigkeit von der Fernrohrvergrößerung unverfälscht zu erkennen, verschob NOETZLI den Faden unmittelbar vor der Zielmarke; das Fernrohr steigerte nur die Sehschärfe. Um die Verschiebung nahe beim Fernrohr bewirken zu können, wurde das Zielbild durch einen entfernten Spiegel in das Fernrohr zurückgeworfen. Seine Entfernung wurde proportional der Fernrohrvergrößerung gewählt, so daß nicht nur das Verhältnis von Fadenstärke und Intervall, sondern auch die scheinbare Fadenstärke dieselbe blieb. Innerhalb der Vergrößerungsgrenzen 1—78 fand er die Genauigkeit der Vergrößerung proportional. Befand sich aber der Faden in der Bildebene des Fernrohrobjektives, so fand er die Genauigkeitssteigerung geringer, für stärkere Vergrößerungen als 10 nur $\sqrt{\Gamma}$ proportional.

Bei Zielungen auf trigonometrische Signale unter normalen äußeren Verhältnissen fand NOETZLI die Steigerung der Zielgenauigkeit durch die Vergrößerung im allgemeinen noch geringer; je nach dem Grade der Luftunruhe erreicht man früher oder später die Grenze der nutzbaren Vergrößerung. Der mittlere Zielfehler auf entfernte trigonometrische Signale wurde bei 20—30facher Vergrößerung zu etwa 0,5″ gefunden. ENGI fand bei einem 30fachen Fernrohr mit einem Objektiv von $D = 30$ und $f' = 240$ mm einen kleinsten Zielfehler von 0,187″ und ein Ansteigen des Zielfehlerquadrates proportional der Parallaxe, und zwar 1 sec² für 1 mm Fadenverschiebung in der Achse. Weiter fand er, daß bereits bei geringen Defokussierungen des Okulars die Einstellung auf Parallaxfreiheit beeinträchtigt wird. Ebenso bewirkt eine Defokussierung des Okulars eine Vergrößerung des Zielfehlers selbst wenn Zielbild und Faden parallaxfrei zusammenfallen.

Während die von NOETZLI und ENGI gefundenen Absolutwerte der Zielgenauigkeit (10″ bzw. 5,6″ am Auge) größenordnungsmäßig mehrfach bestätigt wurden, scheint das $\frac{1}{\sqrt{\Gamma}}$-Gesetz nach Meinung vieler Praktiker für die heute üblichen Instrumente nicht mehr allgemeingültig zu sein. Bei den militärischen Entfernungsmessern wurde es jedenfalls nicht bestätigt, bei diesen ist der Zielfehler im wesentlichen $\approx \frac{1}{\Gamma}$. Die mehr als 40 Jahre zurückliegenden Noetzlischen Untersuchungen bedürfen dringend einer Nachprüfung mit modernen Instrumenten.

Soll auf ein und dasselbe Ziel in verschiedenen Entfernungen gerichtet werden, wie z. B. auf die Teilung einer Nivellierlatte, so ist ein Keilstrich am günstigsten; das ist ein Doppelfaden, dessen Fäden ein wenig gegeneinander geneigt sind. Bei Meßgeräten stellt man vielfach mit Andreaskreuz ein; GUILD fand Winkel der Kreuzfäden zwischen 25 und 70° am günstigsten und eine scheinbare Fadenstärke zwischen 40 und 120″; bei Versuchen unter den besten Bedingungen ohne Fernrohr fand er einen mittleren Fehler von 2,5″, während der systematische Fehler im allgemeinen 5″, aber auch 10—12″ betrug.

Um das Fadenkreuz auch bei schwach erhelltem Bildgrund sehen zu können, muß für Beleuchtung gesorgt werden. Sind die Ziele ziemlich helle Gegenstände auf dunklem Grunde, so genügt es, das ganze Bildfeld zu erhellen, indem man einem Teil des Objektivs durch eine schräge weiße Fläche Licht zuführt. Bei helleren Zielen kann auch deren Licht zur Aufhellung dienen, indem ein Teil des Objektivs durch eine diffus zerstreuende Platte bedeckt wird. Sind aber die Ziele ziemlich lichtschwach, so muß das Fadenkreuz leuchtend gemacht werden. Dabei darf nur das von dem Fadenkreuz abgebeugte oder zurückgeworfene Licht, nicht das vorbeigehende blendende Licht in das Auge gelangen; auch muß die Beleuchtung zur Achse symmetrisch sein. Am einfachsten erreicht man dies nach PORRO (1851) bei einem in Glas eingerissenen

Kreuz, wenn die Glasplatte etwas dicker gewählt und der polierte
Kreisrand bis auf einen Sektor für das seitlich einfallende Licht versilbert wird. Das Licht etwa von einem elektrischen Lämpchen wird
zwischen den Planflächen durch Totalreflexion hin und her geworfen
und auch von dem Rande wieder zurück; so wird eine breite allseitige
Beleuchtung erreicht, ohne daß Licht unmittelbar in das Auge gelangt;
die Strichfurchen werden mit einer geeigneten weißen Masse eingelassen,
unbeleuchtet erscheinen sie im durchfallenden Licht des Bildes trotzdem
schwarz. Gröbere Marken können auch mit Leuchtstoff eingelassen
werden; für feinere Striche ordnet man diese Masse ringförmig um die
Glasplatte an. Man kann auch das Licht durch einen schrägen ringförmigen Reflektor, der das axiale Bildbüschel umgibt, von vorn zu-
führen; es muß dann das direkte Licht durch eine die Austrittspupille
umgebende Blende abgehalten werden, wenn dies nicht schon etwa durch
die Fassung der Umkehrlinsen geschieht. Für feinere Messungen ist dies
auch bei den vorigen Anordnungen zweckmäßig, damit Fadenkreuz und
Bild durch die gleichen Teile des Auges abgebildet werden.

Die Schwierigkeit der Beleuchtung und genauen Achsenverschiebung des
Fadenkreuzes fällt beim Richtfernrohr ohne Fadenkreuz von JEAURAT (1779) fort,
bei dem im Gesichtsfeld zwei gleich große Bilder des Zieles entworfen werden, von

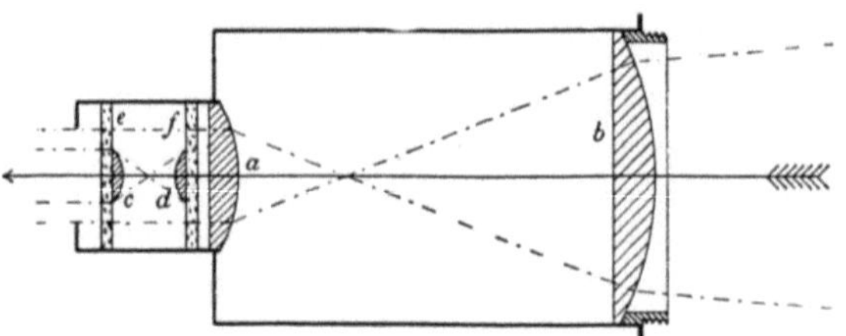

Abb. 184. Das Okular von R. KÖNIG und SATORI

denen das zweite in bezug auf das erste höhen- und seitenverkehrt ist; nur ein
Punkt des Zieles kann also in beiden Bildern an derselben Stelle des Gesichtsfeldes
erscheinen. Bei dem Okular von R. KÖNIG und SATORI (Abb. 184) ist dies erreicht,
indem auf das gewöhnliche Okular ab ein kleines astronomisches Fernrohr ef mit
der Vergrößerung 1 und so kleinem Durchmesser aufgesetzt ist, daß von dem
Achsenbüschel die eine Hälfte der Strahlen hindurch, die andere daran vorbei in
das Auge gelangt. Liegen alle Linsen auf einer gemeinsamen Achse, so ist die ihr
entsprechende Gerade im Dingraum die Visierlinie; nur derjenige Punkt des Zieles,
auf den sie gerichtet ist, gibt zwei sich genau deckende Bilder und ist daran kennt-
lich. Bei Richtungsänderung des Fernrohres verschieben sich die Bilder doppelt
soviel gegeneinander wie gegen ein Fadenkreuz, sie sind gegenläufig; andererseits
ist die Genauigkeit der Einstellung auf Deckung im allgemeinen geringer als die
Einstellung mit Fadenkreuz. In dieser Art kann auch das Amicische geradsichtige
Dachprisma (Abb. 40) als Richtmittel dienen, indem man das Auge in die Verlängerung der Dachkante bringt, so daß man im Vorbeisehen ein aufrechtes Bild
und im Durchsehen ein umgekehrtes Bild erhält; bilden Ein- und Austrittsfläche

gleiche Winkel in der gleichen Ebene mit der Dachkante, so ist die Visierlinie der Kante parallel. Sollen nur Seiten-(Höhen-) Winkel gemessen werden, so braucht das zweite Bild nur seiten-(höhen-)verkehrt zu sein; hierfür schlug AMICI sein Wendeprisma (Abb. 37a) vor. Bei dem Prismenastrolabium von CLAUDE und DRIENCOURT (1900), das an das Dipleidoskop von BLOXAM (1843) anknüpft, ist einem liegenden Fernrohr ein gleichseitiges Prisma vorgeschaltet (Abb. 185); die einen Strahlen gelangen durch Reflexion an der unteren Spiegelfläche, die anderen durch Reflexion an der anderen Fläche und an einem Quecksilberhorizont in das Fernrohr. So kann man den Durchgang eines Sternes durch den Höhenwinkel 60° erkennen. Das eine Bild des Sternes wird durch einen schwachen Doppelglaskeil in einen

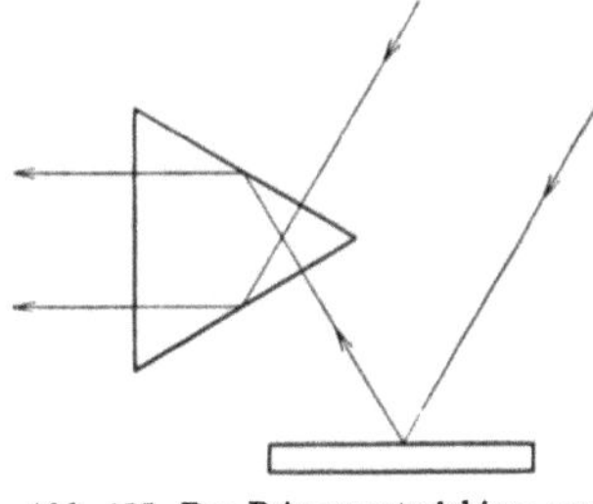

Abb. 185. Das Prismenastrolabium von CLAUDE und DRIENCOURT

Doppelstern verwandelt, in dessen Mitte das andere Sternbild genau eingestellt werden kann. Bei dem Altotransit von TRÜMPLER (1914), (Abb. 186) ist einem Spiegelobjektiv O ein Kreuzspiegel $S\,S'$ vorgeschaltet, der mit dem Quecksilberhorizont H zusammenwirkt; P ist eine photographische Platte; für den Zugang der Strahlen zu ihr ist ein zylindrisches Loch

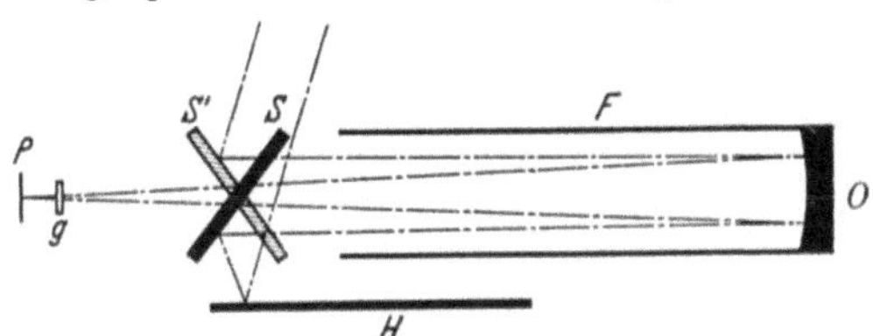

Abb. 186. Der Altotransit vom Trümpler

zwischen den Spiegeln ausgespart. Die Planplatte g wird mit den Sekundenschlägen einer Penduluhr um eine senkrechte Achse gedreht, so daß eine Sternspur mit Querversetzungen der aufeinanderfolgenden Striche entsteht.

§ 23. Die Gewehrzielfernrohre

Die Zielfernrohre für Jagdgewehre sind meist Erdfernrohre mit $1^1/_2$—8facher Vergrößerung; die schwächeren dienen für das Schießen auf flüchtiges Wild und mit Kleinkaliberbüchsen, die stärkeren für den Anstand. Der Durchmesser der Austrittspupille beträgt gewöhnlich 7—8 mm, nur bei den starken Vergrößerungen wird

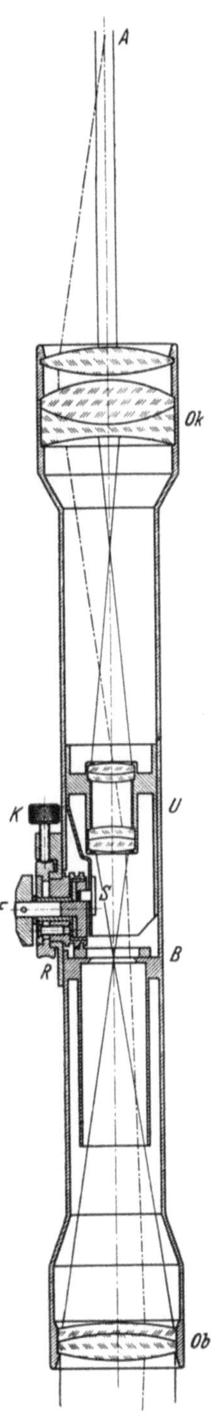

Abb. 187. Der Aufbau und Strahlengang des Gewehrzielfernrohres

er wohl mit Rücksicht auf das Gewicht geringer gewählt. Der Abstand des Auges vom Okular beträgt etwa 8 cm; damit das Okular nicht zu groß und schwer wird, geht man mit dem augenseitigen Gesichtsfeld nicht über 25° hinaus. Zum Abhalten des Seitenlichtes, auch des von der Augenlinse zurückgeworfenen Lichtes, kann ein Gummistutzen dienen, der für den Gebrauch ausgeschoben wird. Abb. 187 zeigt den Strahlengang und den Aufbau eines Gewehrzielfernrohres. Der Hauptstrahl für einen Punkt außer der Achse ist wie die Achse strichpunktiert. Das Fernrohr besteht

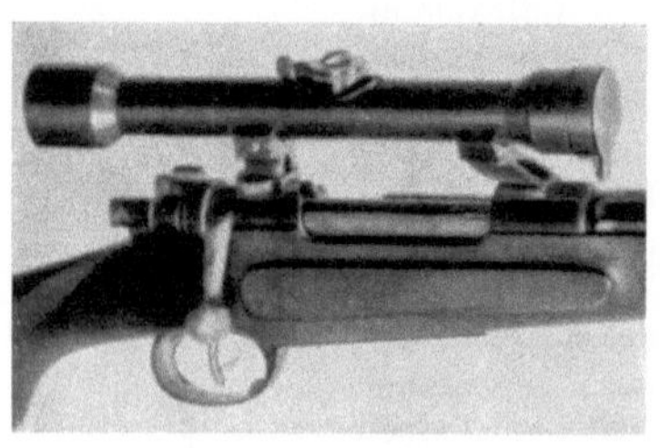

Abb. 188. Die Aufpassung des Zielfernrohres auf das Gewehr

aus dem Objektiv Ob, den Umkehrlinsen U und dem Okular Ok; die Austrittspupille liegt bei A. Die Blende B trägt das Abkommen, das durch den Rändelring R mit Schraubennut in der Höhe entsprechend der Schußentfernung oder zum Einschießen verstellt werden kann; nach der Einstellung wird er durch die Schraube K festgeklemmt. Zur Scharfeinstellung des Bildes sitzt innerhalb der Schraubennut eine durch den Flügelgriff F drehbare Scheibe mit Spiralnut, in die ein am Umkehrsystem U befestigter Bügel mit Stift S eingreift; diese Bewegung von U verschiebt das Bild in der Achse in die für das Auge passende Lage. Abb. 188 zeigt die Aufpassung des Zielfernrohres auf das Gewehr. Bei der Aufpassung wird die Seitenrichtung meist durch Treiben der Fußplatte bewirkt, doch kann auch die Verschiebung des Fadenkreuzes

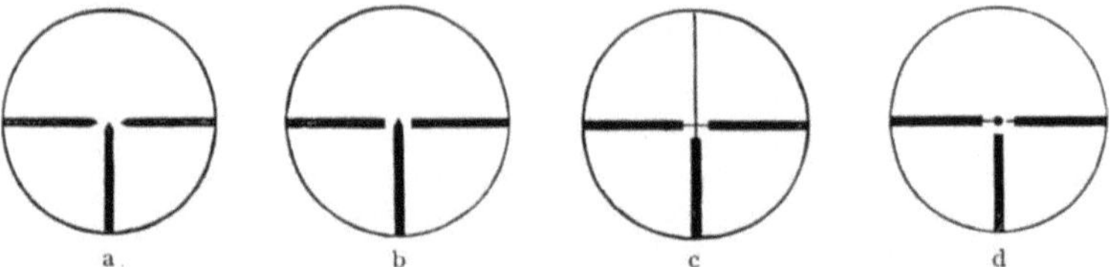

Abb. 189. Verschiedene Abkommen für Gewehrzielfernrohre

oder die Drehung des Objektives in einem Exzenter benutzt werden. Abb. 189 bringt verschiedene Formen des Abkommens; die dicken Balken dienen zum Zielen in der Dämmerung. Die Lücke zwischen ihnen gibt einen Anhalt zum Schätzen der Entfernung nach der scheinbaren Größe des Wildes; sie entspricht einem Breitenmaß von 70 cm auf 100 m Entfernung, also der Länge eines gewöhnlichen Rehbockes vom Stich bis zum Spiegel (Abb. 190 links). Abb. 190 rechts entspricht der Entfernung von 200 m. Gegen das Verkanten kann eine Querlibelle angebracht werden; das Fadenkreuz gibt aber im allgemeinen genügend Anhalt dafür. Die Zielfernrohre werden meist für eine feste Entfernung parallaxefrei abgestimmt; schwache Vergrößerungen für 50 m, mittlere für 80 m, starke für 100 m; über die dann bei anderen Entfernungen auftretende Parallaxe s. (§ 22). Abb. 191 zeigt ein Zielfernrohr, bei dem alle Vergrößerungen zwischen 1- und 6fach eingestellt werden können, indem durch Drehen des Flügelgriffes h die Linsen des Umkehrsystems e

Abb. 190. Zur Entfernungsschätzung mit dem Abkommen eines Gewehrzielfernrohres.
Links: Entfernung 100 m. Rechts: Entfernung 200 m

verschoben werden (§ 19), dazu dienen die Kegelräder g und die Spiral-nuten l sowie die Rasten i. Die Scharfstellung erfolgt hier durch Drehen des Okulars d mit Ring m. Das Abkommen auf der Feldlinse b in der Brennebene des Objektives a wird mit dem Rändelring f durch eine Schraubennut e verschoben und mit Knopf k festgestellt.

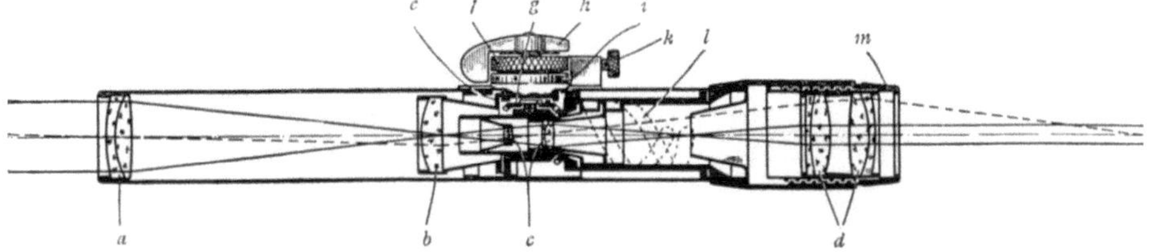

Abb. 191. Ein Gewehrzielfernrohr mit 1—6facher Vergrößerung

Das Zielfernrohr für Maschinengewehre besitzt Höhenverstellung des Abkommens mit Außen- oder Innenablesung oder beides für die Schuß-weite; es wird auch wohl das Objektivprisma oder das ganze Fernrohr gekippt. Um den Drall zu berücksichtigen, ist die Führungsbahn bzw. Kippachse entsprechend seitlich geneigt. Noch einfacher wird dies erreicht, wenn auf einer Kreisscheibe, die durch das Gesichtsfeld um einen außerhalb liegenden Punkt gedreht werden kann, für abgestufte

Entfernungen demgemäß bezifferte Zielmarken in einer Spirale angeordnet sind (Abb. 192); das Einstehen der Marken ist durch Rasten gesichert; bei ∧ -förmigen Marken kann die Breite entsprechend einer bestimmten linearen Streuungsbreite am Ziel gewählt werden.

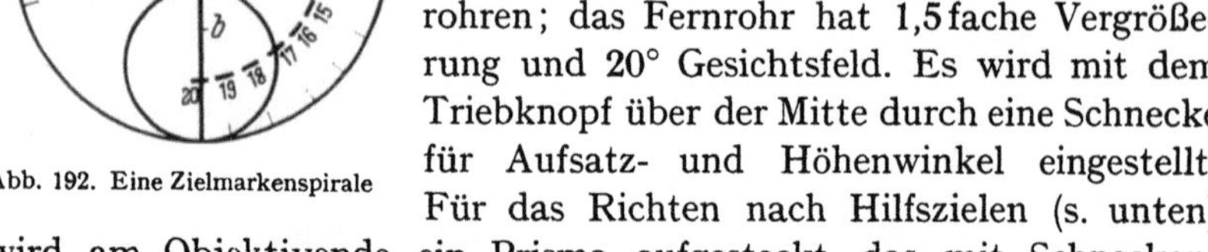

In Abb. 193 ist ein Zielfernrohr für leichte Maschinengewehre dargestellt. Die optische Anlage ist ähnlich wie bei den Gewehrzielfernrohren; das Fernrohr hat 1,5fache Vergrößerung und 20° Gesichtsfeld. Es wird mit dem Triebknopf über der Mitte durch eine Schnecke für Aufsatz- und Höhenwinkel eingestellt. Für das Richten nach Hilfszielen (s. unten) wird am Objektivende ein Prisma aufgesteckt, das mit Schneckentrieb seitlich verschwenkt werden kann; beide Einstellungen haben

Abb. 192. Eine Zielmarkenspirale

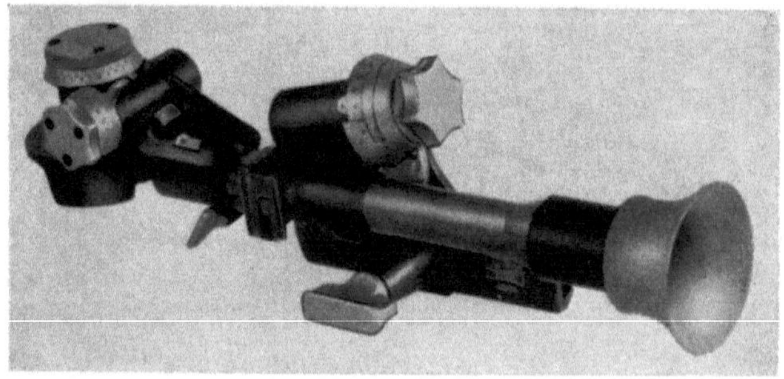

Abb. 193. Ein Zielfernrohr für leichte Maschinengewehre

Abb. 194. Ein Zielfernrohr für schwere
Maschinengewehre

Abb. 195. Ein Zielfernrohr für
Panzerabwehrgeschütze

Grob- und Feinablesungen an Trommeln. Für das Richten gegen Luftziele kann ein Prisma für Einblick unter 60° gegen die Fernrohrachse auf das Okular gesteckt werden. Bei dem Zielfernrohr für schwere

Maschinengewehre und Maschinengeschütze nach Abb. 194 ist ein Prismenfernrohr mit 2facher Vergrößerung und 35° Gesichtsfeld verwandt. Es wird mit einem seitlich angebrachten Schneckentrieb für Aufsatz- und Höhenwinkel eingestellt. Um beim Schießen gegen Luftziele bequemeren Einblick zu gewinnen, kann das Objektivprisma mit einem umgebenden Rändelring T in eine zweite Lage gedreht werden, bei der der Ausblick um 60° verändert ist. Abb. 195 zeigt ein anderes Prismenzielfernrohr für schwere Maschinengewehre und Panzerabwehrgeschütze. Es besitzt schwach geneigten Einblick, 2fache Vergrößerung und 30° Gesichtsfeld. Der Aufsatzwinkel und die Seitenverschiebung werden durch Verschieben des Fadenkreuzes mit Kreuzschlitten durch Triebknöpfe eingestellt und im Gesichtsfeld abgelesen.

§ 24. Die Geschützzielfernrohre

Bei Landgeschützen spielt heute das direkte Richten nur eine geringe Rolle, da gewöhnlich aus verdeckter Stellung geschossen wird. Vielmehr wird die Zielrichtung von einem entfernten Beobachtungsstande aus ermittelt oder auch aus der Karte entnommen. Nachdem das Geschütz in die Richtung gebracht ist, wird für das weitere Schießen beim Richten mit dem Zielfernrohr ein rückwärtiges Hilfsziel benutzt, da der Ausblick nach vorn durch den Schutzschild beschränkt ist.

Die Geschützzielrohre sind daher fast ausschließlich sog. Rundblickfernrohre. Den Aufbau eines solchen Rundblickfernrohres zeigt Abb. 196, den Strahlengang Abb. 197, seine Ansicht ist in Abb. 198 wiedergegeben.

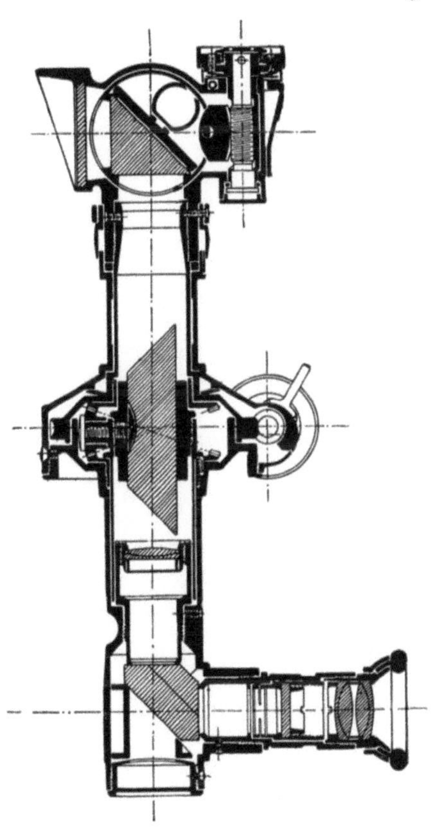

Abb. 196. Ein Rundblickfernrohr

In dieser Form sind Geschützzielfernrohre nahezu seit 50 Jahren bis zum heutigen Tage in allen Armeen in Gebrauch. Bei diesen Rundblickfernrohren liegt das Okular und somit die Einblickachse fest. Das Objektivprisma wird um die Rohrachse gedreht, so daß sich die Ausblickrichtung in einem Kegel bzw. in einer Ebene um die Rohrachse bewegt.

Bei stehender Anordnung und horizontalem Ausblick wird so der Horizont abgesucht; der Beobachter hält so einen Rundblick, ohne daß er mit dem Kopf der Drehung zu folgen braucht. Die Drehung des Objektivprismas bewirkt, daß das Bild in der Bildebene sich um die Bildmitte dreht, im gleichen Maße wie das Objektivprisma verdreht wird. Man nennt dieses gelegentlich „Bildsturz". Um diesen Bildsturz zu beseitigen, muß ein Wendeprisma W eingeschaltet werden. Da, wie in § 11 erläutert, die durch das Wendeprisma zu bewirkende gegen-

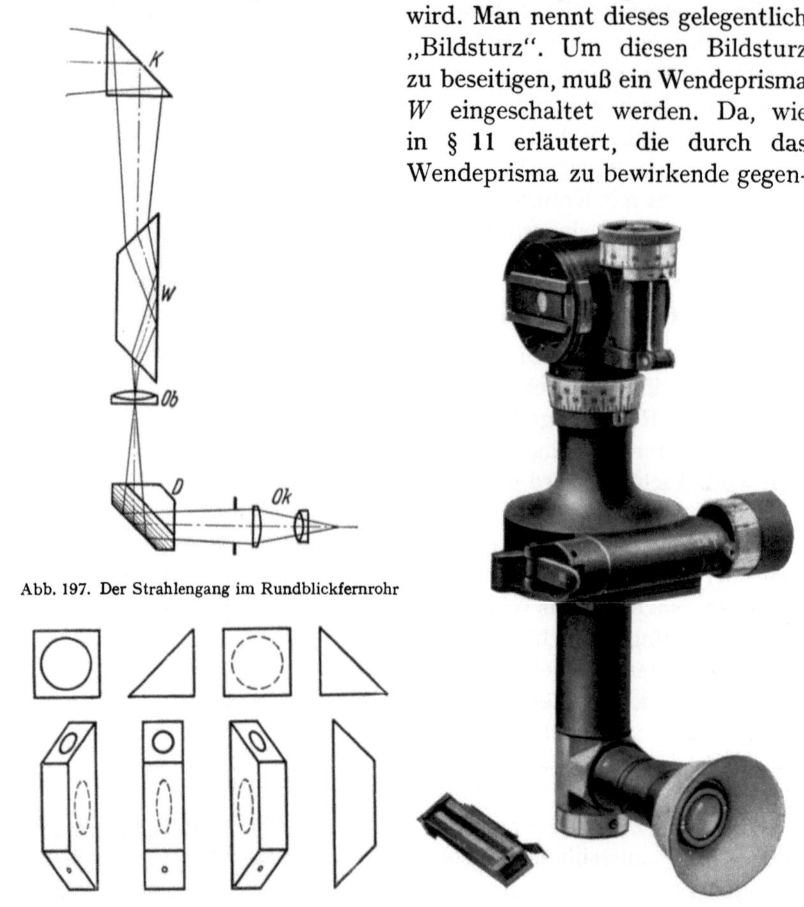

Abb. 197. Der Strahlengang im Rundblickfernrohr

Abb. 199. Die Stellung der Prismen beim Rundblickfernrohr bei verschiedenen Ausblickrichtungen

Abb. 198. Ansicht eines Rundblickfernrohrs

läufige Bilddrehung (die „Bildaufrichtung") dem doppelten Drehwinkel des Wendeprismas entspricht, muß dieses Wendeprisma mit der halben Geschwindigkeit des Kopfprismas K nachgedreht werden (vgl. Abb. 197 und 199). Zu diesem Zweck ist die Drehung der beiden Prismen über ein Differentialgetriebe gekuppelt (Abb. 196). Zwischen dem Objektiv Ob und dem Okular Ok ist hier ein Dachprisma D eingeschaltet. Der Anzeiger in Verbindung mit einer Ringteilung im Gesichtsfeld kann zur

Anzeige der Ausblickrichtung dienen. Die heute noch gebräuchliche Bauart von Rundblickfernrohren für Feldgeschütze, die auf JACOB zurückgeht und in Abb. 198 wiedergegeben ist, hat 4 fache Vergrößerung und ein objektives Sehfeld von $\pm 5°$ und 4 mm Austrittspupille. Durch Kippung des Objektivprismas mit Schneckentrieb läßt sich die Visierlinie in meßbaren Beträgen um $\pm 17°$ neigen. Für die Seitendrehung des ganzen Oberteils dient eine mit Exzenter auslösbare Schnecke mit Feinablesung

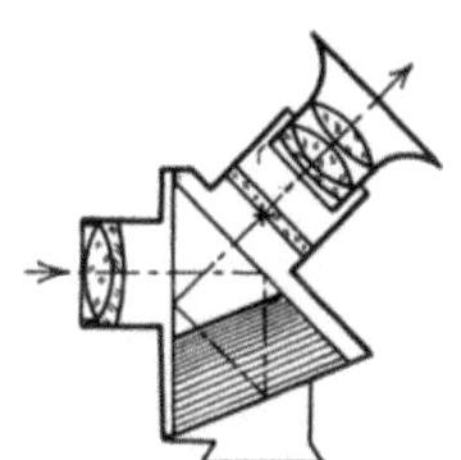

Abb. 200. Ein Zielfernrohr
mit schrägem Einblick

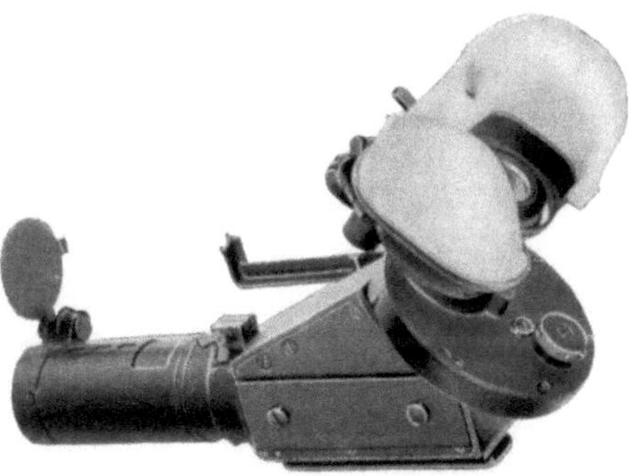

Abb. 201. Ansicht eines Zielfernrohres für Flak-Geschütze
mit schrägem Einblick, 5×35, $w = \pm 7°$

neben der Grobablesung für die Seitenwinkel. Um die Rohrerhöhung für die Schußweite einstellen zu können, sitzt das Zielfernrohr meist auf einer bogenförmigen Aufsatzstange, die in einer gleichgebogenen Führungsbuchse nach einer Entfernungsteilung verschoben wird; das Rohr ist richtig erhöht, wenn eine Libelle am Aufsatz einspielt.

Neben dem Rundblickfernrohr, dem klassischen Zielfernrohr der Artillerie für indirektes Schießen, spielen neuerdings Geschützzielfernrohre zum direkten Anrichten eine immer größere Rolle. Das sind einmal die Zielfernrohre für Luftziele der Flak, für Geschütze zur Pan-

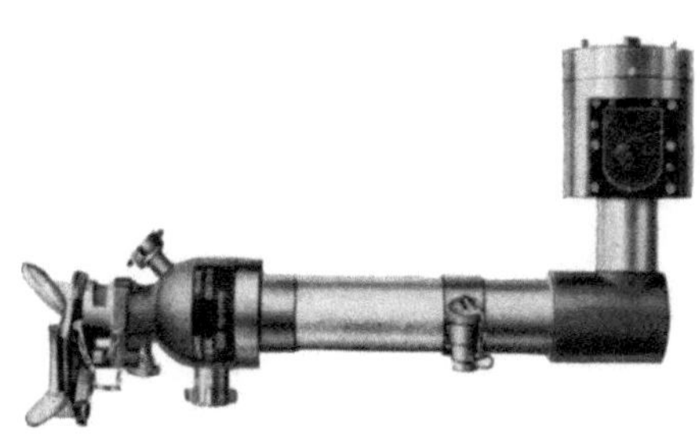

Abb. 202. Pankratisches Winkelzielfernrohr,
$\Gamma = 2,5$—$7,5$ fach, $D = 22,5$ mm, $w = \pm 10°$—$\pm 3,35°$

zerbekämpfung und für Schiffsgeschütze zum direkten Anrichten. Beim Anrichten von Luftzielen, also bei Flakgeschützen, werden Prismenzielfernrohre mit schrägem Einblick bevorzugt, um eine bequemere Kopfhaltung zu gewährleisten. Abb. 200 zeigt ein solches Prismenzielfernrohr mit schrägem Einblick schematisch, in Abb. 201 ist ein solches in der Ansicht wiedergegeben. Ebenfalls für Flakgeschütze finden sog. Winkelzielfernrohre Verwendung, bei denen der Strahlengang zweimal um 90° abgeknickt ist, so daß der Richtschütze von der Seite

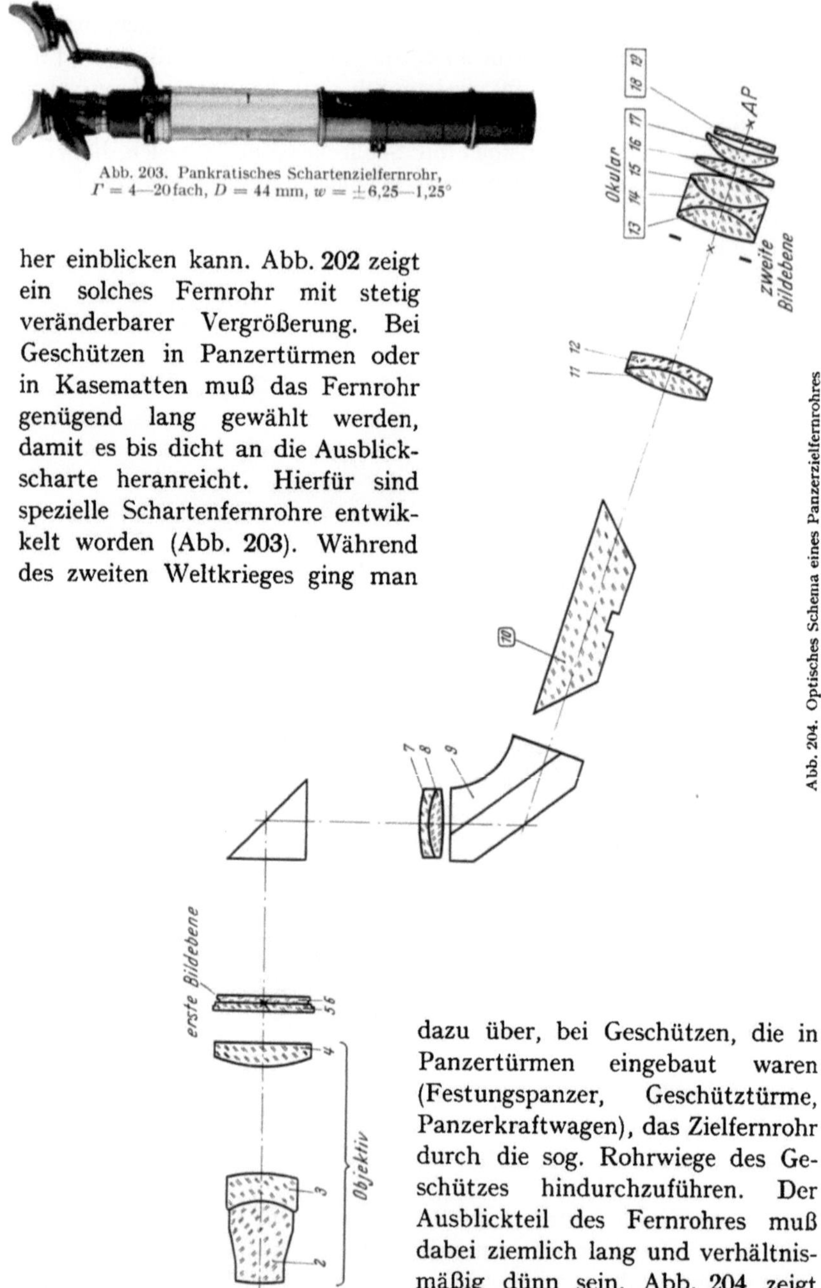

Abb. 203. Pankratisches Schartenzielfernrohr,
$\Gamma = 4{-}20$ fach, $D = 44$ mm, $w = \pm 6{,}25{-}1{,}25°$

her einblicken kann. Abb. 202 zeigt ein solches Fernrohr mit stetig veränderbarer Vergrößerung. Bei Geschützen in Panzertürmen oder in Kasematten muß das Fernrohr genügend lang gewählt werden, damit es bis dicht an die Ausblickscharte heranreicht. Hierfür sind spezielle Schartenfernrohre entwikkelt worden (Abb. 203). Während des zweiten Weltkrieges ging man

dazu über, bei Geschützen, die in Panzertürmen eingebaut waren (Festungspanzer, Geschütztürme, Panzerkraftwagen), das Zielfernrohr durch die sog. Rohrwiege des Geschützes hindurchzuführen. Der Ausblickteil des Fernrohres muß dabei ziemlich lang und verhältnismäßig dünn sein. Abb. 204 zeigt den optischen Aufbau eines solchen Panzerzielfernrohres.

§ 25. Einrichtungen zur Prüfung der Parallelität von Visierlinie und Seelenachse des Geschützes

Verwandt mit den bisher beschriebenen Zielfernrohren sind die Einrichtungen, mit denen eben diese Zielfernrohre parallel zur Seelenachse des Geschützes ausgerichtet werden. Zunächst handelt es sich darum, die Seelenachse des Geschützes festzulegen. Als solche wollen wir die Verbindungslinie von Mündungs- und Ladungsraummitte ansehen; ob die Wahl anderer Stellen des Rohres zweckmäßiger ist, mag unerörtert bleiben, da dies das Wesen der Prüfeinrichtung nicht berührt. Früher benutzte man dazu ein sog. Seelenfernrohr, das mit passenden Kaliberringen genau zentrisch in den Ladungsraum eingesetzt wird; es ist in einem zentrischen Kugelkopf drehbar und kann so mit seinem Fadenkreuz auf ein Fadenkreuz eingerichtet werden, das zentrisch in den Mündungsraum eingesetzt ist. Nachdem so die Visierlinie des Seelenfernrohres in die Seelenachse gebracht ist, wird sie mit der Richtmaschine des Geschützes auf ein Fernziel gerichtet, dann muß auch das Zielfernrohr auf dies Fernziel einstehen; anderenfalls wird seine Visierlinie, gewöhnlich durch Querverschiebung des Objektives, berichtigt. Wenn ein geeignetes Fernziel fehlt, benutzt man eine Tafel in 10 bis 50 m Abstand senkrecht zur Visierlinie, auf der die Höhen- und Seitenversetzung des Zielfernrohres gegen die Seelenachse vermarkt ist.

Das *Linsenjustiergerät* verlangt weniger Sorgfalt in der Herstellung und Behandlung; sein Mündungseinsatz trägt eine zentrische einfache Linse als Objektiv, sein Ladungsraumeinsatz eine Feldlinse mit zentrischem Fadenkreuz, die die Austrittspupille ein wenig hinter das Bodenstück verlegt; es wird so das Geschützrohr in ein Fernrohr verwandelt. Da die Objektivbrennweite groß ist, kann man auf eine Vergrößerung durch das Okular verzichten. Für die verschiedenen Geschützarten braucht man natürlich verschiedene Einsätze.

Die richtige Aufstellung der Tafeln an Bord der Schiffe bietet erhebliche Schwierigkeiten. Man ist daher dazu übergegangen, die zu vergleichenden Visierlinien durch optische Parallelverschiebung zusammenzubringen. Dazu dient das Vorsatzrohr nach STRAUBEL (1908), das unabhängig von seinen Verkippungen die Strahlen parallel zur Einfallsrichtung mit passender Versetzung zurückwirft. Das Linsenjustiergerät wird nun (Abb. 205) durch Beleuchten des Fadenkreuzes durch einen Spiegel S von hinten in einen Kollimator verwandelt, der die von der Kreuzmitte F ausgehenden Strahlen parallel aus dem Objektiv O treten läßt. Die Strahlen werden weiter durch das Vorsatzrohr parallel versetzt und in das Zielfernrohr Z gesandt, in dessen Brennebene das Fadenkreuzbild bei richtiger Lage des Zielfernrohres auf dessen Fadenkreuz einstehen muß. Damit das Vorsatzrohr zur Überbrückung verschiedener Abstände des Zielfernrohres von der Seelenachse geeignet ist, besteht es aus der scherenartigen Verbindung eines Rohres, das den aus den Prismen P_1 und P_2 bestehenden Zentralspiegel enthält, mit einem Rohr, das einen aus den Prismen P_3 und P_4 bestehenden Rhombusspiegel enthält; die Versetzung der Strahlen geschieht so in zwei Stufen; nach der ersten verlaufen sie in Richtung der Scherenachse. Verkippungen des Vorsatzrohres infolge ungenauer Befestigung auf der Mündung stören die Parallelversetzung nicht; es können dadurch nur einseitige Abblendungen der Strahlen eintreten, die sich in ungleichmäßiger

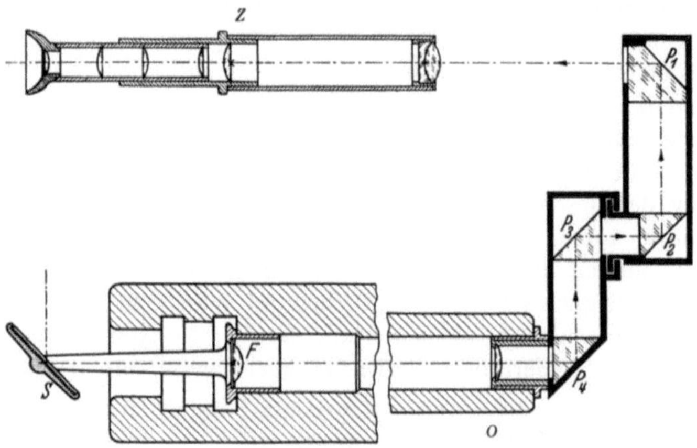

Abb. 205. Die Prüfung der Parallelität von Visierlinie und Seelenachse des Geschützes mit dem Straubelschen Vorsatzrohr

Beleuchtung des Gesichtsfeldes verraten und nur indirekt bei unzulässiger Parallaxe der Fadenkreuze kleine Fehler hervorrufen könnten. Die Befestigung der einzelnen Spiegel der Gruppe, die den Zentral- bzw. Rhombusspiegel bilden, an dem tragenden Rohr muß allerdings derart sein, daß ihre gegenseitige Lage in der Gruppe durch Verbiegungen infolge mechanischer und thermischer Einflüsse und durch Erschütterungen nicht verändert wird. Die Paralleljustierung mit dem Zentralspiegel wird auch sonst vielfach angewendet; bei kleineren Versetzungen wird er zweckmäßig durch ein einziges Prisma verkörpert. Von seinem Erfinder BECK (1887) wurde er für die Bestimmung des Kollimationsfehlers beim Durchgangsinstrument empfohlen.

§ 26. Die Periskope

Die Periskope (Sehrohre) sollen dem Beobachter den Ausblick von einer für ihn unzulänglichen oder gefährlichen Stelle bieten, z. B. wenn er in gedeckter Stellung seitlich an einem Baum vorbei, über einen Wall oder höhere Hindernisse hinweg oder aus einem Kommandostand beobachten will. Zu diesem Zweck sind Aus- und Einblick um wenigstens 18 cm gegeneinander versetzt, meist parallel. Beim Blick nach vorn gibt das Sehrohr sowohl in liegender wie in stehender Anordnung ein aufrechtes Bild; es wird daher nur auf stehende Rohre eingegangen. Für kleinere Versetzung eignet sich das Prismenfernrohr; die Umkehrprismen bieten meist die Möglichkeit, durch Abrücken eines Prismas die Achsenversetzung zu erreichen, wobei dies oft vor dem Objektiv liegt, während der übrige Teil des Umkehrprismas dicht vor der Brenn-

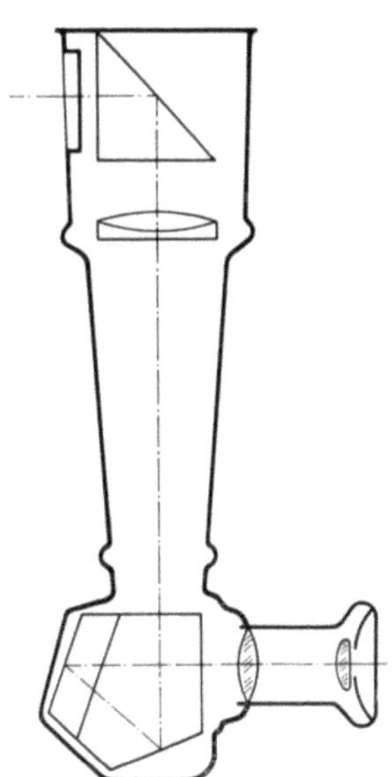

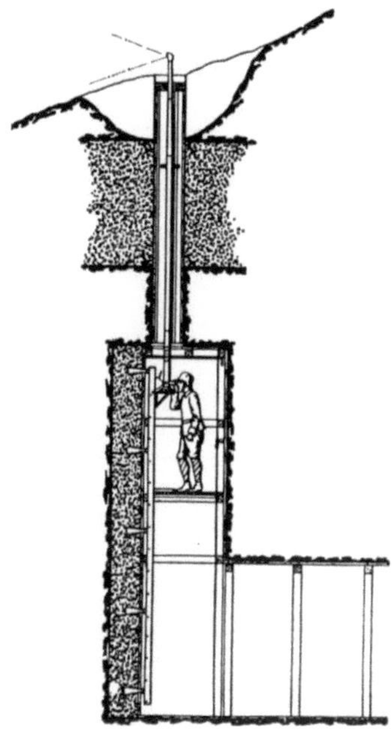

Abb. 206. Ein Sehrohr für Handgebrauch   Abb. 207. Das Feldsehrohr

ebene liegt (Abb. 206). Ein gewöhnliches Fernrohr wird durch Vorsetzen eines Rohres mit zwei parallelen um 90° ablenkenden Spiegeln für gelegentliche Beobachtung aus der Deckung geeignet. Für die Beobachtung aus Unterständen und über größere Hindernisse hinweg dient das Feldsehrohr (Abb. 207), ein Erdfernrohr mit einfachem Objektiv- und Okularprisma zur Knickung der Achse und mit parallelem Strahlengang zwischen den Umkehrlinsen, so daß durch Einschalten von Zwischenrohren an dieser Stelle eine Ausblickshöhe von 4—6 m vom Fuß des Beobachters erreicht werden kann. Das Objektivprisma kann, besonders bei etwas stärkerer Vergrößerung, von unten gekippt werden. Noch höheren Ausblick von 9—26 m bietet das Mastfernrohr, das an die Stelle der unsicheren Beobachtungsleiter tritt (Abb. 208). Es hat heute keine praktische Bedeutung mehr.

15*

Periskope werden als Beobachtungsfernrohre, neuerdings jedoch in steigendem Maße als Zielfernrohre verwendet. (Das ist im übrigen der Grund, weshalb sie an dieser Stelle, also nach den Richtfernrohren behandelt werden.)

Diese Doppelrolle als Beobachtungs- und Zielfernrohre spielen auch die Periskope für Unterseeboote. Diese Gattung von Periskopen

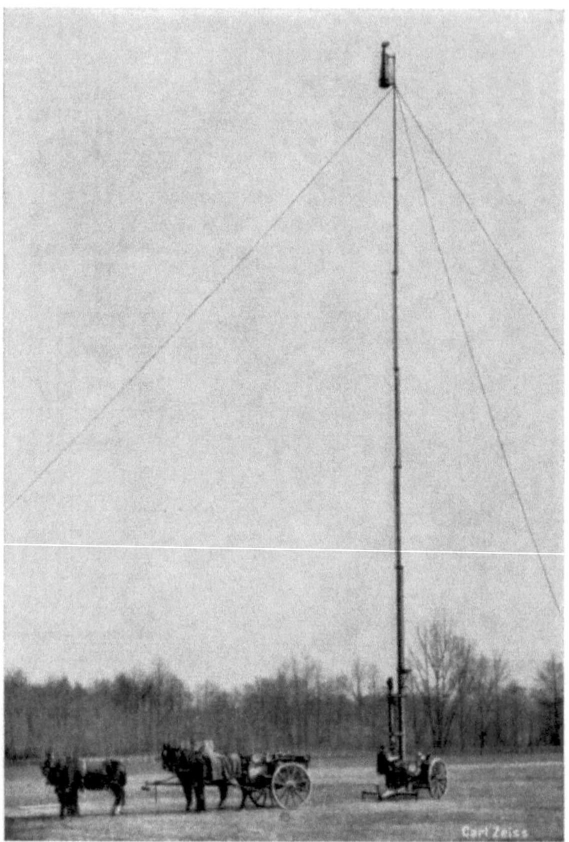

Abb. 208. Das Mastfernrohr

wird mit Recht als Auge der Unterseeboote bezeichnet. Als schwächere Vergrößerung wird gewöhnlich eine $1^1/_2$fache gewählt, da beim Blicken durch ein Rohr die Gegenstände scheinbar etwas verkleinert werden, und so der natürliche Eindruck besser als bei der Vergrößerung 1 gewahrt wird. Um die $1^1/_2$fache gegen eine stärkere 6fache Vergrößerung für genauere Beobachtung zu wechseln, werden im Objektiv Linsen zugeschaltet (§ 19) oder anstelle vorhandener andere eingeschaltet

(Abb. 210); ferner muß man das Kopfprisma(-Spiegel) von unten kippen können. Der Ausblick ist meist 6—12 m höher als der Einblick. Der

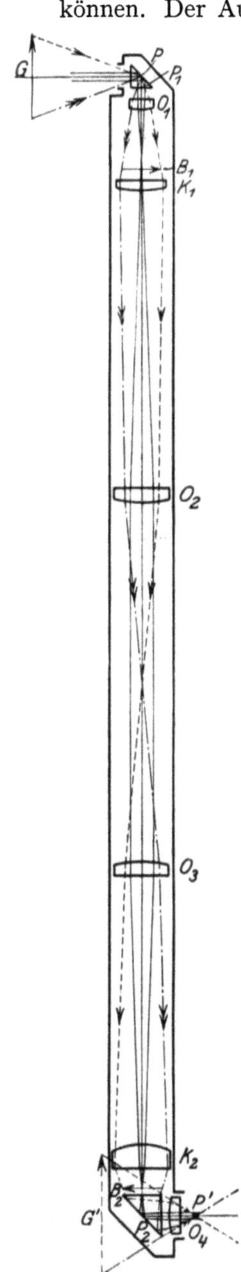

obere Teil des Rohres ist verjüngt, um dem Feind das Erkennen des Rohres und der aufgeworfenen Wasserwelle zu erschweren. Abb. 209 zeigt den Strahlengang eines einfachen Sehrohres älterer Bauart mit einfacher Vergrößerung; Objektiv O_1K_1 und Okular O_4K_2 sind beide nach Art des Okulars von HUYGENS ausgebildet. O_2 und O_3 sind die Umkehrlinsen, zwischen denen die von einem entfernten Dingpunkt ausgehenden Strahlen parallel verlaufen; die Prismen P_1 und P_2 dienen zur Knickung des Strahlenganges. Ein erstes Bild des Gegenstandes entsteht bei B_1, ein zweites bei B_2; die Eintritts- bzw. Austrittspupillen liegen bei P bzw. P'. Abb. 210 zeigt den Kopf eines Sehrohres, bei dem die Beobachtung von Luftzielen noch bis zum Zenit möglich ist. Das Abschlußglas A (Kalotte) ist uhrglasähnlich mit konzentrischen Flächen ausgebildet. Um seine Linsenwirkung auszugleichen, da das gekippte Prisma $P_1P'_1$ nur von parallelen Strahlenbündeln durchsetzt werden darf, bewegt sich beim Kippen des Prismas die Ausgleichslinse W mit der doppelten Geschwindigkeit des Prismas, also mit der der Visierlinie mit. Vor dem Objektiv O_1 befindet sich ein Ringwechsler; für die schwache $1\frac{1}{2}$fache Vergrößerung werden die Linsen V_1 und V_2, für die stärkere 6fache die Linsen V'_1 und V'_2 eingeschaltet. Soll der obere Teil des Rohres für Angriffszwecke möglichst dünn sein, so benutzt man zum Vergrößerungswechsel das Schiebekollektiv K (Abb. 211) hinter dem Objektiv O (Abb. 132). Durch den Kippspiegel S kann hier die Visierlinie nur bis etwa 20° nach oben geneigt werden;

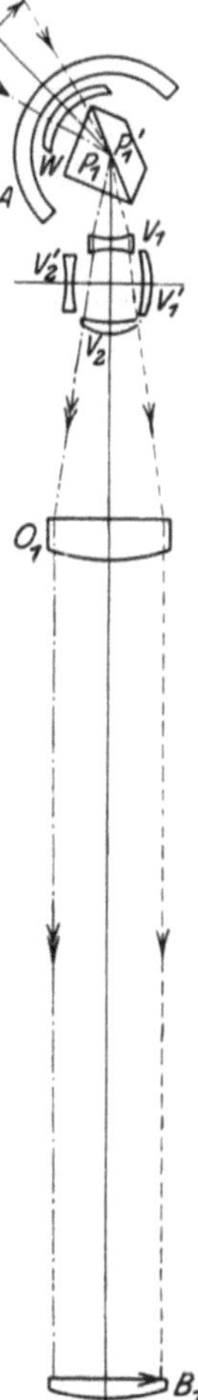

Abb. 209. Ein einfaches Tauchbootsehrohr

Abb. 210.
Der Kopf des Luftzielsehrohres

die Verstellung erfolgt von unten durch ein dünnes Seil, das über eine
Rolle R mit einem Exzenter E läuft, der über einen Schieber auf den
Spiegel wirkt. Die zweite Rolle nimmt das Seil für die Verschiebung
des Kollektivs auf.

Um den ganzen Horizont auf einmal abzubilden, wendet man beim Ringbildsehrohr eine Ringspiegellinse R_1 an (Abb. 212). Bei der punktuell abbildenden
Form von ALDIS ist die Eintrittfläche
eine Kugel um den Achsenpunkt in halber
Höhe dieser Fläche, die Austrittsfläche
eine Kugel um den Achsenpunkt, in dem
sich die austretenden Hauptstrahlen kreu-
zen, die Spiegelfläche ein Hyperboloid
mit diesen beiden Achsenpunkten als
Brennpunkten. Das von dem Ring entworfene Bild ist virtuell, das Auge erhält
ein etwa 0,5 fach vergrößertes Bild. In der

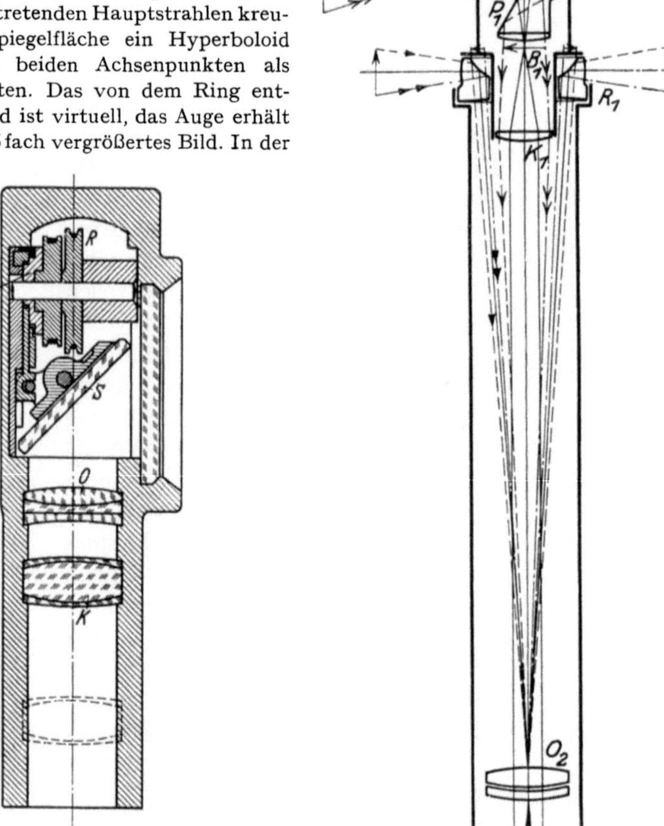

Abb. 211. Der Kopf des Angriffsehrohres

Abb. 212. Ein Ringbildsehrohr mit Sammellinse
als Objektiv

Mitte des Ringes läßt man ein Objektiv ein Bild wie sonst entwerfen, so daß ein
Gesamtbild nach Abb. 213 entsteht. Damit der obere Teil des Ringbildes aufrecht
erscheint, wird es im Okular zweimal durch Umkehrlinsen umgekehrt abgebildet.
Das im Objektivkopf entworfene Mittelbild muß gegenüber dem Bild des gewöhnliches Sehrohres umgekehrt sein. Die Abb. 212 zeigt daher hinter dem Objektiv O_1
ein Objektivprisma P_1, das gegenüber dem einfachen Prisma ein umgekehrtes

Bild entwirft. Statt dessen kann man auch eine Zerstreuungslinse 3 als Objektiv mit einfachem Spiegel 4 (Abb. 214) unter der Ringlinse *I* mit Bild 2, 5, 2 verwenden; hier ist statt der zweimaligen Umkehrung durch Umkehrlinsen eine einmalige durch 6 gewählt und dafür das Okularprisma vor dem Okular 8 und dem Bild 7 als Pentadachprisma 9 ausgebildet. Das Ringbildsehrohr hat sich nicht eingebürgert, da der Kopf zu auffällig und verletzlich ist.

Das Sehrohr läßt sich in einer Stopfbüchse nicht nur drehen, sondern auch aus- und einschieben, sowohl um mit verschiedener Ausblickhöhe

Abb. 213. Das Gesichtsfeld des Ringbildsehrohres

über dem Wasser beobachten zu können als auch um das Rohr für Unterwasserfahrt ganz einziehen zu können. Damit man bei größeren Verschiebungen des Rohres bequem beobachten kann, nimmt bei dem Fahrstuhlsehrohr ein Beobachterstuhl an den Bewegungen des Sehrohres teil. Die hier nachteilige Trennung von den übrigen Instrumenten, die der Bootsführer zu beobachten hat, vermeidet das Standsehrohr, bei dem der Beobachter seinen festen Platz entweder im Turm oder besser in der darunter liegenden Zentrale hat, da hier der Bootsführer in unmittelbarer Verbindung mit dem Wachoffizier für den Tauch- und Tiefensteuerbetrieb ist. Beim Standsehrohr (Abb. 215) ist durch das zusätzliche Prisma P_2 ein Umweg der Lichtstrahlen bedingt. Wird das Prisma P_2 zusammen mit dem ausfahrbaren Rohrteil um die Strecke V verschoben, dann ändert sich der Lichtweg um $2\,V$. Zur Erhaltung der Bildschärfe in der feststehenden Okularbildebene muß dann der Abstand zwischen O_2 und O_3 (paralleler Strahlengang dazwischen!) beim Einfahren um V vergrößert werden. Bei unveränderlichem Abstand zwischen O_2 und O_3 (aus Gründen der Bildfehler-Korrektion und zur Vermeidung

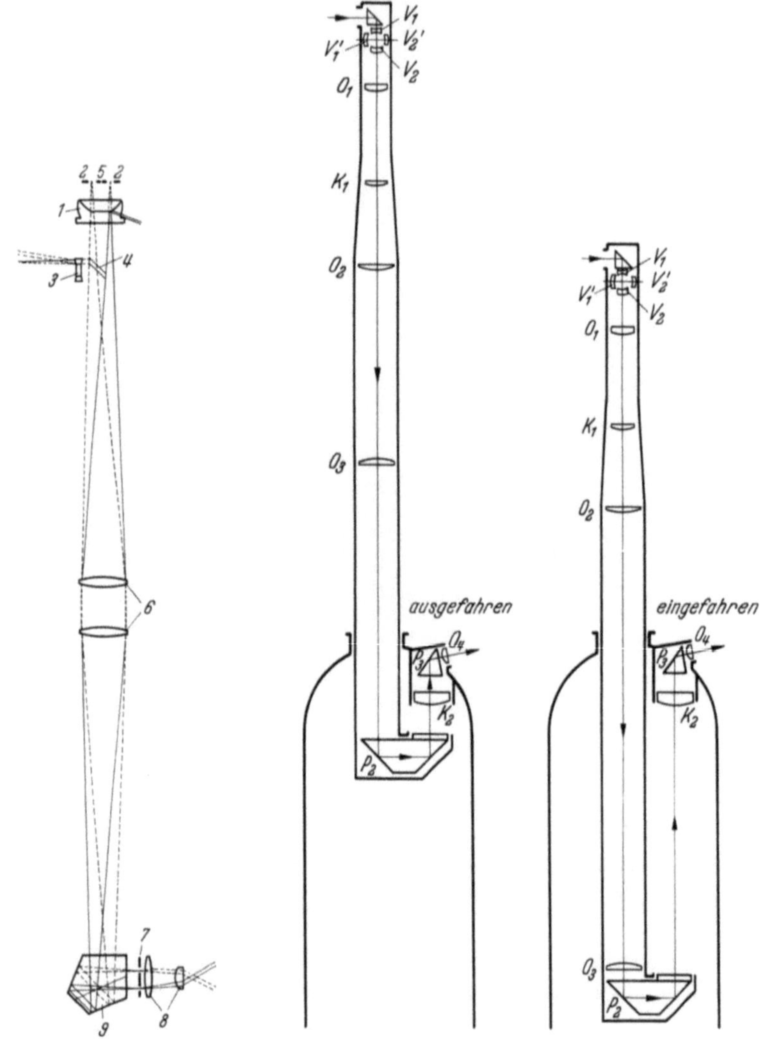

Abb. 214. Ein Ringbildsehrohr mit Zerstreuungslinse als Objektiv

Abb. 215. Das Standsehrohr nach HUMBRECHT

von Bildbeschnitt), darf das Prisma P_2 nur um $\dfrac{V}{2}$ verschoben werden. Man kann auch O_3 und P_2 in der rechts dargestellten Lage fest anordnen und nur das Oberteil $P_1 K_1 O_2$ ausschieben.

Zu den Periskopen gehören auch die in § 20 und § 21 behandelten Scherenfernrohre, wenn die Scherenarme zusammengeklappt sind. Ferner sind die Richtungsweisersehrohre (§ 21) und die Rundblickzielfernrohre der Landgeschütze (§ 24) hier noch aufzuführen.

Periskope werden ferner an Bord von Kampfflugzeugen verwendet. Einmal als Bombenzielgeräte, sie besitzen dann eine Reihe von in das

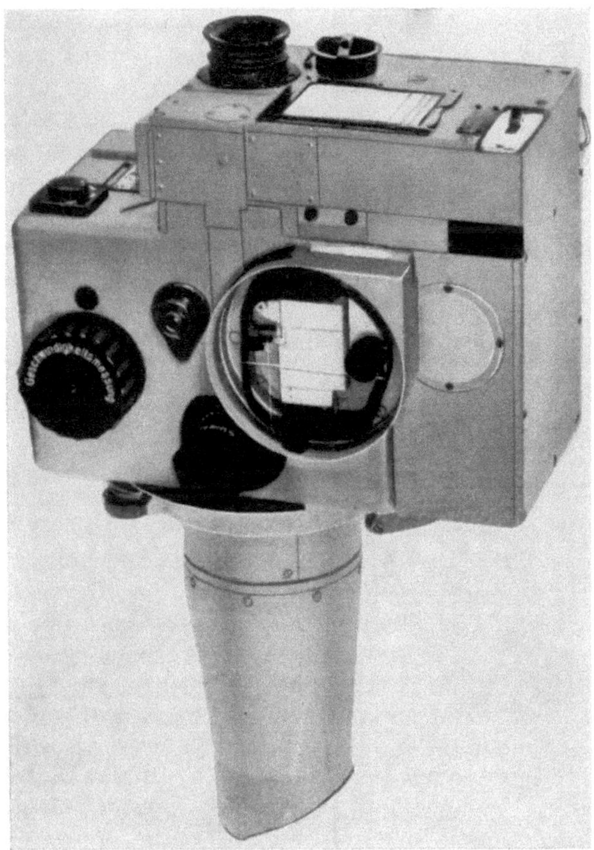

Abb. 216. Ein Zielfernrohr für Bombenabwurf (Lotfe)

Gesichtsfeld eingespiegelten Marken, mit deren Hilfe der aus der Bombenballistik sich ergebende Vorhalt unter Berücksichtigung von Windrichtung, Fluggeschwindigkeit, Flughöhe usw. eingestellt werden kann. Ein Zielfernrohr dieser Art, als Lotfernrohr bekannt, zeigt Abb. 216. Da der Flugzeugführer meist nach unten in der Sicht sehr behindert ist, werden in Kampfflugzeugen Sehrohre (Flugzeugperiskope) auch verwendet, um dem Flugzeugführer die Möglichkeit zu geben, das überflogene

Gelände zu beobachten, den Abtriftwinkel zu bestimmen, den Kurs auf bestimmte Ziele festzulegen und die Richtigkeit des Kurses nachzuprüfen. Neuere Geräte dieser Gattung haben etwa 4—6fache Vergrößerung. Sie werden aus dem Flugzeugrumpf herausgefahren; meistens nach unten, bei Kampfflugzeugen gibt es jedoch auch nach oben herausfahrbare Periskope. Der Ausblick erfolgt bei den neueren Typen mit einem schwenkbaren Ausblickprisma, ähnlich wie bei den U-Boot-Periskopen. Das Prisma bewegt sich meist in einer Glaskalotte. Abb. 217 zeigt ein solches Periskop.

Da die moderne Taktik immer mehr dazu zwingt, aus Bunkern, Geschütztürmen und Panzern zu schießen und das Kampfgeschehen zu verfolgen, sind periskopartige Fernrohre mittlerer Länge (1—3 m) besonders aktuell geworden. Diese Periskope, die aus Bunkern, Panzern, Festungstürmen usw. heraus Verwendung finden sollen, werden sowohl als Beobachtungs- als auch als Ziel- und Richtfernrohre verwendet. Der Ausblick erfolgt dabei fast ausschließlich durch schwenkbare Prismen. Wird kein allzu großer Höhenwinkel verlangt, dann bewegen sich die Prismen wie beim Richtungsweisersehrohr in einem mit einer Planplatte abgeschlossenen Gehäuseteil. Wird eine Beobachtung von Luftzielen verlangt, so wird man Konstruktionen wie bei den Flugzeugperiskopen mit einer Glaskalotte anwenden. Bezüglich Vergrößerung und Austrittspupille macht man neuerdings von den in § 11 mitgeteilten Erkenntnissen Gebrauch, d. h. man gibt solchen Periskopen möglichst eine hohe Dämmerungsleistung. Als Normaltyp scheint sich 10fache Vergrößerung, 50 mm Objektivdurchmesser bisher ergeben zu haben. Im übrigen ist in allen Ländern auf

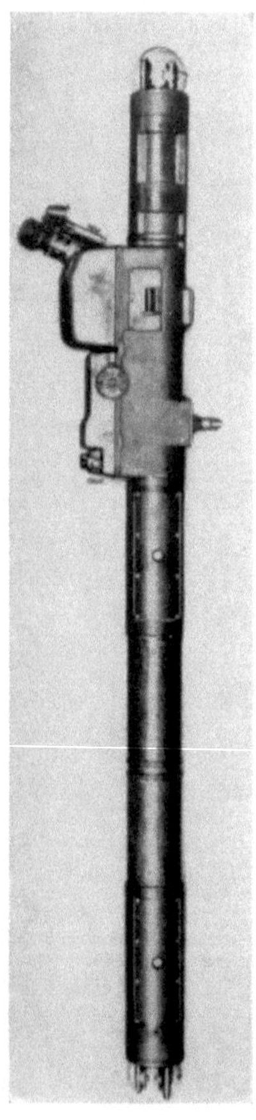

Abb. 217.
Ein Flugzeugperiskop

diesem Gebiete die Entwicklung noch im Fluß. Einzelheiten können daher vorerst nicht wiedergegeben werden; im übrigen können die in diesem Paragraph mitgeteilten Konstruktionsmerkmale auf diese soeben geschilderten neuen Aufgaben sinngemäß angewendet werden.

§ 27. Die Fernrohre für geodätische Instrumente

Die Fernrohre in geodätischen Instrumenten dienen zur sehr genauen Festlegung einer Richtung. Bei den Nivellierinstrumenten handelt es sich um die Festlegung einer Horizontalen, die selbst mit Hilfe einer sehr genauen Libelle oder neuerdings mit sog. optischen Kompensatoren (vgl. unten) bestimmt wird. Bei der anderen Gattung geodätischer Instrumente, nämlich den Theodoliten, dient die mit dem Fernrohr festgelegte Richtung zur Bestimmung von Höhen- und Seitenwinkeln, die ihrerseits mit Teilkreisen mit — in der Regel — mikroskopischen Ablesungen gemessen werden. Die Nebeneinrichtungen (Libellen, Teilkreise, Teilkreisablesungen) sowie allgemeine konstruktive Merkmale geodätischer Instrumente gehören nicht zum Thema dieser Schrift, es sei auf das diesbezügliche Spezialschrifttum verwiesen. Hier sollen nur die wesentlichen Merkmale der in geodätischen Instrumenten verwendeten Fernrohre behandelt werden, für die die in § 22 behandelten allgemeinen Gesichtspunkte maßgebend sind. Den in geodätischen Instrumenten verwendeten Fernrohren sind im Gegensatz zu den militärischen Zielfernrohren folgende Gesichtspunkte gemein: Die Fernrohre müssen sowohl für Ziele in großer Entfernung als auch auf Ziele in sehr naher Entfernung (bis herab zu 1 m) einstellbar sein. Da sie vorwiegend am Tage gebraucht werden, ist für ihre Leistung in erster Linie die Vergrößerung maßgebend. Man hat lediglich dafür zu sorgen, daß der Durchmesser der Austrittspupille nicht wesentlich kleiner gemacht wird, als es die Berücksichtigung der Beugungserscheinungen (§ 7) erfordert. Man wendet also Austrittspupillen mit Durchmessern zwischen 1 und 2 mm an. Es ist in den letzten Jahren nahezu zur Regel geworden, Nivellierinstrumenten eine Austrittspupille mit einem Durchmesser von rund 1 mm zu geben, während man bei Theodoliten den Durchmesser 1,4—1,6 mm wählt. Ein weiteres allgemeines Kennzeichen aller geodätischen Fernrohre ist die durch die Verwendung im Gelände bedingte Forderung, das Fernrohr so klein und so leicht wie möglich zu bauen.

Die Vergrößerung geodätischer Fernrohre richtet sich nach dem durch den speziellen Anwendungszweck gegebenen Gerätetyp und variiert sehr. Bei den einfachsten geodätischen Geräten, den sog. Baunivellieren (mittlerer Fehler für die Bestimmung des Höhenunterschiedes bei Hin- und Rücknivellement etwa 5 mm/km) und bei den sog. Bautheodoliten (Winkelmeßgenauigkeit 1—2′) wählt man Vergrößerungen zwischen 12- und 20fach. Bei den Instrumenten mittlerer Genauigkeit (Nivelliere mit mittlerem Fehler beim Doppelnivellement bis etwa 1 mm/km und Theodolite mit einem Zielfehler von etwa 5—10″) werden Vergrößerungen von 25—30fach verwendet. Die Geräte für höchste Anforderungen (für Nivellement und Triangulation erster und nullter Ordnung) rüstet man mit Vergrößerungen bis zu 60fach aus. Hierbei gilt jedoch das gleiche, was in § 21 bei den Aussichts- und Beobachtungsfernrohren gesagt wurde, daß nämlich Vergrößerungen über 40 fach nur bei ausgesucht günstigen atmosphärischen Bedingungen angewendet werden können.

Die Fokussierung auf Ziele in verschiedenen Entfernungen wurde bei den älteren Instrumenten, die bis zur Jahrhundertwende ausschließlich in Gebrauch waren, durch den in § 22 beschriebenen Okular- bzw. Objektivauszug ermöglicht. Abb. 218 zeigt einen Theodoliten, dessen Fernrohr noch einen Okularauszug besitzt. 1908 gab H. WILD das von ihm im Zeiss-Werk entwickelte Nivellierinstrument mit einer Fokussierlinse bekannt. Damit war der Weg gewiesen, wie man den durch den Okularauszug bedingten Zielfehler herabsetzen kann (vgl. § 22). Die ersten Nivelliere Wild-Zeissscher Bauart besaßen eine positive Fokussierlinse, später ging WILD zu negativer Fokussierlinse über, um damit zu einer geringeren Baulänge des Fernrohres zu kommen. Mit negativer Fokussierlinse sind seitdem die meisten geodätischen Fernrohre ausgerüstet. In Abb. 219 ist am Beispiel eines Nivellierinstrumentes mittlerer Genauigkeit die Entwicklung der konstruktiven Gestaltung vom Jahre 1910—1950 gezeigt.

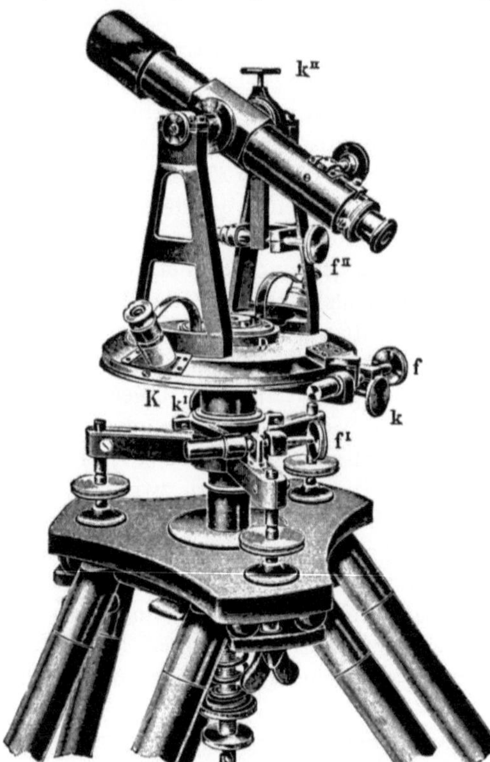

Abb. 218. Ein älterer Feldmeßtheodolit mit Fernrohr mit Okularauszug, $\Gamma = 20$ fach (nach W. JORDAN und O. EGGERT, Handbuch der Vermessungskunde, 10. Aufl., Stuttgart 1950)

Während bei den älteren Nivellierinstrumenten (links und Mitte in Abb. 219) die Horizontale durch eine empfindliche Libelle bestimmt war und infolgedessen das Instrument mir den 3 Fußschrauben sehr sorgfältig nach der Libelle horizontiert werden mußte, wird bei dem neueren Nivellierinstrument (rechts in Abb. 219) eine automatische Horizontierung vorgenommen. Das Prinzip geht aus dem in Abb. 220 wiedergegebenen Schnitt durch dieses Nivellierinstrument hervor. Das Element zur automatischen Horizontierung befindet sich in dem okularseitigen Teil des Fernrohres. Der wirksame Teil dieses Elementes ist das an dünnen Fäden aufgehängte Reflexionsprisma. Unter Einwirkung der Schwerkraft erfährt das Prisma eine Auslenkung, wenn die Fernrohrachse aus der Horizontalen gebracht wird. Bei geeigneter Lage der Aufhängepunkte für die Drähte dieses Kompensationsprismas und bei geeigneter

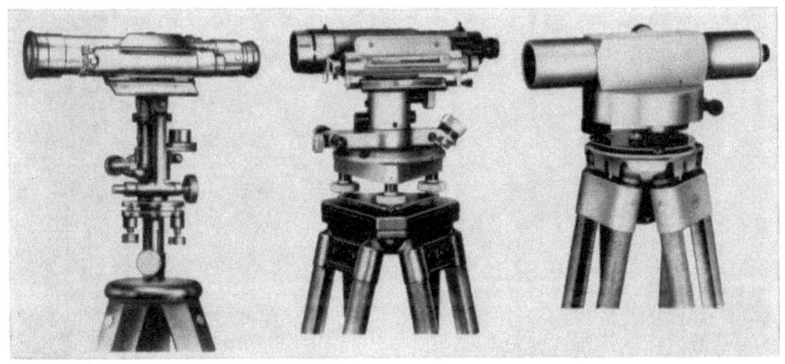

Abb. 219. Die Entwicklung der Nivellierinstrumente. Links: Zeiss Nivellier aus dem Jahre 1910, $\Gamma = 20\times$, $D = 27$ mm. Mitte: Nivellier NiB von Zeiss aus dem Jahre 1930, $\Gamma = 31,5$, $D = 35$ mm. Rechts: Nivellier Ni 2 von Zeiss aus dem Jahre 1950, $\Gamma = 32$, $D = 40$ mm

Abstimmung ihrer Länge kann man erreichen, daß durch die Auslenkung des Kompensationsprismas der Strahlengang so abgelenkt wird, daß die Fadenkreuzmitte immer der horizontalen Richtung entspricht. Mit

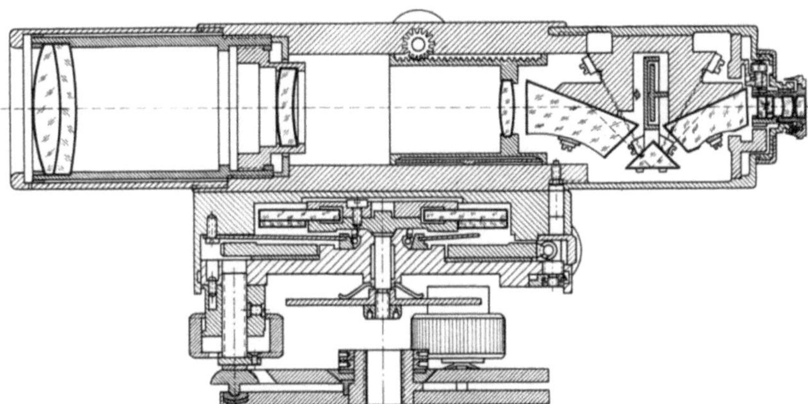

Abb. 220. Schnitt durch das Zeiss-Nivellier Ni 2

Hilfe der Fußschrauben braucht man dieses Nivellier daher nur noch grob nach der Dosenlibelle zu horizontieren. Dadurch wird der Meßvorgang erheblich abgekürzt. Unter Verwendung eines Planplattenmikrometers (vgl. Abschnitt B) kann man mit diesem Nivellier einen mittleren Fehler beim Doppelnivellement von rund 0,8 mm/km erreichen.

Während bei den eben behandelten Nivellierinstrumenten eine gewisse Beschränkung der Fernrohrlänge zwar erwünscht ist, dagegen eine extreme Verkürzung keine technische Notwendigkeit darstellt, ist eine möglichst kurze Baulänge die wichtigste konstruktive Forderung der Fernrohre für Theodolite mittlerer und höchster Genauigkeit. Bei diesen Theodoliten wird aus meßtechnischen Gründen verlangt, das

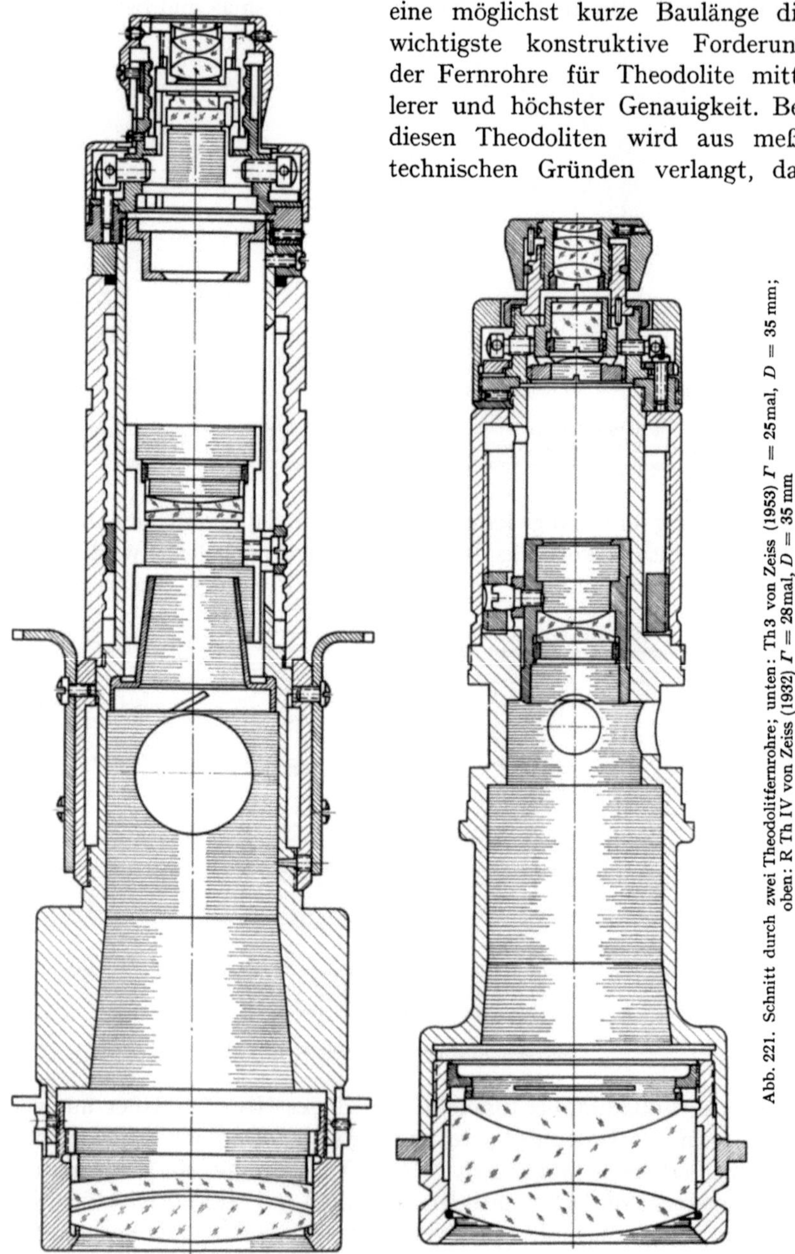

Abb. 221. Schnitt durch zwei Theodolitfernrohre; unten: Th 3 von Zeiss (1953) $\Gamma = 25$ mal, $D = 35$ mm; oben: R Th IV von Zeiss (1932) $\Gamma = 28$ mal, $D = 35$ mm

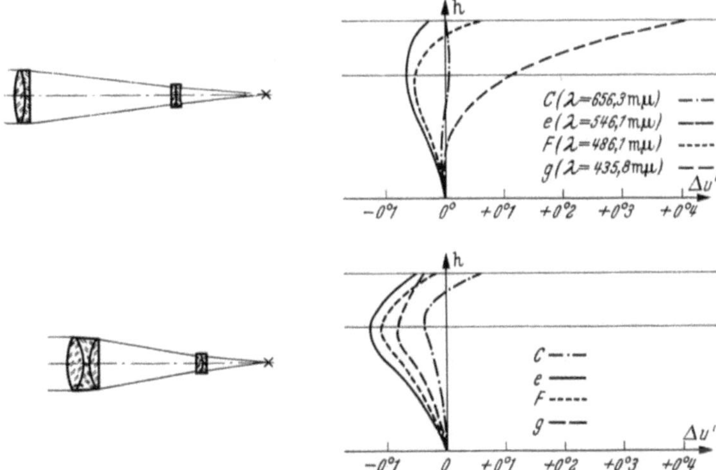

Abb. 222. Korrektionsdarstellungen von Theodolitfernrohren. (Winkelabweichungen am Auge);
unten: Th 3 (Zeiss); oben: R Th IV (Zeiss)

Fernrohr sowohl über das Objektiv als auch über das Okular „durchschlagen" zu können. Je länger das Fernrohr ist, um so größer wird dann die Bauhöhe des ganzen Theodoliten. Das geht entweder auf Kosten der Stabilität oder des Gewichtes. Nach den Lehren des § 2 bzw. nach den in § 22 spezialisierten Formeln ·für das Fernrohr mit Fokussierlinse kann man durch geeignete Bemessung recht große Verkürzungen erzielen. Abgesehen davon, daß die Verkürzung nach Gl. (22.27) eine Vergrößerung des Zielfehlers durch die Füh-

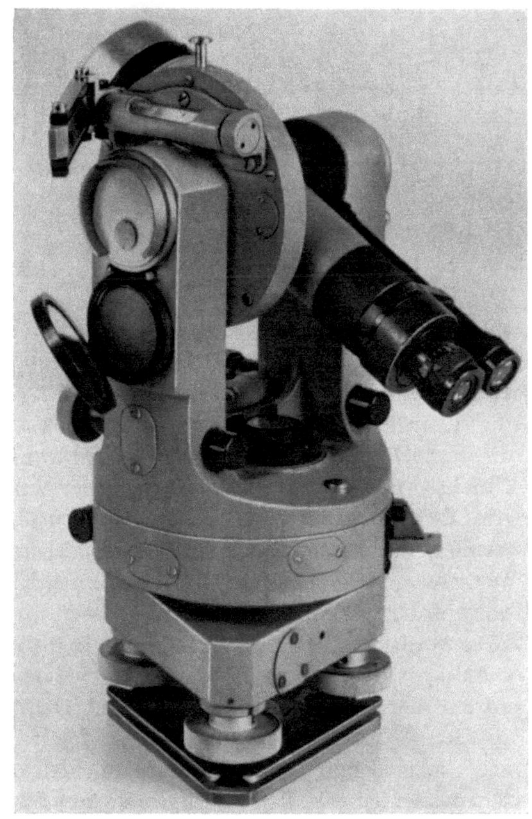

Abb. 223. Der Zeiss-Theodolit
R Th IV aus dem Jahre 1932

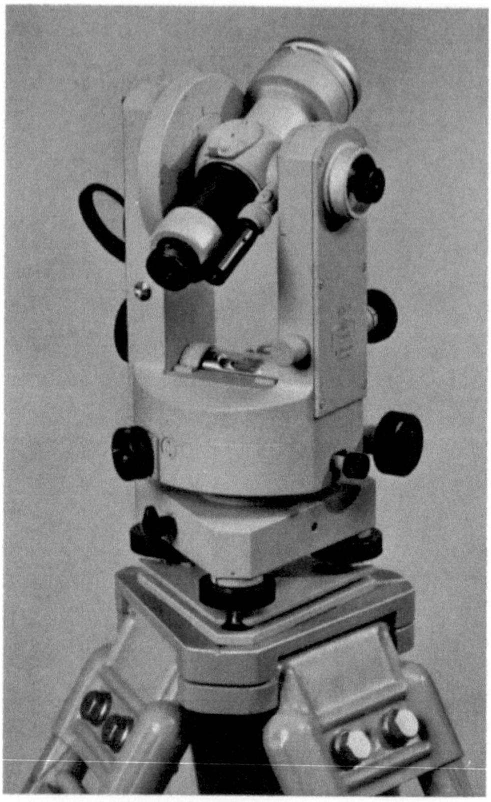

Abb. 224. Der Zeiss-Theodolit Th 3 aus dem Jahre 1953

rungslose bewirkt, bedingt die Verkürzung eine beträchtliche Vergrößerung der Restaberrationen des Objektivvordergliedes. So lange man als Objektivvorderglied lediglich Objektive aus gewöhnlichen Gläsern (2linsig, 3linsig oder 4linsig) verwendete, war der Verkürzung durch das sekundäre Spektrum eine Grenze gesetzt. Der Widerstreit zwischen konstruktiven Forderungen und abbildungstheoretischen Möglichkeiten hat bei Theodolitfernrohren gelegentlich zu Konstruktionen geführt, bei denen die durch das sekundäre Spektrum bedingte Bildqualität den konstruktiven Forderungen untergeordnet wurde. Durch H. Köhler wurden zur Vermeidung dieses Übelstandes als Objektivvorderglieder die in § 15 beschriebenen „Schwerflintapochromate" eingeführt (Nr. 10, 11 und 17 der Tab. 8). Besondere Beachtung verdient von diesen Fernrohrkonstruktionen das in Nr. 17 der Tab. 8 wiedergegebene von H. Knutti errechnete System. Durch die speziell bei diesem System gewählte Reihenfolge der Gläser im Objektivvordergrund wird eine besonders kurze Baulänge gewährleistet. Abb. 221 zeigt ein modernes Theodolitfernrohr, das dieses System verwendet, im Vergleich zu einem Theodolitfernrohr nahezu gleicher Leistung aus gewöhnlichen Gläsern. Abb. 222 zeigt eine Gegenüberstellung der dazugehörigen Korrektionsdarstellungen. In Abb. 223 und 224 sind Gesamtansichten der dazugehörigen Instrumente wiedergegeben.

Bei den Theodoliten für höchste Genauigkeit erreicht man auch durch Verwendung apochromatischer Objektivvorderglieder im gestreckten Aufbau keine so weitgehende Verkürzung der Fernrohrlänge, wie es zur Erzielung einer stabilen, gedrungenen Konstruktion wünschenswert ist. Man ist deshalb in den letzten Jahren einesteils dazu

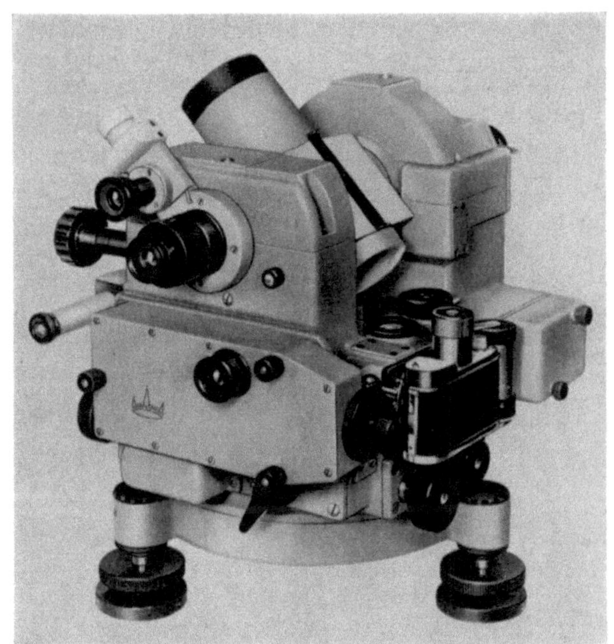

Abb. 225. Präzisions-
theodolit nach GIGAS
(Hersteller: Askania-
Werke, Berlin),
$\Gamma = 40$mal, 63mal,
80mal (wählbar durch
Auswechseln des
Okulars) $D = 63$ mm

Abb. 226. Universaltheodolit
Wild T 4, $\Gamma = 65$mal,
$D = 60$ mm

übergegangen, bei diesen Theodolittypen den Fernrohrstrahlengang umzuknicken und ihn seitlich durch die Kippachse herauszuführen, so daß der Beobachter in die Kippachse hineinblickt. Andernteils

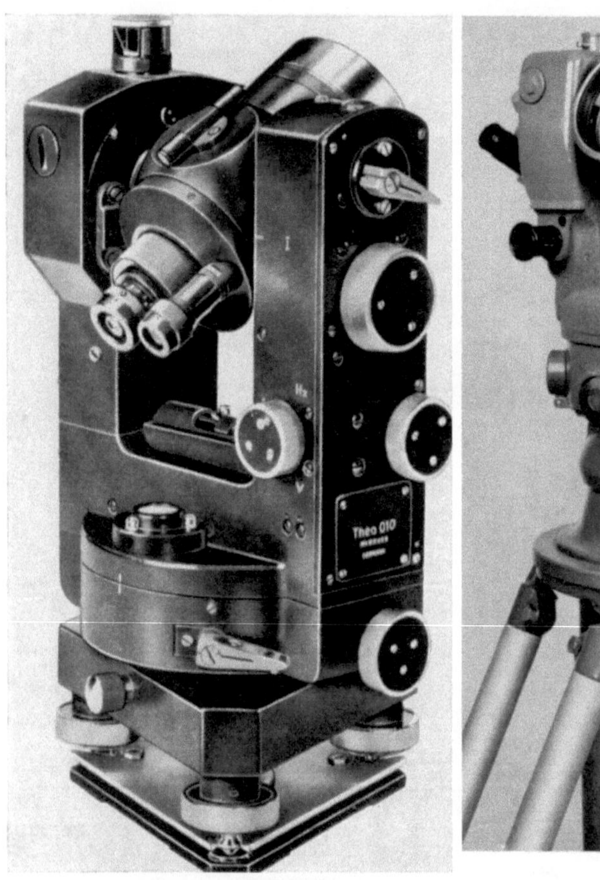

Abb. 227. Theodolit mit Spiegelfernrohr des Jenaer VEB (Fernrohr nach H. KÖHLER), $\Gamma = 31{,}5$, $D = 53$ mm

Abb. 228. Theodolit DKM 3 der Fa. Kern & Co. in Aarau; $\Gamma = 26$ mal oder 45 mal (je nach Okular), $D = 72$ mm

verwendet man auch Spiegelsysteme und führt den Strahlengang durch eine Durchbohrung des Hauptspiegels nach hinten heraus. Schließlich wendet man auch beide Maßnahmen gleichzeitig an. Beispiele für das erstgenannte Konstruktionsprinzip — Fernrohr mit gebrochenem Strahlengang mit Objektiv vom Fraunhoferschen Typ aus gewöhnlichen Gläsern — zeigen die Abb. 225 und 226. Ein Spiegelsystem nach Nr. 8

der Tab. 9, das von H. Köhler berechnet wurde, verwendet der in Abb. 227 wiedergegebene Theodolit des Jenaer VEB. Ein Spiegellinsenfernrohr mit gebrochenem Strahlengang — das dritte oben aufgezählte Konstruktionsprinzip — wird bei dem Theodolit DKM 3 der Firma Kern & Co. in Aarau verwendet. Das Gesamtinstrument ist in Abb. 228 wiedergegeben, Abb. 229 zeigt den auf H. Wild zurückgehenden Fernrohrstrahlengang.

Abschließend sei noch bemerkt, daß die Größe des Sehfeldes der geodätischen Fernrohre von keiner allzu großen praktischen Bedeutung ist. Seine Größe ist im allgemeinen den übrigen Konstruktionsbedingungen unterzuordnen. Man wendet Sehwinkel zwischen $\pm 20°$ und $\pm 25°$ an. Bevorzugte Okulartypen sind das Kellnersche Okular (Nr. 5 und Nr. 6), das orthoskopische Okular (Nr. 8) und das 3linsige Okular von A. König (Nr. 7) (die Nummern beziehen sich auf Tab. 11). Um eine möglichst kleine Fernrohrlänge zu erzielen, geht man mit der Okularbrennweite an die unterste Grenze. Würde man einen Abstand der Austrittspupille

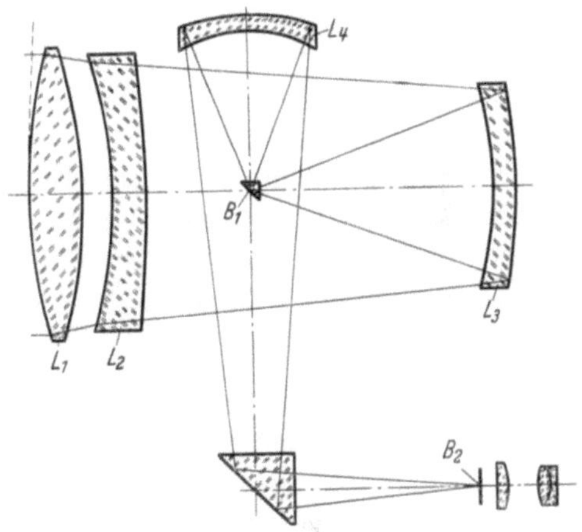

Abb. 229. Fernrohr-Strahlengang des in Abb. 228 verwendeten Fernrohres

vom letzten Linsenscheitel des Okulars verlangen, wie er bei den Handfernrohren und bei den Beobachtungsfernrohren erforderlich ist, also wenigstens 7 mm, dann würde man zu sehr unhandlichen Fernrohren gelangen. Man muß daher bei geodätischen Fernrohren in dieser Hinsicht Zugeständnisse machen. Das ist um so mehr möglich, als der Geodät bei der Messung gar keinen Wert darauf legt, das ganze Gesichtsfeld zu überblicken, sondern lediglich Fadenkreuz und Ziel sehen will. Vielfach wird in der geodätischen Praxis das Auge in einem beträchtlichen Abstand vom Okular gehalten. Das wird schon durch die in § 22 ausführlich behandelte Beobachtung der Parallaxe als Kriterium für richtige Fokussierung nahegelegt. Man kann daher bedenkenlos bei geodätischen Fernrohren Abstände der Austrittspupille vom letzten Linsenscheitel bis herab zu 3 oder 4 mm zulassen. Die unterste Grenze für die Okularbrennweite wird daher im wesentlichen durch die noch vertretbaren außeraxialen Bildfehler bestimmt, die ja umgekehrt proportional der Brennweite gehen. Man wendet in der Regel heute Okularbrennweiten von 8 mm, in Ausnahmefällen von 7 mm an.

§ 28. Fernrohre für die industrielle Feinmeßtechnik

In der industriellen Meßtechnik finden Fernrohre als Meßmittel für verschiedene Aufgaben Verwendung. Anwendungsmöglichkeiten ergeben sich bereits für ein einfaches Beobachtungsfernrohr, um z. B. entfernt angebrachte Meßuhren oder sonstige Anzeigevorrichtungen ablesen zu können, den Durchgang von Leitungen zu beobachten usw. Die Vergrößerung ergibt sich aus den Erfordernissen jeder einzelnen Aufgabe, die Größe der Austrittspupille richtet sich danach, ob ausreichend beleuchtete Objekte beobachtet werden sollen — dann kann man mit Austrittspupillen von 1—2 mm arbeiten — oder ob mäßig oder schlecht beleuchtete Objekte beobachtet werden sollen, dann gelten die Regeln des § 11 bezüglich des Dämmerungssehens sinngemäß. In vielen Fällen werden die eben geschilderten Aufgaben durch handelsübliche Doppelfernrohre gelöst. Hierzu scheinen einige Bemerkungen über die zweckmäßige Wahl der Vergrößerung angebracht. Wenn das zu beobachtende Objekt hinreichend weit entfernt ist, spricht nichts dagegen, die Vergrößerung eines Ablesefernrohres wie die in § 3 definierte Fernrohrvergrößerung anzugeben; auch wenn das Objekt sich nicht in unendlicher Entfernung, z. B. nur einige Meter vor dem Fernrohr befindet. Nach der in § 3 gegebenen Definition besagt die Fernrohrvergrößerung Γ, daß das Objekt unter dem Γfachen Sehwinkel erscheint gegenüber der Beobachtung ohne Fernrohr vom gleichen Standpunkt aus. Man muß sich in jedem einzelnen Falle klarmachen, ob diese Vergrößerung des Sehwinkels zum Erkennen der Anzeige ausreicht. Die so definierte Vergrößerung ist jedenfalls keineswegs identisch mit der Vergrößerung, bezogen auf den Sehwinkel, den der Gegenstand dem unbewaffneten Auge, etwa in der deutlichen Sehweite (250 mm), darbieten würde. In der letztgenannten Weise ist ja die Lupenvergrößerung V definiert. Für ein sammelndes System der Brennweite f' gilt allgemein:

$$V = \frac{250}{f'\,[\mathrm{mm}]} \tag{28.1}$$

In guter Näherung kann man bei einem Ablesefernrohr angeben:

$$V \approx \frac{250}{s\,[\mathrm{mm}]} \cdot \Gamma \tag{28.2}$$

s ist dabei die vom Fernrohrobjektiv aus gerechnete Objektentfernung. Man sieht aus dieser Beziehung, daß für große Objektentfernungen auch bei starker Fernrohrvergrößerung kleine Werte für die Lupenvergrößerung resultieren.

Eine weitere Anwendung findet das Fernrohr in der Meßtechnik bei der bekannten Spiegelablesung nach POGGENDORFF, die ursprünglich zur Ablesung von Spiegelgalvanometern angegeben wurde, aber allgemein zur Messung kleiner Drehwinkel Verwendung findet, die Spiegel um eine zur Spiegelfläche parallele Drehachse ausführen. Abb. 230 zeigt das Schema dieser Spiegelablesung. Der horizontal liegende Maßstab wird über dem drehbaren Spiegel mit Hilfe des Fernrohres abgelesen. Das Fernrohr muß dabei auf den Maßstab fokussiert sein. Wie man aus der Darstellung erkennt, ist die auf der Maßstabteilung abgelesene Strecke dem Tangens des doppelten Drehwinkels des Spiegels proportional.

Zur Fluchtungsprüfung dienen im Maschinenbau, speziell im Groß-maschinenbau, die sog. Fluchtfernrohre. Sie entsprechen in ihrem Aufbau und in ihrer Wirkungsweise im wesentlichen den Fernrohren der geodätischen Nivellierinstrumente. Diese Fluchtungsaufgaben im Maschinenbau sind dem geodätischen Nivellement sehr verwandt. Es geht dabei z. B. darum, die Fluchtung von Lagern (z. B. bei Schiffswellen) zu ermitteln. Die in der Regel in verschiedenen Entfernungen befindlichen Lager werden von einem festen Standpunkt aus der Reihe nach anvisiert. Die Ablage von der Fluchtungs-geraden kann mit Maß-

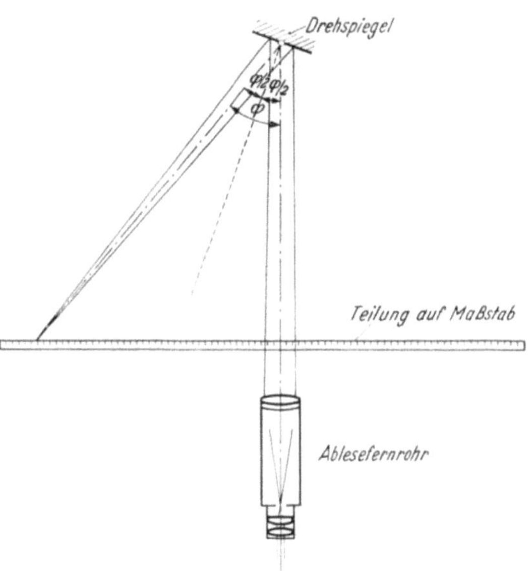

Abb. 230. Spiegelablesung nach POGGENDORFF

stäben an der jeweiligen Meßstelle, bequemer jedoch mit einem vor dem Objektiv des Fluchtfernrohres befindlichen Planplattenmikrometer (vgl. Teil B) bestimmt werden. Die Fluchtfernrohre haben etwa eine Vergrößerung 30 fach und eine Austrittspupille von 1—1,2 mm. Abb. 231 a zeigt ein solches Fluchtfernrohr. Die Fluchtfernrohre sind heute alle mit Innenfokussierung ausgerüstet, aus Gründen, die bei den geodätischen Fernrohren bereits erörtert wurden. Um Fluchtungen auch in solchen Fällen durchführen zu können, bei denen ein gerader Durchblick durch das Fernrohr nicht möglich ist, kann ein abgewinkeltes Vorsatz-fernrohr auf das Okular aufgesetzt werden, oder es ist überhaupt ein seitlicher Okulareinblick vorgesehen, wie es in Abb. 231 b dargestellt ist. (Ähnliche Einrichtungen sind auch bei Theodoliten für Steilzielungen bekannt; man bezeichnet da solche Vorrichtungen als „Zenithokular".)

Fluchtfernrohre werden auch vielfach mit Strahlengang in umge-kehrter Richtung, also als Projektionsgeräte, benutzt. Es wird dann ein

Bild des Fadenkreuzes an die Meßstellen projiziert. Die Scharfstellung erfolgt wie bei der Fernrohrbeobachtung mit der Innenfokussiereinrichtung. In praxi wird das Fluchtfernrohr durch einen sog. Beleuchtungsansatz

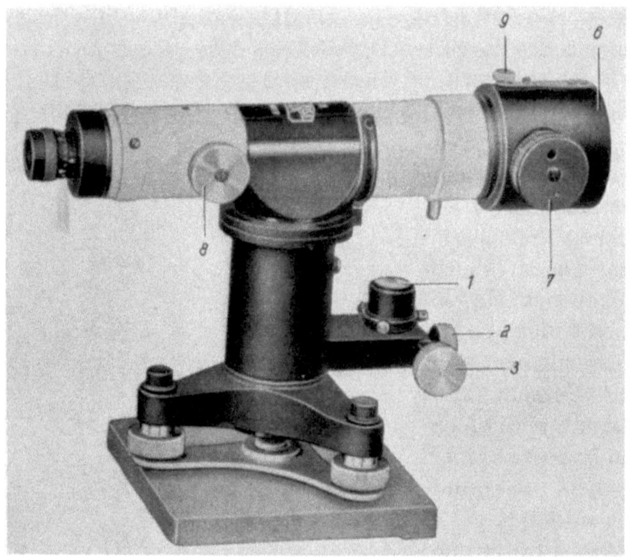

Abb. 231a. Fluchtfernrohr

zu einem Projektionsgerät verwandelt. Mit Hilfe des Beleuchtungsansatzes wird die Wendel einer Glühlampe in die Austrittspupille ab-

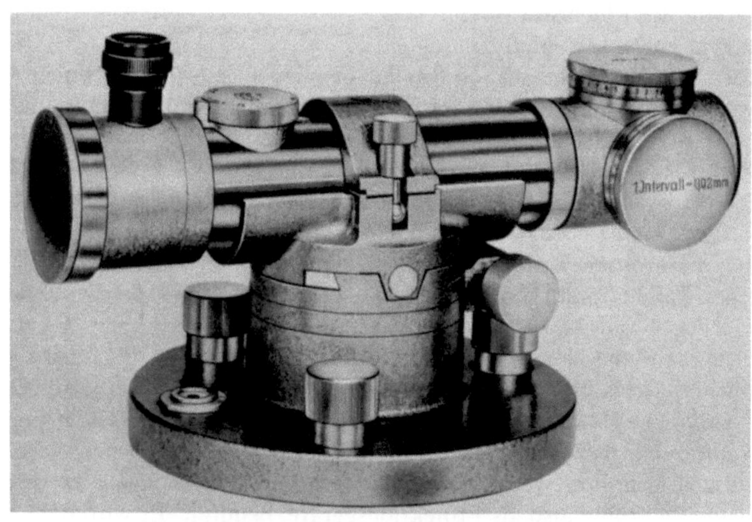

Abb. 231b. Lagerfluchtfernrohr mit seitlichem Einblick (Fa. Hensoldt)

gebildet. Die Vergrößerung des Kondensors braucht nur so groß zu sein, daß die Austrittspupille des Fernrohres mit dem Wendelbild ausgefüllt ist. Dann ist auch das Objektiv des Fernrohres mit dem Wendelbild ausgefüllt, so daß nach den Lehren des § 8 die beste lichttechnische Ausnutzung der Projektionseinrichtung gewährleistet ist.

Fluchtungen lassen sich auch durchführen, ohne daß das Fernrohr auf Zielmarken in verschiedenen Entfernungen umfokussiert werden muß. Zu dem Zwecke läßt man am Ende der Meßstrecke eine Zielmarke fest und verschiebt ein Prismensystem zwischen Zielmarke und Fernrohr. Das Prismensystem entwirft ein Bild der Meßmarke in der stets gleichen virtuellen Entfernung vom Fernrohr. Das Prismensystem ist so auszubilden, daß das virtuelle Bild der Zielmarke alle Querversetzungen der zu prüfenden Strecke mitmacht, daß es aber auf Kippungen unempfindlich ist. Diesen Bedingungen entsprechen die Porroschen Prismenumkehrsysteme sowie die geradsichtigen Prismenumkehrsysteme mit einer geraden Anzahl von

Abb. 232. Zielmarke mit Beleuchtungseinrichtung und Haftmagnet. („Beleuchtungsstativ" der Fa. Hensoldt)

Spiegelungen in den zwei aufeinander senkrechten Koordinatenrichtungen. Darauf hingewiesen sei noch, daß zur Fluchtungsprüfung auch die in § 22, S. 216 beschriebenen Richtfernrohre ohne Fadenkreuz (Doppelbild nach Jeaurat) geeignet sind. Die Zielmarken, die man dabei zweckmäßigerweise als zwei einen rechten Winkel miteinander bildende Striche ausbildet, erscheinen beim Einblick ins Fernrohr höhen- und seitenverkehrt, die Zielmarke befindet sich in der optischen Achse, wenn die beiden rechten Winkel sich mit dem Scheitel berühren. Zielmarken mit Beleuchtungseinrichtung und Elementen zur Befestigung am Werkstück werden häufig als geschlossene Einheit angewendet. Abb. 232 zeigt eine solche Einrichtung.

Zur Richtungsprüfung im Maschinenbau und zur Prüfung von Führungen verwendet man als Zielmarke häufig einen Kollimator.

Dann kann das Fernrohr immer auf unendlich fokussiert bleiben. Die Abb. 233 zeigt das Prinzipschema dieser Meßmethode. Jede Richtungsänderung von Kollimator und Fernrohr wird dem Auge um den Γfachen

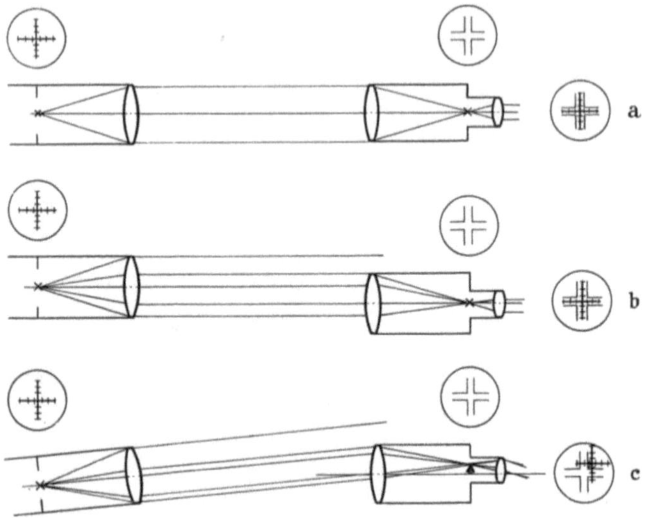

Abb. 233. Kollimator und Zielfernrohr

Wert dargeboten. Auf Parallelversetzungen ist indes diese Anordnung unempfindlich. Bei Führungsprüfungen werden also nur Richtungsänderungen der Führungsbahn angezeigt. Abb. 234 zeigt einen Kolli-

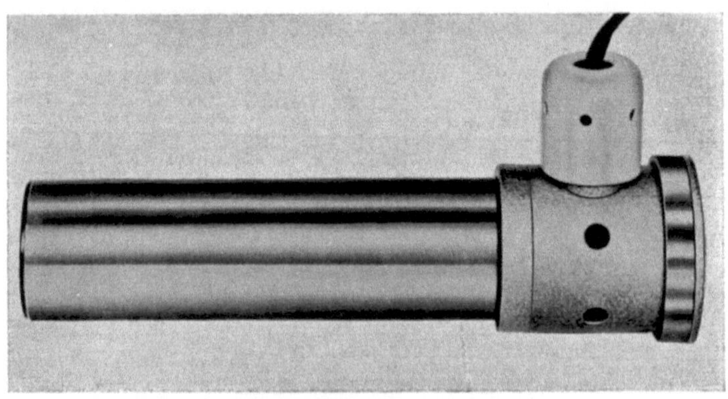

Abb. 234. Kollimator zur Fluchtungsprüfung

mator zur Anwendung in der Feinmeßtechnik. Solche Kollimatoren sind mit Brennweiten von 50—500 mm in Gebrauch. Mit dem Objektivdurchmesser geht man selten über 50 mm.

Richtungs- und Führungsprüfungen mit auf unendlich fokussiertem Fernrohr sind auch ohne Kollimator möglich, wenn anstelle des Kollimators ein Planspiegel verwendet wird, dessen Normale die Zielrichtung

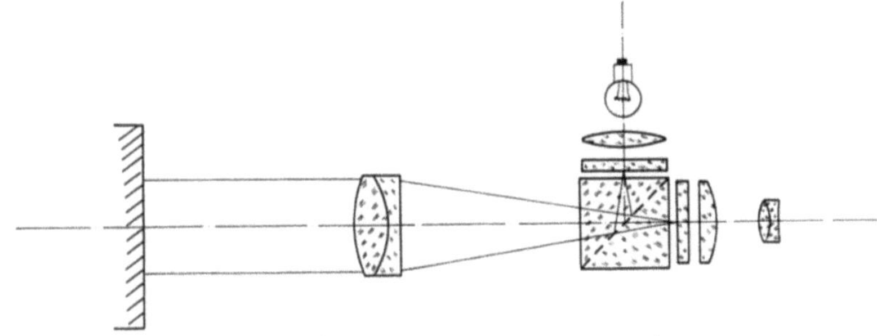

Abb. 235. Autokollimationsvorrichtung
an einem Fernrohr

bestimmt. Zur Führungsprüfung wird ein solcher Spiegel auf einem geeigneten Schlitten verschoben. Das Fernrohr muß dabei mit Autokollimationseinrichtung versehen sein, die wohl als erster GAUSS verwendete („Gaußsches Okular"). Schema des Fernrohres mit Autokollimationseinrichtung zeigt Abb. 235. Die Strichmarke wird dabei durch eine halbdurchlässig verspiegelte Fläche von außen beleuchtet. Damit wird das Fernrohr, wie oben beschrieben, zum Projektor, das Projektionsbild entsteht im Unendlichen, wird am Autokollimationsspiegel reflektiert und so aus dem Unendlichen kommend mit dem Fernrohr beobachtet. Bei Anwendung des Autokollimationsverfahrens ist der im Fernrohr beobachtete Winkelausschlag doppelt so groß als bei Messung mit Kollimator; das ist durch die Winkelverdoppelung bei der Reflexion bedingt.

Fernrohre finden auch bei dem Kathetometer Verwendung. Wäh-

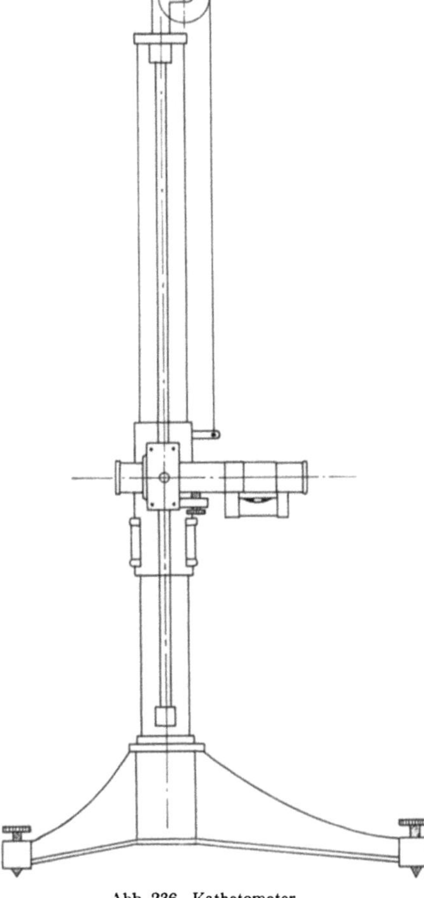

Abb. 236. Kathetometer

rend bei den bisher beschriebenen Fluchtungsprüfverfahren es sich um die Messung relativ kleiner Ablagen handelt, dient das Kathetometer dazu, größere Querentfernungen an entfernten Punkten zu messen. Abb. 236 zeigt ein solches Gerät. Es besteht aus einer senkrechten Führungsschiene, an der ein rechtwinklig angebrachtes Fernrohr verschoben werden kann. Die Führungsschiene trägt einen Maßstab, der in der Regel mit Nonius abgelesen wird. Die Meßgenauigkeit ist zum größten Teil von der Güte der Führung abhängig.

Eine sehr wichtige Anwendung in der Feinmeßtechnik findet das Fernrohr bei den optischen Feintastern (sog. „Optimeter" der Firma

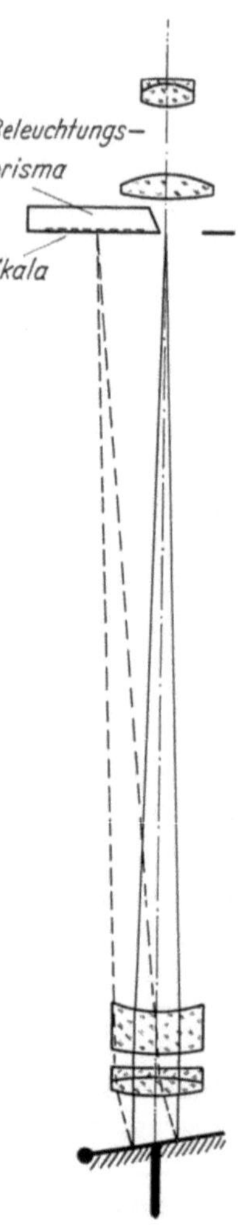

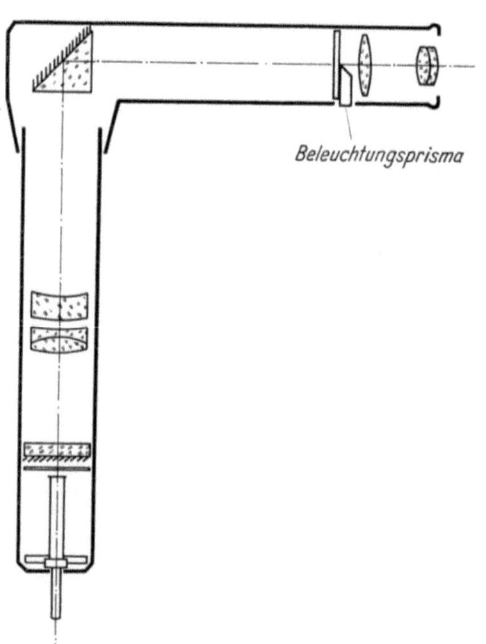

Abb. 237 a. Aufbau des Meßorgans eines optischen Feintasters, Fernrohrdaten: $\Gamma = 20 \times$, $D = 20$ mm

Abb. 237 b. Zur Wirkungsweise des optischen Feintasters

Carl Zeiss). Abb. 237 a zeigt den optischen Aufbau eines solchen Instrumentes. Abb. 237 b soll die Wirkungsweise veranschaulichen. Den optischen Teil dieses Gerätes bildet ein Fernrohr mit Autokollimationseinrichtung. Vor dem Fernrohrobjektiv befindet sich ein Autokollimationsspiegel, der an einem Ende gelagert ist, am anderen Ende den Meßtaster trägt.

Das Gerät dient zur Messung kleiner Längenunterschiede. Diese bewirken eine Kippung des Spiegels, die, wie oben beschrieben, als Winkeländerung, multipliziert mit der doppelten Fernrohrvergrößerung, im Fernrohr beobachtet wird. In Abb. 238a ist das Gesichtsfeld dieses Gerätes wiedergegeben. Die Skala selbst befindet sich in der einen Hälfte der Objektivbildebene, sie wird von außen beleuchtet. Zur Beobachtung dient die von der Skala nicht verdeckte andere Hälfte der Bildebene, in der sich der Index befindet. Mit dem Gerät, dessen

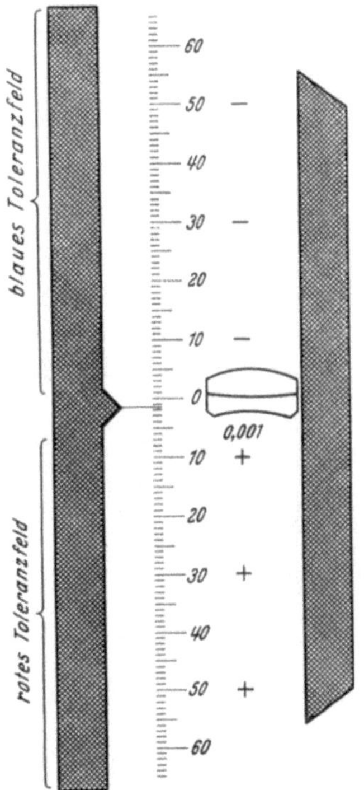

Abb. 238a. Gesichtsfeld des optischen Feintasters.
(„Optimeter" der Fa. Zeiss)

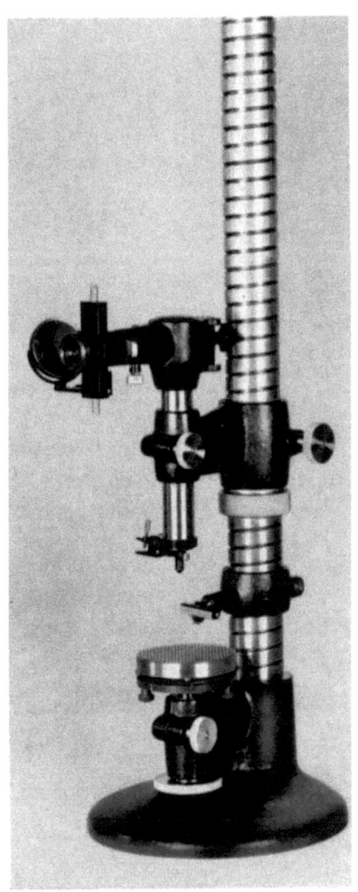

Abb. 238b. Ansicht des „Optimeters"

Ansicht Abb. 238b zeigt, lassen sich Dickenunterschiede von $1\,\mu$ messen. Bei der dargestellten Ausführungsform ist die Objektivbrennweite 20 mm und die Vergrößerung 20fach. Mit einer anderen Ausführungsform eines solchen Gerätes, die anstelle des einfachen Autokollimationsspiegels ein Spiegelpaar verwendet, der gegenüber dem einfachen Planspiegel 4fache Empfindlichkeit besitzt, erzielt man bei einer größeren Objektivbrennweite und größeren Fernrohrvergrößerung eine Meßgenauigkeit von 0,1 μ.

§ 29. Die Fernrohre in physikalisch-optischen Meßgeräten

Wir wollen hier jene Meßinstrumente betrachten, mit denen spezifisch physikalisch-optische Meßmethoden angewendet werden und nicht nur

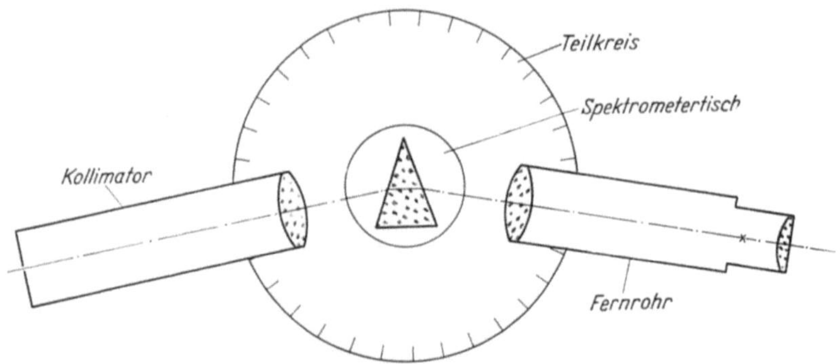

Abb. 239. Schema eines Spektroskops bzw. Spektrometers

einfache Längen- oder Richtungsmessungen wie bei den Geräten der industriellen Feinmeßtechnik. Die hier betrachteten Instrumente dienen sowohl zur Untersuchung physikalischer Vorgänge als aber auch ganz

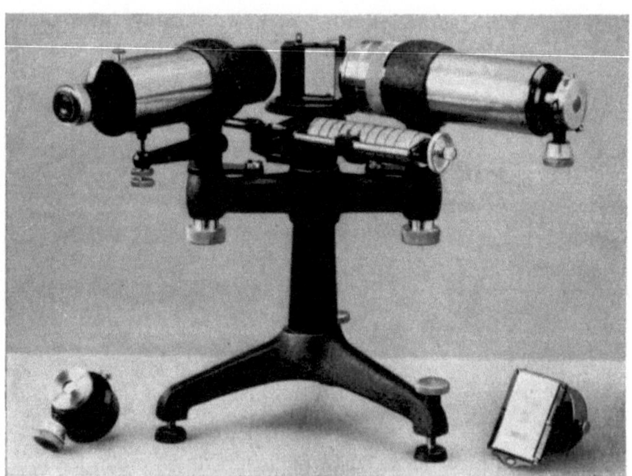

Abb. 240. Festarmiges Prismenspektroskop

besonders zur Ermittlung physikalisch-optischer Stoffeigenschaften zu analytischen Zwecken, z. B. im chemischen oder pharmazeutischen Untersuchungslabor, den metallurgischen Untersuchungsstätten, in medizinisch-technischen Labors usw. Es handelt sich vornehmlich um Spektroskope, Spektrometer, Refraktometer, Interferometer, Photometer und Polarimeter. Die genannten Instrumente sind alle mit Fernrohren und teilweise mit Kollimatoren ausgerüstet. Wenn auch in zunehmendem Maße die visuelle Beobachtung bei diesen Instrumentengattungen zugunsten elektrischer Anzeigemittel immer mehr zurückgeht, so rechtfertigt die augenblicklich noch große Verbreitung solcher Geräte mit visueller Beobachtung, also mit Fernrohren, eine gewisse Behandlung in diesem Rahmen. Der Rahmen dieser Monographie verbietet eine intensive Behandlung der einzelnen oben aufgeführten Instrumentengattungen. Wir müssen uns daher darauf beschränken, an einzelnen Beispielen die Verwendung von Fernrohren zu zeigen und daran einige allgemeine Betrachtungen über die Bemessung der hier verwendeten Fernrohre einzuflechten.

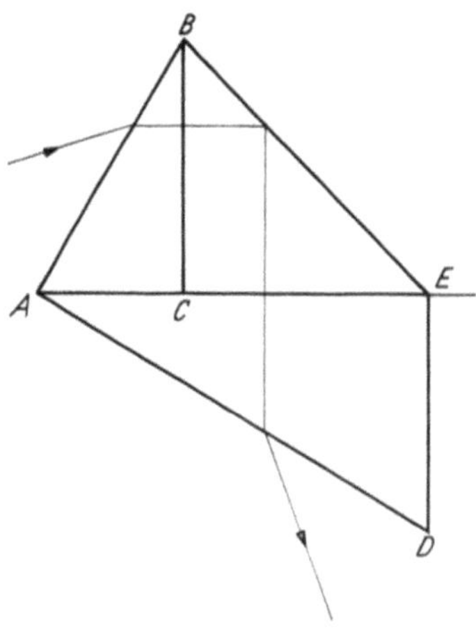

Abb. 241. Abbesches Dispersionsprisma mit fester Ablenkung

Spektroskope und Spektrometer bestehen aus einem Kollimator, einem Dispersionselement (Prisma oder Gitter) und einem Beobachtungsfernrohr (vgl. Abb. 239—244). Mit dem Kollimator wird ein Spalt Sp ins Unendliche abgebildet. Das Dispersionselement bewirkt eine Ab-

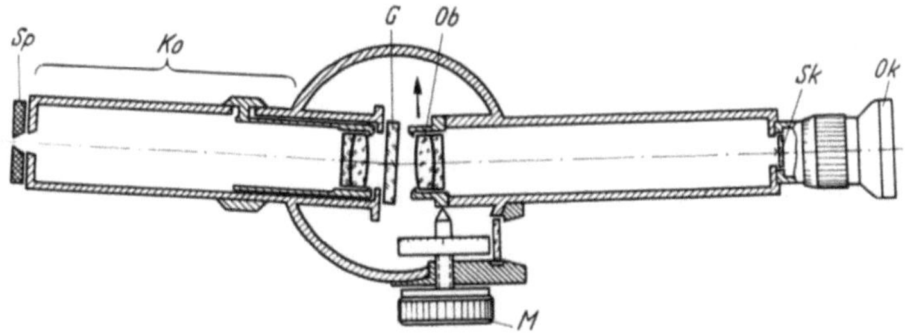

Abb. 242. Gitterspektroskop

lenkung der Richtung des nahezu parallelen Strahlenbündels in Abhängigkeit von der Wellenlänge des Lichtes. Mit dem Fernrohr werden die im Unendlichen liegenden Bilder des Spaltes, die infolge der Dispersion des Prismas oder des Gitters unter verschiedenen, von ihrer Wellenlänge abhängigen Winkeln erscheinen, beobachtet. Wenn Kollimator, Dispersionselement und Fernrohr um die gleiche vertikale Achse schwenkbar angeordnet sind und die Schwenkwinkel an einem Teilkreis, der meist mit den Prismen bzw. mit dem Gittertisch fest verbunden ist, abgelesen werden können (meistens mit Hilfe von Nonien und Lupen), dann spricht man von einem Spektrometer (Abb. 243). Diese Geräte finden

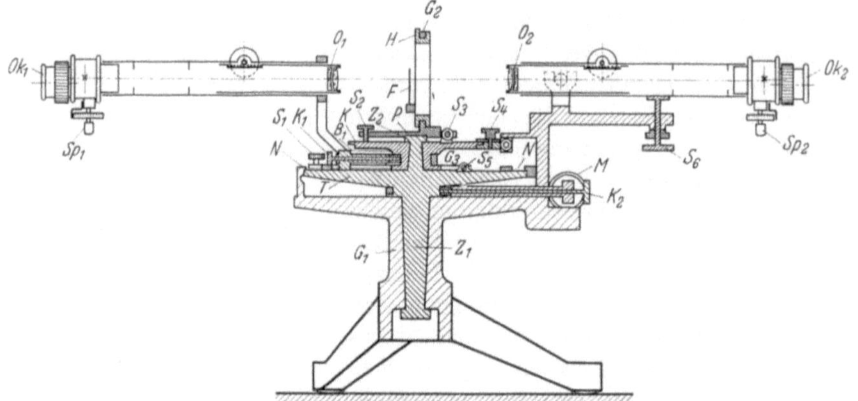

Abb. 243 a. Spektrometer (schematisch)

heute vorwiegend noch Verwendung zur genauen Brechzahlbestimmung durchsichtiger Substanzen, vor allem optischer Gläser. Geräte, die früher zu spektralanalytischen Zwecken benutzt wurden, besaßen meist

Abb. 243 b. Ansicht des großen Spektrometers der Fa. Askania-Werke, Berlin

nicht voneinander unabhängige Schwenk- bzw. Drehmöglichkeiten für Kollimator, Dispersionselement und Fernrohr. Der Kollimator stand dabei meist fest, die Schwenkung des Fernrohres war häufig mit einer Drehung des Prismentisches um den halben Winkel zwangsläufig gekuppelt. Viel Verwendung fand das festarmige Prismenspektroskop (Abb. 240) mit dem Abbeschen Dispersionsprisma mit fester Ablenkung nach Abb. 241. Kollimator und Fernrohr bilden hier einen Winkel von 90°, gedreht wird lediglich das Prisma. Die Drehung erfolgt über eine Mikrometerschraube, bei ihrer Betätigung kann man nacheinander die einzelnen Spektrallinien mit dem Fadenkreuz des Fernrohres zur Deckung bringen. Für die Justierung der Prismenspektrometer wird die in § 28 beschriebene Autokollimationsmethode verwendet. Zu diesem Zwecke wird ein „Gaußsches Okular", beim Fernrohr anstelle des gewöhnlichen Beobachtungsokulars, beim Kollimator anstelle des

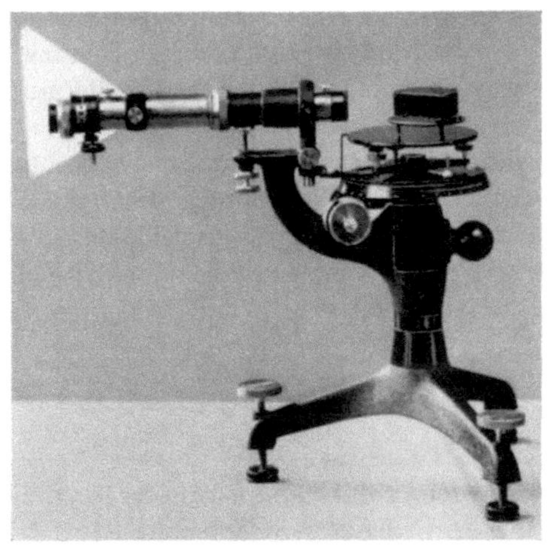

Abb. 244. Autokollimationsspektroskop nach PULFRICH

Spaltes, angebracht. Man kann so leicht das Prisma mit Hilfe der Justierschrauben am Prismentisch senkrecht zu Kollimator und Spalt ausrichten. Neben der in § 28 beschriebenen Autokollimationseinrichtung sind noch mehrere Formen von „Gaußschen Okularen" bekannt, einige davon sind in Abb. 245 wiedergegeben. Man kann

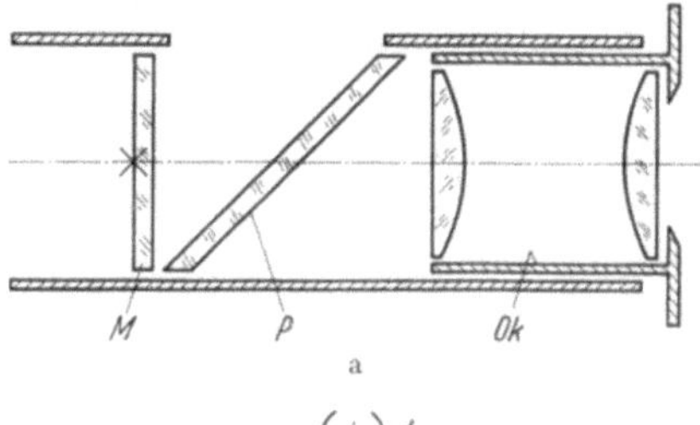

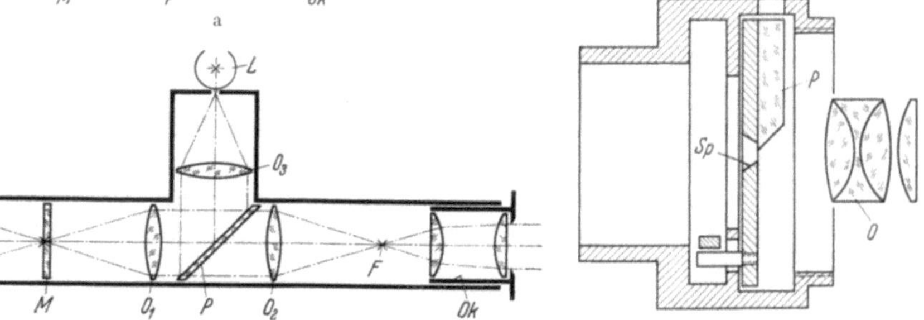

Abb. 245. Autokollimationsokulare
a) einfaches Gaußsches Okular; b) verbessertes Gaußsches Okular; c) Abbesches Autokollimationsokular

überhaupt Spektralapparate nach dem Autokollimationsprinzip bauen. Man bringt dann auf der Kollimatorseite des Dispersionselementes den

Autokollimationsspiegel an. Man kann auch die letzte Fläche des Prismas als Spiegelfläche ausbilden. Bei Autokollimations-Spektrographen wird das Prisma doppelt durchsetzt, der Ablenkungswinkel ist doppelt so groß wie bei den bisher beschriebenen Anordnungen ohne Autokollimation. Das Beispiel eines Autokollimations-Spektroskops zeigt Abb. 244.

Als Element zur Lichtzerstreuung ist bisher das Prisma behandelt worden, seine Wirkung beruht darauf, daß die Ablenkung eines Lichtstrahls von der Brechzahl abhängt (vgl. § 5) und daß die Brechzahl der durchsichtigen Substanzen wiederum mit der Wellenlänge variiert. Eine von der Wellenlänge abhängige Strahlablenkung erzielt man auch durch die Beugung an Strichgittern. Mit einer ähnlichen Rechnung wie in § 7 erhält man nämlich für die Energie hinter einem Strichgitter in Abhängigkeit vom Winkel gegen die Gitternormale den Ausdruck:

$$I = C \left\{ \frac{\sin \frac{\pi s}{\lambda} (\sin w - \sin w_0)}{\frac{\pi s}{\lambda} (\sin w - \sin w_0)} \cdot \frac{\sin \frac{m \pi d}{\lambda} (\sin w - \sin w_0)}{m \sin \frac{\pi d}{\lambda} (\sin w - \sin w_0)} \right\}^2 , \quad (29.1)$$

w bedeutet dabei die Richtung gegen die Gitternormale, w_0 die Richtung des einfallenden Strahlenbündels. d ist der Strichabstand, d. h. die Periodenlänge, m die Anzahl der Gitterstriche. s ist die „Spaltbreite" im Gitter, d. h. der in einer Teilungsperiode vom „Strich" nicht ausgefüllte, also lichtdurchlässige Zwischenraum. Für sehr kleine Werte von $\frac{s}{\lambda}$ ist der erste Faktor in der Klammer von Gl. (29.1) gleich 1, das Gitter hat dann Intensitätsmaxima für die Nullstellen des Zählers in (29.1), also wenn

$$\sin w - \sin w_0 = N \frac{\lambda}{d} , \quad (29.2)$$

N ist dabei die „Ordnung" des abgebeugten Lichtes. Der Ablenkungswinkel ist, wie man sieht, der Wellenlänge proportional. Das Schema eines Spektroskops mit einem Beugungsgitter zeigt Abb. 242.

Alle die in diesen Anordnungen verwendeten Fernrohre sind Richtfernrohre im Sinne des § 22. Mit ihnen soll die Richtung der Spektrallinie ermittelt werden. Da bei Spektralapparaten in den meisten Fällen genügend starke Lichtquellen vorhanden sind, richtet sich die Dimensionierung der Fernrohre nach den Erfordernissen der Beugungstheorie. Das Auflösungsvermögen der Dispersionselemente hängt von deren Größe ab[1]. Die Objektive von Kollimator und Fernrohr müssen also so

---

[1] Bezeichnet $d\lambda$ den in Wellenlängen ausgedrückten Abstand zweier noch trennbarer Spektrallinien, b die Länge der Prismenbasis, n wie üblich den Brechungsindex des Prismas, dann ist das Auflösungsvermögen eines Prismas: $\frac{\lambda}{d\lambda} = b \cdot \frac{dn}{d\lambda}$ (29.3), für das Gitter gilt $\frac{\lambda}{d\lambda} = m \cdot N$ (29.4). Das Auflösungsvermögen des Prismas ist also seiner Basis, das des Gitters der Anzahl der Gitterstriche proportional. Im wesentlichen ist also das Auflösungsvermögen von der Größe des Elementes abhängig.

groß sein, daß sie die durch Prisma oder Gitter begrenzten Parallelstrahlenbündel aufnehmen können, die also somit durch das geforderte Auflösungsvermögen bestimmt sind. Die hier nicht wiedergegebenen Rechnungen, die zu den Gl. (29.3) und (29.4) (s. Fußnote) geführt haben, gehen von den gleichen Voraussetzungen aus wie die, die zu den Gl. (7.6) und (7.7) führten. Beide Darstellungsweisen sind Formulierungen des gleichen physikalischen Sachverhaltes. Damit ergeben sich für die Wahl der Vergrößerung und der Austrittspupille der Fernrohre der Spektralapparate die in § 11, S. 101 gezogenen Folgerungen: Sollen die beugungstheoretisch noch trennbaren Spektrallinien gerade eben dem Auflösungsvermögen des Auges entsprechen, dann muß eine solche Vergrößerung gewählt werden, daß sich eine Austrittspupille von 2 mm ergibt. Man hat dann die „förderliche" Vergrößerung. Ähnlich wie bei den geodätischen Fernrohren ist es zweckmäßig, mit der doppelten förderlichen Vergrößerung zu arbeiten, so daß man einen Durchmesser der Austrittspupille von 1 mm erhält. Man kann also sagen, die zweckmäßige Vergrößerung der Fernrohre in Spektralapparaten ist zahlenmäßig gleich der in Millimetern ausgedrückten Öffnung des Prismas bzw. des Gitters. Die absoluten Größen der Brennweiten von Kollimator und Fernrohr werden durch die speziellen Erfordernisse der Spaltabbildung bestimmt. Bei Prismenapparaten ist nämlich zu berücksichtigen, daß durch die speziellen Eigenschaften des Prismas das Bild des Spaltes hinter dem Prisma gekrümmt erscheint. (Diese Erscheinung läßt sich rein geometrisch nachweisen, was hier nicht wiedergegeben werden kann.) Die Krümmung ist um so stärker, unter je größerem Winkel die Längsausdehnung des Spaltes vom Prisma aus gesehen erscheint. Man wird also die Kollimator-Brennweite um so größer wählen müssen, je längere Spalte angewendet werden sollen. Andererseits ist zu berücksichtigen, daß die Spaltbreite (im Winkelmaß) kleiner sein muß als das angulare Auflösungsvermögen des Spektralapparates. Da beliebig kleinen Spalten aus konstruktiven Gründen Grenzen gesetzt sind, wird auch hierdurch eine Minimalbrennweite für den Kollimator festgelegt. Daß der Helligkeitseindruck einer Spektrallinie von ihrer Breite, also auch von der Spaltbreite abhängt und eine Spaltdimensionierung wünschenswert macht, die der durch das Auflösungsvermögen bestimmten Bemessung entgegengerichtet ist, sei am Rande vermerkt.

Spektralapparate, bei denen das Fernrohrokular fehlt und bei denen sich in der Fernrohrbildebene ein Spalt befindet, nennt man Monochromatoren. Durch Drehung des Prismas wird bei einem Kontinuumstrahler als Lichtquelle ein monochromatischer Anteil durch den Spalt auf der Empfangsseite ausgeblendet. Die spektrale Zusammensetzung dieses so monochromatisierten Lichtes ergibt sich aus Dispersion der Gesamtapparatur und der Breite des Austrittsspaltes. Monochromatoren werden heute vorwiegend nach dem Autokollimationsprinzip gebaut, ein Beispiel dafür ist in Abb. 246 wiedergegeben. Es handelt sich um einen sog. Einfachmonochromator. Durch Hintereinanderschalten zweier solcher Geräte erhält man den Doppelmonochromator, der eine noch größere spektrale Reinheit des monochromatisierten Lichtes im Austrittsspalt gewährleistet. Monochromatoren haben in der letzten

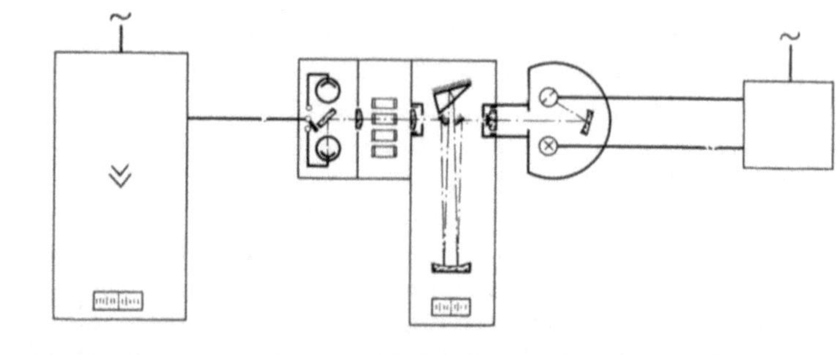

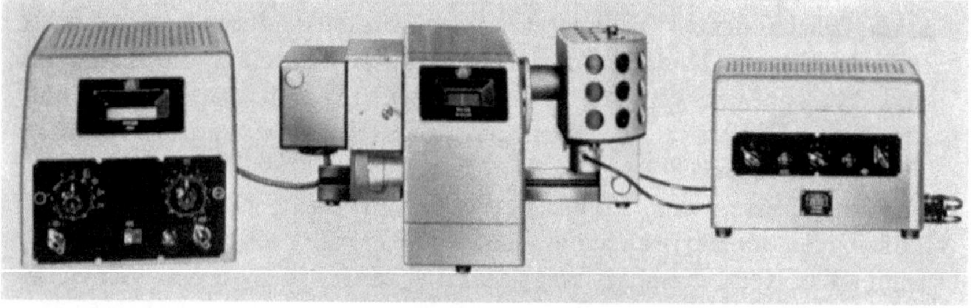

Abb. 246 Oben: Schema des Spektralphotometers von Zeiss mit Einfachmonochromator. Von rechts nach links: Netzgerät, Beleuchtungseinrichtung, Spiegelmonochromator mit Prisma in Autokollimation (Eintrittsspalt rechts, Austrittsspalt links), Küvettenhalter (die Küvetten enthalten Substanzen, deren spektrale Durchlässigkeit gemessen werden soll), Photomultiplier, Anzeigegerät mit Verstärker. Das Licht wird mit Schwingblenden moduliert. — Unten: Ansicht des Spektralphotometers. In der Mitte der Monochromator. Mit der Trommel links unten am Monochromator wird eine Verdrehung des Prismas und damit die Einstellung der gewünschten Wellenlänge bewirkt. Die eingestellte Wellenlänge wird an der am Monochromator-Gehäuse sichtbaren Skala abgelesen. Das Anzeigegerät links liefert Relativwerte der Lichtintensität an der Photokathode

Zeit für viele Laboratoriumsuntersuchungen immer mehr an Bedeutung gewonnen. Sie werden heute größtenteils mit lichtelektrischen Anzeigevorrichtungen zusammen verwendet, wie in Abb. 246 dargestellt.

Wird bei einem Spektralapparat in der bisherigen Fernrohrbildebene eine photographische Platte angebracht, so erhält man einen Spektrographen. Um ein möglichst ausgedehntes Spektrum mit sehr guter Liniendefinition aufnehmen zu können, sind spezielle Objektive vorwiegend vom Triplettyp entwickelt worden. Bezüglich Einzelheiten sei auf die einschlägige Literatur verwiesen, zur Ergänzung sei das Schema eines Spektrographen und die Ansicht eines viel benutzten Instrumentes in den Abb. 247 und 248 angeführt.

Gewisse Verwandtschaft mit dem Aufbau der Spektralapparate zeigen die Refraktometer, sie dienen dazu, den Brechungsindex durchsichtiger Substanzen (fester Körper wie auch Flüssigkeiten) zu bestimmen. Für die Messung an festen Körpern wurde früher vorwiegend das Spektrometer verwendet, wie es beispielsweise in Abb. 243 wiedergegeben war. Die zu prüfende Substanz muß in Form eines polierten

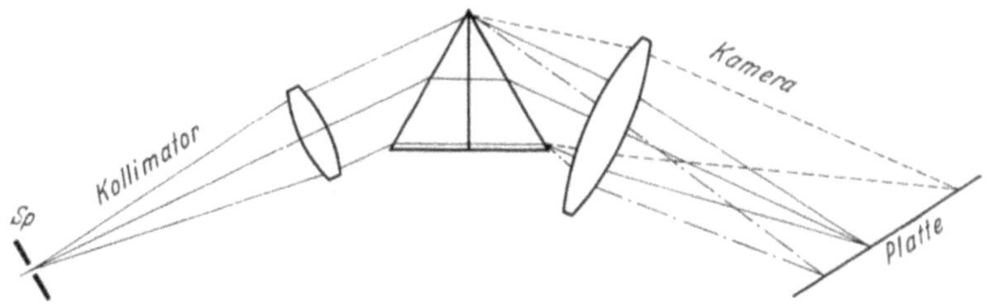

Abb. 247. Schema eines Spektrographen

Prismas vorliegen. Aus dem auf dem Spektrometer (nach dem Autokollimationsverfahren) gemessenen Prismenwinkel sowie aus Einfalls- und Austrittswinkel läßt sich dann für die zur Messung verwendete Wellenlänge der Brechungsindex berechnen. ABBE benutzte die Messung

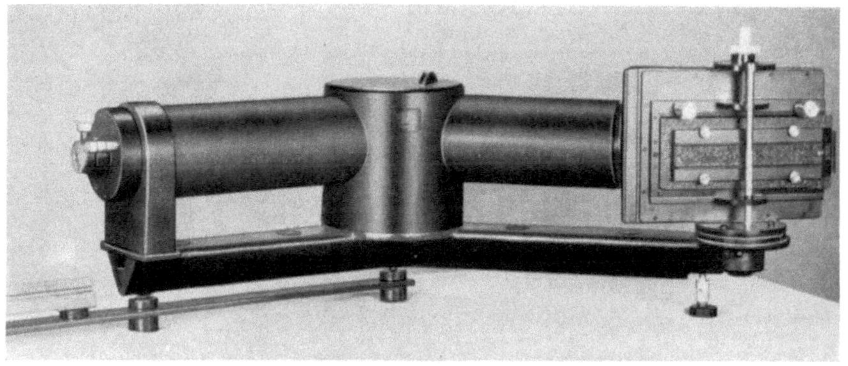
Abb. 248. Ansicht des Quarzspektrographen Q 24 von Zeiss (G. HANSEN)

der Totalreflexion an einer Trennfläche zwischen der zu messenden Substanz und einem Glaskörper. Abb. 249 zeigt das Prinzip dieser Anordnung, Abb. 250 eine neuere Ausführungsform des Abbe-Refraktometers. Es gibt viele Abarten dieses Meßprinzips (Eintauchrefraktometer zur Messung des Brechvermögens von Flüssigkeiten, Butterrefraktometer, Zuckerrefraktometer usw.). Der Brechungsindex des Glaskörpers, demgegenüber die Totalreflexion erfolgen soll, muß höher sein als der der zu untersuchenden Substanz. Für die Messung an Kristallen

17*

wurde so ein Glaskörper aus sehr hoch brechendem Schwerflint in dem Kristallrefraktometer von PULFRICH angewendet (vgl. Abb. 251). Für die Dimensionierung der Fernrohre gilt grundsätzlich das gleiche, was bei den Spektralapparaten gesagt wurde. Die Objektivöffnung ist durch die geforderte Meßgenauigkeit gegeben; sie ist mit bestimmend für die Abmessungen des Glaskörpers (Meßprismas) und der Probe. Auch hier wird man die förderliche oder die doppelte förderliche Vergrößerung anwenden. In der Bildebene des Fernrohres befindet sich vielfach eine

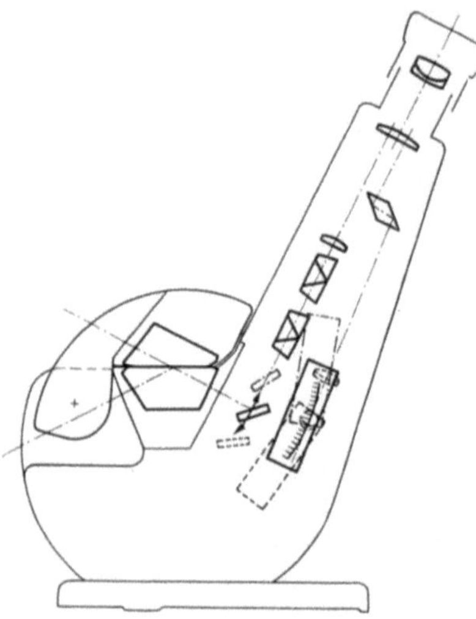

Abb. 249. Schema des Abbeschen Refraktometers. Zwischen den beiden Teilen des Doppelprismas befindet sich die zu messende Substanz. Ihre Brechzahl bestimmt den Austrittswinkel des totalreflektierten Strahls, der über Umlenkspiegel in das Fernrohr eintritt. Im Fernrohr ist so die Kante der Totalreflexion sichtbar. Durch Schwenken des Spiegels wird diese Kante mit einer Marke im Fernrohrgesichtsfeld zur Deckung gebracht. Die an einer Skala ablesbare Spiegelschwenkung liefert die Brechzahl. Die vor dem Fernrohr sichtbaren Prismensätze dienen zur Achromatisierung der Totalreflexionskante

Abb. 250. Ansicht des Abbeschen Refraktometers

Skala, an der die Lage der Grenze der Totalreflexion abgelesen wird. Die Ablesung muß parallaxfrei erfolgen (vgl. § 22). Um Parallaxenfreiheit über das ganze Gesichtsfeld, auch bei Objektiven mit Bildfeldwölbung, zu erreichen, bringt man die Skala häufig auf der Konvexfläche einer Linse an, deren Scheitel im Objektivbrennpunkt liegt.

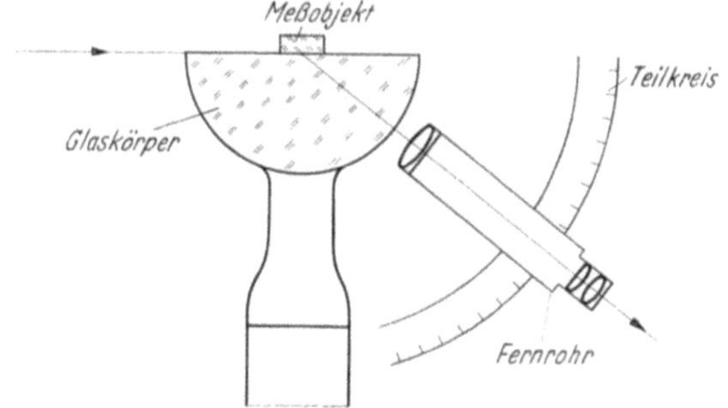

Abb. 251. Kristallrefraktometer von PULFRICH

Als weitere Beispiele für die Anwendung von Fernrohren in physikalisch-optischen Meßgeräten zeigt Abb. 252 ein Interferometer, Abb. 253a, b ein Polarimeter und Abb. 254 das Pulfrichsche Photometer.

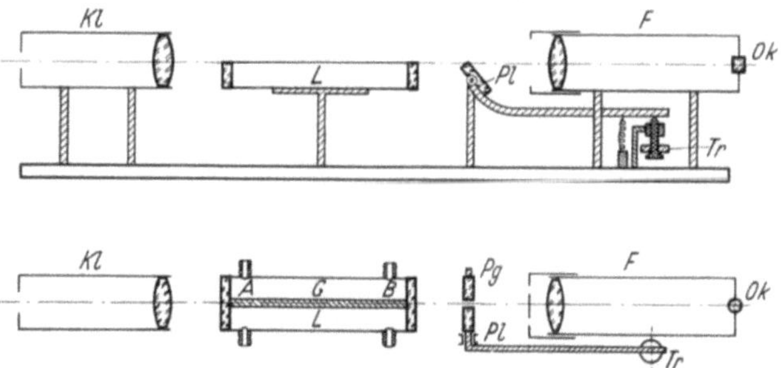

Abb. 252. Interferometer nach HABER und LÖWE

Der Kollimator Kl erzeugt ein Parallelstrahlenbündel, dessen untere Hälfte die beiden Kammern G und L durchsetzt. G enthält das Gas mit der zu messenden Brechzahl, L die Vergleichssubstanz (meist Luft). Nach den Kammern durchsetzt das Licht die Kompensationsplatten Pg und Pl, von denen Pl um eine horizonale Achse schwenkbar ist. Sowohl das durch die Kammern und die Kompensationsplatten tretende Licht als auch das der oberen Hälfte des Parallelstrahlenbündels tritt durch zwei Spalte in das Objektiv des Fernrohrs F. In der Fernrohrbildebene entsteht ein Interferenzstreifensystem (sog. Zweistrahlinterferenzen), die man sich als Überlagerung der Beugungserscheinungen vorstellen kann, die von den beiden Eintrittspalten herrühren. Wenn die Brechzahlen der Medien in G und L voneinander verschieden sind, hat das Streifensystem in der unteren Hälfte der Fernrohrbildebene eine seitliche Versetzung gegen das Streifensystem in der oberen Hälfte des Bildfeldes. Durch Schwenken der Platte Pl können die Streifensysteme zur Koinzidenz gebracht werden. Die Plattenschwenkung ist ein Maß für den Brechzahlunterschied der Medien in G und L. Das Okular hat meistens zylindrische Brechkraft im Horizontalschnitt, damit die Interferenzerscheinung nur in einer Dimension vergrößert und scharf abgebildet wird

Für die Bemessung der Fernrohre gilt für Interferometer im wesentlichen das, was bei den Spektralapparaten gesagt wurde. Bei Polarimetern und Photometern hingegen spielt das Auflösungsvermögen des Fernrohres eine untergeordnete Rolle, da hier nicht feine Strukturen aufgelöst, sondern die Helligkeitswerte von Flächen beurteilt werden sollen. Es kommt hier im wesentlichen darauf an, daß Leuchtdichten-Unterschied bei der Wiedergabe durch das Fernrohr nicht verfälscht werden.

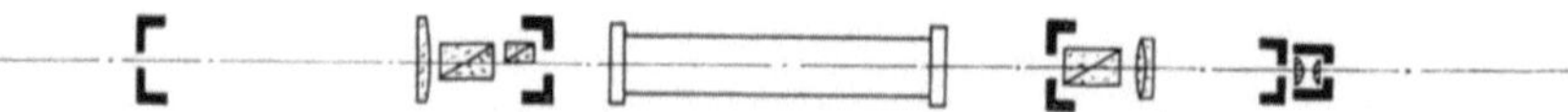

Abb. 253a. Schema eines Polarimeters. Links: Kollimator, danach Nikolsches Prisma als Polarisator, dahinter Halbschatten-Polarisationsprisma. Es folgt die Küvette mit der zu untersuchenden Substanz, danach das zweite Polarisationsprisma als Analysator und schließlich das Fernrohr. Das Gerät dient zur Bestimmung der Drehung der Polarisationsebene einer zu untersuchenden Flüssigkeit. Der Polarisator wird gegenüber dem Analysator verdreht, die Drehung wird am Teilungskreis abgelesen. Zur Indikation dient gleiche Helligkeit in beiden Gesichtsfeldhälften. Ermittelt wird der dementsprechende Drehwinkel des Polarisators mit und ohne Probe

Man muß daher zu kleine Pupillen (wegen der sog. entoptischen Erscheinungen), aber auch sehr große Pupillen [wegen der Pupillenrandeffekte des Auges, z. B. des Stiles-Crawford-Effektes (vgl. § 9)] vermeiden.

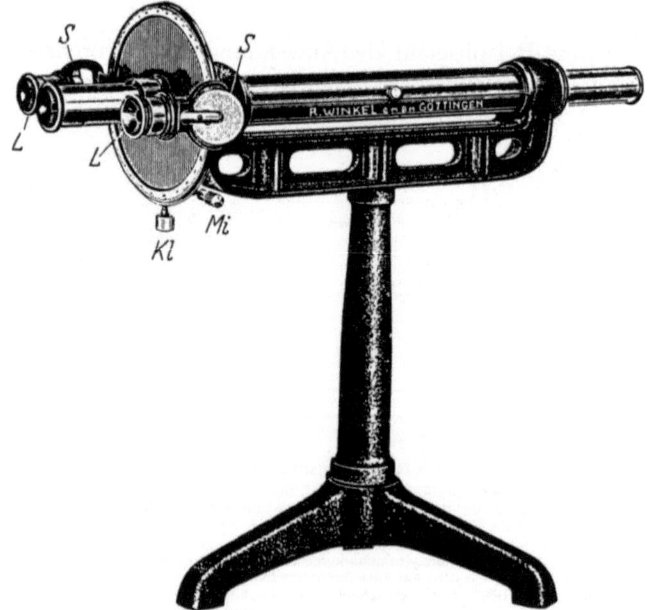

Abb. 253b. Ansicht eines Polarimeters

In praxi hat man Objektivdurchmesser von etwa 20 mm und wendet Vergrößerungen von 10—15fach, häufig auch darunter, an. Eigenschaften von Richtfernrohren haben die Fernrohre der letztgenannten Art nicht. Bemerkt sei noch, daß die Fernrohre der Spektralapparate und Refraktometer, die ja Richtfernrohre sind, im Gegensatz zu den

geodätischen Fernrohren und den Fluchtfernrohren nicht mit Innenfokussierung
ausgerüstet werden, da sie ja nur auf
unendlich fokussiert benutzt werden. Bei
diesen Apparaten herrscht zur Fokussierung also der Okularauszug vor.

§ 30. Meridiankreise, Passageinstrumente, Altazimute und Zenithteleskope

Wir kommen jetzt zu Instrumenten
zur genauen Vermessung der Sterne nach
Himmelskoordinaten.   Das   wichtigste
Instrument für diesen Zweck ist der Meridiankreis. Er ist schematisch in Abb. 255
dargestellt. Das Fernrohr ist um eine
horizontale Achse drehbar. Da es sich
bei diesem Instrument darum handelt,
die Sternörter mit größter Präzision festzustellen, ist die horizontale Achse fest
gelagert, um alle Messungenauigkeiten
einer in 2 Koordinaten schwenkbaren
Aufstellung zu vermeiden. Die Drehachse

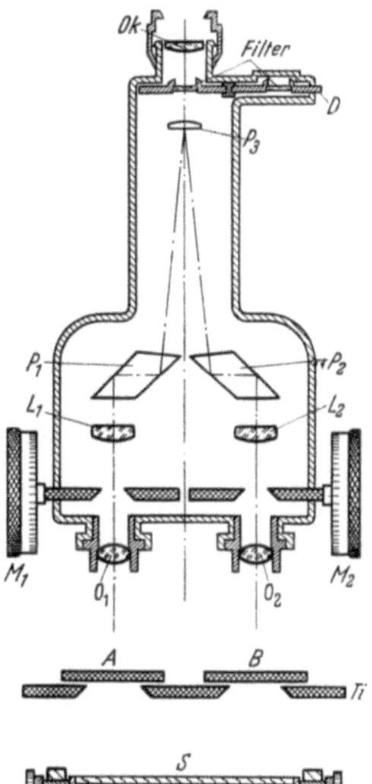
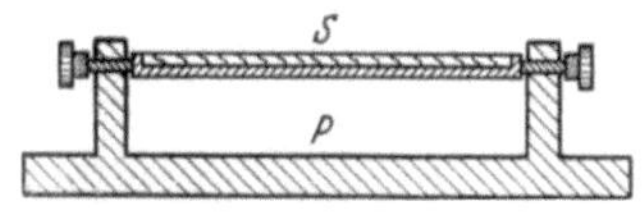

Abb. 254. Pulfrichsches Photometer. Oben: Schema. Unten: Ansicht einer neueren Ausführung. Gemessen wird das Verhältnis der Lichtströme, die von den Objektiven O_1 und O_2 von den Proben her aufgenommen werden und als Parallelstrahlenbündel die beiden Meßblenden durchsetzen. Die Fernrohrobjektive L_1 und L_2 entwerfen in der Fernrohrbildebene reelle Bilder, die mit dem gemeinsamen Okular Ok beobachtet werden. Das Biprisma P_3 bewirkt das Zusammenfallen der Austrittspupillen. Gleichheit der beiden Lichtströme wird sehr genau durch gleichen Helligkeitseindruck der beiden Gesichtsfeldhälften erkannt. Durch Variieren der Öffnung der Meßblende können die Lichtströme gleichgemacht werden. Die an der Trommel ablesbare Meßblendenöffnung ist ein Maß für das Verhältnis der Lichtströme und damit der Leuchtdichten der Proben A und B

ist genau senkrecht zur Meridianebene, so daß das Fernrohr im Meridian schwenkbar ist. Der Höhenwinkel wird an einem sehr genauen Teilkreis abgelesen. Man verwendet auch heute noch vorwiegend in Silber geteilte Kreise, die mit Mikroskopen abgelesen werden. Es werden Kreisdurchmesser bis zu 60 cm etwa angewendet. Die Ortsbestimmung eines Sternes erfolgt im Meridiankreis durch Messung des Höhenwinkels und gleichzeitiger Messung des Zeitpunktes, zu dem der beobachtete Stern das Fadenkreuz des Fernrohres passiert. Man erhält so die Durchgangszeit in Sternzeit. Aus Höhenwinkel bzw. Zenithdistanz und Durchgangszeit ergeben sich die Himmelskoordinaten des Sternes. Das Fernrohr ist ein Richtfernrohr im Sinne des § 22, das Ziel befindet sich jedoch immer in unendlicher Entfernung. Die Objektivdurchmesser der Meridiankreis-Fernrohre liegen zwischen 80 und 110 mm, als Objektivtyp kommt das Fraunhofersche Objektiv, das halbapochromatische AS-Objektiv und der Schwerflintapochromat (Nr. 3b, Nr. 5 und Nr. 12 der Tab. 8) in Frage. Das Öffnungsverhältnis des Objektivs wählt man zwischen 1 : 10 und 1 : 15. Die Fokussierung des Okulars erfolgt mit Zahntrieb, eine exakte Fokussierung

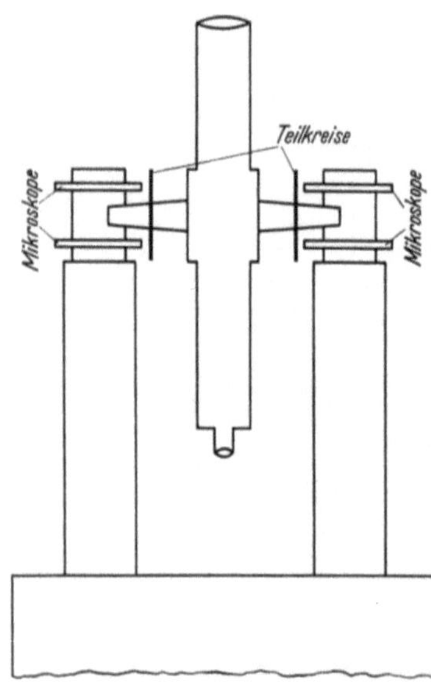

Abb. 255. Schema eines Meridiankreises

ist zum Ausgleich der thermischen Einflüsse erforderlich, obwohl die Zielentfernung immer unendlich bleibt. Das Instrument wird wahlweise mit Okularen verschiedener Brennweiten benutzt, je nach den herrschenden atmosphärischen Verhältnissen. Abb. 256 zeigt einen solchen Meridiankreis.

Fernrohre dieser Art ohne die feingeteilten Vertikalkreise, im übrigen mit der gleichen Aufstellung und einer Drehachse in Ost-West-Richtung nennt man Passageinstrumente. Sie dienen vornehmlich zur genauen astronomischen Zeitbestimmung. Abb. 257 zeigt ein solches Instrument. Es hat einen Objektivdurchmesser von 100 mm und eine Brennweite von 1 m. Es ist mit dem AS-Objektiv (Nr. 5 der Tab. 8) ausgerüstet. Die Bestimmung der Sterndurchgänge durch den Meßfaden ist infolge der sog. „persönlichen Gleichung" mit einer Unsicherheit behaftet. Man versteht darunter, daß der Durchtritt eines Sternes durch den Meßfaden von jedem Beobachter zu einem verschiedenen Zeitpunkt registriert wird. Diese Fehlerquelle wird erheblich durch das sog. „unpersönliche Mikrometer" vermieden, das von J. REPSOLD eingeführt wurde. Es besteht aus einem oder mehreren Fäden, die mit einer

Abb. 256. Ansicht eines Meridiankreises (Askania)

Mikrometerschraube durch das Gesichtsfeld bewegt werden können. Die Schraubentrommel dieses Fadenmikrometers ist mit einer größeren Zahl gleichmäßig verteilter elektrischer Kontakte versehen. Der Beobachter hat nun einen Stern, dessen Durchgang ermittelt werden soll, durch Betätigung der Mikrometerschraube zu verfolgen, wobei der

Stern durch den Meßfaden halbiert (biseziert) wird. Während des
Nachführungsvorganges werden durch die mit der Trommel verbundenen
Kontakte laufend Stromimpulse auf eine Registriereinrichtung, den
sog. Chronographen gegeben, die also jetzt unabhängig von der persön-

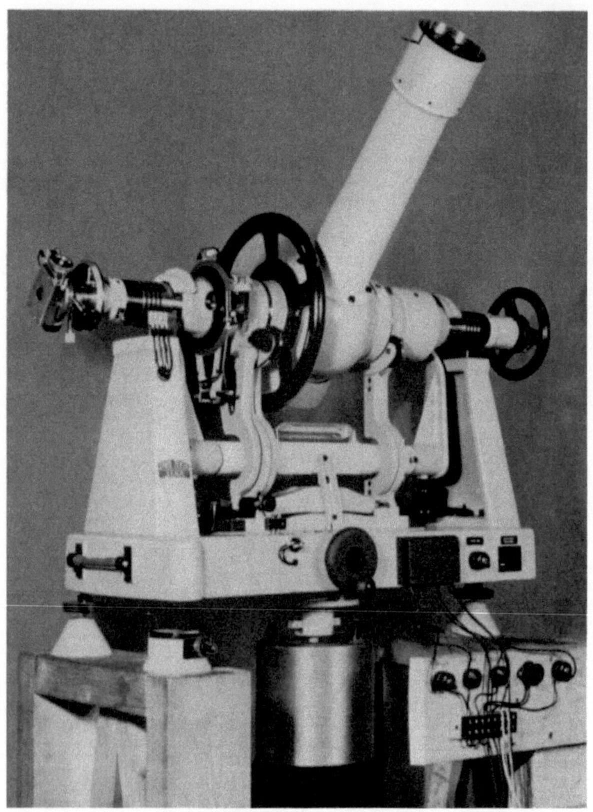

Abb. 257. Passageinstrument (C. Zeiss)

lichen Ansage des Beobachters ausgewertet, d. h. mit den gleichzeitig
aufgezeichneten Chronometersignalen verglichen werden können.

Instrumente, die wie die Meridiankreise einen vertikalen Teilkreis,
jedoch gleichzeitig einen Horizontalkreis haben, nennt man in der
Astronomie Universalinstrumente oder Altazimute. Sie sind im Prinzip
Theodolite mit entsprechend größeren Abmessungen und entsprechend
größeren Ablese- und Meßgenauigkeiten der Teilkreise. Die geodätischen
Theodolite für die Triangulation nullter Ordnung (Abb. **225, 226** und **228**)
können bereits als kleine astronomische Altazimute angesprochen
werden. Eine genaue Abgrenzung ist hier sehr schwer. Erstrebt ist

eine Ablesung der Kreise auf Zehntel Sekunden. Die Objektivdurchmesser des Fernrohres liegen zwischen 60 und 100 mm. Im übrigen
gelten die Konstruktionsmerkmale der Meridiankreise und Passageinstrumente. Abb. 258 zeigt ein speziell für astronomische Anwendungen
gebautes älteres Instrument dieser Art.

Abb. 258. Altazimut

Ein Meßfernrohr, das nicht fest im Meridian montiert ist, sondern
ähnlich wie ein Universalinstrument eine allgemeine azimutale Montierung besitzt, jedoch nur einen feingeteilten Vertikalkreis aufweist
und in der Horizontalen nur einen grob geteilten Einstellkreis hat, wird
Vertikalkreis genannt. Es dient zur Bestimmung der Deklination von
Sternen. Fehlt auch noch der feingeteilte Vertikalkreis und ist dieser
ebenfalls durch einen grob geteilten Einstellkreis ersetzt, so spricht man
von einem Zenithteleskop, ein Beispiel dafür ist in Abb. 259 wiedergegeben. Das Hauptanwendungsgebiet des Zenithteleskopes ist die genaue
Bestimmung der Polhöhe und die Beobachtung der Polhöhenschwan-

kungen. Die Beobachtung nach der Horrebow-Talcottschen Methode besteht darin, daß das Fernrohr im Meridian zunächst auf einen nicht zu weit vom Zenith entfernten Stern eingestellt wird, sodann wird es um 180° gedreht und in dieser Richtung der Meridiandurchgang eines anderen Sternes beobachtet. Die Differenz der Zenithdistanz wird mit der Mikrometerschraube gemessen. Aus den katalogmäßig bekannten Sternkoordinaten der beiden beobachteten Sterne ergibt sich sehr genau die Polhöhe, wenn während der ganzen Messung die Drehachse horizontiert war, was mit sehr empfindlichen Libellen („Niveaus") kontrolliert wird.

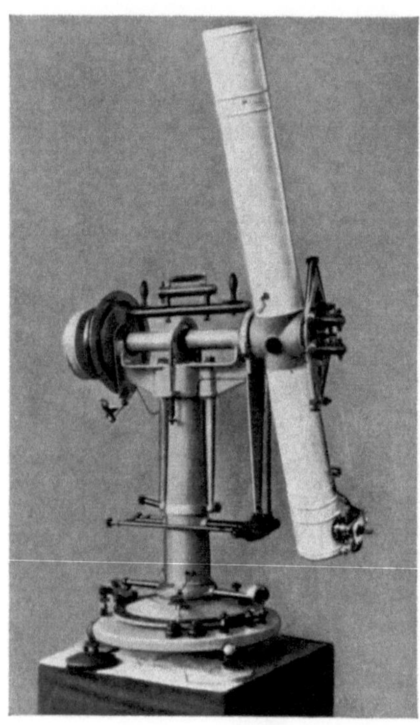

Abb. 259. Zenithteleskop

§ 31. Die astronomischen Fernrohre in parallaktischer Aufstellung

Abgesehen von den astrometrischen Spezialaufgaben, die mit den im vorigen Paragraphen behandelten Instrumenten bewältigt werden, besteht in den meisten Fällen der astronomischen Beobachtungspraxis das Bedürfnis, Sterne längere Zeit zu beobachten. Infolge der Erddrehung wandern die Sterne in kurzer Zeit aus dem im allgemeinen recht kleinen Gesichtsfeld der astronomischen Beobachtungsfernrohre. Das Fernrohr muß daher der scheinbaren Sternbewegung folgen können. Man ordnet daher das Fernrohr drehbar um zwei aufeinander senkrecht stehende Achsen an. Die eine Achse zeigt nach dem Himmelspol, sie wird Stundenachse genannt, da die Drehung des Fernrohres um diese Achse der stündlichen scheinbaren Sternbewegung entspricht. Die andere dazu senkrechte Achse nennt man die Deklinationsachse, durch eine Drehung um diese Achse wird das Fernrohr für die Deklination des zu beobachtenden Sternes eingestellt. Ist die Deklination eingestellt, so läßt sich das Fernrohr durch eine Drehung um die Stundenachse der scheinbaren Sternbewegung nachführen, so daß das beobachtete Himmelsobjekt immer in der Gesichtsfeldmitte bleibt. Die Nachführung wird mit mechanisch oder elektrisch betriebenen Uhrwerken über Hilfs-

motoren gesteuert. Zusätzlich zu diesen automatischen Nachführungs-
organen sind von Hand bedienbare Korrektionselemente vorgesehen.
Derartige Fernrohraufstellungen nennt man „parallaktische Aufstellungen bzw. parallaktische Montierungen oder auch äquatoriale
Aufstellungen bzw. äquatoriale Mon-
tierungen". Bei Fernrohren mit sehr
hoher Vergrößerung und dementsprechend kleinem Sehfeld sind zur
Auffindung des Sternes Sucherfernrohre angebracht, die parallel zur
Fernrohrachse angeordnet sind. Man
gibt den Sucherfernrohren eine

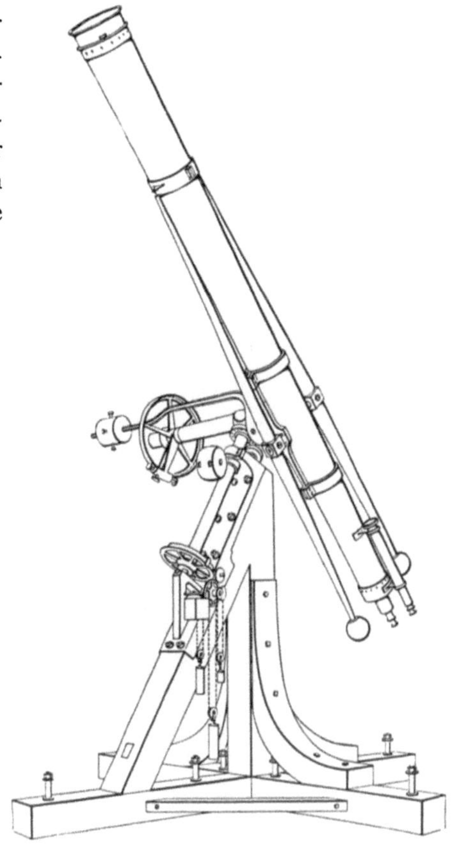

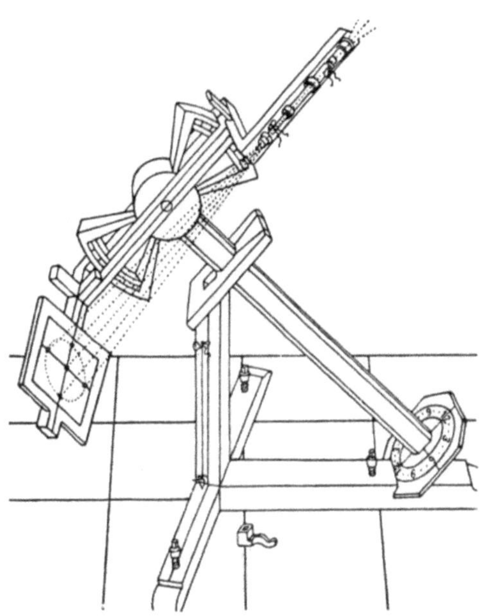

Abb. 260. Scheiners Fernrohr zur Projektion
der Sonnenflecken

Abb. 261. Der Dorpater Refraktor von
FRAUNHOFER nach LUBBOCK

10—20 fache Vergrößerung, wendet Objektivdurchmesser bis zu
100 mm an. Parallaktische Montierungen sind in verschiedenen Ausführungsformen in Gebrauch:

Die deutsche Aufstellung geht auf den Pater CHR. GRIENBERGER
(1561—1636) zurück, von dem sie SCHEINER für seine Beobachtung der
Sonnenflecke übernahm (Abb. 260), sie wurde von FRAUNHOFER ausgebildet (Abb. 261). Außerhalb des oberen Lagers der Stundenachse
ist die Deklinationsachse angeordnet, die seitlich das Fernrohr trägt.

Abb. 262 zeigt die Aufstellung des Fernrohres der Yerkes-Sternwarte. Das Objektiv hat einen Durchmesser von 1020 mm und eine Brennweite von 19,78 m. Das Instrument wurde 1897 in Betieb genommen und stellt den größten jemals hergestellten Refraktor dar. Das Fernrohr kann von der Galerie aus mit den großen Handrädern nach den grob geteilten großen Kreisen roh eingestellt werden, von denen sich der eine in der Mitte der Polarachse, der andere am unteren Ende der Deklinationsachse befindet. Die Feinbewegungen und Klemmungen für Rektaszension sind dabei durch die Deklinationsachse geführt und wirken durch Gestänge. Außer dem Motorantrieb, um das Fernrohr der täglichen Bewegung der Gestirne nachzuführen, steht auch wahlweise Motorantrieb für die Grob- und Feinbewegungen zur Verfügung. Die Klemmungen können sowohl von Hand als auch elektromagnetisch erfolgen. In geringen geographischen Breiten, also bei niedrigen Polhöhen, ist die deutsche Montierung auch heute noch die zweckmäßigste Aufstellungsart für große Refraktoren. Sie wird daher auch bei dem neuen Refraktor für die Sternwarte in Caracas (Venezuela) angewendet. Das

Abb. 262. Das Fernrohr der Yerkes-Sternwarte

Objektiv hat einen Durchmesser von 600 mm und eine Brennweite von 10 m. Abb. 263 zeigt die Achsenlagerung und das Antriebsystem. Wie in der Astronomie üblich, ist mit α die Stundenachse und mit δ die Deklinationsachse bezeichnet. Die Antriebsmotoren und Getriebe sind an den Achsenden angebracht und wirken als ein Teil des Gegengewichts zur Ausbalancierung der Montierung. Der Antrieb der Stundenbewegung erfolgt über das große Schneckenrad 2 durch den rechts unten am Getriebegehäuse sichtbaren Synchronmotor. Er wird mit Wechselstrom einer Frequenz von 50 Hz betrieben. Die Betriebsspannung wird von einer Quarzuhr-Anlage mit Verstärker geliefert. Die Grobbewegung in Stunde (zur Einstellung des Fernrohres) und die entsprechende Feinbewegung (zur Korrektur der Fernrohrbewegung während der Beob-

achtung) erfolgt durch Motoren (5), die über Getriebe in das Schneckenrad 1 eingreifen. 4 ist der feingeteilte Stundenkreis, er wird über das

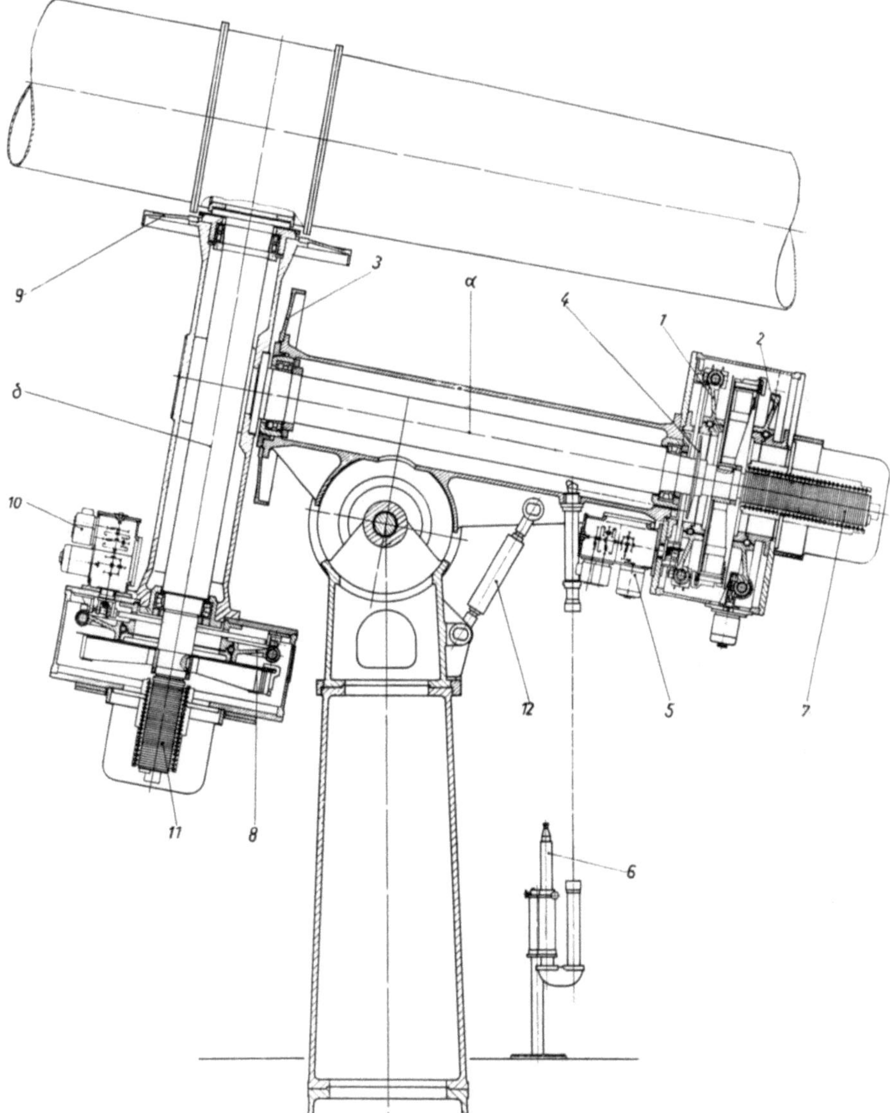

Abb. 263. Achsenlagerung und Antriebsystem des 60 cm-Refraktors für die Sternwarte in Caracas (Venezuela)
(Im Bau bei C. Zeiss)

Fernrohr 6 und das am Gehäuse der Stundenachse sichtbare Mikroskop
abgelesen. Daneben besitzt das Instrument noch einen grobgeteilten

Stundenkreis (3). Grob- und Feinbewegung in Deklination erfolgten ebenfalls über Motoren (10), die wieder über Getriebe in ein Schneckenrad 8 eingreifen. Der nicht sichtbare feingeteilte Kreis für die Deklination wird vom Okularende aus über Fernrohr und Mikroskop abgelesen. Der grobgeteilte Kreis für die Deklination befindet sich am Fernrohrende der Deklinationsachse. 7 und 11 stellen die Schleifringe für die Stromzuführung dar. Die Stundenachse und damit das gesamte Achsensystem kann um das in der Bildmitte sichtbare
Lager geschwenkt werden, um die

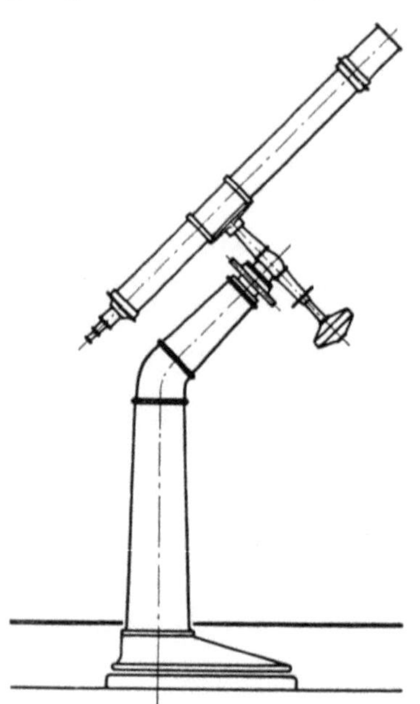

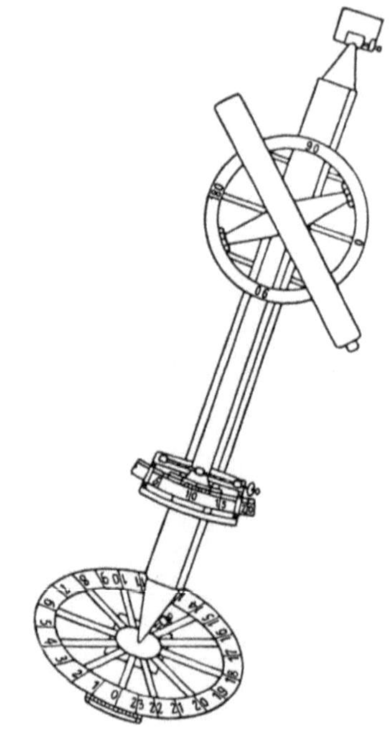

Abb. 264. Die Knieaufstellung nach Repsold   Abb. 265. Die englische Aufstellung nach Sisson

Neigung der Stundenachse gleich der Polhöhe des Beobachtungsortes machen zu können. Die Feinverstellung der Polhöhe (zur Justierung des Instrumentes bei der Aufstellung) erfolgt über das Element 12. Die Stundenachse und die Deklinationsachse laufen in Kugellagern. Die deutsche Aufstellung hat den Nachteil, daß man in größeren Polhöhen einem Stern nicht über den Meridian hinaus folgen kann, da das Okularende des Fernrohres an den Unterbau der Aufstellung anstoßen würde. Man muß das Fernrohr umlegen, indem man es um die Stundenachse um 180° dreht und neu in Deklination einstellt. Diesen Nachteil suchte Repsold durch die Knieaufstellung zu vermeiden (Abb. 264).

Bei der auf J. Sisson (* um 1700, † 1747) zurückgehenden englischen Aufstellung (Abb. 265) ist die Stundenachse auf zwei Pfeilern gelagert;

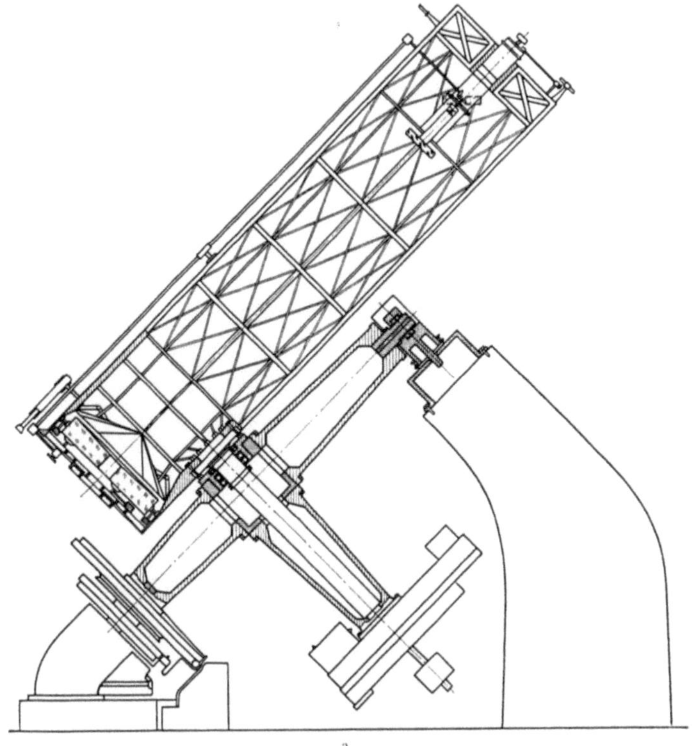

a

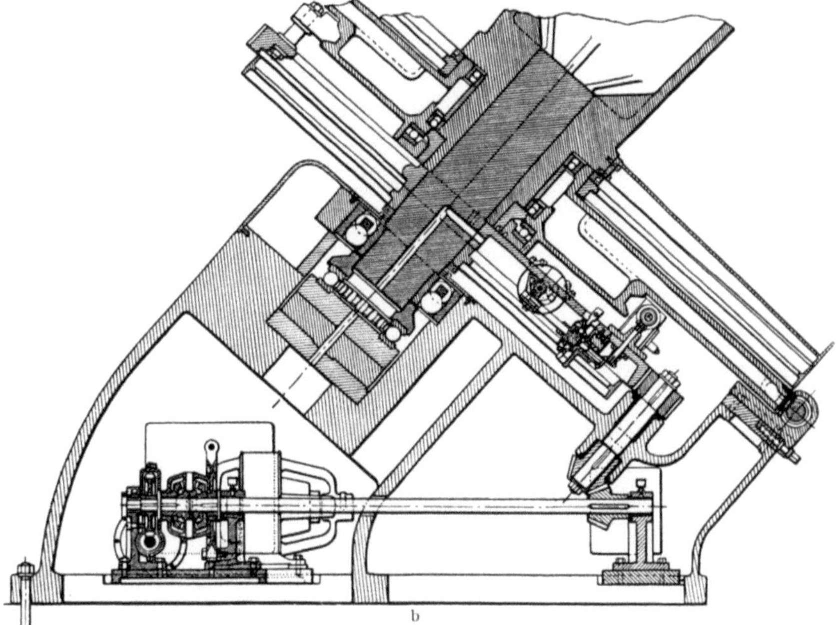

b

Abb. 266. Das Spiegelfernrohr von Victoria

in ihrer Mitte trägt sie die Deklinationsachse. Je nachdem nun das
Fernrohr seitlich mit gegenüber angeordnetem Gewicht angesetzt ist
oder sich in einem Rahmen mit zwei Lagern für die Deklinationsachse
bewegt, unterscheidet man hier zwischen Achsen- und Rahmenmontierung. Um die Kuppel nicht zu groß werden zu lassen, verzichtet man
im allgemeinen auf die Beobachtung des Poles und des Horizontes im

Abb. 267. Das Spiegelfernrohr von Merate

Norden. Abb. 226 zeigt als Beispiel der Achsenmontierung das Spiegelfernrohr von Victoria (Kanada) mit 184 cm Öffnung. Das Uhrwerk
und der am unteren Ende angesetzte Spektrograph sind fortgelassen.
Über dem Spiegel befindet sich zum Abschluß eine Blende von aufklapp-
baren Sektoren, am oberen Ende des Rohres auswechselbar der axial
verschiebbare Cassegrainsche Fangspiegel, der Newtonsche Fangspiegel
und die Einrichtung für Aufnahmen im Brennpunkt des Hauptspiegels.
Die Achsenlagerung geht aus Abb. 266b hervor. Ein weiteres Beispiel
ist das Spiegelfernrohr von Merate bei Mailand mit 100 cm Öffnung
(Abb. 267). Als Beispiel für die Rahmenmontierung zeigt Abb. 268 das
Spiegelfernrohr auf Mt. Wilson von 258 cm Öffnung.

Eine weitere Bauart, die Gabelmontierung, kommt im allgemeinen nur für Spiegelfernrohre in Betracht. Bei dem großen Gewicht des Spiegels kann die Deklinationsachse nahe am Spiegel angeordnet werden. Man verzichtet hier auf die Beobachtung in der Nähe des Horizontes im Süden. Als Beispiele seien hier das Spiegelfernrohr von

Abb. 268. Das 2,5 m-Spiegelfernrohr vom Mt. Wilson mit Rahmenmontierung

LASSELLI mit 120 cm Öffnung (Abb. 269) und das vom Mt. Wilson mit 150 cm Öffnung (Abb. 270) angeführt. Die Stundenachse ist bei diesem durch den Auftrieb von Quecksilber in dem Trog T entlastet, Z ist der Zahnkranz für die Bewegung in Deklination, S ein Spektrograph; das Fernrohr wird hier in der Bauart von NASMYTH gebraucht (s. S. 148).

In neuester Zeit hat sich die Gabelmontierung schlechthin als die Montierung für die modernen Spiegelteleskope entwickelt. Als weitere Beispiele für ihre Anwendung zeigt Abb. 271 den zur Zeit größten

18*

Spiegel, nämlich den Parabolspiegel auf dem Mount Palomar in USA mit 5 m Durchmesser (vgl. S. 147). Abb. 272 zeigt den neuen Schmidt-

Abb. 269. Das Spiegelfernrohr von LASSELLI

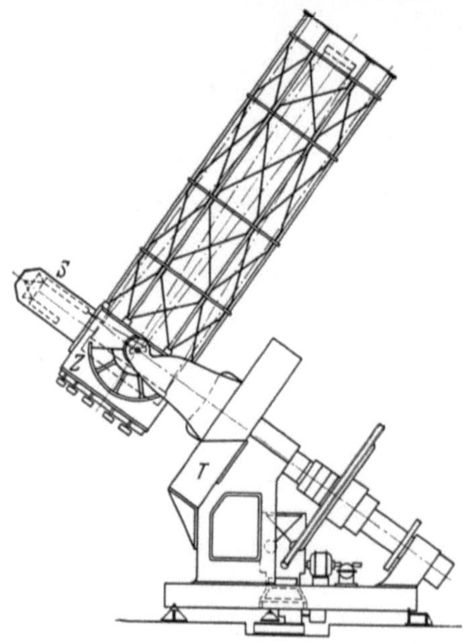

Abb. 270. Das 1,5 m-Spiegelfernrohr vom Mt. Wilson mit Gabelmontierung

Spiegel der Sternwarte in Hamburg-Bergedorf mit einem Spiegeldurchmesser von 1,2 m. Das Hauptlager für die Gabel ist eine Kugel, zwischen der Lagerkugel und der mit der Drehachse verbundenen Kugel befindet sich ein unter statischem Druck stehender Ölfilm. Dieses Konstruktionsprinzip geht auf W. BAUERSFELD zurück. Als drittes Beispiel der neueren Anwendung einer Gabelmontierung ist in Abb. 273 die Meteorkamera nach

Abb. 271. Das 5 m-Spiegelteleskop vom Mt. Palomar

BAKER-WHIPPLE wiedergegeben, die das System Nr. 12 in Tab. 9 verwendet. Der Nachführungsmechanismus ist hier voll elektronisch gesteuert.

Abb. 272. 1,2 m-Schmidtspiegel der Sternwarte Hamburg-Bergedorf

Abb. 273. Meteor-Kamera nach BAKER-WHIPPLE

Wenn man bedenkt, daß die beweglichen optischen Teile des 258 cm-Spiegelfernrohres vom Mt. Wilson 90 Tonnen wiegen, davon der Spiegel allein 4082 kg, wird die Bedeutung einer Entlastung der Achsen verständlich. Es mag hier gezeigt werden, wie diese Aufgabe von MEYER bei seiner Aufstellung gelöst ist (Abb. 274). Die Deklinationsachse ruht in einem Gabellager und trägt mit einem gabelförmigen Bock das Fernrohr, das hier alle Lagen, auch die polnahen, in jedem Stundenwinkel erreichen kann, ohne anzustoßen. Die das Fernrohr bewegenden Führungsachsen sind hohl; in ihrem Inneren sind die die mechanischen

Kräfte aufnehmenden, tragenden Entlastungsachsen eingebaut. Von
diesen ist die eine mit der Deklinationsachse in der Mitte gelenkig verbunden; durch zwei Paare von Hebeln mit Gegengewichten, von denen
nur das eine Paar in der Abbildung sichtbar ist, wird die Gesamtlast
in jeder Lage des Fernrohres auf die Mitte der Deklinationsachse vereinigt. Diese wird hier durch ein kräftiges Kugellager umschlossen, das
kardanisch beweglich auf das Ende der durch die hohle Stundenachse
gehenden tragenden Achse aufgebaut ist, die unterhalb in einem starken

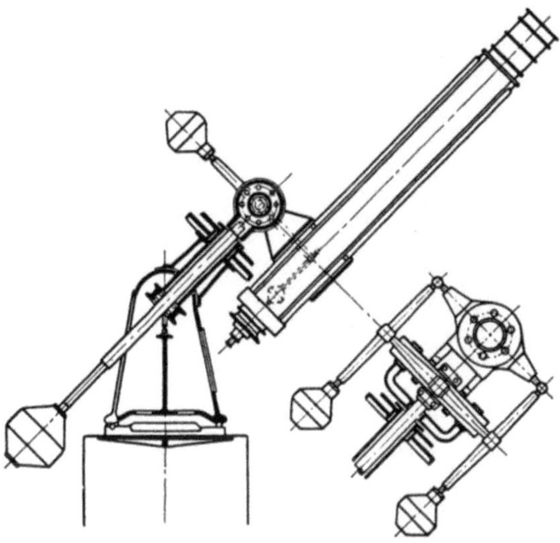

Abb. 274. Die Montierung mit Entlastung der Achsen nach MEYER

Kugellager ruht, das mit einem Kardangelenk im Sockel abgestützt
ist. Abb. 275 zeigt den Babelsberger Refraktor von 60 cm Öffnung mit
dieser Art der Entlastung (deutsche Aufstellung), die auch bei dem
Fernrohr nach Abb. 267 angewandt ist.

Die Entlastung der Achsen nach MEYER, die jahrzehntelang ein be-
vorzugtes Konstruktionsprinzip großer astronomischer Instrumente dar-
stellte, hat heute an Bedeutung verloren: Bei großen Spiegelteleskopen
geht man immer mehr zu hydrostatischen Lagern (z. B. bei der Ölkugelmontierung, s. o.) über, bei denen das Lager, das die gesamte Last trägt,
auch gleichzeitig das Lager für die Führungsbewegung ist. Auch bei dem
neuen Refraktor für Caracas (Abb. 263) wurde auf eine Entlastung nach
MEYER verzichtet. Die Achsen für die Führungsbewegung sind gleichzeitig die Tragachsen. Sie laufen in Kugellagern. Man kann heute ohne
Nachteile eine solche Konstruktion anwenden, da man mittlerweile
Kugellagern höhere Belastungen zumuten kann als zur Entstehungszeit
des Babelsberger Refraktors, ohne daß Laufungenauigkeiten auftreten.

Hinzu kommt, daß man heute mit großen Refraktoren keine astrometrischen Absolutmessungen mehr vornimmt, also kleinere Deformationen in Kauf nehmen kann. Schließlich hat sich gezeigt, daß auch eine entlastete Montierung den Beobachter nicht der Mühe enthebt, mit

Abb. 275. Das Fernrohr der Sternwarte Babelsberg ($D = 600$ mm, $f' = 10$ m [1910])

der Feinbewegung den Lauf des Instrumentes laufend zu korrigieren, in erster Linie wegen der veränderlichen Refraktion der Atmosphäre.

Am bequemsten ist die Beobachtung, wenn das Okular sich im Schnittpunkt der beiden Achsen befindet. Man hat dies bei dem 21 m langen Treptower Fernrohr verwirklicht. Die von HOPPE dabei angewandte Entlastung diente MEYER als Vorbild. Da hier die Kuppel zu groß geworden wäre, hat man ganz auf sie verzichtet. Im Kleinen wendet man diese Aufstellung bei Kometensuchern an (Abb. 276).

Mit dem am Okularende des Fernrohres befindlichen Handgriff richtet der Beobachter das Fernrohr in Rektaszension und Deklination. An den ihm zugewandten Enden der Achsen befinden sich die Teilkreise und

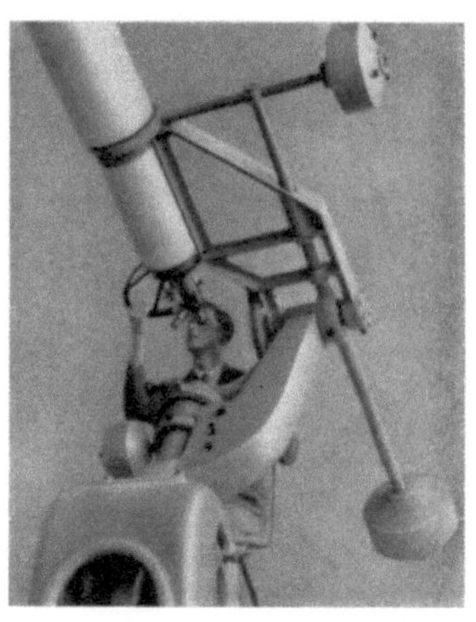

Abb. 276. Ein Kometensucher

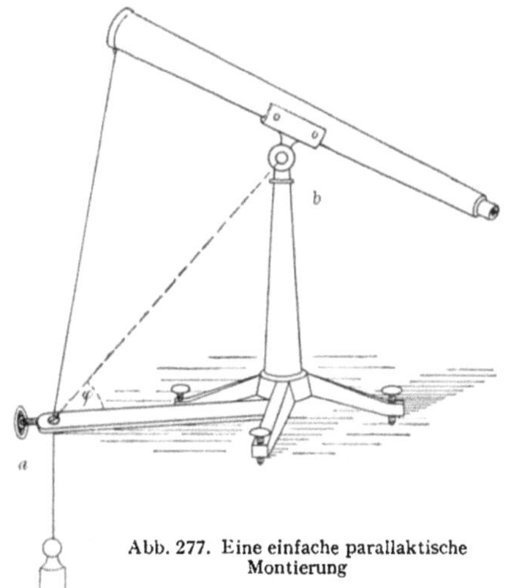

Abb. 277. Eine einfache parallaktische Montierung

Klemmen. Der Beobachterstuhl ist um eine senkrechte Achse drehbar, die durch den Kreuzungspunkt der Polar- und Deklinationsachse geht. Das untere Ende der Polarachse mit dem Gegengewicht fehlt in der Abbildung.

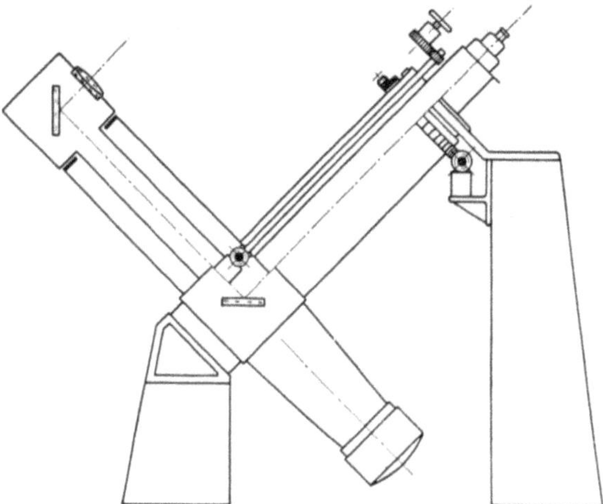

Abb. 278. Das gebrochene Äquatorial von Loewy

Um mit einem kleinen azimutal aufgestellten Fernrohr gelegentlich der täglichen Bewegung eines Gestirnes besser folgen zu können, brachte Lord Crawford unter der Stehachse in der Meridianrichtung eine Leiste von solcher Länge an

(Abb. 277), daß *ab* gegen den Horizont um einen Winkel φ geneigt ist, der gleich der geographischen Breite ist. Vom Objektivende wird nun eine Schnur durch die Öffnung *a* geleitet und mit einem Gewicht gespannt. Nachdem das Fernrohr auf einen Stern gerichtet ist, wird die Schnur bei *a* durch eine Schraube geklemmt.

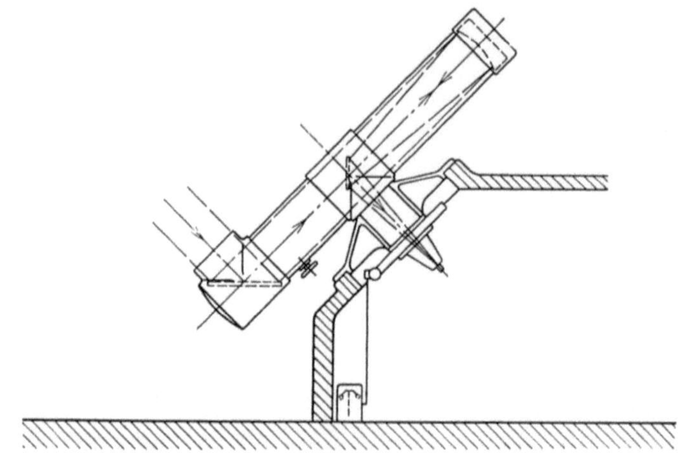

Abb. 279. Das Spiegelfernrohr nach Brashear und Brooks

Wird nun das Fernrohr um die Stehachse gedreht, so folgt es annähernd der täglichen Bewegung.

Statt das Fernrohr der Bewegung der Gestirne nachzuführen, kann man es mit drehbaren Planspiegeln verbinden und so die Beobachtung durch festen Einblick bequemer machen, sie im geschlossenen Raum ermöglichen oder auch den Anschluß eines größeren Spektrographen erleichtern. Bei dem auf C. A. Steinheil (1842) zurückgehenden gebrochenen Äquatorial von Loewy (Abb. 278) blickt man von oben in Richtung der Polarachse; hinter dem Objektiv sind zwei Spiegel angeordnet, von denen der erste das Licht in die Deklinationsachse, der zweite darauf in die Polarachse lenkt. Das größte Fernrohr dieser Art von 60 cm Öffnung und 18 m Brennweite befindet sich in

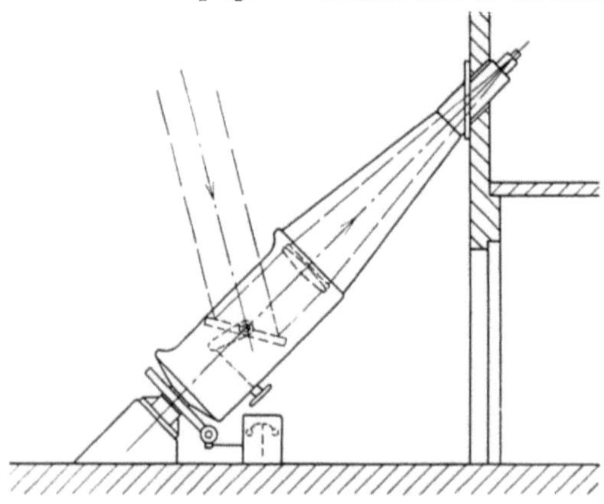

Abb. 280. Ein Fernrohr mit Polarheliostat

Paris. Um die Planspiegel zu verkleinern, müssen sie mehr nach dem Brennpunkt des Objektivs zu verlegt werden, wie es öfter angeregt wurde und nun bei dem Reflektor des MacDonald-Observatoriums in Texas mit 2 m Durchmesser zur Ausführung gekommen ist; die Bauart von Nasmyth ist hier so abgeändert, daß der ebene Fangspiegel das Licht in die Deklinationsachse lenkt, während ein zweiter Planspiegel es in die Stundenachse bringt. Bei dem Spiegelfernrohr nach BRASHEAR und BROOKS (Abb. 279) fallen die Strahlen erst auf einen großen Planspiegel, der in die Deklinationsachse ablenkt, dann auf den

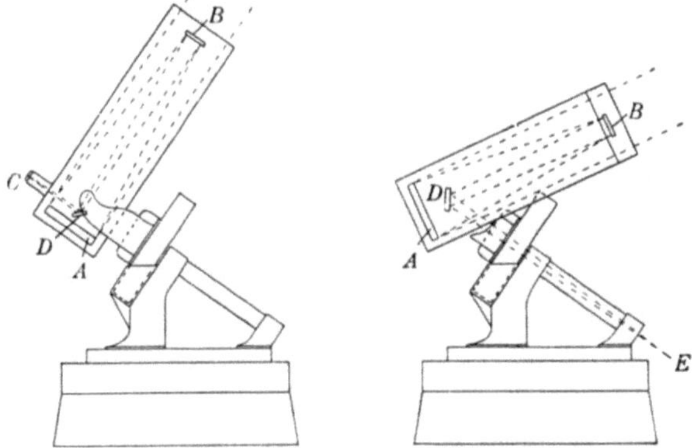

Abb. 281. Das Spiegelfernrohr nach RANYARD

Hohlspiegel; ein kleiner Planspiegel mitten zwischen den großen wirft das Licht in die Polarachse. Der feste Einblick in Richtung der Polarachse kann auch mit einem Spiegel erreicht werden. In Abb. 280 ist das Fernrohr in der Polarachse

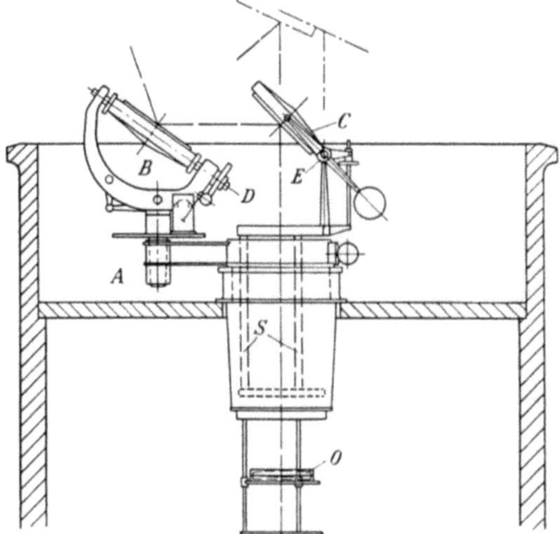

Abb. 282. Das Potsdamer Turmteleskop

angeordnet und um diese drehbar; ein kippbarer Spiegel lenkt die Strahlen in die Achse. Das Spiegelfernrohr von RANYARD (1897) nach Abb. 281 benutzt die Anordnung von NASMYTH; das Fernrohr hat Gabelmontierung, der ebene Fangspiegel D wird so gekippt, daß er die Strahlen in die Polarachse E lenkt, wobei natürlich größere Polhöhen nicht erreicht werden können. (Diese Anordnung ist bei den großen Spiegelfernrohren auf Mount Wilson angewandt. Diese können außerdem noch nach NEWTON und NASMYTH benutzt werden.) Man kann auch ein liegendes oder stehendes Fernrohr mit einem Heliostaten oder Coelostaten verbinden; die letzte Verbindung wird bevorzugt und dient besonders zur Beobachtung der Sonne. Abb. 282 zeigt das Potsdamer Turmfernrohr, $D = 60$ cm, $F = 14,5$ m. Der Coelostat besitzt neben dem Hauptspiegel noch einen Hilfspiegel, weil so die Spiegel infolge kleinerer Einfallswinkel besser ausgenutzt werden können. Das ganze System der beiden Spiegel B und C kann um die Achse des Objektivs O um $\pm 90°$ gedreht werden. Der Hauptspiegel B kann um die Achse A zurückgedreht werden. Wenn die Teilkreise für beide Drehungen gleich anzeigen, steht die im Hauptspiegel B liegende Achse D der Weltachse parallel. Zur Anpassung an die Neigung der vom Hauptspiegel zurückgeworfenen Strahlen kann der Hilfsspiegel C um die waagerechte Achse E gekippt und sein Traggestell mit den drei Säulen S gehoben und gesenkt werden.

Als Beispiel für eine moderne Fernrohrkonstruktion mit drehbaren Planspiegeln und festem Einblick ist in Abb. 283 der Coudé-Refraktor von ZEISS wiedergegeben. Er ist für Objektivdurchmesser von 150 mm vorgesehen, verwendet werden AS-Objektive oder die Schwerflintapochromate (Nr. 5 und Nr. 12 der Tab. 8). Die Ablenkung des Strahlenganges erfolgt über zwei Planspiegel. Das Instrument hat Bedeutung für die Sonnenbeobachtung gewonnen, es kann mit einem Monochromatfilter nach LYOT aus-

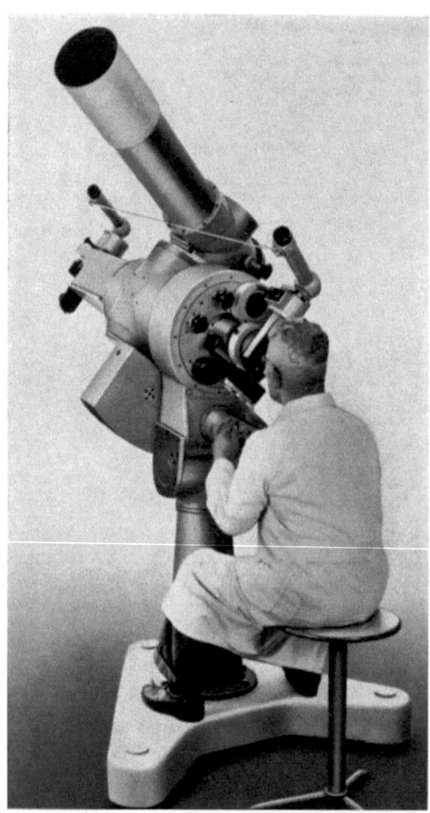

Abb. 283. Der Coudé-Refraktor von Zeiss

gerüstet werden, welches einen sehr engen Spektralbereich von wenigen Angström durchläßt. Mit diesem Filter wird vorwiegend die rote Wasserstofflinie der Sonnenkorona beobachtet.

§ 32. Der Koronograph von LYOT

Der Koronograph ist ein astronomisches Spezialinstrument zur Beobachtung der Sonnenkorona zu jeder Tageszeit. Ohne Instrument wird die Sonnenkorona nur bei totalen Sonnenfinsternissen beobachtet.

Man versteht darunter die die Sonne umgebende Leuchterscheinung, deren Zustandekommen noch Gegenstand der sonnenphysikalischen Forschungen ist.

Abb. 284 zeigt den prinzipiellen Aufbau des Lyotschen Koronographen. Von der außergewöhnlich gut polierten Objektivlinse Ob, die als Plankonvexlinse bzw. Linse günstigster Form ausgeführt ist und außergewöhnlich schlieren- und blasenfrei sein muß, wird ein Bild von der Sonne in der ersten Bildebene B_1 entworfen. An dieser Stelle befindet sich eine kreisförmige Blende von der Größe des Sonnenbildes. Sie ist in Form eines rotierenden Kegels ausgeführt, dessen Rotationsachse in der optischen Achse liegt. Unmittelbar hinter der Bildebene

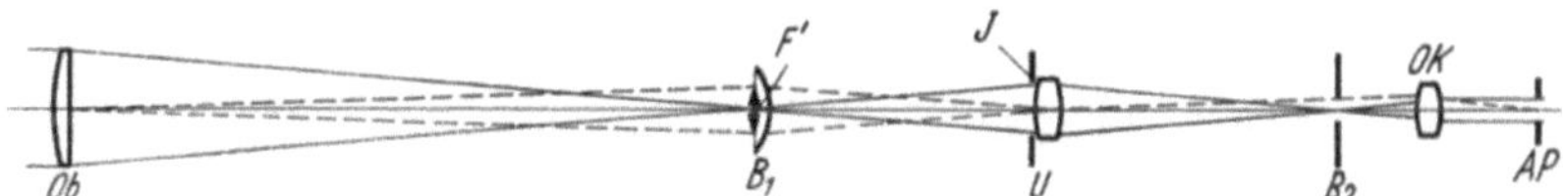

Abb. 284. Schema des Koronographen von Lyot

befindet sich die Feldlinse F. Wenn die eben beschriebene Sonnenblende als rotierende Kegelblende ausgeführt ist, muß die Feldlinse durchbohrt sein, damit die Achse der Kegelblende hindurchgeführt werden kann. Mit dieser Feldlinse F wird die Objektivöffnung, die Eintrittspupille des Systems, in das Umkehrsystem U abgebildet. Am Umkehrsystem befindet sich eine Irisblende, die so weit zugezogen wird, daß der Rand des Bildes von der Objektivlinse Ob verschwindet. Damit lassen sich auch die primären Beugungserscheinungen die vom Objektivrand herrühren, ausschalten. Das Umkehrsystem bildet den nicht ausgeblendeten Teil der Bildebene B_1 in die Bildebene B_2 ab, das ist aber die Sonnenkorona. Die beschriebenen Vorsichtsmaßregeln — Objektiv, das möglichst kein Streulicht verursacht, Ausschaltung des vom Objektivrand herrührenden Beugungslichtes — sind notwendig, damit die lichtschwache Korona nicht von dem um viele Zehnerpotenzen helleren Sonnenlicht überstrahlt wird. Das in der Bildebene B_2 entstehende Bild der Korona kann entweder mit dem Okular Ok beobachtet werden, es kann in der Bildebene B_2 eine photographische Platte, Spektrograph oder ähnliche Apparatur angebracht werden. Trotz der beschriebenen Vorsichtsmaßregeln läßt sich die Sonnenkorona nur unter besonders guten atmosphärischen Bedingungen, bei streuarmer Atmosphäre und schlierenfreier Luft beobachten. Die Sonnenobservatorien befinden sich fast ausschließlich im Hochgebirge. Als Montierungen kommen die im vorigen Paragraphen behandelten parallaktischen Montierungen in Frage, auch in der Form von Coudé-Montierungen.

§ 33. Zusatzgeräte zu astronomischen Fernrohren

Ein wichtiges Zusatzgerät war bereits in § 31 behandelt worden, das Sucherfernrohr. Bei photographischen Aufnahmen, die häufig eine

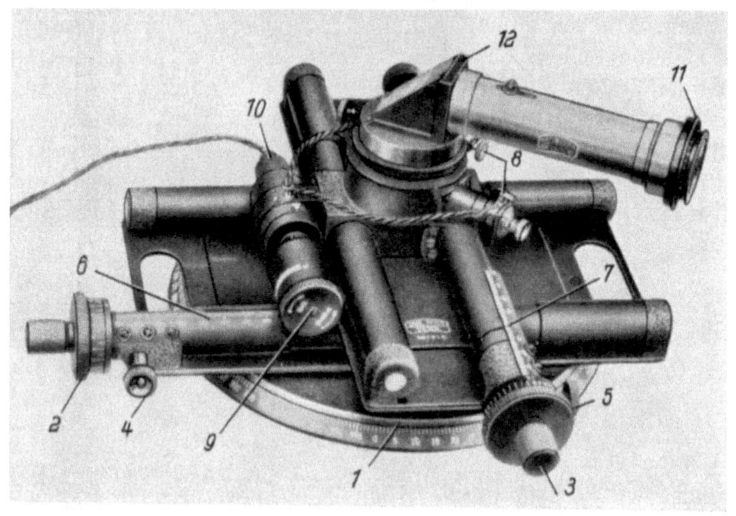

Abb. 285. Ein Pointierungsokularkopf

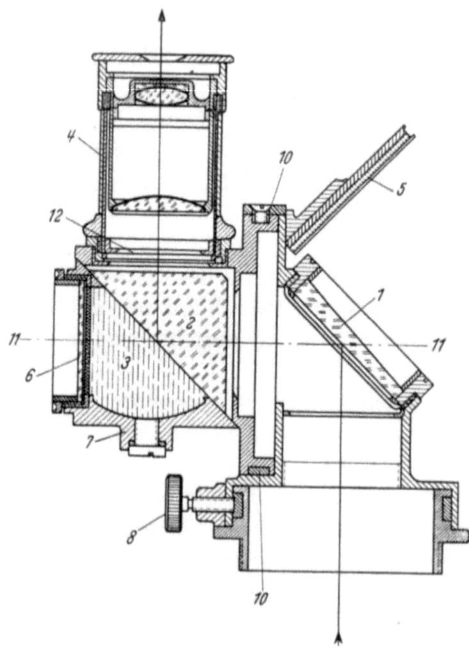

Abb. 286a. Das Sonnenokular von Colzi

Expositionszeit von mehreren Stunden erfordern, muß das Fernrohr sehr sorgfältig nachgeführt werden. Das erfolgt teilweise mit den eben genannten Sucherfernrohren. Sind solche nicht vorhanden, dann muß ein außerhalb der photographischen Platte liegender Führungsstern mit einem Mikroskop schwacher Vergrößerung, dem sog. Pointierungsmikroskop, auch Pointierungsokular genannt, beobachtet und gehalten werden. Abb. 285 zeigt einen solchen Pointierungsokularkopf. Bei der Sonnenbeobachtung am Tage muß eine Lichtschwächung um mehrere Zehnerpotenzen vorgenommen werden, um Schädigungen des Auges zu vermeiden. Absorptionsfilter würden durch die absorbierte Sonnenstrahlung zu heiß werden. Man verwendet daher sog. Sonnenokulare, das bekannteste ist das von COLZI, welches Abb. 286a zeigt. Das vom Objektiv kommende Licht wird zunächst an der Glasoberfläche 11 reflektiert. Die Hinterfläche bildet einen Keilwinkel, um den Hinterflächenreflex genügend weit vom Hauptreflex entfernt zu legen. Sodann erfährt das Licht eine zweite Reflexion an dem rechtwinkligen Prisma 2. Die Hypotenusenfläche dieses Prismas grenzt an ein Medium mit nur

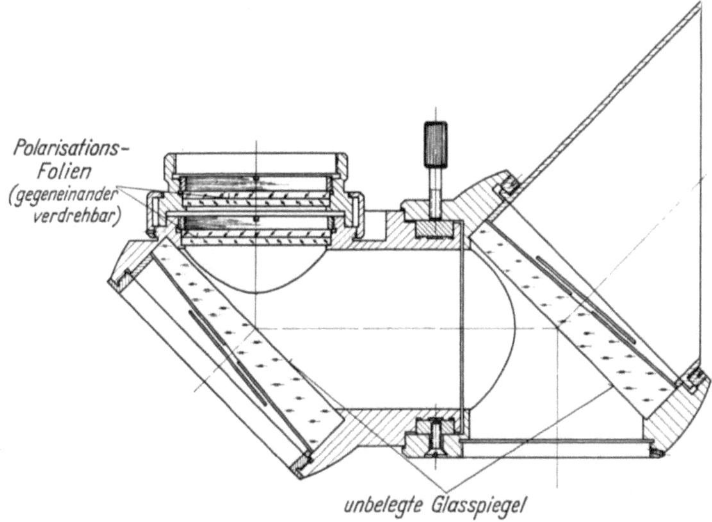

Abb. 286b. Lichtschwächungseinrichtung zum Sonnenokular mit Polarisationsfolien von Zeiss

wenig verschiedenem Brechungsindex. Bei der ursprünglichen von COLZI angegebenen Ausführungsform war hier ein Flüssigkeitsprisma vorgesehen, durch Wahl der Flüssigkeit konnte der Reflexionsgrad verändert werden. Heute arbeitet man mit festem Reflexionsgrad und einem Gegenprisma 3 aus optischem Glas. Neuerdings wird die Lichtschwächung bei Sonnenokularen auch durch zueinander verdrehbare Polarisationsfolien vorgenommen, denen man zwei keilförmige unter 45° geneigte Glasplatten vorschaltet. Eine solche, von der Fa. C. Zeiss hergestellte Einrichtung zeigt Abb. 286b. Das Licht vom Objektiv tritt von unten her in die Einrichtung ein. Weitere wichtige Zusatzgeräte sind Mikrometer, also Einrichtungen, um Messungen in der Bildebene auszuführen, diese werden ausführlich in Abschnitt B behandelt.

§ 34 Fernrohre für die Photographie und Kinematographie

Setzt man ein Fernrohr vor ein photographisches Objektiv, so wird bekanntlich (vgl. § 3) der Winkel w_1, unter dem ein Objekt erscheint, durch das Fernrohr im Maßstab der Fernrohrvergrößerung Γ vergrößert (bzw. verkleinert), als Eingangswinkel w_2, dem photographischen Objektiv dargeboten, wobei also gilt:

$$w_2 = \Gamma w_1 \tag{34.1}$$

Nach der Grundgleichung der Gaußschen Dioptrik (2.29b) gilt für die Brennweite f_2' des Photoobjektivs ohne vorgesetztes Fernrohr, wenn sich das System in Luft befindet (wenn also $f_2' = -f_2$ ist):

$$f_2' = \frac{-l'}{w_2} \tag{34.2}$$

l' ist dabei die zum Eingangswinkel w_2 gehörige Bildhöhe. Mit vorgesetztem Fernrohr ist die resultierende Gesamtbrennweite f_2' nach dem gleichen allgemeinen Gesetz:

$$f_1' = \frac{-l'}{w_1} \tag{34.3}$$

oder mit Gl. (34.1):

$$f_1' = \frac{-l'}{w_2}\,\Gamma \tag{34.4}$$

mit (34.2) ist das aber:

$$\boxed{f_1' = f_2'\,\Gamma} \tag{34.5}$$

d. h., durch Vorsetzen eines Fernrohres wird die Brennweite f_2' eines Photoobjektivs um den Faktor Γ der Fernrohrvergrößerung vergrößert oder verkleinert.

Das resultierende Öffnungsverhältnis $1:k$ der Kombination Fernrohr-Photoobjektiv berechnet sich zu

$$1:k_1 = \frac{D}{f_1'} = \frac{D}{f_2'\Gamma} = \frac{p}{f_2'} \tag{34.6}$$

d. h., die Öffnungszahl k_1 ist

$$k_1 = \frac{f_2'}{D}\,\Gamma = \frac{f_2'}{p}\,; \tag{34.7}$$

das gilt unter der selbstverständlichen Voraussetzung, daß p, der Durchmesser der Austrittspupille des Fernrohres, nicht größer ist als der Durchmesser der Eintrittspupille des Photoobjektivs; dann ist das Öffnungsverhältnis des Photoobjektivs ohne Einfluß auf das Öffnungsverhältnis der Kombination.

Von der Tatsache, daß man die Brennweite eines Photoobjektivs durch Vorsetzen eines Fernrohres verändern kann, wird häufig Gebrauch gemacht. Naheliegend ist die Kombination eines Feldstechers, eines Aussichtsfernrohres oder eines militärischen Beobachtungsfernrohres mit einer photographischen Kamera. Soll das gesamte subjektive Bildfeld des Fernrohres auf der photographischen Platte erscheinen, dann muß der vom photographischen Objektiv aufgenommene Bildwinkel dem augenseitigen Bildwinkel des Fernrohrokulares entsprechen. Ist der Bildwinkel w_2 des photographischen Objektivs kleiner als der augenseitige Bildwinkel des Fernrohres, dann wird das Fernrohrgesichtsfeld beschnitten. Ist der augenseitige Bildwinkel des Fernrohres hingegen kleiner als der Bildwinkel des photographischen Objektivs, dann wird das Plattenformat nicht ausgefüllt. Eine weitere, sehr wichtige Bedingung für die vignettefreie Abbildung des Fernrohrgesichtsfeldes besteht in der Forderung, daß die Austrittspupille des Fernrohres mit der Eintrittspupille des photographischen Objektivs zusammenfallen muß. Diese Forderung ist bei Verwendung gewöhnlicher, für den normalen visuellen Gebrauch eingerichteter Fernrohre am schwierigsten zu erfüllen. Die Eintrittspupille sämtlicher photographischen Objektive liegt weit hinter dem ersten Linsenscheitel, etwa in der Blendenebene. Ihr Abstand vom ersten Linsenscheitel liegt bei den meisten photographischen Objektiven zwischen $\dfrac{f'}{4}$ und $\dfrac{f'}{2}$. Bei Kleinbildkammern der Standardbrennweite $f'_2 = 50$ mm ist die Forderung nach Zusammenfallen der Pupillen nur bei sehr großem Abstand der Austrittspupille des Fernrohres vom letzten

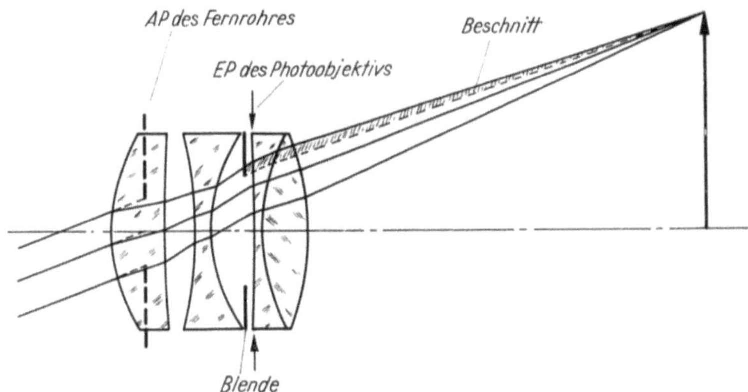

Abb. 287. Strahlengang bei der Kombination eines Fernrohres mit einem Photoobjektiv, wenn die Pupillen nicht zusammenfallen

Linsenscheitel (15—20 mm) zu erfüllen; das liegt noch im Rahmen des Möglichen, fordert aber bereits die Anwendung spezieller Okulare. Bei wesentlich größeren Kamerabrennweiten ist mit technisch vertretbarem Aufwand ein Zusammenfallen der Pupillen nicht mehr zu realisieren.

Fällt die Austrittspupille des Fernrohres nicht mehr mit der Eintrittspupille des photographischen Objektivs zusammen, dann ist, wie bereits

Abb. 288. Aufnahmen mit einem Normalfeldstecher 8 × 30 (Abstand der AP vom letzten Linsenscheitel 9 mm) und einem Tessar 2,8/45mm bei verschiedenen Blendenstellungen des Photoobjektivs. Oben Blende 2,8, Mitte Blende 8 unten Blende 22

erwähnt, die Abbildung des gesamten Fernrohrgesichtsfeldes auch dann nicht mehr gewährleistet, wenn der Bildwinkel des photographischen Objektivs dem augenseitigen Bildwinkel des Fernrohres entsprechen würde oder größer wäre. Die Beschneidung des Fernrohrgesichtsfeldes ist um so größer, je mehr die Lage der Austrittspupille des Fernrohres von der Eintrittspupille des photographischen Objektivs abweicht und je kleiner der Durchmesser der Eintrittspupille des Photoobjektivs ist. Kombiniert man einen handelsüblichen Feldstecher, bei dem der Abstand der Austrittspupille vom letzten Linsenscheitel etwa 9 mm beträgt, mit einem Kleinbildobjektiv mit der Standardbrennweite $f_2' = 50$ mm, das einen kameraseitigen Bildwinkel von $\pm\, 23{,}5°$ aufweist, dann kann unter günstigen Verhältnissen (z. B. bei Verwendung eines Photoobjektivs vom Triplet-Typ) die Vignettierung in den Bildecken in erträglichen Grenzen bleiben, wenn das Photoobjektiv ein wesentlich größeres Öffnungsverhältnis besitzt, als es mit Rücksicht auf das Fernrohr nach Gl. (34.7) notwendig wäre und wenn die Objektivblende ganz geöffnet wird. Abb. 287 zeigt den dabei sich ergebenden Strahlengang. Aus dieser

Darstellung geht aber auch hervor, daß die Vignettierung größer wird, wenn die Blende zugezogen wird. Eine solche Kombination kann also nur für das der Gl. (34.7) entsprechende Öffnungsverhältnis benutzt werden. Eine Verringerung dieses Öffnungsverhältnisses (z. B. zur Erzielung einer größeren Schärfentiefe) ist nicht möglich. Abb. 288 demonstriert das an einigen Aufnahmen. Bei größeren Brennweiten des Photoobjektivs und kleineren Anfangsöffnungen desselben werden die Verhältnisse noch ungünstiger. Zumindest für Kleinbildobjektive läßt sich dieser Nachteil durch die Verwendung von Feldstechern mit größerem

Abb. 289. Die Kleinbildkamera „Contaflex", mit dem Fernrohrvorsatz 8 × 30 B

Abstand der Austrittspupille vom letzten Linsenscheitel vermeiden. Der in § 20 (S. 197) beschriebene Feldstecher für Brillenträger ist als Fernrohrvorsatz für eine Kleinbildkamera aus den eben geschilderten Gründen wesentlich geeigneter als die gewöhnlichen Feldstecher. In der Ausführung als monokularer Feldstecher läßt er sich wegen seines geringen Gewichtes und seiner kleinen Abmessungen in das Filtergewinde des Photoobjektivs einschrauben. Abb. 289 zeigt eine Kleinbildkamera mit dem monokularen Brillenträgerfeldstecher 8 × 30 als Fernrohrvorsatz. Abb. 290 zeigt Aufnahmen mit dieser Anordnung, man sieht, daß eine Abblendung bis zur letzten Blendenstufe ohne Vignettierung in den Bildecken möglich ist. Abb. 291 zeigt eine Aufnahme ohne Fernrohrvorsatz unter sonst gleichen Bedingungen vom gleichen Standpunkt aus, sie soll dazu dienen, die Wirkung der Brennweitenverlängerung (von 50 mm auf 400 mm) zu illustrieren.

Die Photographie durch Fernrohre, z. B. durch Scherenfernrohre, Richtungsweisersehrohre und U-Boot-Periskope hat bisweilen Bedeutung für militärische Anwendungen. Die hier erörterten Verhältnisse gelten

Abb. 290. Aufnahme mit dem Brillenträgerfeldstecher (Fernrohrvorsatz) 8 × 30 B und Tessar 2,8/50 mm. (Abstand der *A P* des Fernrohrvorsatzes vom letzten Linsenscheitel des Okulars 17,5 mm). Oben Blendenstellung 2,8, Mitte Blendenstellung 8, unten Blendenstellung 22

bei diesen Anwendungen selbstverständlich auch. Man wird sich jedoch bei diesen Anwendungen häufig mit einem Bildbeschnitt abfinden müssen.

Es gibt noch eine andere Möglichkeit, photographische Aufnahmen mit einem Fernrohr zu machen. Wenn man nämlich das Okular nach positiven Dioptrienwerten verstellt, wird das Fernrohr zu einem System mit endlicher Brennweite und reeller Bildebene. Man kann dann hinter dem Okular eine photographische Platte anordnen. Die resultierende Brennweite erhält man aus folgender Überlegung: Das Fernrohr sei auf d' dpt fokussiert, dann vermittelt das Okular eine endliche Abbildung von der gemeinsamen Fernrohrbildebene zu der neuen Bildebene hinter dem Okular. Nach Gl. (2.23b) ist die Lateralvergrößerung des Okulars, wenn man der Einfachheit halber annimmt, daß die Dioptrien auf den hinteren Brennpunkt des Okulars bezogen sind:

$$\beta_{okl} = -\frac{1000}{d'\,[\mathrm{dpt}] \cdot f'_{okl}[\mathrm{mm}]} . \tag{34.8}$$

Die resultierende Brennweite f' ist nun gleich der Brennweite des Fernrohrobjektivs, multipliziert mit der Lateralvergrößerung nach (34.8), da $f' = -\dfrac{l_2'}{w} = -\dfrac{l_1' \cdot \beta_{ok\iota}}{w}$. (l_1' Bildhöhe in der gemeinsamen Fernrohrbildebene, l_2' Bildhöhe hinter dem Okular), man hat also:

$$f' = f'_{obj}\,\beta_{ok\iota} = -\frac{1000}{d'}\,\frac{f'_{obj}}{f'_{ok\iota}} \tag{34.9}$$

oder

$$\boxed{\,f' = \frac{1000}{d'}\,\Gamma\,} \tag{34.10}$$

Abb. 291. Aufnahme des gleichen Objektes wie in Abb. 288 und 290 mit Tessar 2,8/50 mm ohne Fernrohrvorsatz vom gleichen Standpunkt aus, von dem die Aufnahmen der Abb. 288 und 290 gewonnen wurden

Die photographische Platte befindet sich dabei im Abstand $\dfrac{1000}{d'}$ mm hinter dem hinteren Brennpunkt (etwa der Austrittspupille) des Okulars.

Die Gesamtanordnung wirkt so, als würde das Fernrohr vor ein photographisches Objektiv mit der Brennweite $\dfrac{1000}{d'}$ gesetzt. (Das auf positive Dioptrienwerte eingestellte Fernrohr liefert immer ein reelles Bild, unabhängig vom Vorzeichen der Fernrohrvergrößerung Γ in Gl. (34.10) . Ein negativer Wert von f' in Gl. (34.10), bedingt durch negatives Γ — z. B. beim astronomischen Fernrohr ohne Umkehrsystem —, besagt lediglich, daß das Bild aufrecht ist. Die Hauptebenen liegen dann hinter dem Bild.) Der ausnutzbare Bildwinkel ist bei sehr großen Defokussierungen meist etwas kleiner als der Bildwinkel des Fernrohres, da bei der Defokussierung die außeraxialen Bündel häufig beschnitten werden. Mit einem 8×30-Feldstecher lassen sich leicht Aufnahmen auf Format 300×300 mm (resultierende Aufnahmebrennweite

1720 mm) machen. Die Platte befindet sich dann 215 mm hinter dem Fernrohrokular.

Spezielle Vorsatzfernrohre, also nicht solche, die von vornherein für visuellen Gebrauch bestimmt sind, werden seit längerer Zeit in der Kleinbildphotographie und in der Schmalfilmkinematographie verwendet. Sie sollen dazu dienen, die Brennweite eines fest eingebauten Objektivs zu verändern. Diese Systeme sind vorwiegend Fernrohre Galileischer Bauart. Die Forderung, daß die Austrittspupille des Fernrohres mit der Eintrittspupille des Photoobjektivs zusammenfällt, muß hier natürlich exakt erfüllt sein. Durch diese Forderung kommt man zu Fernrohr-

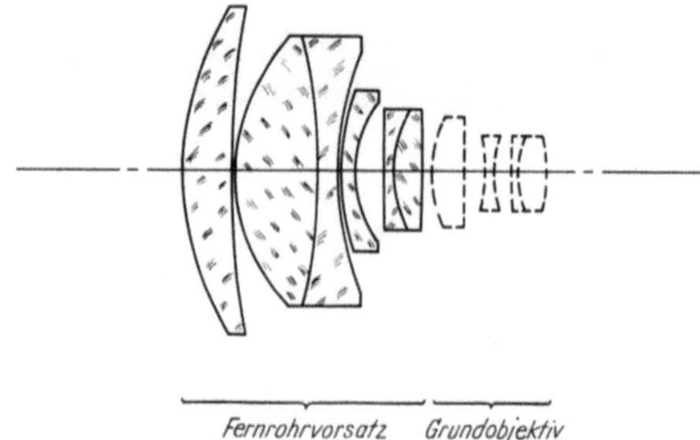

Abb. 292. Brennweitenverlängernder Fernrohrvorsatz für die Kleinbildphotographie
$\Gamma = 1{,}7$; $k = 5{,}6$; $w = \pm 14{,}8°$

formen, die sich in ihrem Aufbau von den Fernrohren für visuellen Gebrauch ziemlich unterscheiden. Die Forderung, daß die Austrittspupille einen beträchtlichen Abstand vom letzten Linsenscheitel des Fernrohres hat, hat zur Folge, daß die außeraxialen Bündel die Linsen in relativ großer Achsdistanz durchsetzen, was sich wiederum sehr nachteilig auf die außeraxialen Bildfehler (Astigmatismus, Koma, Verzeichnung, chromatische Vergrößerungsdifferenz) auswirkt. Daher sind der Anwendung beliebig hoher Fernrohrvergrößerungen Grenzen gesetzt, wenn die Bildgüte den heute für photographische Objektive üblichen hohen Ansprüchen genügen soll. In der Kleinbildphotographie hat man daher brennweitenverlängernde Vorsätze höchstens bis zu einem Verlängerungsfaktor Γ von 1,7 und brennweitenverkürzende Vorsätze bis herab zu $\Gamma = 0{,}8$. Das Öffnungsverhältnis ist auf etwa 1 : 5,6 beschränkt. Wegen der kürzeren Objektivbrennweiten und der kleineren Bildwinkel bieten sich günstigere Verhältnisse für die Anwendung der Fernrohrvorsätze in der Schmalfilmkinematographie. Für 8 mm Schmalfilm bei einer Brennweite des Grundobjektivs von 12 mm läßt sich für brennweitenverlängernde Vorsätze $\Gamma = 2$ und für brennweitenverkürzende

Vorsätze $\Gamma = 0,5$ bei einem resultierenden Öffnungsverhältnis von $1:1,9$ erreichen. Die Abb. 292—295 zeigen die Schnittzeichnungen einiger Fernrohrvorsätze der soeben beschriebenen Art.

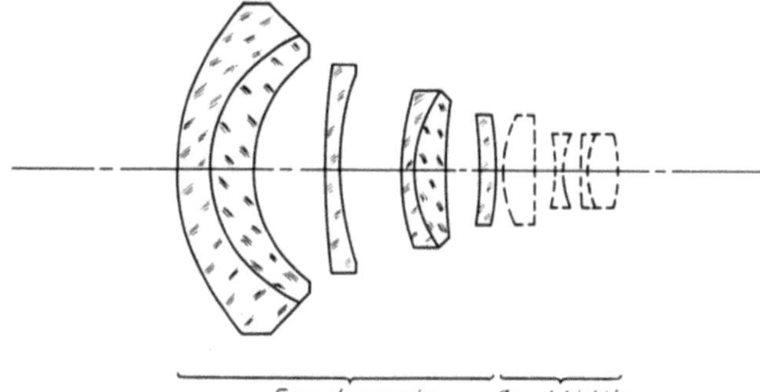

Abb. 293. Brennweitenverkürzender Fernrohrvorsatz für die Kleinbildphotographie
$\Gamma = 0,8;\; k = 5,6;\; w = \pm 31,7°$

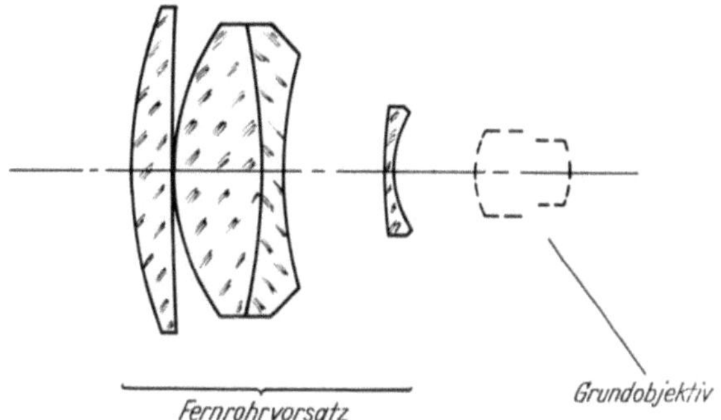

Abb. 294. Brennweitenverlängernder Fernrohrvorsatz für 8 mm-Schmalfilmobjektive,
$\Gamma = 2,0;\; k = 1,9;\; w = \pm 6,9°$

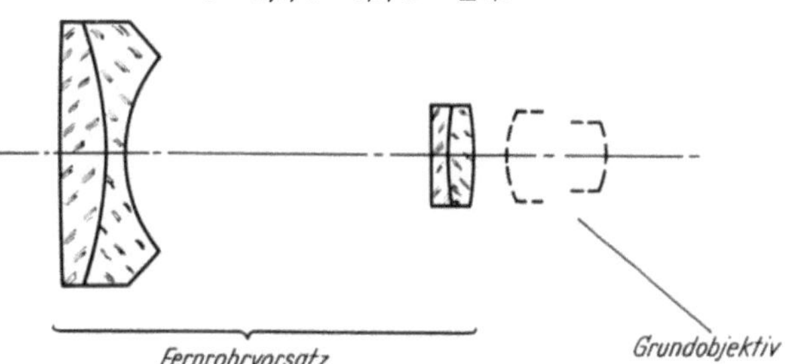

Abb. 295. Brennweitenverkürzender Fernrohrvorsatz für 8 mm-Schmalfilmobjektive,
$\Gamma = 0,5;\; k = 1,9;\; w = \pm 26,0°$

In den letzten Jahren hat eine andere Gattung von Vorsatzfernrohren für die Kinotechnik besondere Bedeutung erlangt. Es sind solche Fernrohre, die in zwei senkrecht zueinander stehenden Achsschnitten verschiedene Fernrohrvergrößerung besitzen. Am häufigsten hat man die Anordnung, daß nur in einem Schnitt eine von 1 verschiedene Fernrohrvergrößerung vorhanden ist und daß das System im anderen Schnitt wie eine Planplatte wirkt. Nach dem oben Gesagten wird also nur in einem Schnitt die Brennweite um den Faktor der Fernrohrvergrößerung verändert. Ein solcher Vorsatz vor einem Aufnahmeobjektiv bewirkt, daß das Bild in einer Richtung verzerrt, aber scharf erscheint. Wird der Film mit einem Projektionsobjektiv und einem Vorsatz mit gleichen Eigenschaften projiziert, dann erscheint ein entzerrtes Projektionsbild, das jedoch in einer Dimension die Γ-fache Ausdehnung besitzt. Der Vorteil dieses Verfahrens besteht darin, daß man auf dem bisher üblichen Filmformat ein Bild unterbringen kann, dessen eine Dimension um dem Faktor der Fernrohrvergrößerung vergrößert ist. Man nennt eine scharfe Abbildung mit verschiedenen Abbildungsmaßstäben in zwei zueinander senkrechten Schnitten *anamorphotisch*. Fernrohrvorsätze der eben beschriebenen Art vermitteln eine solche anamorphotische Abbildung und werden daher anamorphotische Fernrohrvorsätze oder kurz Anamorphote genannt.

Für die anamorphotische Anwendung gelten teilweise besondere Gesetzmäßigkeiten, die nicht durch die Gesetze der Gaußschen Dioptrik nach § 2 und § 3 dargestellt werden können[1]: Von diesen besonderen Gesetzen sei nur soviel erwähnt, daß ein anamorphotisches System eine scharfe anamorphotische Abbildung grundsätzlich nur für zwei Objekt- und Bildabstände vermitteln kann. Für die Breitwandkinematographie hat das zur Folge, daß man bei Fokussierung auf verschiedene Objektentfernungen nicht mit einer Fokussierung des Grundobjektivs auskommt, da das auf Unendlich eingestellte anamorphotische Fernrohr Objekte im Endlichen nicht mehr scharf abbildet. Man muß dann den anamorphotischen Fernrohrvorsatz nachstellen oder vor dem Vorsatz als Fokussiereinrichtung eine rotationssymmetrische Sammellinse und Zerstreuungslinse mit variablem Abstand setzen, und zwar so, daß bei Abstand 0 zwischen diesen beiden Linsen die Brechkraft O resultiert und bei einer Vergrößerung des Abstandes ein Objekt in endlicher Entfernung nach Unendlich abgebildet wird.

Die am häufigsten verwendete Form anamorphotischer Fernrohrvorsätze besteht aus einer Folge von Zylinderlinsen mit parallelen Achsen. In dem Schnitt, in dem die Fernrohrvergrößerung einen von 1 verschiedenen Wert besitzen soll, hat der Vorsatz die Form eines Galileischen Fernrohres. Da bezüglich der Austrittspupille die gleichen Verhältnisse gelten wie im Anfang dieses Paragraphen beschrieben, gelten

---

[1]) Vergleiche z. B.: H. Köhler: Anamorphotische Optik. — Die Grundlagen für Cinemascope, Kinotechnik **1954**, 69—71; H. Köhler: Die Abbildungstheorie anamorphotischer Systeme. Optik **13**, 145—157 (1956).

für die Anordnung der Zylinderlinsenfernrohre ganz ähnliche Gesichtspunkte wie für die regulären Photovorsätze. Abb. 296 zeigt einen anamorphotischen Vorsatz für Breitwandprojektionszwecke. Außer diesen Fernrohren aus Zylinderlinsen mit parallelen Achsen werden auch Prismensätze nach AMICI (bzw. BREWSTER) verwendet, die im Prinzip in Abb. 56
dargestellt waren. Für technische Anwendungen müssen die einzelnen
Teilprismen aus mehreren Teilen verkittet hergestellt werden, um chromatische Längsabweichung und chromatische Vergrößerungsdifferenz zu
vermeiden. Prismenanamorphote haben den Vorteil, die Vergrößerung

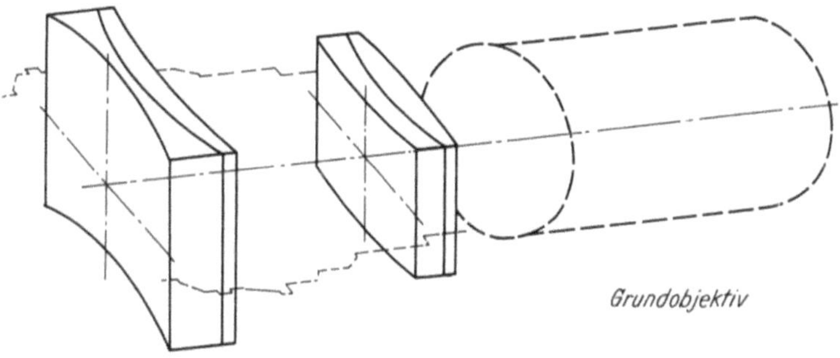

Abb. 296. Anamorphotischer Vorsatz für die Breitwandkinematographie (schematisch), $\Gamma = 0{,}5$

in gewissen Grenzen ändern zu können, der Korrektion der Bildfehler
sind jedoch bei größeren Bildwinkeln und größeren Öffnungsverhältnissen Grenzen gesetzt. Der Vollständigkeit halber sei darauf hingewiesen,
daß man anamorphotische Fernrohrvorsätze auch unter Verwendung von
Zylinderspiegeln anstelle von Zylinderlinsen herstellen kann.

§ 35. Die Fassungen der optischen Elemente

Die nächstliegende Methode, optische Elemente zu fassen, besteht
darin, sie in eine zylindrisch ausgedrehte Metallfassung einzulegen. Von
der Gegenseite können sie dann entweder durch einen Vorschraubring
bzw. einen Sprengring gehalten werden oder aber von dem Metallzylinder
wird auf der Drehbank ein Gratrand umgelegt. Abb. 297 zeigt schematisch
diese Fassungsarten. Die Genauigkeit der Passung zwischen optischem
Element (Linse oder Spiegel) und dem Fassungszylinder hängt von der
Empfindlichkeit des optischen Elementes gegenüber Zentrierfehlern ab.
Okularlinsen vertragen in der Regel einen Radialschlag von rund 0,1 mm,
gewöhnliche verkittete Achromate etwa 0,05 mm, während anspruchs-
vollere Optikteile Zentriergenauigkeiten von 0,01 mm erfordern. Bis zu
Objektivdurchmessern von etwa 60 mm reichen die soeben schematisch

angedeuteten Fassungsarten aus. Bei größeren Durchmessern der optischen Elemente und bei den hohen Anforderungen, die speziell bei astronomischen Fernrohren an die Abbildungsgüte gestellt werden, müssen andere Fassungsmethoden angewendet werden.

Die heute noch für größere Objektive angewendete Fassungsmethode geht bereits auf FRAUNHOFER zurück. Zwischen die beiden Linsen bringt man am Rande drei dünne Stanniolblättchen von genau gleicher Dicke und faßt sie mit einem federnden Ring (nach Abb. 298), dessen drei Federn an

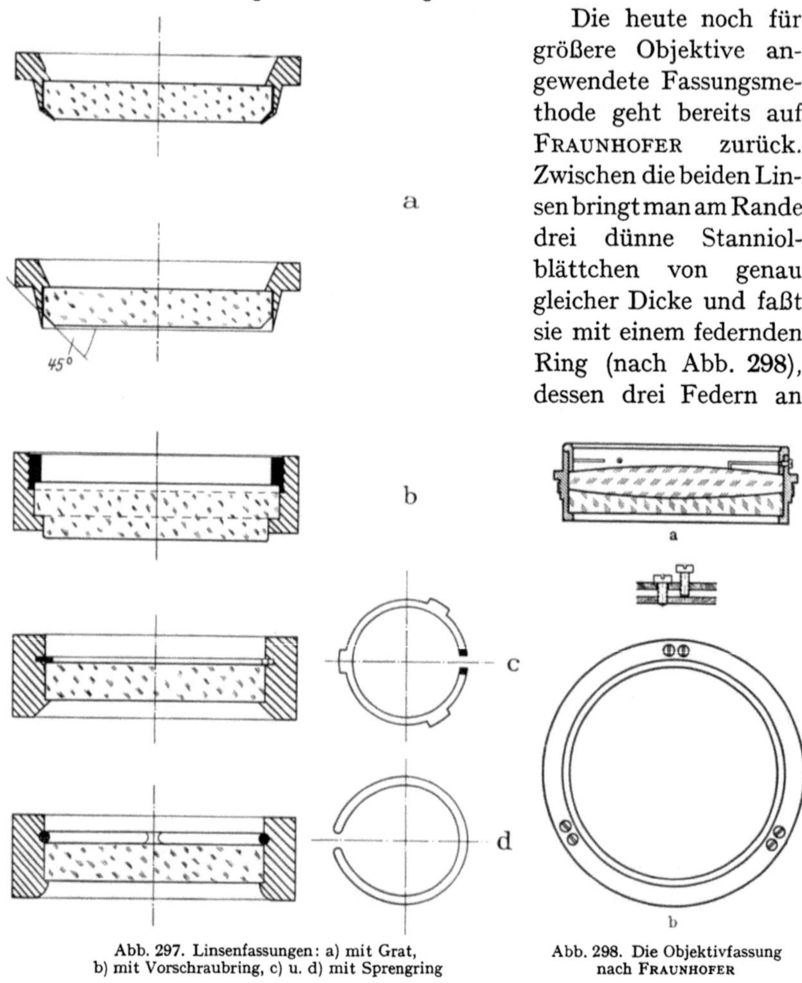

Abb. 297. Linsenfassungen: a) mit Grat, b) mit Vorschraubring, c) u. d) mit Sprengring

Abb. 298. Die Objektivfassung nach FRAUNHOFER

den Stellen der Plättchen drücken. Um Spannungen durch Änderung der Temperatur und damit des Objektivdurchmessers zu vermeiden, verwendet man für etwas größere Objektive Fassungen aus Stahl oder Gußeisen. Bei den größten Objektiven ließ FRAUNHOFER den Innendurchmesser der Fassung etwas weiter ausdrehen außer an drei um 120° voneinander entfernten Stellen. „An zwei der Stellen, wo das Objektiv die Auflage berührt, sind an der Peripherie Stanniolstreifen zugelegt; an der dritten Stelle aber ist die Objektivfassung durchbrochen, d. h. hier hat sie ein viereckiges Loch. In dieses Loch ist, ohne Zwang, ein Stück Messing gepaßt, welches die Form hat, welche der aus der Fassung geschnittene Teil hatte. Dieser in die viereckige Öffnung leicht passende Teil wird durch zwei an der äußeren Peripherie der Objektivfassung befindliche Stahlfedern gegen den Rand des Objektives gedrückt, so daß auch in diesem Sinne das Objektiv immer mit gleicher Spannung in seiner Fassung ist, es mag diese sich ausdehnen oder zusammenziehen.

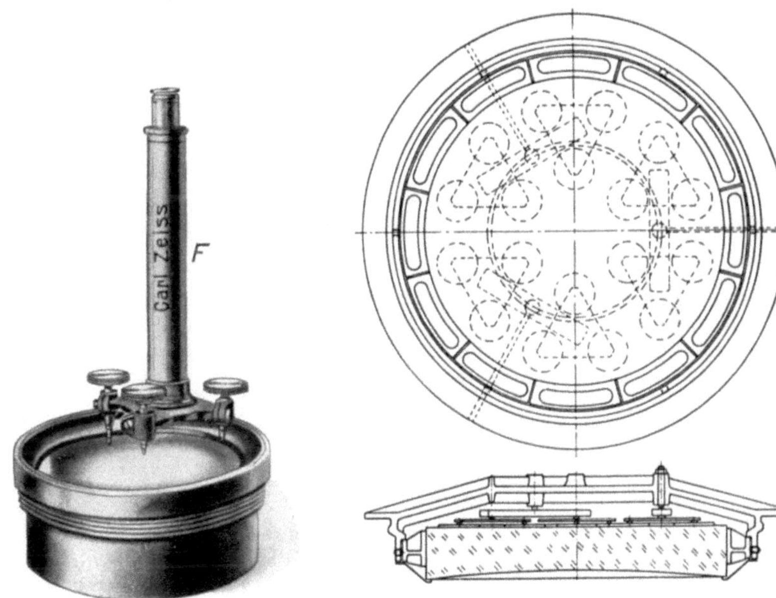

Abb. 299. Ein Zentrierfernrohr Abb. 300. Die Lagerung eines Fernrohrhohlspiegels

Die Stahlfedern, deren jede mit zwei Schrauben an die Objektivfassung festgeschraubt ist, haben noch eine dritte Schraube, durch deren Anziehen oder Zurückschrauben die Feder weniger oder mehr drückt." Die Achse des Objektives muß die Okularmitte treffen; größere Objektive werden zu dem Zweck mit Hilfe eines Zentrierfernrohres F mit drei Füßen nach FRAUNHOFER gerichtet (Abb. 299). Man setzt es nacheinander an zwei gegenüberliegenden Stellen mit Anlage der Füße am Fassungsrand auf und prüft, ob es in der zweiten Stellung die in der ersten auf die Okularmitte gerichtete beibehält. Erzeugt man in der Mitte der Okularbildebene einen leuchtenden Ring, so kann man auch prüfen, indem man mitten hindurch nach dem Objektiv sieht und darauf achtet, ob die von den Flächen des Objektives gelieferten Spiegelbilder hintereinander liegen. Das Objektiv wird mit Zug- und Druckschrauben der Fassung nach Abb. 298b in die richtige Lage gebracht.

Der Spiegel ist gegen Verbiegung durch den Einfluß der Schwere und ungleicher Erwärmung viel empfindlicher als das Linsenobjektiv. Kleinere Spiegel lagert man auf einer ringförmigen Tuchplatte. Größere Spiegel werden auf einer Mehrzahl regelmäßig verteilter kleiner Flächen gelagert. Bei der einen Art von ROSSE nach Abb. 300 geht man von drei Stützpunkten aus, die gleichmäßig im Schwerpunktkreis verteilt sind. Auf jedem der drei Stützpunkte ruht ein in der Mitte auf einer Kugel kippbarer doppelarmiger Hebel; an jedem Ende trägt jeder dieser Hebel eine dreieckige Tragplatte, die wieder in der Mitte auf einer Kugel kippbar ruht; ebenso trägt jede Ecke des Dreieckes je auf einer Kugel kippbar eine runde Platte, so daß der Spiegel von 18 runden Platten getragen wird. Da alle Hebelarme unter sich und die Radien der dreieckigen Tragplatten unter sich gleich sind, müssen auch die Auflagedrucke aller 18 Platten gleich sein. Bei etwas kleineren Spiegeln kommt man auch mit weniger Platten aus. Bei der anderen Art der Lagerung von LASSELL wird der Spiegel von Hebeln getragen, deren Druck durch Gewichte geregelt werden kann.

Der schädliche Einfluß der Wärme auf den Spiegel rührt hauptsächlich daher, daß bei der Abkühlung im Laufe der Nacht die Luftströme auf der Vorderseite sich freier entfalten können und daher diese Seite kälter als die Rückseite wird. Für den Wärmeausgleich innerhalb des Spiegels ist der Wert von $\eta = \alpha\,\delta\,c : k$ maßgebend, wo α der Ausdehnungskoeffizient, δ die Dichte, c die spezifische Wärme und k die Wärmeleitfähigkeit ist. Dieser Größe ist auch die Formänderung nach einer bestimmten Zeit proportional. Der Wert von $\eta\,10^5$ ist für Spiegelglas 197, für Pyrexglas 25, für geschmolzenen Quarz 0,93, für Spiegelmetall 6,3. Die beiden Fangspiegel des Reflektors von Greenwich sind aus geschmolzenem, undurchsichtigem Quarz, dem dünnere Platten aus durchsichtigem aufgeschmolzen sind. Der 2,08 m große Hauptspiegel des Reflektors für die MacDonald-Sternwarte in Texas, der 1,88 m große für die Dunlap-Sternwarte in Toronto und ebenso der 5 m-Spiegel auf dem Mount Palomar sind aus Pyrexglas. Zur Vermeidung von Refraktionsstörungen im Rohre wendet man als Rohr ein offenes Gittergerüst an. COUDER verkleidet dies mit dünnen Holzwänden.

III. Die Prüfung der Fernrohre

§ 36. Die Messungen von Vergrößerung, Pupille und Sehfeld

Will man ohne weitere Hilfsmittel die Vergrößerung ungefähr messen, so blickt man mit dem einen Auge, etwa dem rechten, durch das Fernrohr, mit dem linken daran vorbei nach einem entfernten Gegenstand mit natürlicher Teilung (Zaun, Mauerwerk) und vergleicht, wie viele Teile im linken Auge auf ein Teil im rechten Auge fallen. Man messe, wenn angängig, in senkrechter Richtung, auch kann es bequemer sein, das Fernrohr umgekehrt, verkleinernd, zu benutzen. Für die Messung der Austrittspupille und der Vergrößerung gab RAMSDEN sein Dynameter

(Abb. 301) an. Mit der Lupe C stellt man auf die $^1/_{10}$ mm-Teilung S ein; dann setzt man das Dynameter mit dem Ring R auf das Okular des zu messenden Fernrohres und verschiebt das Rohr B mit Lupe und Skala, bis der Rand der Austrittspupille scharf erscheint. Die Blende D dient zur Herbeiführung des telezentrischen Strahlenganges (S. 39); man mißt so den Durchmesser der Austrittspupille mit größerer Sicherheit. Die Vergrößerung ist nach S. 30 gleich dem Verhältnis des Durchmessers der Eintrittspupille zu dem der Austrittspupille. Man hat also nur noch die Eintrittspupille zu messen. Da man nicht sicher ist, ob das Objektiv diese ist, da ja die von ihm aufgenommenen achsenparallelen Strahlen im Inneren des Fernrohres abgeblendet sein können, bringt man vor das Objektiv eine Blende von bekannter Größe, deren Bild mit dem Dynameter als kleiner wie die Austrittspupille erkannt ist und mit diesem ausgemessen

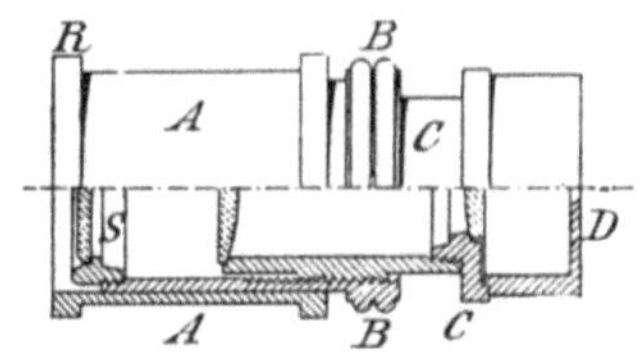

Abb. 301. Das „Dynameter" von RAMSDEN

wird; man kann z. B. eine Schublehre vor dem Objektiv benutzen, die man passend einstellt, oder auch beobachten, wieviel mal ein Glasmaßstab vor dem Objektiv verkleinert abgebildet wird.

Das dingseitige Gesichtsfeld mißt man, indem man beobachtet, wieviel man von einer entfernten geteilten Latte übersehen kann, die senkrecht zur Achse des Fernrohres steht. Mißt man dann noch den Abstand der Latte vom Objektiv, so kann man das Gesichtsfeld im Winkelmaß berechnen. Bei schwachen Vergrößerungen und bei beschränktem Platz für die Lattenaufstellung bringt man vor dem Objektiv eine Kollimatorlinse mit einer Brennweite von 5—10 m an, in deren Brennpunkt die Latte zu stehen kommt. Man kann natürlich auch für die Messung des objektiven Sehfeldes einen Sehfeldkollimator benutzen, dessen Brennweite wesentlich geringer ist, z. B. etwa 500 mm beträgt. Dann ist allerdings erforderlich, daß das Kollimatorobjektiv außerordentlich sorgfältig auskorrigiert ist, und zwar nicht nur für die Bildmitte, sondern auch für den Bildrand. Ferner ist eine möglichst geringe Verzeichnung wünschenswert. Kann sie nicht erreicht werden, dann muß sie bekannt sein, um die gemessene Sehfeldgröße auf die wahre Sehfeldgröße reduzieren zu können. Bedenkt man, daß objektive Sehfelder von $\pm 20°$ bei Fernrohren vorkommen, so sieht man, daß die Herstellung brauchbarer Gesichtsfeldkollimatoren keine ganz einfache Aufgabe ist.

Die Messung des subjektiven, augenseitigen Sehfeldes kann in der gleichen Weise erfolgen. Man bringt dann das Fernrohr in umgekehrter Richtung in den Strahlengang. Bei den heute üblichen großen subjektiven Sehfeldern wird die Messung mit der Meßlatte recht unbequem, während die Herstellung von Gesichtsfeldkollimatoren mit so großem Bildwinkel auch recht schwierig ist. Am sichersten ist die Bestimmung des subjektiven Sehfeldes mit Hilfe eines Fernrohres, das um die Austrittspupille herumgeschwenkt werden kann und dessen Schwenkwinkel an einem Teilkreis abgelesen werden kann. Eine solche Einrichtung ist z. B. bei dem unten beschriebenen Prüfgerät von H. KÖHLER vorgesehen.

Da beim Galileischen Fernrohr das Gesichtsfeld nicht durch eine substantielle Blende bestimmt ist, ist es nicht eindeutig definiert. Nach den Ausführungen des § 4 [vgl. u. a. Gl. (4.1)], hängt das übersehene Gesichtsfeld bei gegebenem Objektivdurchmesser und gegebener Fernrohrvergrößerung von der Größe und der Lage der Augenpupille ab. Um den wirklichen Verhältnissen gerecht zu werden, muß man bei der Messung des Gesichtsfeldes hinter dem Okular in einem bestimmten Abstand eine Lochblende anbringen. Das durch diese Lochblende in „Schlüssellochbeobachtung" übersehene Gesichtsfeld entspricht dem, das vom Auge übersehen wird, wenn sich die Augenpupille an der Stelle der Lochblende befände und die gleiche Größe wie diese haben würde. Die Angabe der Gesichtsfeldgröße eines Galileifernrohres ist also nur sinnvoll bei gleichzeitiger Angabe von Größe und Lage der Lochblende, mit der das Gesichtsfeld bestimmt wurde. Es ist allgemein üblich, solche Lochblenden mit einem Durchmesser von 6 mm in einem Abstand von mindestens 6 mm vom letzten Linsenscheitel anzuwenden.

§ 37. Die Prüfapparate für Doppelfernrohre

Bei den in großen Stückzahlen hergestellten und in Gebrauch befindlichen Doppelfernrohren besteht das Bedürfnis, die in § 36 beschriebenen Messungen von Vergrößerung, Pupille und Sehfeld und gleichzeitig

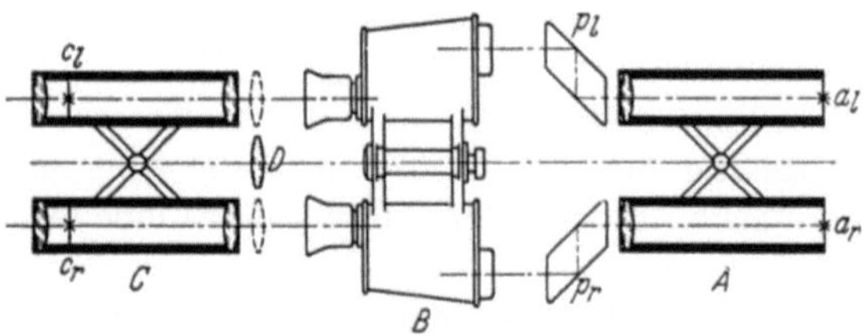

Abb. 302. Der Königsche Apparat zur Prüfung von Doppelfernrohren

die Einhaltung der binokularen Justierung (vgl. § 30) prüfen zu können. Dazu dienen besondere Prüfapparate; sie gehen in der Mehrzahl auf eine von A. KÖNIG angegebene Konstruktion zurück, die schematisch in Abb. 302 wiedergegeben ist und wegen ihrer grundsätzlichen Bedeutung näher beschrieben werden soll: Als Ersatz des Fernzieles dient ein Doppelkollimator *A*, dessen beide Rohre und Visierlinien in starrer

Verbindung und parallel sind, und dessen Objektiven zwei entgegengesetzt drehbare rhombische Prismen p_1, p_r vorgelagert sind, um ihn an den Objektivabstand des zu untersuchenden Fernrohres B anpassen zu können. Auf der entgegengesetzten Bildseite von B wird ein Doppelrichtfernrohr C mit schwacher Vergrößerung aufgestellt, dessen Rohre und Visierlinien ebenfalls in starrer Verbindung und parallel sind und dessen Objektive genügend groß sind, daß auch bei Einstellung von B für verschiedene Augenabstände die aus B austretenden Achsenstrahlen noch von C aufgenommen werden. In den Brennebenen a_l, a_r sind außer den Fadenkreuzen waagerechte Teilungen für Winkelmessungen vorgesehen, die nach den Winkeln abgestuft und beziffert sind, unter denen die von den betreffenden Strichen ausgehenden Strahlen nach dem Austritt aus dem zugehörigen Objektiv gegen die Visierachse von A geneigt sind. Es sei noch bemerkt, daß statt des Doppelkollimators auch eine genügend entfernte Tafel mit entsprechenden Teilungen verwandt werden kann. In den Brennebenen c_l und c_r sind ebenfalls solche Winkelteilungen vorgesehen. Sind die beiden optischen Achsen von B einander parallel, so müssen die beiden parallelen Visierlinien von A nach dem Durchgang durch B noch parallel sein. Steht also das Fadenkreuz in c_r auf dem Bild des Kreuzes in a_r ein, so muß auch das Kreuz in c_l auf dem Bild des Kreuzes in a_l einstehen. Nun braucht die Parallelität nicht streng erreicht zu sein; die Augen können sich ohne Zwang auf mäßig abweichende Blickrichtungen einstellen, namentlich nach innen entsprechend der Einstellung für die Nähe dürfen die Augenachsen um größere Winkel verschwenkt sein. Man bringt daher in c_l ein Grenzrechteck an, innerhalb dessen das Bild des Kreuzes einstehen muß. Bei Prismenfernrohren kann durch Fehler der Prismen oder ihrer Lagerung das Bild in einer achsensenkrechten Ebene verdreht sein; man erkennt dies daran, ob die Fadenkreuzbilder in a mit den Fadenkreuzen in c gleichgerichtet sind. Namentlich kommt es darauf an, daß kein Unterschied in den Verdrehungen für die rechte und linke Seite vorhanden ist (§ 20).

Den Unterschied in den Vergrößerungen erhält man aus den Messungen der Vergrößerungen für den rechten und linken Teil von B. Ist C unmittelbar auf A gerichtet, so stimmen die Bilder der Winkelteilungen in a_l und a_r nach der Größe mit den Winkelteilungen in c_l und c_r überein, $1°$ entspricht wieder $1°$; ist aber ein Doppelfernrohr B mit 5facher Vergrößerung zwischengeschaltet, so sind die Bilder der Winkelteilungen 5mal vergrößert; $1°$ in a_l und a_r entspricht $5°$ in c_l und c_r. Auch das Verhältnis von Eintritts- und Austrittspupille gibt die Vergrößerung. Die Austrittspupille mißt man ohnehin, da sie die Helligkeit bestimmt. Zu dem Zweck schaltet man vor das betreffende Objektiv von C eine Lupe D und schiebt C so weit zurück, daß ein scharfes Bild der Austrittspupille in c_l bzw. c_r entsteht. Bei einer Brennweite von D von 57,3 mm kann nun die Winkelteilung von c_l bzw. c_r ohne weiteres als Millimeter-Teilung zum Messen des Durchmessers der Austrittspupille dienen. Diese Einrichtung ist auch für holländische Fernrohre brauchbar, während das Dynameter von RAMSDEN nur bei Fernrohren mit zugänglicher Austrittspupille brauchbar ist. Wenn man nicht sicher ist, daß die Objektivfassung von B als Eintrittspupille wirkt, indem Blenden dahinter den Achsenstrahlenquerschnitt verringern, setzt man eine kleinere Blende vor B und stellt fest, wievielmal diese größer ist als ihr von B entworfenes Bild. Die nach den beiden Verfahren ermittelten Vergrößerungen werden zuweilen nicht übereinstimmen. Es kann nämlich beim ersten Verfahren die Vergrößerung von der Größe des benutzten Stückes der Kollimatorteilung abhängig sein, bei der zweiten von der Größe der vorgesetzten Blende. Es müssen aber die Grenzwerte für den achsennahen Raum für beide Verfahren übereinstimmen.

Wenn A „Gesichtsfeldkollimatoren" sind (S. 301), ihre Objektive und die rhombischen Prismen hinreichend groß sind, läßt sich das objektseitige Sehfeld messen. Man schiebt C beiseite und beobachtet unter Hineinschauen in B, welches

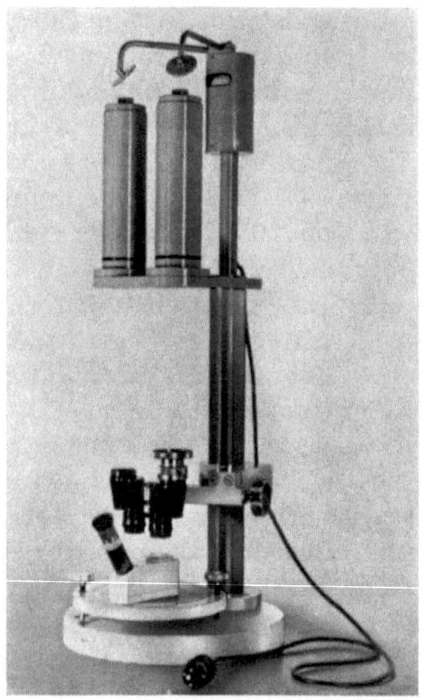

Abb. 303. Ein neueres Werkstattprüfgerät für Doppelfernrohre

Stück der Winkelteilung in a_l bzw. a_r durch die Gesichtsfeldblende von B ausgeschnitten wird. Galileische Fernrohre sind mit Lochblende (S. 302) zu messen.

Bei den Messungen aller dieser Bestimmungsgrößen ist darauf zu achten, daß die Okulare von B für den Austritt von Parallelbündeln eingestellt sind; man bewirkt dies unabhängig von dem Augenzustande des Beobachters, wenn man die Okulare von B so einstellt, daß die Fadenkreuze in a_1 bzw. a_r ohne Parallaxe auf die Kreuze in c_1 bzw. c_r abgebildet werden. Damit wird zugleich der Nullpunkt der Dioptrienteilung dieser Okulare geprüft. Um diese Teilung selbst zu prüfen, schaltet man entweder Brillengläser bekannter Stärke hinter die Okulare oder man richtet die Fernrohre von C für die Einstellung auf verschiedene Dingentfernungen mit zugehöriger Anzeige der Dioptrien ein.

Die binokularen Fernrohrprüfapparate sind für den Werkstattgebrauch nicht sehr bequem, wenn gleichzeitig mit der Prüfarbeit auch Justierarbeiten durchgeführt werden sollen. Es ist dann zweckmäßig, die Kollimatoren senkrecht zu montieren, so daß das Licht von oben in die Objektive fällt. Der Prüfling befindet sich dann auch senkrecht unter den Prüfkollimatoren. Für die Prüfung der binokularen Justierung wird dann kein Doppelfernrohr verwendet, sondern ein monokulares Fernrohr, dessen Ausblick etwa 45° zur optischen Achse mit Hilfe eines reflektierenden Prismas geneigt ist. Das Fernrohr ist auf einen Metallkörper mit einer feinstbearbeiteten unteren Auflagenfläche montiert. Es läßt sich an einer ebenfalls feinstbearbeiteten Metallplatte verschieben, die senkrecht zur Richtung der Kollimatoren, also horizontal angeordnet ist. Vor der Prüfung wird die Gleitplatte mit Hilfe des Vorsatzfernrohres senkrecht zu den Kollimatoren mit Einstellschrauben justiert. Auch die beiden Kollimatoren können auf diese Weise parallel gerichtet werden. Abb. 303 zeigt dieses Werkstattprüfgerät für Doppelfernrohre.

§ 38. Die Messung der Brennweite von Objektiv und Okular sowie des Abbildungsmaßstabes der Umkehrsysteme

Den Benutzer eines Fernrohres interessieren zwar in erster Linie die Abbildungsgrößen des gesamten Instrumentes, deren Messung in den §§ 36 und 37 beschrieben wurde; trotzdem ist es in vielen Fällen auch für den Benutzer wünschenswert, die charakteristischen Abbildungsgrößen der Teilglieder eines Fernrohres zu kennen. Darunter soll bei den Objektiven und Okularen die Brennweite und bei den Umkehrsystemen der laterale Abbildungsmaßstab verstanden werden. Besonders wichtig ist die Kenntnis dieser Größen bei Fernrohren für astronomische Anwendungen, da diese meist nicht mit fest eingebautem Okular hergestellt werden. Die Wahl des Okulars bleibt hier vielmehr dem Benutzer überlassen. Es besteht daher hier ein echtes Bedürfnis, Brennweite von Objektiv und Okular messen zu können.

Wir beginnen mit der Behandlung der Verfahren zur Messung von Schnittweiten. Bei Objektiven und Okularen ist damit der Abstand des Brennpunktortes von dem ihm zugewandten Linsenscheitel gemeint, bei Umkehrsystemen der Abstand des Bildortes von dem zugewandten Linsenscheitel. Die Messung erfolgt in der Regel auf einer optischen Bank. Vorgenommen wird die Messung mit einem auf der optischen Bank verschiebbaren Mikroskop. Als Objekt dient bei Objektiven und Okularen eine in der Brennebene eines Kollimators angebrachte und somit ins Unendliche abgebildete Strichplatte. Bei Umkehrsystemen wird eine Strichplatte in der Objektebene des Umkehrsystems angebracht. Abb. 304 und 305 zeigen solche Anordnungen. Mit dem Meßmikroskop wird einmal auf das vom Objektiv oder Umkehrsystem entworfene Bild scharf eingestellt. Die Einstellung einer mit dem Mikroskop fest verbundenen Marke in bezug auf einen mit der optischen Bank verbundenen Maßstab wird abgelesen. Sodann wird das Mikroskop verschoben, und es wird auf die letzte Linsenfläche scharf eingestellt. Die Einstellung auf die Linsenfläche wird erleichtert, wenn diese mit Lycopodium, Graphitstaub oder ähnlichem bestreut wird. Die am Maßstab abgelesene Verschiebung des Meßmikroskops ist die gesuchte Schnittweite. Da es sich bei Fernrohrobjektiven in der Regel um sphärisch korrigierte Systeme handelt und die sphärische Abweichung

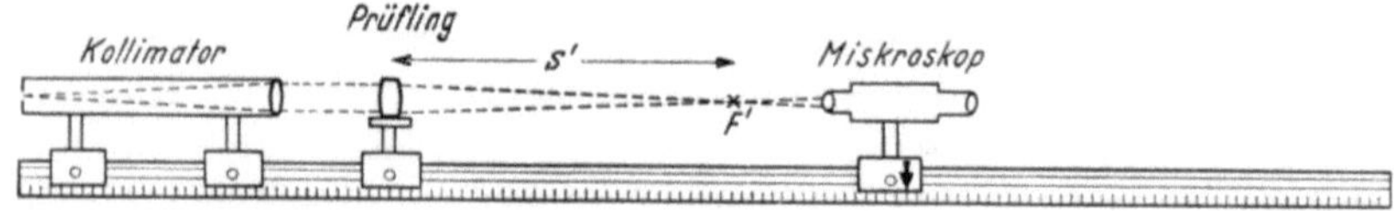

Abb. 304. Optische Bank mit Einrichtung zur Messung von Schnittweiten an Objektiven und Okularen

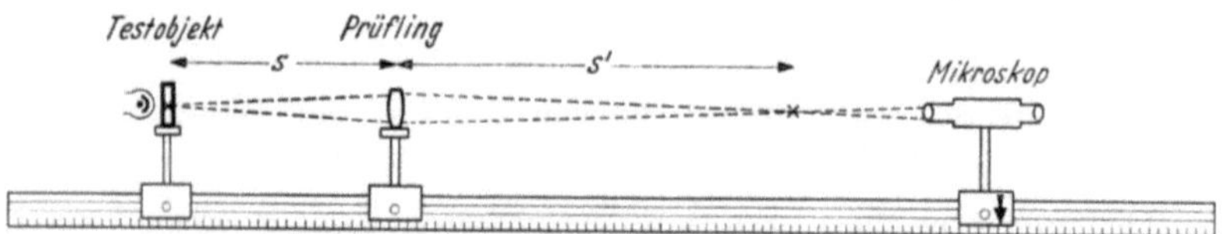

Abb. 305. Optische Bank mit Einrichtung zur Messung von Schnittweite an Umkehrsystemen

der Okulare meist auch hinreichend klein ist, ist im allgemeinen in diesen praktisch interessierenden Fällen die Schnittweite von der Objektivapertur unabhängig. Man wählt dann zweckmäßigerweise die Apertur des Meßmikroskops mindestens so groß wie die Apertur des zu messenden Systemes. Sind die Meßobjekte sphärisch nicht auskorrigiert, dann ist die Schnittweite eine Funktion der Einfallshöhe bzw. des bildseitigen Aperturwinkels. Man mißt dann entweder den effektiven Bildort bei voller Öffnung oder aber man mißt die Bildörter für einzelne Zonen, die man durch Ringblenden am Objektiv bzw. Okular ausblendet. Anstelle der optischen Bank kann auch eine in der industriellen Feinmeßtechnik übliche Längenmeßmaschine verwendet werden. Bei sehr langen Schnittweiten steht nur selten eine entsprechend große optische Bank zur Verfügung. Die Messung muß dann mit entsprechenden Laboraufbauten erfolgen. Man wird dann auch auf die Verschiebung des Meßmikroskops verzichten müssen. Anstelle dessen wird man den Abstand eines mit dem gemessenen Bildpunkt gleichzeitig scharf gesehenen zweiten Testobjektes vom Linsenscheitel mit einem Maßband messen. Bei großen Objektivschnittweiten ist häufig die Messung nach der Autokollimationsmethode angebracht: Hinter dem Objektiv, auf der nach unendlich zugewandten Seite, befindet sich ein Planspiegel. Das

Testobjekt liegt in der Objektebene des Meßmikroskops und ist mit diesem fest verbunden. Es soll möglichst dicht an der optischen Achse des Meßmikroskops angebracht sein. Es ist zweckmäßigerweise eine von hinten beleuchtete Lochblende oder ein von hinten beleuchtetes Strichkreuz. Testobjekt und Meßmikroskop werden verschoben, bis im Mikroskop das Testbild scharf erscheint. Sodann wird der Abstand des Testobjektes vom Objektiv mit einem Meßband gemessen. Dieses Verfahren läßt sich auch auf der optischen Bank sinngemäß anwenden. Für die Messung von virtuellen Brennpunkt- bzw. Bildörtern (z. B. bei der Messung des negativen Okulars galileischer Fernrohre) benötigt man ein Mikroskopobjektiv, dessen vordere Schnittweite größer ist als die

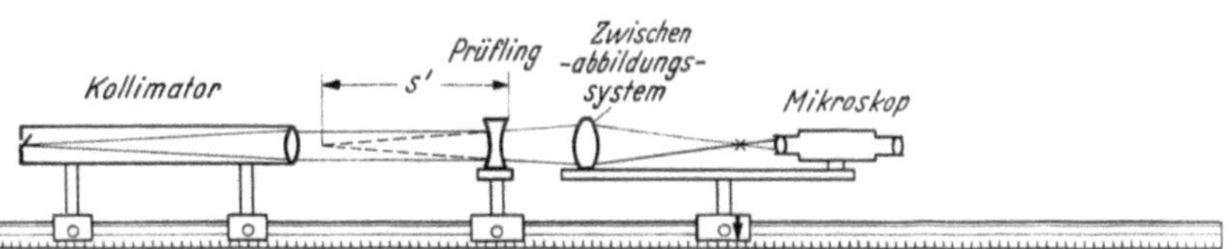

Abb. 306. Anordnung zur Messung negativer Schnittweiten

zu messende virtuelle Schnittweite des Prüflings. Man erreicht das z. B., indem man ein Umkehrsystem (z. B. zwei gegeneinander gesetzte Fernrohrobjekte) vor das Mikroskop setzt (vgl. Abb. 306).

Ausdrücklich sei darauf hingewiesen, daß die Schnittweite eines Fernrohrobjektives oder eines Okulars, die man bei einem im Unendlichen gelegenen Objekt erhält, keineswegs mit der Brennweite des diesbezüglichen optischen Systems identisch ist. Die Brennweite ist eine optische Konstante, die durch die Gl. (2.29a) und (2.29b) definiert ist. Geometrisch stellt sie den Abstand des Brennpunktes von der hinteren Hauptebene des Systems dar. Nur bei Objektiven, deren Dicke im Vergleich zur Brennweite verschwindend klein ist, kann der Abstand der hinteren Hauptebene vom letzten Linsenscheitel vernachlässigt und die Brennweite näherungsweise gleich der Schnittweite angenommen werden. Um abschätzen zu können, welchen Fehler man dabei begeht, sei darauf hingewiesen, daß bei einer Plankonvexlinse als Fernrohrobjektiv, die ihre Planseite dem Brennpunkt zukehrt, die Brennweite um rund $^1/_3$ der Linsendicke größer ist als die Schnittweite bei unendlichem Objektabstand. Bei komplizierten Objektiven und Okularen (vgl. Tab. 8 und 11) kann die Brennweite oft ein Mehrfaches der letzten Schnittweite betragen.

Es werde nunmehr auf die Verfahren zur Messung der Brennweite eingegangen. Solche Verfahren sind in großer Anzahl bekannt geworden. Hier kann nur eine beschränkte Auswahl wiedergegeben werden, und zwar nur solche Verfahren, die für die Messung von optischen Elementen für Fernrohre besonders geeignet sind. Wer sich allgemein über Brennweitenmessungen informieren will, sei auf das Spezialschrifttum verwiesen[1]. Die hier wiedergegebenen Methoden zur Messung der Brennweite sind mit einer Ausnahme solche, bei denen die Messung mit einem im Unendlichen befindlichen Objekt erfolgt. Die Messung wird also bei dem gleichen Strahlenverlauf vorgenommen, für den das Objektiv korrigiert ist. Da man es bei Fernrohrobjektiven vorwiegend mit auskorrigierten Systemen zu tun hat, ist bei den ausgewählten Meßmethoden in der Regel der durch die sphärische Abweichung bedingte

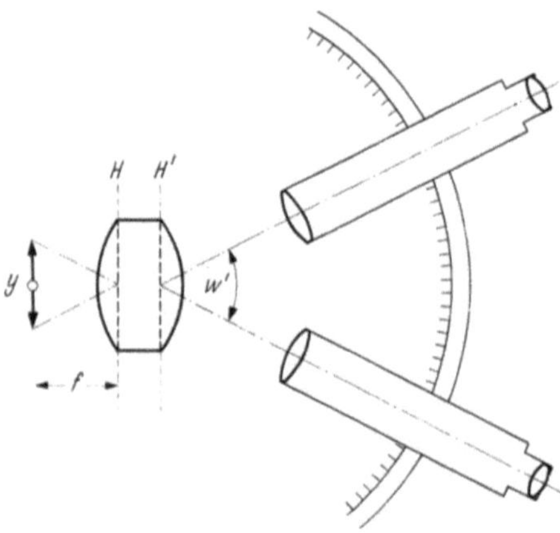

Abb. 307. Brennweitenmessung mit dem Spektrometer

Meßfehler vernachlässigbar. Bemerkt sei auch, daß bei den zu beschreibenden Brennweitenmessungen es sich immer um Systeme handeln soll, die auf beiden Seiten sich in einem Medium vom Brechungsindex 1 befinden. Ferner sei unter der Brennweite immer die hintere Brennweite verstanden.

Wir behandeln zunächst Meßverfahren, die kein Vergleichsobjektiv mit bereits bekannter Brennweite erfordern. Die ersten drei zu behandelnden Methoden benutzen den in Gl. (2.29a) und (2.29b) gegebenen Zusammenhang zur Bestimmung der Brennweite, wobei entsprechend den Ausführungen des § 3 und § 6 je nach Art des Meßverfahrens und des optischen Systems das Argument des Winkels u bzw. u' durch dessen Sinus oder dessen Tangens zu ersetzen ist. Hierauf wird bei den einzelnen Meßverfahren noch eingegangen.

Verfahren Nr. 1. Messung mit dem Spektrometer:

Der Prüfling wird in der in Abb. 307 skizzierten Weise auf den Tisch des Spektrometers gesetzt. Die in der Gebrauchsstellung dem Objekt zugewandte Seite des Objektivs ist jetzt dem Spektrometerfernrohr zugewandt. Die der normalen Gebrauchsstellung entsprechende Eintrittspupille des Objektivs soll dabei etwa in der Drehachse des Spektrometers liegen. Das Spektrometerfernrohr wird mit der Autokollimations-

---

[1] Vergleiche z. B. H. Kessler: Die Methoden zur Prüfung von optischen Instrumenten, Linsen, Spiegeln, Mikroskopen, Fernrohren usw. im Handbuch der Physik, herausgegeben von H. Geiger und Karl Scheel, Band XVIII, Geometrische Optik, Optische Konstante, Optische Instrumente. Berlin: Springer 1927. Ferner: Joh. Flügge: Einführung in die Messung der optischen Grundgrößen. Karlsruhe: Braun 1954.

methode (vgl. § 29) auf unendlich eingestellt. In der Brennebene des zu prüfenden Objektivs, die nunmehr auf der dem Fernrohr abgewandten Seite liegt, ist eine Strichplatte mit dem Strichabstand y angebracht. Die Strichplatte wird so eingerichtet, daß das Fadenbild parallaxfrei im Spektrometerfernrohr abgebildet wird. Das Spektrometerfernrohr wird nun so geschwenkt, daß einmal die eine Strichmarke, das andere Mal die andere Strichmarke mit dem Fadenkreuz des Spektrometerfernrohrs in Deckung kommt. Der Schwenkwinkel w' wird abgelesen. Die Brennweite ergibt sich aus der Beziehung

$$f' = \frac{y}{2\,\mathrm{tg}\,\dfrac{w'}{2}} \, . \tag{38.1}$$

Entsprechend den Ausführungen des § 6 ist in dieser Gleichung die Tangensfunktion eingesetzt worden, wenn man unterstellt, daß der Prüfling im angewendeten Strahlengang auf Verzeichnung korrigiert ist.

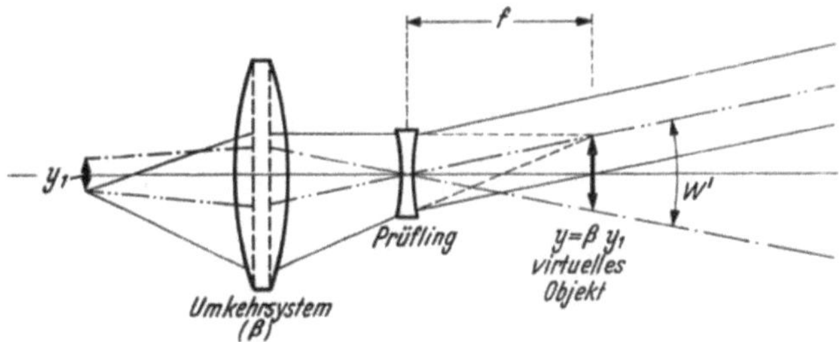

Abb. 308. Erzeugung eines virtuellen Objektes

Den Verzeichnungsverlauf erhält man, wenn man die Messung für verschiedene Werte von y und dementsprechend w' ausführt. Der Gaußschen Brennweite entspricht der Wert für kleine Beträge von y, die allerdings mit geringerer Genauigkeit gewonnen werden als solche für große Beträge von y. Die Methode ist auch für Systeme mit negativer Brennweite anwendbar; man muß nur ein virtuelles Testobjekt anwenden. Ein solches erhält man, wenn man die Strichplatte in der Objektebene eines Umkehrsystems anordnet, so daß ihr Bild mit der virtuellen Brennebene des Prüflings zusammenfällt (Abb. 308).

Verfahren Nr. 2. Messung mit Hilfe einer bekannten Winkeldistanz:

Bei großen Brennweiten wird das Verfahren Nr. 1 wegen der kleinen Bildwinkel zu ungenau und wegen der großen Brennweite unhandlich. Man erhält eine bequem durchführbare Abwandlung dieses Verfahrens, wenn die Winkeldistanz zweier hinreichend weit entfernter Objektpunkte bekannt ist; z. B. bei der Benutzung der aus den Katalogangaben bekannten Winkeldistanz zweier Fixsterne oder zweier irdischer Marken, deren Winkeldistanz aus gegenseitigem Abstand und Beobachtungsentfernung berechnet werden kann oder mit einem Theodolit

gemessen wurde. Voraussetzung ist, daß die Objektmarken im Vergleich
zu der zu messenden Brennweite genügend weit entfernt sind. (Beträgt
die Objektentfernung das $m$fache der zu messenden Brennweite, dann

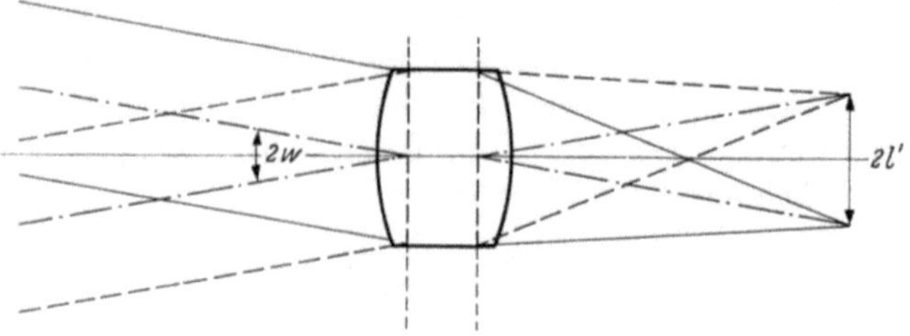

Abb. 309. Bestimmung der Brennweite aus der bekannten Winkeldistanz zweier Zielmarken

ist der relative prozentuale Meßfehler $\delta f = \dfrac{100}{m-1}\,\%.$) Der zu der gegebenen
Winkeldistanz $2w$ (vgl. Abb. 309) gehörende Bildabstand $2l'$ wird mit

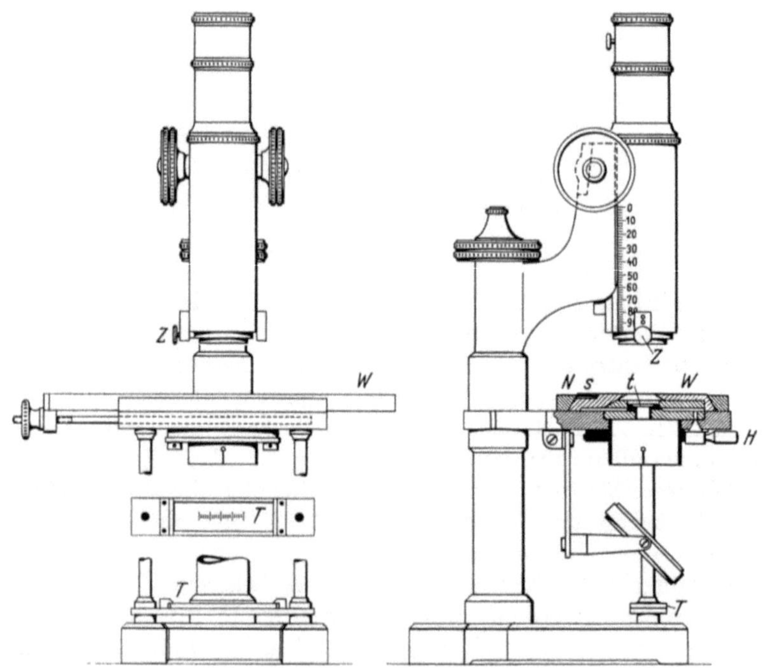

Abb. 310. Ansicht des Abbeschen Fokometers

einem Okularmikrometer gemessen. (Näheres über Mikrometer vgl.
Abschnitt B.) Die gesuchte Brennweite erhält man aus der Beziehung

$$f' = \frac{l'}{\operatorname{tg} w} \,. \tag{38.2}$$

Bezüglich der Bedeutung der Tangensfunktion gilt das unter Nr. 1 Gesagte. Zur Messung von negativen Systemen muß das in diesem Falle virtuelle Bild in der Brennebene des negativen Systems gemessen werden. Man verfährt wie bei der Messung von Schnittweiten beschrieben; das virtuelle Bild wird durch ein reelles Umkehrsystem reell abgebildet und dann ausgemessen. Die Vergrößerung des Umkehrsystems muß bekannt sein. (Ihre Messung vgl. unten.)

Verfahren Nr. 3. Brennweitenmessung mit dem Abbeschen Fokometer:

Eine Ansicht des Fokometers zeigt Abb. 310. Es besteht aus einem Mikroskop, einem in horizontaler Richtung verschiebbaren Schlitten W,

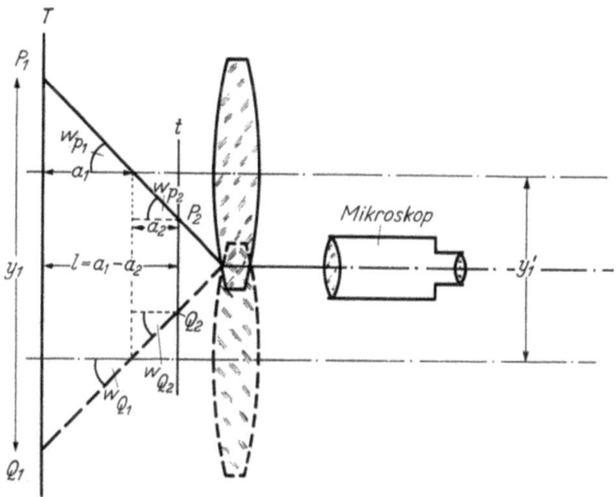

Abb. 311. Zur Erläuterung der Meßprinzipe des Abbeschen Fokometers

der den Prüfling trägt und darunter angebracht 2 Glasmaßstäbe t und T. Es eignet sich zur Messung von Objektiven verschiedener Brennweite mit Durchmessern zwischen 20 und 100 mm. Das Meßprinzip wird anhand von Abb. 311 erläutert. Das Mikroskop wird zunächst durch den Prüfling hindurch auf den ersten Maßstab $P_1 Q_1$ fokussiert. Man verschiebt den Querschlitten, so daß man im Fadenkreuz des Mikroskops einmal den Punkt P_1, das andere Mal den Punkt Q_1 erhält. Die dazugehörige Querschlittenverschiebung sei y_1'. Mit den Bezeichnungen der Abb. 311 erhält man:

$$\operatorname{tg} w_{P_1} + \operatorname{tg} w_{Q_1} = \frac{y_1'}{f'} = \frac{y_1 - y_1'}{a_1}. \tag{38.3}$$

Sodann werden auf dem zweiten Maßstab P_2 und Q_2 fokussiert. Der Querschlitten wird etwa um den gleichen Betrag y_2' verschoben, und die dazugehörige Strecke auf dem zweiten Maßstab $\overline{P_2 Q_2} = y_2$ wird abgelesen.

Es gilt dann:

$$\mathrm{tg}\,w_{P_2} + \mathrm{tg}\,w_{Q_2} = \frac{y_2'}{f'} = \frac{y_2 - y_2'}{a_2}\,. \tag{38.4}$$

Daraus folgt

$$a_1 - a_2 = l = f'\left(\frac{y_1}{y_1'} - \frac{y_2}{y_2'}\right) \tag{38.5}$$

bzw.

$$f' = \frac{l}{\dfrac{y_1}{y_1'} - \dfrac{y_2}{y_2'}}\,. \tag{38.6}$$

Die Strecke l ist der Abstand zwischen den beiden Teilungen und ist eine Instrumentalkonstante des Fokometers. Zu bemerken ist, daß die

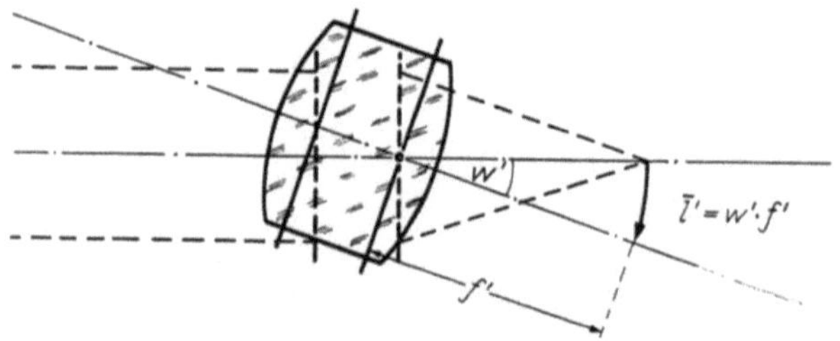

Abb. 312. Ermittlung der Lage der hinteren Hauptebene durch Drehen des Objektivs

Brennweite hier in der Definition nach Gl. (38.1) bzw. (38.2) also mit der Tangensfunktion gewonnen wird. Man wird nun Fernrohrobjektive auf dem Fokometer so messen, daß die gewöhnlich nach dem Objekt zuweisende Seite nach dem Meßmikroskop hin gerichtet ist; denn in dieser Stellung ist ja die sphärische Abweichung korrigiert. Ein gutes Fernrohrobjektiv ist aber bei diesem Strahlenverlauf auch hinsichtlich der Sinusbedingung korrigiert (vgl. § 6). Das bedeutet aber, daß in der Definitionsgleichung für die Brennweite die Sinusfunktion auftreten muß. Man wird also bei einem gut korrigierten Fernrohrobjektiv bei der Messung mit dem Fokometer bei verschieden großen Schlittenbewegungen verschiedene Brennweiten erhalten. Aus diesem Grunde ist es wichtig, bei der Ablesung der beiden Maßstäbe gleich große Schlittenverschiebungen anzuwenden, so daß man die mit den Tangens definierte Brennweite dann als Funktion der Einfallhöhe am Objektiv erhält. Ist die Sinusbedingung erfüllt, dann entspricht die Abhängigkeit der Brennweite vom Aperturwinkel dem Verhältnis von Sinus zu Tangens.

Verfahren Nr. 4. Brennweitenmessung durch Ermittlung der Lage der hinteren Hauptebene:

Wie Abb. 312 zeigt, bleibt die seitliche Lage eines in der Brennebene eines Objektives oder Okulars erzeugten Bildes unverändert, wenn bei festliegendem Parallelstrahlenbündel auf der Objektseite das Prüfobjektiv um eine Achse geschwenkt wird, die durch die hintere Hauptebene geht. (Dieser Schwenkwinkel darf nur so groß sein, daß im Rahmen der verlangten Genauigkeit der Bogen durch die Tangente ersetzt werden kann.)

Dasselbe gilt auch im umgekehrten Falle, wenn das Licht von der Seite der festgehaltenen Brennebene her einfällt, und das austretende Parallelstrahlenbündel mit dem Fernrohr beobachtet wird. Beim Schwenken des Prüflings um eine Achse durch die der Objektiv-Brennebene zugeordneten Hauptebene tritt keine seitliche Verlagerung des Testbildes gegenüber der Strichfigur des Fernrohres auf. Der mechanisch zu messende Abstand zwischen Drehachse und zugeordneter Brennebene ist dann die Brennweite. Man kann ähnlich wie bei dem Verfahren Nr. 1 diese Messung mit einem Spektrometer vornehmen. Für die Durchführung des Verfahrens ergeben sich zwei Möglichkeiten: In dem einen Falle läßt man das Licht von unendlich her einfallen. (Feststehender Kollimator mit Strichfigur.) Der Prüfling befindet sich auf dem Tisch des Spektrometers und kann mit diesem gedreht werden. Beobachtet wird mit einem Mikroskop, das in bezug auf den Kollimator feststeht und auf das Bild in der Brennebene des Prüflings eingestellt ist. Der Prüfling wird solange verschoben, bis beim Drehen des Spektrometertisches keine Verschiebung des Testbildes gegen ein Strichkreuz im Mikroskopokular beobachtet wird. Der mechanisch auszumessende Abstand der Drehachse des Tisches von der Mikroskopbildebene ist die gesuchte Brennweite. Im zweiten Falle wird mit feststehendem endlichen Test gearbeitet und mit feststehendem Fernrohr beobachtet. Auch hier wird der Prüfling auf dem Spektrometertisch so lange verschoben, bis — nach entsprechender Nachstellung der Testfigur — das Testbild im Fernrohr bei einer Drehung des Spektrometertisches sich nicht mehr seitlich bewegt. Auch hier ist die Brennweite der Abstand zwischen der Drehachse und Testfigur.

Verfahren Nr. 5. Das klassische Verfahren von GAUSS zur Messung der Brennweite:

Im Gegensatz zu der oben gemachten Bemerkung ist das jetzt zu beschreibende Verfahren nicht für typische Objektiv- oder Okularstrahlengänge eingerichtet. Es setzt vielmehr voraus, daß Objekt und Bild sich in endlichem Abstand vom Prüfling befinden. Man wird dieses Verfahren also kaum zur Messung von Objektiven und Okularen verwenden, sondern lediglich dann, wenn bei Umkehrsystemen außer dem lateralen Abbildungsmaßstab — in Sonderfällen — die Brennweite interessiert. Von den Verfahren, die zur Messung der Brennweite nur im Endlichen gelegene Objekt- und Bildpunkte verwenden, werde das Gaußsche Verfahren als einziges angeführt — aus historischen Gründen.

Auf der optischen Bank werden für verschiedene Objektabstände scharfe Bilder erzeugt (Kontrolle mit Mikroskop). Die Objektabstände a_1, a_2, a_3 und die Bildabstände a_1', a_2', a_3' werden — wie in Abb. 313 angedeutet — auf eine beliebige, mit dem Prüfling fest verbundene

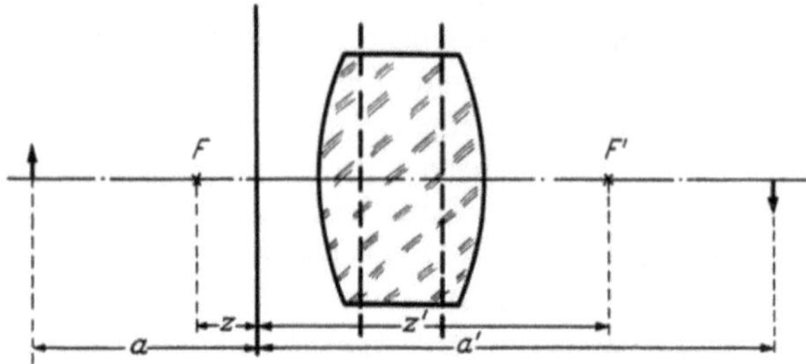

Abb. 313. Zur Gaußschen Methode der Brennweitenmessung

Marke bezogen. Nach der Newtonschen Abbildungsgleichung (2.19) ergeben sich dann für die drei Einstellungen drei Gleichungen:

$$(a_1 - z)\,(a_1' - z') = -f'^2 \tag{38.7a}$$

$$(a_2 - z)\,(a_2' - z') = -f'^2 \tag{38.7b}$$

$$(a_3 - z)\,(a_3' - z') = -f'^2 \,. \tag{38.7c}$$

Die Lösung dieser drei Gleichungen mit den Unbekannten z, z', f' liefert u. a.:

$$-f'^2 = \frac{(a_2 - a_1)\,(a_3 - a_1)\,(a_3 - a_2)\,(a_1' - a_2')\,(a_1' - a_3')\,(a_2' - a_3')}{[(a_3 - a_1)\,(a_1' - a_2') - (a_2 - a_1)\,(a_1' - a_3')]^2} \,. \tag{38.8}$$

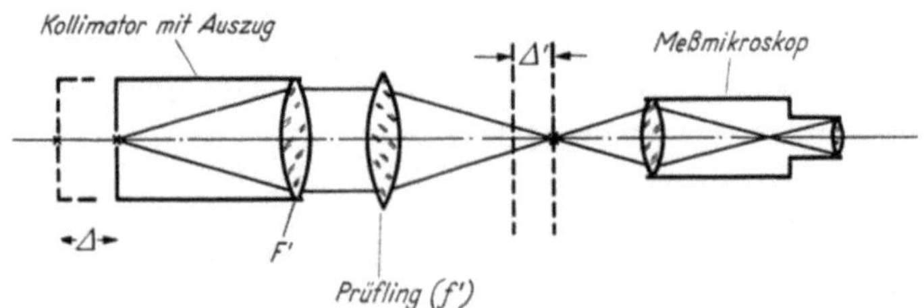

Abb. 314. Die sog. Hartmannsche Umkehrmethode zur Messung der Brennweite

Es sollen nun noch einige Methoden zur Messung der Brennweite wiedergegeben werden, die zur Voraussetzung haben, daß ein Objektiv bekannter Brennweite — als Kollimator oder Fernrohrobjektiv — vorhanden ist. Im allgemeinen sind diese Verfahren bequem anzuwenden.

Verfahren Nr. 6. Die sog. Hartmannsche Umkehrmethode (Abb. 314):

Gegeben ist ein Kollimator mit bekannter Brennweite F'. Die Testfigur läßt sich mit Hilfe des Auszuges verschieben. Beobachtet wird mit einem Meßmikroskop das von dem Prüfling erzeugte Bild der Testfigur des Kollimators. Gemessen wird in zwei Einstellungen, nämlich einmal mit einer solchen Einstellung des Kollimatorauszuges, daß die Testfigur des Kollimators im Unendlichen abgebildet wird. Dann wird der Auszug um einen Betrag Δ verschoben, und es wird die entsprechende Verschiebung Δ' des Meßmikroskopes ermittelt. Die Newtonsche Abbildungsgleichung liefert aus beiden Werten die gesuchte Brennweite f' des Prüflings:

$$f' = F' \sqrt{\frac{\Delta'}{\Delta}} \, . \tag{38.9}$$

Das Verfahren hat gegenüber den im folgenden beschriebenen den Vorteil, daß der Absolutfehler der vorher ermittelten Kollimatorbrennweite nur im Verhältnis $\frac{f'}{F'}$ in die Messung eingeht.

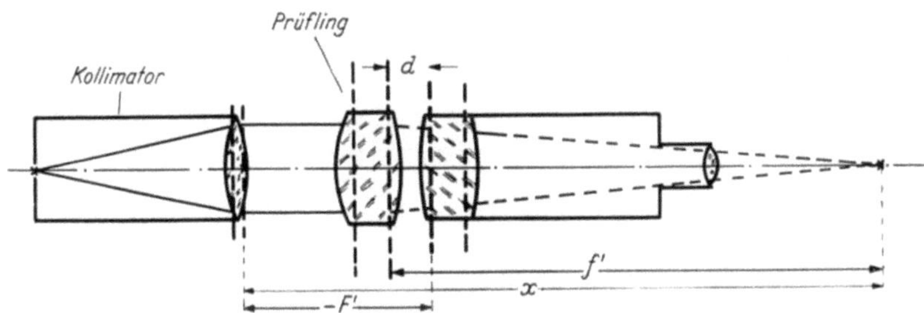

Abb. 315. Messung der Brennweite mit Kollimator und Fernrohr mit Auszug

Verfahren Nr. 7. Messung mit Kollimator und Fernrohr mit Auszug (Abb. 315):

Der Kollimator ist auf unendlich fest eingestellt. Diesem gegenüber befindet sich ein Fernrohr, dessen Objektiv die bekannte Brennweite F' besitzt. Der vordere Brennpunkt des Fernrohrobjektivs fällt mit der hinteren Hauptebene des Kollimatorobjektivs zusammen. Der Prüfling befindet sich dazwischen, die hintere Hauptebene habe von der vorderen Hauptebene des Fernrohrobjektivs den Abstand d. Gemessen wird der Okularauszug Δ des Fernrohrs, um den das Okular verschoben werden muß, um nach Einbringen des Prüflings in den Strahlengang die Strichfigur des Kollimators scharf und parallaxfrei zu sehen. Aus Abb. 315 erhält man nach Einbringung des Prüflings in den Strahlengang als Brennpunktabstand x (Newtonsche Achskoordinate) für das Fernrohrobjektiv:

$$x = f' + F' - d \, .$$

Daraus ergibt die Newtonsche Abbildungsgleichung:

$$(f' + F' - d)\,\Delta = - F'^2,$$

woraus sich die gesuchte Brennweite ergibt:

$$f' = -\left(\frac{F'(F'+\varDelta)}{\varDelta} - d\right) \approx \frac{F'^2}{\varDelta}. \tag{38.10}$$

Verfahren Nr. 8. Hartmannsche Methode mit Fernrohr (Abb. 316):
Gemessen wird der durch das System Prüfling-Fernrohrobjektiv sich
ergebende laterale Abbildungsmaßstab β. Man erhält ihn durch Bestimmung der Verhältnisse der Bildgröße l' zur Objektgröße l. Wenn

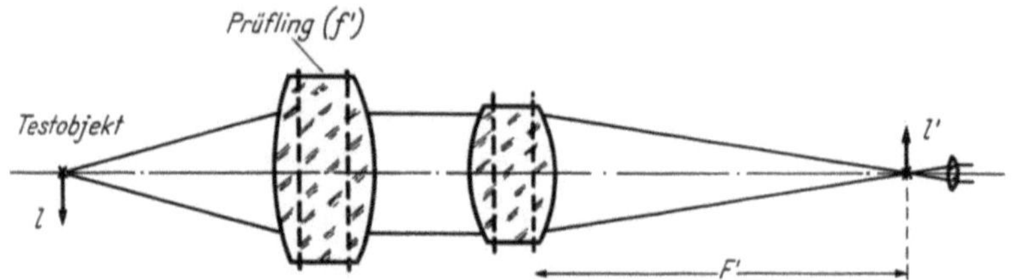

Abb. 316. Die Hartmannsche Methode zur Messung der Brennweite mit Fernrohr

das Fernrohr auf unendlich fokussiert ist, ist aber dieser laterale Abbildungsmaßstab gleich dem Verhältnis der Brennweiten, also

$$\beta = \frac{l'}{l} = \frac{F'}{f'}.$$

Daraus folgt die gesuchte Brennweite zu

$$f' = F'\frac{l}{l'}. \tag{38.11}$$

Bei Umkehrsystemen interessiert nur der Abbildungsmaßstab β. Man
gewinnt ihn, indem man den Strichabstand im Bild eines Testobjektes
mißt. Das Objekt hat sich dabei im richtigen Abstand vom System zu
befinden. Die Messung wird am besten auf der optischen Bank ausgeführt, sie erfolgt mit dem Meßmikroskop mit Okularstrichplatte oder
mit Hilfe eines in Abschnitt B behandelten Okularmikrometers. Der
Strichabstand auf der Objektstrichplatte ist ebenfalls mit dem Meßmikroskop zu bestimmen.

Man kann im übrigen auch aus der Messung von Abbildungsmaßstäben für zwei Objektabstände die Brennweite bestimmen (Verfahren
Nr. 9). Sind diese beiden Objektabstände bezogen auf den vorderen
Brennpunkt des Prüflings x_1 und x_2, die dazugehörigen Abbildungsmaßstäbe β_1 und β_2, dann gilt nach Gl. (2.23b):

$$f' = x_1\beta_1 = x_2\beta_2$$

und

$$x_1 - x_2 = f'\left(\frac{1}{\beta_1} - \frac{1}{\beta_2}\right)$$

somit

$$f' = \frac{x_2 - x_1}{\beta_1 - \beta_2} \cdot \beta_1\beta_2. \tag{38.12}$$

Zu beachten ist, daß man bei diesem Verfahren nur die Differenz $x_1 - x_2$ der beiden Einstellungen zu kennen braucht.

§ 39. Die Prüfung der Abbildungsgüte eines Fernrohrs

Für die qualitative Prüfung auf Bildgüte mustert man bei Erdfernrohren das Bild einer entfernten Probeplatte mit regelmäßigen scharf begrenzten Figuren und Gittern; am besten wird eine Blechplatte mit Ausschnitten gegen den Himmel als Hintergrund aufgestellt; allenfalls genügt eine Wetterfahne. Hierzu kann auch ein Stampfersches Gitter dienen (Abb. 317). Bei der Prüfung ist ein Hilfsfernrohr zweckmäßig, das man auf das Okular des zu prüfenden Fernrohres aufsetzt, damit mit Sicherheit alle Einzelheiten des Fernrohrbildes vom Netzhautmosaik aufgelöst werden. Den Astigmatismus erkennt man daran, daß zueinander senkrechte Linien nicht gleichzeitig scharf eingestellt werden, die Koma an einseitiger Ausstrahlung der Figuren trotz zentraler Augenhaltung. Für die Prüfung der sphärischen Abweichung benutzt man einen dunklen Streifen auf hellem Grunde, der mit voller Öffnung scharf eingestellt wird; wird nun das Objektiv parallel zum Streifen halb abgeblendet, so wird die eine oder andere Kante unscharf, je nachdem sphärische Über- oder Unterkorrektion vorliegt. Ebenso prüfte schon NEWTON auf Farbenkorrektion (S. 59). Man kann auch die Austrittspupille durch seitliche Bewegung des Auges einseitig abblenden. Schon kleinere Objektive zeigen dabei deutlich das sekundäre Spektrum. Als Kennzeichen der richtigen Korrektion bei mäßiger Abweichung gelten die Mischfarben Apfelgrün und Rosa; Unter- bzw. Überverbesserung gibt sich im Umschlagen der letzten Farbe in Kirschrot bzw. Gelb kund. Der Astronom beurteilt sein Fernrohr nach der Güte der Sternbilder in ruhigen Nächten.

Abb. 317.
Stampfersches
Gitter

Da Sterne und andere weit entfernte Ziele nicht immer gut beobachtet werden können, spielt der Ersatz des Fernzieles durch einen Kollimator eine besondere Rolle; dieser besteht aus einem Objektiv, in dessen Brennpunkt sich eine beleuchtete Marke befindet und das daher diese Marke im Unendlichen abbildet. Hat man den Abstand der Marke vom Objektiv genau für parallel austretende Strahlen abgestimmt, so kann der Kollumator als Ersatz eines unendlich fernen Bildpunktes dienen.

Die Öffnung des Kollimators sollte nicht kleiner sein als die des Objektives, seine Brennweite nicht zu kurz, damit die Aberrationen gering sind und seine Marke genau an die richtige Stelle gebracht werden kann. Ist seine Brennweite F' länger, so ist zwar die Bestimmung der Lage seines Brennpunktes bei gleicher Öffnung proportional der längeren Brennweite ungenauer, aber ein Fehler in der Einstellung des Kollimators macht sich in der Brennpunktslage des zu untersuchenden Objektives mit der Brennweite f' nur im Verhältnis $f'^2 : F'^2$ geltend. Hat man drei Kollimatoren oder Fernrohre zur Verfügung, so kann man sie ohne entferntes Ziel richtig einstellen; wenn nämlich alle drei zu je zweien aufeinandergerichtet keine Parallaxe zeigen, sind alle drei richtig eingestellt.

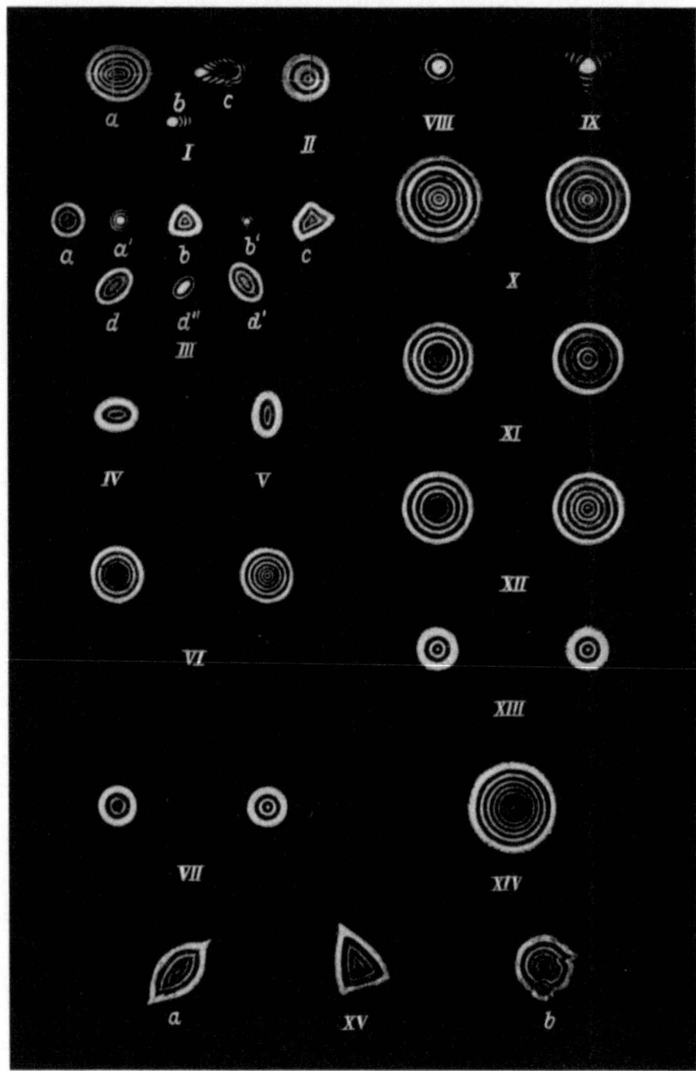

Abb. 318. Sternbilder in und außer der Bildebene

FOUCAULT lehrte, wie man aus dem Beugungsbild bei Heraus- und Hereinschieben des Okulars auf die Art der Strahlenvereinigung schließen kann. Um die Beugungsringe zu sehen, muß man bei Übervergrößerung arbeiten, für die man ein Hilfsfernrohr aufstecken kann. Abb. 318 zeigt die Sternbilder in der Achse von guten und fehlerhaften Objektiven. Teilbild VIII und IIIa' zeigen das Sternbild eines guten Objektives im Brennpunkt; Teilbild IIIa, XIII, XIV nach Okularverstellung; Teilbild VI l., VII l. bzw. VI r., VII r., bei sphärischer Unterkorrektion verschiedener Größe innerhalb bzw. außerhalb des Brennpunktes oder bei Überkorrektion außerhalb bzw. innerhalb des Brennpunktes. Zonenfehler (Teilbilder X—XII) äußern sich ebenfalls durch Lichtanhäufung in einzelnen Ringen, die rechten Bilder zeigen sie außerhalb des Brennpunktes. Teilbild I und II zeigen Koma in verschiedener Stärke, Teilbild IIId, d', d'', IV, V Astigmatismus; diese Fehler können in der Achse infolge Dejustierung des Objektives auftreten. Teilbild IX

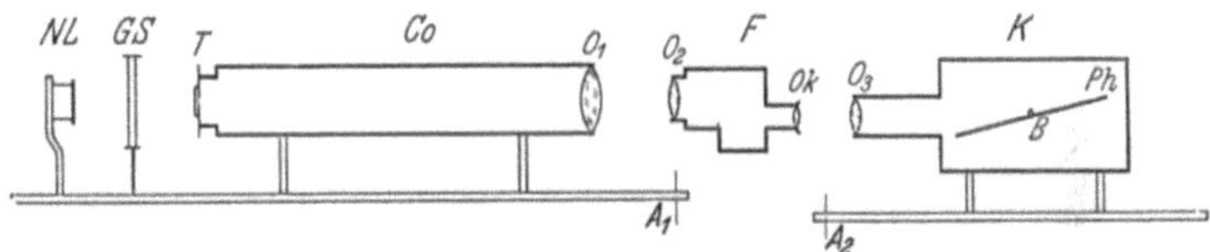

Abb. 319. WETTHAUERs Anordnung zur Prüfung von Feldstechern

zeigt den Einfluß der Auflage bei einem auf drei Punkten gelagerten Objektiv, Teilbild IIIb, b', c, XV, XVa den von Verspannung, Teilbild XVb von Schlieren.

Für die Prüfung von Feldstechern benutzt WETTHAUER die Anordnung nach Abb. 319. Die Lampe NL beleuchtet durch die Gelbscheibe GS das Testobjekt T des Kollimators Co mit Objektiv O_1. Die austretenden Strahlen durchsetzen das zu prüfende Fernrohr F mit Objektiv O_2 und Okular Ok. Hinter dem Fernrohr ist die Aufnahmekamera K mit Objektiv O_3, durch dessen Brennpunkt B eine schräggestellte Platte Ph für die streifende Aufnahme geht. Der Kollimator ist um die durch O_2 gehende Achse A_1, die Kammer um die durch die Austrittspupille des Okulars Ok gehende Achse A_2 schwenkbar.

Das Verfahren von WETTHAUER gibt ein recht anschauliches Bild der Fehler. Um die Abweichung in der Achse festzustellen, wird das Bild eines doppelten oder einfachen Spaltes S_1 durch das Kollimatorobjektiv O_1 und das zu prüfende Fernrohr mit dem Kameraobjektiv O_2 im Brennpunkt von O_3 auf der Platte Ph aufgenommen, die zur Ebene durch Spalt und optische Achse senkrecht stent und gegen diese Achse schwach geneigt ist (s. oben). Vor dem Fernrohrobjektiv werden Ringblenden angebracht, deren Breite etwa 1 : 100 der Brennweite ist. Die Platte wird beim Übergang von einer Ringzone zur anderen oder auch von einer Farbe zur anderen in ihrer Ebene senkrecht zur optischen Achse verschoben. Man erhält so eine Reihe Spaltbilder nebeneinander; die Stellen größter Schärfe verbindet eine Kurve, die unmittelbar die sphärische und chromatische Längsabweichung darstellt. Für die Untersuchung außer der Achse wird der Kollimator um den objektseitigen Winkel w um die Achse A_1 geschwenkt. Die Kamera K mit

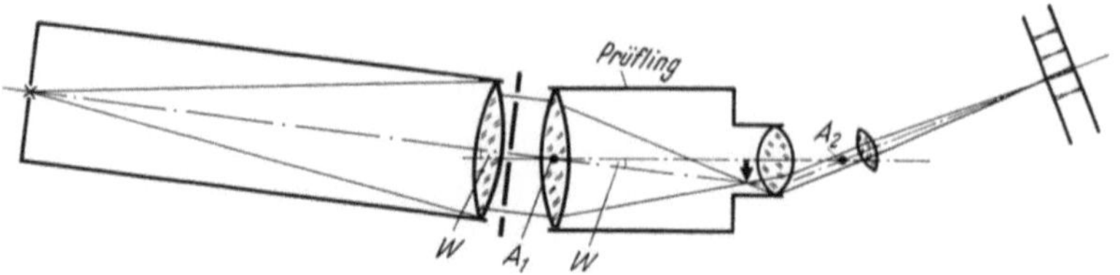

Abb. 320. Schema der Anwendung des Wetthauerschen Apparates zur Prüfung von Fernrohren außerhalb der Achse

Photoplatte wird um die Achse A_2 geschwenkt, und zwar um den Winkel w', wobei gilt: $w' = \Gamma w$ (vgl. Abb. 320).

Wenn man die Aufnahmen bei verschiedenen Drehungswinkeln nebeneinander macht, erhält man so die Kurve für die tangentiale

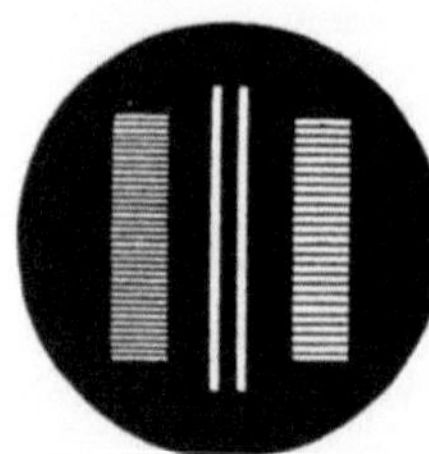

Bildkrümmung. Um auch die für die sagittale Bildkrümmung zu erhalten, benutzt man neben dem Doppelspalt angeordnet ein Quergitter, wie es Abb. 321 zeigt. In Abb. 322 sind solche Aufnahmen wiedergegeben und außerdem die daraus abgenommenen Kurven für die sagittale (———) und tangentiale (--------) Bildkrümmung.

Abb. 321. WETTHAUERs Doppelspalt mit Quergitter

Besondere Bedeutung hat in den letzten Jahren die Messung der Abbildungsgüte eines Fernrohres mit Hilfe des Interferometers von TWYMAN gewonnen. Es ist schematisch in Abb. 323 dargestellt. Im Brennpunkt des Objektivs O_1 befindet sich die kreisförmige Blende B, die von einer monochromatischen Lichtquelle über einen nicht gezeich-

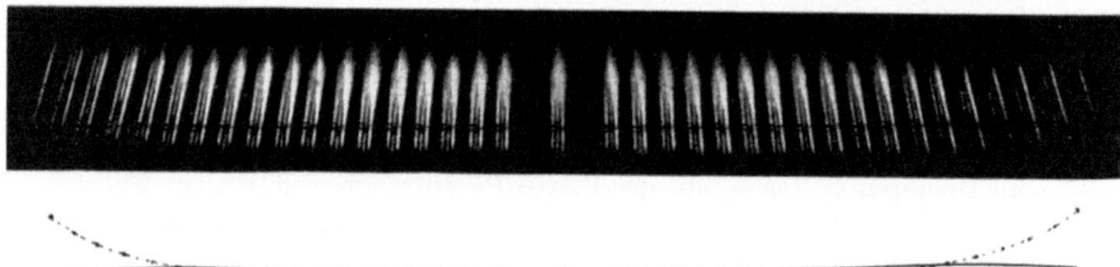

Abb. 322. Eine Aufnahme der sagittalen und tangentialen Bildkrümmung nach WETTHAUER

neten Kondensator beleuchtet wird. Das aus dem Objektiv O_1 austretende Parallelstrahlenbündel wird an der halbdurchlässigen Teilungsplatte T geteilt. Ein Teil fällt auf den Planspiegel R, der andere Teil durchsetzt das Fernrohr und fällt — nach Durchtreten des Fernrohrs — auf den Planspiegel P. Hier wird er reflektiert, durchsetzt das Fernrohr noch einmal und gelangt wieder zur Teilungsplatte T. Dort wird ein Teil um 90° umgelenkt, der nun in die Richtung des vom Spiegel R reflektierenden Lichtes fällt. Das Objektiv O_2 vereinigt das so entstandene Parallelstrahlenbündel in seinem Brennpunkt zu einem Bild der Blende B. Dieses Blendenbild ist die Austrittspupille des Instrumentes. Hier befindet sich das Auge des Beobachters. Wenn die Einrichtung so

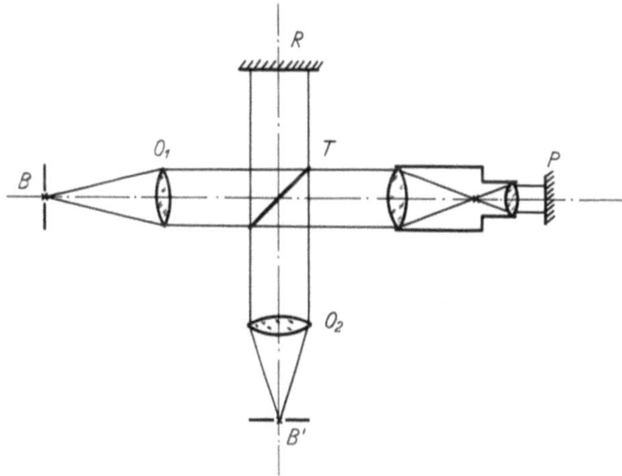

Abb. 323. Schema des Twymanschen Interferometers

justiert ist, daß die zu beiden Teilstrahlenbündeln gehörenden Blendenbilder zusammenfallen, und wenn man weiter voraussetzt, daß sowohl der „Referenz"-Spiegel R als auch der Planspiegel P ideal eben sind, und daß ferner das zu prüfende Fernrohr·ideal abbildet, dann interferieren die beiden Teilstrahlenbündel, die zur Beobachtung kommen, miteinander. Je nach der Stellung des Planspiegels würde also das in B' zu übersehende Gesichtsfeld hell oder dunkel sein. In dem Maße, wie die Wellenfläche im Fernrohr deformiert wird, treten jetzt im Gesichtsfeld dunkle Ringe auf, die man sich als die Durchstoßpunkte der durch das Fernrohr deformierten Wellenfläche mit der ideal ebenen Referenz-Wellenfläche vorzustellen hat. Interferenzerscheinungen dieser Art sind als „Kurven gleichen Gangunterschiedes" bekannt, bei rotationssymmetrischen Wellenflächen sind diese Kurven „Ringe gleichen Gangunterschieds". Abb. 324 b zeigt eine mit dem Twyman-Interferometer gewonnene Aufnahme von einem Fernrohr, das mit sphärischer Abweichung behaftet ist. Der Betrag der Wellenabweichung läßt sich unmittelbar ablesen; denn der Abstand zweier benachbarter Ringe entspricht einer Differenz von einer halben Wellenlänge hinsichtlich der Wellenaberration.

Wird der Spiegel P um eine Achse senkrecht zur optischen Achse geneigt, dann erhält man bei einem ideal abbildenden Fernrohr parallele gerade Streifen (Abb. 324a). Denn es werden jetzt die räumlich hintereinander liegenden

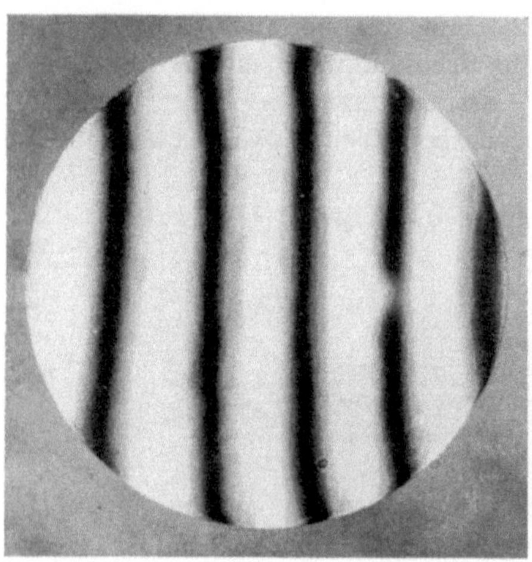
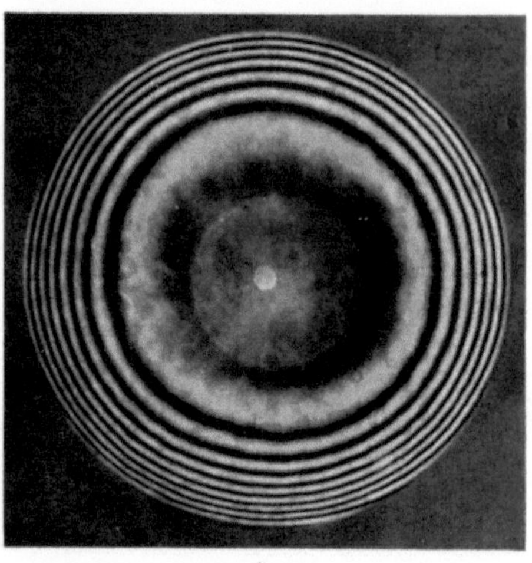

a

b

Abb. 324 a—h. Prüfaufnahmen mit dem Twymanschen Interferometer;
a) Fizeausche Streifen bei sehr guter Abbildung. b) Ringe „gleichen Gangunterschiedes" bei sphärischer Abweichung

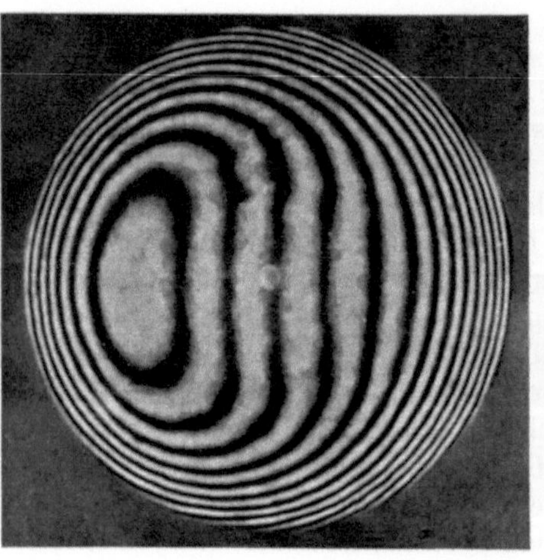
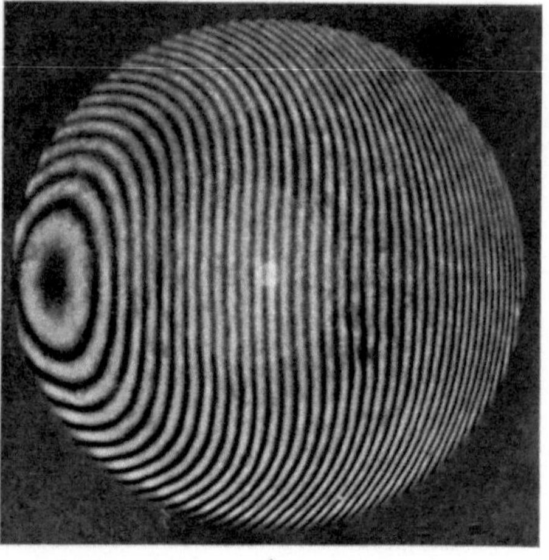

c

d

c) d) Übergang von *Ringen* gleichen Gangunterschiedes auf *Streifen* gleichen Gangunterschiedes bei sphärischer Abweichung (Fizeausche Streifen)

Ebenen, in denen absolute Auslöschung eintreten würde, geschnitten. Diese Interferenzerscheinung ist seit langem unter dem Namen Fizeausche Streifen bekannt. Wird durch das abbildende System die Wellenfläche deformiert, so wirkt sich das als Durchbiegung der im idealen Falle geraden Streifen aus. Das mit sphärischer Abweichung behaftete Fernrohr, das bei Einstellung auf Ringe die Abb. 324b lieferte, gibt bei Ein-

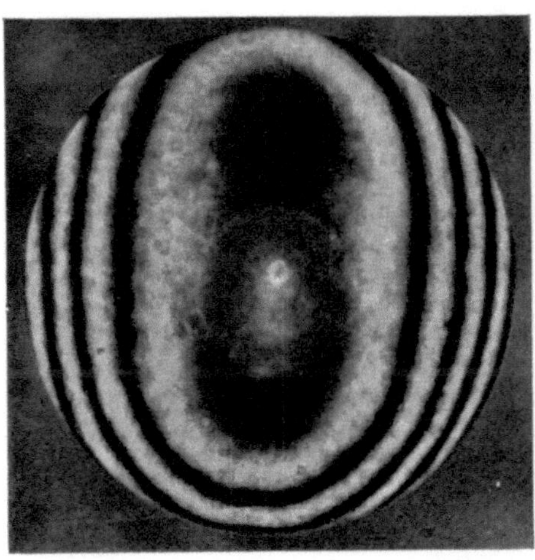

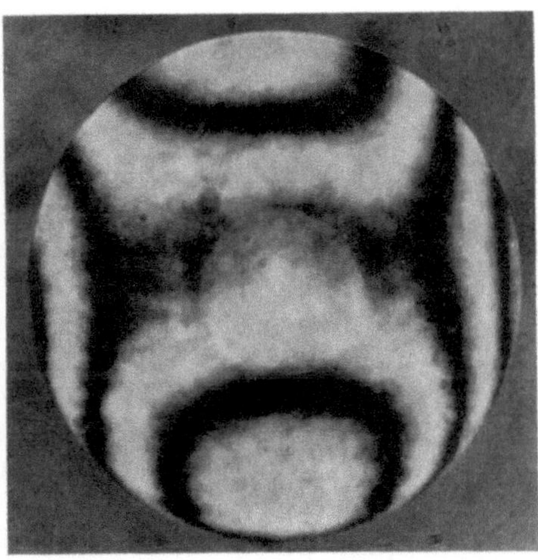

e) f) Astigmatismus, Einstellung auf „Ringe" (e: „Langpasse", f: „Sattelpasse")

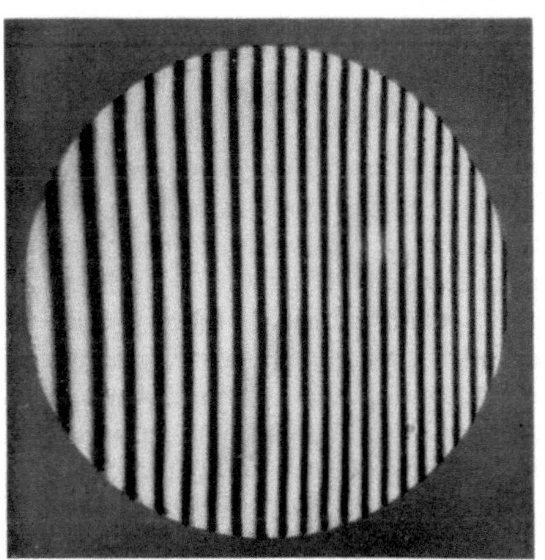

g) h) Astigmatismus, Einstellung auf „Streifen"

stellung auf Fizeausche Streifen die Abb. 324c bzw. 324d. Die Wellenaberration läßt sich jetzt unmittelbar aus der Streifendurchbiegung ablesen. Als Bezugsmaß gilt der Streifenabstand, der einer Wellenaberration von $\frac{\lambda}{2}$ entspricht. Eine astigmatische Wellenfläche liefert bei

21*

der Einstellung auf „Ringe" Ellipsen (Abb. 324a), oder die in Abb. 324f wiedergegebene Figur je nach dem Vorzeichen der sagittalen und meridionalen Abweichung bzw. je nach der Fokussierung des Fernrohrs. Fokussiert man bei Anwesenheit von Astigmatismus das Fernrohr bei entsprechender Spiegelneigung so, daß gerade Streifen entstehen (Abb. 324g) und kippt dann den Spiegel um eine zur Streifenrichtung senkrechte Achse, dann erscheint ein zum vorherigen senkrechtes Streifensystem (Abb. 324h), dessen Streifen nunmehr durchgebogen sind. Die Durchbiegung ist ein Maß für den Astigmatismus als Wellenaberration. Zu beachten ist, daß scharfe und kontrastreiche Interferenzen nur bei bestimmter Lage von R und P erzielt werden können. Das ergibt sich aus der speziellen Theorie des Twyman-Interferometers, auf die hier nicht eingegangen werden kann. Für die Praxis ist jedoch die Kenntnis einer von G. HANSEN angegebenen Beziehung wichtig. Diese Beziehung liefert den Abstand δ des Spiegels P von der Austrittspupille des Fernrohrs, wenn größte Schärfe und größter Kontrast der Interferenzerscheinung gefordert wird. Diese Beziehung lautet

$$\delta = \frac{1}{\Gamma^2 - 1}\left[f_1'\,\frac{\Gamma + 1}{\Gamma^2}\left(2\Gamma + (1 - \Gamma)\,\frac{f_1'}{i_1 + f_1'}\right) + \right. \tag{39.1}$$
$$\left. + \left(i_1 + i_2 + D_p\,\frac{N_p - 1}{N_p}\right) + \Sigma\,d_i\,(N_i - 1)\right]$$

oder näherungsweise für großes Γ:

$$\delta \approx \frac{f_1'}{\Gamma^2}. \tag{39.2}$$

Hierin bedeutet Γ die Fernrohrvergrößerung, f_1' die Objektivbrennweite, i_1 den Hauptebenenabstand des Objektivs, i_2 den des Okulars. D_p ist der Prismenglasweg, N_p der Brechungsindex der Prismen. d_i bedeuten die Linsendicken, N_i die Brechungsindizes der Linsen. Wenn der Spiegel P in dem theoretisch richtigen Abstand von der Austrittspupille steht, ist die Lage von R durch Verschieben zu finden. Als Kriterium gilt das Auftreten von scharfen, kontrastreichen Streifen. Die praktischen Ausführungsformen der Interferometer sind deshalb mit entsprechenden Einstellvorrichtungen für den Spiegel R ausgerüstet. Das Twyman-Interferometer ist auch für Messungen außerhalb der Achse geeignet. Der Prüfling muß dann gegen die optische Achse geschwenkt werden und ebenso der Planspiegel, wobei der Planspiegel wieder um einen Winkel geschwenkt wird, der um den Faktor der Fernrohrvergrößerung größer ist als der Schwenkwinkel des Prüflings. Die Aufnahmen der Abb. 324e bis h sind außerhalb der Achse gewonnen worden.

Auch zur Messung der Farbabweichung ist das Twymansche Interferometer geeignet. Man bringt dann nacheinander monochromatische Lichtquellen verschiedener Wellenlänge auf der Kollimatorseite an. Die

chromatische Abweichung des Fernrohres erhält man dann aus der
Nachfokussierung, die erforderlich ist, um beim Übergang von einer
Wellenlänge zur anderen das gleiche System von Ringen oder Fizeau-
schen Streifen zu erhalten.

Von H. KÖHLER wurde die Prüfung mit einem künstlichen Stern als
Objekt weiter entwickelt. Bei der von ihm angegebenen Prüfapparatur,

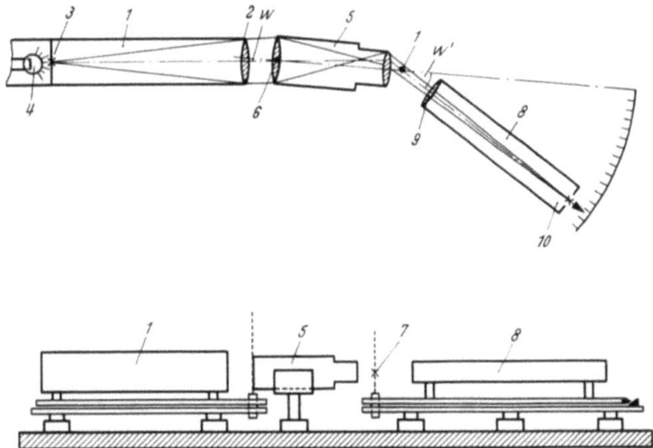

Abb. 325. Meßanordnung von H. Köhler zur Prüfung der Abbildungsgüte eines Fernrohres
mit Hilfe eines künstlichen Sternes

Abb. 326. Ansicht der Meßanordnung von H. KÖHLER

die Abb. 325 im Schema und Abb. 326 in der Ansicht zeigt, befindet sich
in der Brennebene des Kollimators ein Stern, der mit verschieden
farbigem Licht beleuchtet werden kann und dessen Größe variabel
ist. Auf der anderen Seite des Kollimators befindet sich der Prüfling, der zur Messung der außeraxialen Bildgüte um die Eintrittspupille geschwenkt werden kann. Um die Austrittspupille schwenkbar

angeordnet ist eine Kamera mit relativ großer Brennweite (500—800 mm). In ihrer Brennebene entsteht jetzt ein stark vergrößertes Bild des Sternes. Es kann mit Hilfe einer Teilungsplatte von der Seite her beobachtet werden, und es können gleichzeitig photographische Aufnahmen vorgenommen werden. Die Größe des so gewonnenen Testbildes ist ein reproduzierbares Maß für die Abbildungsgüte des Prüflings. Die auf S. 58 wiedergegebenen Zerstreuungsfiguren von Fernrohren außerhalb der Achse sind mit dieser Anordnung gewonnen worden. Es

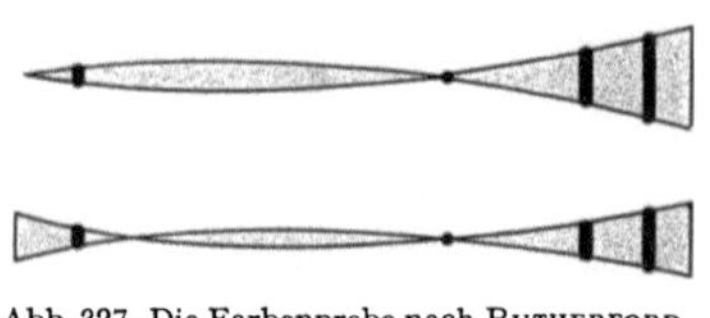

Abb. 327. Die Farbenprobe nach RUTHERFORD

hat sich in der Praxis bewährt, die außeraxiale Abbildungsgüte der Fernrohre durch zwei Zahlen zu kennzeichnen, nämlich einmal durch die absolute Ausdehnung der ermittelten Zerstreuungsfigur bei einem bestimmten Bildwinkel und bei Fokussierung auf Unendlich und zweitens um Angabe des Betrages, um den das Fernrohr nachfokussiert werden muß, um die kleinste Ausdehnung der Zerstreuungsfigur zu erhalten. Die chromatische Abweichung in der Achse eines Fernrohres erhält man, wenn man nacheinander mit monochromatischem Licht verschiedener Wellenlänge beobachtet. Der Betrag der chromatischen Abweichung entspricht der erforderlichen

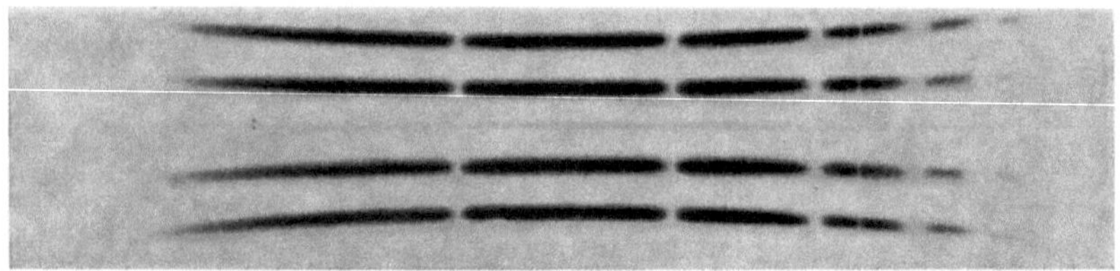

Abb. 328. Eine Aufnahme mit dem Okularspektrographen nach dem Hartmannschen Prüfverfahren

Nachfokussierung am Fernrohr, um die kleinste Ausdehnung der Zerstreuungsfigur bei der jeweiligen Wellenlänge zu erhalten. Die Apparatur von H. KÖHLER eignet sich auch zur Bestimmung des objektiven und subjektiven Sehfeldes von Fernrohren, wie es in § 36 angedeutet wurde.

Die Farbabweichung eines Fernrohres kann man auch mit anderen Methoden messen. Bei der Methode von RUTHERFORD bringt man hinter das Okular einen geradsichtigen Prismensatz und zieht damit das Bild eines Lichtpunktes in ein Spektrum auseinander. An der Stelle derjenigen Farben, auf deren Bilder das Okular eingestellt ist, zeigen sich Einschnürungen (Abb. 327), die mit der Verschiebung des Okulares auf der Achse wandern; so stellt man die Längsabweichung fest, während die Verbreiterung des Spektrums unmittelbar die Seitenabweichung darstellt. Abb. 328 zeigt nach dem Hartmannschen Verfahren eine Aufnahme mit einem Okularspektrographen, dessen Spalt das Licht von den Öffnungen für zwei Zonen aufnahm. Man erhält so wie bei WETT-HAUER unmittelbar die Kurve des sekundären Spektrums, in der die Unterbrechungen den Fraunhoferschen Linien entsprechen.

Die bisher beschriebenen Prüfverfahren gingen davon aus, festzustellen, welche Restbeträge der geometrisch-optischen Aberrationen (einschließlich der durch die Fertigungsungenauigkeit bedingten) in dem zu prüfenden Fernrohr noch vorhanden sind. Die Beantwortung der Frage, wie sich der Prüfbefund auf die Wirkung des Fernrohres, also auf das Auflösungsvermögen von Objekteinzelheiten, auswirkt, war offengelassen worden. Die Beantwortung dieser Frage ist im übrigen nicht einfach, da das Auflösungsvermögen eines optischen Instrumentes von vielen Variablen (Objektkontrast, Objektgröße, Umfeldleuchtdichte) und ganz besonders von den Eigenschaften des Beobachterauges abhängt. Es ist daher kaum möglich, mit einer Zahlenangabe „dem Auflösungsvermögen" die Abbildungsgüte zu charakterisieren. Auf diesen Sachverhalt werde ausdrücklich hingewiesen, wenn jetzt noch einige Bemerkungen über die Messung des „Auflösungsvermögens" gemacht werden.

Das nächstliegende Verfahren, das Auflösungsvermögen zu messen, besteht darin, festzustellen, in welcher Winkeldistanz zwei leuchtende kleine

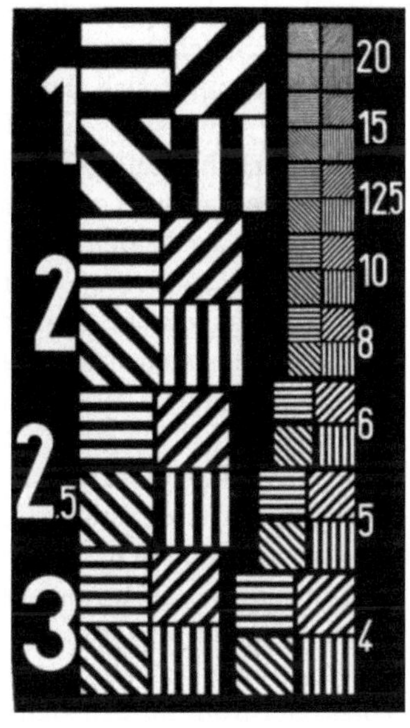

Abb. 329. Das Foucaultsche Testobjekt

Kreisscheiben noch als getrennt wahrgenommen werden. Man benutzt am besten von hinten beleuchtete Lochblenden. Man beobachtet möglichst in endlichem Abstand, da bei Anwendung eines Kollimators die Abmessung der Lochblenden und ihr Abstand voneinander nicht mehr realisierbar ist. Die Grenze der Auflösung bestimmt man entweder durch Änderung des Abstandes der beiden Lochblenden gegeneinander mit Hilfe einer Mikrometerschraube oder durch Variation des Beobachtungsabstandes. Das in dieser Weise gemessene Doppelsternauflösungsvermögen ist allerdings relativ unabhängig von den Bildfehlern, der Zahlenwert dieses Auflösungsvermögens ist keineswegs ein Charakteristikum des Fernrohrs für die unter anderen Beobachtungsbedingungen empfundene Abbildungsgüte.

Brauchbarer sind die Werte des „Auflösungsvermögens", die mit Hilfe des sog. Foucaultschen Testes gewonnen werden. Dieses ist in Abb. 329 wiedergegeben. Es besteht aus Strichgittern, bei denen die undurchlässigen Stäbe und die durchlässigen Spalten des Gitters gleich groß sind. Für jeden Wert der „Gitterkonstante" werden die Striche in vier verschiedenen Azimuten dargeboten, um auch den Einfluß des Astigmatismus zu erfassen. Man kann den Foucaultschen Test sowohl in endlichem Beobachtungsabstand als auch in der Brennebene eines Kollimators anwenden. Beobachtung in endlichem Beobachtungsabstand ist zu bevorzugen. Aufgelöst ist dasjenige Feld des Foucaultschen Testes, bei denen die Gitterstriche in allen Azimuten noch trennbar sind. Aus Strichabstand und Beobachtungsentfernung bzw. Kollimatorbrennweite ergibt sich dann das „Auflösungsvermögen" im Winkelmaß. Um die Wirkungsweise des Fernrohres eindeutig zu charakterisieren, ist es erforderlich, Auflösungsvermögen bei verschiedenen Kontraststufen des Foucaultschen Testes durchzuführen.

Werden die beiden beschriebenen Verfahren zur Messung des Auflösungsvermögens mit bloßem Auge vorgenommen, so wie das Fernrohr auch sonst gebraucht wird, dann sind in den Zahlenangaben des gemessenen „Auflösungsvermögens" die Eigenschaften des Beobachterauges für die speziellen Beobachtungsverhältnisse enthalten. Dieser Wert wird also von Beobachter zu Beobachter verschieden ausfallen, und vor allem wird er sehr stark von der Umfeldleuchtdichte und vom Kontrast abhängen. Diese Meßwerte, die gelegentlich auch von Interesse sein können, dürfen nicht als Instrumentaleigenschaft angesehen werden. Will man das „Auflösungsvermögen" als reine Instrumentaleigenschaft mit den beiden angeführten Verfahren ermitteln, dann ist — wie oben bereits einmal erwähnt — es notwendig, das Fernrohrbild mit einem Vorsatzfernrohr zu beobachten. Die Vergrößerung des Vorsatzfernrohrs hat man so groß zu wählen, daß das Auflösungsvermögen des Auges mit Sicherheit größer als das des Fernrohrs (bezogen auf die Augenseite) ist. Nach den Ausführungen des § 7 wird man mit der Vergrößerung des Vorsatzfernrohres so weit gehen, daß die Austrittspupille hinter dem Vorsatzfernrohr kleiner als 1 mm ist. Man hat dann die Eigenschaften des Beobachterauges eliminiert und erhält Meßwerte, die von der Umfeldleuchtdichte nahezu unabhängig sind, wenn man im Bereich des Tagessehens bleibt. Zu bemerken ist jedoch, daß zur Charakterisierung der Abbildungsgüte eines Fernrohrs die Messung des Auflösungsvermögens bei einem einzigen Kontrastwert des Objektes (z. B. Schwarz-Weiß-Kontrast, $K = 1$) nicht genügt, da Abbildungsfehler sich möglicherweise erst bei geringeren Kontrasten auswirken. Auch wenn durch Beobachtung mit Vorsatzfernrohr die Eigenschaften des Beobachterauges ausgeschaltet sind, ist eine eindeutige Angabe der

Abbildungsgüte nur durch Messung bei verschiedenen Kontraststufen im Objekt möglich.

Die Abhängigkeit des als Instrumentaleigenschaft aufzufassenden physikalischen Auflösungsvermögens vom Kontrast und die dadurch bedingte Schwierigkeit, die Abbildungsgüte mit einfachen Zahlenangaben zu charakterisieren, haben in allerletzter Zeit zur Entwicklung von neuen Verfahren zur Charakterisierung der Abbildungsgüte optischer Instrumente geführt. Bei diesem Verfahren wird ein sog. Kontrastübertragungsfaktor in Abhängigkeit von einer „Ortsfrequenz" ermittelt und kurvenmäßig dargestellt. In Abb. 330 ist eine Anordnung zur Messung des Kontrastübertragungsfaktors dargestellt. In der Brennebene des Kollimators K befindet sich ein gitterförmiges Test G. Angestrebt

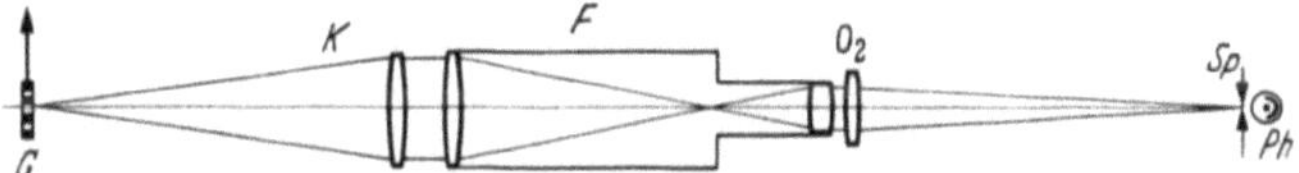

Abb. 330. Anordnung zur Messung des Kontrastübertragungsfaktors von Fernrohren

wird ein sinusförmiger Verlauf der Durchlässigkeit. Es kann jedoch auch ein rechteckförmiger Verlauf der Durchlässigkeit angewendet werden (s. unten). Rechteckförmiger Verlauf bedeutet, Stege und Spalte im Gitter sind gleich groß. Man wendet im Test den Kontrast 1 an, also absolute Undurchlässigkeit im Minimum und volle Durchlässigkeit im Maximum. Die Anordnung muß die Möglichkeit besitzen, die Gitterkonstante in weiten Grenzen zu variieren. Zu diesem Zwecke werden entweder eine große Anzahl von Testplatten mit verschiedener Gitterkonstante angewendet, oder man wendet ein Radialgitter an, das längs des Radius verschoben wird. Hinter dem Kollimator befindet sich der Prüfling und dahinter eine Aufnahmekammer, in deren Brennebene ein Bild vom Test erzeugt wird. In dieser Brennebene befindet sich ferner der Präzisionsspalt Sp mit einer Spaltbreite von wenigen μ. Dahinter eine photoelektrische Meßeinrichtung Ph. Zur Messung wird das Testgitter G in der Objektebene des Kollimators bewegt und mit der photoelektrischen Meßeinrichtung die Änderung der Beleuchtungsstärke im Spalt gemessen. Diese Messung wird bei verschiedenen Gitterkonstanten durchgeführt; für die Gitterkonstante, angegeben als Striche pro Millimeter, hat sich in Anlehnung an den Sprachgebrauch der Nachrichtentechnik die Bezeichnung „Ortsfrequenz" eingebürgert. Ein ideal abbildendes Fernrohr müßte für alle Ortsfrequenzen den Kontrastübertragungsfaktor 1 besitzen. Bereits die Beugungserscheinungen bewirken, daß nach hohen Ortsfrequenzen (kleine Strichabstände im Test) der Kontrast in der Spaltebene Sp abnimmt. Der Kontrastübertragungsfaktor ist also bei höheren Frequenzen kleiner als 1. Dieses zeigt die Kurve *a* in Abb. 331. (Sie wurde theoretisch ermittelt mit einem Rechenverfahren, auf das hier nicht eingegangen werden kann.) Je nach Abbildungsgüte der Fernrohre erhält man Kurven, die unter dieser theoretischen Kurve liegen, sie sind

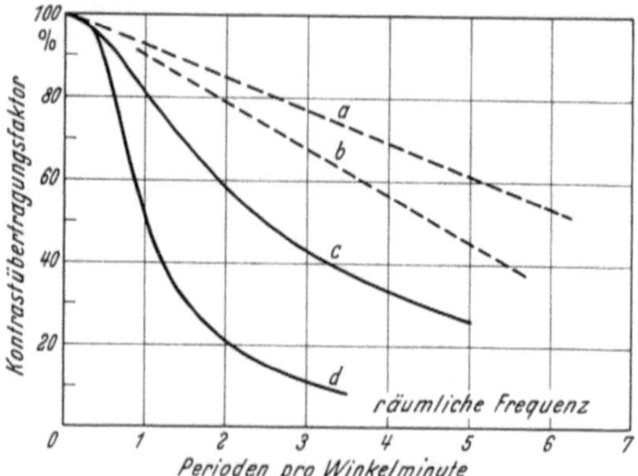

Abb. 331. Kontrastübertragungsfaktoren in Abhängigkeit von der Ortsfrequenz auf der Objektseite. a) theoretische Werte für ein ideal abbildendes System mit $D = 30$ mm; b) gemessene Werte der Meßapparatur ohne Prüfling ($D = 30$ mm); c) Feldstecher 8×30 in der Achse gemessen; d) Feldstecher 8×30 gemessen bei $w' = 30°$

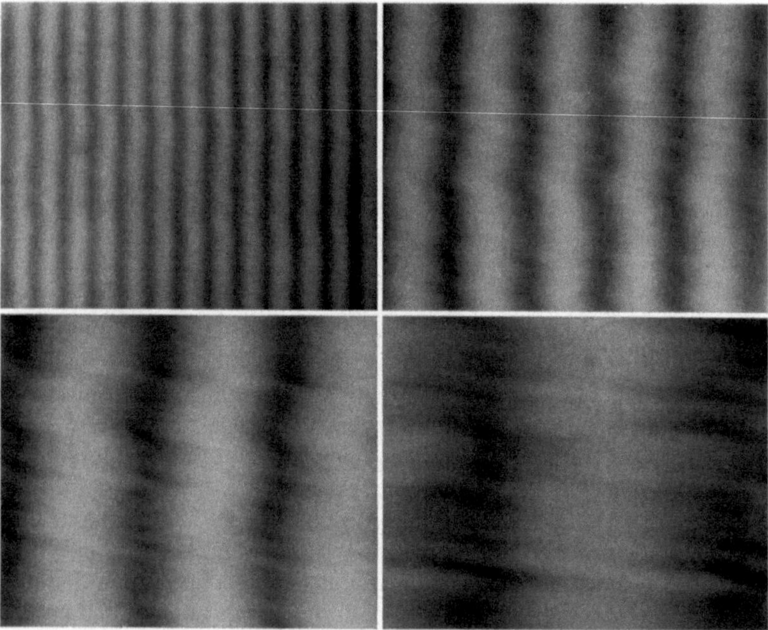

Abb. 332. Vergrößerte photographische Wiedergabe eines Moirée-Gitters. Zwei Rechteckgitter mit einem Strichabstand von 10 μ sind gegeneinander verdreht. Die sich dabei ergebende Feinstruktur ist nicht mehr aufgelöst. (Die Unregelmäßigkeiten im Streifenverlauf sind Auswirkungen von Teilungsfehlern)

in Abb. 331 als *b* und *c* wiedergegeben. Man kann die Messung des Kontrastübertragungsfaktors durch punktweises Messen der Beleuchtungsintensität bei jeweils von Hand durchgeführter Verschiebung des Testes durchführen, man kann jedoch das Test auch automatisch bewegen (ein Radialgitter kann man z. B. umlaufen lassen) und die der Beleuchtungsänderung entsprechende Wechselspannung mit elektronischen Mitteln zur Anzeige bringen. Am leichtesten herzustellen sind Gitterteste mit rechteckförmigem Verlauf. Für diese ist jedoch die Berechnung der Kontrastübertragungsfaktoren aus den Bildfehlern schwierig. Man bemüht sich daher, eine solche sinusförmige Durchlaßfunktion herzustellen. Annähernd sinusförmigen Verlauf erhält man bei Benutzung der sog. Moirée-Wirkung zweier Gitter mit großer Gitterkonstante, deren Strichrichtungen einen Winkel miteinander bilden. Durch Verändern des Winkels kann man verschiedene „Ortsfrequenzen" einstellen. Abb. 332 zeigt Aufnahmen eines solchen „Moirée-Gitters".

§ 40. Die Prüfung der Abbildungsgüte von Objektiven

Wenn auch für den Benutzer eines Fernrohres in erster Linie die Kenntnis der Abbildungsgüte des gesamten Fernrohres wichtig ist, deren Messung im § 38 beschrieben wurde, so gibt es doch auch Fälle, wo die Kenntnis der Abbildungsgüte des Objektivs allein von Interesse sein kann. Das ist in der Regel bei den astronomischen Fernrohren der Fall. Die im vorigen Paragraphen behandelten Methoden zur Messung der Abbildungs

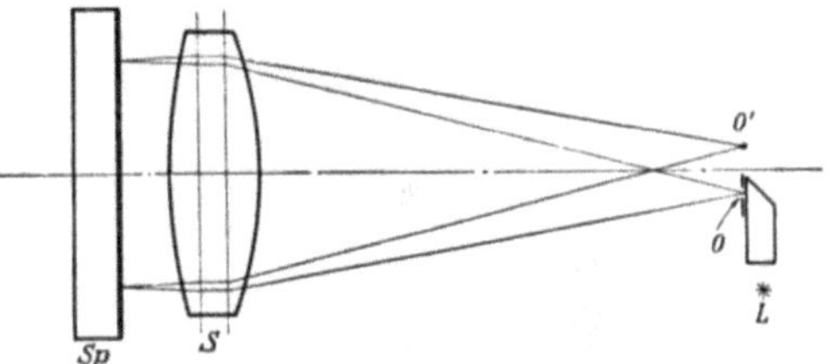

Abb. 333. Schema der Objektivprüfung in Autokollimation

güte mit Hilfe der Sternprüfung, mit dem Wetthauerschen Prüfapparat oder mit dem Twymanschen Interferometer sind auch auf die Prüfung von Objektiven anwendbar. Bei der Sternprüfung beobachtet man mit einem natürlichen Stern oder mit einem künstlichen Stern in der Brennebene eines Kollimators. Das Bild in der Brennebene wird mit einem Mikroskop beobachtet. Für die am Mikroskop beobachteten Erscheinungen gilt dann sinngemäß das im vorigen Paragraphen Gesagte (vgl. Abb. 318). Oft wird auch das Verfahren der Autokollimation angewandt (Abb. 333). Mit einem Reflexionsprisma und — wenn nötig — einer Beleuchtungslinse, die die Lichtquelle *L* auf einer Lochblende *O* abbildet, wird ein Lichtpunkt möglichst dicht neben dem Brennpunkt des Objektivs erzeugt. Die davon ausgehenden Strahlen durchsetzen das Objektiv *S* und werden von einem zur Achse senkrecht stehenden, geprüften Planspiegel *Sp* nahezu in sich zurückgeworfen. Sie durchsetzen dann das Objektiv zum zweiten Male und vereinigen sich auf der anderen Seite in O', neben dem Brennpunkt. Die Abweichungen sind verdoppelt, das Verfahren ist daher doppelt so empfindlich.

Das Schneidenverfahren von FOUCAULT, dessen rohe Grundform auf HUYGENS (1703) zurückgeht, besteht darin, eine Messerschneide von der

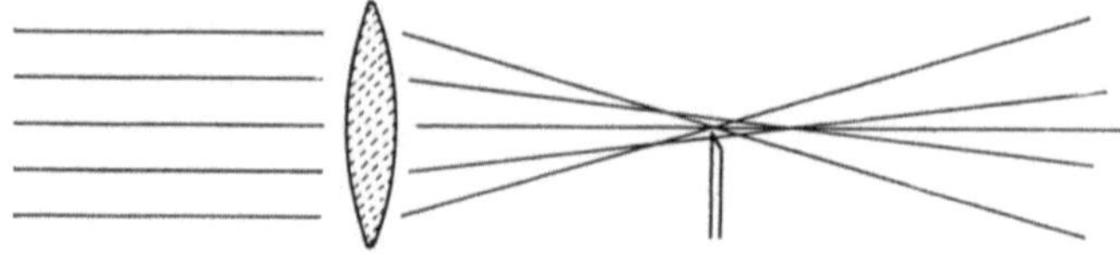

Abb. 334. Die Schneidenprüfung nach FOUCAULT

Seite in das Strahlenbündel zu schieben, das die von dem entfernten Lichtpunkt ausgehenden Strahlen nach dem Durchgang durch das Objektiv bilden (Abb. 334). Man prüft gewöhnlich in Autokollimation

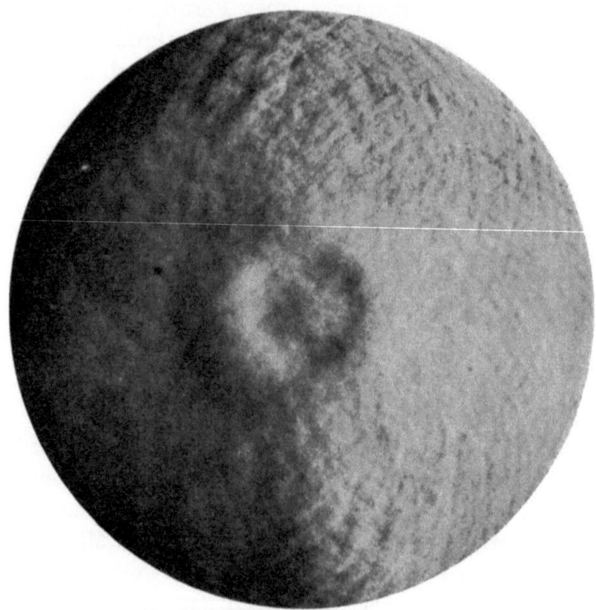

Abb. 335. Das Bild eines Objektivs bei der Foucaultschen Schneidenprüfung
(Großer Refraktor in Babelsberg, $D = 600$ mm, $f' = 10$ m)

an einem guten Planspiegel. Wird die Schneide dicht vor oder hinter der Brennebene durchbewegt, so wandert ein unscharfer Rand über die Objektivöffnung, und zwar in demselben Sinne wie die Schneide, wenn dieselbe sich zwischen dem Objektiv und dem Brennpunkt durchbewegt. Wird die Schneide in der Brennebene verschoben, und werden die Strahlen streng in einen Punkt vereinigt, so wird für ein Auge hinter der Schneide das Objektiv plötzlich über die ganze Fläche verdunkelt, wenn die Schneide den Bildpunkt trifft; ist aber z. B. sphärische Abweichung vorhanden (Abb. 334), so werden die einzelnen Zonen der Öffnung bei der Verschiebung nacheinander verdunkelt; Abb. 335 zeigt einen solchen Anblick des Objektives; man erkennt deutlich die feinen Polierzonen.

Das Objektiv erweckt den Anschein eines Reliefs, das der Form entspricht, die die Normalenfläche zu den Strahlen, die Wellenfläche, zeigen würde, wenn ihre Abweichungen stark übertrieben wären und die

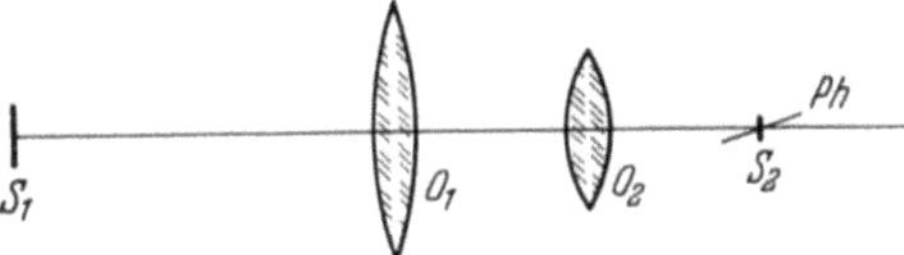

Abb. 336. Die Wetthauersche Prüfanordnung für Objektive

scheinbare Schattenwirkung durch ein Licht hervorgebracht wäre, das sich auf der anderen Seite befindet, als von der die Schneide herangeschoben wurde.

Das im vorigen Paragraphen beschriebene Verfahren von WETTHAUER ist ursprünglich überhaupt für die Objektivprüfung vorgesehen gewesen. Zu beachten ist allerdings, daß die Anwendung dieses Ver-

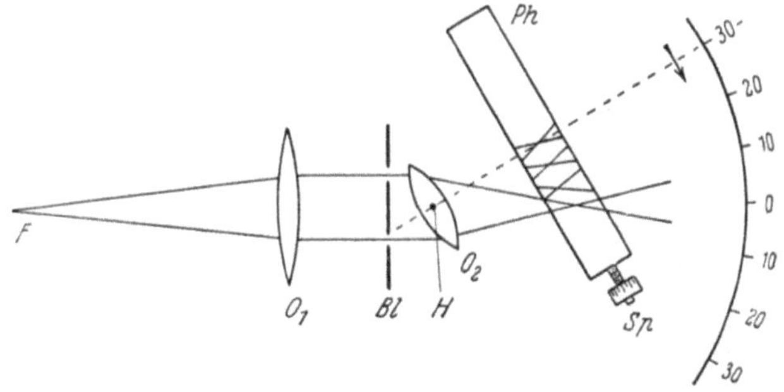

Abb. 337. Die Wetthauersche Anordnung zur Objektivprüfung außer der Achse

fahrens auf Objektive mit großem Durchmesser und großen Brennweiten apparativ sehr aufwendig wird. Die Anwendung des Verfahrens erfolgt unter sinngemäßer Abwandlung der im vorigen Paragraphen gemachten Ausführungen. Man hat sich das Kollimatorobjektiv O_1 zusammen mit dem Fernrohr F durch den Prüfling O_2 ersetzt zu denken, wie es Abb. 336 schematisch zeigt. Für die Messung der außeraxialen Bildgüte ist der Prüfling zusammen mit der Aufnahmekamera um die Eintrittspupille des Prüflings zu schwenken (vgl. Abb. 337).

Um das Twymansche Interferometer für die Prüfung von Objektiven zu verwenden, wird entsprechend Abb. 338 das Fernrohr mit dem Planspiegel P durch das zu prüfende Objektiv mit einem Kugelspiegel K

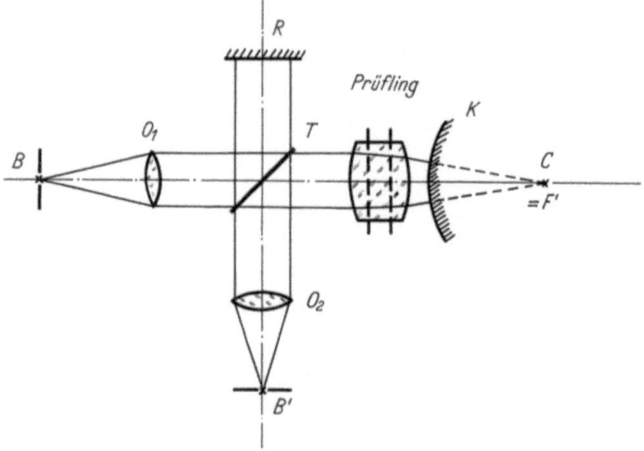

Abb. 338. Das Twymansche Interferometer zur Prüfung von Objektiven

ersetzt. Wenn bei einem aberrationsfreien Objektiv der Krümmungsmittelpunkt des Kugelspiegels mit dem Brennpunkt des Objektivs zusammenfällt, tritt entweder völlige Aufhellung oder völlige Verdunklung im Gesichtsfeld auf. Wird der Kugelspiegel aus dem Brennpunkt herausbewegt oder ist das Objektiv mit Aberrationen behaftet, so treten — wie im Falle des Fernrohres — Ringe gleichen Gangunterschieds auf. Durch Kippen des Kugelspiegels kann man — ähnlich wie im Fernrohrfalle — auf Fizeausche Streifen einstellen. Ähnlich wie beim Wetthauer-Verfahren ist auch das Twyman-Interferometer auf Objektive mit nicht allzu großen Durchmessern beschränkt.

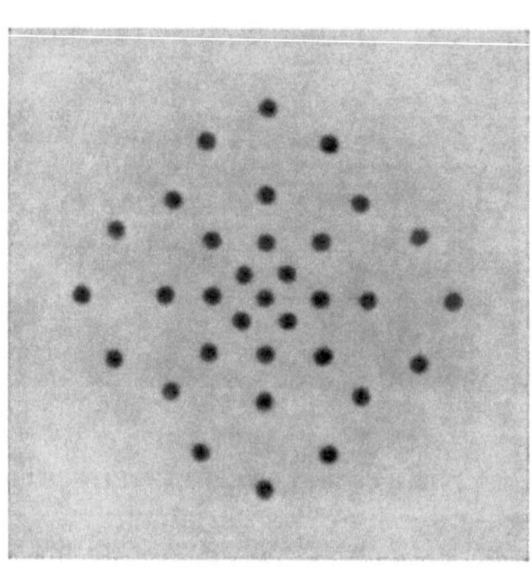

Abb. 339. Eine Aufnahme in einfarbigem Licht nach dem Hartmannschen Prüfverfahren

Zur Messung der sphärischen und chromatischen Abweichungen ist bei den Astronomen das Verfahren HARTMANN beliebt. Aus dem von einem Lichtpunkt ausgehenden Bündel werden durch eine Blende eine Anzahl regelmäßig angeordneter Teilbündel ausgesondert. Die Lage der

Achsen der zugehörigen Bildbündel wird durch die Mitten ihrer Zerstreuungskreise in zwei zur Objektivachse senkrechten Ebenen bestimmt, die annähernd gleich viel vor und hinter dem Bildort liegen. In diesen Ebenen werden photographische Aufnahmen gemacht (Abb. 339) und mikroskopisch ausgemessen. Die Auswertung liefert für monochromatisches Licht die sphärische Abweichung und für Licht von verschiedener Wellenlänge die chromatischen Abweichungen. Die Auswertung einer Messung nach dem Hartmannschen Verfahren sei anhand von Abb. 340 erläutert. In dieser Abbildung sind zwei symmetrisch zur optischen Achse im Abstand h einfallende Teilbündel herausgegriffen.

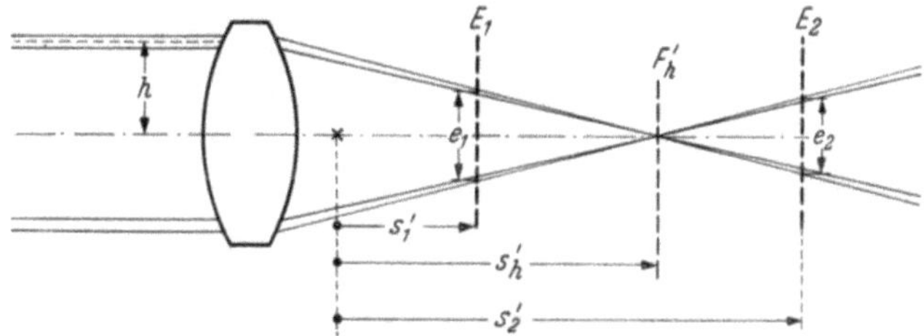

Abb. 340. Zur Auswertung der Aufnahmen beim Hartmannschen Prüfverfahren

In den Ebenen E_1 und E_2 hat sich bei den Aufnahmen die Platte befunden. Sie sind definiert durch den Abstand s_1' und s_2', bezogen auf eine mit dem Prüfling fest verbundene, durch ein Kreuz in Abb. 340 angedeutete Marke. Mikroskopisch ausgemessen sind die Abstände e_1 und e_2, die die Mitten der Zerstreuungskreise auf den photographischen Aufnahmen voneinander haben. Gesucht ist der vom gleichen Bezugspunkt aus gerechnete Abstand s_h' des Schnittpunktes der Strahlenbündel F_h'. Der Strahlensatz liefert

$$\frac{s_h' - s_1'}{s_2' - s_h'} = \frac{e_1}{e_2} \; ; \qquad (40.1)$$

daraus folgt:

$$s_h' = s_1' + \frac{e_1}{e_1 + e_2}\,(s_2' - s_1') \; . \qquad (40.2)$$

Die Differenzen der verschiedenen Werte von s_h', die mit verschiedenem Abstand der Lochblenden h von der optischen Achse gewonnen wurden, liefern den Verlauf der sphärischen Abweichung. Durch eine Wiederholung des Verfahrens mit Licht einer anderen Wellenlänge erhält man die chromatische Abweichung. Das Hartmannsche Verfahren wird heute noch bei Objektiven mit großen Durchmessern gern angewendet. Da ein Kollimator für große Durchmesser meist nicht vorhanden ist, der außerdem durch seine Aberration das Ergebnis verfälschen würde, ist man bei der Durchführung des Hartmannschen Verfahrens im allgemeinen auf die Anwendung eines Objektpunktes in endlichem Abstand angewiesen; die nach dem oben beschriebenen Verfahren erhaltenen Werte $\Delta s_h'$ gelten also zunächst für den in der Regel angewendeten endlichen Objektabstand s. Sie seien deshalb mit $\Delta s_{hs}'$ gekennzeichnet. Man erhält daraus den für unendlichen Objektabstand gültigen Wert der Aberration $\Delta s_{h\infty}'$ durch die von LEHMANN angegebene Reduktionsformel

$$\Delta s_{h\,\infty}' = \left(\frac{s + f'}{s}\right)^2 \Delta s_{hs}'. \tag{40.3}$$

Das Ergebnis einer Objektivprüfung nach dem Verfahren von HARTMANN wird vielfach durch die Angaben der auf LEHMANN zurückgehenden „technischen Konstanten" T zusammengefaßt. Diese gewinnt man wie folgt: Zunächst wird die geometrisch günstigste Einstellebene ermittelt, für die sich die kleinste Ausdehnung der geometrischen Zerstreuungsfigur ergibt. Sie ist in der Regel dadurch gekennzeichnet, daß die Zerstreuungskreise zweier dem Objektivrand am nächsten liegenden Zonen gleich groß sind. Bezeichnet man mit s_0' den Abstand des Gaußschen Brennpunktes vom Bezugspunkt, auf den die mit der Hartmannschen Methode bestimmte sphärische Abweichung der einzelnen Zonen zu beziehen sind, dann sind für die beiden benachbarten Randzonen die Schnittweiten:

$$\overline{s_1'} = s_0' + \Delta s_1',$$
$$\overline{s_2'} = s_0' + \Delta s_2'.$$

Es werden nun die Durchmesser der Zerstreuungsscheiben B_1 und B_2 berechnet, die zu diesen Schnittweiten gehören, und die sich in einer mittleren Entfernung $\overline{s_m'}$ ergeben, die zwischen den Schnittweiten $\overline{s_1'}$ und $\overline{s_2'}$ liegt. Man erhält für diese Zerstreuungskreisdurchmesser

$$B_1 = 2\left(\overline{s_1'} - s_m'\right)\frac{h_1}{f'} \tag{40.4a}$$

und

$$B_2 = 2\left(s_m' - \overline{s_2'}\right)\frac{h_2}{f'}. \tag{40.4b}$$

Aus der Gleichsetzung von beiden ergibt sich

$$s_m' = \frac{h_1\,\overline{s_1'} + h_2\,\overline{s_2'}}{h_1 + h_2} \tag{40.5}$$

oder

$$s_m' - s_0' = \Delta s_m' = \frac{h_1\,\Delta s_1' + h_2\,\Delta s_2'}{h_1 + h_2}. \tag{40.6}$$

Man bildet nun die auf die mittlere Einstellebene bezogenen sphärischen Abweichungen

$$\Delta \overline{s_h'} = \Delta s_h' - \Delta s_m', \tag{40.7}$$

aus der sich der in der mittleren Einstellebene wirksame Zerstreuungs-kreisdurchmesser für die einzelnen Zonen ergibt:

$$B'_h = 2\frac{h}{f'}\, \Delta s'_h\,. \tag{40.8}$$

Die mit den ursprünglich angenommenen Werten h_1 und h_2 nach Gl. (39.8) gebildeten Zerstreuungskreisdurchmesser B'_h müssen die größten aller erfaßten sein. Ist das nicht der Fall, muß die Bestimmung von $\Delta s'_m$ mit anderen Zonen wiederholt werden. Aus sämtlichen Werten B'_h bildet man nun nach LEHMANN eine mittlere Zerstreuungsscheibe, die dem nach der geometrischen Lichtverteilung gewogenen Mittel der einzelnen Zer-streuungsscheiben entspricht. LEHMANN führt dafür die Formel an:

$$B' = \frac{2}{f'}\,\frac{\sum h^2 (\Delta s'_h - \Delta s'_m)}{\sum h}\,. \tag{40.9}$$

Daraus wird die technische Konstante T gebildet:

$$T = \frac{10^5 \cdot B'}{f'}\,. \tag{40.10}$$

Der Zahlenwert dieser technischen Konstanten entspricht dem 10^5fachen Durchmesser des geometrischen Zerstreuungsscheibchens im Bogenmaß. $2{,}06\,T$ ist der Durchmesser dieses mittleren Zerstreuungskreises in Bogensekunden. Für große astronomische Objektive, bei denen der geome-trische Zerstreuungskreis infolge der großen Brennweite häufig größer ist als das Beugungsscheibchen (Objektivdurchmesser größer als 500 mm), bedeutet nach KESSLER $T > 1{,}5$: mäßige Bildgüte, $T < 0{,}5$: ausgezeich-nete Bildgüte. Die meisten ausgeführten Objektive liegen dazwischen.

Nach dem, was in § 1 über das Wesen der optischen Abbildung im allgemeinen und in § 7 über die Beugungserscheinungen gesagt wurde, ist die rein geometrische Charakterisierung der Bildgüte eines Objektives durch die Lehmannsche Konstante unbefriedigend. Sinnvoller ist eine Charakterisierung der Abbildungsgüte durch eine Größe, die die Wellen-natur des Lichtes berücksichtigt. Eine solche Charakterisierung aus den Ergebnissen einer Hartmann-Prüfung hat der finnische Physiker VÄISÄLÄ gegeben. Seine Methode, die Ergebnisse der Hartmann-Prüfung durch eine Konstante auszudrücken, werde in etwas abgewandelter Form wiedergegeben:

Die auf den Gaußschen Bildpunkt bezogenen Strahlenaberrationen $\Delta s'_h$ hat man zunächst in Wellenaberrationen $L\,(h)$ umzurechnen. Den Zusammenhang liefert:

$$L\,(h) = \frac{-1}{f'^2} \int_0^a \Delta s'_h\, h\, dh \tag{40.11}$$

f' ist wie immer die Brennweite des Objektivs, a der Radius des Objek-tivs. Die Durchführung der Integration ist numerisch (z. B. mit der

Simpsonschen Regel) vorzunehmen. Das so bestimmte $L(h)$ ist die Wellenabweichung bezogen auf eine Wellenfläche mit dem Krümmungsmittelpunkt im Brennpunkt. Man berechnet nun die mittlere, quadratische Abweichung E_0, die die wirkliche Wellenfläche des Objektivs von der der günstigsten Einstellung entsprechenden Referenzkugelfläche besitzt. Die günstigste Referenzkugelfläche ist diejenige, für die der lineare Mittelwert der Wellenabweichung zu Null wird und für die die eben genannte Größe E_0 zu einen Minimum wird. Für diese mittlere, quadratische Abweichung E_0 erhält man die Gleichung:

$$E_0 = \frac{2}{a^2} \int\limits_0^a [L(h)]^2 \, h \, d\,h - \frac{4}{a^4} \left\{ \int\limits_0^a L(h) \, h \, d\,h \right\}^2 -$$

$$- 3 \left\{ \frac{2}{a^2} \int\limits_0^a L(h) \, h \, d\,h - \frac{4}{a^4} \int\limits_0^a L(h) \, h^3 \, d\,h \right\}. \qquad (40.12)$$

Die darin auftretenden Integrale sind ebenfalls numerisch auszuwerten. Wenn die Wellenabweichungen hinreichend klein sind, führt der Wert E_0 unmittelbar auf einen anschaulichen Wert für die Abbildungsgüte, nämlich die sog. Definitionshelligkeit J. Darunter versteht man das Verhältnis der Intensität im Beugungsmaximum zur entsprechenden Intensität eines idealen Systems. Die Beziehung hierfür lautet:

$$J = \left\{ 1 - \frac{2\,\pi^2}{\lambda^2} E_0 \right\}^2. \qquad (40.13)$$

Nach einer auf Lord Rayleigh zurückgehenden Konvention bezeichnet man die Abbildungsgüte als ausreichend, wenn die Definitionshelligkeit $J > 80\%$ ist. Nach Gl. (40.13) bedeutet das, daß gelten muß:

$$E_0 < \frac{188}{\lambda^2}. \qquad (40.14)$$

Tritt als Bildfehler nur sphärische Abweichung auf, dann heißt das, daß die größte Wellenabweichung von der mittleren Kugelfläche $< \frac{\lambda}{4}$ ist. Wenn die Bildfehler hinreichend klein sind, sollte man die Väisäläsche Charakterisierung der Abbildungsgüte auf alle Fälle bevorzugen.

Die Anwendung der Väisäläschen Beziehungen (40.11) bis (40.14) hat natürlich nicht zur Voraussetzung, daß die Wellenaberration $L(h)$ nach (40.11) nach dem relativ umständlichen Hartmannschen Meßverfahren ermittelt wird. Man kann selbstverständlich die Väisäläschen Beziehungen auch anwenden, wenn $L(h)$ direkt bestimmt wird, z. B. mit dem Twymanschen Interferometer bei kleineren Objektiven. Auch für große Objektive gibt es solche interferometrische Verfahren zur direkten Bestimmung der Wellenaberrationen. Ein solches, von VÄISÄLÄ angegebenes Verfahren soll nun noch mitgeteilt werden (vgl. hierzu Abb. 341):

Am Objektiv wird ein Lochblendenpaar mit dem Lochabstand e vor dem Objektiv auf einem Meridian in verschiedenen Abständen von der Achse nacheinander angebracht, und zwar so, daß die Verbindungslinie der Löcher einem Meridian des Objektivs parallel ist und daß jeweils nach dem Verschieben das erste Loch des Lochpaares an die vorher vom zweiten Loch eingenommene Stelle zu liegen kommt. In einer beliebigen Stellung bezeichnet P_ν die Stelle des ersten, $P_{\nu+1}$ die Stelle des zweiten Loches auf der gestrichelt gezeichneten Wellenfläche in unmittelbarer Nähe des Objektivs (Abb. 341). Von den entsprechenden Punkten P'_ν und $P'_{\nu+1}$ der ausgezogenen Bezugskugelfläche hat die wirkliche Wellenfläche die Abstände bzw. die Wellenaberrationen L_ν und $L_{\nu+1}$. Da man mit dem Verfahren in der optischen Achse beginnt, wo L_0 bekannt, nämlich gleich Null ist, läuft das Verfahren darauf hinaus, $L_{\nu+1}$ zu bestimmen, wenn

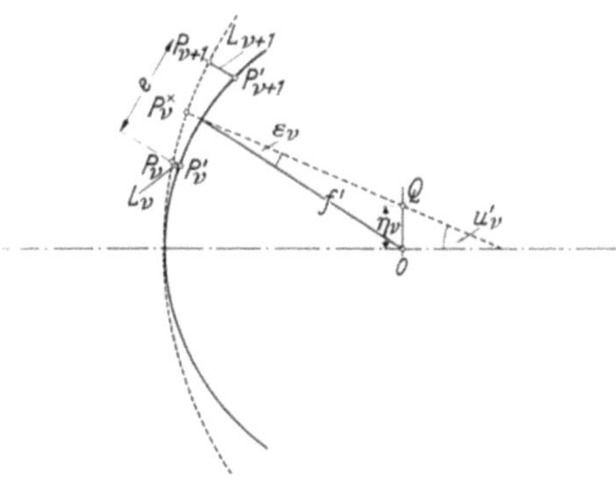

Abb. 341. Zum Verfahren von VÄISÄLÄ zur interferometrischen Bestimmung der Wellenaberration

L_ν bekannt ist. $L_{\nu+1}$ läßt sich aus L_ν mit Hilfe der Interferenzerscheinung bestimmen, die die beiden Lochblenden in der Nähe der Brennebene erzeugen. Es entsteht nämlich ein Interferenzstreifensystem mit einem deutlich erkennbaren Mittelstreifen, der durch den Punkt Q geht, dem Schnittpunkt der achsensenkrechten Einstellebene mit der Mittelnormalen zu dem Wellenflächenstück $P_\nu P_{\nu+1}$. Der Abstand η_ν dieses Mittelstreifens vom Punkt O auf der optischen Achse läßt sich mikrometrisch bestimmen. Daraus folgt $L_{\nu+1}$ bei bekanntem L_ν in folgender Weise:

Ist ε der Winkel, den die Sehnen $\overline{P_\nu P_{\nu+1}}$ und $\overline{P'_\nu P'_{\nu+1}}$ miteinander bilden, dann gilt

$$L_{\nu+1} = L_\nu + \varepsilon_\nu \cdot e. \tag{40.15}$$

ε ist aber auch der Winkel, den die gestrichelte durch Q gehende Mittelnormale mit dem entsprechenden ausgezogenen Radius der Bezugskugel bildet. ε läßt sich aus den gemessenen Werten von η berechnen zu:

$$\varepsilon_\nu = \frac{\eta_\nu \cos u'_\nu}{f'}. \tag{40.16}$$

Dieser Wert in (40.15) eingesetzt, liefert die gewünschte Beziehung

$$L_{\nu+1} = L_\nu + \frac{\eta_\nu}{f'}\cos u' . \tag{40.17}$$

$\cos u'$ kann dabei im allgemeinen gleich 1 gesetzt werden.

Die hier für Objektive aus Linsen beschriebenen Prüfverfahren sind auch sinngemäß anwendbar für Spiegelobjektive. Man hat dann die Prüfung in Autokollimation (vgl. Abb. 333) vorzunehmen. Allgemein kommen bei Spiegelobjektiven die in Abb. 342 wiedergegebenen Anordnungen in Frage. Hat man nur einen Kugelhohlspiegel zu prüfen, dann kann man in Autokollimation ohne einen ebenen Hilfsspiegel arbeiten. Man bringt dann das Objekt in einer Ebene durch den Kugelmittelpunkt etwas außerhalb der Achse an und beobachtet ebenfalls in der Ebene durch den Kugelmittelpunkt spiegelbildlich auf der anderen Seite der Achse.

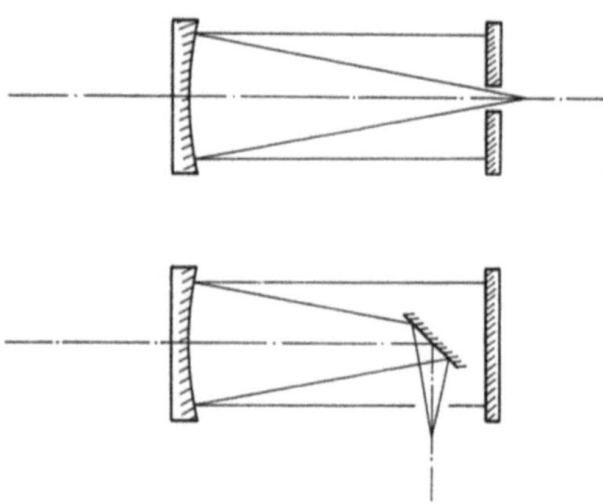

Abb. 342. Zur Prüfung von Spiegelsystemen in Autokollimation;
oben: mit einem durchbohrten Planspiegel
unten: mit zwei Planspiegeln

Die in § 39 beim Fernrohr behandelten Methoden zur Bestimmung des „Auflösungsvermögens" spielen bei der Objektivprüfung eine Rolle, wenn photographische Aufnahmen vorgenommen werden sollen, wie es in der Astrophysik ja heute meistens der Fall ist. Das bei dem Fernrohr Gesagte gilt hier sinngemäß. Die Eigenschaften des Beobachterauges hat man durch die der photographischen Schicht zu ersetzen. Man kann Auflösungsmessungen durch Aufnahmen mit geeigneten Testobjekten, beispielsweise dem Foucaultschen Test, vornehmen. Auch hier gilt, daß man eindeutige Aussagen nur dann erhält, wenn Aufnahmen mit verschieden abgestuften Kontrasten vorliegen.

Die im vorhergehenden Paragraphen behandelte Charakterisierung der physikalischen Abbildungseigenschaften durch Wiedergabe eines von einer „Ortsfrequenz" abhängigen Kontrastübertragungsfaktors ist natürlich auch für das Einzelobjektiv möglich. Die Entwicklung dieser Meßmethode ist gerade vom Objektiv ausgegangen, besonders im Hinblick auf die photographischen Anwendungen. Man kommt zu einer Messung des Kontrastübertragungsfaktors für Objektive, wenn man in der Abb. 330 entweder das Kollimatorobjektiv zusammen mit dem Prüffernrohr sich durch das zu prüfende Objektiv ersetzt denkt und mit

Prüfobjektiv auf der Empfangsseite arbeitet oder aber den Kollimator beibehält und das Prüffernrohr mit dem Kameraobjektiv durch das zu prüfende Objektiv sich ersetzt denkt. Bezüglich der Auswertung der Messungen von Kontrastübertragungsfaktoren gilt das oben angeführte sinngemäß.

§ 41. Die Messung der lichttechnischen Eigenschaften von Fernrohren

Von den lichttechnischen Eigenschaften der Fernrohre ist für den Benutzer die Kenntnis des Durchlaßgrades und des Kontrastminderungsfaktors wichtig. Für die Messung des Durchlaßgrades wird in der Praxis meistens das folgende Verfahren angewandt:

Mit einem Kollimator, dessen Objektivöffnung kleiner ist als die des zu prüfenden Fernrohres, erzeugt man sich ein angenähertes Parallelstrahlenbündel mit Hilfe einer in der hinteren Brennebene angebrachten kleinen Kreisblende. Man läßt dieses Parallelstrahlenbündel auf ein hinreichend großes Photoelement fallen und mißt den entsprechenden Photostrom. Dann schaltet man zwischen Kollimator und Photoelement das prüfende Fernrohr und liest wieder den Photostrom ab. Das Verhältnis der beiden Photoströme entspricht dem Durchlaßgrad des Fernrohres unter der Voraussetzung, daß die Empfindlichkeit des Photoelementes bzw. der Photozelle an allen Stellen gleich ist. Die Durchlaßgrade in verschiedenen Spektralbereichen erhält man dabei durch Messung mit monochromatischem Licht bzw. mit entsprechenden Filtern.

Die Voraussetzung, daß das Photoelement über die gleiche Fläche gleiche Empfindlichkeit besitzt, ist in der Regel nur in beschränktem Umfang gewährleistet. Daher ist das eben beschriebene, häufig praktizierte Verfahren nicht ganz unbedenklich.

Dieser Nachteil wird mit einer Anordnung von G. HANSEN für die Messung des Durchlaßgrades von Doppelfernrohren vermieden. Diese ist in Abb. 343 wiedergegeben. Die Prüflinge 1 und 2 sind die beiden Hälften eines Doppelfernrohres. Mit dem Zwischenabbildungssytem wird die Austrittspupille der einen Fernrohrhälfte auf die andere abgebildet. Der Meßlichtstrom wird von dem Kollimator mit kreisförmiger Objektblende geliefert. Der Kollimator befindet sich vor der Objektivöffnung einer Fernrohrhälfte. Zwischen Kollimatorobjektiv und dieser Fernrohrhälfte läßt sich ein Pentagonalprisma einschwenken. Es ist schwenkbar um eine Drehachse. In der anderen Schwenkstellung befindet es sich vor der Objektivöffnung der anderen Fernrohrhälfte (1). Gemessen wird der Lichtstrom in der Brennebene eines Objektivs mit Photozelle bzw. Sekundärelektronenvervielfacher. Befindet sich das Pentagonalprisma in der unteren(gestrichelten) Stellung, so erhält man einen Ausschlag, der der Apparatur ohne Fernrohr entspricht. In der oberen (aus-

gezogenen) Stellung erhält man einen Ausschlag, der um den Durchlaßgrad zweier hintereinander geschalteter Fernrohrhälften und den des
Zwischenabbildungssystems vermindert ist. Der Durchlaßgrad des letztgenannten Systems läßt sich durch eine Eichmessung bestimmen.

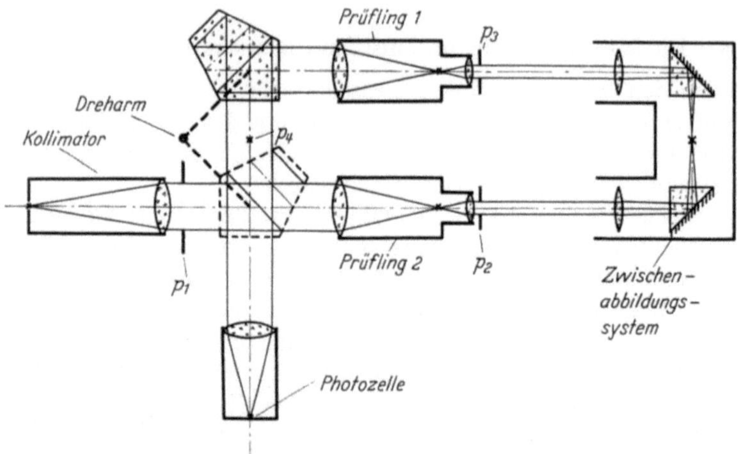

Abb. 343. Anordnung zur Messung des Durchlaßgrades von G. Hansen

p_2, p_3, p_4 sind die Bildörter (Pupillen) für die reelle Blende p_1. p_1 und p_4
haben vom nachfolgenden Objektiv gleiche Abstände. Gegenüber dem
oben angeführten Verfahren hat die Anordnung von Hansen den Vorteil,

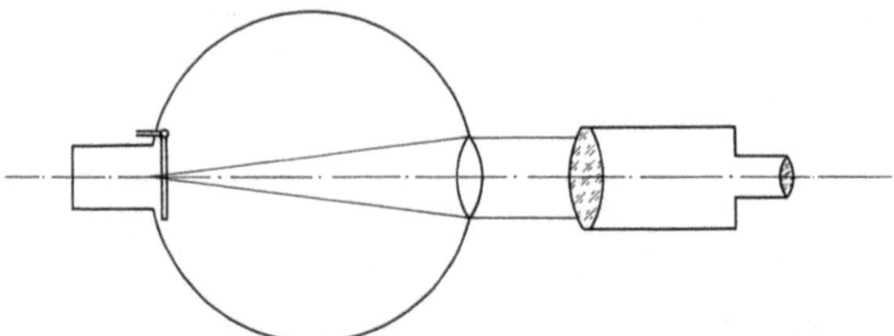

Abb. 344. Anordnung zur Messung des Kontrastminderungsfaktors

daß das photoelektrische Element immer mit der gleichen beleuchteten
Fläche beansprucht wird und daß weder Photoelement noch Prüfling
während der Messung bewegt werden müssen.

Den Kontrastverminderungsfaktor, der ein Maß für die subjektiv
empfundene Brillanz des Bildes darstellt, mißt man in der Regel unter
Verwendung einer Ulbrichtschen Kugel von etwa 50 cm Durchmesser
(Abb. 344). Die Ulbrichtsche Kugel soll gegenüber der Meßöffnung (rechts)

eine weitere mit einer weißen Scheibe abdeckbare Öffnung (links) besitzen. An dieser Öffnung befindet sich eine rohrförmige Verlängerung, die innen mit schwarzem Samt ausgeschlagen ist. Wird die dazugehörige Öffnung von dem Deckel freigegeben, dann stellt diese mit schwarzem Samt ausgeschlagene rohrförmige Verlängerung ein absolut schwarzes Objekt in der weißen Kugelwand dar. In der Meßöffnung der Ulbrichtschen Kugel befindet sich ein Kollimatorobjektiv, das die gegenüberliegende Kugelrückwand in das Unendliche abbildet. Gemessen wird in der Regel mit einem visuellen Photometer, z. B. dem Pulfrich-Photometer (vgl. § 29). Man mißt einmal das Leuchtdichtenverhältnis vom schwarzen Objekt und Kugelrückwand ohne Fernrohr und sodann unter Zwischenschaltung des Fernrohres. Die Verschlechterung des Kontrastes, ausgedrückt in Prozenten, bezeichnet man als den Kontrastverminderungsfaktor. Bei einem unbelegten handelsüblichen Doppelfernrohr liegt er bei etwa 8%, die besten belegten Fernrohre erzielen Kontrastverminderungsfaktoren von etwa 2%.

B. Die Mikrometer

§ 42. Die Fadenmikrometer

Besondere Einrichtungen zur Messung kleiner Winkel nennt man Mikrometer (Feinwinkelmesser). Die einfachste Form nach Montanari (1674) besteht in einer Glasteilung in der Brennebene des Fernrohrobjektives; ihr Maßstab steht zweckmäßig in einem solchen Verhältnis zur Brennweite des Objektives, daß der Teilstrichabstand einem runden dingseitigen Winkelwert entspricht; Bruchteile werden geschätzt. Statt der Glasteilung können auch Einschnitte in die Gesichtsfeldblende oder darüber gespannte Fäden benutzt werden. Ein Netz in Rechteckform dient zur Messung in rechtwinkligen Koordinaten, ein solches in Form von Kreisen und Durchmessern zur Messung in Polarkoordinaten. Mit diesen Netzen kann man auch die Richtung und Geschwindigkeit der Bewegung eines Zieles messen; am Anfang der Meßzeit wird die Mittelmarke auf das Ziel eingerichtet, dann läßt man das Zielbild bei unveränderter Visierlinie auslaufen und beobachtet, bis zu welcher Stelle des Netzes das Ziel am Ende der Meßzeit gelangt ist. Man kann auch ohne Netz eine Hilfsmarke oder besser eine Reihe miteinander verbundener Marken mit regelbarer und meßbarer Geschwindigkeit in der Bewegungsrichtung des Zielbildes verschieben und so die Geschwindigkeit des Zielbildes unmittelbar messen, indem man die Geschwindigkeit der Marke ihr gleich macht.

Bei dem Fadenbild-(Ghost-)Mikrometer von C. A. Steinheil (1827) wird in der Brennebene des Fernrohrobjektives ein helles Fadenbild entworfen. Bei der Bauart von Grubb und Burton (Abb. 345) werden die von dem Fadenkreuz c ausgehenden Strahlen b zuerst an einem Hohlspiegel d, dann an einem Planspiegel e reflektiert und durch eine Linse f in der Okularbildebene g vereinigt, während die vom Fernrohrobjektiv kommenden Strahlen a durch die Ausbrechungen des Planspiegels und der Linse dahin gelangen.

In der Astronomie mißt man die gegenseitige Lage von zwei nahestehenden Gestirnen nach Rektaszension und Deklination durch die Zeiten ihrer Ein- und Austritte an geraden oder kreisförmigen Linien in der Brennebene. Wir erwähnen nur das Lamellenmikrometer mit einem drehbaren dunklen Streifen, das Kreuzstabmikrometer mit zwei sowie das Rautenmikrometer mit vier festen Lamellen und das Ringmikrometer mit einem breiten dunklen Ring.

Das von Gascoigne (1640) erfundene Schraubenmikrometer bestand aus zwei Spitzen (Abb. 346), die gleich und entgegengesetzt verschoben wurden; heute benutzt man vielfach einen festen und einen dazu parallelen, mit einer Schraube verschiebbaren Faden oder läßt auch den festen Faden fort. Da die Verschiebung in Vielfachen und Teilen der Schraubenumdrehung gemessen wird, muß entweder die Schraube mit

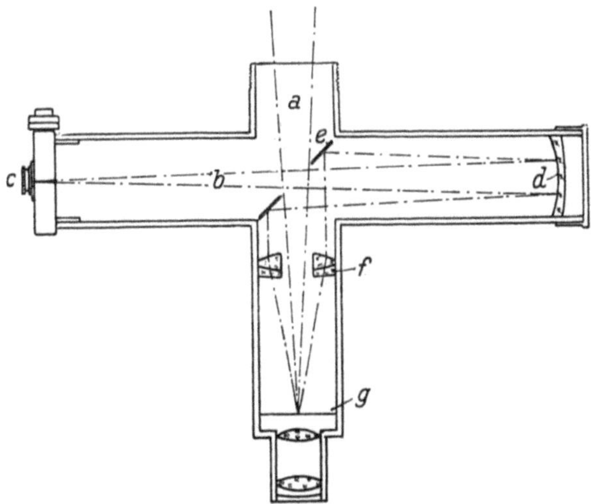

Abb. 345. Das Fadenbild(Ghost-)Mikrometer von Grubb und Burton

einer für den Zweck genügenden Genauigkeit arbeiten, oder es müssen ihre Fehler bestimmt werden. Man unterscheidet fortschreitende und mit der Ganghöhe periodische Fehler. Zur Ausschaltung der letzten Fehler wird die Messung an verschiedenen gleichmäßig über einen Schraubengang verteilten Stelle wiederholt; zu dem Zweck ist entweder der feste Faden oder das Widerlager der Meßschraube verschiebbar. Um den toten Gang, den Unterschied der Messungen, der auf den Wechsel der Drehrichtung zurückzuführen ist, zu beseitigen, läßt man Spiral-

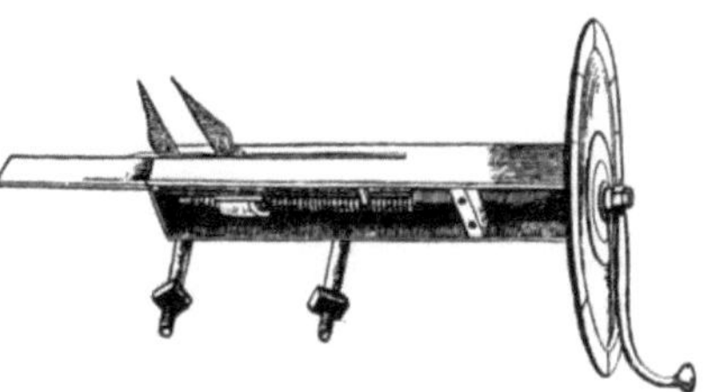

Abb. 346. Das Mikrometer von Gascoigne

federn ihm entgegenwirken, außerdem macht man die letzten kleinen Drehungen für die Einstellung im Sinne des Zusammenpressens der Federn. Läßt sich das Schraubenmikrometer noch meßbar um die Fernrohrachse drehen, so nennt man es ein Positionsmikrometer. Ein solches von Fraunhofer ist auf S. 448 beschrieben, ein Beispiel eines neueren ist in Abb. 347 wiedergegeben. Für die feine Positionsdrehung wird nach Klemmung mit A der Schneckentrieb B betätigt; der Kreis wird mit den beiden gegenüberliegenden Lupen C und D gegen Nonien abgelesen. Die Drehung der Meßschraube *E* wird mit der Lupe *F* abgelesen. Der ganze Mikrometerkasten kann mit der Schraube *G* verstellt werden. Zur Ausschaltung periodischer Fehler können die festen Fäden mit der Schraube *H* verstellt werden. Das Okular kann mit der Schraube *J* verschoben werden. Mit dem Hebel *K* geht man von der Dunkelfeldbeleuchtung zur Hellfeldbeleuchtung über, die die vom Objektiv zurückgeworfenen Strahlen liefern. Zum Registrieren der Messungen können Zählscheiben mit vorstehenden Strichen und Zahlen dienen, von denen mit einem angedrückten Papierstreifen ein Abdruck genommen wird. Für die Beobachtung des Durchganges von Sternen durch den Meridian

Abb. 347. Ein Positionsmikrometer

ist noch das sog. unpersönliche Mikrometer von REPSOLD (vgl. § 30) zu erwähnen; der Faden wird dabei dauernd auf dem Sternbild gehalten und mit Hilfe von elektrischen Kontakten, die gleichmäßig (abgesehen von Abweichungen, um z. B. die Kontakte zu unterscheiden) auf den Umfang der Meßschraube verteilt sind, die Zeit, zu der das Sternbild an bestimmten Stellen des Gesichtsfeldes angekommen ist, auf einem Zeitschreiber verzeichnet. Es wird auch Motorantrieb mit zusätzlicher Feinverbesserung von Hand benutzt. Statt der Schraube können andere Mechanismen zur Fadenverschiebung dienen, die ihr an Genauigkeit aber nicht gleichkommen. Ein einfacher Ersatz

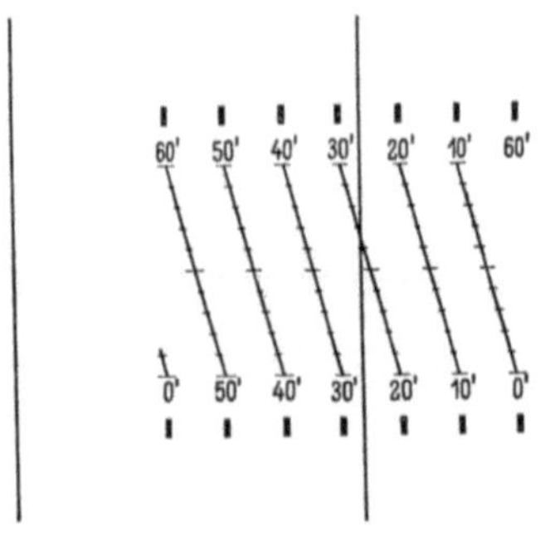

Abb. 348. Der optische Meßkeil

für das Schraubenmikrometer ist der bis auf HUYGENS zurückgehende optische Meßkeil, der aus schwach geneigten Meßstrichen mit Querstrichen zur Ablesung der Unterteile besteht. Abb. 348 zeigt ihn in Anwendung auf die Ablesung eines nach Graden geteilten Kreises, es wird **26,5′** angezeigt; s. auch DIEPERINCK und HECKMANN (S. 367). Ähnlich wirkt die Drehung einer Glasplatte mit Spirallinie. Abb. 349 zeigt das Bild eines so eingerichteten Meßmikroskops nach BAUERSFELD; es wird 3,3248 mm abgelesen. Da der Winkelwert des Fadenabstandes durch die Brennweite des Objektives mitbestimmt wird, kann man statt dieses Abstandes auch die Brennweite, z. B. durch Änderung des Abstandes von Teilgliedern des Objektivs, verändern und, wie schon RÖMER um 1690 tat, zur Messung

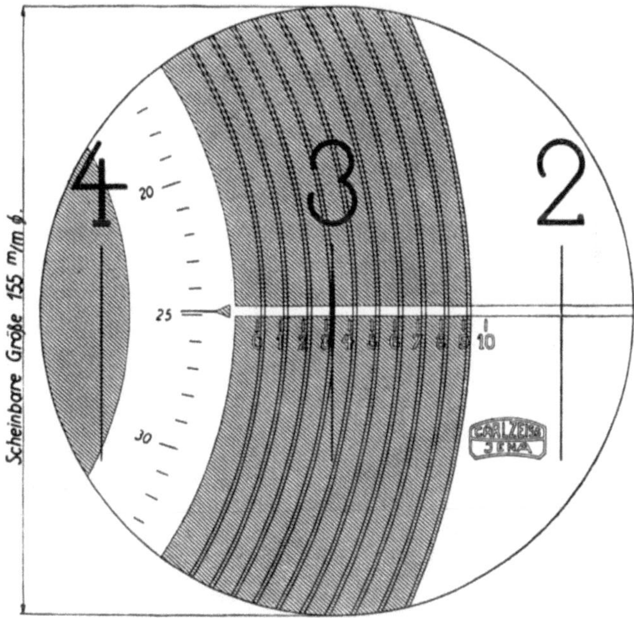

Abb. 349. Die Ablesung mit der Spirale nach BAUERSFELD

benutzen. Endlich kann man statt der Fäden das Bild des Gegenstandes oder auch, falls ein Fadenbild zur Einstellung benutzt wird, dieses Bild verschieben.

§ 43. Die optischen Mikrometer

Das älteste von diesen optischen Mikrometern ist das Linsenmikrometer (Abatscher Keil), ein Glaskeil von veränderlichem brechendem Winkel nach Abb. 350a, der von ABAT vor 1777 angegeben wurde. Bei diesem werden eine plankonvexe und eine plankonkave Linse mit dem gleichen Kugelradius und gleicher Brechung um den gemeinsamen Mittelpunkt der Kugel gegeneinander verdreht. Da die Wirkung der Kugelflächen sich aufhebt, bleibt nur die der Außenflächen übrig, die einen Keil bilden, dessen brechender Winkel der Verdrehung proportional ist. Bei schwachen Ablenkungen können auch zwei Linsen von entgegengesetzt gleicher Brennweite senkrecht zur Achse und geradlinig gegeneinander verschoben werden (Abb. 350b). Die feste Linse wird entbehrlich, wenn das Objektiv sich dicht dahinter befindet und das Objektiv durch eines von solcher Stärke ersetzt wird, die gleich der Summe der Stärken von Objektiv und fester Linse ist. Gegenüber der Verschiebung des Objektives allein hat diese Bauart den Vorteil, daß die Verschiebung der Mikrometerlinse entsprechend ihrer geringeren Stärke größer wird und daher weniger genau zu sein braucht.

Abb. 350. Ein veränderlicher Glaskeil nach ABAT; a) mit Drehung, b) mit Verschiebung

In anderer Weise verwirklichte BOSCOVICH 1777 den veränderlichen Keil. Er drehte zwei gleiche Keile, die in der optischen Achse hintereinander und zu ihr nahe senkrecht angeordnet sind, um entgegengesetzt gleiche Beträge (Abb. 351). Man bezeichnet ein solches Drehkeilpaar auch als Keilkompensator. Fallen die Hauptschnitte der Keile zusammen, so ist die Ablenkung gleich der doppelten Einzelablenkung ε, wenn die brechenden Kanten nach derselben Seite liegen; sie ist gleich

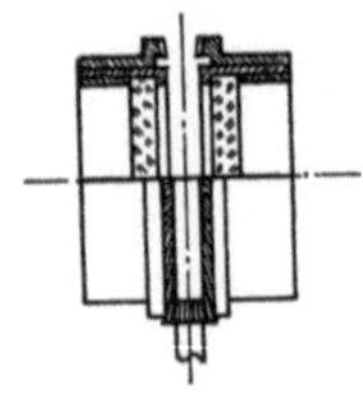

Abb. 351. Das Drehkeilpaar von BOSCOVICH

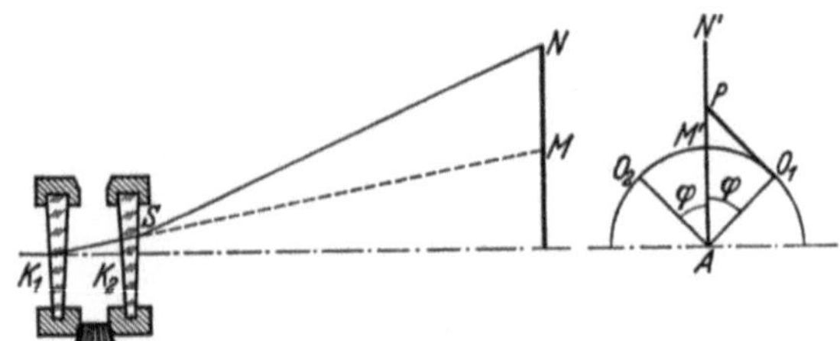

Abb. 352. Zur Ablenkung durch das Drehkeilpaar

Null, wenn sie nach entgegengesetzten Seiten liegen. Werden die Keile aus der Lage der größten Ablenkung um den Winkel φ gedreht, so ist die Ablenkung durch $2\,\varepsilon \cos \varphi$ gegeben und erfolgt in der Ebene, in der sie auch bei der größten Ablenkung erfolgt, in der Mittelebene der Hauptschnitte. Wird nämlich nach Abb. 352 bei der größten Ablenkung der Achsenstrahl durch den ersten Keil K_1 in die Richtung SM durch den zweiten aus dieser Richtung in die Richtung SN gebracht, und stellt man daneben die Durchstoßungspunkte des abgelenkten Strahles in einer achsensenkrechten Ebene dar, wo MN die Punkte $M'N'$ entsprechen, so würden bei entgegengesetzter Verdrehung der Keile um den Winkel φ durch den Keil K_1 allein der Strahl statt im Achsenpunkt A in O_1 durchstoßen, durch K_2 allein in O_2. Setzt man die Verschiebung AO_2 in gleicher Richtung und Größe an AO_1 an, so erhält man den Durchstoßungspunkt P, dessen Abstand von A durch die angeführte Formel gegeben ist. Sind die Keilwinkel nicht genau gleich, so beschreibt der abgelenkte Strahl einen elliptischen Kegel, ebenso wenn die Keilwinkel etwas größer sind und nicht dafür gesorgt ist, daß der Eintrittswinkel und der Austrittswinkel bei beiden Teilen nahe gleich sind. Ungleiche Bildversetzung tritt bei gleichen Keilen auch auf, wenn sie sich nicht im parallelen Strahlengang vor dem Objektiv des Fernrohres, sondern hinter ihm befinden, da die Wirkung der Keile in der Objektivbrennebene ihrem Abstande von dieser Ebene proportional ist.

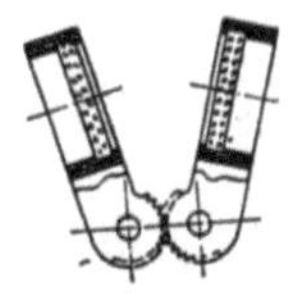

Die Drehung eines Keiles um die brechende Kante kann nach BOSCOVICH ebenfalls benutzt werden; die Ablenkung ist durch $\varepsilon \{(n \cos i' : \cos i) - 1\}$ gegeben, wo i und i' Einfalls- und Brechungswinkel sind und der Kleinwinkel ε klein angenommen ist. Da bei größerem i die Ablenkung sich zu sehr mit der Hauptstrahlneigung ändert, ist es besser, nach Abb. 353 mit COLZI (1910) zwei Keile entgegengesetzt zu drehen (Schwingkeile).

Abb. 353.
Das Schwingkeilpaar

Bei dem auf CLAUSEN (1841) zurückgehenden Parallelplattenmikrometer wird die Drehung einer Planplatte benutzt, wobei sich der Einfalls-

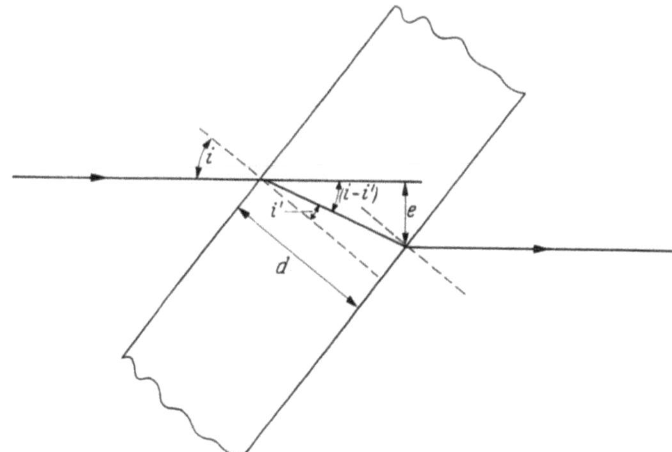

Abb. 354. Die Strahlversetzung durch eine schräggestellte Planplatte

winkel des Achsenstrahles und damit dessen Versetzung ändert. Nach Abb. 354 ist die Strahlversetzung e, die sich bei einem Einfallswinkel i (= Drehwinkel der Platte) ergibt:

$$e = \frac{d}{\cos i'} \sin (i - i') . \tag{43.1}$$

Wird eine solche Platte zwischen dem Objektiv und dessen Brennebene angewandt, so entspricht diese Versetzung e einer Ablenkung des Achsenstrahles vor dem Objektiv im Winkelmaß: $\operatorname{tg} w = e : f'$. In dieser Weise wandte sie schon PORRO 1854 für die Mikrometermikroskope seiner Theodolite an. Bei dem Mikrometer von HECKMANN (Abb. 355) ist in einfacher Weise für die Ablesung im Gesichtsfeld gesorgt. Die mit den Trommeln T drehbare Glasplatte P befindet sich nahe vor der Brennebene des Okulars Ok mit Strichplatte F. Mit P ist ein mit einer Teilung versehenes Zylindersegment C verbunden. Man kann auch zwei Platten fester Neigung wie Drehkeile drehen oder nur eine Glasplatte mit fester Neigung und veränderlicher Dicke anwenden; man erhält sie, indem

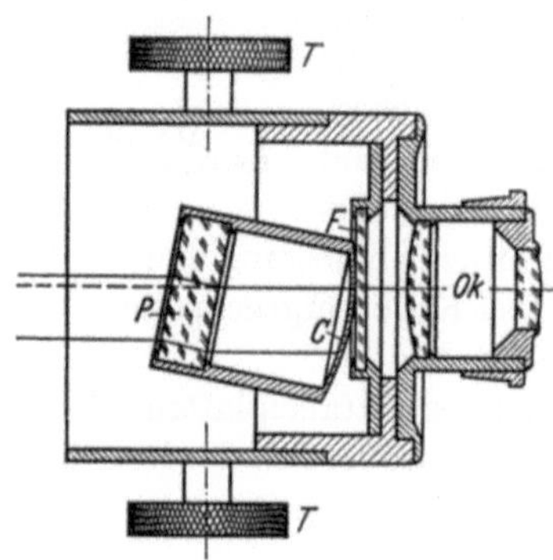

Abb. 355. Das Parallelplattenmikrometer mit Innenablesung nach HECKMANN

man eine schräge Planplatte nahe senkrecht zur Achse durchschneidet und die Teile übereinander verschiebt oder sie in der Richtung der Achse trennt.

Einen Verschiebungs- oder Wanderkeil von MASKELYNE (1777) zeigt Abb. 427 hinter dem Objektiv; der Versetzung des Achsenstrahles in der Brennebene entspricht eine Ablenkung vor dem Objektiv gleich $\varepsilon\, l : f$, wo ε die Ablenkung des Keiles in Bogenmaß, l sein Abstand von der Brennebene und f die Brennweite des Objektives ist. Bei allen diesen Ablenkungen durch Brechung können, wenn sie stärker sind, die Farbenfehler stören; diese können in ähnlicher Weise wie bei den achromatischen Linsen (S. 60) durch Zusammensetzung des Keiles aus mehreren Keilen aus verschiedenem Glase beseitigt werden. Wenn größere Ablenkungen hinter dem Objektiv erfolgen, können auch astigmatische Fehler störend werden.

§ 44. Die Doppelbildmikrometer

Die Messung mit den Fadenmikrometern ist erschwert oder unmöglich, wenn der Beobachter sich auf einem schwankenden Fahrzeug befindet, wenn freihändig gemessen wird, wenn das Ziel sich ungleichförmig bewegt oder durch die Luftunruhe in scheinbarer Bewegung ist. SAVERY suchte 1743 die Winkelgröße der Sonne dadurch zu messen, daß er zwei von einer Linse abgeschnittene Segmente so nahe aneinanderschob, daß zwei Sonnenbilder dicht nebeneinander entworfen wurden, und nun den kleinen Abstand der zugekehrten Ränder mit dem Schraubenmikrometer maß, wobei die Einstellung auf beide Ränder mit einem Blick umfaßt werden konnte. Erst BOUGUER erkannte es 1752 als vorteilhaft, ohne mit den Fäden zu messen, die beiden Segmente meßbar gegeneinander zu verschieben, bis sich die Sonnenränder berührten (Abb. 356); er führte den Namen Heliometer ein. Da hier die Einstellung nur an einer Stelle zu beobachten ist, wird die Messung bei richtiger

Abbildung durch Schwankungen der optischen Achse gegen die Zielrichtung nicht verfälscht; im allgemeinen ist auch abgesehen davon die Genauigkeit gesteigert, da nur der Fehler einer statt zweier Einstellungen in die Messung eingeht.

Bei dem Heliometer von DOLLOND (1755) nach Abb. 357 ist das Objektiv in Richtung der Verschiebung zerschnitten, die Hälften werden mit einem Zahntrieb entgegengesetzt gleich verschoben. An einem Maßstab auf dem einen Schlitten kann die Verschiebung gegen einen Nonius auf dem anderen Schlitten abgelesen werden. Die Verschiebung und die Positionsdrehung können mit Gelenkschlüsseln vom Okular aus bewirkt werden. Bei dem Fraunhoferschen Gerät nach Abb. 358 werden die Schlitten mit Mikrometerschrauben bewegt, auf deren Achsen die Zahnräder für den Antrieb vom Okular wie auch die Ablesetrommeln befestigt sind; daneben kann auch mit einem Schraubenmikrometermikroskop an einer Längsteilung die Verschiebung abgelesen werden, wie es später

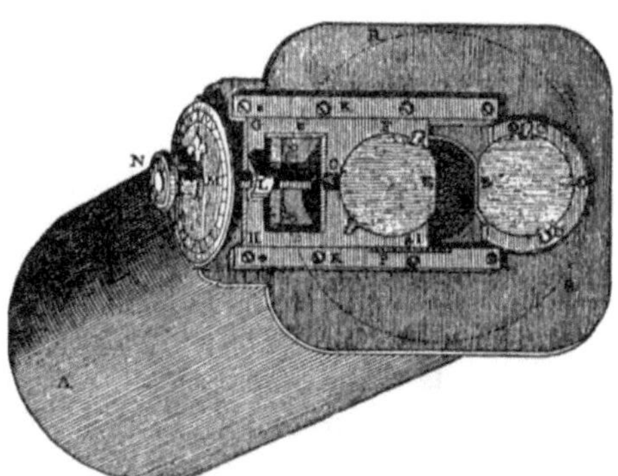

Abb. 356. Das Heliometer von BOUGUER

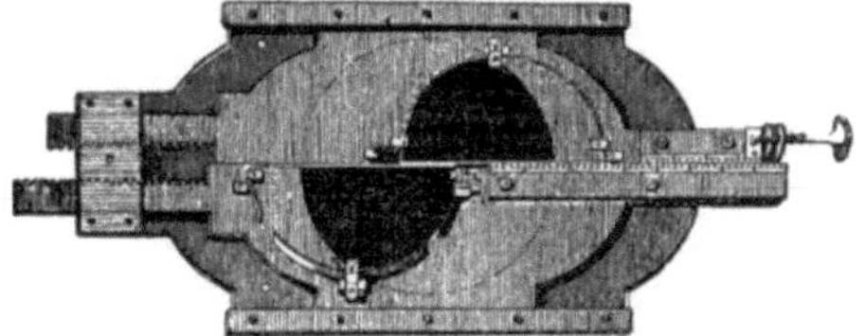

Abb. 357. Das Heliometer von DOLLOND

ausschließlich üblich wurde. REPSOLD verschob in Zylinderführungen; so bleibt trotz der Bildkrümmung für alle Abstände der Hälften die Scharfstellung erhalten. Um das schwierige Zerschneiden des großen Objektives zu vermeiden, hat man wohl auch die Negativlinse eines Teleobjektives, die Umkehrlinse, den Fangspiegel oder die Augenlinse des Okulars zerschnitten. Um größere Verschiebungen zu erreichen und so die Anforderungen an die Genauigkeit der Schraube herabzusetzen, kann man von dem Objektiv eine schwächere Linse abspalten und deren Hälften verschieben.

Abb. 358. Das Göttinger Heliometer
von FRAUNHOFER

Die letzte Ausführung zeigt die Verwandtschaft dieser Heliometerform mit der Form des Abatschen Keiles (S. 348), bei der eine Linse mit dem Objektiv vereinigt ist. In ähnlicher Weise kann man auch aus den anderen Formen des optischen Mikrometers Doppelbildmikrometer entwickeln. So kann man die Drehkeile vor dem Objektiv in der Mitte ausbohren, so daß der mittlere Teil des Objektives von dem $\sqrt{0,5}$ fachen Durchmesser Licht unabgelenkt erhält und nur das durch den Rand

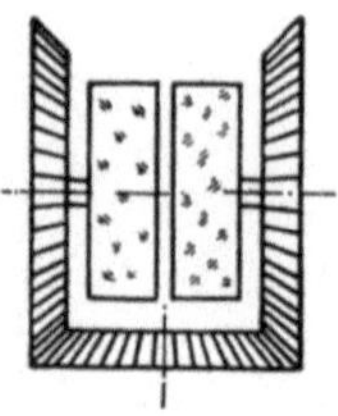

Abb. 359.
Das Parallelplattendoppelbildmikrometer

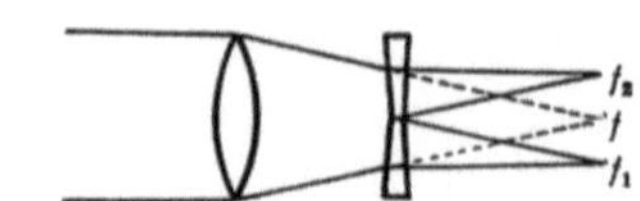

Abb. 360. Das Doppelbildmikrometer nach MASKELYNE

eintretende Licht durch das Drehkeilpaar abgelenkt ist. Bei dem Parallelplattenmikrome-

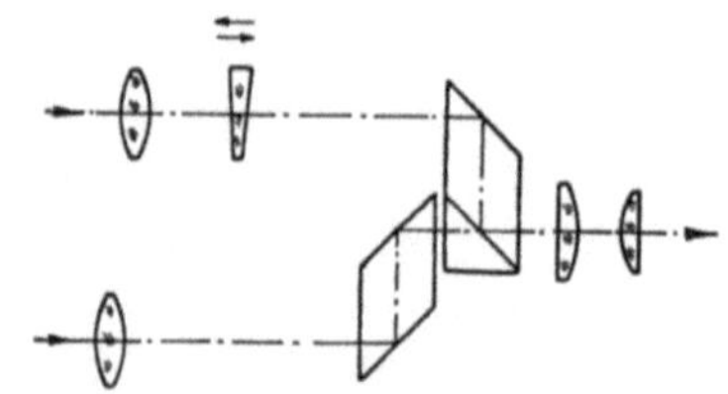

Abb. 361. Ein Doppelbildmikrometer mit Verschiebungskeil

ter ordnet man hinter dem Objektiv zwei entgegengesetzt drehbare Planplatten nach Abb. 359 nebeneinander an. Abb. 360 zeigt das Mikrometer von MASKELYNE (1777) mit Verschiebungsdoppelkeil; aus dem Bild f entstehen so die Doppelbilder f_1 und f_2. Abb. 361 zeigt eine andere Anordnung für den Verschiebungskeil; hier sind zwei getrennte Objektive vorgesehen, deren Strahlen durch eine

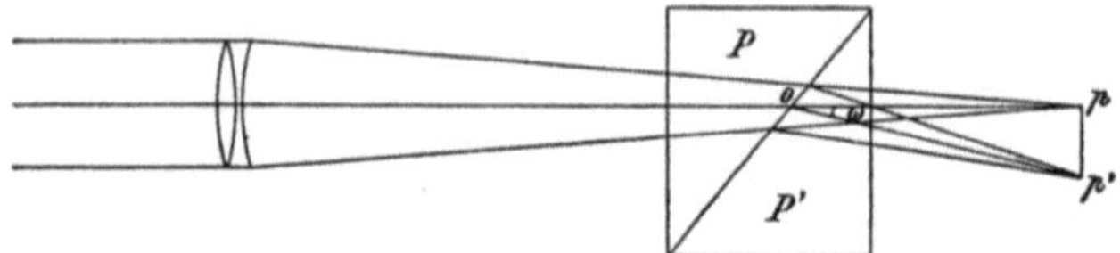

Abb. 362. Das Kristallmikrometer von ROCHON

Prismenanordnung mit halbdurchsichtiger spiegelnder Schicht zusammengeführt werden, wie sie ähnlich in umgekehrter Anordnung in Abb. 174 benutzt ist.

Eine ähnliche, aber einfachere Anordnung wie die zuletzt beschriebene zeigt das Rochonsche Kristallmikrometer (1777) (Abb. 362), das aus zwei verkitteten Quarz- oder Kalkspatprismen besteht. Bei dem Prisma P fällt die Kristallachse in die optische Achse, beim anderen P' liegt sie parallel der brechenden Kante, so daß beim Eintritt in P' jeder Strahl in einen ordentlichen unabgelenkten op und in einen außerordentlichen, um w abgelenkten op' zerlegt wird. Die Trennung der Strahlen wird verdoppelt und symmetrisch zur Achse, wenn man nach

Wollaston im Prisma P die Kristallachse senkrecht zur brechenden Kante und zur optischen Achse legt, so daß zum ordentlichen Strahl in dem einen Prisma der außerordentliche in dem anderen gehört und umgekehrt. Für die Verminderung des Astigmatismus ist es hier zweckmäßig, das Prisma symmetrisch zu der einen Außenfläche zu ergänzen, so daß man ein dreiteiliges Prisma erhält, dessen Mittelteil den doppelten brechenden Winkel wie die Außenteile besitzt und in dem die Kristallachse senkrecht zu der in diesen gelegt ist. Farbenfehler sind auch hier merklich.

Bei Wellmanns Mikrometer (1889) ist ein Rochonsches Prisma b hinter dem Okular des Fernrohres mit Fadenkreuz um dessen Achse

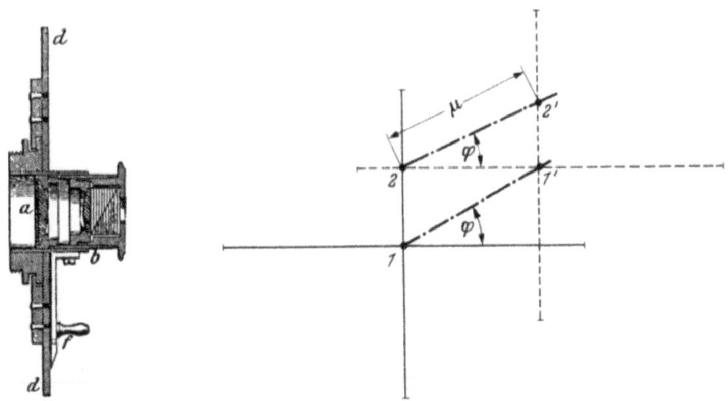

<table>
<tr><td>Abb. 363.
Das Mikrometer von Wellmann</td><td>Abb. 364. Die Wirkung des Mikrometers
von Wellmann</td></tr>
</table>

drehbar angeordnet (Abb. 363). Es werden so Fadenkreuz und Bild (z. B. von einem Doppelstern 1, 2) verdoppelt. Man dreht nun das Prisma aus der Stellung, wo die vertikalen Fäden (Abb. 364) den größten Abstand haben (er sei auf der Dingseite in Winkelmaß μ), um den Winkel φ, bis die abgebildete Stellung erreicht ist; dann ist der Sternabstand $\mu \cos \varphi$. Der Vorteil dieses Verfahrens liegt darin, daß die Einstellung auf Sternmitte ersetzt wird durch die vom Zittern der Sterne weniger gestörte Richtungsbeobachtung, ob die Verbindungslinie der Sterne parallel dem Faden ist. Es wird aber hier auf den Vorteil der anderen Doppelbildmikrometer verzichtet, daß die Einstellung durch Beobachtung an nur einer Stelle erkannt wird. Dies vermeidet eine Abänderung von Gramatzki (1924), bei der die Sterne durch ein Gitter oder eine Zylinderlinse in Linien ausgezogen werden, die die Fäden entbehrlich machen; doch eignet sich dies nur für helle Sterne.

Würde man in Abb. 361 die Scheidefläche statt gleichmäßig halbdurchlässig zu versilbern im oberen Teil voll versilbern, im unteren gar nicht und das Okular so einstellen, daß die Silbergrenze scharf erscheint, wo in Abb. 361 die Achsenstrahlen zusammentreffen, so würde man oberhalb dieser Grenze das Bild vom oberen Objektiv, unterhalb dieser das vom unteren sehen. Hier sind also die Strahlen statt nach der Eintrittspupille nach dem Gesichtsfeld aufgeteilt; statt der Mischbilder hat man Halbbilder. Auf solche Halbbildermikrometer wird bei den Entfernungsmessern näher eingegangen, ebenso wie auf die Raumbildmikrometer.

Wenn bei flächenhaften Zielbildern, wie dem der Sonne, auf Berührung eingestellt wird, so kann entweder der linke Rand des einen Bildes auf den rechten des anderen oder der rechte des einen auf den linken des anderen eingestellt werden. Beim Übergang von der einen zur anderen Einstellung mißt man den doppelten Winkel und macht sich von der Feststellung des Nullpunktes der Verschiebung frei, die durch Einstellen auf Deckung nur ungenau erreicht wird. Die Genauigkeit der Einstellung auf Deckung kann durch das Blinkverfahren erhöht werden, wo dem Auge die beiden Bilder abwechselnd in rascher Folge gezeigt werden; zum Gebrauch im Freien ist es aber wenig geeignet. Man stellt zweckmäßig auf Berührung durch Schraubenbewegung in beiderlei Sinne ein, wenn der tote Gang ohne Einfluß oder klein genug

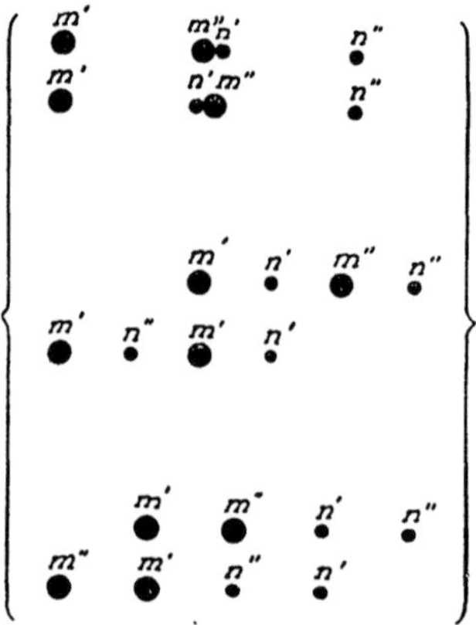

Abb. 365. Verschiedene Einstellmöglichkeiten bei der Messung des Sternabstandes mit Doppelbildern

ist. Handelt es sich um die Messung des Abstandes von zwei Sternen m und n (mit ihren Bildern m', n' bzw. m'', n''), so kann man eine der drei Anordnungen für Doppelmessung (Abb. 365) anwenden; die dritte ist bei ungleicher Helligkeit weniger zu empfehlen; ferner kommen die letzten beiden nur in Betracht, wenn die dem Auge dargebotenen Winkelabstände genügend klein sind.

Bei den Doppelbildmikrometern nach Abb. 357, 359 und 360 dient von den Strahlen, die von jedem Punkt des Gesichtsfeldes ausgehen, ein Teil zur Erzeugung des einen Doppelbildes, der andere zu der des anderen; die Aufteilung der Strahlen zwischen diesen beiden Doppelbildern erfolgt dabei in festem, für alle Stellen des Gesichtsfeldes gleichem, gewöhnlich zu 1 gewähltem Verhältnis, wie sie durch die geradlinige Teilung der Eintrittspupille bei diesen Doppelbildmikrometern oder durch die ringförmige bei dem mit Drehkeilen gegeben ist, wofern nicht die Eintrittspupille durch die Augenpupille abgeblendet ist. Bewegt sich das Auge quer über die geradlinig geteilte Austrittspupille, so kommt nur der Teil der Austrittspupille in Betracht, der von der Augenpupille ausgeschnitten wird; das Verhältnis der Aufteilung der Strahlen wird bei geradliniger Teilung geändert, wenn das Bild der Teilungslinie nicht über die Mitte der ausgenutzten Austrittspupille geht. Man kann so das Helligkeitsverhältnis der Bilder nach Bedarf ändern. Bei den Doppelbildmikrometern nach Abb. 361, 362 und 363 findet eine gleichmäßig feste Teilung der Strahlen statt, es liegen zwei Austrittspupillen mit halber Helligkeit vor; das Helligkeitsverhältnis wird hier durch Bewegen des Auges nicht geändert, man verliert das eine Bild nicht so leicht. Dadurch, daß die Doppelbilder übereinander gelagert werden, werden die Helligkeitsgegensätze in ihnen in beiden Fällen verringert; wo die hellen Stellen des einen Bildes auf die dunklen des anderen fallen, werden die dunklen Stellen dieses aufgehellt, sie erscheinen grau (Abb. 370).

§ 45. Der Strahlengang sowie die Abbildungs- und Auffassungsfehler bei Messungen

Das Ergebnis der Messung wird durch die Lage der optischen Schwerpunkte der zu vergleichenden Bildflecke in der Einstellebene bestimmt. Dabei soll der Schwerpunkt durch die Begrenzung des Bildfleckes und die Lichtverteilung in ihm gegeben sein; die Berechnung seiner Lage stößt auf Schwierigkeiten, sie ist aber durch die gemessene Lage des Bildfleckes gegeben, wenn bei ihr die Auffassungsfehler, insbesondere die persönlichen Fehler, und die Fehler der Abbildung des Bildfleckes auf die Netzhaut durch geeignete Anordnung der Messungen ausgeschaltet sind. Wir nehmen an, daß die Strahlenbündel, die die Einstellebene durchsetzen, einen Vereinigungspunkt (der auch außer ihr liegen kann), achsensymmetrische Öffnung und gleichmäßige Lichtverteilung haben. Dann ist die Lage des Schwerpunktes durch den Durchstoßungspunkt des Hauptstrahles in der Einstellebene gegeben. Unter Einstellebene versteht man die der Netzhaut durch das Auge und meist auch noch durch ein optisches System zugeordnete achsensenkrechte Ebene; als solches optisches System gilt hier der Teil des Fernrohres, der sich hinter der Markenebene oder hinter den optischen Teilen befindet, die die mikrometrische Verstellung besorgen. Nur wenn Einstell- und Meßmarkenebene im Scheitel der Bildfläche zusammenfallen und das Bild frei von Verzeichnung ist, bestimmt die Gaußsche Abbildung das Meßergebnis. Ist die seitliche Verschiebung von Bild und Marke, die Parallaxe (S. 209), zum Verschwinden gebracht, so fällt die Bildebene mit der Markenebene zusammen. Fallen Einstell- und Meßmarkenebene zusammen, weichen aber um $\pm a$ gegen den Abstand x der Bildebene von der Austrittspupille des Objektivs ab, so wird das Bild im Verhältnis $1 \pm (a:x)$ größer gemessen; die Abweichung ist für eine Hauptstrahlneigung w' gleich $a\ \mathrm{tg}\ w'$. Man erkennt also, daß dieser Fehler nur außer der Achse auftritt und dort dadurch ausgeschaltet werden kann, daß $x = \infty$ gemacht wird (vgl. § 4), d. h. die Hauptstrahlen müssen auf der Bildseite parallel sein (Porro 1854), der Strahlengang muß nach der Bezeichnung Abbes telezentrisch sein (Abb. 366a). Wird eine Blende bei P, im vorderen Brennpunkt der Linse, eingesetzt, so stimmt die Messung in der Ebene R' mit der in der Bildebene O' überein, die der Dingebene O zugeordnet ist. Wo die Anbringung einer Öffnungsblende im vorderen Brennpunkt nicht angängig ist, erreicht man dies dadurch, daß dicht vor der Bildebene eine Feldlinse K eingefügt wird, deren Brennweite gleich ihrem Abstande von der Austrittspupille des Objektives O ist (Abb. 366b).

Sind Objektiv und Feldlinse dünne Linsen, und liegt die Öffnungsblende im Objektiv, so haben bei diesem Strahlengang die Einzelbrennweiten f_1' und f_2' und der
Abstand a dieser Linsen sowie die Gesamtbrennweite f' den gleichen Wert. Aus
der Formel $f' = f_1' f_2' : (f_1' + f_2' - a)$ ergibt sich nun, daß in diesem Falle kleine
Änderungen von f_1' und f_2' etwa mit der Temperatur bis auf Größen zweiter Ordnung
ohne Einfluß auf f' sind, und daß f' einzig durch a, die Rohrlänge und ihre Änderung
mit der Temperatur bestimmt ist. Daß man in vielen Fällen von der Herstellung des
telezentrischen Strahlenganges absehen kann, liegt daran, daß bei genauen Messungen der Gesichtsfeldwinkel des Meßbereiches meist klein gegen den Öffnungswinkel ist und so Bild- und Markenebene genügend genau zusammengebracht
werden können. Fällt die Einstellebene nicht mehr mit der Markenebene zusammen,
so bleibt die Messung in der Markenebene richtig, wenn Marke und Bildpunkt

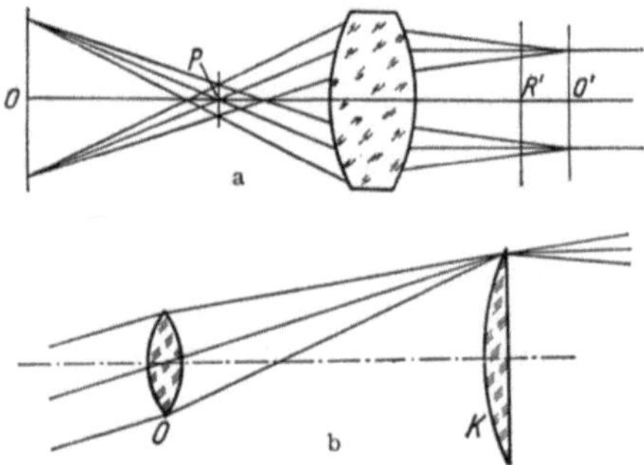

Abb. 366. Der telezentrische Strahlengang; a) mit Blende, b) mit Feldlinse

Strahlenbündel von gleicher Lage, Öffnung und Lichtverteilung in das Auge
senden. Dies ist z. B. der Fall, wenn sich die Marken im Schattenriß auf dem Bild
des selbst oder diffus leuchtenden Gegenstandes abzeichnen oder Marke und
Gegenstand sich von einer gleichmäßig leuchtenden Fläche wie dem Himmel als
Hintergrund abheben, nicht aber immer, wenn die Marken durch Brechung,
Spiegelung oder Beugung das Licht ablenken und so gewissermaßen selbstleuchtend
werden oder wenn die Marken durch Markenbilder ersetzt sind oder wenn der
Gegenstand in dunkler Unterbrechung einer Spiegelfläche besteht. Besonders wenn
Striche oder Fäden seitlich beleuchtet werden, werden sie mit einem durch das
Okular begrenzten Öffnungswinkel abgebildet, der meist viel größer ist als der der
den Gegenstand abbildenden durch das Objektiv begrenzten Strahlenbündel;
außerhalb dieser verläuft auch sonst meist ein geringer Teil der Markenstrahlen.
In diesen letzten Fällen muß durch geeignete Anordnung der Beleuchtung dafür
gesorgt werden, daß die Schwerlinien der Bündel, die von den Marken und von den
von ihnen gedeckten Bildpunkten ausgehen, zusammenfallen. Auch dann können
noch bei verschiedener Öffnung der Bündel durch Abbildungsfehler des Okulars
und des Auges (besonders der Hornhaut) die Messungen verfälscht werden. Man
kann dem nur mit Hilfe einer wirklichen Blende in der Austrittspupille oder im
Umkehrsystem hinter den Marken begegnen. Diese Abbildungsfehler verfälschen
übrigens erst recht die Messung, wenn die erwähnten Schwerlinien nicht zusammenfallen.

Für die Messung mit Doppelbildern ist folgendes zu beachten: Wenn die
Scharfstellung der Bilder ungenügend ist, so wird die Messung außer bei Doppelmessung nach Abb. 365 bei der Einstellung von Flächen auf Berührung durch

Änderung der Bildgröße verfälscht. Bei allen Doppelbildmessungen können Fehler auftreten, wenn die Einstellebene mit der Bildebene nicht zusammenfällt. Soll dies vermieden werden, so darf der Schwerpunkt der Teile der Austrittspupille, die das eine Bild liefern, gegen den Schwerpunkt der Teile für das andere Bild nicht in der Meßrichtung verschoben sein, und dies muß auch noch für die durch die Augenpupille etwa abgeblendete Austrittspupille gelten; auch die Öffnungswinkel sollen zusammenfallen. Wir nennen dies die Forderung des übereinstimmenden Strahlenaustritts. Liegen die Bilder nicht in einer Ebene, so erkennt man dies an der Parallaxe des einen Bildes gegen das andere; ist diese aber für eine Dingentfernung beseitigt, so ist sie es gewöhnlich auch für andere. Soll die Messung unabhängig davon sein, an welcher Stelle eines mittleren Gesichtsfeldbereiches sie erfolgt, so muß gleiche Bildgröße und übereinstimmende Abbildung, insbesondere Unabhängigkeit der Ablenkung von der Hauptstrahlneigung, gefordert werden.

C. Die Entfernungsmesser

§ 46. Einteilung und Genauigkeitsgrundlagen

Bei der Messung mit optischen Hilfsmitteln wird die Entfernung als die eine Seite E eines Dreiecks (Abb. 367) gefunden, von dem eine andere Seite b, die Standlinie, und zwei Winkel bekannt oder gemessen sind; auch die Beurteilung der Entfernung durch das Auge (§ 12) hat im wesentlichen dieselbe geometrische Grundlage. Die Entfernungsmesser teilen wir ein in Standwinkel- und Zielwinkelentfernungsmesser, je nachdem die Standlinie, auf deren Winkelgröße es besonders ankommt, durch den Abstand von Teilen des Entfernungsmessers oder durch Abmessungen des Zieles dargestellt ist oder, was das gleiche bedeutet, je nachdem die Spitze C des Dreiecks am Ziel oder im Entfernungsmesser liegt. Die erste Art wird in Zweistand- und Einstandentfernungsmesser eingeteilt. Bei der ersten Unterart besteht der Entfernungsmesser aus zwei getrennten, an den Enden der Standlinie aufzustellenden Teilen, während bei der zweiten ein gemeinsamer Träger für die optischen Teile vorhanden ist.

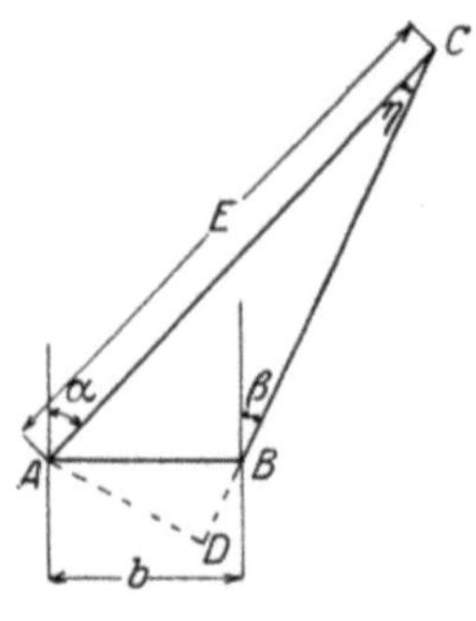

Abb. 367.
Die geometrischen Grundlagen
der Entfernungsmessung

Bei allen Arten ist zu unterscheiden, ob die Entfernung durch Veränderung des parallaktischen (der Standlinie gegenüberliegenden) Winkels oder der Standlinie b gemessen wird, ferner ob durch die Anordnung der Messung die Lage des Zieles auf eine zur Standlinie feste Gerade, insbesondere die in ihrer Mitte oder an ihren Enden errichtete Senkrechte, beschränkt ist oder nicht. Im letzten Fall hängt die Entfernung nicht nur von dem parallaktischen Winkel, sondern auch von der Neigung der Standlinie zur Zielrichtung ab. Nach Abb. 367 ist $E = b \cos \beta : \sin (\alpha - \beta)$. Erwähnt seien noch die Hochstandentfernungsmesser (Depressionstelemeter), bei denen nur die Richtung des Zieles von einem Standort mit bekannter Höhe gegeben ist, seine Lage aber weiter dadurch festgelegt ist, daß es sich auf der Meeresoberfläche befindet.

Über die Genauigkeitsverhältnisse der Standwinkelentfernungsmesser mögen einige Bemerkungen vorausgeschickt werden; die geometrischen Verhältnisse sind für die Zielwinkelgeräte dieselben. Liegt das

Ziel innerhalb der Senkrechten auf den Enden der Standlinie und ist der parallaktische Winkel η klein, so gilt $\eta = b : E$ (Abb. 403). Daraus folgt, daß der prozentuale Fehler $d\eta : \eta$ den gleichen prozentualen Fehler $dE : E$ nach sich zieht. Da nun $dE : E = -d\eta : \eta = -E\,d\eta : b$ ist, so ist $dE = E^2 d\eta : b$; der Entfernungsfehler dE wächst bei fester Standlinie mithin proportional dem Quadrate der Entfernung und wird im Verhältnis der Steigerung der Standlinie und der Verringerung von $d\eta$ verkleinert. Wird aber bei festem η mit Änderung von b gemessen, so ist $dE = db : \eta = E\,db : b$, der Entfernungsfehler wächst nur proportional E und wird durch Vergrößerung von η verkleinert. In beiden Fällen ist vorausgesetzt, daß die Meßvorrichtung fehlerfrei arbeitet. Ein Fehler in b, auch bei Messung mit b, kommt bei guter Ausführung und Berichtigung des Entfernungsmessers im allgemeinen nicht in Betracht. $d\eta$ hängt von der Sehschärfe des Beobachters und von der Meßart ab; der Fehler $d\eta$ wird im Verhältnis der Fernrohrvergrößerung verkleinert, soweit diese bei den Luftverhältnissen, der Zielbeschaffenheit, der Güte des Entfernungsmessers und dergleichen ausgenutzt wird. Bei allen Standwinkelentfernungsmessern wird die Messung unmöglich, wenn sich das Ziel in gleichmäßiger Beschaffenheit parallel der Standlinie erstreckt, z. B. wenn es durch so verlaufende Telegraphendrähte dargestellt wird; etwas anderes ist es, wenn etwa aufsitzende Vögel oder anhängende Regentropfen als Meßziel dienen. Am besten ist es, wenn das Ziel Begrenzungen senkrecht zur Standlinie besitzt; bei kleineren Einstandentfernungsmessern kann man durch Drehen um die Visierlinie die Standlinie in die günstigste Lage zum Ziel bringen.

§ 47. Die militärischen Zielwinkelentfernungsmesser

Ist die Größe b eines Zieles bekannt, und steht es annähernd senkrecht zur Visierlinie, so kann die Entfernung E durch Messung der scheinbaren Größe des Zielwinkel η bestimmt werden, da $E = b \operatorname{ctg} \eta$ ist (s. auch S. 362 ff.). Die Genauigkeit hängt davon ab, wie genau b bekannt ist und η gemessen wird; bei festem η nimmt sie infolge eines Fehlers in η mit der Entfernung, bei festem b mit dem Quadrat der Entfernung ab. Dieses Verfahren wurde früher für militärische Zwecke viel angewandt. Hierzu benutzte schon 1674 MONTANARI ein Fernrohr mit Parallelfäden; auch ein Richtglas mit Strichplatte ist geeignet. Wird die Teilung nach $\operatorname{ctg} \eta$ aufgetragen, so sind die Ablesungen nur noch mit b zu multiplizieren. Die Feldstecher für Militärgebrauch sind heute meist mit einer Strichplatte ausgerüstet und stellen so Zielwinkelentfernungsmesser dar. Als Einheit für die Teilungsintervalle ist meist „Strich" gewählt (1 „Strich" $= \dfrac{360}{6400}$ Grad), so daß gilt:

$$E \text{ [km]} \approx b \text{ [m]} : \eta \text{ [Strich]} .$$

Bei freihändigem Gebrauch wird die Genauigkeit durch ein Doppelbildmikrometer erhöht. Das Verfahren bei der einfachsten Einrichtung verwendet festes η. Ein Kalkspatprisma mit fester Trennung der Doppelbilder wird auf das Okular eines Fernrohres aufgesteckt; man beobachtet, wie weit sich die Bilder eines Zieles bekannter Größen ineinanderschieben (Abb. 368); ein Zielbild mit Einteilung (Abb. 369) erleichtert die Entfernungsschätzung. Doppelbildmikrometer mit veränderlichem η wurden früher besonders bei der Marine angewandt, wo die Schornsteine und Masten feindlicher Schiffe Ziele bieten, die

Abb. 368. Die Entfernungsmessung mit einem festen Kalkspatprisma

Abb. 370. Die Entfernungseinstellung beim Doppelbildmikrometer

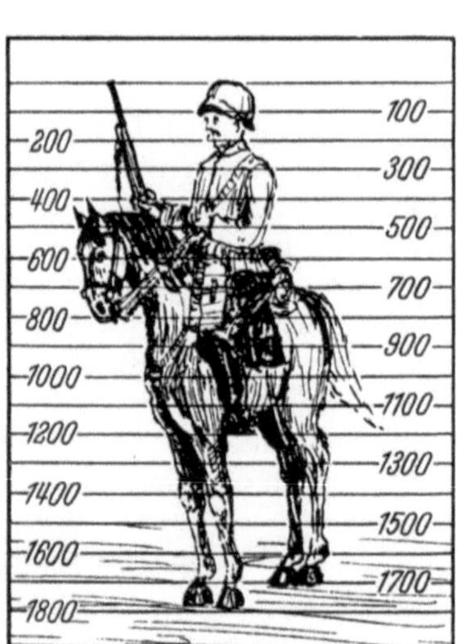

Abb. 369. Die Ablesung der Entfernung im Zielbild

sich wegen der regelmäßigen Begrenzung genau auf Berührung einstellen lassen (Abb. 370) und wo bei dem gleichmäßigen Hintergrund das Ziel auch im Doppelbild gut zu erkennen ist. Die Kenntnis der Zielgröße ist nicht erforderlich, wenn die Anfangsentfernung durch Einschießen oder mit einem Standwinkelentfernungsmesser ermittelt ist. Gegenüber diesem besitzen sie den Vorteil eines wesentlich geringeren Raumbedarfes. Die Geräte können sich daher gegenseitig unterstützen. Um die Entfernung für verschiedene Zielhöhen bequem ablesen zu können, kann man den Entfernungsmesser mit einem Rechenapparat verbinden. Aus historischen Gründen werde auf ein solches Gerät von ABBE kurz eingegangen. Bei diesem Gerät nach Abb. 371 ist einem Prismenfernrohr,

das aus Objektiv *Ob*, Umkehrprisma *U* und Okular *Ok* besteht, ein
Zinkenprisma *Z* ähnlich Abb. 114b für die Erzeugung der Doppelbilder
vorgeschaltet. Um den Abstand der Doppelbilder verändern zu können,

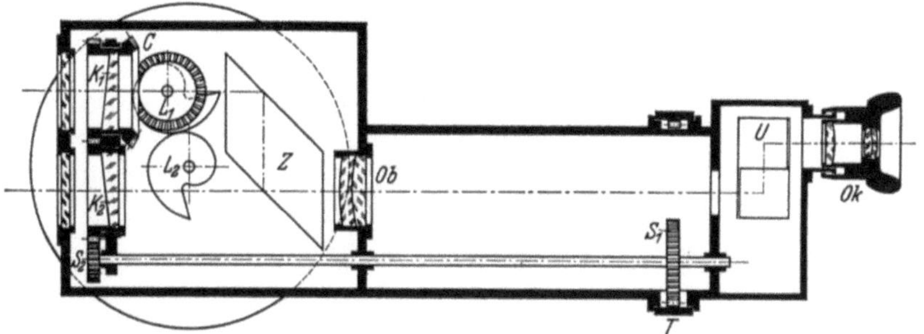

Abb. 371a. Schema des Doppelbildentfernungsmessers von ABBE mit logarithmischer Teilung

Abb. 371b. Ansicht des Abbeschen Doppelbildentfernungsmessers mit logarithmischer Teilung

ist hier das Drehkeilpaar nach Abb. 351 in etwas geänderter Form
benutzt. Die Glaskeile K_1 und K_2 sind durch sie umgebende Stirnräder

auf gleiche und entgegengesetzte Drehung gekuppelt, die durch den das Rohr umfassenden Trieb T mit Innenverzahnung über die Stirnräder S_1 uns S_2 bewirkt wird. Die Drehung der Keile wird durch ein Kegelräderpaar C und die logarithmischen Räder L_1 und L_2 auf die Teilscheibe übertragen, auf der sich eine Winkelteilung und eine Entfernungsteilung befindet.

Abb. 372 zeigt einen aufsteckbaren logarithmischen Entfernungsmesser für Tauchbootsehrohre nach einem Heliometerprinzip (S. 350). Eine zerschnittene Sammellinse und eine ebensolche Zerstreuungslinse

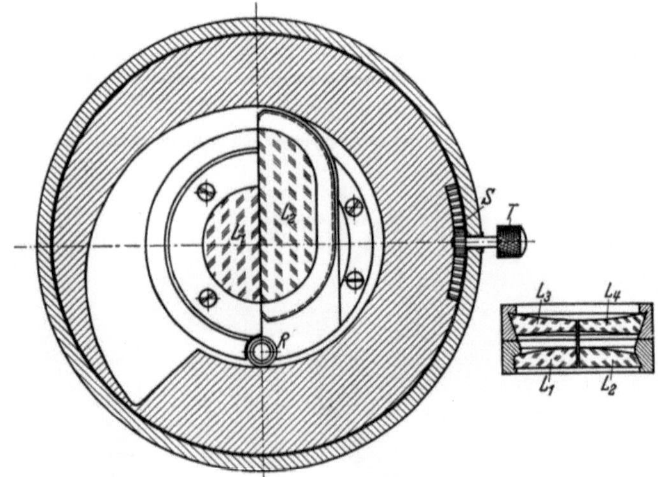

Abb. 372. Ein aufsteckbarer Doppelbildentfernungsmesser für Sehrohre

liegen dicht hintereinander. Die Linsen L_2 und L_3 sind miteinander fest verbunden und werden verschoben, indem die logarithmische Planschnecke, die durch den Trieb T mit Kegelrädern S gedreht wird, auf die Rolle R an der Linsenfassung wirkt; die Linsen L_1 und L_4 stehen fest. Die Doppelbilder werden so entgegengesetzt verschoben. Die Ablesung erfolgt in ähnlicher Weise wie bei dem vorigen Gerät.

§ 48. Die geodätischen Zielwinkelentfernungsmesser

Bei der Tachymetrie (Schnellmessung) in der Geodäsie wird zur Messung der waagerechten (Karten-)Entfernung als Ziel eine Latte mit Teilung oder Abstandsmarken benutzt; sie wird entweder lotrecht im Gelände oder senkrecht zur Visierlinie gehalten (in vertikaler oder — häufiger — horizontaler Ebene). Die „Standlinie" bildet ein Intervall auf der Latte. Wir setzen zunächst eine senkrechte Latte mit Teilung (Selbstablesung) voraus; das Fernrohr braucht dann nur für die Messung eines festen Zielwinkels η eingerichtet zu sein.

Das einfachste Verfahren dieser Art wird allgemein als Reichenbachsche Distanzmessung bezeichnet, sie geht auf WATT (1771) zurück. Der feste Zielwinkel ist gegeben durch 2 Strichmarken, die sog. Distanzstriche, in der Bildebene des Fernrohres. Wir bezeichnen ihren gegenseitigen Abstand mit p. Sie begrenzen bei der Beobachtung auf der am Ziel aufgestellten senkrechten Latte ein Intervall l. Wird zur Messung ein astronomisches Fernrohr benutzt, das zur Fokussierung auf Ziele in endlichem Abstand mit einem Okularauszug (vgl. § 27) ausgerüstet ist, dann besteht zwischen der gesuchten Entfernung E, dem

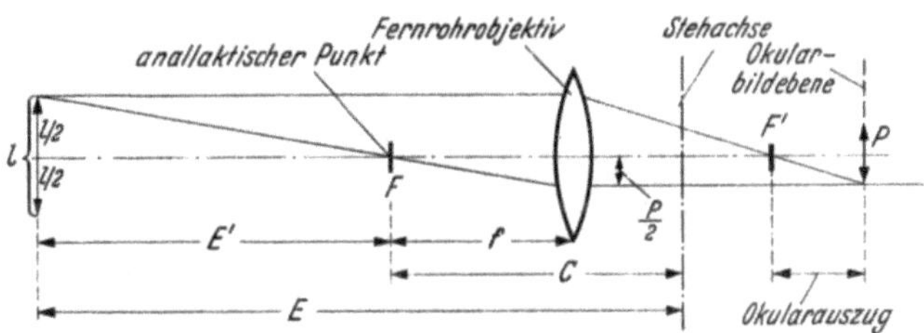

Abb. 373. Zur Reichenbachschen Distanzmessung mit astronomischem Fernrohr mit Okularauszug

Abstand der Distanzfäden p, dem abgelesenen Lattenabschnitt l und der Fernrohrbrennweite f die Beziehung:

$$E = \frac{1}{p} f + C, \qquad (48.1)$$

worin c die sog. „Additionskonstante" darstellt, die beim astronomischen Fernrohr mit Okularauszug dem Abstand des vorderen Brennpunktes des Objektivs von der Stehachse des geodätischen Instrumentes entspricht. Gl. (48.1) läßt sich an Abb. 373 sofort ablesen. Häufig führt man in Gl. (48.1) noch ein

$$\frac{f}{p} = k \qquad (48.2)$$

schreibt dann Gl. (47.1) in der Form

$$E = l \cdot k + C \qquad (48.3)$$

und bezeichnet dann k als die „Multiplikationskonstante" des Fernrohrs, die man im praktischen Gebrauch im allgemeinen zu 100 wählt. Der mit der Multiplikationskonstante k multiplizierte Wert des abgelesenen Lattenabschnitts l liefert also eine Entfernung E', die von dem sog. „anallaktischen Punkt" aus gerechnet wird, der von der Stehachse die Entfernung der „Additionskonstante" C hat und beim astronomischen Fernrohr mit Okularauszug mit dem vorderen Brennpunkt F zusammenfällt, wie Abb. 373 zeigt. Bei den heute in der Geodäsie allgemein gebräuchlichen Fernrohren mit Innenfokussierung (vgl. § 27), die ebenfalls mit Distanzfäden zur Reichenbachschen Distanzmessung ausgerüstet sind, sind die Verhältnisse komplizierter; denn die Eingangs-schnittweite des Fernrohres s_1 ist jetzt nicht wie in Gl. (48.1) eine lineare Funktion des Verhältnisses $\dfrac{l}{p}$. Der funktionale Zusammenhang ist vielmehr, wie ROELOFS gezeigt hat, durch eine Hyperbel gegeben, wie sie in Abb. 374 dargestellt ist. Man erhält den Verlauf der Hyperbel in einer längeren Rechnung, auf die hier nicht eingegangen werden kann. Es wäre nun viel zu umständlich und hinsichtlich der verlangten Genauigkeit auch gar nicht erforderlich, in der Praxis mit einer Gleichung

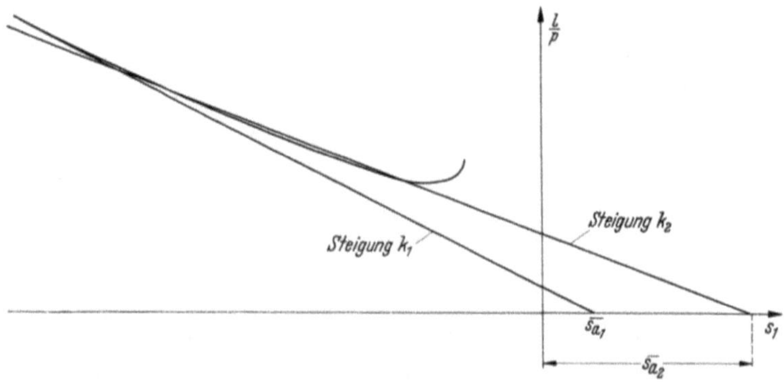

Abb. 374. Die Hyperbel $\dfrac{l}{p} = f(s_1)$ für die Entfernungsmessung bei Fernrohren mit Innenfokussierung und zwei Näherungsgraden

zweiten Grades für die Ermittlung der Entfernung aus der Latten-ablesung zu arbeiten. Lange bevor dieser Zusammenhang durch die Roelofssche Arbeit klar dargelegt wurde, war es üblich, auch für die Fernrohre mit Innenfokussierung einen linearen Zusammenhang zwi-schen abgelesenem Lattenabschnitt und Entfernung wie in Gl. (48.1) anzunehmen, d. h. man hat die Hyperbel in Abb. 374 durch eine Gerade angenähert. Als Näherungsgerade wird man vielfach die Asymptote wählen, d. h. man erhält eine Multiplikationskonstante k, die dem auf unendlich fokussierten Fernrohr entspricht, man kann aber auch eine beliebig andere Näherungsgerade für zweckmäßig erachten. Ihre Neigung $\varkappa$ bestimmt die Multiplikationskonstante k zu $k = \dfrac{1}{\varkappa\,p}$, ihr Abszissen-abschnitt ergibt die „Additionskonstante". In Abb. 374 sind zwei solche Näherungsgeraden eingezeichnet. Klar ist, daß in jedem Falle die Distanzmessung bei Anwendung einer linearen Entfernungsgleichung a priori mit Fehlern behaftet ist. Für den Fall, daß man als Näherungs-gerade die Asymptote der Hyperbel annimmt, kann man den eben erörterten Sachverhalt auch so auffassen, daß bei kürzer werdender Zielentfernung bei konstant angenommener Multiplikationskonstante die „Additionskonstante" abnimmt, oder anders ausgedrückt, daß sich der „anallaktische Punkt" bei kurzen Zielweiten verschiebt, den man infolgedessen beim Fernrohr mit Innenfokussierung auch besser als „quasianallaktischen Punkt" bezeichnet. Abb. 375 erläutert diesen Zusammenhang. Benutzt man zur Berechnung der Entfernung nach dem eben Gesagten auch eine lineare Gleichung von der Form

$$E = Kl + C , \qquad (48.4)$$

wobei die jetzt mit K bezeichnete Multiplikationskonstante gegeben sei

$$K = \frac{f'_\infty}{p} \qquad (48.5)$$

(f'_∞: resultierende Brennweite des auf unendlich fokussierten Fokussiersystems), dann ist die „Additionskonstante" C jetzt keine Konstante mehr, sondern sie nimmt, wie in Abb. 375 gezeigt, für die verschiedenen Distanzen verschiedene Werte an. Es ist Aufgabe des Fernrohrkonstrukteurs, durch entsprechende Wahl der Brennweite von Objektivvorderglied und Fokussierlinse die Änderung der „Additionskonstante" innerhalb der durch die geodätische Praxis bedingten Grenzen zu halten.

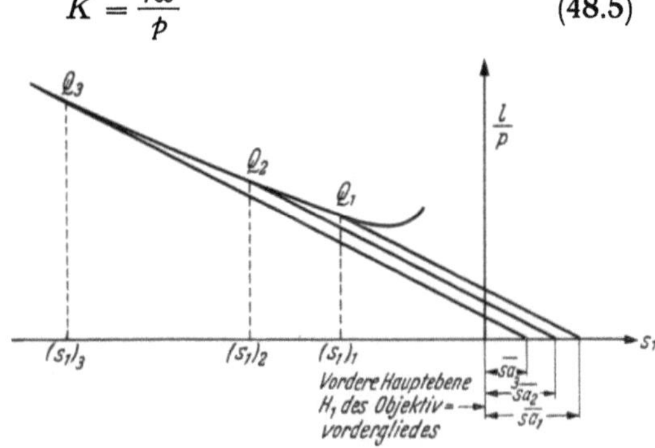

Abb. 375. Zur Darstellung der Distanzmeßgleichung bei konstant angenommener Multiplikationskonstante $k = \dfrac{f'_\infty}{p}$

Dazu ist wichtig zu wissen, wie die „Additionskonstante" C von den Konstruktionsdaten des Fernrohres und der Zielentfernung abhängt. Bezeichnet man den Abstand der Stehachse des geodätischen Instrumentes von der vorderen Hauptebene des Objektivvordergliedes mit s_k und den Abstand des „quasianallaktischen Punktes" von der gleichen vorderen Hauptebene mit s_a, wobei nach dem eben Gesagten s_a eine Funktion der Zielentfernung ist, dann kann man die „Additionskonstante" C darstellen in der Form:

$$C = s_k - s_a(s_1) . \qquad (48.6)$$

Für s_a wurde von H. Schulz die Beziehung angegeben:

$$s_a = -f'_1 \frac{s'_2 - a - \varepsilon}{f'_1 + s'_2 - a - \varepsilon} . \qquad (48.7)$$

Die Bezeichnungen sind wie im § 27 gewählt worden. Mit Rücksicht auf eine bequeme Handhabung des Verfahrens wird man anstreben, C nach Gl. (48.6) zu 0 zu machen. Gleichzeitig muß die Dimensionierung des Fernrohres so gewählt werden, daß die Änderung von s_a nach Gl. (48.7) möglichst gering ist.

Die bisher abgeleiteten Beziehungen gelten für die horizontale Ziellinie, wie sie beim Nivellement auftritt. Bei der Messung mit dem Theodoliten besteht sehr häufig die Aufgabe, mit einer um den Winkel w geneigten Ziellinie zu messen (vgl. Abb. 376). Es besteht dann die Aufgabe, aus der Lattenablesung, die im wesentlichen der sog. Schrägentfernung entspricht, die Kartenentfernung E_h zu bestimmen. Für den Fall der lotrechten Latte gilt in guter Näherung die Gleichung

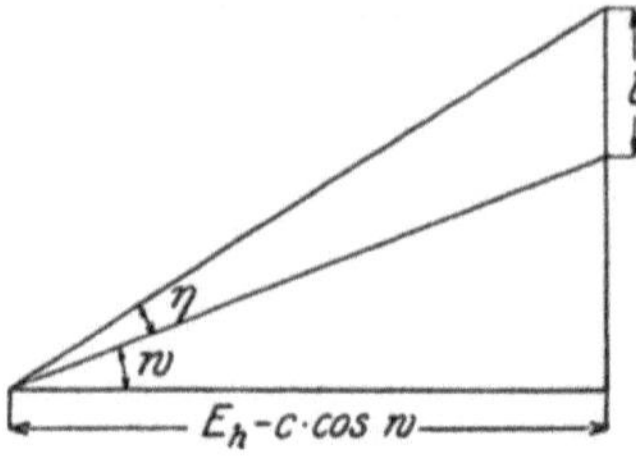
Abb. 376. Die Reichenbachsche Distanzmessung bei geneigter Ziellinie

$$E_h = c \cos w + k\, l \cos^2 w \qquad (48.8)$$

Bei waagerechter Latte, oder wenn die Latte senkrecht zur Fernrohrachse angeordnet ist, hat man die Gleichung

$$E_h = c \cos w + k\, l \cos w \qquad (48.9)$$

anzuwenden.

Die Bruchteile der Teilung der Latte, die Abb. 377 als Klapplatte darstellt, werden geschätzt; die Zahlen 5 und 9 sind zur sicheren Unterscheidung als V und N wiedergegeben.

Es hat nun nicht an Bestrebungen gefehlt, diese Bruchteile genauer zu erhalten. Am einfachsten wird dies erreicht, indem man den Grundgedanken des optischen Meßkeiles (S. 346) auf die Lattenablesung anwendet und die Lattenteilung entsprechend ausbildet. Es möge hier die besonders durchgebildete Form von DIEPERINK (1924) besprochen werden. In dem unteren Teil von Abb. 378 sind zur Erläuterung die Stellen, die den Ablesungen der Millimeter entsprechen, durch kurze Striche mit beigesetzten Zahlen gekennzeichnet. Es handelt sich also um eine Mitteneinstellung, die ja besonders genau ist. Bei kurzen Lattenentfernungen können auch noch Bruchteile der Millimeter geschätzt werden, indem man darauf achtet, wo der Faden die schrägen Begrenzungslinien der Keile durchschneidet. Für eine genauere Ablesung kann auch, wie schon durch TICHY (s. unten), ein schräges Fadenkreuz verschoben werden, bis der schräge Faden mittelt, der senkrechte gibt die Unterteile der Ablesung mit Schätzung von $^1/_{20}$. Bei der Lattenablesung nach HECKMANN wird ein schräger den Teilstrichen paralleler Faden auf einen von diesen eingestellt (Abb. 379),

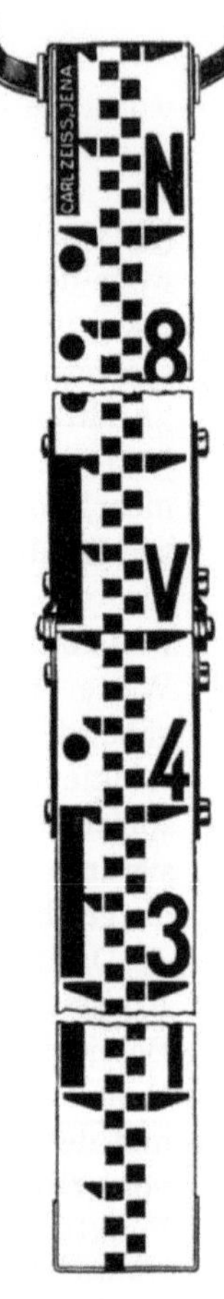
Abb. 377. Eine Klapplatte mit cm-Teilung

indem das Fernrohr quer zur Latte fein bewegt wird und diese Verschiebung mit einem zur Latte parallelen Faden an einer Querteilung neben dem Lattennullpunkt abgelesen wird.

Eine große Anzahl von Tachymetern verwenden die von HOGREWE 1800 in die Landmessung eingeführte Tangentenschraube (vgl. Abb. 380). Kippt man mit einer solchen in festem Abstand a von der Achse ange-

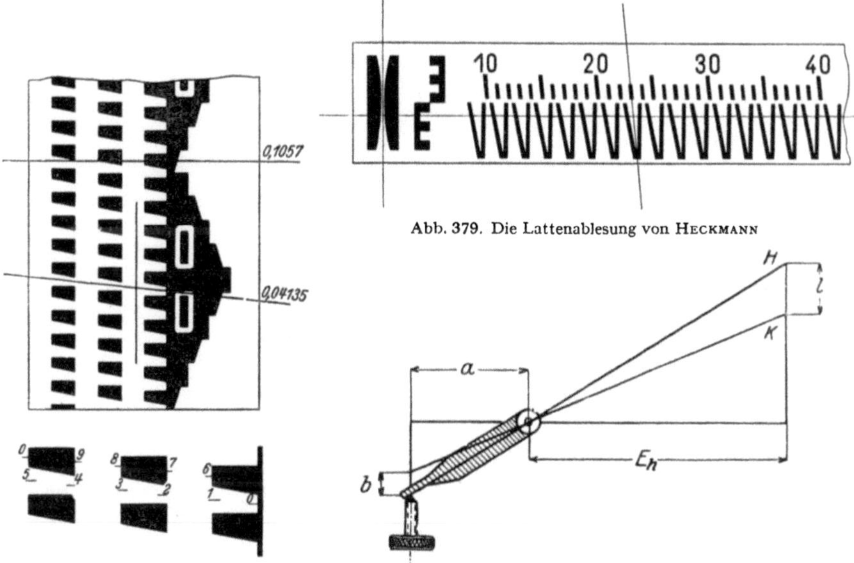

Abb. 379. Die Lattenablesung von HECKMANN

Abb. 378. Die Latte nach DIEPERNIK Abb. 380. Die Entfernungsmessung mit Tangentenschraube

ordneten senkrechten Schraube das Fernrohr, so ist $E_h = \dfrac{a\,l}{b}$, wenn b die Strecke ist, um die die Schraube von einer Zielung zur anderen bewegt wurde. Ist b fest und wird l abgelesen, so wird die Bewegung um b meist durch Anschläge festgelegt. Dieser Kontakttachymeter wurde von SANGUET 1866 angegeben und fand in Frankreich Verbreitung. Aus historischen Gründen werde in diesem Zusammenhang auf den Streckenmeßtheodolit von PULFRICH hingewiesen, dessen Prinzip in Abb. 381 wiedergegeben ist, er wird in Verbindung mit einer horizontalen Meßlatte gebraucht, die senkrecht zur Visierlinie angeordnet ist. Die Tangentenmeßschraube wird dann ebenfalls senkrecht zur Visierlinse betätigt. Die Steigung der Tangentenmeßschraube beträgt bei PULFRICHs Anordnung $\dfrac{1}{200}$ des Hebelarmes, die Anzahl der Umdrehungen wird am Rechen 7 mit dem Strich 4, die Trommelteilung 5 am Strich 6 mit der Lupe abgelesen. In der Nullstellung bei der Ablesung 2000 steht Strich 3 auf 4, Trieb 8, 9 dient zur Verstellung der Schraube.

Für den Transport wird mit der Schraube 1 der Amboß von der Meßschraube zurückgezogen.

Tachymeter, an denen unmittelbar die waagerechte Entfernung
abgelesen wird, nennt man Reduktionstachymeter. Solche Instrumente

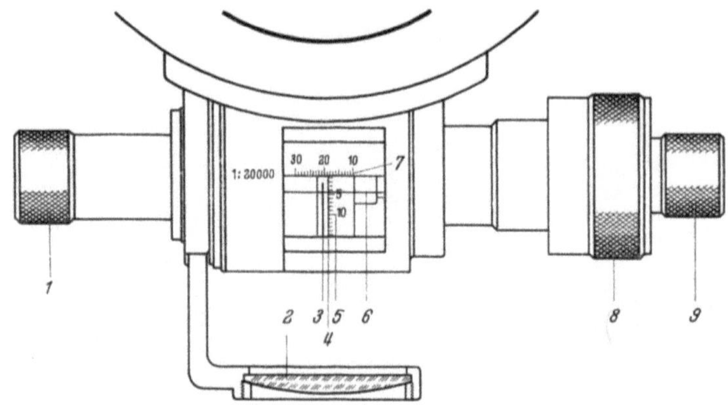

Abb. 381. Der Streckenmeßtheodolit von PULFRICH

sind in vielfältigen Ausführungen bekannt geworden. Hier sollen nur die
wichtigsten, heute noch gebräuchlichen Typen behandelt werden. Im
übrigen werde auf das geodätische Schrifttum verwiesen[1].

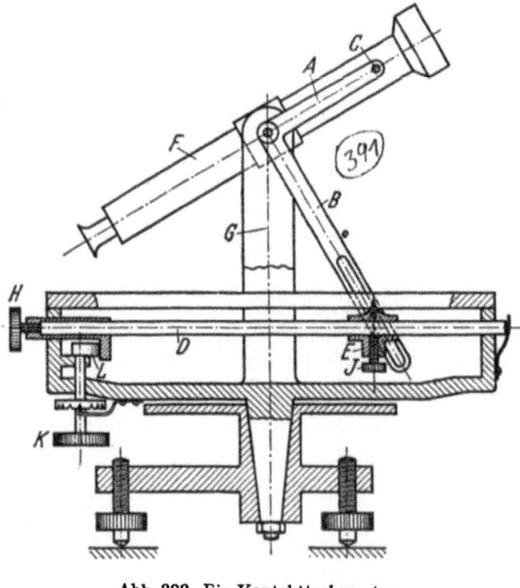

Abb. 382. Ein Kontakttachymeter

Die oben erwähnten
„Kontakttachymeter" las-
sen sich zu automatischen
Reduktionstachymetern
ausbilden, wie es bei dem
in Abb. 382 dargestellten
Gerät, das früher einmal
eine gewisse Bedeutung
gehabt hat, der Fall ist.
Die Tangentenschraube ist
waagerecht gelegt, um sie
besser dem Bau des Gerätes
anzupassen. Die Kippbe-
wegung des Fernrohres F
macht hier der Winkelhebel
$A B$ mit, der bei C in lös-
barer Verbindung mit dem
Fernrohr steht, um dies für

---

[1] Vgl. z. B. O. v. GRUBER: Optische Streckenmessung und Polygonierung.
2. Aufl. neu bearbeitet von G. FÖRSTNER, W. SCHNEIDER und K. SCHWIDEFSKY.
Berlin 1955.

feinere Winkelmessungen durchschlagen zu können. Der Winkelhebel AB nimmt einen auf der Stange D gleitenden Schieber E mit. Der erste Lattenpunkt wird mit dem Fernrohr zunächst grob angezielt, dann, nachdem der Schieber mit der Schraube J festgeklemmt ist, mit der Schraube H fein angezielt. Darauf wird mit dem Trieb K um eine Rast weitergedreht; dabei wird um einen Exzenter L die Stange D samt der Schraube H um ein festes Stück verschoben. Darauf wird der zweite Lattenpunkt angezielt. Die reduzierte, d. h. die Karten-Entfernung wird aus dem abgelesenen Lattenabschnitt und der Multiplikationskonstanten des Instrumentes (gegeben durch Exzenterverstellung und Hebelarm) bestimmt.

Wenn auch keine automatische Reduktion auf die Kartenentfernung, so doch eine Erleichterung der rechnerischen Reduktion erhält man durch Verwendung einer logarithmisch geteilten Latte, die TICHY 1878 einführte. An dieser Latte wird unmittelbar der Logarithmus der Entfernung abgelesen. Da die Größe der Intervalle bei dieser Teilung dem Abstand des Intervalles vom Nullpunkt proportional ist, können durch Feineinstellung mit einem Schraubenmikrometer oder mit einem optischen Meßkeil an diesem die Unterteile des Logarithmus abgelesen werden. log cos$^2 w$ wird entweder einer Tafel entnommen oder an einer besonderen Teilung des Vertikalkreises des Instrumentes abgelesen. Durch Addition dieses Wertes zu dem an der Latte abgelesenen, erhält man den Logarithmus der Kartenentfernung. In ähnlicher Weise ergibt sich auch die Höhe; man kann das Verfahren auch so ausbilden, daß man auf einer besonderen Teilung des Vertikalkreises den zu einem bestimmten Höhenwinkel gehörigen Wert des Distanzfadenabstandes abliest und diesen Wert am Schraubenmikrometer bzw. am optischen Meßkeil von Hand einstellt, dann liefert die Latte den Logarithmus der Kartenentfernung.

PORRO (1858) hatte bereits den Gedanken, die eben beschriebene Änderung des Fadenabstandes proportional cos$^2 w$ automatisch durch das Instrument vornehmen zu lassen. Diese Fadenverschiebung kann mechanisch vorgenommen werden, wie z. B. bei einer Einrichtung von JEFFCOTT (1912). Durchgesetzt haben sich diese mechanischen Verfahren in der Praxis nicht. Wesentlich größere Bedeutung haben die optischen Verfahren der Entfernungsreduktion. Ein solches Verfahren ist erstmalig bei dem Tachymeter von HAMMER-FENNEL (1902), das heute noch praktische Bedeutung hat, verwirklicht worden. Bei diesem in Abb. 383 bis 386 wiedergegebenen Instrument wird eine Kurvendarstellung (Abb. 384), die sich auf einem zur Kippachse zentrischen Sektor D (Abb. 383) befindet, durch die Prismen P_1 und P_2 sowie durch die Linse L_3 in die eine Hälfte der Fadenplatte abgebildet. Die in der Fernrohrachse liegende Kante von P_2 ist die scharfe Grenze der

Halbfelder. Man sieht also die sichtbaren Kurvenstücke auf das Lattenbild einstehen (Abb. 385). Die Unterschiede der Radienvektoren für den
Kreis G und die Kurve E in Abb. 384 sind als Funktionen des Höhenwinkels mit dem Scheitel in M so bemessen, daß die Bilder auf der Latte

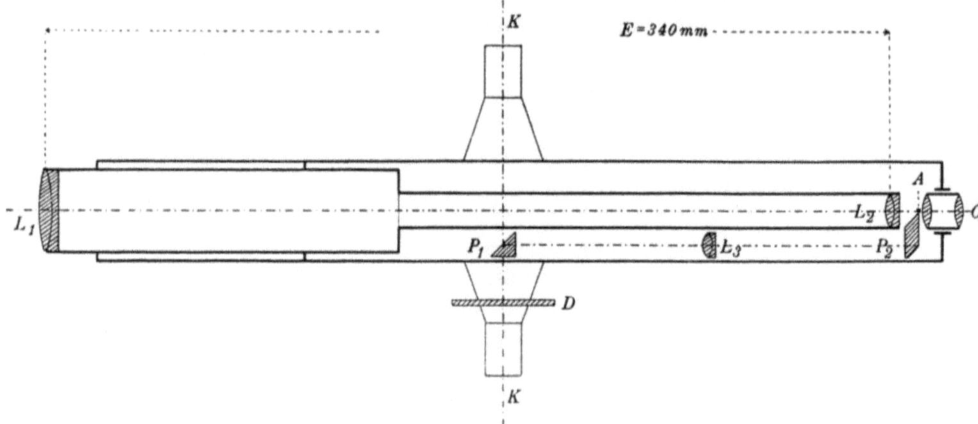

Abb. 383. Schema der ersten Ausführung des Hammer-Fennelschen Tachymeters (1902)

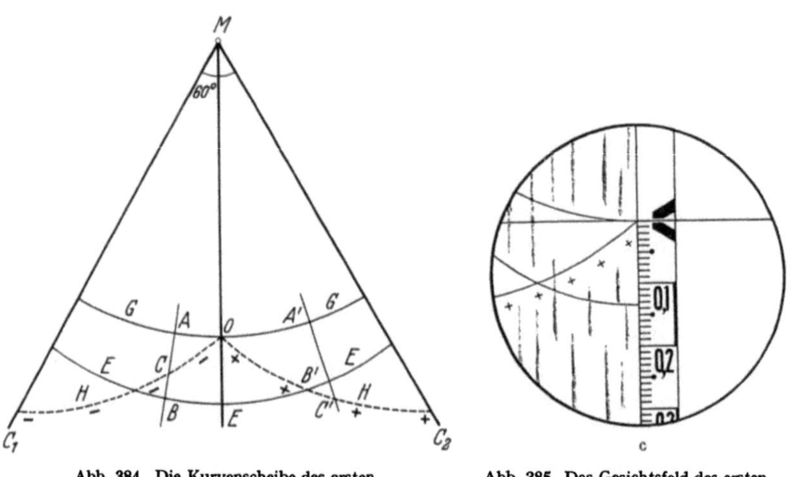

Abb. 384. Die Kurvenscheibe des ersten
Hammer-Fennelschen Tachymeters

Abb. 385. Das Gesichtsfeld des ersten
Hammer-Fennelschen Tachymeters

die waagerechte Entfernung abgreifen, während G und H die Höhe abgreifen. Bemerkt sei noch, daß bei der in Abb. 383 gezeigten Ausführungsform des Hammer-Fennelschen Tachymeters das Prinzip des sog. „anallaktischen Fernrohres" von Porro angewendet wurde. Wenn nämlich
das feste optische Element L_2 so angeordnet wird, daß das Objektiv L_1
einen in der Kippachse K und in der optischen Achse angenommenen

virtuellen Punkt in den vorderen Brennpunkt des Gliedes L_2 abbildet, dann fällt der vordere Brennpunkt des gesamten Objektivsystems in die Kippachse, und die Additionskonstante c des Fernrohres ist exakt null. Das Porrosche Fernrohr, das im übrigen alle Nachteile eines Fernrohres mit Okularauszug besitzt (vgl. § 27), wird trotz der eben

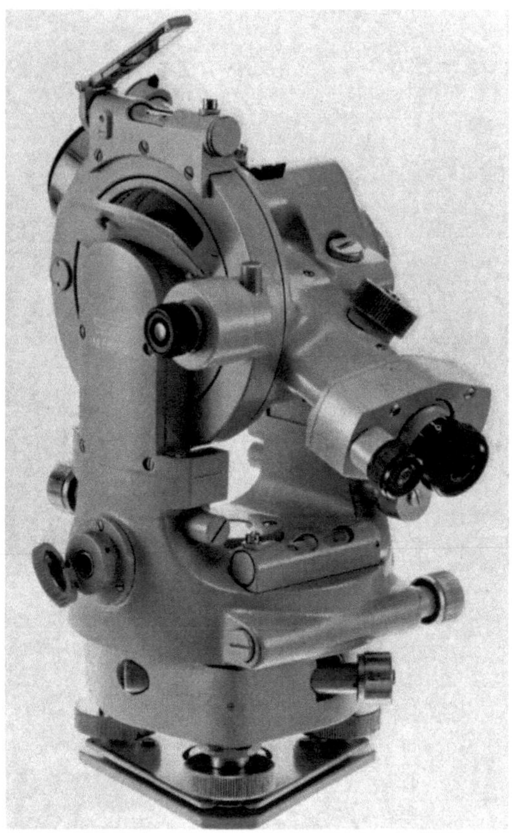

Abb. 386. Ansicht einer modernen Ausführung des Hammer-Fennelschen Tachymeters

geschilderten Eigenschaften heute nicht mehr angewendet. Die jetzt gefertigte Ausführungsform des Hammer-Fennelschen Tachymeters (Abb. 386) verwendet ein Fernrohr mit negativer Fokussierlinse.

Das Porrosche bzw. Hammer-Fennelsche Tachymeterprinzip wurde von DAHL (1919) weitergebildet, er ordnete die Kurvenscheibe 3 zwischen den beiden Teilen eines Umkehrprismas an. Abb. 387 zeigt die optische Anordnung eines nach diesem Prinzip arbeitenden Tachymeters („Dahlta" des VEB Jena). Abb. 388 zeigt eine Ansicht. Bemerkt sei noch, daß die Geräte nach Abb. 386 und 388 vollständige Theodolite mit Höhen- und Seitenkreis darstellen.

Die bereits bei der Behandlung des Streckenmeßtheodoliten von PULFRICH behandelte waagerechte Latte hat den Vorteil, daß die Störungen durch die Refraktionsunterschiede der Luft geringer sind als

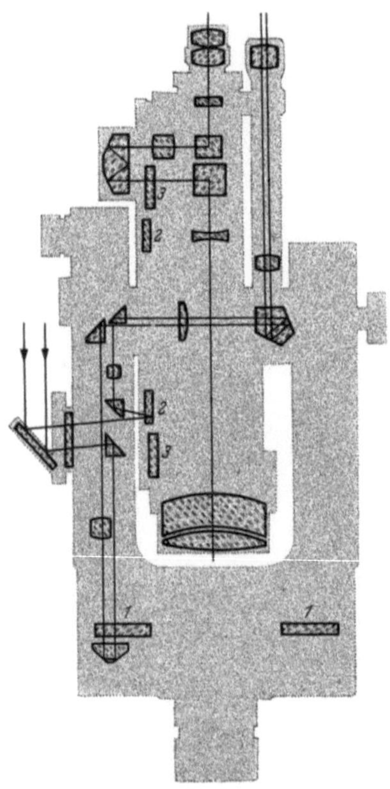

Abb. 387. Schema des Reduktionstachymeters nach DAHL (Dahlta des VEB Jena)

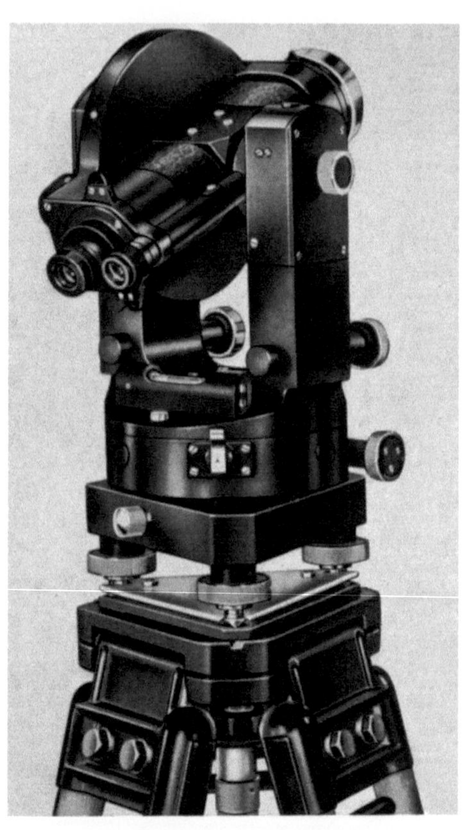

Abb. 388. Ansicht des Reduktionstachymeters „Dahlta" nach Abb. 387

bei einer senkrechten Latte. Außerdem besteht der Vorteil, daß die Reduktion nach einer einfacheren Beziehung erfolgt [Gl. (48.9)]. Der Vorteil der waagerechten Latte konnte sich erst recht auswirken, als man zur Doppelbildmessung überging, bei der eine gesteigerte Genauigkeit bei einfacher Handhabung und ohne höhere Anforderungen an feste Aufstellung zu erreichen ist. Der erste Schritt wurde von BARR und STROUD getan. Nach ihrem Patent von 1889 maßen sie mit einem Verschiebungskeil nach MASKELYNE ähnlich Abb. 360 den Winkel,

unter dem eine feste Lattengröße erschien. Für kleinere Höhenwinkel
wurde nach dem Patent die Reduktion auf die waagerechte Entfernung
durch Drehung des Fernrohres um die Fernrohrachse um den Höhenwinkel erhalten, die mit der Kippung des Fernrohres gekuppelt war.
In dem folgenden Patent von 1890 ordneten sie vor der einen Hälfte des

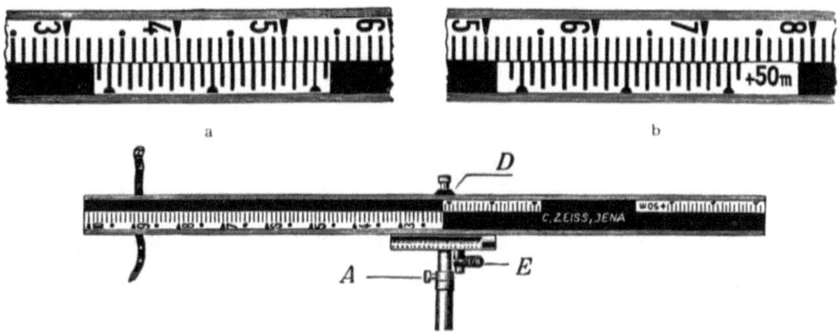

Abb. 389. Die Latte und das Lattenbild bei der Doppelmessung

Objektives einen Glaskeil mit fester Ablenkung an, wie bald darauf
RICHARDS. Abb. 389 zeigt eine Latte für die Messung mit dem Vorsatzkeil; damit das Bild nicht durch Überlagerung grau erscheint, ist dafür
gesorgt, daß das eine Lattenbild auf die dunklen Stellen des anderen
Bildes zu liegen kommt.
Für die Ablesung sind
zwei Nonien vorgesehen,
der innere für Entfer-
nungen bis 70 m; bei
dem äußeren ist zu den
Ablesungen 50 m hinzu-
zurechnen. In Abb. 389a
bzw. b wird 33,80 bzw.
103,31 abgelesen. Die
Latte ist (Abb. 389 c)
quer verschiebbar; A
und D sind Klemmen;

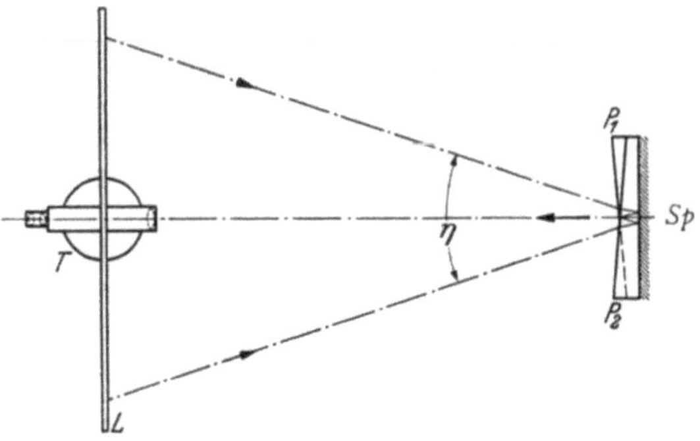

Abb. 390. Das Tachymeter von ENGI

E ein Diopter mit Kollimator. Der Vorsatzkeil für die Doppelbildmessung, der in der Regel auf die Fassung des Fernrohrobjektivs
aufgesteckt wird, muß zur Vermeidung von Farbsäumen achro-
matisiert werden. Seine Ablenkung beträgt zweckmäßig 1 : 100.
Er wird vielfach so ausgeführt, daß er einen mittleren Streifen des
Objektives abdeckt und für die Strahlen des anderen Bildes zwei Segmente des Objektives frei läßt, wie es für die Ausschaltung von persönlichen Fehlern günstig ist. Um den Nonius auf Berührung mit der

Lattenteilung einzustellen, wird der Keil ein wenig um die Objektivachse gedreht. Die ebenfalls aufsteckbare Einrichtung von WILD (1921) enthält zwei entgegengesetzt wirkende achromatische Glaskeile, die je die Hälfte des Objektives decken („Dimesskeil" der Firma Zeiss). Vor diese ist noch das Planplattenmikrometer nach Abb. 355 zur genaueren Ablesung eingeschaltet. Bei dem Vorschlag von ENGI (1923) befindet sich nach Abb. 390 die Latte L über dem Tachymeter T, an dem aufzunehmenden Geländepunkt ein Doppelkeil P_1 und P_2 von fester Ablenkung, mit einer versilberten Rückfläche Sp; die genaue

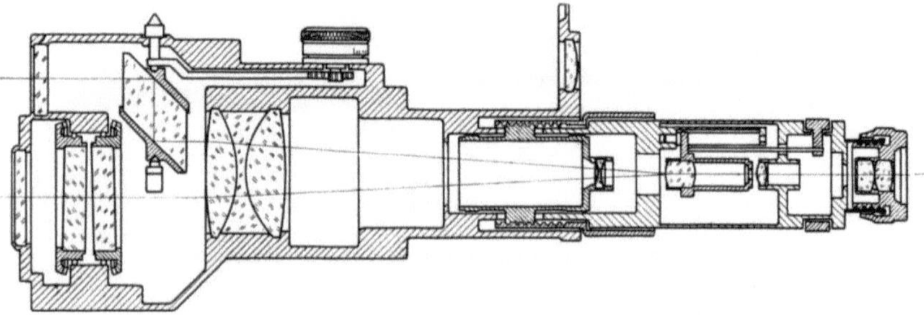

Abb. 391. Der Aufbau des Reduktionstachymeters von BOSSHARDT

Koinzidenz der Teilstriche wird durch Verschieben der Lattenhälften erreicht; für die Reduktion der Entfernung auf die Waagerechte kann es mit Schwingkeilen eingerichtet werden.

Die volle Ausbildung fand das Messen mit Doppelbildern durch das Reduktionstachymeter von BOSSHARDT und ZEISS (1922). Wie Abb. 391 zeigt, ragt vor die eine Hälfte des Objektivs ein rhombisches Prisma; vor dem Eintritt in die andere Hälfte des Objektivs durchsetzen die Strahlen ein achromatisches Drehkeilpaar (S. 348), das durch Zahnräder bei der Kippung des Fernrohres so gesteuert wird, daß sich jeder Keil um den Höhenwinkel w dreht, damit die waagerechte Entfernung unmittelbar auf der Latte abgelesen werden kann. Das rhombische Prisma kann, wie in Abb. 391 dargestellt, um eine vertikale Achse gedreht werden. Die Drehung wird an der Trommel abgelesen. Diese Anordnung hat die Wirkung eines Planplattenmikrometers und dient zur Ermittlung der Zentimeter und Millimeter. Die Ablesung der Trommel des Planplattenmikrometers erfolgt in der Stellung, in der ein Noniusstrich exakt auf einen Teilstrich der Latte einsteht. In der Abb. 392 wird 71,5 oder 21,5 m abgelesen, je nachdem der äußere oder innere Nonius benutzt wird (die Zentimeter und Millimeter liefert die Planplatte). Den Strahlengang zeigt Abb. 393. In der Bildebene des Objektives Ob befindet sich ein Doppelkeil K auf der Kollektivlinse L. Vor der Umkehrlinse U ist eine Blende B angebracht; dadurch können von den Strahlen der bei K

rechten Gesichtsfeldhälfte nur die von der linken Hälfte des Objektives kommenden Strahlen weiter durch die Umkehrlinse und das Okular *Ok* gehen; entsprechend wirken für die linke Gesichtsfeldhälfte nur die von der rechten Hälfte des Objektives. Man hat so Halbbilder und keine Mischbilder; man braucht für die Orientierung im Gelände das eine Bild nicht abzudecken und der Nonius steht ohne weiteres auf Berührung

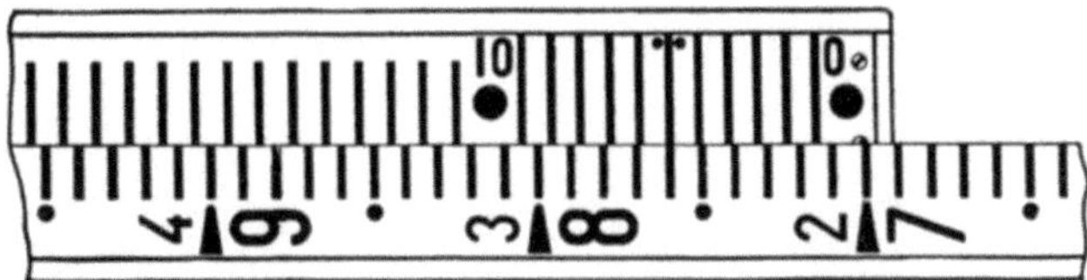

in der scharfen Kante des stumpfen Winkels des Doppelkeiles ein. Durch die Anordnung ist weiter erreicht, daß die Bilder der Objektivhälften in der Austrittspupille *A* ineinander fallen und so die persönlichen Fehler durch übereinstimmenden Strahlenaustritt (S. 357) möglichst verringert sind. Das Material der Glaskeile und der Latte ist so gewählt, daß die Änderung des parallaktischen Winkels und der Lattenlänge für einen Temperaturgrad gleich ist. Die Latte kann nach Abb. 392 unten an einer Standlatte mit Teilung für die Entfernungsmessung nach WATT hoch und quer verschoben und geklemmt werden; nur die eine Klemme J_1

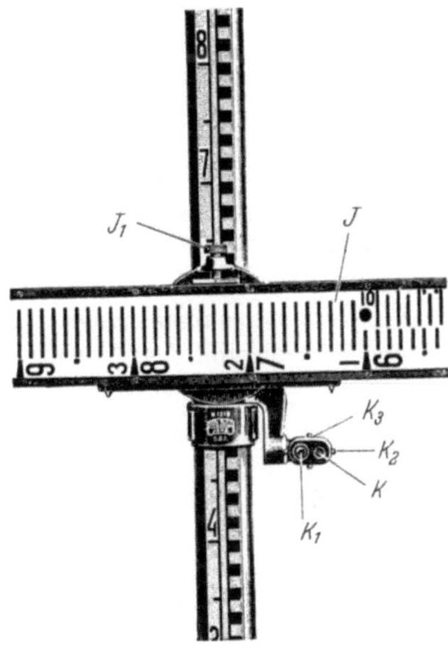

Abb. 392. Oben: die Lattenablesung; unten: die Anordnung der Latte beim Tachymeter von ROSSHARDT

ist sichtbar. Die Latte wird von dem Gehilfen mit dem Diopter *K* gerichtet; der Kollimator K_1 dient dem Beobachter zur Kontrolle. Während mit dem gewöhnlichen Tachymeter von WATT die Entfernung auf 0,3% gemessen wird, wird hier 0,01% erreicht.

Die Doppelbildmessung bei selbstreduzierenden Tachymetern ist auch mit senkrechter Latte möglich. Diese bedingt zwar eine geringere Meßgenauigkeit infolge der Luftrefraktion, hat demgegenüber aber den Vorteil einer bequemeren Aufstellung. Doppelbildtachymeter mit senkrechter Latte werden hergestellt und auch verwendet, sie sind allerdings nicht sehr verbreitet. Als Beispiel werde das Gerät von BAROT und WILD

(1933) angeführt. Die Strahlen der einen Hälfte des Objektivs durchsetzen ein Paar von Drehkeilen mit je $^{1}/_{400}$ Ablenkung und erhalten außerdem eine feste Ablenkung von $^{1}/_{200}$. Diese Drehkeile werden um den doppelten Höhenwinkel w gegeneinander verdreht, so daß sich als resultierende Ablenkung ζ ergibt:

$$\zeta = \frac{1}{200} + 2 \cdot \frac{1}{400} \cdot \cos 2w = \frac{1}{100} \cdot \cos^2 w \qquad (48.10)$$

Das ist aber die Reduktionsgleichung für senkrechte Latte (48.8).

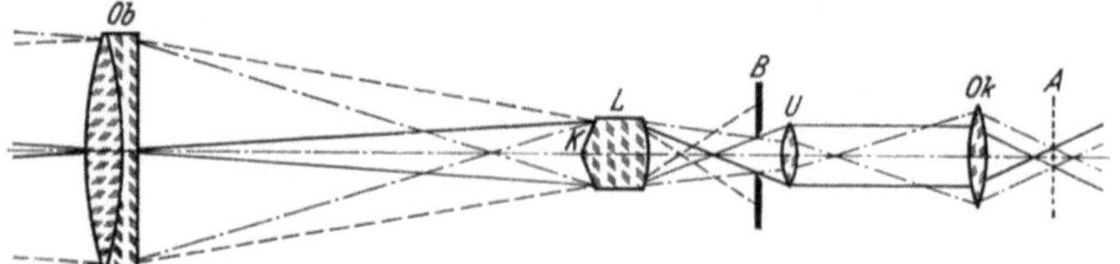

Abb. 393. Der Strahlengang beim Tachymeter von Bosshardt

Während die beschriebenen Geräte der Aufnahme des Geländes nach Polarkoordinaten dienen, ist der Lotstabentfernungsmesser (Abb. 394) von Gröne (1928) für die Katastermessung nach rechtwinkligen Koordinaten bestimmt. Für die Absteckung der Winkel dient das Doppelpentaprisma mit entgegengesetzten Ablenkungen um 90°. Dem waagrechten Fernrohr mit dem Objektiv C und dem Okular F sind die beiden

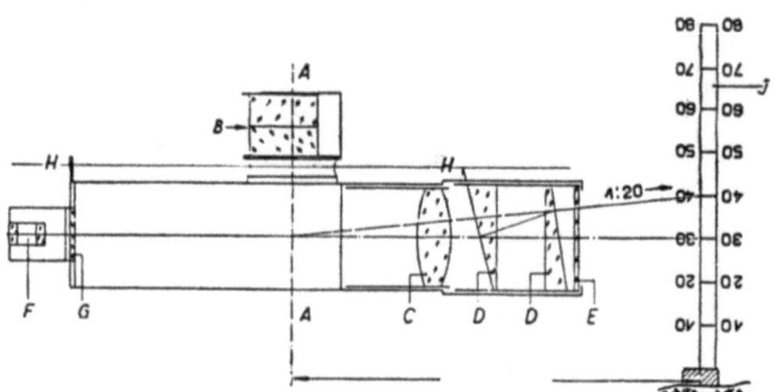

Abb. 394. Die Wirkungsweise des Lotstabentfernungsmessers

Halbkeile D vorgeschaltet, die den Strahl derart um $^{1}/_{20}$ ablenken, daß der Scheitel des parallaktischen Winkels in die Stehachse AA fällt. E ist eine Abschlußplatte. Die dachförmige Doppelplatte (Biprisma) G in Verbindung mit einer durch die Achse des Fernrohrs gehenden Scheidewand bewirkt, daß zwei in einer scharfen Trennungslinie zusammenstoßende Halbbilder entstehen. Die Entfernung wird als Differenz der beiden zusammenstoßenden Halbbilder abgelesen. Bei einer Latte mit $^1/_2$ cm Teilung ist der abgelesene Unterschied mit 10 zu multiplizieren, um die Entfernung zu erhalten.

Erwähnenswert in diesem Zusammenhang sind die Verfahren zur Messung der waagerechten Entfernung der im Wetterdienst üblichen Pilotballone. Wir gehen hierauf kurz ein, wenn auch die optische Messung heute größtenteils durch Radarverfahren ersetzt wird. Die klassische Ballonvermessung geht von der bekannten Tatsache aus, daß die Steighöhe der Pilotballone erstaunlich gut der Steigzeit proportional ist. Wir beschreiben hier den früher viel verwendeten Ballonregistriertheodolit von SCHOUTE (1912). Abb. 395 stellt die Grundlage der

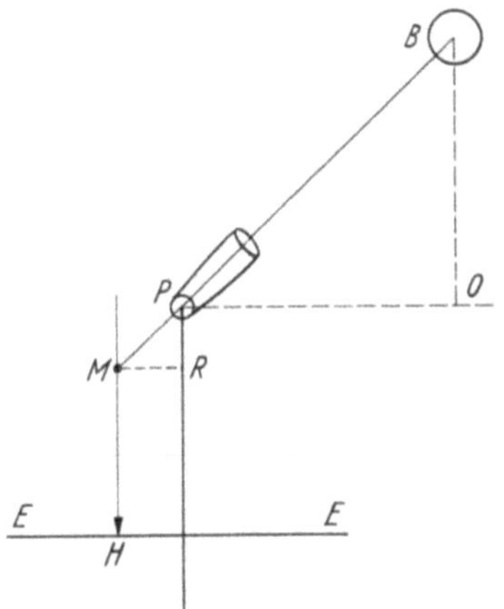

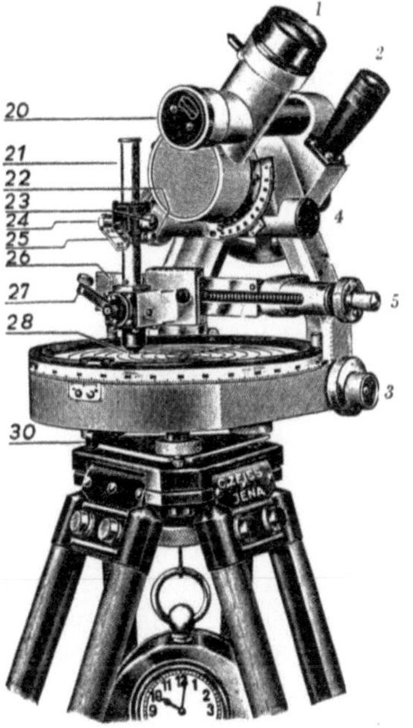

Abb. 395. Die Grundlage des Ballonregistriertheodolits von SCHOUTE

Abb. 396. Der Ballontheodolit von SCHOUTE

Messung dar. B ist der Ballon, P die Kippachse des Fernrohres, M eine Einstellmarke, H der damit verbundene Stichel und $E E$ die Zeichenebene, auf der die waagerechte Projektion des Ballonweges entsprechend den waagerechten Entfernungen $M R$ proportional $P O$ durch H aufgetragen wird. Die Senkung der Marke, die in der Richtung $P B$ gehalten wird, erfolgt in gleichen Zeitabständen um gleiche Beträge, die proportional der Steigung des Ballons entsprechend dem Maßstab des Diagrammes sind. In Abb. 396 ist 1 das gebrochene Fernrohr mit Einblick in Richtung der Kippachse, 2 ein ebensolches Sucherfernrohr; 3 ist der Triebknopf der Schnecke für die Seitendrehung des Fernrohres; 4 gegenüber liegt der Triebknopf für die Kippung des Fernrohres. 5 ist der Triebknopf zur waagerechten Verschiebung der Strichmarke 25, die durch ein Mikroskop beobachtet wird, das mit dem Fernrohr verbunden

ist, seinen Ausblick bei 20 hat und ein Bild der Marke am Gesichtsfeld-
rand des Fernrohrokulars entwirft, wo es auf einen Doppelstrich eingestellt wird. Die Markierung der Punkte des Diagrammes erfolgt durch
Niederdrücken eines Hebels 27, der durch eine Feder in seine Anfangslage
zurückgeholt wird, wobei die Marke sich selbsttätig um eine kleine feste
Strecke senkt.

§ 49. Die Zweistandentfernungsmesser

Diese Entfernungsmesser sind namentlich in Aufstellung an der
Küste für Seeziele benutzt worden. Auf zwei Ständen, die in bekannter
größerer Entfernung von 1 km und mehr eingerichtet sind, wird mit
Theodoliten der Winkel der Zielrichtung mit der Standlinie gemessen.
Da der Höhenwinkel des Zieles nur klein ist, genügt es bei größerem
Gesichtsfeld der Zielfernrohre, wenn sie mit einem lotrechten Faden
ausgerüstet sind und nur in waagerechter Ebene meßbar geschwenkt
werden können. Da Schiffsziele beweglich sind, müssen die Winkel α
und β gleichzeitig gemessen werden; der Winkel β des Nebenstandes
wird entweder durch Fernruf übermittelt, oder ein Zeiger im Hauptstand
ist für die Winkelanzeige von β mit der Drehung des Richtfernrohres
im Nebenstand elektrisch gekuppelt. Um die Entfernung für unmittel-
bare Ablesung mechanisch auszuwerten, wird meist das geometrische
Dreieck mechanisch nachgebildet. Zum Beispiel trägt die Kante eines
mit dem Hauptrichtfernrohr verbundenen Lineals die Entfernungsteilung etwa im Maßstab 1 : 10000; die Drehachse eines zweiten Lineals,
das die gleiche Winkelbewegung wie das Nebenstandfernrohr macht,
ist um 1 : 10000 der Standlinie in deren Richtung von der Drehachse
des ersten entfernt angeordnet; gehen die Kanten durch die Drehachsen
und sind die Lineale richtig eingestellt, so wird an ihrem Schnittpunkt
die Entfernung angezeigt. Eine andere mechanische Lösung ist die
folgende. Durch ein Differentialgetriebe wird der Winkel $\alpha - \beta$ eingestellt und in die Drehung einer Kreisscheibe entsprechend log sin
$(\alpha - \beta)$ umgesetzt, während ein über dieser Teilung spielender Zeiger
entsprechend log cos β gedreht wird und bei passender logarithmischer
Teilung der Kreisscheibe auf dieser die Entfernung anzeigt. Endlich
können statt dessen die elektrischen Einrichtungen so durchgebildet
sein, daß die Entfernung unmittelbar angezeigt wird. Für Ziele, die
nahezu in der Richtung der Standlinie liegen, ist der Entfernungsmesser
unbrauchbar.

Für Luftziele, die sich gewöhnlich in größerer Höhe bewegen, scheidet
dieser Fall aus; die Richtfernrohre müssen hier außer der Seiten- auch
Höhenbewegung erhalten. Am zweckmäßigsten ist die Verwendung der
Kippwinkeltheodolite nach TETENS (1910), bei denen die Winkel α und β
in dem geneigten durch Standlinie und Luftziel gegebenen Dreieck

unmittelbar gemessen werden (Abb. 397). Bei einem solchen Theodolit ist das Fernrohr für die Messung von α bzw. β um eine Achse schwenkbar, die zur Standlinie senkrecht um diese als Achse gekippt werden kann,

so daß sie zu dem Meßdreieck senkrecht steht; für die mechanische Auswertung der Entfernung bleiben also die obigen Einrichtungen verwendbar. Statt der Winkel α und β selbst können auch ihre Projektionen in die lotrechte oder waagerechte Ebene durch die Standlinie gemessen werden. Im ersten Falle mißt man wieder mit Kippwinkel-

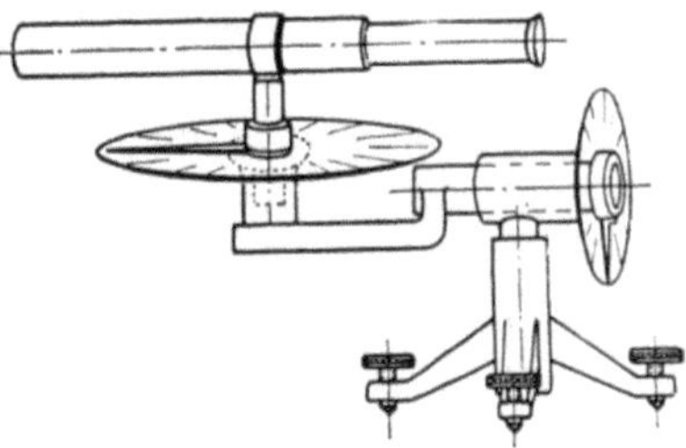

Abb. 397. Der Kippwinkeltheodolit nach Tetens

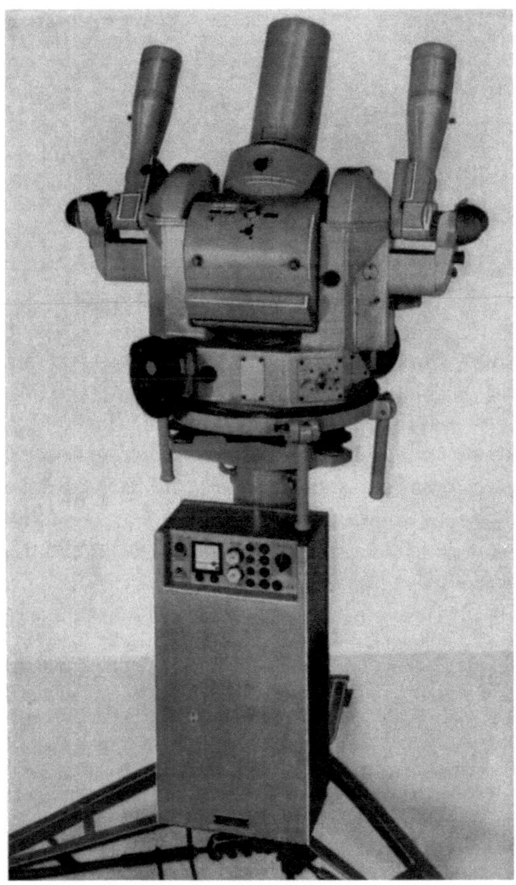

Abb. 398. Der Kinotheodolit der Fa. Askania

theodoliten, deren Kippachsen aber statt in die Standlinie nun dazu senkrecht und waagerecht gerichtet sind; hier ergibt sich die Zielhöhe unmittelbar aus den Höhenwinkeln α_v und β_v der Schwenkebenen, die durch das Ziel und die Kippachsen gehen; es ist $H(\operatorname{ctg}\alpha_v + \operatorname{ctg}\beta_v) = b$. Im zweiten Fall arbeitet man mit gewöhnlichen Theodoliten; aus dem in die waagerechte Ebene projizierten Meßdreieck, dessen Winkel α_h und β_h gemessen werden, ergibt sich zunächst die waagerechte Entfernung; aus dieser und dem Höhenwinkel im Hauptstand die gesuchte.

Für den militärischen Einsatz im Ernstfalle haben Zweistandentfernungsmesser bei den heutigen Zielgeschwindigkeiten keine Bedeutung

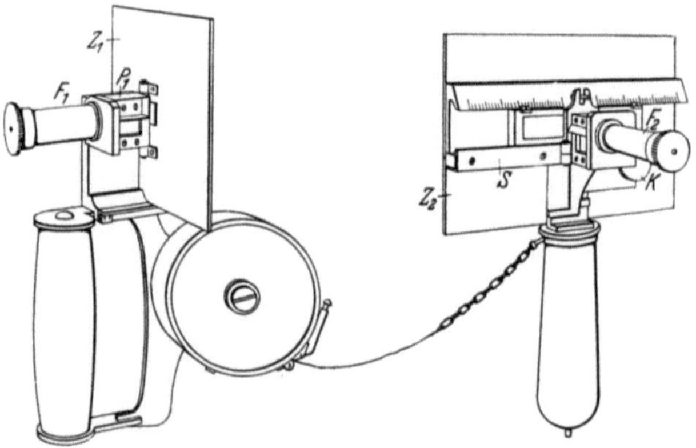

Abb. 399. Der Entfernungsmesser von GOULIER

mehr. Bis zum Ende des zweiten Weltkrieges wurden sie noch auf Schießplätzen bei Übungsschießen verwendet. Die Werte der eingestellten Höhen- und Seitenwinkel werden dabei durch Betätigung einer Drucktaste auf einen Registrierstreifen gedruckt. Andere Ausführungsformen besaßen eine kinematographische Einrichtung, mit der kinematographische Aufnahmen von Flugzielen gemacht wurden, so daß diese Bilder ausgemessen werden konnten. Abb. 398 zeigt die Ansicht eines solchen Kinotheodoliten.

Noch weniger Bedeutung haben Zweistandgeräte mit Zielrichtung senkrecht zur Standlinie. Es soll trotzdem auf diese eingegangen werden, da die Darlegung ihrer Wirkungsweise dem Verständnis der anschließend behandelten Einstandgeräte dient. Sie arbeiten mit Standlinien von etwa 20—50 m. Der parallaktische Winkel ist daher kleiner als bei den zuerst behandelten Zweistandgeräten; für seine genaue Messung ist neben einem guten Mikrometer die Parallelität der Grundrichtungen der Visierlinien wichtig. Diese Parallelität kann etwa dadurch geprüft werden, daß jedes der beiden Fernrohre mit einem dazu senkrechten Richtfernrohr fest verbunden ist. Werden diese Querfernrohre aufeinander gerichtet, so ist das Zusammenfallen ihrer Visierlinien und damit die Parallelität der Hauptfernrohre daran erkennbar, daß das Bild des Fadenkreuzes des einen Querfernrohres im anderen auf dessen Fadenkreuz einsteht. Man schneidet vom ersten Stand das

Ziel an; vom zweiten wird dann mit dessen Querfernrohr der erste Stand angeschnitten und darauf der Winkel gemessen, um den das Hauptfernrohr des zweiten Standes geschwenkt werden muß, um auf das Ziel einzustehen. Statt Querfernrohre zu verwenden, richtete GOULIER (1864) die Hauptfernrohre für die Umwandlung in solche Querfernrohre ein, indem er für die Justierung vorübergehend Winkelspiegel mit fester Ablenkung um 90°, insbesondere Pentaprismen nach Abb. 32 vor die Objektive schaltete, oder nach Abb. 399 diese das Objektiv nur halb verdecken ließ, so daß man das Ziel und den anderen Stand als Mischbilder in Deckung sieht; F_1 und F_2 sind die Fernrohre, Z_1 und Z_2 Scheiben mit Strich zum Anrichten, P_1 und P_2 Pentaprismen; mit dem Knopf K wird ein Abatscher Keil (S. 348) in dem Schlitten S verstellt und in der Teilung die Entfernung abgelesen.

Für weniger genaue Messung kann man auch ohne Fernrohr auskommen. Eine solche Verwendung von zwei Winkelspiegeln findet man schon von dem jüngeren ADAMS in seinen Geometrical and Graphical Assays 1791 beschrieben. Der eine Beobachter (Abb. 400) in B_1 steckt den zweiten Standpunkt B_2 so ab, daß er mit seinem Winkelspiegel den Ort B_2 und das Ziel Z in Deckung bringt. Der andere legt ein Bandmaß in der Richtung auf Z von B_2 aus und sucht nun darauf den Standort P, wo er B_1 und Z mit seinem Winkelspiegel in Deckung sieht. Ist nun $B_2P = l$ und $B_1B_2 = b$, dann ist genähert die Entfernung $E = b^2 : l$. Beim zweiten Verfahren wird die Standlinie B_1B_2 um einen bestimmten Bruchteil verlängert, etwa so,

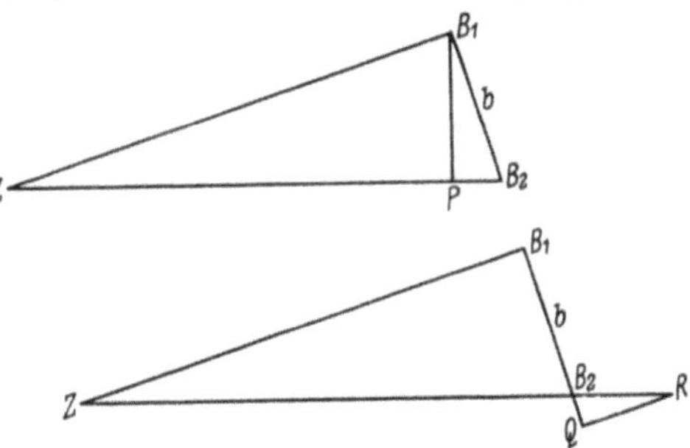

Abb. 400. Die Entfernungsmessung nach ADAMS

daß $QB_2 = 0,2\ B_1B_2$ ist. Nachdem die Standorte B_2 und Q durch den Beobachter in B_1 eingewinkt sind, wird von dem zweiten Beobachter in Q die Richtung QR festgelegt und auf ihr nun der Punkt R gesucht, von dem B_2 und Z in Deckung erscheinen, dann ist $B_1Z = 5\ QR$. Statt die Entfernung durch den parallaktischen Winkel zu messen, kann man auch mit einem Ablenkungskeil von festem Winkel vor dem Winkelspiegel des zweiten Standes arbeiten und die Standlinie ändern, indem sich der zweite Beobachter so lange in Richtung dieser Linie bewegt, bis das Prisma des anderen Standes und das Ziel aufeinander einstehen.

§ 50. Allgemeines über Einstandentfernungsmesser

Ordnet man die optischen Teile des Zweistandgerätes des letzten Abschnittes auf den Enden eines langen Balkens an, der um seine Mitte schwenkbar und kippbar ist, so erhält man ein Einstandgerät, wie es ähnlich PACECCO OB UCEDOS 1767 baute und das bei kleinerer Standlinie wesentlich höhere Genauigkeit von η erfordert; es ist leichter und schneller zu bedienen, besitzt aber noch alle mit zwei Beobachtern verbundenen Nachteile. Wie schon BRANDER 1781 erkannte, gehört eben zu einem Stand auch ein Beobachter. Er ordnete daher (Abb. 401) an den Enden eines Querrohres je einen um 90° ablenkenden Spiegel S_1 bzw. S_2 und je ein Objektiv O_1 bzw. O_2 an, in der Mitte zwei ebensolche unter 90° gekreuzte Spiegel s_1 s_2 und dahinter ein gemeinsames Okular Ok, in dessen oberem Gesichtsfeld das von dem einen Objektiv erzeugte Bild und in dessen unterem das von dem anderen auf einen durchgehenden senkrechten Faden eingestellt werden konnte (Abb. 402); außer dem ganzen Gerät wurde noch der eine Objektivspiegel geschwenkt, entsprechend dem parallaktischen Winkel η in dem der Messung zugrundeliegenden Dreieck nach Abb. 403, wo AB die Standlinie b und C das Ziel ist. Ein brauchbares Gerät war damit freilich noch nicht geschaffen.

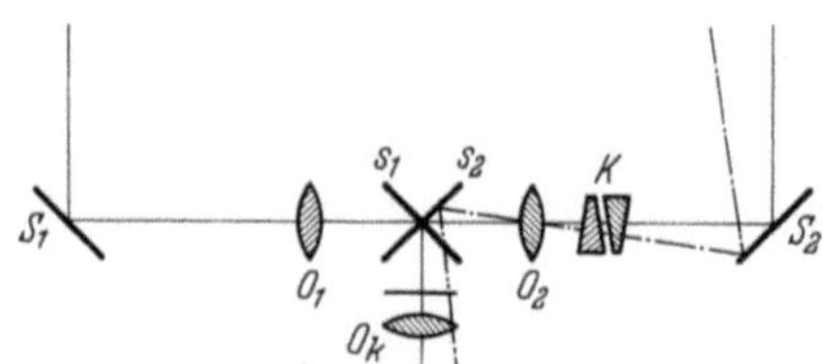

Abb. 401. Schema des Branderschen Entfernungsmessers mit einem Okular

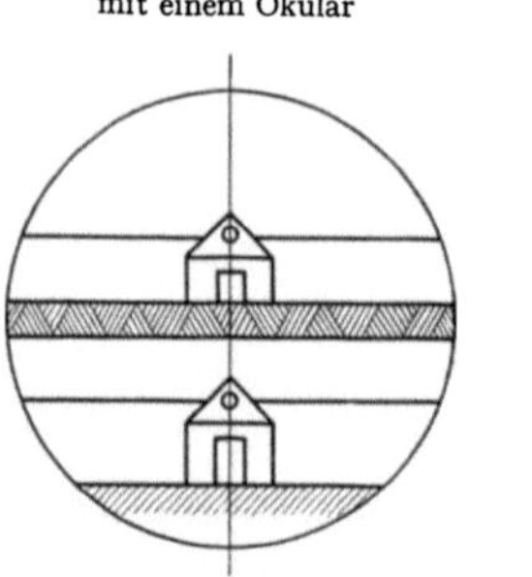

Abb. 402. Das Gesichtsfeld des Branderschen Entfernungsmessers

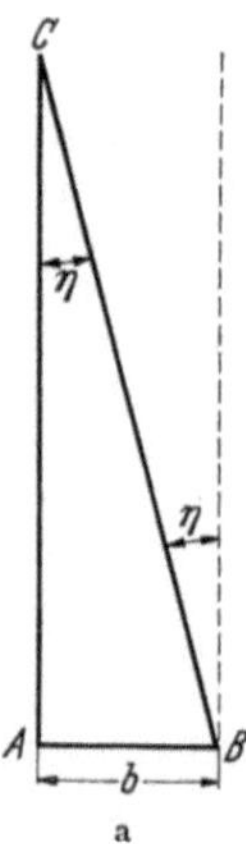

Abb. 403. Das Zieldreieck des Einstandentfernungsmessers

Die auf S. 359 gegebene Formel für die Entfernungsmeßgenauigkeit bei konstanter Basis:

$$\Delta E = \frac{E^2 \, d\eta}{b} \tag{50.1}$$

formen wir für den Gebrauch für Einstandentfernungsmesser um, indem wir die Meßunsicherheit des parallaktischen Winkels $d\eta$ ersetzen durch

$$d\eta = \frac{\sigma_n}{\Gamma}, \tag{50.2}$$

wobei σ_n die Noniensehschärfe (vgl. § 10) und Γ die Fernrohrvergrößerung bedeuten. Für σ_n führt man noch den konventionellen Wert von $10'' = \frac{1}{20600}$ rad ein, dann wird aus (50.1) die Gebrauchsformel der Einstandentfernungsmesser:

$$\Delta E = \frac{E^2}{20600 \, b \cdot \Gamma} \tag{50.3}$$

Die Genauigkeit, mit der die Entfernung gemessen werden kann, ist also der Standlinie proportional und, soweit dies die Luftverhältnisse zulassen, der Vergrößerung. Die Grenzentfernung, bei der noch auf 100 m genau gemessen werden soll, ist für das Gewehr etwa 1000 m, für das Maschinengewehr etwa 2000 m, für die Geschütze der Erd- und Flakartillerie etwa 5000—10000 m, für Schiffsgeschütze das Mehrfache davon. Die technischen Schwierigkeiten sind nun bei einem Entfernungsmesser für die Infanterie nicht viel geringer, da hier Gewicht und Ausmaße entsprechend kleiner sein müssen. Wählt man für das Maschinengewehr die Standlinie zu 0,7 m, so ist die geforderte Genauigkeit des parallaktischen Winkels nach Gl. (50.1) $d\,\eta = 206000 \cdot 0,7 \cdot 100 : 2000^2 = 3,6''$; wählt man für ein schweres Geschütz denselben Fehler von 100 m auf 15000 m, so ist $d\,\eta = 0,9''$; die Winkel η selbst sind in den beiden Fällen für die größte Entfernung nur $1'\,12''$ bzw. $2'\,15''$. Bedenkt man, daß einem dingseitigen Winkel von $1''$ bei einer Objektivbrennweite von 400 mm in der Bildebene eine Strecke von nur etwa 0,002 mm entspricht, so versteht man, welche Schwierigkeiten die Technik zu überwinden hatte, um den inneren Aufbau des Entfernungsmessers so durchzubilden, daß mechanische und thermische Änderungen nicht die Lage der optischen Teile zueinander und damit den richtigen Gang der Lichtstrahlen störten. Kleinere Entfernungsmesser für den Bewegungskrieg sollen den Fall auf den Erdboden, den Transport, größere die Erschütterung durch benachbarte Geschütze aushalten, ohne daß sich ihre Angaben verändern. Ist ein Stahlrohr auf der einen Seite um $1°$ wärmer wie auf der anderen und macht man die rohe Annahme, daß das Rohr dadurch nach einem Radius R gekrümmt wird, der im Verhältnis des Kehrwertes der relativen Ausdehnung für $1°$ größer ist als die Rohrweite D, so ist $R = 5 \cdot 10^6$ für $D = 60$ mm. Bei 2 m Standlinie wird so jeder Endspiegel um $0,7'$ und damit jede Visierlinie um $1,4'$ verdreht. Nimmt man ferner an, daß die Objektivbrennweite 2/5 der Standlinie betrage und die Bildebene an der Kreuzungsstelle der Spiegel in der Mitte liegt, so weicht die Verbindungslinie von Objektiv und Faden um $17''$ ab; der Gesamtfehler beträgt also etwa $3,4'$. Um den schlimmeren Fehler der Spiegel auszuschalten, hat man diese durch $45°$-Winkelspiegel (Pentaprismen) ersetzt, die nach S. 42 unabhängig von Verdrehungen um die Spiegelachse die Lichtstrahlen um $90°$ ablenken. Um den anderen Fehler zu beseitigen, dient als Träger der Mittelspiegel, des Fadens und der Objektive ein Innenrohr, das in dem Außenrohr kardanisch aufgehängt ist (Abb. 427), so daß sich dessen Verbiegungen nicht übertragen; daneben ist noch durch genügende Weite des Außenrohres und richtige Verteilung des Werkstoffes für geringere und möglichst gleichmäßige Erwärmung des Innenrohres gesorgt. Die Meßablenkung der Visierlinse durch Spiegelschwenkung ist bei den Pentaprismen nicht mehr möglich; sie hätte ohnehin eine kaum zu erfüllende Genauigkeit der Mikrometerschraube verlangt, ob sie nun zum Verstellen des Spiegels oder zum Querverschieben des Objektives oder Fadens dient. Man verwendet daher eines der oben in § 43 beschriebenen optischen Mikrometer. Von diesen eignen sich besonders der Verschiebungskeil zwischen Objektiv und Bildebene, der Abatsche Keil und die Drehkeile, meist zwischen Endprisma und Objektiv (K in Abb. 401). Ist die kleinste Entfernung, die noch gemessen werden soll, das 500fache der Standlinie, so würde dem eine Verdrehung des Endspiegels um 3,4′ entsprechen, während man für die gleiche Ablenkung die Drehkeile so wählen kann, daß jeder um 120°, also nahe 2200mal soviel gedreht werden muß, und dementsprechend die geforderte Genauigkeit der mechanischen Ausführung geringer wird; als Querverschiebung des Objektives brauchte man 0,8 mm für $f = 400$ mm, während man in dem Falle als Keilverschiebung bequem 300 mm ausnutzen kann. Da die Bewegung des Wanderkeiles dem parallaktischen Winkel proportional ist, fällt die Entfernungsteilung ungleichmäßig aus; die Intervalle sind $1 : E^2$ proportional; dem gleichen Winkel- und Meßfehler entspricht aber die gleiche Strecke in der Teilung. Beim Drehkeilpaar kann man es einrichten, daß die Teilung für größere Entfernungen etwas mehr gedehnt ist. Wie man eine gleichmäßige Teilung erreichen kann, die besonders für die mechanische oder elektrische Übertragung der Entfernung von Bedeutung ist, wird auf S. 402 auseinandergesetzt.

§ 51. Die Halbbildentfernungsmesser

Bei der Bauart nach BRANDER verlangt der Entfernungsmesser eine sehr feste Aufstellung, da er zwischen den Einstellungen der beiden Zielbilder auf den Faden, mögen sie auch recht kurz hintereinander folgen, seine Lage nicht ändern darf; schon eine Verdrehung von wenigen Sekunden durch Erschütterung oder Wind ist unzulässig. Ist gar der Stand oder das Ziel in fortschreitender oder drehender Bewegung, wie es beim Flugzeug und beim Schiff der Fall ist, so ist eine brauchbare Entfernungsmessung nicht mehr möglich. Die beiden Einstellungen müssen daher in eine zusammengezogen werden. Bei einer Einrichtung ähnlich der der Doppelbildmikrometer muß auf Deckung eingestellt werden; das ist im allgemeinen zu ungenau, und auch die Verwendung des Blinkverfahrens versagt bei etwas unruhiger Luft. Einen solchen Entfernungsmesser mit Einstellung auf Deckung von Doppelbildern gab zuerst RAMSDEN 1790 an.

Bei dem Branderschen Entfernungsmesser kommt das Einstellen der beiden Bilder auf den Faden darauf hinaus, die beiden Bilder übereinander zu stellen. Man kann dies somit ohne Faden erreichen, wie zuerst

ADIE (1863) erkannte. Abb. 404 zeigt das Gesichtsfeld vor und nach der Einstellung. Für ein genaues Einstellen ist es allerdings wesentlich, daß die beiden Bilder in einer waagerechten Grenze (Trennungslinie oder Scheidekante) aneinanderstoßen und das obere Bild die genaue Fortsetzung des unteren bildet, das ganze Bild also nur von der Trennungslinie durchschnitten ist, abgesehen von den kleinen Querverschiebungen, die den verschiedenen Entfernungen der abgebildeten Ziele entsprechen und die Grundlage der Entfernungsmessung bilden. Wofern nur die Begrenzung des Zieles ein kurzes gerades Stück aufweist, das durch Richten des Entfernungsmessers mit der Trennungslinie geschnitten werden kann, so läßt sich mit großer Genauigkeit einstellen.

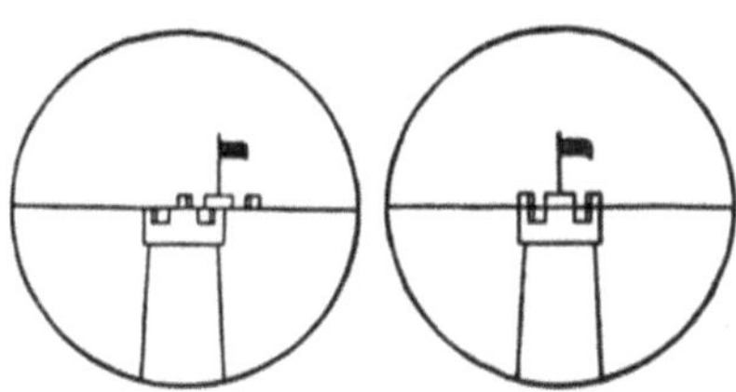

Abb. 404. Die Einstellung beim Schnittbildentfernungsmesser

Die Ausbildung des Halbbilderentfernungsmessers haben sich besonders seit 1888 die Firma Barr und Stroud, später auch nacheinander die Firmen Zeiss und Goerz angelegen sein lassen; auch bei der Ausbildung der Justiereinrichtungen spielten sie eine führende Rolle. Der erste Entfernungsmesser von Barr und

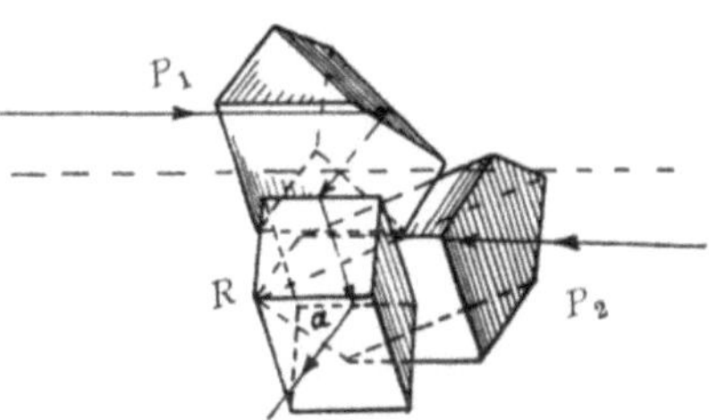

Abb. 405. Ein Scheideprisma mit durchweg scharfer Trennungslinie

Stroud zeichnete sich bereits durch ein Kreuzprisma mit scharfer Trennungslinie, kardanische Lagerung des Innenrohres und ein Mikrometer mit Verschiebungskeil aus, besaß aber noch einfache Endspiegel.

Der Kreuzspiegel in der einfachen Form von Abb. 401 liefert eine unvollkommene Trennungslinie; für die Genauigkeit der Entfernungsmessung mit Halbbildern ist es aber wichtig, ihn durch eine optische Einrichtung zu ersetzen, die diese Halbbilder oberhalb und unterhalb in einer haarscharfen, kaum sichtbaren Trennungslinie in der Bildebene vereinigt und als Scheideprisma bezeichnet wird. Abb. 405 zeigt ein Scheideprisma für geraden Einblick; die von rechts und links von den Objektiven herkommenden Strahlen werden durch die beiden Dachprismen P_1 und P_2 um 90° abgelenkt. Während die von links kommenden Strahlen darauf an den beiden Spiegelflächen des rhombischen Prismas R gespiegelt und dabei parallel versetzt werden, gehen die von rechts kommenden Strahlen durch das Prisma wie durch eine Planplatte gerade hindurch; die Kante a ist Trennungslinie. Ein ähnliches Scheideprisma zeigt Abb. 406a—c; a in der Meßebene, b und c in Schnitten senkrecht dazu durch die Achsen

der Objektive 0_1 und 0_2 und durch die Okularachse. Das rhombische
Prisma e ist hier dazugetreten, um die Objektivachsen in gleiche Höhe zu
bringen; d und c sind die gekreuzten Dachprismen, die miteinander verkitteten Prismen a und b ersetzen das rhombische Prisma der vorigen
Abbildung. Die Scheidefläche *sch* zwischen a und b ist in der oberen
Hälfte s versilbert, die untere Kante dieses Silberbelages ist die Trennungslinie. Die vom oberen Dachprisma gespiegelten Strahlen werden
wieder zweimal in a gespiegelt, während die vom unteren gespiegelten

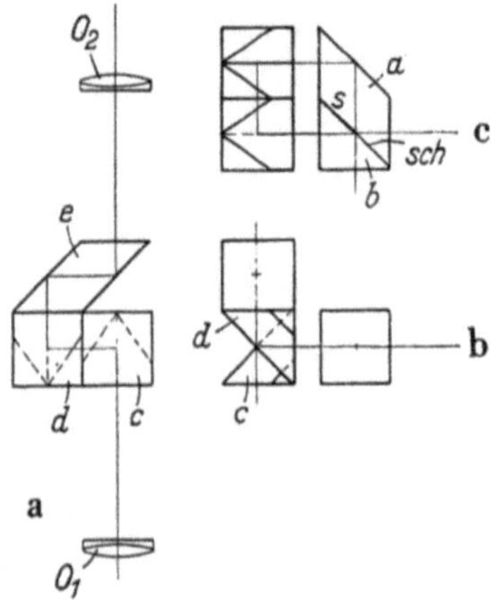

Abb. 406a—c. Ein Scheideprisma für
Objektive mit gleicher optischer Achse

durch b und a wie durch eine Planplatte hindurchgehen.

Unter besonders günstigen Laboratoriumsverhältnissen fand FRENCH im
freien Sehen für eine Trennungslinie,
deren Dicke unter einem Winkel von 4''
erschien, einen Einstellfehler von 1,1'',
wenn man die Teile eines durchschnit-
tenen Striches aufeinander einstellte,
zur Koinzidenz brachte; dagegen stieg
dieser Fehler bei 19' Dicke auf 5''.
Bei der Messung der Entfernung von
Feldzielen wird man allerdings auch
unter günstigen Verhältnissen keine
größere Genauigkeit als $10'' : \Gamma$
(Vergrößerung) erwarten können (vgl.
auch § 10).

Da die Genauigkeit mit größerer Neigung der geschnittenen Geraden
gegen die Senkrechte zur Trennungslinie abnimmt, muß in diesem Falle
der Entfernungsmesser, sofern es seine Größe zuläßt, um die Visierlinie
gedreht werden, bis wieder senkrechter Schnitt erreicht ist. Um einzelne
hervorstechende Punkte zu messen, wie z. B. Lichter bei Nacht oder auch
unregelmäßig begrenzte Ziele, zieht man die Bildpunkte durch Einschalten
von Zylinderlinsen in die beiden Fernrohre in kurze Gerade genau senkrecht zur Trennungslinie aus.

Der eben beschriebene Schnittbildentfernungsmesser (Koinzidenztele-
meter) wird vorwiegend an Bord und an der Küste gebraucht, da die
Schiffe mit Masten und Schornsteinen gut geeignete Ziele bieten. Bei den
meisten Feldzielen fehlen geradlinige Grenzen; dafür bieten sie markante
Punkte und Spitzen; um auch an ihnen zu messen, wird zweckmäßig das
eine Bild in der Höhe umgekehrt. Abb. 407 zeigt das Gesichtsfeld dieses
Kehrbildentfernungsmessers (Inverttelemeters). Es wird hier Spitze auf
Spitze eingestellt, die auch kurz sein darf. Ferner gewährt bei diesen
Geräten die Symmetrie zur Trennungslinie schon bei geringen Abweichun-
gen von geraden Zielgrenzen einen besseren Schutz gegen einseitige Fehler.

Auf senkrechte Gerade wird ebenso eingestellt wie beim Schnittbildentfernungsmesser. Sind keinerlei scharfe Abgrenzungen vorhanden, so
greift man wohl als Notbehelf darauf zurück, daß man mit einem Strich
auf Berührung oder Hälftung einstellt (Abb. 408). Um das aufrechte
Gesichtsfeld möglichst wenig zu beschränken, wird das umgekehrte Bild
nur in einem Ausschnitt (Fenster oder Streifen) des Gesichtsfeldes sichtbar gemacht. Der Teil des Gesichtsfeldes, der im aufrechten Bild in diesen

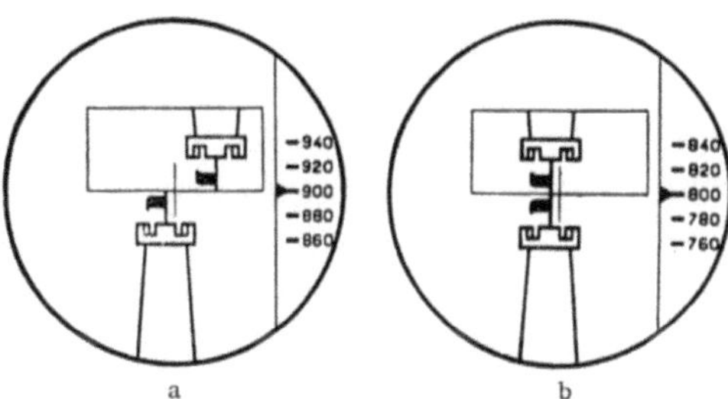

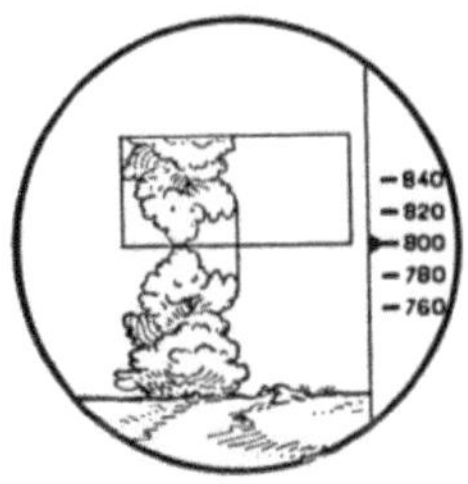

Abb. 407 a, b. Die Einstellung beim
Kehrbildentfernungsmesser

Abb. 408. Die Einstellung mit Faden
beim Kehrbildentfernungsmesser

Streifen gefallen wäre, wenn das Objektiv, das das aufrechte Bild erzeugt,
allein ein Bild entworfen hätte, ist ausgefallen; an seine Stelle ist eine
höhenverkehrte Wiederholung des an die Trennungslinie grenzenden
Streifens des aufrechten Bildes getreten; es haben so entsprechende
Punkte in diesem Streifen und in seiner Wiederholung gleichen Abstand
von der Trennungslinie, wenn der
Entfernungsmesser in Ordnung ist.
Richtet man diesen nach der Höhe,
so bewegen sich die entsprechenden

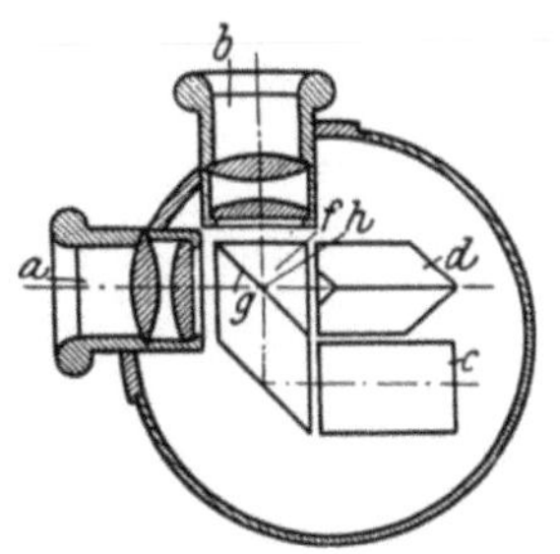

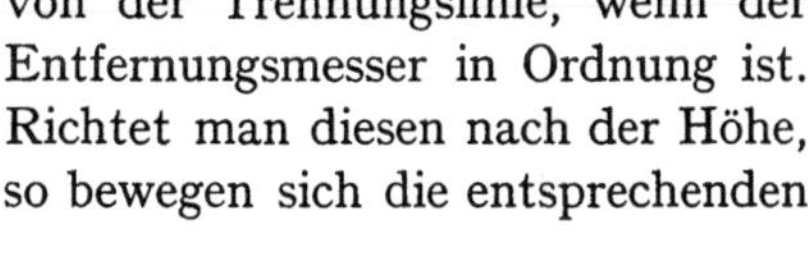

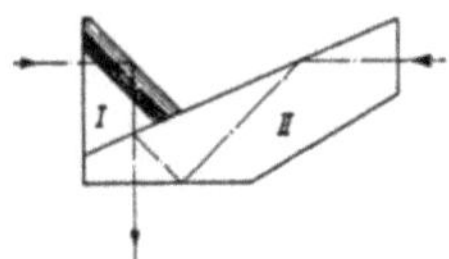

Abb. 409. Ein Doppelokular mit Scheideprisma
für Kehrbildentfernungsmesser

Abb. 410. Ein einfaches Scheideprisma

Punkte gleich und entgegengesetzt nach der Höhe, so daß die Bildpunkte
von Zielen mit anderem Höhenwinkel an die Trennungslinie rücken und
für die Messung bereitgestellt werden. Das Kehrbild erhält man bei den
Scheideprismen nach Abb. 406 dadurch, daß das eine Dachprisma durch
ein einfach spiegelndes Prisma c ersetzt wird, wie Abb. 409 zeigt. Ein einfaches Scheideprisma für Kehrbild, bei dem aber die Trennungslinie nicht
in der ganzen Länge scharf erscheint, zeigt Abb. 410.

Eine Berichtigung des Entfernungsmessers ist notwendig, wenn die
Bilder falsche Höhenlage haben oder wenn falsche Entfernung angezeigt

25*

wird. Zur Prüfung auf Höhenfehler läßt man beim Schnittbildentfernungsmesser ein Ziel mit waagerechten Linien wie die Turmkrone in Abb. 404 über die Trennungslinie wandern und achtet darauf, ob dabei ein Stück des Zieles verlorengeht oder ob dies verdoppelt wird (Abb. 411). Beim Kehrbildentfernungsmesser kommt es darauf an, daß die Bilder symmetrisch zur Trennungslinie sind, und diese beim Höhenrichten gleichzeitig erreichen, wie dies in Abb. 412a der Fall ist, nicht aber bei b und c. Der Höhenfehler verfälscht die Messung um so mehr, je mehr die zur Entfernungseinstellung benutzten Linien gegen die Senkrechte zur Meßebene geneigt sind. Andererseits, wenn an einem Ziel sowohl eine Senkrechte als eine schwach gegen die Waagerechte geneigte Gerade vorhanden sind, erkennt man den Höhenfehler an der Versetzung der Stücke dieser ge

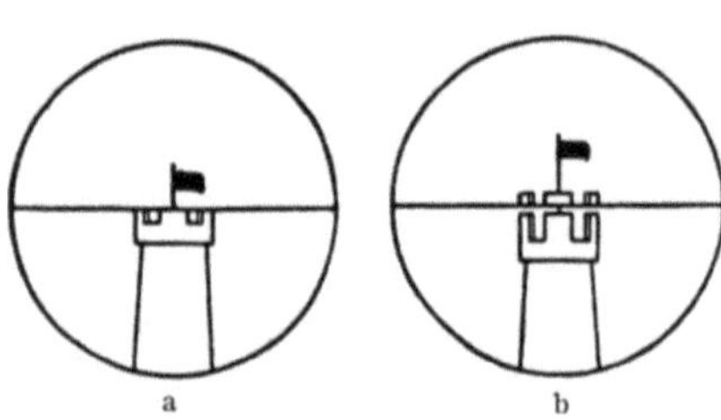

Abb. 411. Das Bild im Schnittbildentfernungsmesser bei Höhenfehler

neigten Geraden, wenn die Senkrechte ohne Versetzung eingestellt ist. Die Entfernung kann nach Zielen in bekannter Entfernung geprüft werden; entnimmt man sie einer Karte, so soll sie möglichst groß sein, da die verlangte Genauigkeit dann geringer ist. Auf den Ersatz solcher Fernziele wird in § 56 eingegangen. Haben die Halbbilder in Richtung der

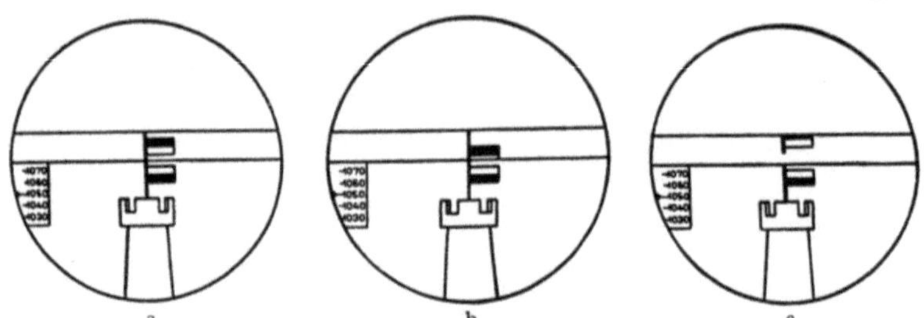

Abb. 412. Das Bild im Kehrbildentfernungsmesser bei Höhenfehler

Meßverschiebung, es sei auch die Richtung der Trennungslinie, ungleiche Größe, so wird bei einem Ziel, das aus drei zur Trennungslinie senkrechten Geraden in größerem Abstande besteht, für die einzelnen Geraden die Entfernungseinstellung verschieden. Ist für die Stücke der mittleren Geraden auf Verlängerung eingestellt, so sind die Stücke der beiden äußeren in entgegengesetztem Sinn gegeneinander versetzt (Abb. 413). Man prüft auf diesen Fehler, indem man Entfernungseinstellungen für dasselbe Ziel an den entgegengesetzten Enden der Trennungslinie macht; diese müssen übereinstimmen.

Im Folgenden wird ein Kehrbildentfernungsmesser für Infanterie beschrieben (Abb. 414). Das Licht tritt durch die Abschlußglasplatten A_l und A_r ein und wird durch die Pentaprismen P_l und P_r in die Achse des Rohres reflektiert. Nach Durchsetzen der Objektive O_l und O_r wird von jedem dieser ein Bild in der Trennungskante des Scheideprismas erzeugt, das durch das Okular Ok betrachtet wird. Hinter dem rechten Objektiv kann die dem Scheideprisma zugekehrte schwächere Korrektionslinse K verschoben werden, um bei der Herstellung die beiden Bilder im Scheideprisma S auf genau gleiche Größe zu bringen. Zur mikrometrischen Verschiebung eines Bildes für die Einstellung der Entfernung wird der Abatsche veränderliche Keil (Abb. 350b) benutzt, von dem die eine Linse als Abschlußplatte dient. Die andere, durch die Meßwalze W_m verschiebbare Linse L trägt die Entfernungsteilung, die im Okulargesichtsfeld am Rande in folgender Weise abgebildet wird (Innenablesung). Die Strahlen gehen

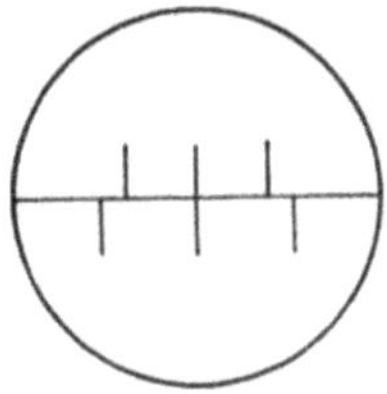

Abb. 413. Das Bild im Entfernungsmesser bei ungleicher Größe der Halbbilder

durch den oberen Teil des Pentaprismas P_l, an das hier ein doppeltspiegelndes Prisma M angekittet ist, das die Strahlen zunächst nach unten und dann in die Richtung der Rohrachse reflektiert. Sie durchsetzen dann ein Objektiv N, das das Bild im Okulargesichtsfeld liefert, nachdem die Strahlen noch dreimal reflektiert sind, davon zweimal in einem an das

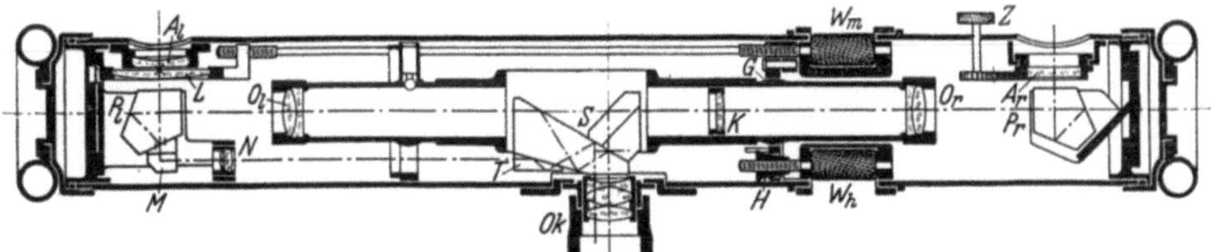

Abb. 414. Der Aufbau eines Kehrbildentfernungsmessers für Infanterie

Scheideprisma angekitteten Prisma T. Die Walze W_h dient zur Höhenberichtigung, indem das Innenrohr um das Kugelgelenk G mit einem Konus H gekippt wird. Für die Entfernungsberichtigung wird das als Keil ausgebildete Abschlußglas A_r mit Zahntrieb Z gedreht. Dieser Keil lenkt in der Nullstellung nur in der Höhe, und zwar schwach ab; wird er für die Berichtigung nur wenig um α um die Rohrachse gedreht, so wird die auftretende Seitenkomponente proportional $\sin\alpha$; die Änderung der Höhe des einen Bildes entsprechend $1 - \cos\alpha$ ist ganz gering.

In den abgebildeten Beispielen treffen sich der obere Punkt des aufrechten und der untere Punkt des umgekehrten Bildes an der Trennungslinie. Das Verfahren versagt bei Zielen (z. B. Ballons), bei denen nicht oben, sondern unten scharf hervortretende Einzelheiten vorhanden und zur Messung geeignet sind; es würde so der Hauptteil des Zieles beim Messen nicht sichtbar sein. Statt die beiden Halbbilder Kopf an Kopf zum Einstehen zu bringen, bringt man sie Fuß an Fuß. Für diesen Fall wird vielfach eine zweite Trennungslinie vorgesehen, an der der untere Punkt des aufrechten mit dem oberen des umgekehrten zum Einstehen gebracht werden kann (Abb. 415). Als solche ist der obere Rand des Kehrbildstreifens geeignet; ist die Fortsetzung des unteren Bildes oberhalb des Streifens dieselbe, wie wenn das Kehrbild nicht einen Teil des Hauptbildes verdrängt hätte, so ist an der oberen Trennungslinie ein Höhenfehler gleich der doppelten Höhe des Streifens vorhanden, wenn der Höhenfehler an der unteren Linie beseitigt ist. Dieser Höhenfehler muß beim Übergang zur Messung an der oberen Linie beseitigt werden, wie

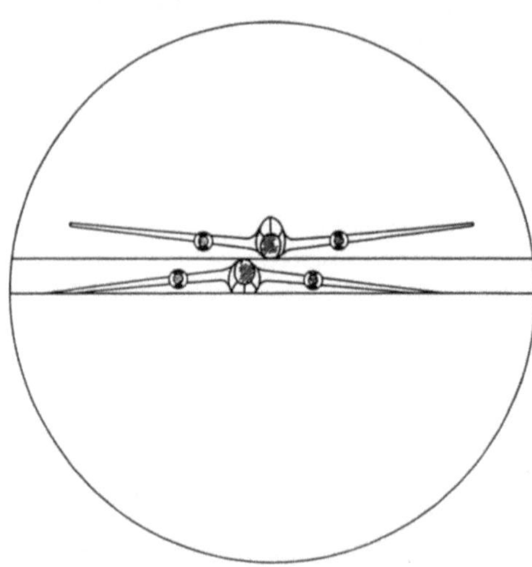

Abb. 415. Die Einstellung eines Flugzeuges im Kehrbild

es zu Abb. 416 beschrieben wird. Benutzt man die verlorenen Strahlen, d. h. diejenigen, die zu den Halbbildern gehören, die im Hauptgesichtsfeld unterdrückt sind, für das Gesichtsfeld mit der zweiten Bildanordnung, so wird man auf die Einrichtung nach Abb. 409 geführt, bei

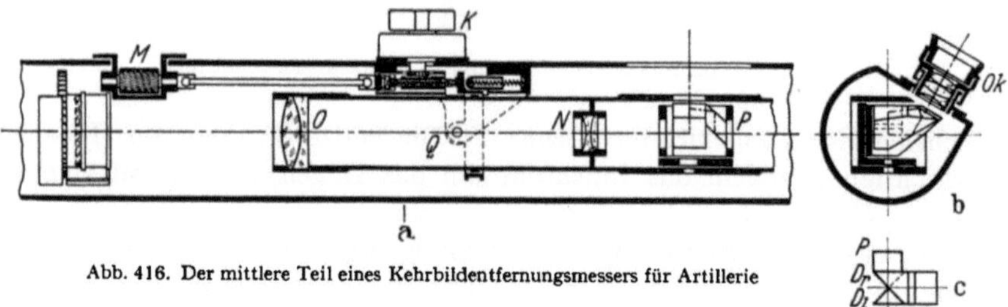

Abb. 416. Der mittlere Teil eines Kehrbildentfernungsmessers für Artillerie

der das obere Okular für die Messung von Luftzielen dient; es zeigt das ganze Gesichtsfeld höhenverkehrt und gerade das, was im unteren Gesichtsfeld verdeckt ist. Der versilberte Teil der Scheidefläche g spiegelt hier nach beiden Seiten; h ist die Trennungslinie. Die abweichende Einblicksrichtung des oberen Okulars gewährt eine bequeme Kopfhaltung für Luftziele. Ist nur ein Okular für Erd- und Luftziele

vorhanden, so gibt man ihm einen Einblick, der um 60—80° gegen
die Meßebene geneigt ist.

Abb. 416a—c zeigt einen Teil eines Kehrbildentfernungsmessers für
Feldartillerie. Die Endprismen und das Mikrometer für die Entfernungsmessung sind fortgelassen. Als Objektiv sind Teleobjektive O, N verwandt (S. 25). Das Okulargehäuse ist bei b und c noch in anderen
Schnitten dargestellt. Das Okularprisma besteht wie in Abb. 405 aus
zwei gekreuzten Dachprismen D_l und D_r, denen ein rhombisches Prisma P
vorgelagert ist, um die Objektive rechts und links auf gleicher Höhe zu
halten. Während die von D_l reflektierten Strahlen durch nur eine Spiegelung nach oben in dem Okular Ok reflektiert werden, werden die von D_r erst
nach unten reflektiert und dann an einer Scheidefläche nach oben, deren

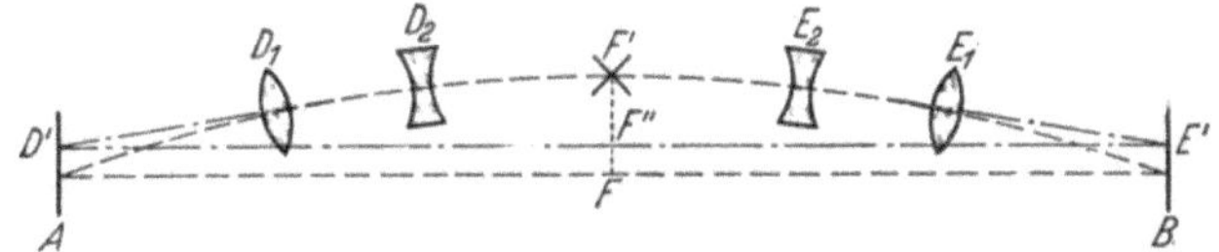

Abb. 417. Die Wirkung von Teleobjektiven beim Entfernungsmesser

einer Teil versilbert ist. Die Walze M für die Höhenjustierung wirkt
durch eine Schraube und einen um Q drehbaren Ring auf die Kardan-
lagerung des Innenrohres und kippt so dieses. Für die stärkere Höhenverstellung zum Übergang auf Luftziele dient der Triebknopf K, der
durch Exzenter die Mutter der Schraube und damit auch diese verschieben kann, da die Meßwalzenstange durch einen gleitenden Vierkant
mit der Schraube gekuppelt ist.

Wird das Innenrohr eines gewöhnlichen Entfernungsmessers durch
einseitige Erwärmung verbogen, so liegen nach Abb. 417 die Objektive A,
B und das Scheideprisma F', das hier durch einen Kreuzspiegel dar-
gestellt ist, nicht mehr auf einer geraden Linie. Die in entgegengesetzter
Richtung auf die Objektive fallenden Achsenstrahlen treffen dann den
Kreuzspiegel nicht mehr im Kreuzungspunkte; der Fehler im parallaktischen Winkel ist $2F'F : AF$. Werden nun diese Objektive durch die
Teleobjektive D_1, D_2 nnd E_1, E_2 ersetzt, die gleiche Brennweite mit den
Objektiven A, B haben, so liegt ihr hinterer Hauptpunkt, der für die
Bildlage maßgebend ist, in der Verbindungslinie der Mitten von D_1 und D_2
bzw. E_1 und E_2. Die ursprünglichen Hauptpunkte A und B rücken
also bei der Durchbiegung nach D' bzw. E'. Die Abweichung $F'F$ ist auf
$F'F''$ vermindert.

Während die bisher beschriebenen Halbbildergeräte gleiche Vergrößerung für
beide Fernrohre haben müssen, wurde von EPPENSTEIN (1908) ein solches angegeben, das absichtlich mit stärkerem Vergrößerungsunterschied der beiden Fernrohre eingerichtet war, um ohne Mikrometereinstellung die Entfernung messen zu

können. Die Erfindung wird durch Abb. 418 erläutert. Es ist hier angenommen, daß der Unterschied sich darin zeigt, daß das obere Halbbild größer ist als das untere. Zur besseren Veranschaulichung der Wirkungsweise sind sie mit einem größeren Höhenunterschied gezeichnet und durch die Zeiger 1 und 2 unterschieden. Der Schornstein a^1, a^2 eines für das Gerät unendlich fernen Dampfers ist über dem Horizont h sichtbar, außerdem befindet sich noch ein Dampfboot b^1, b^2 in 500 m Entfernung; man beachte zunächst nur den rechten Teil der Abbildung. Der Entfernungsmesser ist so gerichtet, daß die Bilder a^1 und a^2 in den Strich ∞ der Teilung fallen. Zufällig hat das Ziel b eine solche Lage, daß b^2 ebenfalls auf den Strich ∞ fällt. Im unteren Bildfeld steht dagegen b^1 um die Strecke d^{500} nach links von Strich ∞ ab. Jetzt werde das Gerät so geschwenkt, daß beide Bilder durch das Gesichtsfeld nach links wandern. Nachdem dabei b^2 den Weg l^2 zurückgelegt hat, steht es über b^1 ein, b^2 und b^1 fallen in den Strich 500. Man hat also nur die Ziel-

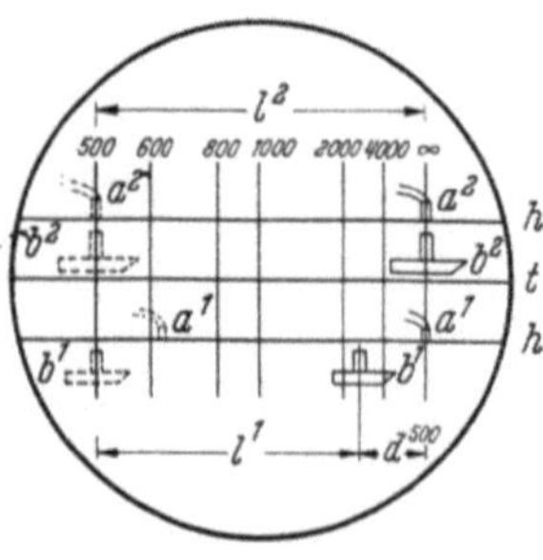

Abb. 418. Die Wirkungsweise eines Schnittbildentfernungsmessers mit fester Skala

bilder an der Trennungslinie entlangzuführen, bis sie aufeinander einstehen, und findet dort die Entfernung angeschrieben. Man unterscheidet einen solchen Entfernungsmesser durch den Zusatz „mit fester Skala".

Auch Entfernungsmesser will man in gedeckter Stellung verwenden. Zwar ist es bei Panzertürmen möglich, die Objektivenden seitlich heraustreten zu lassen; damit sie aber unabhängig von der Turmdrehung genügend schwenkbar sind, braucht man größere Ausbrüche. Man zieht daher vielfach einen Dekkenausbruch vor; es müssen dann die Eintrittsfenster des Gerätes gegen die Okulare in der Höhe versetzt sein. Dieser Instrumententyp ist auch für Grabendeckung brauchbar. Die Versetzung kann nun entweder durch Herabführen der Lichtstrahlen gleich nach dem Eintritt oder durch Herabführen in der Mitte des Gerätes erfolgen; im ersten Fall spricht man von hinaufgeführten Objektiven, im zweiten von herabgeführtem Okular. Die Prismen A, B, C von Abb. 49 b bilden eine für die erste Art geeignete Prismengruppe. Es muß natürlich dafür gesorgt sein, daß innerhalb der Prismengruppe keinerlei merkliche Verlagerungen eintreten. Die zweite Art kann in der Weise ausgeführt werden, daß das von den Objektiven entworfene Bild eines gewöhnlichen Entfernungsmessers durch ein herabgeführtes Erdfernrohrokular betrachtet wird, das am oberen und unteren Ende durch um 90° ablenkende Prismen geknickt ist. Bei nicht zu großer Standlinie ist aber eine andere Bauart vorzuziehen. Schon bei dem gewöhnlichen als Querrohr ausgebildeten Entfernungsmesser hat man vielfach versucht, den Einfluß der Verbiegung des Innenrohres auf die Justierung durch eine andere optische Anlage, die sog. unempfindliche Bauart, auszuschalten, indem man die beiden Objektive dicht nebeneinander angeordnet oder sie gar zu einem vereinigt hat, von dem der eine Teil der Öffnung das eine, der andere das andere Halbbild liefert. So ordnete PORRO 1854 bei seinem Tachyholo-

meter zwei Wollastonsche Prismen (Abb. 31) an den Enden einer Standlinie an; der Beobachter an dem einen Ende sah das Ziel einerseits über
das eine Prisma hinweg, andererseits durch Spiegelung in beiden Prismen
(s. auch Abb. 421). Einen Grabenschnittbildentfernungsmesser mit zwei
Objektiven O_l und O_r nebeneinander stellt Abb. 419 dar. Es sind hier
astronomische Fernrohre mit bildaufrichtenden Prismen verwandt; die
Prismen P_l, P_r p_l, p_r und f wirken
mit dem Okularprisma Ok zusam-
men. Das Scheideprisma f mit der
Trennungslinie ist nach unten
verlegt; als solche wirkt hier der
Knick in der Hypothenusenfläche,
so daß die in den Achsen der
beiden Objektive verlaufenden
Strahlen nach der Reflexion zu-
sammenfallen und so auch die
Austrittspupillen, die den beiden
Objektiven entsprechen. Kleine
Drehungen des ganzen Doppel-

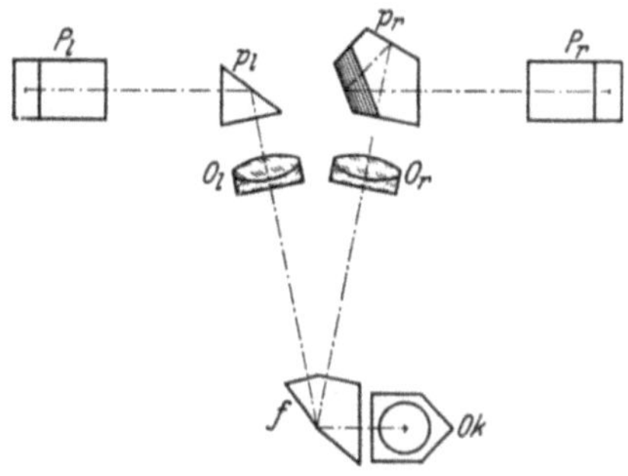
Abb. 419. Die optische Anordnung des
Grabenschnittbildentfernungsmessers

objektives, ebenso auch der Fassung der beiden ihm dicht vorgelager-
ten Prismen verfälschen die Entfernungsmessung nicht.

Einfache Entfernungsmesser werden auch benutzt, um das photographische Objektiv für die Entfernung des aufzunehmenden Gegenstandes einzustellen; Abb. 420 zeigt einen solchen. An ein rhombisches

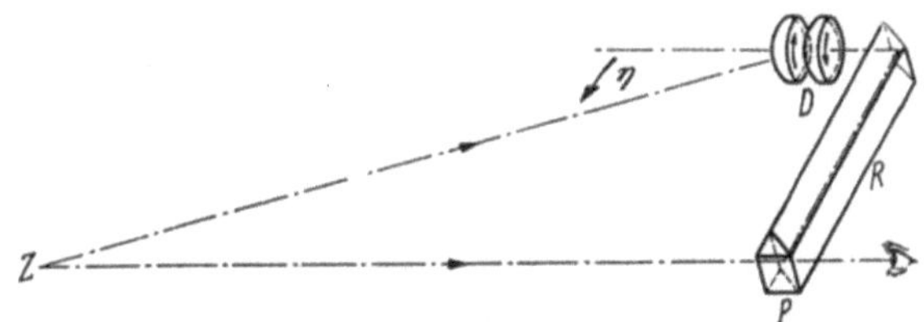
Abb. 420. Ein Entfernungsmesser für eine photographische Kamera

Prisma R ist ein rechtwinkliges Prisma P angekittet; die an die Kitt-
schicht zwischen R und P grenzende Spiegelfläche von R ist halbdurchlässig. Es gelangen so von dem Ziel Z einerseits Strahlen in geradem
Durchgang durch das Doppelprisma, andererseits Strahlen nach Reflexion
an den beiden Spiegelflächen von R in das Auge. Das Drehkeilpaar dient
zur Messung des parallaktischen Winkels η und damit der Entfernung.

Für Vermessungszwecke eignet sich der folgende Schnittbildentfernungsmesser von EPPENSTEIN. In Abb. 421 befindet sich vor dem Fernrohr F ein einfaches Prisma A, dem das Licht für die obere Hälfte durch
das Pentaprisma B und für die untere Hälfte durch das Pentaprisma C

zugeführt wird. Der Abstand der in die Pentaprismen eintretenden
Achsenstrahlen ist die Standlinie, die durch Verschieben von C für die
Einstellung der Entfernung verändert werden kann. D ist ein Glaskeil
von fester Ablenkung, etwa 1 : 100, der gegen andere mit anderer Ablenkung ausgewechselt werden kann. Die Entfernung wird an einer gleichmäßigen Entfernungsteilung gegen einen Zeiger an C abgelesen. Da C bis
unter B geschoben werden kann, kann auch die Standlinie Null hergestellt werden. In dieser Stellung müssen die beiden Bilder aufeinander
einstehen, wenn der Glaskeil abgenommen ist; sonst muß berichtigt

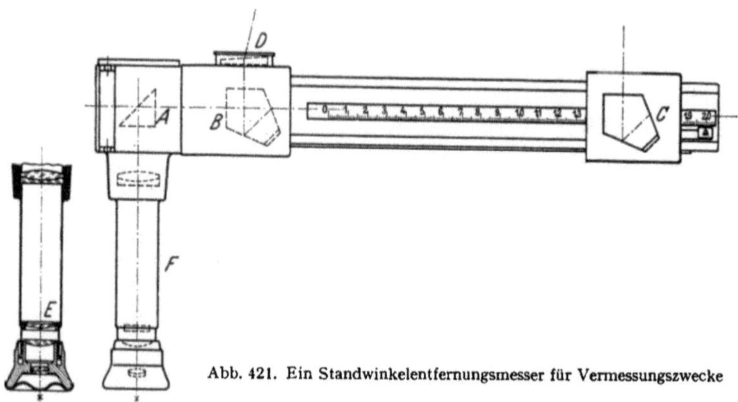

Abb. 421. Ein Standwinkelentfernungsmesser für Vermessungszwecke

werden. Um Mischbilder zu vermeiden, ist in der Brennebene des Objektives ein Doppelkeil E und hinter dem Okular eine Blende angeordnet;
die stumpfe Kante des Keiles gibt die Trennungslinie.

§ 52. Die gewöhnlichen Raumbildentfernungsmesser

Es wurde in § 12 erläutert, wie die Menschen im beidäugigen Sehen die
beiden verschiedenen Netzhautbilder, von denen ja jedes seine besondere
Perspektive hat, zu einem Eindruck verschmelzen, und daß diese geringen
Bildverschiedenheiten unmittelbar ohne Überlegung (die meisten sind ja
ohne Kenntnis dieser Verhältnisse) als Anzeichen der Tiefenanordnung
empfunden werden. Zwar wird die Vorstellung über die absolute Entfernung eines Gegenstandes durch andere Umstände bestimmt, aber die
Entfernungsunterschiede von Gegenständen in nahe der gleichen Blickrichtung werden mit großer Feinheit erkannt. Würde ein Beobachter in
der Zielrichtung einen mit Stiften besetzten Stab ausstrecken, deren
Spitzen, von der Mitte zwischen den Augen gerechnet, abgestufte Entfernungen besitzen und danach beziffert sind, so würde er die Entfernung
naher Gegenstände messen können, indem er die Spitzen dicht darüber
senkt und nun im beidäugigen Sehen beurteilt, wo sich die Gegenstände
unter diesem schwebenden Entfernungsmaßstab einordnen. Man könnte

zwar den Stab noch weiter senken und dann einäugig nach der Verdeckung der Stifte durch den Gegenstand urteilen, doch wäre dies weniger genau, da das Schätzen von Unterteilen aufhört. Einen räumlichen Gegenstand kann man nun für den Seheindruck durch zwei Bilder ersetzen (S. 113), von denen jedes, dem betreffenden Auge geboten, das gleiche Bild auf der Netzhaut ergibt wie der Gegenstand. So konnte ROLLETT 1861 den erwähnten Stab durch eine Glastafel senkrecht zur Blickrichtung ersetzen, wie sie Abb. 422 darstellt; das Raumbild dieser Leiter wird wie der Stiftenstab benutzt; bei der Form T' sind die Querstriche, die die entfernten Sprossen des Raumbildes der Leiter darstellen, kleiner gewählt, damit der Verkürzung in der Ferne Rechnung getragen wird, und die Sprossen dort in gleicher Breite wie im Vordergrunde erscheinen. Das Raumbild der Leiter bzw. ihr Ersatz, wie wir ihn später kennenlernen, unterscheidet man zweckmäßig als Maßraum von dem zu messenden Raum. Die Messung geht dadurch vor sich, daß das

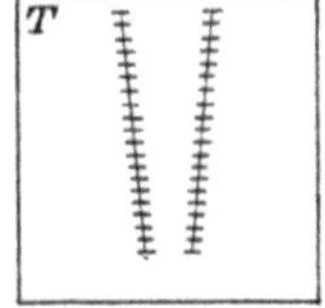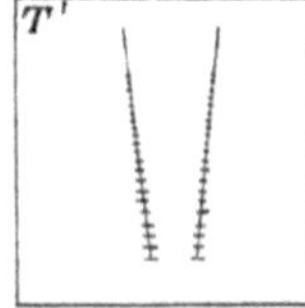

Abb. 422. Zwei Formen der Rollettschen Leiter

Zusammenfallen von Punkten des zu messenden Raumes mit besonders bezeichneten des Maßraumes festgestellt wird; den Bedingungen des beidäugigen Sehens gemäß wird nur festgestellt, ob Entfernungsunterschiede zwischen den entsprechenden Punkten der beiden Räume bestehen. Es sei noch hervorgehoben, daß nun nicht mehr wie bei dem wirklichen Stab auch nach Verdecken geurteilt werden kann, da die Striche der Glasplatte den in ihrer Richtung liegenden Teil des Gegenstandes immer verdecken. Durch ROLLETT war die Grundlage der Raumbildentfernungsmessung gegeben; sie war aber nur auf kurze Entfernungen bis auf etwa 100 m brauchbar.

Nun haben wir aber in § 12 kennengelernt, in wie hohem Maße die Tiefenunterscheidung durch Doppelfernrohre mit erweitertem Objektivabstand gesteigert werden kann; die Verhältniszahl heißt die totale Plastik und ist gleich dem Produkt aus der Fernrohrvergrößerung und dem Verhältnis von Objektiv- und Augenabstand; sie bestimmt die Genauigkeit der Entfernungsmessung. Nachdem schon MACH 1866 die Vergrößerung des Augenabstandes durch Spiegel für diesen Zweck vorgeschlagen hatte, kam erst GROUSILLIERS (Patent von 1893) auf den Gedanken, eine Raumbildleiter in ein solches Doppelfernrohr einzubauen und es so in einen Raumbildentfernungsmesser (Stereotelemeter) umzuwandeln. Seine Erfindung wurde von der Firma Zeiss übernommen und von ABBE alsbald durch die folgenden beiden Meßverfahren ergänzt. Wie man an dem Stab die Stifte durch einen meßbar verschiebbaren Stift ersetzen kann, so kann man auch die Leiter durch eine Wandermarke

ersetzen. Man erhält diese, indem man den Abstand zweier Marken auf
der Glasplatte, von denen jede dem betreffenden Auge geboten wird,
verändert; das Raumbild der Wandermarke erscheint dem unbewaffneten
Auge in dem Punkte, wo sich die Blickrichtungen der Augen nach ihren
Marken schneiden; die Marke wandert in der Tiefenrichtung vor und
zurück. Da es sich nur darum handelt, den Punkt des Maßraumes in die
gleiche Entfernung zu bringen wie den betreffenden Punkt des zu messen-

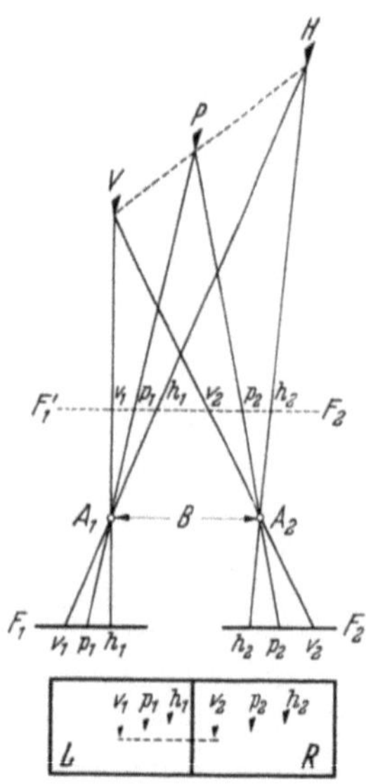

Abb. 423. Zur Entstehung der
Markenplatte des
Raumbildentfernungsmessers

den Raumes, so kann ebensogut dieser Punkt
statt des ersten verschoben werden. Dies wandernde Raumbild erhält man durch Ablenken
der Visierlinse des einen Fernrohres gegen die
des anderen. Der Seheindruck ist bei den beiden
letzten Meßarten nicht wesentlich verschieden,
da sich bald die Vorstellung der Wandermarke,
bald die des Wanderbildes aufdrängt. Man unterscheidet demgemäß nur zwischen Raumbildentfernungsmessern mit fester Skala und solchen
mit Wandermarke.

Das Doppelfernrohr dieser Geräte unterscheidet sich im Aufbau von den Halbbildergeräten
nur dadurch, daß an Stelle des Scheideprismas
in der Mitte zwei getrennte Ablenkungsprismen
im mittleren Augenabstand eingebaut sind, hinter
denen sich die Okulare befinden, die an den Augenabstand angepaßt werden können (Abb. 427).
Die beiden Teilungen (Marken) befinden sich in
der Brennebene der Objektive vor den Okularen.
Abb. 423 zeigt unten eine solche Markenplatte,
oben ihre Entstehung im Grundriß; V, P, H sind Marken in verschiedener
Entfernung, die verschieden hoch über der Grundebene vorzustellen sind;
A_1, A_2 sind zwei photographische Objektive, die in gleicher Höhe in der
Ebene B im Augenabstande angeordnet sind und deren Brennweite gleich
der der Okulare ist; F_1, F_2 sind die photographischen Platten, auf denen
die Marken in der dargestellten Weise abgebildet werden. Wie man aus
Abb. 423 erkennt, sind die Projektionen von V, P, H, die ein Beobachter
mit den Augen in A_1 und A_2 auf einer Glasplatte in der Ebene $F_1' F_2'$ im
Brennweitenabstand aufzeichnen würde, gleich den photographischen
Aufnahmen. Diese Projektionen, also auch diese Lichtbilder, geben aber,
mit den Okularen betrachtet, nach § 12 denselben räumlichen Eindruck
wie die Raummarken V, P, H selbst. Um eine größere Anzahl Marken im
Gesichtsfeld unterzubringen, ordnet man sie auf einem in die Tiefe
führenden Zickzackwege an (Abb. 424). Beim Entfernungsmesser mit
Wandermarke würde eine einzige Raummarke genügen; zur Anregung

des räumlichen Sehens ergänzte VON HOFE 1907 diese durch symmetrische Nebenmarken auf zwei Linien, die symmetrisch schräg in die Tiefe führen (Abb. 425). Um plötzlich auftauchende Ziele an jeder Stelle des Gesichtsfeldes messen zu können, können auch mehrere Wandermarken in der gleichen scheinbaren Entfernung vorgesehen werden; sie mögen zusammenfassend als flache Wandermarke bezeichnet werden. Die Wanderung

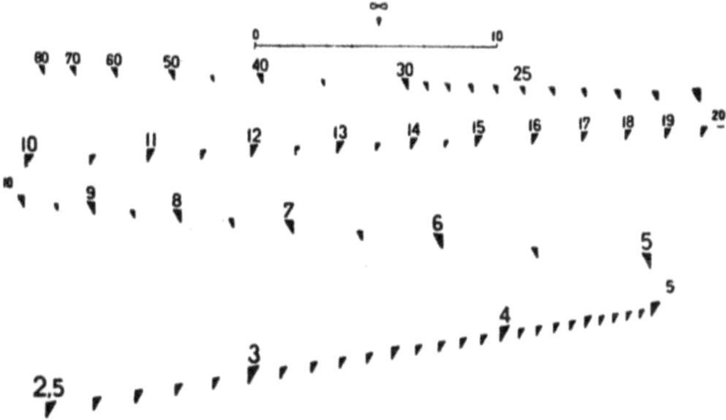

Abb. 424. Das Markenbild eines Raumbildentfernungsmessers mit fester Skala

des Raumbildes bewirkt man durch dieselben optischen Mikrometer wie die gegenseitige Verschiebung der Halbbilder.

Man hat vor GROUSILLIERS Erfindung den Branderschen Entfernungsmesser mit zwei Okularen im mittleren Augenabstand gebaut, in deren

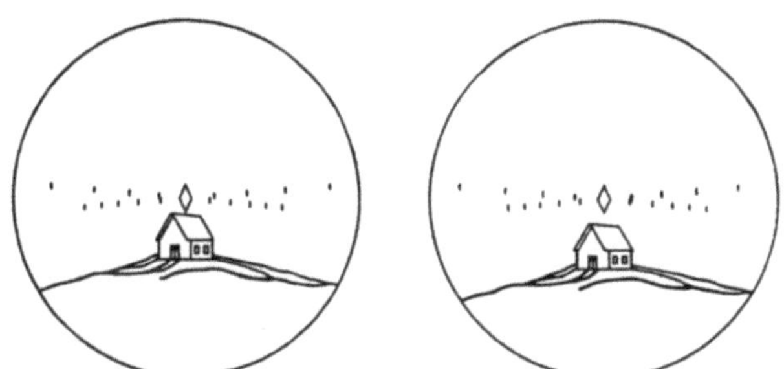

Abb. 425. Das Bild in einem Raumbildentfernungsmesser mit wandernder Marke

Gesichtsfeld Fadenkreuze eingebaut waren, um durch Richten des ganzen Gerätes das Ziel mit dem einen Kreuz und durch Betätigen der Meßschraube mit dem anderen Kreuz anzurichten. Das zufällig auftretende Verschmelzen der Bilder zum Raumbild wurde aber als Störung empfunden, da man das Wesen und die Bedeutung der Raumbildmessung nicht erkannte. Der Vergleich mit diesem Entfernungsmesser ohne Raumbild macht aber deutlich, daß die geometrische Grundlage der Raumbildmessung dieselbe ist wie die der anderen Meßarten und daß auch hier die Genauigkeitsformel (50.3) gilt. Für die Raumbildmessung ist wesentlich, daß die Okulare an den Augenabstand angepaßt und der Höhenfehler der Bilder beseitigt werden kann. Man dreht den Knopf für die Höhenberichtigung, bis die Marke bzw. das Ziel einfach und klar erscheint, wenn man das Ziel bzw. die Marke ins Auge faßt. Der Höhenfehler hat hier unmittelbar keinen Fehler in der Entfernungsmessung zur Folge, er ermüdet aber die Augen. Daneben muß der Höhenfehler des Doppelfernrohres in dem Maße, wie in § 20 angegeben,

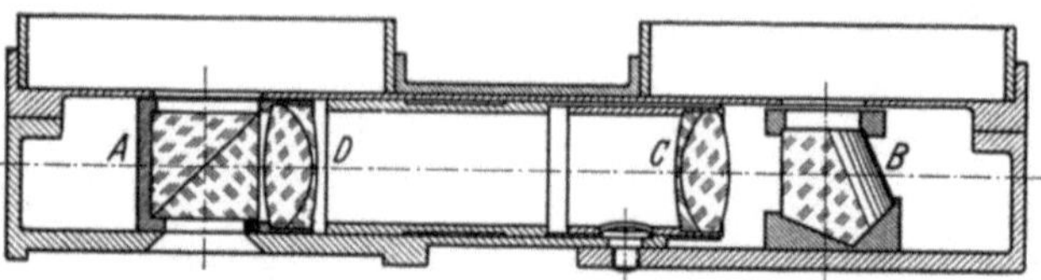

Abb. 426. Ein Gerät zur Prüfung auf Höhenfehler

beseitigt sein, dafür genügt der richtige Zusammenbau des Gerätes. Der ersterwähnte relative Höhenfehler zwischen Bild und Marke muß aber genauer berichtigt sein. Abb. 426 zeigt ein Gerät zum sicheren Erkennen des Höhenfehlers, das auf die beiden Okulare des Entfernungsmessers aufgesteckt wird. Die aus dem linken Okular tretenden Strahlen gehen durch das würfelförmige Doppelprisma A mit halbdurchlässiger Spiegelschicht ungehindert durch. Die von dem anderen Okular werden von dem Pentadachprisma B um 90° abgelenkt, durchsetzen das astronomische Fernrohr $C\,D$ von einfacher Vergrößerung und werden durch die Spiegelschicht von A nochmals um 90° abgelenkt. Man sieht so gleichgroße aufrechte Bilder des Zieles in Deckung; eine Höhenversetzung tritt auffällig hervor.

Was den Vergleich der drei verschiedenen Meßverfahren mit Schnitt-, Kehrund Raumbild betrifft, so ist die beidäugige Beobachtung natürlicher und wohl auch weniger anstrengend. Bei nur wenigen Personen ist das beidäugige Sehen mangelhaft ausgebildet, insbesondere durch Fehler eines oder beider Augen. Der Prozentsatz der so ausgeschiedenen Mannschaft beim Militär ist aber nicht so groß, daß er als Hindernis der Verwendung der Raumbildmessung angesehen werden kann. Die Befürchtung, daß in der Aufregung des Gefechtes schlecht gemessen würde, hat sich nach den Erfahrungen der beiden Weltkriege (insbesondere in der Skagerrakschlacht) nicht bestätigt. Die Raumbildmessung hat den Vorteil, daß die Genauigkeit der Messung durch unscharfe Begrenzung, wie bei Sprengwolken, weniger beeinträchtigt wird. Ziele, die räumlich freistehen, sich also von einem entfernteren Hintergrund abheben, sind bei ihr am leichtesten zu messen, so besonders Schiffe und Luftziele; doch kann auch die Messung von solchen Geländezielen erlernt werden, die sich von der Umgebung räumlich wenig oder gar nicht abheben, wie Ziele in einer Bergwand; die Meßmarke darf hier nur von vorn an das

Ziel herangeführt werden. Sind die Ziele in rascher Bewegung, oder befindet sich der Meßmann auf beweglicher Unterlage wie auf einem schwankenden Schiff, so ist die Raumbildmessung dadurch überlegen, daß es bei ihr weniger auf genaues Anrichten ankommt. Für Landziele ist das Verfahren mit Kehrbild dem mit Schnittbild überlegen, da es bei vielen Zielen, die keine regelmäßige Begrenzung haben, doch hervortretende Spitzen und Punkte gibt, die für die Kehrbildmessung passen. Für Schiffsziele zieht man das Schnittbild vor, da es an hierfür geeigneten Linien nicht fehlt, und das Gesichtsfeld ununterbrochen ist. Beim Raumbild erschweren geringe gegenseitige Bewegungen von Ziel und Marke das Messen nicht; man erhält daher, was für die Messung der Geschwindigkeit der Entfernungsänderung wichtig ist, eine stetige Messung der Entfernung, ohne daß das Richten das Messen unterbricht. Raumbildentfernungsmesser mit fester Skala eignen sich besonders für rascheste Messungen und freihändigen Gebrauch. Die Raumbildmessung ist auch bei schwachem Licht überlegen. Die Meßmarke wird im allgemeinen über oder unter das Ziel gebracht, aber möglichst gegen hellen Hintergrund; wenn das nicht paßt, daneben. Auch bei der Raumbildmessung von Feldzielen wird man wie bei den anderen Meßarten selbst bei günstigen Verhältnissen keine größere Genauigkeit erwarten können, als sie einer Breitenwahrnehmung von 10″ im freien Sehen entspricht; besonders gute Meßleute können bei allen Meßarten wohl 5″ erreichen. Den 10″ entsprechenden Entfernungsfehler nennt man Mindestfehler; man findet ihn für ein Gerät mit der Standlinie b und der Fernrohrvergrößerung Γ nach der Formel (50.3) $\Delta E = E^2 : [20600\, b\, \Gamma]$, wo der Fehler ΔE, die Entfernung E und die Standlinie b in gleichem Maß zu messen sind.

Abb. 427 zeigt den Aufbau eines Raumbildentfernungsmessers. Das Außenrohr A trägt nur die Winkelspiegel S_l, S_r und die Okulare Ok_l, Ok_r, das Innenrohr J ist bei W mit einem Kugelwulst verschiebbar in A gelagert und auf der anderen Seite der Okulare kardanisch aufgehängt, wie der Schnitt $C\,C$ zeigt. Dies ist wichtig, damit Verbiegungen durch wechselnde Lagerung und Belastung und besonders durch einseitige Erwärmung nicht auf das Innenrohr übertragen werden können. Bei großen Entfernungsmessern ist vielfach noch ein besonderes inneres Tragrohr für die Winkelspiegel

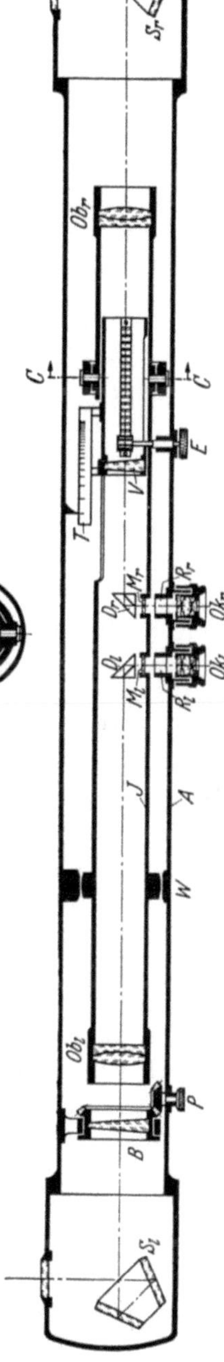

Abb. 427. Der Aufbau eines Raumbildentfernungsmessers mit wandernder Marke

vorgesehen. Der eine Zwischenring K wird zur Berichtigung von Höhenfehlern mit der Schraube H auf und ab bewegt. Das Innenrohr trägt die Objektive Ob_l, Ob_r, die Okulardachprismen D_l, D_r und die Markenplatten M_l, M_r, ferner die Meßeinrichtung, einen Ablenkungskeil V, der mit Knopf E durch Zahntrieb in der Achse des rechten Objektives verschoben werden kann; dieser Verschiebung ist die Querverstellung des Bildes proportional; in einer mit V verbundenen Entfernungsteilung T kann daher die Entfernung an einem Zeiger abgelesen werden. Die Anpassung an den Augenabstand erfolgt durch die rhombischen Prismen R_l, R_r wie in Abb. 141. B ist ein mit Knopf P verstellbarer Drehkeil zur Berichtigung der Entfernungsanzeige wie in Abb. 414.

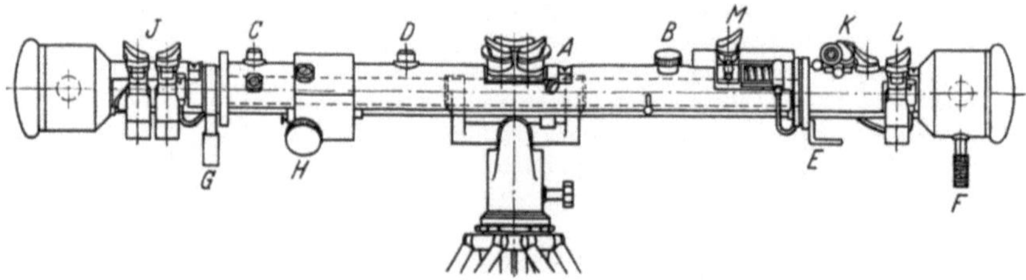

Abb. 428. Ein Raumbildentfernungsmesser für Artillerie

Abb. 428 zeigt einen Entfernungsmesser für Artillerie, der auch für Luftziele geeignet ist. Rechts von den Okularen in der Mitte befindet sich ein Visier A für den Meßmann und darunter ein Knopf für den Farbglaswechsler, weiter der Knopf B für die Einstellung der Entfernung. C und D sind die Knöpfe für die Berichtigung des Entfernungsmessers nach Entfernung und Höhe, unter C wird die Berichtigungsteilung mit Lupe abgelesen. Mit dem Handgriff E wird nach der Seite gerichtet; mit den Handgriffen F und G wird grob nach der Höhe gerichtet, mit dem Knopf H fein; über H wird der Höhenteilkreis mit Lupe abgelesen. Für die Richtleute sind mehrere Visierfernrohre vorgesehen, links das binokulare J mit schrägem Einblick, rechts die monokularen K und L mit geradem und schrägem Einblick, das letzte mit Doppelaugenschutz. Rechts neben M wird die Entfernung abgelesen.

Abb. 429 zeigt die Außenansicht eines Marine-Entfernungsmessers mit einer Standlinie von 3 m. A und B sind die Handräder für das Richten nach Seite und Höhe, die von einem Richtmann bedient werden, für den ein Richtfernrohr für geraden Einblick C und ein solches mit Einblick von oben D am Entfernungsmesser angebracht sind. E sind die Okulare für den Meßmann, der mit dem Knopf F die Höhenrichtung fein einstellen kann. G ist das Meßrad für Entfernung, die oberhalb H abgelesen wird. Mit Knopf I können Scheinwerferblendgläser eingeschaltet werden. Unter dem Knopf F befindet sich ein solcher für die Einschaltung der

Justierprismen (§ 56). Oberhalb K befindet sich die Teilung und der Knopf für die Entfernungsberichtigung. Unter dem Knopf I befindet sich der Knopf für die Berichtigung des Höhenfehlers. Auf die Einrichtungen zur Beleuchtung der Meßmarken und Teilungen, die Ablesung der Seitenrichtung, den Umwandler, der die den parallaktischen Winkeln proportionalen Drehungen in solche, die den Entfernungen proportional sind, verwandelt (s. unten), kann hier nicht eingegangen werden.

Ein Raumbildentfernungsmesser für geodätische Anwendungen ist der Hauptteil des vollautomatischen Stereotachygraphen von HUGERS-

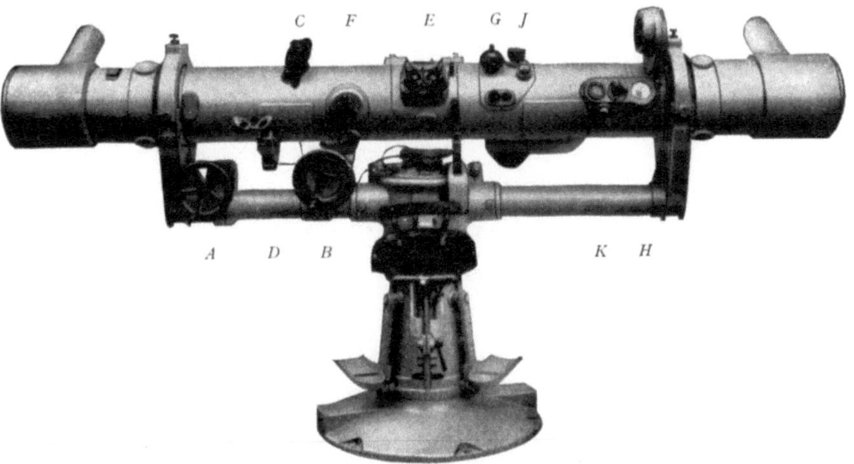

Abb. 429. Ein Raumbildentfernungsmesser für Marine

HOFF, der um 1930 von der Firma Heyde in Dresden gebaut wurde (Abb. 430). Mit diesem Gerät wird der jeweils eingestellte Geländepunkt kartiert. Bei einer Standlinie von 70 cm hat er einen Meßbereich von 20—400 m. Das ganze Gerät wird mit dem Triebknopf A in der Seite gerichtet. Längs des mit dem Entfernungsmesser verbundenen Auftraglineals gleitet ein mit dem Handrad B verstellbarer Abstandschlitten, der eine senkrechte Säule trägt, an der ein weiterer Schlitten mit Handrad C für die Höhe verschoben und mit Schraube D festgeklemmt werden kann. Der damit verbundene Zeichenstift gibt nach seinem Abstand von der Mitte der Zeichenfläche die Raumlage des angezielten Punktes in dem vorgeschriebenen Maßstab, ebenso der Höhenschlitten die Höhe. An dem Höhenschlitten sitzt die Basisschraube, durch die mittels des Rändels E ein kardanisch gelagerter Rohrstutzen quer zur Säule verstellt, und so die Standlinie des mechanischen Entfernungsdreiecks für verschiedene Kartierungsmaßstäbe zwischen 1 : 3000 und 1 : 1000 eingestellt werden kann. Die so eingestellte Standlinie wird mit der Klemmschraube F festgeklemmt. In dem erwähnten Rohrstutzen gleitet ein Lenker, der mit dem anderen Ende am Entfernungsmesser in der Ebene des Meßdreiecks schwenkbar gelagert ist. Er schwenkt dabei um den parallaktischen Winkel und steuert das Mikrometer, die Ablenkungskeile im Entfernungsmesser. G ist ein Mikroskop für Ablesung des Seitenteilkreises. Klemmt man den senkrechten Schlitten, der entsprechend der Höhe des Standpunktes eingestellt ist, mit D fest und führt unter ausschließlicher Verwendung der Triebe A und B die wandernde Marke des Entfernungs-

Abb. 430. Der Stereotachygraph von HUGERSHOFF

messers in der Weise, daß sie immer die Geländeoberfläche zu berühren scheint, so zeichnet der Bleistift eine Höhenschichtlinie auf.

Beim Raumbild wird im Gegensatz zum Einzelbild noch die Tiefe wahrgenommen, daher ist ein größerer Reichtum am Meßverfahren vorhanden. So kann die Rollettsche Leiter nach EPPENSTEIN (1916) ohne Bezifferung ausgeführt und in ihrer Längsrichtung so verschoben werden, daß die Beurteilung nach gleicher Entfernung immer an derselben Stelle des Gesichtsfeldes erfolgt; diese verhältnismäßig grobe Verschiebung gibt also das Maß der Entfernung. Man kann so durch entsprechende Abstände der Sprossen die Teilung verschiedenen Zwecken anpassen, insbesondere gleichmäßige Teilung für die Entfernung erzielen, wie sie in anderer Art bei dem Gerät nach Abb. 421 erreicht ist und wie sie noch auf andere allgemeiner verwendbare mechanische Arten erreicht werden kann, sei es, daß man den Wanderkeil als veränderlichen ausbildet und durch geeignete Steuerung die Ablenkung des Wanderkeiles mit zunehmenden Entfernungen so schwächt, daß die Teilung genügend gedehnt wird, sei es, daß man die Einstellung des Mikrometers mit ungleichförmiger Übersetzung auf die gegenseitige Verdrehung von Zeiger und Teilung überträgt, etwa indem man zwei Paare von logarithmischen Rädern (S. 362) hintereinanderschaltet. Eine weitere Meßart entspricht dem Halbbildentfernungsmesser mit fester Skala; die Leiter erstreckt sich parallel der Verbindungslinie der Augen und ist so angelegt, daß ihre Sprossen sämtlich in der gleichen Entfernung erscheinen, dafür sind aber die beiden Bilder des zu messenden Raumes von ungleicher Vergrößerung. Die Leiter ist gemäß den parallaktischen Unterschieden dieser Bilder bei den betreffenden Sprossen zu beziffern. Die Ebene der Raumbildmarken ist hier wie bei der mehrfachen flachen Wandermarke nach S. 397 die Grundebene, gegen die die Entfernung gemessen wird, wenn auch die Anzeige vom Gerät aus gerechnet werden muß.

Bei der folgenden, von PULFRICH 1903 angegebenen Meßart werden den Augen zwei Raumbilder des Zieles gleichzeitig dargeboten, das eine von gleicher Art wie bisher, während für die Erzeugung des anderen den Augen zwei gleiche Bilder des Zieles dargeboten werden, so daß dies Raumbild in einer Ebene, der Grundebene, liegt. Einen solchen Entfernungsmesser erhält man, wenn man einen Schnittbildentfernungsmesser durch ein Fernrohr ergänzt, dessen Eintrittsöffnung dicht über einer der Endöffnungen liegt (es sei diejenige, die das obere Halbbild liefert), und dessen Okular vor das andere Auge, es sei das linke, gebracht werden kann. Das obere Halbbild im rechten Gesichtsfeld stimmt also für den Meßzweck mit der oberen Hälfte des linken überein, da beide Bilder von demselben Standpunkt, von der kleinen Höhenversetzung abgesehen, aufgenommen sind. Dagegen ist das untere Halbbild rechts von einer anderen Endöffnung wie die untere Hälfte links geliefert. Oben hat man also die Grundebene und unten das zu messende Raumbild. Betätigt man die Meßwalze, so würde man bei Abdecken des linken Auges im rechten Gesichtsfeld die Halbbilder eines Zieles durch Querverschieben übereinander stellen, wie auf S. 385 beschrieben. Läßt man aber das linke Auge für das Zustandekommen des räumlichen Eindruckes mitwirken, so beobachtet man eine Verschiebung der Raumhalbbilder des Zieles gegeneinander nach der Tiefe. Die Genauigkeit ist bei der zweiten Beobachtungsart gegenüber der ersten nur insofern erhöht, als die besonderen Vorteile der Raumbildeinstellung (S. 398) zur Geltung kommen.

Man kann die doppelte Genauigkeit erreichen, wenn dem linken Auge zwei Halbbilder geboten werden, die bei der Nullstellung der Meßschraube die entgegengesetzte Versetzung zeigen wie für das rechte Auge. Man erreicht dies am einfachsten, wenn man wie S. 390 die verlorenen Strahlen benutzt, d.h. die Hälften der Bilder, die für das Gesichtsfeld des einen Okulars nicht gebraucht werden, in unveränderter gegenseitiger Lage durch geeignete optische Mittel dem anderen Okular zuführt. Aus Abb. 431,

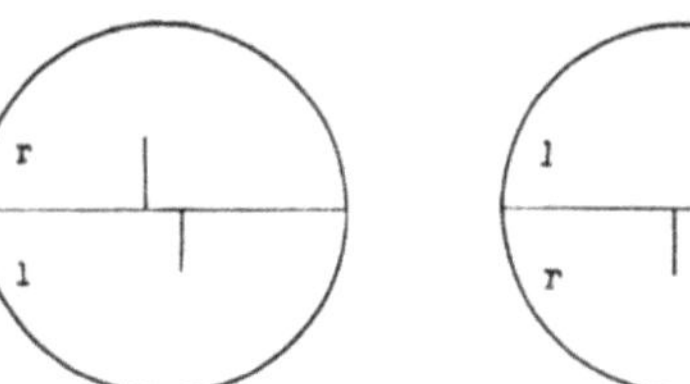

Abb. 431. Die Gesichtsfelder eines Raumbildentfernungsmessers mit verdoppelter Standlinie

wo bei jedem Halbbild eingeschrieben ist, von welchem Objektiv es stammt, erkennt man, daß die unteren Halbbilder ein tiefenrichtiges, die oberen ein tiefenverkehrtes Raumbild (S. 117) geben, daß also die totale Plastik bei den beiden Doppelfernrohren, die die Objektive mit den Okularen bilden, gleich aber entgegengesetzt ist. Bei der Messung werden wieder die Raumbilder in der Tiefenrichtung so lange verschoben, bis sie übereinander einstehen. Damit beim tiefenverkehrten Raumbild nicht mit auswärts gerichteten Augen beobachtet werden muß, sind hier die

Doppelfernrohre nicht wie sonst in Meßstellung ∞ auf Parallelität der optischen Achsen zu justieren, wo dem unendlich entfernten Ziele ein ebenso entferntes Raumbild entspricht, sondern so, daß dem Ziel in

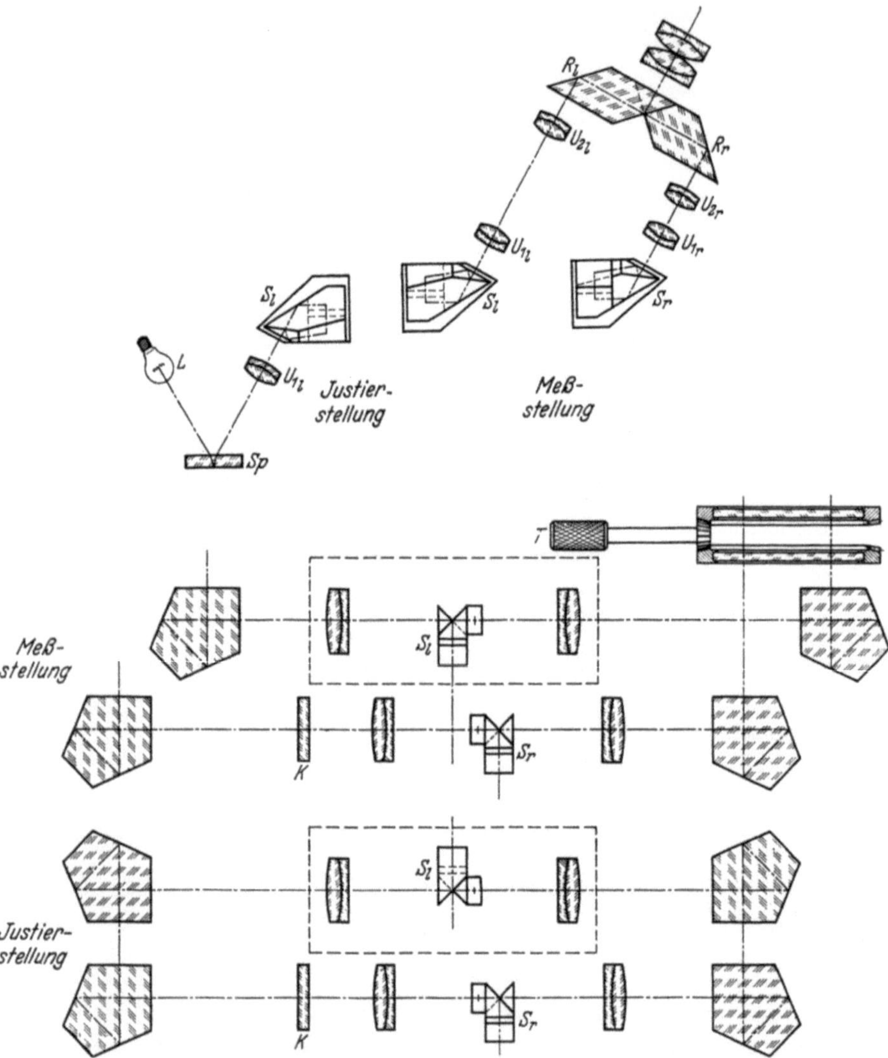

Abb. 432. Ein Raumbildentfernungsmesser mit verdoppelter Standlinie. Mitte: Schnitt in der Meßebene in der „Meßstellung". Oben: Schnitt senkrecht zur Meßebene in der Mitte des Gerätes. (Die linke, obere Teilabbildung zeigt die Orientierung des Scheideprismas in der Stellung, zur Justierung des Gerätes; beschrieben auf S. 422). Unten: Schnitt in der Meßebene in der „Justierstellung" (beschrieben auf S. 422)

kürzester meßbarer Entfernung ein unendlich entferntes tiefenverkehrtes Bild entspricht, dem unendlich entfernten Ziel also ein näher gelegenes

Raumbild. Statt des Schnittbildes empfiehlt sich auch hier das Kehrbild, da die ungewohnte, widersprechende, weil umgekehrte Tiefenfolge im höhenverkehrten Bilde weniger störend empfunden wird, daneben aber auch, wie bei den einfachen Kehrbildentfernungsmessern, weil es leichter ist, Spitzen und andere Umrißlinien des Zieles in den beiden Gesichtshälften in bezug auf Entfernung zu vergleichen als die ganz verschiedenen Zielteile des Schnittbildes.

Bei der Bauart eines solchen Entfernungsmessers mit „verdoppelter Standlinie", die in Abb. 432 dargestellt ist, sind zwei Kehrbildentfernungsmesser in demselben Gehäuse untergebracht. Diese Bauart wurde gewählt, um die vollkommene Justierung anwenden zu können, wie sie S. 422 beschrieben werden wird. Während im unteren Gesichtsfeld wie bei dem gewöhnlichen Raumbildentfernungsmesser das linke Bild vom linken Objektiv, das rechte vom rechten geliefert wird (Abb. 431), wird im oberen Gesichtsfeld das linke Bild vom rechten Objektiv und das rechte vom linken geliefert. Die Scheideprismen S_l und S_r (Abb. 432 oben) sind dieselben wie in Abb. 416; sie führen die Strahlen den terrestrischen Okularen mit den Umkehrlinsen $U_{1l}, U_{2l}, U_{1r}, U_{2r}$ und den rhombischen Prismen R_l und R_r zu, die zur Anpassung der Okulare an den Augenabstand um die Achsen von U_l und U_r drehbar sind. Für die Einstellung auf gleiche Entfernung der Zielbilder im oberen und unteren Feld wird das Drehkeilpaar mit dem Triebknopf T gedreht. Bei der Höhenjustierung sind drei verschiedene Einstellungen erforderlich. Es wird zunächst jeder Kehrbildentfernungsmesser für sich nach Höhe berichtigt, indem die Innenrohre gekippt werden. Dann ist aber im allgemeinen noch nicht erreicht, daß alle vier Bilder mit gleichen Teilen ihre Trennungslinie berühren. Dieser binokulare Restfehler wird beseitigt, indem die Endspiegel zugleich gleichviel in gleichem Sinne gekippt werden. Über die Einrichtung zur Justierung für die Entfernung s. S. 422.

§ 53. Einige allgemeine konstruktive Gesichtspunkte für Entfernungsmesser

Bei den bisher beschriebenen Einstandentfernungsmessern hängt die Meßgenauigkeit in starkem Maße davon ab, daß der parallaktische Winkel wenigstens über beschränkte Zeiträume konstant bleibt. (Eine Nachjustierung von Zeit zu Zeit — gegebenenfalls auch während des Einsatzes — ist ohnehin nicht zu vermeiden.) Die Konstanthaltung des parallaktischen Winkels erfordert besondere konstruktive Maßnahmen, deren Durchbildung einige Anstrengungen kostete. Auf einige konstruktive Gesichtspunkte soll kurz eingegangen werden.

Die Konstanz der Entfernungsjustierung, d. h. die Konstanz des parallaktischen Winkels hängt in starkem Maße davon ab, inwieweit die Winkel-(Penta-) Spiegel eines Entfernungsmessers einen konstanten

Ablenkungswinkel gewährleisten. Unter Winkelspiegeln sind dabei sowohl auf einer Grundplatte befestigte Oberflächenspiegel als auch Pentaprismen nach GULIER (Abb. 32) zu verstehen. (Vgl. § 5.) Nach § 5 ist die Ablenkung eines Winkelspiegels konstant, wenn der Winkelspiegel um eine Achse senkrecht zum Hauptschnitt des Winkelspiegels, d. h. senkrecht zur Meßebene des Entfernungsmessers gedreht wird. Diese Konstanz der Ablenkung ist jedoch nicht mehr gewährleistet, wenn die Drehung des Winkelspiegels um eine Achse erfolgt, die *nicht* senkrecht zum Hauptschnitt steht. Wird der Winkelspiegel z. B. um eine Achse gekippt, die in dem Hauptschnitt liegt und senkrecht auf der Basis des Entfernungsmessers steht, und beträgt der Kippwinkel ε, dann wird der Ablenkungswinkel des Winkelspiegels und damit auch der parallaktische Winkel um $\Delta\eta$ verringert, wobei gilt:

$$\sin \Delta\eta = \sin^2 \varepsilon \qquad (53.1)$$

(Vgl. N. GÜNTHER, „Ablenkungseigenschaften von Winkelspiegeln", Optik **2**, S. 382 (1947). Eine Verkippung der Winkelspiegel in dem soeben beschriebenen Sinne tritt ein, wenn das Rohr des Entfernungsmessers durch Sonneneinstrahlung von oben sich einseitig erwärmt und sich durchbiegt. Da in diesem Falle beide Winkelspiegel gekippt werden, ergibt sich eine Änderung des parallaktischen Winkels um $2\Delta\eta$ nach Gl. (53.1). Für $\varepsilon = 10'$ ist $2\Delta\eta = 1,75''$: Eine Kompensation dieses Fehlers ist nicht möglich. Man kann ihn klein halten, wenn man durch geeignete Rohrkonstruktion die Durchbiegung klein hält und nach Möglichkeit durch geeignete Aufstellung eine einseitige Einstrahlung abschirmt. Im übrigen stört dieser Fehler in erster Linie bei Geräten mit langer Basis (4 bis 6 m), die durch das Radarverfahren heute nahezu verdrängt sind. Bei den heute hauptsächlich verwendeten Entfernungsmessern mit Basen bis etwa 1,5 m hat der beschriebene Fehler geringere Bedeutung. Darauf hingewiesen sei noch, daß die Verkippung des Winkelspiegels eine Bildverdrehung und — wenn die Verkippungsbeträge des rechten und linken Winkelspiegels voneinander verschieden sind — einen Höhenfehler zur Folge hat. Höhenfehler werden im Betrieb berichtigt (s. u.), während eine Bildverdrehung das Meßergebnis beeinflußt.

Bisher wurde vorausgesetzt, daß Winkelspiegel im Hauptschnitt unverändert ablenken. Das läßt sich aber für längere Zeit nicht erreichen da die Form des Spiegelträgers, als der auch der Glaskörper des Prismas anzusehen ist, sich durch elastische Nachwirkung und durch ungleiche Erwärmung infolge von Temperaturschwankungen ändert. Die Form des Prismas hängt nicht nur von den äußeren Verhältnissen, sondern auch von seiner Vorgeschichte ab. Ein guter Schutz gegen äußere Einflüsse verlangsamt die Veränderungen nur. Wird in der den Pentaspiegel tragenden Grundplatte mit einem Ausdehnungskoeffizienten $\alpha = 0{,}000012$ der Abstand der nahen Spiegelenden mit a, der der entfernten mit b und der Abstand von a und b mit c bezeichnet, so ist bei gleichmäßigem Temperaturabfall von a nach b um Δt die Winkeländerung des Pentaspiegels $\alpha \Delta t\,(a + b) : c$; also für $\Delta t = 1^0$ etwa 4,8''. Man sucht der Veränderung dadurch entgegenzuwirken, daß man für Spannungsfreiheit von Werkstoff und Lagerung und für guten Wärmeschutz sorgt. Von Einfluß sind ferner die thermischen Eigenschaften des Werkstoffes. Die Formänderung nach einer bestimmten Zeit ist der Ausdehnung, Dichte und spezifischen Wärme des Stoffes proportional, der Wärmeleitfähigkeit umgekehrt proportional (s. auch S. 300); bei Quarz ist sie geringer als bei Glas. Man ist bei größeren Entfernungsmessern gewöhnlicher Bauart immer mehr dazu übergegangen, die Pentaprismen durch Winkelspiegel aus Quarz zu ersetzen. Es waren große Schwierigkeiten zu überwinden, um deren Bauart so zu gestalten, daß der Winkel genügend unveränderlich bleibt.

Eine einseitige Erwärmung des Entfernungsmessers, dessen Innenräume normalerweise Luft enthalten, hat auch die Ausbildung eines Temperaturgefälles im Rohrinneren zur Folge. Bedingt durch die Einflüsse von Wärmeleitung und Konvektion im eingeschlossenen Luftvolumen bildet sich unter Einwirkung der Schwerkraft ein Gleichgewichtszustand aus, dessen Temperaturverteilung man in grober Näherung als zylindersymmetrisch bezeichnen kann. Die Zylinderachse ist dabei in Richtung der Schwerkraft in den unteren Rohrteil, also unter die Rohrachse in die Nähe der Rohrwand verschoben. Für eine praktische Erörterung genügt es, einen linearen Temperaturabfall von oben nach unten in lotrechter Richtung anzunehmen. Diesem Temperaturgradienten entspricht ein Gradient der Brechzahl und dieser wiederum bewirkt, daß ein in der Gerätemitte achsenparalleler Strahl bei seinem Austritt aus dem Rohr nach unten abgelenkt wird. Die Strahlablenkung $\Delta \eta$ beträgt:

$$\Delta \eta = \beta \cdot \frac{d\,T}{d\,y} \cdot l \qquad (53.2)$$

darin bedeutet β den Temperaturgradienten der Brechzahl. $\frac{d\,T}{d\,y}$ ist der örtliche Temperaturgradient in lotrechter Richtung, l die Rohrlänge. Mit $\beta = -1{,}1 \cdot 10^{-6}$ (pro Grad) und einem örtlichen Temperaturgradienten $\frac{d\,T}{d\,y} = \frac{1}{30}$ Grad/mm ergibt sich bei einer Rohrlänge von 1000 mm $\Delta \eta \approx 7''$.

Um diesen Meßfehler zu vermeiden, wurde von Barr und Stroud vorgeschlagen, die Geräte luftleer zu machen. Diese Maßnahme stellt hohe Anforderungen an die Dichtigkeit. Eine erhebliche Verminderung des Refraktionseinflusses ergibt sich — wie rechnerische und experimentelle Untersuchungen gezeigt haben —, wenn das Innere des Entfernungsmessers mit einem Gas gefüllt wird, für das der Quotient $\dfrac{n-1}{\lambda}$ (n: Brechzahl, λ: Wärmeleitfähigkeit) möglichst klein ist. Am geeignetsten hierfür ist Helium. Es wurde in Deutschland bis zum Ende des zweiten Weltkrieges für die Füllung großer Entfernungsmesser verwendet. Mit einer solchen Füllung wird der Ablenkungsfehler infolge von Refraktion auf rund $^1/_{50}$ des Wertes eines luftgefüllten Gerätes herabgesetzt. Eine weitere Herabsetzung des Refraktionseinflusses erreicht man durch Verwendung von Werkstoffen mit guter Wärmeleitfähigkeit für die Rohre. Besonders günstig sind Rohrwandungen, die aus aufeinanderfolgenden Schichten mit abwechselnd guter und schlechter Wärmeleitfähigkeit bestehen. Zu bemerken ist noch, daß der Meßfehler infolge von Refraktion sich in erster Linie auswirkt, wenn in vertikaler Richtung gemessen wird, also vorwiegend bei Flugzielen. Bei Messung in horizontaler Richtung kann der Refraktionseinfluß meistens vernachlässigt werden.

§ 54. Die Raumbildentfernungsmesser unempfindlicher Bauart

Die bisher in den §§ 51 und 52 behandelten Einstandentfernungsmesser sind zwar auch heute noch in Gebrauch, werden in neuerer Zeit jedoch immer mehr durch die Raumbildentfernungsmesser „unempfindlicher Bauart" verdrängt. Bei den bisher beschriebenen Geräten ist die abgelesene Entfernung — im Rahmen der in §§ 50 erörterten Genauigkeitsgrenze — nur dann richtig, wenn keine mechanischen Veränderungen (z. B. Verbiegung des Innenrohres) erfolgen, die die durch Objektiv und Marke bestimmte Visierlinse ändern (vgl. § 52). Die bisher beschriebenen Geräte müssen daher — auch während des Einsatzes — von Zeit zu Zeit nachjustiert werden. Wenn auch die in § 56 behandelten Justiergeräte zu hoher Vollkommenheit entwickelt wurden, so bedeutet doch die Anfälligkeit gegen Justierungsänderung und die Unbequemlichkeit der Nachjustierung im Einsatz einen erheblichen Nachteil der gewöhnlichen Entfernungsmesser. Dieser Nachteil wird bei den nun zu behandelnden Raumbildentfernungsmessern unempfindlicher Bauart vermieden.

Für die eine von EPPENSTEIN 1907 angegebene Bauart ist ein gegensichtiges oder biaxiales Fernrohr (Abb. 433) wesentlich, wie es mit umsteckbarem Okular schon 1772 von BRANDER angegeben wurde. Die feste Lage der beiden Visierlinien zueinander wird bei diesem Fernrohr dadurch erreicht, daß die beiden Richtfernrohre ineinander gelegt sind, indem die Objektive im Abstand ihrer Brennweite angeordnet sind und die zu jedem Objektiv gehörige Marke sich auf dem anderen befindet. Die Querverschiebung eines Objektives, wodurch bei dem einen Fernrohr das Objektiv, bei dem anderen die Marke verschoben wird, ändert die beiden Visierlinien in der gleichen Weise. Es tritt keine Änderung ein, solange sich die Marken gegen den hinteren Hauptpunkt des sie tragenden

Objektives nicht verschieben; sie müssen also möglichst nahe in diese Hauptebenen gelegt werden. Abb. 434 zeigt einen Entfernungsmesser mit fester Skala. S_l, S_r sind die Endspiegel, K ist ein Berichtigungskeil. Innerhalb der Objektive O_r und O_l befinden sich Glasplatten G_l und G_r als Träger der Prismen P_l und P_r und der Markenplatten M_l und M_r, die in

Abb. 433. Ein biaxiales Fernrohr mit umsteckbarem Okular

den hinteren Hauptebenen der Objektive liegen. Die weiteren Prismen C_l, C_r, D_l, D_r, R_l, R_r führen die Strahlen den Okularen O_l' und O_r' für schrägen Einblick zu, die Umkehrlinsen U_l und U_r entwerfen ein umgekehrtes Bild der Markenplatten und der in ihnen entstehenden von den

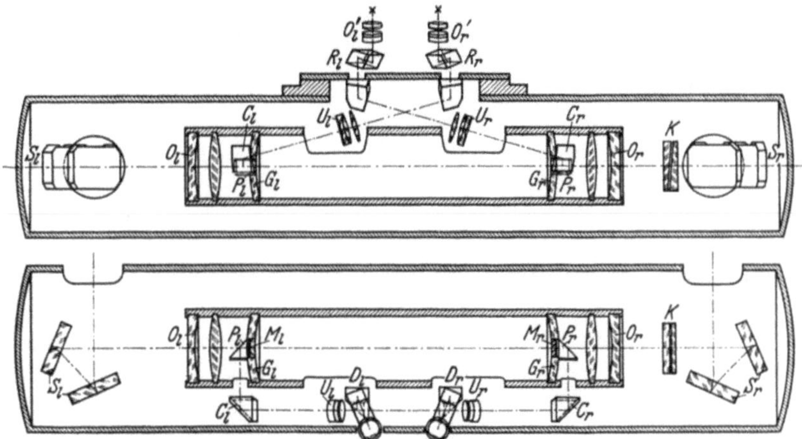

Abb. 434. Ein Raumbildentfernungsmesser unempfindlicher Bauart mit biaxialem Fernrohr

Objektiven entworfenen Bilder. Der Strahlengang ist überkreuzt, damit das rechte bzw. linke Okular das vom rechten bzw. linken Objektiv entworfene Bild erhält.

Eine zweite unempfindliche Bauart beruht auf der Zuspiegelung von Markenbildern. Abb. 435 zeigt die optische Anordnung für feste Skala bei der Verwendung eines biaxialen Kollimators. Die von dem Kollimator ausgesandten Strahlen werden den vom Ziel ausgesandten zugespiegelt. Schon MACH hatte 1866 statt der reellen Marken zugespiegelte Bilder von Marken für die Raumbildmessung vorgeschlagen. Die Objektive O_l und O_r befinden sich im Abstand ihrer Brennweite, so daß die auf ihnen befindlichen Marken im Unendlichen abgebildet werden. Durch die kleinen Endpentaprismen p_l und p_r werden die abbildenden Strahlen um 90° abgelenkt; die so verlegten Markenbilder erscheinen durch den Entfernungsmesser gesehen als eine Raumbildskala im Zielraum, da an den Prismen p_l und p_r vorbei auch Strahlen, die vom Ziel ausgehen, in das Entfernungsmesserdoppelfernrohr gelangen. Lagenänderungen von dessen Teilen haben auf die Justierung des Entfernungsmessers keinen Einfluß, da sie nur Skalenbild und Zielbild gemeinsam, aber nicht gegeneinander verschieben. Das Doppelfernrohr hat daher nur einfache Endprismen, die zusammen mit den Pentadachprismen vor den Okularen das umgekehrte, von den Objektiven dieses Fernrohres entworfene Bild wiederaufrichten wie in Abb. 206. Das eben beschriebene Prinzip des Raumbildentfernungsmessers unempfindlicher Bauart ist im zweiten Welt-

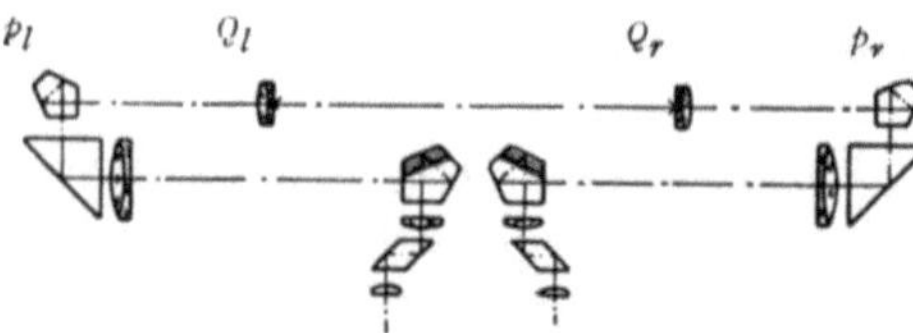

Abb. 435. Ein Raumbildentfernungsmesser unempfindlicher Bauart mit biaxialem Kollimator

kriege mehrfach angewendet worden. Die Anwendung erfolgte sowohl für große Marinegeräte (Entfernungsmesser „Disos" mit Basen bis zu 6 m) als auch für kleine Infanterie-Entfernungsmesser. Besonders hingewiesen werde auf den in großen Stückzahlen im Deutschen Heer eingeführten zusammenlegbaren Entfernungsmesser nach Abb. 436. (Disvau der Firma Zeiss). Der äußere Aufbau des Gerätes ähnelt einem Scherenfernrohr. Diese Konstruktion ist nur durch die Anwendung der „unempfindlichen Bauart" ermöglicht, da bei einem gewöhnlichen Raumbildentfernungsmesser die schwenkbaren Arme wegen der unvermeidlichen mechanischen Lose einen viel zu großen Entfernungsmeßfehler bewirken würden. Der optische Aufbau entspricht im übrigen Abb. 435. Die Kollomatorobjektive Q_l und Q_r befinden sich an den einander zugewandten Innenseiten der Ausblickköpfe. Die Basis des Gerätes beträgt 0,8 m, die Vergrößerung $\Gamma = 15$fach und der theoretische Mindestfehler $= 4$ m bei $E = 1000$ m.

Eine dritte „unempfindliche Bauart" wurde von Cl. Münster angegeben und von N. Günther weiterentwickelt. Es ist der koaxiale unempfindliche Entfernungsmesser (Diskoa der Firma Zeiss), von dem in Abb. 437 und 438 zwei Ausführungsformen im Prinzip wiedergegeben sind. Das Objektiv des Meßfernrohres ist hier gleichzeitig das Kollimatorobjektiv für die Markeneinspiegelung. Die Marken befinden sich in den hinteren Hauptpunkten der Objektive O_l und O_r. Im Abstand der halben Brennweite befindet sich eine teildurchlässige Spiegelschicht (Sl_1 und Sl_2), zweckmäßigerweise bringt man diese teildurchlässige Spiegelschicht an der Fläche eines nachfolgenden optischen Elementes an, wenn diese als Planfläche ausgebildet werden kann. Dadurch, daß sich diese teildurchlässig verspiegelte Planfläche im Abstand der halben Brennweite vom hinteren Hauptpunkt des Objektives befindet, wird das Markenbild nach unendlich, also

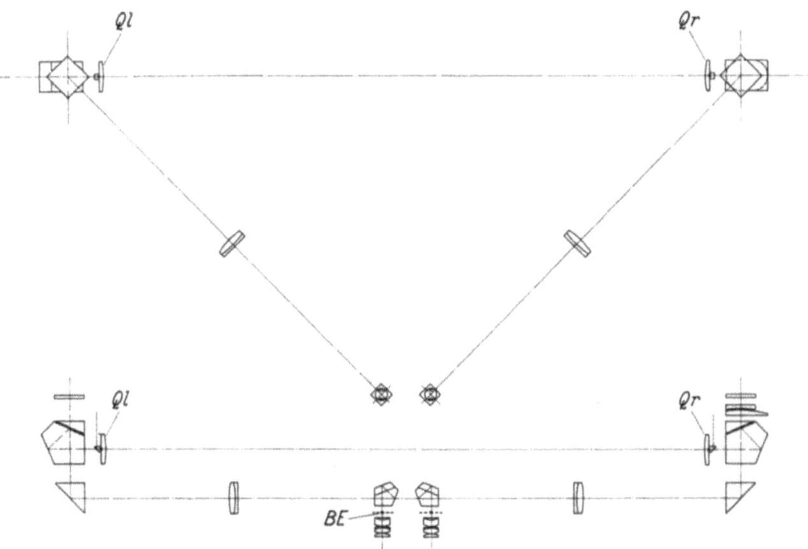

Abb. 436a. Optische Anordnung eines zusammenklappbaren Entfernungsmessers unempfindlicher Bauart für Infanterie (Disvau) Basis 0,8 m, $\Gamma = 15\times$

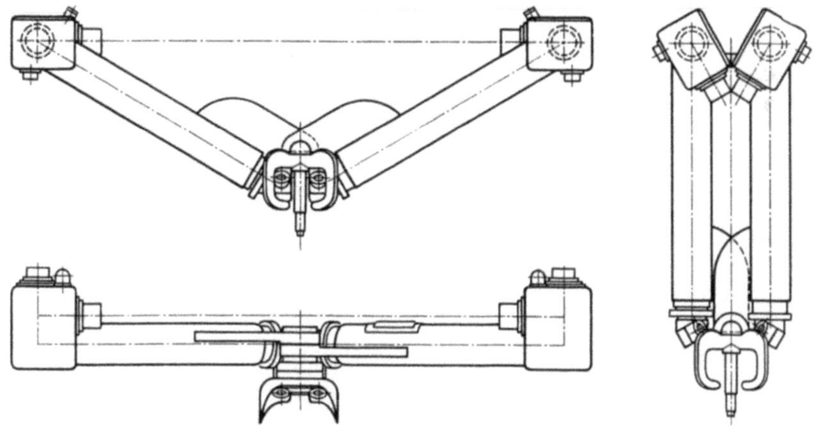

Abb. 436b. Ansicht des zusammenklappbaren Entfernungsmessers nach Abb. 436a

auf das Ziel zu abgebildet. Die Ausblickprismen besitzen ebenfalls eine teildurchlässige Spiegelschicht, so daß ein Teil von dem Parallelstrahlenbündel, das die Marke nach unendlich abbildet, wieder zurück in den Fernrohrstrahlengang hineingespiegelt wird. Die Marke erscheint also gleichzeitig mit dem Zielbild in der Fernrohrbildebene *BE* scharf. (In den beiden in Abb. 437 und 438 dargestellten Ausführungsformen sind noch Zwischenabbildungssysteme vorgesehen, um bei gegebener Objektivbrennweite und gegebener Basislänge eine bestimmte Baulänge — gegeben durch militärtechnische Anforderungen — zu erzielen.) Diese Anordnung

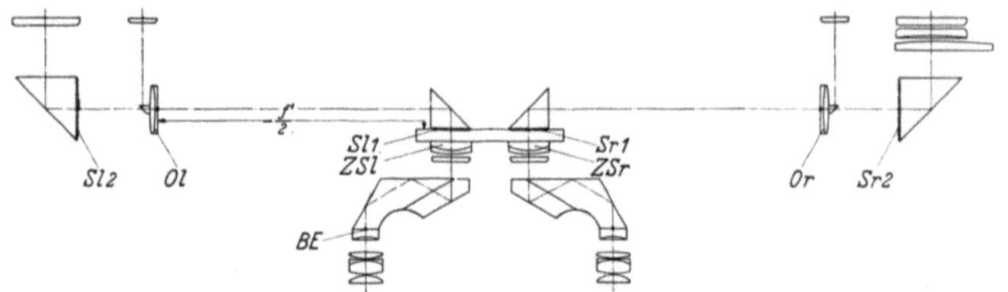

Abb. 437. Koaxialer Entfernungsmesser unempfindlicher Bauart

ist ebenso wie die beiden vorher beschriebenen unempfindlich gegen Lagenänderungen der Ausblickprismen und gegen Verbiegungen des Rohres. Man erkennt aus Abb. 437 und 438, daß die Veränderung der Ziellinien

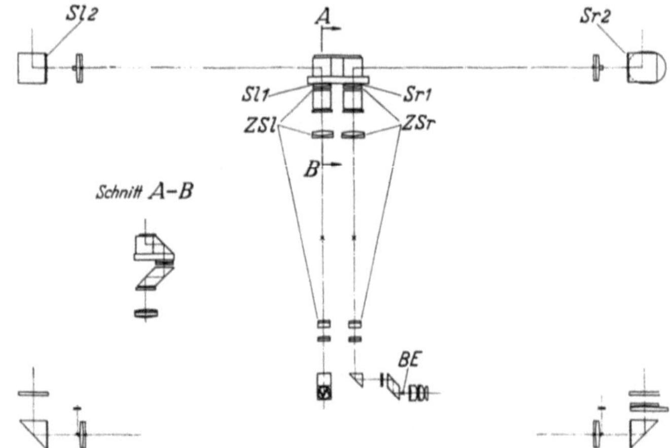

Abb. 438. Koaxialer Entfernungsmesser unempfindlicher Bauart mit herabgeführten Okularen

durch eine Verdrehung der Ausblickprismen sich im gleichen Sinne auf Zielbild und auf das Markenbild auswirkt, so daß dadurch der parallaktische Winkel nicht beeinflußt wird. Eine seitliche Verschiebung der Objektive ist ohne Einfluß auf die Richtung des Meßmarkenstrahlenganges, da ja eine Dezentrierung gegenüber einer Planfläche nicht eintreten kann. Eine Beeinflussung des gemischten Strahlenganges (bestehend aus Zielbildstrahlengang und Meßmarkenstrahlengang) ist aber ebenfalls ohne Einfluß auf die Meßgenauigkeit, da er im gleichen Sinne auf Zielbild und Markenbild einwirkt. Kippungen des Objektives wirken sich ebenfalls im Zielbildstrahlengang und Meßmarkenstrahlengang aus und sind ohne Wirkung auf die Entfernungsmessung. Ein Nachteil der koaxialen unempfindlichen Entfernungsmesser ist der Lichtverlust infolge der mehrfachen Spiegelungen an teildurchlässigen Flächen. Bei Beobachtung am Tage, wenn für das Markenbild eine größere Helligkeit als für das Zielbild verlangt wird, erhält man einen resultierenden Durchlaßgrad für die Zielabbildung von etwa 20—30%. Für die Tagesbeobachtung stört das nicht. Bei der Nachtbeobachtung sind die lichttechnischen Verhältnisse indes günstiger, da man bei Nacht mit künstlich beleuchteten Marken arbeiten muß und infolgedessen mit anderen Durchlässigkeitsverhältnissen an den teilverspiegelten Flächen arbeiten kann, so daß der größere Lichtanteil für das Zielbild zur Verfügung steht und nur ein geringer Anteil der Gesamtlichtenergie für die Markenabbildung verwendet wird. Für die Nachtbeobachtung kommt man so zu Durchlaßgraden für das Zielbild von etwa 60%, was, wie Versuche gezeigt haben, ausreicht. In der Praxis sind daher die unempfindlichen koaxialen Entfernungsmesser mit umschaltbaren Spiegeln Sl_2 und Sr_2 ausgerüstet, um die Energieverteilung zwischen Meßmarkenstrahlen und Zielbildstrahlen für Nacht- und Tagbeobachtung wahlweise einstellen zu können. Der Wegfall der Kollimatorobjektive und die dadurch bedingte Verringerung der Abmessungen der Ausblickköpfe und des Querrohres der koachsialen unempfindlichen Entfernungsmesser bedeutet einen so großen konstruktiven Vorteil, daß die Unbequemlichkeit bei Tag- und Nachtbeobachtung verschieden stark wirksame Spiegelschichten einschalten zu müssen, in Kauf genommen wird. Die Anordnung nach Abb. 437 stellt einen derartigen Entfernungsmesser mit dem üblichen horizontal gestreckten Aufbau dar. Die Zwischensysteme ZS_l und ZS_r haben sammelnde Brechkraft, verkürzen also die Brennweite der Objektive. Die Basis beträgt 0,5 m, die Vergrößerung $\Gamma = 8 \times$, der theoretische Mindestfehler: 12,5 m bei $E = 1000$ m. Abb. 438 zeigt das gleiche Prinzip für einen Entfernungsmesser mit herabgeführten Okularen. Das erste Glied der Zwischenabbildungssysteme ZS_l und ZS_r hat negative Brechkraft und bildet mit dem Objektiv zusammen ein Galileisches Fernrohr. Das Strahlenbündel für Zielbild und Meßmarke tritt also hinter diesem System als Parallelstrahlenbündel aus, die nachfolgenden Glieder des Zwischenabbildungssystems bewirken eine reelle Abbildung in der Bildebene BE. Diese Anordnung ist gewählt worden, um eine große Baulänge zu erzielen. Das ist erforderlich für Geräte mit periskopartigem Aufbau, die in der modernen Wehrtechnik (vorwiegend Beobachtungen aus strahlengeschützten Bunkern) immer größere Bedeutung gewinnen. Abschließend sei noch darauf hingewiesen, daß die Entfernungsmesser unempfindlicher Bauart zwar Meßfehler von Dejustierungen im Fernrohr- und Kollimatorstrahlengang vermeiden, daß sie hingegen nicht unempfindlich sind gegenüber den in § 53 beschriebenen Ablenkungsfehlern der Winkelspiegel und der Luftrefraktion.

§ 55. Die Messung von Entfernungsdifferenzen

Für das Einschießen ist es wichtig, den Entfernungsunterschied zwischen Sprengwolke und Ziel genau zu kennen. Man kann zu dem Zweck in den Entfernungsmesser sowohl rechts als links ein Mikrometer einbauen, wobei das erste nur betätigt werden kann, wenn das zweite in der Nullstellung ist. Mit dem ersten wird dann der parallaktische Winkel η des Zieles gemessen, mit dem zweiten wird der parallaktische Winkel um so viel, $\varDelta\eta$ verändert, daß er dem Sprengpunkt entspricht. Mit einem geeigneten Mechanismus erhält man aus diesen gemessenen Größen und der Standlinie b den Entfernungsunterschied $\varDelta E$ angezeigt, und zwar nach der Formel $\varDelta E = E^2 \varDelta\eta : b$. Die Messung des Entfernungsunterschiedes wird erleichtert, wenn ein besonderes Gerät mit einem besonderen Meßmann für die Zielentfernung vorhanden ist und die gemessene Entfernung von diesem Gerät auf das für die Messung des Entfernungsunterschiedes laufend übertragen wird, so daß der Meßmann für dieses Gerät nur den Entfernungsunterschied einzustellen hat. Zweckmäßig bringt man beide Geräte in einem Gehäuse unter. Beide Geräte können die Objektive und die Endprismen gemeinsam haben, indem die Scheideprismen für die Benutzung der verlorenen Strahlen (S. 390) eingerichtet werden.

Sind zwei gewöhnliche Raumbildentfernungsmesser mit gleicher Standlinie so miteinander verbunden, daß der eine sein Raumbild in der oberen Hälfte des Gesichtsfeldes, der andere in der unteren erzeugt, so daß im linken Okular die Bilder von den linken Objektiven, im rechten die von den rechten entstehen, und ist der Entfernungsmesser in der Höhe so gerichtet, daß das Ziel in der einen Hälfte des Gesichtsfeldes, der Sprengpunkt in der anderen erscheint, so kann man mit einem Mikrometer das Raumbild des Sprengpunktes oder des Zieles in die Tiefe wandern lassen, bis das Ziel und der Sprengpunkt in der gleichen Entfernung erscheinen; das Mikrometer mißt dabei $\varDelta\eta$. Mit einem weiteren Mikrometer können die beiden Bilder des Sprengpunktes so verschoben werden, daß die seitliche Versetzung gegen die Bilder des Zieles nur gering ist und daher genauer gemessen werden kann. Da $\varDelta\eta$ unmittelbar gemessen wird und nicht aus den beiden Messungen von η für das Ziel und den Sprengpunkt abgeleitet wird, geht hier der Meßfehler in $\varDelta\eta$ nur einfach ein; außerdem sind bei Zielen in rascher Bewegung Fehler vermieden, die dadurch entstehen, daß η für das Ziel und den Sprengpunkt nicht gleichzeitig gemessen wird.

§ 56. Die Justiereinrichtungen der Einstandentfernungsmesser

a) Die Justierverfahren mit einfacher Messung. Für die Justierung (Berichtigung, Abstimmung) braucht man Ziele in bekannter Entfernung oder deren Ersatz. Bei zweckmäßiger Bauart zeigt der Entfernungsmesser alle Entfernungen richtig an, wenn er nur eine richtig anzeigt. Die Gestirne können als unendlich entfernt angesehen werden, sie sind aber oft nicht sichtbar. Für kleinere Entfernungsmesser kann auf dem Lande die Entfernung irdischer Ziele vielfach genügend genau aus der Karte entnommen werden; da kürzere Entfernungen im quadratischen Verhältnis genauer bekannt sein müssen, wählt man die Entfernung des Justierzieles genügend groß.

Mit einer Einrichtung, die in die Eintrittsfenster des Entfernungsmessers zwei Strahlenbündel von bekanntem, nicht zu großem Richtungsunterschied in der Meßebene eintreten läßt, verschafft man sich ein künstliches, jederzeit verfügbares Justierziel, dessen Entfernung durch den Richtungsunterschied bestimmt ist. Das einfachste Mittel ist die Justierlatte nach BARR und STROUD (1888), die zwei gewöhnlich gleiche Marken im Abstande der Standlinie trägt. Sie wird parallel zur Standlinie in naher Entfernung aufgestellt, so daß die eine Marke dem einen, die andere dem anderen Eintrittsfenster als Ziel geboten wird; die beiden Marken wirken dann wie ein einheitliches Ziel in der Entfernung ∞; Abb. 439 zeigt, wie die Einstellung auf ein solches Ziel im Gesichtsfeld eines Kehrbildentfernungsmessers erscheint. Die Latte trägt ein Visier, etwa ein Richtglas (S. 206), mit dem sie senkrecht zur Meßrichtung gestellt wird; sie soll auch parallel zur Scheidekante erscheinen. Dieselbe Latte soll für alle Entfernungsmesser der gleichen Standlinie brauchbar sein.

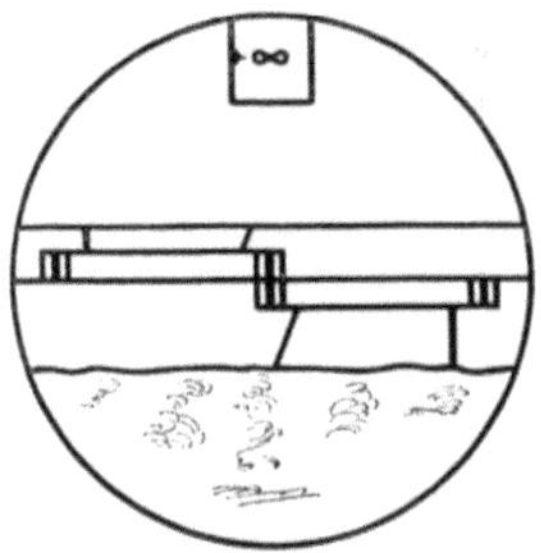

Abb. 439.
Das Bild bei der Lattenjustierung
im Kehrbildentfernungsmesser

Zwischen Entfernungsmesser und Latte muß ein Mindestabstand E_m eingehalten werden. Dieser ist teils durch die Wärmeausdehnung, teils durch die Forderung nach geringer Parallaxe zwischen Lattenbild und Meßmarke (insbesondere bei Raumbildgeräten) gegeben. Einem Winkelfehler von $10''$ auf der Augenseite entspricht $E_m = 20\,600\,\Gamma b\,\alpha\,\Delta T$. ($\Delta T$: Temperaturdifferenz zwischen Latte und Gerät; α: Ausdehnungskoeffizient, für beide gleich; b: Basis.) Für die Berücksichtigung der Parallaxe gilt Gl. (22.3). Mit $\xi' = 0,7'$ (Erfahrungswert) wird aus (22.3): $E_m[\mathrm{m}] = 2,5\,\Gamma D[\mathrm{mm}]$. Kann der Mindestabstand (Größenordnung ≈ 100 m) nicht eingehalten werden, dann bildet man die Lattenmarken mit Kollimatoren ins Unendliche ab. — Bei Raumbildgeräten kann man anstelle dessen auch besondere Hilfsmarken in einer zweiten, dem Lattenbild entsprechenden Bildebene anbringen.

Die Justierlatten sind gewöhnlich mit Füßen zum Aufstellen ausgerüstet; größere können als Klapp- oder Stecklatten ausgebildet sein, da sie sich so bequemer transportieren lassen; bei senkrechter Anordnung können die Markenplatten auch durch Ketten verbunden sein.

Für die Justierung in der Werkstatt reichen diese einfachen Justierverfahren aus. Einer der in § 54 behandelten Entfernungsmesser unempfindlicher Bauart, der einmal mit einer solchen Justiereinrichtung justiert wurde, soll ja diese Justierung auch behalten und die Entfernung immer richtig anzeigen. Für die unempfindlichen Entfernungsmesser erübrigen sich also besondere Justiereinrichtungen, die auch im Einsatz anwendbar sind und bequemer zu handhaben sind als die bisher beschriebenen, vorwiegend für die Werkstatt geeigneten Justiermittel. Anders jedoch ist es bei den gewöhnlichen Entfernungsmessern, bei denen bereits geringe mechanische Veränderungen einen bedeutenden Einfluß auf die Entfernungsanzeige haben. Wie oben bereits erwähnt, müssen diese Entfernungsmesser auch während des Einsatzes häufig nachjustiert werden. Dazu sind die oben beschriebenen einfachen Justierlatten, die in relativ großer Entfernung vom Entfernungsmesser aufgestellt werden müssen, natürlich zu unhandlich (man denke z. B. an den Einsatz auf Schiffen). Es sind daher mehrere Justiereinrichtungen bekannt geworden, die während des Betriebes eingeschaltet werden können und mit dem Entfernungsmesser in der Regel zu einer Baueinheit vereinigt sind. Da die gewöhnlichen Entfernungsmesser noch weit verbreitet sind, wollen wir auf diese speziellen Justiereinrichtungen ausführlich eingehen.

Statt eines natürlichen Zieles verwendet man bei den Justieranordnungen meist einen Kollimator, da durch scharfe Marken von geeigneter Form die Einstellgenauigkeit verbessert wird. Wenn nach Abb. 440 das eine, linke Fernrohr des Entfernungsmessers selbst als Kollimator eingerichtet ist, indem die Marke m und das Objektiv O als solcher wirken,

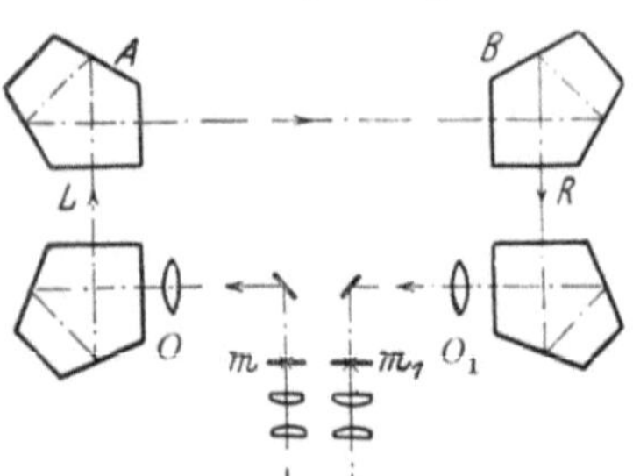

Abb. 440. Die kreisläufige Justieranordnung

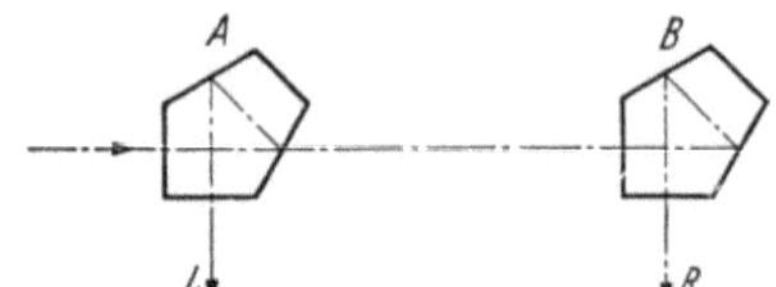

Abb. 441. Die gleichläufige Justieranordnung

und die Strahlen nach Ablenkung um 180° durch die Pentaprismen A und B in das andere, rechte Fernrohr mit Objektiv O_1 geworfen werden, auf dessen Marke m_1 die des Kollimators einzustehen hat, so hat man eine Justieranordnung, die als kreisläufige bezeichnet werden mag. Diese Form der eingebauten Justiereinrichtung wurde zuerst erfunden, und zwar 1893 von ABBE, der den Entfernungsmesser von GROUSILLIERS damit ausrüstete. ABBEs Erfindung war grundlegend; später folgten die gleichläufige und die gegenläufige Anordnung. Bei der ersten (Abb. 441) wird ein Teil der Strahlen eines Fernzieles oder eines Kollimators durch das Pentaprisma A in die linke, der andere durch das Pentaprisma B in das rechte Objektiv des Entfernungsmessers gelenkt. Die Justieranordnung liefert so ein Fernzielraumbild, für das mit dem Entfernungsmesser die Entfernung ∞ gemessen werden muß, andernfalls ist zu berichtigen.

Ein Fernziel liefert auch die gegenläufige Anordnung (Abb. 442), bei der ein biaxialer Kollimator (S. 409) mit den Marken m_r und m_l auf den Objektiven l und r verwandt wird, der in gleicher und entgegengesetzter Richtung dem einen und dem anderen Pentaprisma L und R parallele

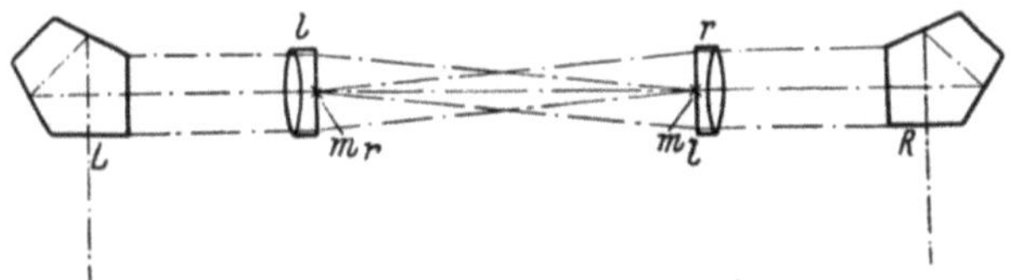

Abb. 442. Die gegenläufige Justieranordnung

Strahlenbündel zuführt, die nach Reflexion an diesen Prismen das Fernziel liefern. Die letzten beiden Anordnungen können als abgetrenntes Justierrohr zur Berichtigung mehrerer Entfernungsmesser der gleichen Standlinie dienen.

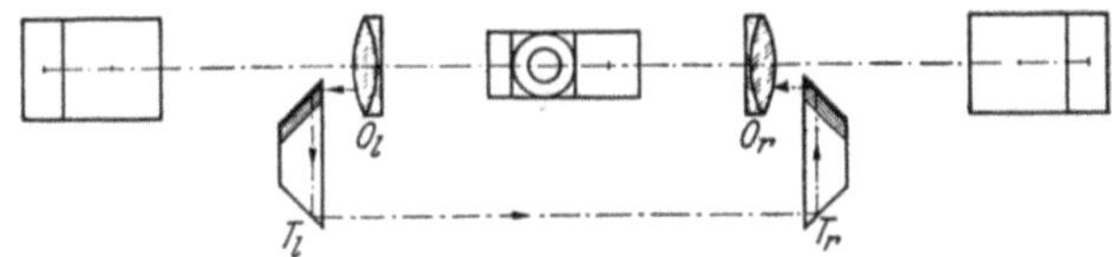

Abb. 443. Eine kreisläufige Anordnung für Innenjustierung

Nicht eingebürgert haben sich die sog. Innenjustierung (1907) und die Keiljustierung (1917). Bei der ersten Art werden die Endpentaprismen des Entfernungsmessers nicht in die Justierung einbezogen. Abb. 443 zeigt die kreisläufige Anordnung, wo wieder das eine Fernrohr des Entfernungsmessers mit Objektiv O_l als Kollimator dient; die Strahlen werden von dem einen Objektiv O_l zu dem anderen

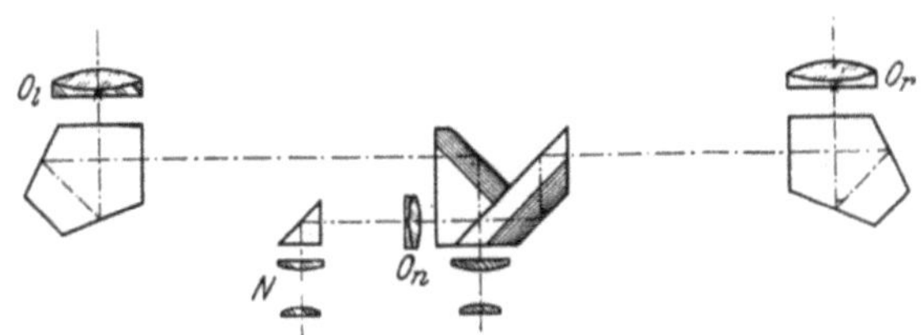

Abb. 444. Wilds Anordnung bei Innenjustierung mit Objektivmarken

O_r des Entfernungsmessers durch zwei einschaltbare Tripelprismen T_l und T_r (S. 43) übergeführt. Bei der Innenjustierung von WILD (Abb. 444) werden Marken auf den Mitten der Objektive O_l und O_r angebracht und mit den verlorenen Strahlen (S. 390) durch ein drittes Objektiv O_n in einem Nebenokular N abgebildet; es wird berichtigt, indem man die Markenbilder zusammenbringt. Bei der zweiten Art, die von BARR und STROUD angegeben wurde, befindet sich nach Abb. 445 in bestimmtem Abstand vor dem Entfernungsmesser E ein Kollimator F, der senkrecht auf die Mitte von E gerichtet ist und vor seinem Objektiv zwei Keile K_l und K_r

trägt; der eine bedeckt die obere, der andere die untere Hälfte des Objektives. Die axial aus dem Kollimator tretenden Strahlen werden so zur einen Hälfte auf das eine Eintrittsfenster des Entfernungsmessers, zur anderen auf das andere gelenkt und dort durch Gegenkeile K_l' und K_r' so abgelenkt, daß sie parallel zueinander in den Entfernungsmesser treten. Gibt man den Keilen eine Ablenkung von 10°, so muß der Kollimator in etwa dem dreifachen Abstande der Standlinie stehen, der also vielmals kleiner wie bei der Justierlatte ist.

b) Die Justierverfahren mit Doppelmessung. Werden bei der Grundform des Einstandentfernungsmesseres (S. 382) die beiden Richtfernrohre an den Enden des Balkens biaxial (Abb. 446) ausgeführt, so kann die gewöhnliche Messung durch eine zweite ergänzt werden. Nachdem das Gerät in der Meßebene um 180° gedreht ist und die Fernrohre für den umgekehrten Einblick bereitgestellt sind, wird das Ziel zum zweiten Male mit beiden Fernrohren angerichtet. Wird dabei die Entfernung durch Verschwenkung des einen Fernrohres gemessen, so ist seine Verschwenkung aus der Lage für die erste Messung in die andere Lage für die zweite Messung gleich dem doppelten Standwinkel. Die Genauigkeit der Entfernungsmessung ist entsprechend erhöht und für eine richtige Entfernungsanzeige ist nur nötig, daß jedes biaxiale Fernrohr genau gegen-

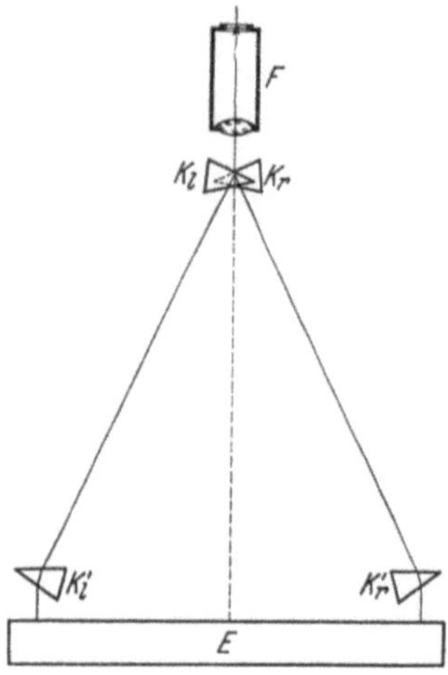

Abb. 445. Die Keiljustierung von BARR und STROUD

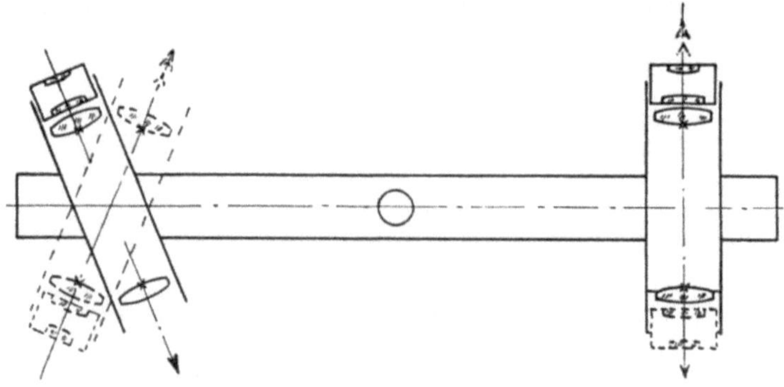

Abb. 446. Die Grundform eines Entfernungsmessers mit Doppelmessung

sichtig ist und sich die Winkel zwischen den Zielachsen der Fernrohre während der kurzen Zeit der Messung nicht ändern. Die gleiche Einrichtung ist auch als Justiervorrichtung brauchbar, indem die Fernrohre als Kollimatoren dienen. Das durch die Kollimatoren dargestellte Fernziel wird vor und nach der Drehung der Justiereinrichtung um 180° in der Meßebene angemessen. Der Entfernungsmesser ist dann richtig justiert, wenn die beiden Anzeigen gleich viel und entgegengesetzt von der Anzeige ∞ abweichen. Die beiden Kollimatoren können auch durch zwei Spiegel auf einem gemeinsamen Träger ersetzt werden, die beide nahezu senkrecht auf der Visierlinie stehen und auf beiden Seiten spiegeln. Auf diese werden die Fernrohre des Entfernungsmessers mit Autokollimation (S. 249) senkrecht einjustiert. Diese ältere Erfindung von LE CYRE (1867) läßt sich in verschiedener Weise auf die üblichen Bau

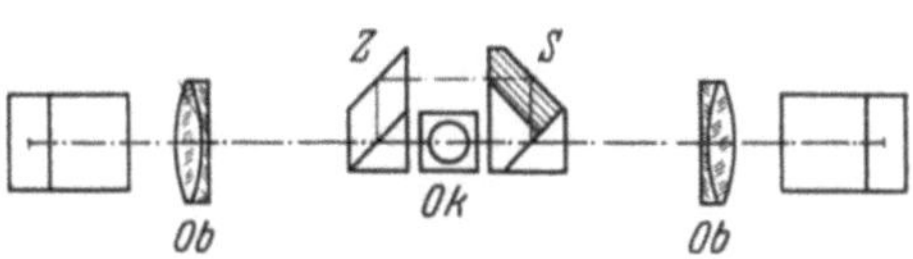

Abb. 447. Eine Anordnung zur Drehung des Innenrohres für Doppelmessung

arten der Entfernungsmesser und Justiervorrichtungen anwenden; zunächst beim gewöhnlichen Entfernungsmesser dadurch, daß Innenrohr und Endpentaprismen gegeneinander um 180° um die Standlinie verdreht werden. In gleicher Weise wirkt eine Anordnung mit Verdrehung

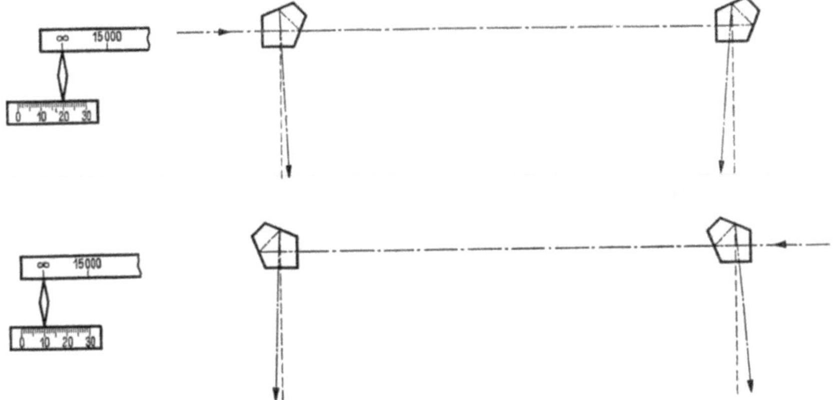

Abb. 448. Die Wirkungsweise der absoluten Justierung

des Innenrohres bei unverändertem Einblick nach Abb. 447, wo Okular und Prisma *Ok* an der Drehung nicht teilnehmen, sondern nur die Objektive *Ob*, das Scheideprisma *S* und das Zusatzprisma *Z*.

Es soll nun hier gezeigt werden, wie man durch Umschaltung den sog. Spiegelungsfehler des Entfernungsmessers beseitigt; man versteht darunter die in die Meßebene fallende Komponente der Ablenkungsabweichung der Spiegelung gegen die vorgeschriebene; insbesondere handelt es sich um den Spiegelungsfehler des Pentaprismas, wie er in § 53 behandelt wurde. Man kann nun nach EPPENSTEIN (1908) den Pentaprismen je eine zweite Lage geben, in denen der Spiegelungsfehler von gleicher

27*

Größe, aber entgegengesetztem Vorzeichen ist, so daß das Mittel der Messungen mit beiden Anordnungen von dem Spiegelungsfehler befreit ist. Die Anordnung wurde als sog. absolute Justierung von der Firma Zeiss bei größeren Entfernungsmessern eingebaut. In der einen in Abb. 448 oben dargestellten Lage treten die Strahlen eines Fernzieles oder Kollimators von links in zwei in der Höhe versetzte Pentaprismen, in der zweiten unten dargestellten Lage tritt das Licht von rechts in die um 90° gedrehten Prismen. Es ist angenommen, daß das linke Prisma weniger als 90°, das rechte mehr als 90° ablenkt. Da die beiden Lagen von den Prismen kurz hintereinander eingenommen werden, ist die Ablenkung eines jeden in beiden Lagen dieselbe. Wie Abb. 448 zeigt, laufen in der ersten Lage die austretenden Strahlen um die gleichen Winkel zusammen, wie sie in der zweiten auseinandertreten. Sie entsprechen also einem Fernziel, das in der ersten Lage ebensoweit hinter dem Entfernungsmesser liegt wie in der zweiten vor ihm. Die Messung wird in den beiden Lagen gegenüber der eines unendlich entfernten Zieles gleichviel und entgegengesetzt abweichen, das Mittel also richtig sein. Im Bild ist angenommen, daß die Berichtigung des Entfernungsmessers vorgenommen wird, indem man den Zeiger der Entfernungsteilung verschiebt. Bei der ersten wie bei der zweiten Prüfung wird er auf den Strich ∞ der Entfernungsteilung gestellt, nachdem das Fernziel im Entfernungsmesser mit der Meßvorrichtung eingestellt war. Jedesmal wird die Stellung des Zeigers an einer Berichtigungsteilung abgelesen. Die wahre Berichtigung erhält man, wenn man den Zeiger auf das Mittel der beiden Ablesungen stellt.

Ein wesentlich anderes Justierverfahren wurde besonders durch STÜTZER seit 1911 ausgebildet. Es gründet sich darauf, daß sich mit der Änderung der Standlinie in bekanntem Verhältnis auch der Standwinkel, der die Entfernungsanzeige bestimmt, im gleichen Verhältnis ändert, wenn dabei die Ablenkung der Lichtstrahlen im Gerät unverändert bleibt und der Entfernungsmesser richtig justiert ist. Damit das Verhältnis der beiden Standwinkel $\eta_1 : \eta_2$ gleich dem Verhältnis der Standlinien $b_1 : b_2$ ist, muß gefordert werden, daß beim Wechsel der Standlinie der Spiegelungsfehler derselbe bleibt, während er beim vorigen Justierverfahren nach der Umschaltung entgegengesetzt gleich sein mußte. Es ist ferner wichtig, keine neuen Teile wie Winkelspiegel hinzuzufügen, deren Veränderung zu befürchten ist oder durch eine doppelte Berichtigung ausgeschaltet werden muß. Sind in den beiden Stellungen die Standlinien b_1 und b_2 und wird die unbekannte Entfernung E durch die parallaktischen Winkel w_1 und w_2, jedoch jedesmal mit demselben Winkelfehler dw, gemessen, so ergibt sich als Unterschied der Messung $w_1 - w_2 = (b_1 - b_2)/E$. Die Entfernung wird also unabhängig von dem Fehler dw gemessen.

Wird bei der Justierung die Standlinie auf Null gebracht, so muß bei dieser Standlinie die Entfernung ∞ gemessen werden; wird in dieser Stellung j der Entfernungsmesser berichtigt, so wird damit der Spiegelungsfehler ausgeglichen, und wenn in der anderen, der Meßstellung m, der Spiegelungsfehler der gleiche ist, ist dieser Fehler auch hier ausgeglichen. Bei der Anordnung nach Abb. 449 wird das rechte Prisma aus der Meßstellung m in die Justierstellung j vor das rechte Objektiv geschoben, so daß es dieses halb verdeckt; die Teile hinter den Objektiven sind fortgelassen. Gegenüber dieser Doppelmessung mit den Standlinien b und 0 bietet die mit den Standlinien b und — b die doppelte Genauigkeit, also wie eine mit den Standlinien 2 b und 0. Abb. 450 stellt einen solchen Entfernungsmesser in den beiden Meßstellungen dar. Das Licht wird hier von den Pentaprismen nicht unmittelbar den Objektiven zugeführt, sondern auf dem Umweg über Tripelprismen. Beim Übergang in die zweite Stellung werden die Pentaprismen senkrecht zur Meßebene entgegengesetzt verschoben und um 90° gedreht, so daß jeder das Licht in das andere Tripelprisma sendet. In der oberen Stellung erhält man ein

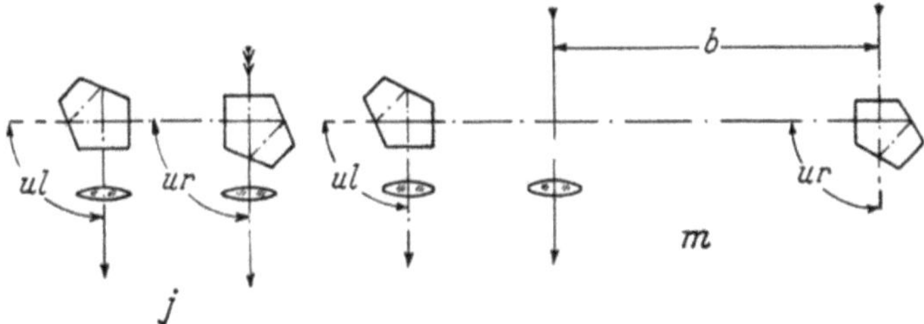

Abb. 449. Schema der Justierung durch eine zweite Messung mit der Standlinie Null
ohne Änderung des Spiegelungsfehlers

orthoskopisches, in der unteren ein pseudoskopisches Raumbild. Es sei φ der Standwinkel, durch den Spiegelungsfehler werde $\varphi + \varepsilon$ gemessen. Beim Übergang in die andere Stellung muß dann von der Nullstellung aus die Meßschraube um $\varphi - \varepsilon$ in entgegengesetztem Sinne gedreht werden, von der anderen Stellung aus also um 2 φ. Sind in der Justierstellung die Zielbilder für die Entfernungsanzeige ∞ zum Einstehen gebracht, so gibt ein mit der Einstellung von 2 φ gekuppelter Entfernungsanzeiger die richtige Anzeige. Will man nicht immer die Doppelmessung machen, so wird man noch eine zweite Entfernungsteilung vorsehen, die der Einstellung φ entspricht. Man hat dann zunächst durch eine Doppelmessung die richtige Entfernung eines geeigneten Zieles festzustellen und die Anzeige in der zweiten Teilung damit in Übereinstimmung zu bringen.

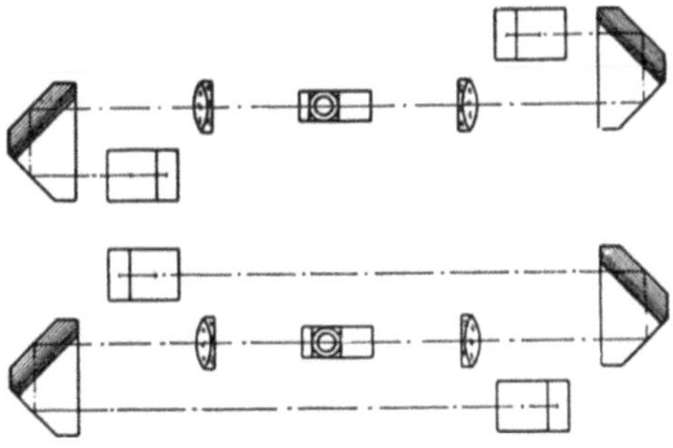

Abb. 450. Der Aufbau eines Entfernungsmessers mit
verdoppelter Standlinie ohne Spiegelungsfehler

Nach v. Hofe (1911) kann man auch einen Entfernungsmesser mit Hilfe eines anderen mit gleicher Standlinie durch Gegenrichten justieren; der Einfachheit der Beschreibung wegen seien es Schnittbildgeräte. Nachdem bei beiden die Meßstellung ∞ hergestellt ist, werden sie mit gegenüberstehenden Eintrittsfenstern aufeinander gerichtet. Sind beide richtig justiert, so müssen von einer zur Scheidekante senkrechten, an deren Ort befindlichen Marke im ersten Gerät, sei es, daß sie eigens dort angebracht ist oder daß z. B. bei waagerechten Geräten ein Lotfaden durch das Okular des ersten dort abgebildet wird, im zweiten Gerät Teilbilder entworfen werden, die aufeinander einstehen. Ist dies nicht der Fall, so wird der Berichtigungskeil des einen Gerätes verstellt, daß bei unveränderter Anzeige ∞ die Teilbilder einstehen. Die beiden Geräte haben nun entgegengesetzt gleichen Justierfehler.

Mißt man mit beiden nacheinander die Entfernung des gleichen Zieles, so ist das Mittel aus den Kehrwerten der beiden Messungen gleich dem Kehrwert der wahren Entfernung; die Geräte können danach berichtigt werden. Dies Verfahren wird einfacher und immer anwendbar, wenn man es mit EPPENSTEIN (1917) auf ein Raumbildgerät mit zwei Teilentfernungsmessern (S. 404) anwendet, einen für die positive und einen für die negative Standlinie. Richtet man diese Teilgeräte gegeneinander, so ist hier die Justierung des Raumbildgerätes schon damit vollendet, daß man bei Meßstellung ∞ die Teilbilder einer Marke im ersten Teilgerät im zweiten zum Einstehen bringt. Wird nun das Gerät wieder für die Entfernungsmessung von Zielen hergerichtet, so erscheinen die Raumbilder eines unendlich fernen Zieles in der gleichen Entfernung, wie es der Meßstellung ∞ entspricht und für die richtige Justierung genügt. Die Wirkung dieser Justierung besteht ja darin, daß die den beiden Objektiven entsprechenden Büschel des einen Teilgerätes und die des anderen entgegengesetzt gleichen Winkelunterschied in der Meßebene erhalten. Ein solcher Unterschied hat aber beim ganzen Raumbildgerät nur die Wirkung, daß bei beiden Raumbildern die Entfernung die gleiche scheinbare Änderung erfährt; dies hat aber auf die Messung keinen Einfluß, da es dafür nur auf den Entfernungsunterschied der Raumbilder ankommt.

Diese Justierung ist frei von dem Spiegelungsfehler und genügt auch der Forderung, daß mit vollen Strahlenbündeln gearbeitet wird. Sie wird auch bei dem Gerät nach Abb. 432 angewendet. Die beiden Kehrbildentfernungsmesser werden hier gegeneinander gerichtet, indem das eine Innenrohr, das gestrichelt dargestellt ist, um seine Achse um 180° gedreht wird und die zugehörigen Endprismen um 90° vor die des anderen Entfernungsmessers gedreht werden. Dadurch kann zugleich Tageslicht oder Licht der Lampe L über den Spiegel Sp und die Umkehrlinse Ul_1 in das Okularprisma zur Beleuchtung des Justierstriches eintreten. Die Halbbilder des Justierstriches in dem anderen Entfernungsmesser werden nun durch Drehen des Berichtigungskeiles K zum Einspielen gebracht.

§ 57. Die Hochstandentfernungsmesser

Wo die Erdoberfläche wie auf dem Meere eine bekannte regelmäßige Form besitzt, bieten sich für die Entfernungsmessung besondere Verhältnisse. Zielt man von einem Stand in bekannter Höhe über dem Meeresspiegel die Wasserlinie eines Schiffes an, so ist seine Entfernung durch den Winkel gegeben, den die Zielrichtung mit einer zur Erde festen Richtung in derselben Vertikalebene bildet. Auf Hochständen an der Küste dient als feste Richtung die waagerechte, die mit Hilfe einer Libelle leicht zu erkennen ist; man pflegte den Tiefenwinkel durch Kippen des Fernrohres mit einer Schraube zu messen. Auf dem Hochstand eines Schiffes, etwa dem Mastkorb, wird der Tiefenwinkel auf die Richtung nach dem Horizont, der Kimm, bezogen, deren Erkennen allerdings oft erschwert oder unmöglich ist; dieser Tiefenwinkel wird mit einem Doppelbildmikrometer gemessen. Die Herstellung der festen Richtung durch Pendel oder Kreisel ist für die Hochstandsentfernungsmessung im allgemeinen zu ungenau. Die Formeln für den Tiefenwinkel wollen wir unter den Voraussetzungen ableiten, daß die Wasserfläche eine Kugel mit dem Erdradius R ist, daß die Entfernung E klein gegen R und die Stand- (Augen-) Höhe H über dem Wasser klein gegen E ist. Ist in Abb. 451

S der Hochstand, W die Wasserlinie des Zieles, K die Kimm, so wird im ersten Falle der Tiefenwinkel τ gegen die Horizontale, im zweiten Falle der Tiefenwinkel ϑ gegen die Kimm gemessen. Im ersten Falle erhält man die Entfernung aus der Beziehung:

$$\tau = \frac{H}{E} + \frac{E}{2R}.$$

(57.1)

Das erste Glied auf der rechten Seite entspricht dem Tiefenwinkel τ_e für eine als eben angenommene Meeresoberfläche; das zweite Glied stellt den Korrekturwinkel für die gekrümmte Meeresoberfläche dar, der näherungsweise gleich dem Winkel $\delta_0 = \frac{E}{2R}$ ist. Im zweiten Fall erhält man den Tiefenwinkel ϑ gegen die Kimm, wenn man von τ nach Gl. (57.1) den Kimmtiefenwinkel χ (auf die Horizontale bezogen) abzieht.

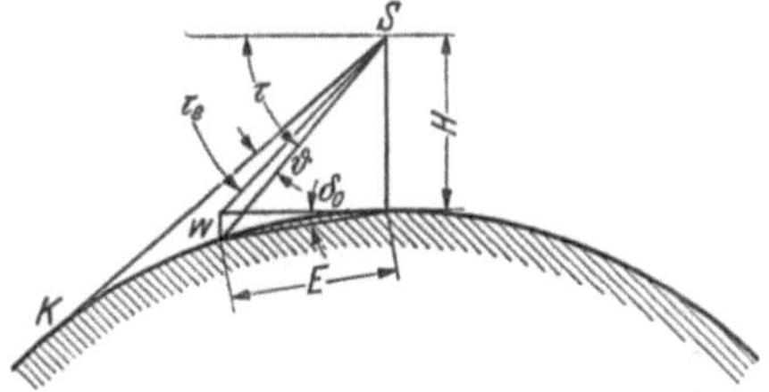

Abb. 451. Die geometrische Grundlage der Hochstandentfernungsmessung

Es ist nun $\frac{1}{\cos \chi} = \frac{R+H}{R}$ und da $\frac{1}{\cos \chi} \approx 1 + \frac{\chi^2}{2}$, erhält man:

$$\chi = \sqrt{\frac{2H}{R}}.$$

(57.2)

Es ergibt sich also der zu messende Tiefenwinkel

$$\vartheta = \frac{H}{E} + \frac{E}{2R} - \sqrt{\frac{2H}{R}}$$

(57.3)

Für größere Entfernungen ist noch die regelmäßige Refraktion zu berücksichtigen; es ist das die Krümmung des Lichtstrahles durch Luftschichten, in denen sich das Brechungsverhältnis gleichmäßig mit dem Abstand vom Wasserspiegel ändert, da sich die Lufttemperatur mit diesem Abstand ändert; man pflegt daher R durch $R(1-k)$ zu ersetzen, wo k im Mittel etwa gleich 0,15 ist. k hängt nach KOHLSCHÜTTER von der Lufttemperatur t und von dem Unterschied Δ der Temperatur der Luft in 1 m Höhe über der Wasseroberfläche gegen die Temperatur des Wassers an der Oberfläche ab; nach ihm ist

$$\sqrt{1-k} = 0,9463 + 0,00036\,(t-15°) - \left\{0,1922 - 0,00131\,(t-15°)\right\}\frac{\Delta}{\sqrt{H}}.$$

Die Aufgabe ist meist mit Hilfe von mechanischen Dreiecken gelöst worden; es soll hier aber nur die logarithmische Lösung behandelt werden. Als ältester logarithmischer Entfernungsmesser überhaupt sei hier der von PLEBANI (1877) kurz beschrieben (Abb. 452). Die Kippung des Fernrohres F um den Punkt I macht eine Glasplatte mit einer Kurve g mit, deren Radien $I\,x$ gleich einer Konstanten $C - \log \tau$ sind. Durch den Punkt I läuft in waagerechter Richtung RS der Rand D einer logarithmischen Entfernungsteilung, die da abgelesen wird, wo die Kurve sie schneidet. Die Teilung kann nach dem Logarithmus von H verschoben werden, um die Standhöhe zu berücksichtigen, während das der Erdkrümmung entsprechende Glied der Formel vernachlässigt wird.

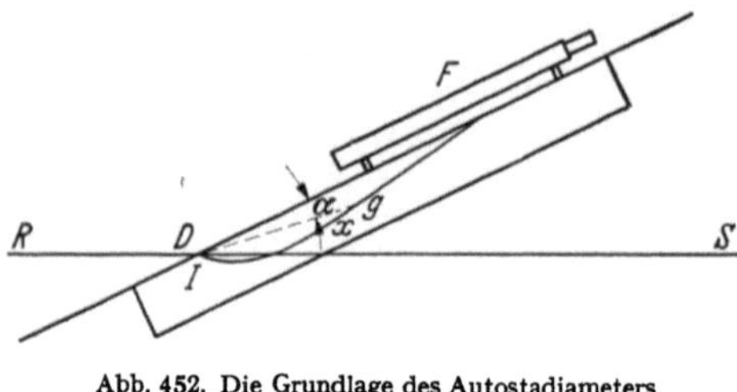

Abb. 452. Die Grundlage des Autostadiameters von PLEBANI

ABBEs Entfernungsmesser nach Abb. 371 besaß auf der abgewandten Seite eine Ablesetrommel wie auf der zugekehrten. In dieser befand sich eine mechanische Einrichtung auf logarithmischer Grundlage, um auf Grund des mit Doppelbildeinstellung gemessenen Tiefenwinkels des Schiffes unter der Kimm für verschiedene Standhöhen die Entfernung ohne Vernachlässigung unmittelbar abzulesen.

Bei dem Entfernungsmesser von PETSCHENIG (1924) ist das Fernrohr F (Abb. 453) um die Achse A des Trägers B mit Libelle L drehbar und

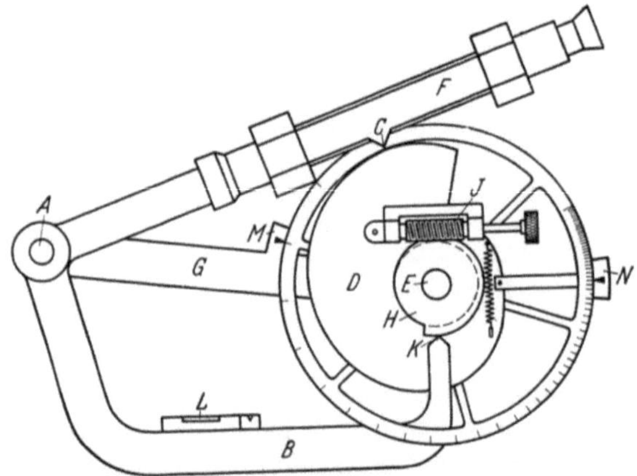

Abb. 453. Die Hochstandentfernungsmesser von PETSCHENIG

stützt sich mit einer Schneide C auf eine logarithmische Kurvenscheibe D, durch deren Drehung um E es gekippt wird. Die Achse E ist auf dem um A drehbaren Arm G gelagert. Um E kann auch zur Berücksichtigung der Erdkrümmung die logarithmische Kurvenscheibe H von geringerer Steigung mit dem Schneckentrieb I gegen die erste Kurvenscheibe entsprechend der Höhe gedreht werden. Die Kurvenscheibe H stützt sich gegen die Schneide K des Trägers B; der Zielwinkel ist so durch die Summe der Stützradien beider Kurvenscheiben bestimmt. Mit der Kurvenscheibe H ist eine Scheibe mit kreisförmiger Entfernungsteilung verbunden, die gegen den an dem Arm G befestigten Zeiger M abgelesen wird. Die Verdrehung der Kurvenscheiben entsprechend der Höhe kann an der gleichen Teilung, wobei die *hm* als *m* gezählt werden, an einem Zeiger N abgelesen werden, der an der ersten Kurvenscheibe D befestigt ist.

Was die Genauigkeit betrifft, so erhält man durch Differentiation aus Gl. (57.2), wenn man die Schrägentfernung der Kimm mit $E_k = \sqrt{2\,RH}$ bezeichnet,

$$dE = \frac{d\tau}{H\left(\dfrac{1}{E_k^2} - \dfrac{1}{E^2}\right)} = - \frac{d\tau\,E^2}{\left(H - \dfrac{E^2}{2R}\right)} . \tag{57.4}$$

Solange E klein gegen E_k ist, gilt also dasselbe Gesetz wie für die anderen Entfernungsmesser mit Zielrichtung senkrecht zur Grundlinie; nähern sich E und E_k, so sind hier die Fehler größer. Der Einfluß der Höhe ist derselbe wie der der Basis bei den anderen Entfernungsmessern, wenn man $H - E^2 : 2R$ als wirksame Höhe ansieht, d. h. wenn man sie von dem Punkt rechnet, der ebensoviel über dem Meeresspiegel liegt wie die Wasserlinie des Zieles unter der Horizontalebene durch den Fußpunkt des Hochstandes. Setzt man erfahrungsgemäß bei 10facher Vergrößerung $d\tau$ etwa $= 7''$, so ist für die Standhöhen $H = 40$ bzw. 80 m der Fehler dE in *m* wie folgt:

H	E in km					
	1	2	5	10	15	20
40	0,9	3,4	22	106	340	1600
80	0,4	1,7	11	47	123	280

Für $d\vartheta$ gilt dieselbe Formel und annähernd der gleiche Erfahrungswert wie für $d\tau$. Stärkerer Wellengang erschwert die genaue Auffassung der Lage der Wasserlinie. Liegt ein Ziel hinter dem Horizont und kennt man die Höhe des verdeckten Teiles, so ist die Entfernung durch diese Höhe und die Augenhöhe bestimmt.

D. Anhang

§ 58. Zusammenstellung der wichtigsten Beziehungen
der Gaußschen Dioptrik in verschiedener Schreibweise

1. Linsen- und Spiegelsysteme, bei denen vorderes und hinteres Medium die Brechzahl 1 hat.

a) Abbildungsgleichung bezogen auf die Hauptebenen (vgl. S. 19).

Abstand des Objektpunktes auf der Achse von der vorderen Hauptebene: ξ

Abstand des Bildpunktes auf der Achse von der hinteren Hauptebene: ξ'

$$\frac{1}{\xi'} = \frac{1}{\xi} + \frac{1}{f'} \tag{58.1}$$

oder

$$\frac{1}{\xi'} = \frac{1}{\xi} + \varphi \tag{58.2}$$

mit

$$\varphi = \frac{1}{f'} \tag{58.3}$$

$$f = -f' \tag{58.4}$$

b) Abbildungsgleichung bezogen auf die Brennpunkte
(Newtonsche Abbildungsgleichung)
Abstand des Objektpunktes auf der Achse von dem vorderen Brennpunkt: x
Abstand des Bildpunktes auf der Achse von dem hinteren Brennpunkt: x'

$$xx' = -f'^2 \tag{58.5}$$

c) Lateralvergrößerung (Abbildungsmaßstab)

$$\frac{y'}{y} = \beta = \frac{f' - \xi'}{f'} = 1 - \frac{\xi'}{f'}, \tag{58.6a}$$

$$\beta = \frac{f'}{\xi + f'} = \frac{1}{1 + \dfrac{\xi}{f'}} \tag{58.6b}$$

$$\beta = \frac{\xi'}{\xi} \tag{58.6c}$$

$$\beta = -\frac{x'}{f'} = \frac{f'}{x} \tag{58.6d}$$

d) Winkelvergrößerung

$$\gamma = \frac{u'}{u} = \frac{1}{\beta} \tag{58.7}$$

e) Tiefenvergrößerung

$$\frac{dx'}{dx} = \frac{d\xi'}{d\xi} = \alpha = \beta^2 \tag{58.8}$$

$$\frac{\alpha\gamma}{\beta} = 1 \tag{58.9}$$

f) Grundgleichungen der Gaußschen Dioptrik

$$H = u'f' \tag{58.10a}$$

$$H' = -uf'. \tag{58.10b}$$

2. *Die Abbildungsgesetze in Medien mit Brechungsindex $\neq 1$*

Vorderes (objektseitiges Medium): Brechungsindex: n
Brennweite: f

Hinteres (bildseitiges Medium): Brechungsindex: n'
Brennweite: f'

Normal- (Luft-) Brennweite: $\tilde{f}$
(hat immer das Vorzeichen der hinteren Brennweite!)

a) Beziehungen der Brennweiten untereinander:

$$\frac{f'}{f} = -\frac{n'}{n} \tag{58.11}$$

$$f = -\frac{n}{n'}f' \tag{58.12}$$

$$f = -n\tilde{f} \tag{58.13}$$

$$f' = n'\tilde{f} \tag{58.14}$$

b) Beziehungen für Objekt- und Bildlage:

$$\frac{n'}{\xi'} = \frac{n}{\xi} + \frac{n'}{f'} \tag{58.15a}$$

$$\frac{n'}{\xi'} = \frac{n}{\xi} + \frac{1}{\tilde{f}} \tag{58.15b}$$

$$xx' = -\frac{n}{n'}f'^2 = -nn'\tilde{f}^2 \tag{58.15c}$$

c) Lateralvergrößerung (Abbildungsmaßstab):

$$\frac{y'}{y} = \beta = \frac{f'-\xi'}{f'} = \frac{n'\widetilde{f}-\xi'}{n'\widetilde{f}} = 1 - \frac{\xi'}{f'} = 1 - \frac{\xi'}{n'\widetilde{f}} \qquad (58.16\,\text{a})$$

$$\beta = \frac{nf'}{n'\xi + nf'} = \frac{n\widetilde{f}}{\xi + n\widetilde{f}} = \frac{1}{1+\dfrac{n'}{n}\dfrac{\xi}{f'}} = \frac{1}{1+\dfrac{\xi}{n\widetilde{f}}} \qquad (58.16\,\text{b})$$

$$\beta = \frac{\xi'}{\xi}\frac{n}{n'} \qquad (58.16\,\text{c})$$

$$\beta = -\frac{x'}{f'} = -\frac{x'}{n'\widetilde{f}} = \frac{f'}{x}\frac{n}{n'} = \frac{\widetilde{f}n}{x} \qquad (58.16\,\text{d})$$

d) Winkelvergrößerung:

$$\frac{u'}{u} = \gamma = \frac{1}{\beta}\frac{n}{n'} \qquad (58.17)$$

e) Tiefenvergrößerung:

$$\frac{dx'}{dx} = \frac{d\xi'}{d\xi} = \alpha = \beta^2 \cdot \frac{n'}{n} \qquad (58.18)$$

$$\frac{\alpha\gamma}{\beta} = 1 \qquad (58.19)$$

f) „Grundgleichungen" der Gaußschen Dioptrik

$$H = u'f' = u' \cdot n'\widetilde{f} \qquad (58.20\,\text{a})$$

$$H' = -u\frac{n}{n'} \cdot f' = -u \cdot n\widetilde{f}. \qquad (58.20\,\text{b})$$

§ 59. Die lichttechnischen Einheiten

Die Lichtenergie kann, wie alle anderen Energieformen, selbstverständlich auch in energetischen Einheiten (z. B. in Watt bzw. Wattsekunden) gemessen werden. Die so gemessenen Größen des Strahlungsfeldes nennt man Strahlungsleistung, Strahlungsdichte, Bestrahlungsstärke usw. Das menschliche Auge hat als Empfänger für Strahlungsenergie überragende Bedeutung. Infolgedessen werden viel häufiger als die oben angedeuteten physikalischen Einheiten, für die Lichtenergie relative Maßeinheiten verwendet, die die Lichtenergie nach dem vom menschlichen Auge empfundenen Helligkeitseindruck bewerten. Da wie in § 9 beschrieben, die Empfindlichkeit des Auges sehr stark wellenlängenabhängig ist, wird bei diesen relativen Einheiten, die man lichttechnische oder auch photometrische Einheiten nennt, die Energie für verschiedene Wellenlängen verschieden bewertet, und zwar entsprechend der Augenempfindlichkeitskurve. Eine Umrechnung von lichttechnischen Einheiten auf die physikalischen (Strahlungs-) Einheiten ist daher nur bei Kenntnis der spektralen Verteilung der von der Lichtquelle ausgesendeten Strahlung möglich. Von den lichttechnischen Einheiten ist in diesem Buch ausschließlich Gebrauch gemacht worden, sie sollen hier noch einmal kurz zusammengestellt werden.

Das Maß für die Strahlungsleistung (meistens richtungsabhängig) ist in lichttechnischen Einheiten der *Lichtstrom* Φ, die Einheit ist das Lumen (*lm*), das lichttechnische Maß für die Strahlungsleistung pro Raumwinkeleinheit ist die *Lichtstärke* J, also

$$J = \frac{d\Phi}{d\Omega} \tag{59.1}$$

(Ω: Raumwinkel). Zwei Lichtquellen von gleicher Lichtstärke erscheinen dem Auge, wenn sie im gleichen Abstand betrachtet werden, gleich hell. Die Lichtstärke ist daher durch visuellen Helligkeitsvergleich relativ leicht zu messen, die Einheit der Lichtstärke ist daher die Grundeinheit für das ganze System lichttechnischer Einheiten. Nach internationaler Festsetzung ist die Einheit der Lichtstärke die Candela (cd), sie wird durch Normallampen, die bestimmten international festgelegten Vorschriften entsprechen und in allen Staatslaboratorien vorhanden sind, dargestellt. Diese Normallampen sind wiederum an die Lichtstärke eines schwarzen Körpers, bei der Temperatur des erstarrenden Platins (2046° K) angeschlossen, wobei dessen Lichtstärke für 1 cm² Oberfläche auf 60 cd festgesetzt wurde. Bis zur Einführung der Candela war in Deutschland als Einheit der Lichtstärke die Hefnerkerze (HK) und in der Mehrzahl der ausländischen Staaten die sogenannte Internationale Kerze in Gebrauch. Die Internationale Kerze wurde ebenfalls durch

Tabelle 14

Farbtemperatur der zu messenden Lichtquelle °K	1 cd ist gleich Hefnerkerzen
2000	1,09
2046	1,11
2360	1,14
2600	1,15
2750	1,16

1 cd = 1,02 Internationale Kerzen!

Normallampen dargestellt, während als Normal für die Hefnerkerze die von HEFNER-ALTENECK angegebene „Hefnerlampe" diente. Bei dieser brannte Amylacetat in einer 40 mm hohen Flamme, an einem Docht von 8 mm Durchmesser. Da die Normallichtquelle für die Candela und die Internationale Kerze eine andere spektrale Energieverteilung besitzt als die Hefnerkerze, hängt der Umrechnungsfaktor von der spektralen Verteilung der damit zu vergleichenden Lichtquelle ab. Die Charakterisierung der Spektralverteilung eines glühenden Körpers erfolgt durch die Angabe der Farbtemperatur. (Darunter wird diejenige Temperatur verstanden, auf der sich der schwarze Körper befinden müßte, um die gleiche

Lichtfarbe zu haben wie die zu messende Lichtquelle.) Die Umrechnungs-faktoren zwischen den drei Einheiten hängen somit von dieser eben erwähnten Farbtemperatur ab. Hierzu Tab. 14.

In diesem Buch ist ausschließlich die amtlich eingeführte Einheit Candela verwendet worden, die älteren Einheiten findet man jedoch noch vielfach in Lehrbüchern.

Eine Lichtquelle, die nach allen Richtungen einen konstanten Licht-strom ausstrahlt (deren Strahlungsleistung richtungsunabhängig ist) und die in einer bestimmten Richtung die Lichtstärke 1 cd besitzt, strahlt in die Einheit des räumlichen Winkels den Lichtstrom 1 lm und in den gesamten Raum den Lichtstrom von $4\,\pi$ lm. Für das Maximum der Augenempfindlichkeit ($\lambda = 550$ mμ) entspricht der Lichtstrom von 1 lm einer Strahlungsleistung von $\frac{1}{682}$ Watt. Diese Größe mit der Dimension [Watt/lm] nennt man das „Mechanische Lichtäquivalent".

Ein flächenhafter Strahler mit einer gleichmäßigen Verteilung der Strahlung über seine Oberfläche, der in der Ausstrahlungsrichtung die Lichtstärke 1 cd ausstrahlt und dessen in eine Ebene senkrecht zur Strahlungsrichtung projizierte Oberfläche die Größe F (cm^2) hat, besitzt die „Leuchtdichte" B, gemessen in Stilb (sb), es gilt also

$$B\,[\text{sb}] = \frac{J\,[cd]}{F\,[\text{cm}^2]} \tag{59.2a}$$

bzw.

$$J\,(\text{cd}) = B\,[\text{sb}] \cdot F\,[\text{cm}^2]. \tag{59.2b}$$

Neben der Einheit Stilb (sb) für die Leuchtdichte ist die kleinere Einheit Apostilb (asb) gebräuchlich, wobei

$$1\,\text{asb} = \frac{1}{\pi\,10^4}\,\text{sb}$$

entspricht.

Wird eine zur Strahlungsrichtung senkrechte, ebene Fläche so bestrahlt, daß auf einen Quadratzentimeter ihrer Oberfläche der Licht-strom 1 lm trifft, dann herrscht auf ihr eine Beleuchtungsstärke E von 1 Phot (ph), es gilt also

$$E\,[\text{ph}] = \frac{\Phi\,[\text{lm}]}{F\,[\text{cm}^2]}. \tag{59.3}$$

Man kann die auf einer bestrahlten Fläche herrschende Beleuchtungs-stärke auch durch die Lichtstärke der Strahlungsquelle und den Ab-stand d der beleuchteten Fläche ausdrücken, da man für das Raum-winkelelement $d\Omega$ setzen kann

$$d\Omega = \frac{dF}{d^2} \tag{59.4}$$

und (59.3) mit Hilfe von Gl. (59.1) und (59.4) in der Form dargestellt werden kann

$$E\,[\mathrm{ph}] = \frac{J\,[\mathrm{cd}]}{d^2\,[\mathrm{cm}^2]}\,.\tag{59.5}$$

Das heißt, die Beleuchtungsstärke von 1 Phot ergibt sich bei der Bestrahlung der Fläche mit einer Lichtquelle der Lichtstärke 1 cd in einem Abstand von 1 cm.

In der Praxis rechnet man vielfach mit der um den Faktor 10^4 kleineren Einheit für die Beleuchtungsstärke, nämlich dem Lux (lx). Man hat die Beleuchtungsstärke 1 lx, wenn in senkrechter Richtung auf eine ebene Fläche von 1 m² der Lichtstrom von 1 lm fällt, bzw. wenn eine Fläche aus 1 m Abstand von einer Lichtquelle mit der Lichtstärke 1 cd bestrahlt wird, also

$$E\,[\mathrm{lx}] = \frac{\Phi\,[\mathrm{lm}]}{F\,[\mathrm{m}^2]}\tag{59.6}$$

bzw.

$$E\,[\mathrm{lx}] = \frac{J\,[\mathrm{cd}]}{d^2\,[\mathrm{m}^2]}\,.\tag{59.7}$$

Eine gleichmäßig beleuchtete Fläche, auf der die Beleuchtungsstärke 1 lx herrscht und die die gesamte auffallende Strahlungsenergie gleichmäßig in den Halbraum wieder zurückstrahlt (die die „Albedo" = 1 besitzt) wirkt ihrerseits wieder wie eine Strahlungsquelle mit der Leuchtdichte 1 asb. Bildet die beleuchtete Auffangebene mit der Strahlungsrichtung den Winkel w', dann ist die resultierende Beleuchtungsstärke

$$E = E_0 \cos w'\,,\tag{59.8}$$

wobei E die Beleuchtungsstärke bei senkrechter Auffangebene nach Gl. (59.3) bis (59.7) bedeutet.

Die meisten Flächenstrahler entsprechen dem sogenannten Lambertschen Gesetz, welches besagt, daß der in ein Raumwinkelelement abgestrahlte Lichtstrom, also die Lichtstärke und damit auch die Leuchtdichte von der Strahlungsrichtung abhängt. Wenn die Strahlungsrichtung mit der Flächennormalen den Winkel w bildet, dann gilt nach dem Lambertschen Gesetz

$$I = I_0 \cos w\tag{59.9}$$

und

$$B = B_0 \cos w\,.\tag{59.10}$$

Durch eine optische Abbildung wird — abgesehen von den Verlusten durch Absorption und Reflecxion — die Leuchtdichte nicht geändert. Die Austrittspupille eines optischen Systems leuchtet mit der Leuchtdichte der Lichtquelle. Ist der bildseitige Aperturwinkel eines optischen

Systems u', dann ist die Beleuchtungsstärke in der Bildebene (Bildmitte) eines optischen Systems

$$E = \pi\, B \sin^2 u' . \tag{59.11}$$

Ist B in sb gegeben, erhält man E in Phot.

§ 60. Zur Geschichte des Fernrohres

Als 1585 Antwerpen durch die Spanier erobert wurde, wanderten viele Bürger aus, besonders nach dem näher an der Scheldemündung gelegenen Middelburg (Provinz Seeland), wo nun Handel und Gewerbe aufblühten. So finden wir hier eine vom Staat unterstützte Glasfabrik, die italienische Arbeiter beschäftigte und von 1605 ab von A. MIOTTO geleitet wurde. Da auch Kristallglas hergestellt wurde, ist es nicht verwunderlich, daß es dort Linsenschleifer gab, von denen uns drei mit Namen bekannt sind. Der eine, HANS LIPPERHEY aus Wesel, aber seit 1594 in Middelburg und seit 1602 dort Bürger († 1619), wohnhaft Capoenstraete, wandte sich nun mit dem von ihm erfundenen Fernrohr an den Rat von Seeland, der ihn am 25. Oktober 1608 mit dem folgenden Empfehlungsbrief zu den Generalstaaten nach Haag schickte: „Der Überbringer dieses erklärt, daß er sichere Kunst besitzt, womit man alle entfernten Dinge sehen kann, als ob sie in der Nähe wären, mit Hilfe der Zusammenstellung von Gläsern, was er für eine neue Erfindung hält. Er würde gern zuerst mit Sr. Exzellenz in Verbindung treten und Euer Edlen möge es belieben, ihn zu Sr. Exzellenz führen zu lassen und, wenn nötig und wenn Euer Edlen das für gut befinden, ihm behilflich zu sein." Mit Sr. Exzellenz ist der oberste Heerführer Prinz MORITZ von Oranien gemeint. Der weitere Verlauf der Angelegenheit ergibt sich aus den folgenden Protokollen der Generalstaaten, die 1831 zuerst veröffentlicht wurden:

2. Oktober 1608. Auf das Gesuch von HANS LIPPERHEY, gebürtig von Wesel, wohnhaft zu Middelburg, Brillenmacher, der ein gewisses Instrument erfunden hat, um weit zu sehen, wie es den Generalstaaten bekannt geworden ist, der auch ersucht, da das Instrument noch nicht verbreitet ist, ihm ein Patent für die Zeit von 30 Jahren zu gewähren, wobei einem jeden verboten wird, das erwähnte Instrument nachzumachen, oder andernfalls ihm eine jährliche Pension zu bewilligen, damit er das erwähnte Instrument machen kann, um im Dienst des Landes gebraucht zu werden, abgesehen von dem Verkauf an einige ausländische Könige, Fürsten oder Potentaten. Es ist für gut befunden worden, daß man einige aus der Versammlung bestimmen soll, um mit dem Bittsteller über seine Erfindung zu verhandeln und von demselben zu erfahren, ob er dieselbe nicht verbessern könnte, dermaßen, daß man dadurch mit beiden Augen sehen könnte, und von ihm zu erfahren, womit er zu befriedigen wäre. Nach Anhören des Berichtes sei zu beraten und zu entscheiden, ob

man dem Bittsteller eine Entschädigung oder das nachgesuchte Patent gewähren soll.

3. Oktober 1608. Es ist für gut befunden worden . . ., daß man aus jeder Provinz einen delegieren soll, um das erwähnte Instrument auf dem Turm von dem Palaste Sr. Exzellenz zu prüfen, ob diese Erfindung und die Arbeit so ist, daß man davon den vermeinten Vorteil haben kann. In solchem Fall soll man mit dem Erfinder verhandeln, daß er sich verpflichtet, innerhalb eines Jahres 6 Instrumente von Bergkristall herzustellen (wofür er fordert für jedes Stück 1000 Gulden), daß er seine Forderung ermäßige und verspreche, daß er seine Erfindung niemand anders mitteilen soll.

6. Oktober 1608. Die Herren Deputierten der Provinzen, welche das von Hans Lipperhey, Brillenmacher, erfundene Instrument nachgeprüft haben, berichten, daß das erwähnte Instrument allem Anscheine nach dem Lande nützlich sein wird, daß sie vorerwähnten Erfinder beauftragt haben, ein Instrument von Bergkristallinsen für das Land zu machen für 300 Gulden im Voraus und 600 Gulden, wenn dasselbe für gut befunden werden kann . . . Erst nach Ablieferung sollen die Generalstaaten beschließen, ob dem Bittsteller sein nachgesuchtes Patent zu erteilen wäre oder ihm eine jährliche Pension zu geben, jedoch daß er versprechen muß, kein solches Instrument ohne die Einwilligung der Generalstaaten zu machen.

15. Dezember 1608. Die Herren . . . berichten, sie hätten das Instrument geprüft, das der Brillenmacher Lipperhey erfunden hat, um mit beiden Augen zu sehen, es für gut befunden und schlügen vor, dem erwähnten Lipperhey sein nachgesuchtes Patent zu gewähren, um auf bestimmte Zeit das Instrument allein zu machen und ihm die restlichen 600 Gulden zu zahlen, die ihm für dies Instrument zugesagt sind. Es ist beschlossen worden: Da es scheint, daß verschiedene andere von der Erfindung, um in die Ferne zu sehen, Wissenschaft haben, soll man das erwähnte nachgesuchte Patent dem Bittsteller abschlagen, aber ihm auftragen, in bestimmter kurzer Zeit noch zwei Instrumente für beide Augen zu machen und den Generalstaaten zu demselben Preis zu liefern, der ihm zugesagt ist, und daß man dafür noch Anweisung von 300 Gulden geben soll und für die restlichen 300 Gulden sollen die erwähnten zwei Instrumente als vorher gemacht und geliefert gelten.

Auch die beiden weiteren Doppelfernrohre wurden geliefert und darauf am 13. Februar 1609 beschlossen, Lipperhey den Rest von 300 Gulden von den 900 auszuzahlen. Für die Ablehnung des Patentes sind noch folgende Aktenstücke von Wichtigkeit:

1. der folgende Brief des Rates von Seeland an die Generalstaaten vom 14. Oktober 1608: . . . Wir haben nicht nachlassen wollen, Ew. Edlen zu benachrichtigen, daß hier ein junger Mann ist, der behauptet, auch diese

Kunst zu verstehen und auch mit dem gleichen Instrument beobachtet und sind in Sorge, daß noch mehr sind, und daß auch andererseits die Sache nicht geheim bleiben kann; denn nachdem man weiß, daß die Kunst in der Welt herum ist, so wird versucht werden, besonders, nachdem man die Form des Rohres und daraus einigermaßen die Wirkung verstehen kann, mit der dazu dienenden Kenntnis die Kunst zu finden . . .

2. ist von J. ADRIAANSZON genannt Metius aus Alkmaar, der aus Liebhaberei das Linsenschleifen gelernt hatte, das Gesuch zu erwähnen, das am 17. Oktober 1608 angebracht wurde und hier nur zum Teil wiedergegeben wird . . .

„Er wäre zwei Jahre lang damit beschäftigt gewesen, die Zeit, die ihm sein Handwerk und wichtige Ämter übrig ließen, zu der Suche nach verborgenen Künsten zu benutzen, die im Gebrauch und Behandeln von Glas von einigen Anderen zustande gebracht sein möchten . . . Er habe es endlich so weit gebracht, daß man mit seinem Instrument einen Gegenstand so weit sehen und klar erkennen könne wie mit dem Instrument, das unlängst von einem Bürger und Brillenmacher in Middelburg Ew. Edlen vorgelegt ist, gemäß dem Urteil von Sr. Exzellenz und anderen, die die betreffenden Instrumente nebeneinander geprüft haben. Dem steht nicht entgegen, daß sein Instrument zum größten Teil aus sehr schlechtem Werkstoff gemacht ist und allein zur Probe . . ." Er bittet, ihm ein Patent für die Dauer von 22 Jahren zu erteilen. Darauf wurde an demselben Tage beschlossen, ihm 100 Gulden auszuzahlen und ihn zu ermahnen, weiter zu arbeiten, um seine Erfindung zu größerer Vollkommenheit zu bringen, erst dann solle über das nachgesuchte Patent entschieden werden. METIUS, der als menschenscheuer Sonderling und Geheimniskrämer geschildert wird, scheint diese Entscheidung übelgenommen zu haben, man hat nichts mehr von ihm gehört.

Die Kunde von der holländischen Erfindung verbreitete sich und war im Sommer 1609 in den Nachbarländern bekannt; das Fernrohr wurde auch nachgemacht. Nach einem späteren Bericht (1645) schreibt der Gesandte JEANNIN darüber am 28. Dezember 1608 an Heinrich IV. und ebenso an seinen Minister SULLY. Er übersendet ein Fernrohr mit einem Soldaten, der auch in der Kunst der Herstellung der Fernrohre erfahren sein soll und dies in Nachahmung des Holländers hergestellt habe. Im Mai 1609 werden in Brüssel nach dem dortigen Archiv für den Erzherzog ALBERT von dessen Goldschmied zwei Fernrohre geliefert und mit 390 Gulden bezahlt. Im April 1609 sollen Fernrohre in Paris in Läden ausgestellt gewesen sein. In Übereinstimmung mit einer Flugschrift, die von der Gesandtschaft des Königs von Siam an den Prinzen MORITZ (September 1608) handelt, wird folgendes erwählt: Bevor der spanische Heerführer SPINOLA am 30. September von Haag abreiste, führte ein Brillenmacher aus Middelburg dem Prinzen ein Fernrohr vor. Auch

SPINOLA sah dies mit großem Erstaunen und sagte zum Bruder HEINRICH des Prinzen MORITZ: Von jetzt an würde ich nicht mehr in Sicherheit sein, da sie mich von weitem sehen können, worauf dieser antwortete: Wir werden unseren Leuten verbieten, auf Euch zu schießen. Der Brillenmacher hat dafür 300 Taler erhalten und wird noch mehr bekommen, indem er Vorteile daraus zieht, daß er den Auftrag hat, dies Handwerk niemand zu lehren. Nach SIRTURUS brachte am 2. Mai 1609 ein Franzose dem Grafen FUENTES in Mailand ein Fernrohr, während nach SCHEINER ein holländischer Kaufmann eines nach Rom und ein anderes erst nach Venedig und dann nach Neapel brachte.

Während diese Berichte im wesentlichen zuverlässig erscheinen, werden solche weiterhin immer legendenhafter. Der Astronom S. MARIUS (Mair) erzählt in dem 1614 erschienenen Mundus jovialis, daß dem P. H. FUCHS aus Bimbach auf der Frankfurter Herbstmesse (15. 8. bis 18. 9. 1608) von einem belgischen Händler ein Fernrohr gezeigt wurde. Dieser hätte aber eine so große Summe dafür gefordert, daß er von der Erwerbung abstand. Das Jahr dürfte wohl zu früh angesetzt sein. SIRTURUS erzählt in seinem Telescopium 1618 wie folgt:

„Es erschien im Jahre 1609 — war es ein Schutzgeist oder nicht — ein bislang unbekannter Mann von holländischem Aussehen, der zu Middelburg in Seeland JOHANN LIPPERS(H)EIN aufsuchte — das ist ein Mann, der auf den ersten Blick etwas Auffälliges in seinem äußeren zur Schau trägt und ein Brillenmacher ist; sonst ist das niemand in jener Stadt — und ihm auftrug, mehrere Brillengläser, hohle sowohl wie erhabene, herzustellen; am verabredeten Tage kehrte er zurück, forderte die fertige Arbeit und ergriff, als er sie in Händen hatte, ein Paar, nämlich ein hohle und ein erhabenes (Glas), führte das eine wie das andere vor sein Auge, trennte sie nach und nach voneinander, sei es, um den Vereinigungspunkt, sei es, um die Arbeit des Brillenmeisters zu prüfen, und entfernte sich alsdann nach der Bezahlung des Handwerkers. Der Meister, der durchaus nicht ohne Verstand ist, begann neugierig das gleich zu tun und nachzuahmen, und sehr bald gab ihm die Natur (der Aufgabe) an die Hand, diese Brillengläser in ein Rohr einzufügen; sobald er ein solches beendet hatte, eilte er an den Hof des Prinzen MORITZ und legte seine Erfindung vor." Ebenso gibt der Kapuziner SCHYRLE von Rheydt 1645 in seinem Buch Oculus Enoch an, daß der Seeländer J. LIPPENSUM 1609 das Fernrohr erfunden habe, und zwar zufällig, indem er Brillengläser hintereinander gehalten habe. Obwohl sehr wenig für diese dem SIRTURUS ähnliche Ausschmückung der Erzählung spricht, ist sie doch wohl gerade darum um so lieber oft wiederholt worden.

Im Jahre 1655 erschien nun ein Buch De vero telescopii inventore von PIERRE BOREL (1628—1689), auf Grund dessen nahezu 200 Jahre lang S. JANSSEN für den Erfinder galt und auch heute noch manchem dafür

28*

gilt. BOREL, der Leibarzt Ludwigs XIV. war und selbst optische Instrumente verfertigte, wandte sich an den niederländischen Gesandten in
Paris, WILLEM BOREEL (1591—1668), um Auskunft über den Erfinder des
Fernrohres. Dieser schrieb nun an den Stadtvorstand von Middelburg
den folgenden Brief vom 8. Januar 1655: „Ew. Edlen ist wohl bekannt
die herrliche neue Erfindung der fernzeigenden Brille oder des Fernrohres, durch die den Mathematikern eine große Hilfe geworden ist, aber
auch viele herrliche Schöpfungen Gottes, wie im Himmel so auch auf der
Erde entdeckt und bekannt geworden sind, die niemals menschliche
Augen gesehen haben. Jeder beansprucht die Ehre dieser Erfindung:
GALILEUS DE GALILEIS, VELSERUS, METIUS VON ALCMARE. Jedem hat
man sie zugeschrieben, besonders dem letzteren, obwohl sie alle meines
Erachtens das in Ihrer Stadt Erfundene nur vermittelt und dargestellt
haben. Wie ich wohl informiert bin und mich erinnere, habe ich in meiner
Jugend den Mann gekannt, gesehen und gesprochen, von dem man sagt,
daß er der erste Erfinder gewesen sei, obwohl die Fernrohre etwas unvoll-
kommen waren, er sie aber nachmals von Zeit zu Zeit sehr verbessert hat,
als auch Gelehrte und andere erfahrene Männer, die dasselbe wie vor-
erwähnt dargestellt haben. Dieser Mann wohnte in Middelburg, in der
Capoenstraete ... Es war ein wenig bemittelter Mann, mit vielen Kindern, die ich noch gesehen, als ich im Alter nach Middelburg kam. Wenn
Ew. Edlen mein Gedächtnis durch aktenmäßige Untersuchung für gut
befinden, und wenn die Ehre der Erfindung der Stadt Middelburg zu-
käme, so ersuche ich, daß ich davon durch zugeschickte Dokumente ver-
sichert werde ...“ Nach Eingang des Briefes vernahm am 23. Januar der
Stadtvorstand drei Zeugen im Alter von etwa 70 Jahren, von denen
WILLEMSSEN Türhüter bei einer Bank, der andere DE JONGE Schmied
war. Sie nannten alle LIPPERHEY als Erfinder. Zwei mit dem Namen
LAPREY, der dritte nur als HANS, den Brillenmacher, wohnhaft Capoenstraete, zwei gabe auch die Zeit annähernd richtig mit 1610 an. Darauf
meldete sich J. SACHARIASSEN und gab folgende Erklärung ab: „... Die
(Fernrohre) sind von seinem Vater mit Namen S. JANSSEN wie er mehrmals hat sagen hören, im Jahre 1590 allhier in Middelburg erfunden worden, das längste Rohr seinerzeit ist 15—16 Daumen lang gewesen, zwei
von diesen hergestellte (Fernrohre) sind geschenkt worden, das eine dem
Prinzen MAURITIUS, das andere dem Herzog ALBERTUS. Die Rohre von
solcher Länge wurden bis zum Jahre 1618 einschließlich gebraucht, als,
wie der Zeuge erklärte, er mit seinem Vater zusammen die langen Rohre
erfunden habe, die man gebraucht, um Nachts die Sterne und den Mond zu
sehen. Er sagt auch, daß ein METIUS im Jahre 1620 eins von diesen Fernrohren bekommen habe und dies nachbaute, wie er es am besten herstellen konnte ...“ Die als Zeugin aufgebotene Schwester des vermeintlichen Erfinders weiß nichts über den Zeitpunkt der Erfindung auszu-

sagen. Zu diesem Erfinderanspruch ist folgendes zu bemerken: HANS MARTENS († 1592) kam um 1585 wie viele andere von Antwerpen nach Middelburg, er war wie sein Sohn SACHARIAS JANSSEN (1588 bis um 1632) und der Enkel JOHANNES SACHARIASSEN (geb. 1611) Brillenmacher und Hausierer. JANSSEN wohnte z. Z. der Erfindung am Groenmarkt; er verließ Middelburg um 1627. Er war von 1613—1619 in einen Prozeß wegen Falschmünzerei verwickelt, auf der die Todesstrafe stand. SACHARIASSEN gibt in dem Protokoll sein Alter mit 52 Jahren falsch an, in Wirklichkeit war er z. Z. der gemeinsamen Erfindung 7 Jahre alt; sein Vater war z. Z. der ersten Erfindung 2 Jahre alt. Neuerdings hat C. DE WAARD festgestellt, daß der Gelehrte J. BEECKMANN, der bei SACHARIASSEN 1632 Linsen schleifen lernte, damals in seinem Tagebuch vermerkte, er habe von diesem erfahren, „daß sein Vater die ersten Fernrohre hierzulande im Jahre 1604 machte nach einem von einem Italiener, worauf stand „anno 190". Die Zahl 190 dürfte man als 1590 lesen. Später hat aber wohl SACHARIASSEN eingesehen, daß er damit den Erfinderanspruch seines Vaters nicht begründen kann. Am 3. März antwortete der Stadtvorstand von Middelburg: „. . . Zur Ausführung von Ew. Edlen guter Absicht haben wir gern mit hingebendem Fleiß uns angelegen sein lassen, den Mann ausfindig zu machen. Dazu bekamen wir schon gleich Anlaß durch unseren Kollegen, Juristen JACOB BLONDEL, 65 Jahre alt, der tatsächlich bestätigt, was Sie geschrieben haben. Jedoch nach weiteren und gründlichen Untersuchungen haben wir bis jetzt nichts anderes erfahren können als das, was Ew. Edlen aus dem Anliegenden belieben zu sehen. Gleich wie Verschiedene die Ehre dieser trefflichen Erfindung sich anmaßen möchten, so dünkt uns, daß hier ein gewisser J. SACHARIASSEN das gleiche tun möchte, jedoch nach dem Bericht von dem erwähnten BLONDEL, unserem Kollegen, der mit Ew. Edlen übereinstimmt, und gleichfalls nach den Erklärungen von JACOB WILLEMSEN und EEWOUD KIEN dünkt uns, daß er sich irrt und nicht richtig behalten haben muß . . ." Hinter dem letzten „und" ist wohl „das Geschehene" zu ergänzen. BOREEL scheint inzwischen noch weitere Erkundigungen, besonders von SACHARIASSEN, eingezogen zu haben; war er doch 1591 in Middelburg geboren und nach seinen Angaben Jugendspielgefährte von JANSSEN gewesen. In seinem Brief vom 9. Juli 1655 an BOREL hält er nicht mehr wie früher in dem von ihm veröffentlichten Brief vom 8. Januar und entgegen dem von dem Stadtvorstand festgestellten Tatbestand LIPPERHEY für den Erfinder, sondern JANSSEN, von dessen Erfinderruhm er in seiner Jugend doch etwas erfahren haben müßte. Er vermehrt sogar noch die Widersprüche; nachdem er von den kurzen Rohren, die er auf das Mikroskop bezieht, erzählt hat, fährt er fort: „daß lange nachher 1610 von Jenem die langen Fernrohre für die Sterne (telescopia syderea) erfunden sind." Ein unbekannter Fremder habe von der Erfindung gehört, sei statt zu JANSSEN aus Versehen zu LIPPERHEY gekommen, der ihn ausgehorcht und darauf ein Fernrohr gebaut habe. BOREL macht sich die Ansicht von BOREEL zu eigen und unterschreibt in seinem Buch das Bild von JANSSEN mit „erster Erfinder der Fernrohre", das von LIPPERHEY mit „zweiter".

Es mag noch darauf eingegangen werden, inwieweit LIPPERHEY Vorgänger hatte. Bei ROGER BACO (1214—1292) findet sich folgende Stelle: „Wir können durchsichtigen Körpern eine solche Form geben und in bezug auf Auge und Gegenstand so anordnen, daß die Strahlen gebrochen und gebogen werden, wohin sie wollen, so daß wir den Gegenstand nahe zur Hand oder in irgendeiner Entfernung unter irgendeinem Winkel sehen, und so können wir aus unglaublicher Entfernung die kleinsten Buchstaben lesen." Über die Verwirklichung seines Gedankens ist aber nichts bekannt. Bei anderen älteren Erfindungen, so bei der von LEONARD DIGGES, um 1574, kann man vermuten, daß es sich um die fernrohrähnliche Wirkung einer einfachen Linse bzw. eines Hohlspiegels handelte. Ebenso wird man Versuche mit der Zusammenstellung von Sammel- und Zerstreuungslinsen gemacht haben. Daß dabei ein brauchbares Fernrohr zustande gekommen wäre, ist sehr unwahrscheinlich. Wenn die Erfindung vor 1600 in Italien gemacht wäre, so wäre sie wohl GALILEI zu Ohren gekommen, ehe sie der unbekannte Italiener nach Holland brachte.

Im Juli 1609 hörte G. GALILEI (1564—1642) von der neuen Erfindung und führte am 21. August 1609 ein selbstverfertigtes Fernrohr der Signorie von Venedig auf dem Markusturm vor. Er wurde daraufhin auf Lebenszeit zum Hochschullehrer in Padua mit 400 Dukaten Gehalt ernannt. Das Fernrohr hatte 9fache Vergrößerung, eine Länge von 2,4 m und einen Durchmesser von 42 mm. GALILEI hat das Verdienst, das Fernrohr erfolgreich im Dienst der astronomischen Forschung verwandt zu haben. Neben seiner berühmten Entdeckung der vier Jupitermonde im Januar 1610 seien erwähnt die der zwei Saturnmonde und der vermeintlichen Dreigestalt des Saturn, der Berge auf dem Mond, des Lichtwechsels der Venus, von 40 Sternen in den Plejaden und Sternanhäufungen im Orion und in Praesepe. Den Lichtwechsel der Venus zeigte er in einem Anagramm an, dessen Lösung lautete: Cynthiae figuras aemulatur mater amorum, d. h. Venus ahmt die Lichtgestalten des Mondes nach. Noch 1637, ein Jahr vor seiner Erblindung, entdeckte er die Libration des Mondes. Die Sonnenflecke wurden unabhängig von ihm noch von CHR. SCHEINER und J. FABRICIUS zu nahe gleicher Zeit entdeckt, dieser hat 1611 zuerst darüber veröffentlicht. GALILEI hat Fernrohre bis zu 30facher Vergrößerung gebaut. Ein erhaltenes Objektiv hat eine Brennweite $F = 1,7$ m und einen Durchmesser $D = 56$ mm. Er soll sein Fernrohr, mit dem er die meisten dieser Entdeckungen machte, dem Herzog COSIMO II. von Medici geschenkt haben. Es ist wohl das größere von zwei in Florenz aufbewahrten; dies hat 15 fache Vergrößerung und ein Objektiv $D = 37,5$ mm frei, $D = 50$ mm voll und $F = 1280$ mm, während die entsprechenden Zahlen für das zweite Fernrohr sind: 20; 22; 44; 930. 1617 erfand er die Testiera, ein Fernrohr für beide Augen, das an einer Kopfhaube befestigt war, daher auch Celatone genannt wurde. Von den hergestellten Objektiven fand er nur etwa 10% brauchbar, wohl wegen mangelhafter Beschaffenheit des Glases, obwohl die venetianischen Glasfabriken in dieser Zeit für die besten galten und dadurch seine Fernrohre anderen überlegen waren. Seine Fernrohre waren sehr gesucht, besonders von Astronomen und Fürsten. Das Objektiv führte er mit größerem Durchmesser aus und blendete es nachher ab, wohl weil der gebrauchte Teil so eine genauere Form erhielt. Auch sein Schüler und Amtsnachfolger in Florenz E. TORRICELLI (1608—1647) verbesserte die Fernrohre weiter und erhielt einen Akademiepreis; ein erhaltenes Objektiv ($D = 10,5$ cm; $F = 572,5$ cm) wird gerühmt. Die holländischen Fernrohre zur Beobachtung irdischer Gegenstände wurden schon früh mit mehreren Auszügen aus Pappe geliefert, besonders für Seeleute.

In seiner Dioptrik von 1611 gibt J. KEPLER (1571—1630) die Linsenanordnungen mit Strahlengang für das astronomische und terrestrische Fernrohr sowie für das Teleobjektiv an. Ausgeführt wurde das astronomische Fernrohr zuerst um 1615 durch den Jesuiten CHR. SCHEINER (1575—1650), der auch das Teleobjektiv benutzte, um die Sonne auf einen Schirm zu projizieren (Abb. 260) und so die Größe der Sonnenflecken und deren Bewegung zu messen; er leitete damit die Messungen mit dem Fernrohr ein. Aber erst als um 1645 der Kapuziner A. M. VON SCHYRLE aus Rheydt (1597—1660) Optiker, besonders J. WIESEL (1583 bis nach 1660) in Augsburg zur Herstellung veranlaßte, fanden diese Fernrohre Verbreitung, dann aber rasch, da man den Vorteil des größeren Gesichtsfeldes gegenüber den holländischen Fernrohren, besonders bei den stärkeren Vergrößerungen für astronomische Zwecke zu würdigen wußte. SCHYRLE bildete das Erdfernrohr KEPLERs durch Einführung eines dreilinsigen Okulars weiter. Zur Erläuterung sei hier nach ZAHNs Oculus von 1685 eine Darstellung solcher Fernrohre wiedergegeben (Abb. 454). ZAHN gibt für ein 15 faches Fernrohr die Brennweite des Objektives zu 933, die der Umkehrlinse zu 70 und die der Augenlinse zu 62,2 mm an; die Umkehrlinse vergrößert nicht. Wie Abb. 454 erkennen läßt, war hier das Okularende der dickere Teil des Fernrohres; so blieb es bis in das nächste Jahrhundert. ZAHN ist schon bekannt, daß ein Erdfernrohr mit Zielmarke als Geschützvisier geeignet ist; bezüglich der Erfindung des Richtfernrohres s. § 22. SCHYRLE erwähnt auch den Gebrauch der Züge, um die Vergrößerung zu ändern. Ein Fernrohr mit veränderlicher Vergrößerung findet man dann erst wieder in dem englischen Patent von H. PYEFINCH (1770), der die Linsen des Teleobjektives gegeneinander bewegt. Von WIESEL ist eine Preisliste aus dem Jahre 1647 erhalten. Danach kosteten holländische Fernrohre von 0,9 m Länge 6 Dukaten (99 DM), von 4,2 m Länge 50 Dukaten (828 DM), astronomische Fernrohre von 4,2 m Länge 60 Dukaten (990 DM); terrestrische Fernrohre von 3 bis 4,2 m Länge nicht unter 120 Dukaten (2000 DM); von diesen wird bemerkt, daß noch kein Rohr dieser Art ans Licht getreten sei. Der Schwiegersohn WIESELs war CAMPANI, dessen astronomische Fernrohre zu seiner Zeit wohl unerreicht waren. Ein in England um 1674 verkauftes hatte 38 mm Objektivdurchmesser, 3,03 m Länge und 20 fache Vergrößerung; es konnte auf 61 cm zusammengeschoben werden. R. HOOKE (1635—1703) zeigte 1665, wie das Gesichtsfeld des Okulars durch eine Kollektivlinse vergrößert werden kann. 1693 erfand MARSHALL die größere Genauigkeit verbürgende Kopfarbeit; bei dieser Bearbeitung ist der mit mehreren Linsen besetzte Linsenträger nach einer Kugel von dem herzustellenden Radius geformt; dieses Arbeitsverfahren trug dazu bei, daß die englische Optik allmählich eine führende Stellung gewann.

Nach den Ausführungen von § 6 mußte bei diesen Fernrohren mit einfacher Objektivlinse die Objektivbrennweite und damit die Länge des Fernrohres im Verhältnis zu dem die nutzbare Vergrößerung bestimmenden Objektivdurchmesser groß genommen werden, wie auch unsere Beispiele zeigen; da nach der Theorie die

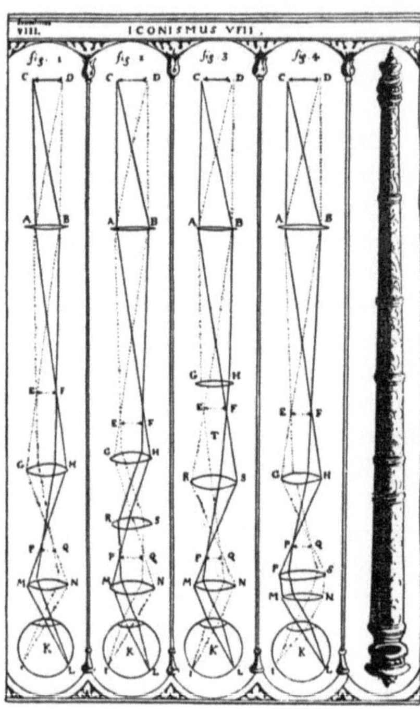

Abb. 454. Fernrohre von SCHYRLE

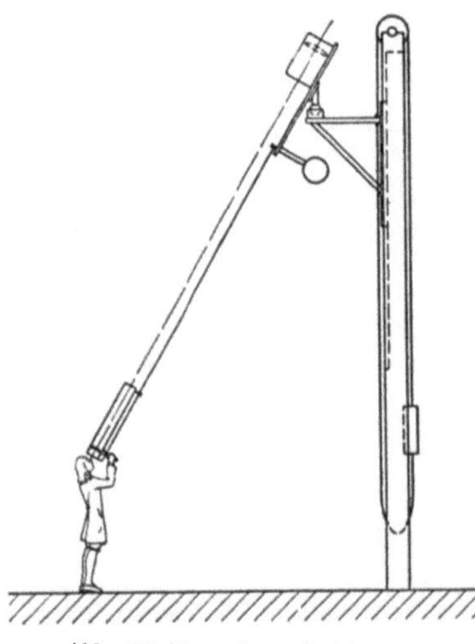

Abb. 455. Ein einfaches Luftfernrohr

Brennweite im Verhältnis des Quadrates des Durchmessers steigen muß,
so wurde man für größere Objektivdurchmesser auf außerordentliche Län-
gen geführt. Man ließ daher, wie es 1684 CHR. HUYGENS (1629—1695)
beschreibt, das Rohr fort und befestigte das Objektiv an einem Mast oder
Turm (Abb. 455). Abb. 456 zeigt ein solches Luftfernrohr nach J. HEVEL
(1611—1687). Die untere der rechten kleinen Abbildungen zeigt den im

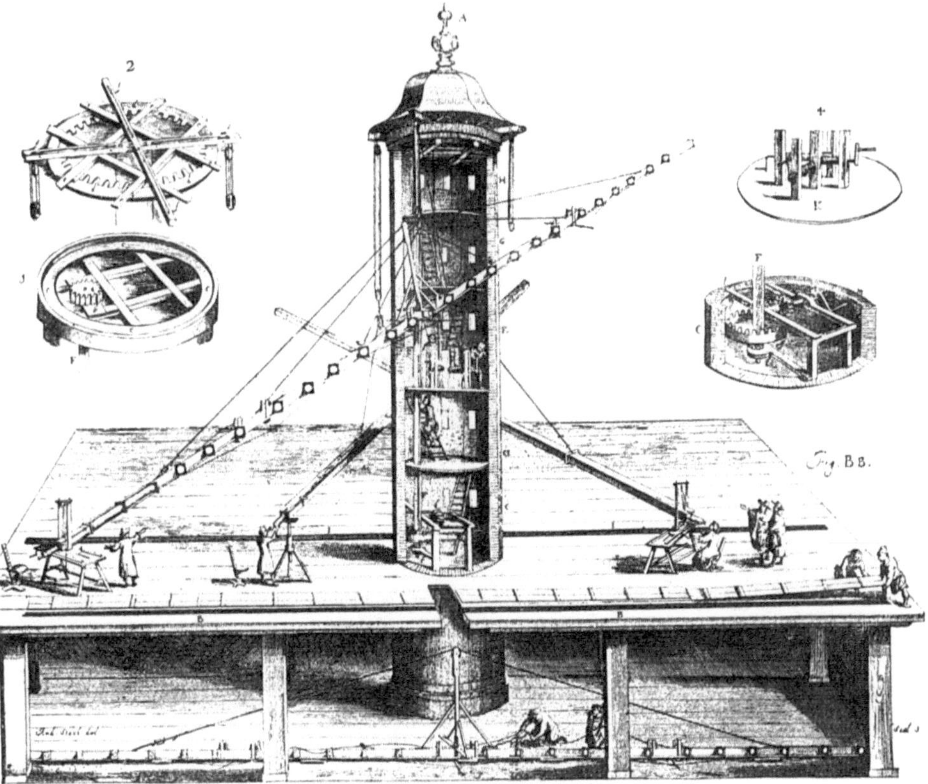

Abb. 456. Ein Luftfernrohr von HEVEL

ersten Stockwerk untergebrachten Antrieb für die Schwenkung der Turmhaube, die obere den Seilantrieb im dritten Stockwerk für das Richten der
Fernrohre nach der Höhe. Die linken kleinen Abbildungen zeigen das Trieb-
werk in der Turmhaube. Der Beobachtertisch besitzt Einrichtungen zum
Nehmen der feinen Seiten- und Höhenrichtung. Während HUYGENS noch
mit einem Fernrohr von 57 mm Öffnung und 3300 mm Brennweite die wahre
Gestalt des Saturn und den Saturnmond Titan entdeckt hatte, brauchte
G. D. CASSINI (1625—1712) von 1671 ab für die Entdeckung von vier
weiteren Saturnmonden und der nach ihm benannten Teilung des Saturn-

ringes Campanische Luftfernrohre von etwa 11—14 m Länge. Ein auf der Pariser Sternwarte aufbewahrtes Objektiv hat $D = 137$ mm, $F = 10,85$ m; die Linse ist bikonvex mit gleichen Radien, die Brechzahl $n = 1,52$; es hatte regelmäßige sphärische Unterkorrektion, für die nutzbare Öffnung von 108 mm ist sie unterhalb der Rayleighschen Grenze (§ 7). Bei zwei erhaltenen Objektiven von Constantin Huygens mit etwa 200 mm Öffnung und 60 bzw. 57 m Brennweite ist die technische Ausführung der Flächen bemerkenswert gut, die Beschaffenheit des

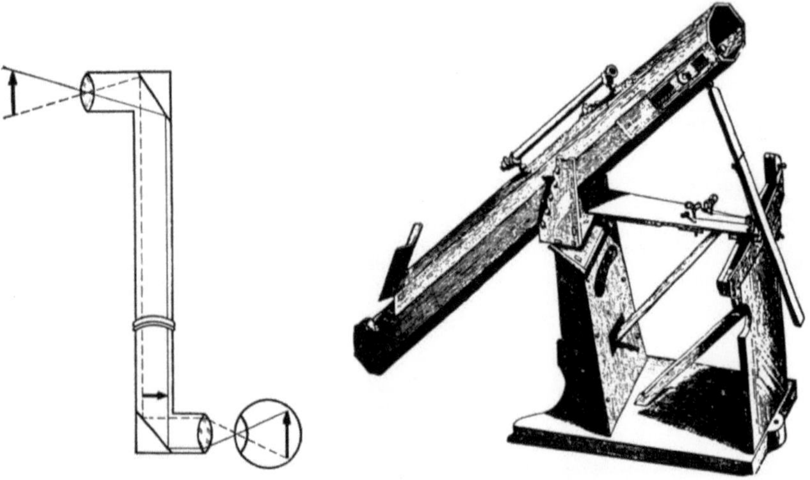

Abb. 457. Das Polemoskop von Hevel   Abb. 458. Das Spiegelfernrohr von Hadley

Glases aber mangelhaft. Auffallend ist, daß Hevel für seine Meßwerkzeuge keine Fernrohre anwandte. Er soll freilich 1679 mit seinen Dioptern ebenso genaue Winkelmessungen wie J. Hadley mit seinen Fernrohren gemacht haben. Hevel beschrieb auch in seiner Selenographia 1647 das Polemoskop, ein Fernrohr mit ablenkenden Spiegeln, mit dem man über eine Deckung hinweg beobachten konnte; Abb. 457 zeigt ein solches nach dem etwas späteren Zahnschen Buch.

Im Jahre 1722 brachte J. Hadley (1656—1742) ein Newtonsches Spiegelfernrohr von 150 mm Durchmesser und etwa 1500 mm Objektivbrennweite zustande. Wie Abb. 458 zeigt, wurde über Schnüre mit den Schrauben auf dem horizontalen Arm das Fernrohr in Höhe und Seite fein bewegt; durch die verschiedenen Lager konnte der Einblick der Höhe des Auges angepaßt werden; das Okular samt dem Planspiegel konnte mit Schneckentrieb axial verschoben werden. Dieses Fernrohr leistete dasselbe wie das Luftfernrohr von Huygens, das die gleiche Öffnung und etwa 40 m Brennweite hatte. Damit war die Rolle des Luftfernrohres ausgespielt, und das Spiegelfernrohr wurde erfolgreich in den Dienst der

astronomischen Forschung
gestellt. N. Zucchis Form
mit schrägem Einblick von
vorn ähnlich Abb. 123 geht
auf das Jahr 1616 zurück;
diese nahm Lemaire 1735
wieder auf, indem er das
zerstreuende Okular durch
ein sammelndes ersetzte.
Aber erst W. Herschel
(1738—1822) hatte mit
dieser Form, von den Eng-
ländern Front view oder
Skew Telescope genannt,
astronomische Erfolge. Er
baute ein Fernrohr von
122 cm Durchmesser und
10 m Brennweite, von dem
aber erst der dritte Spiegel
gelang (Abb. 459). Am Tage

Abb. 459. Das große Fernrohr von Herschel mit 1,22 m
Spiegeldurchmesser

der Aufstellung 1789 entdeckte er damit den sechsten Saturnmond und
bald darauf den siebenten. Die meisten Entdeckungen machte er aber

mit einem von 475 mm Durchmesser und 7 m Länge; die des
Uranus mit einem von nur 2,1 m
Länge. Abb. 460 zeigt die Aufstellung eines solchen von 3 m
Länge mit Seiltrieben. Herschel
entdeckte 846 Doppelsterne und
etwa 2500 Nebel und Sternhaufen.
Aus der Untersuchung hinterlas-
sener Spiegel geht hervor, daß
er für die Spiegel die parabolische
Form anstrebte, aber nicht erreichte; die meisten wichen ein
wenig nach der hyperbolischen
Form ab. Nach Herschel hat
nur noch J. Ramage Fernrohre
der Herschelschen Bauart mit
geringerem Erfolg gebaut. Die
Nachteile, die die Beobachtung
von vorn, besonders bei kleinerem Spiegel, hat, bewogen 1639

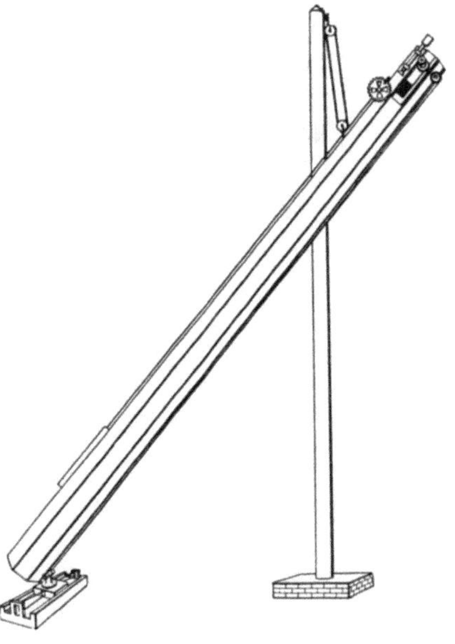

Abb. 460. Ein kleines Spiegelfernrohr von Herschel
nach Lubbock

M. Mersenne (1588—1648) zu dem Vorschlage, als Okular einen hohlen oder erhabenen Spiegel anzuwenden und durch die Öffnung in der Mitte des Hauptspiegels zu beobachten; Objektiv- und Okularspiegel sollten parabolische Form erhalten; diese Bauart ist wegen des kleinen Gesichtsfeldes unbrauchbar. 1661 erfand J. Gregory die nach ihm benannte Bauart und veröffentlichte sie in seiner Optica promota 1663; die Optiker Cox und Rives, die von ihm beauftragt wurden, einen parabolischen Hauptspiegel und einen elliptischen Fangspiegel herzustellen, brachten nichts Brauchbares, selbst nicht mit sphärischen Spiegeln, zustande. Ein Spiegelfernrohr im Museum von Cherbourg soll nach der Gravierung 1666 von Blunt für Gregory gebaut sein. Mehr Erfolg hatte Newton (1643—1727), der sich die Ausführung seiner Bauart selbst angelegen sein ließ; er polierte mit Zinnasche auf Pech; der Spiegelwerkstoff bestand aus Cu, As und Zn. Er legte 1671 ein Spiegelfernrohr mit $D = 34$, $F = 159$ mm und 38facher Vergrößerung der Royal Society vor und wurde daraufhin zum Mitglied dieser Gesellschaft ernannt. 1678 verband sich Newton mit einem Optiker, um ein Fernrohr von 1,22 m Länge mit 150facher Vergrößerung zu bauen. Der Hauptspiegel sollte ein auf der Rückseite belegter Glasspiegel, der Fangspiegel ein Glasprisma sein; der Versuch scheiterte daran, daß das Glas zu schlierig war. Cassegrain veröffentlichte seine Bauart 1672; die scharfe Kritik, die Newton übte, wird durch ihren späteren Erfolg widerlegt, allerdings war der damalige Stand der Technik der Aufgabe nicht gewachsen. Der oben erwähnte Erfolg Hadleys veranlaßte viele andere, sich mit der Herstellung von Spiegelfernrohren, besonders der Gregoryschen Art, zu beschäftigen. 1736 fand in Islington ein Vergleich verschiedener Fernrohre statt, aus dem hier ein Auszug wiedergegeben sei.

Hersteller	Bauart	Durchmesser des Objektives in mm	Vergrößerung	Durchmesser der Austrittspupille in mm
Scarlett	Gregory	50	36	1,4
Chaplain	Gregory	47,6	40	1,2
Short	Gregory	58,4	61	0,96
Scarlett	Cassegrain	100	100	1

Nach einer Preisliste aus derselben Zeit kosteten Gregorysche Fernrohre von 43 bzw. 73 cm Länge 5 £ 12 s bzw. 11 £ 4 s.

Einen besonderen Ruhm in der Herstellung von Spiegelfernrohren, erlangte J. Short; er hat deren von 1732—1768 etwa 1400 gebaut, darunter auch 6 mit rückversilbertem Glasspiegel; es zeigten sich aber auch hier Mängel in der Beschaffenheit des Glases. Er baute 1742 für Lord Spencer ein Spiegelfernrohr von 55 cm Öffnung und 3,65 m Brennweite. Es sind Spiegel von ihm erhalten, deren Reflexionsvermögen bis heute noch wenig gelitten haben soll. Angaben über seine Spiegelfernrohre macht SMITH; es seien hier die Werte für ein kleineres angeführt: Brennweite des Hauptspiegels $f_1 = 244$ mm, Durchmesser $D_1 = 58$ mm, für den Fangspiegel gilt $f_2 = 38$ und $D_2 = 15$ mm, Abstand der Spiegel $A = 286$ mm, also Gesamtbrennweite $F = 2400$ mm; das Huygensche Okular mit $f_3 = 42$ mm und 18° Gesichtsfeld gibt 57 fache Vergrößerung. HERSCHEL hat neben seinen beiden großen Fernrohren (Abb. 459) hauptsächlich Spiegelfernrohre der Newtonschen Bauart hergestellt. Von 1774—1795 allein 200 Stück von $F = 2,15$, 150 von $F = 3,05$ und 80 von $F = 7,1$ m, außer solchen Gregoryscher Art bis zu $F = 5,05$ m. Kleinere dieser Bauart wurden auch gern, da sie ein aufrechtes Bild gaben, als Aussichtsfernrohr verwandt. Von größeren Spiegelfernrohren mit Metallspiegeln seien aus späterer Zeit noch erwähnt das von Lord ROSSE (1861) nach NEWTON mit $D = 1,84$ m, $F = 16,5$ m, das außer in der Höhe nur 1,5° seitlich des Meridians bewegt werden konnte, das von W. LASSELI (1865) nach NEWTON (Abb. 269) mit $D = 1,2$ m, $F = 11,3$ m, das auf seine Anordnung nach seinem Tode zerstört wurde, und das für die Sternwarte Melbourne (1870) nach CASSEGRAIN mit $D = 1,22$ m, $F = 9,3$ m, das sich nicht besonders bewährt hat. Auf die Erfolge der neueren Spiegelfernrohre mit auf der Vorderfläche versilberten Glasspiegeln kann hier nicht eingegangen werden.

Am 20. Februar 1766 fällte Lord CAMDEN in einem Patentprozeß das denkwürdige Urteil, das ein Patent mit den Worten aufrecht erhielt: „Wer seine Erfindung in seinem Schreibtisch verschließt, soll von seiner Erfindung keinen Vorteil haben, wohl aber, wer sie zum Vorteil der Öffentlichkeit ausführt." Am 19. April 1758 hatte nämlich J. DOLLOND (1706—1761) ein Patent auf ein achromatisches Objektiv erhalten und war dafür von der Royal Society mit der Copley Medal ausgezeichnet worden. Während er nichts dagegen unternommen hatte, daß auch andere Optiker diese Objektive herstellten, drohte nach seinem Tode sein Sohn P. DOLLOND (1739—1820) diesen Optikern mit Klage. Obwohl nun 35 Optiker 1764 an den Staatsrat ein Gesuch richteten, das Patent aufzuheben, schritt P. DOLLOND mit Erfolg zur Klage gegen drei von ihnen; in dem einen gegen CHAMPNEYS erstritt er das erwähnte Urteil und erwirkte eine Geldstrafe von 204 $\pounds$, obwohl in der Eingabe der Optiker bewiesen war, daß der Rechtsanwalt (später Friedensrichter) CHESTER MOOR HALL (1704—1771) im Jahre 1729 das achromatische Objektiv erfunden und nach längeren Versuchen 1733 mit Hilfe des Optikers G. BASS ein brauchbares Objektiv von $D = 64$ und $F = 503$ mm zustande gebracht hatte, ferner daß auch weiterhin solche Fernrohre hergestellt wurden. HALL hatte so den viel umstrittenen, durch einen unvollkommenen Versuch (1704) verursachten Irrtum NEWTONs, daß es unmöglich wäre, die Farbenabweichung der Objektive zu heben, durch die Tat

widerlegt. Demgegenüber hatte früher (1695) D. GREGORY, wie auch
später andere, behauptet (es soll auch der leitende Gedanke von HALL
gewesen sein): „Es würde vielleicht nützlich sein, das Objektiv eines
Fernrohres aus verschiedenen Medien zusammenzusetzen, wie wir es
beim Auge von der Natur getan sehen, die niemals eine Sache umsonst
unternimmt." Daß aber tatsächlich das Auge nicht farbenfrei ist, hat
schon NEWTON beobachtet. HALL soll auch den Sextanten unabhängig
erfunden haben. Er hat darüber ebensowenig etwas veröffentlicht. Auf
seinen Grabstein heißt es: "He was a judicious lawyer, an able mathe-
matician, a polite scholar, a sincere friend and a magistrate of the
strictest integrity."

DOLLOND soll der Bau des achromatischen Fernrohres durch R. REW
1755 vermittelt worden sein, wie es überhaupt in Optikerkreisen bekannt
war und hergestellt wurde. DOLLOND muß aber diesen überlegen gewesen

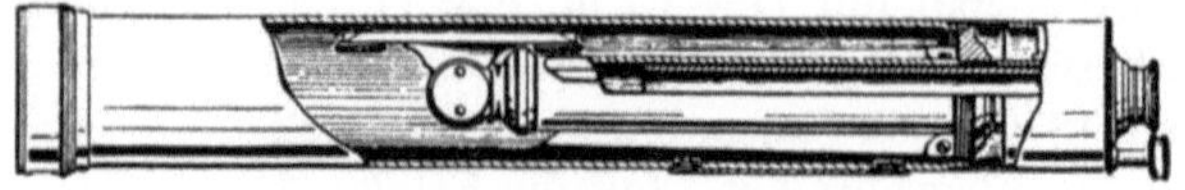

Abb. 461. Das Reisefernrohr von DOLLOND

sein. Sein Erfolg trug zur nun rasch erfolgenden Einführung der Erfindung hauptsächlich bei. Im Besitz eines größeren Postens brauchbaren
Flintglases, das damals nur nebenbei bei der Fabrikation abfiel, brachte
er gute achromatische Objektive größeren Durchmessers auf den Markt.
Während der Vater für die astronomischen Fernrohre zweilinsige Objektive und für die Theatergläser und Erdfernrohre dreilinsige benutzte, verwandte der Sohn auch dreilinsige für die Fernrohre erster Art. SHORT
rühmt die Bildgüte eines solchen von $D = 95$ mm und $F = 1070$ mm mit
der Vergrößerung 150fach. Das dreilinsige Objektiv hatte geringere
sphärische Abweichung, wie die Durchrechnung erhaltener Stücke zeigte.
P. DOLLOND führte auch um 1783 Erdfernrohre mit Holzrohren und Auszügen aus Messing ein, die sich für den Gebrauch auf See besser eigneten
als die mit Papprohren. Ein Reisefernrohr, bei dem das Gestell, eine
Säule mit drei Klappfüßen im Fernrohr verpackt wurde, zeigt Abb. 461.
DOLLONDs Schwager, J. RAMSDEN (1735—1800), war sowohl als Optiker
als auch als geschickter Mechaniker berühmt. Er führte statt der Quadran-
ten Vollkreise ein, die durch Mikroskope mit Schraubenmikrometer abgelesen wurden. Bemerkenswert ist auch, daß man um die Jahrhundertwende vielfach auf See als Nachtfernrohre astronomische Fernrohre trotz
des umgekehrten Bildes verwandte; ein Zeichen, daß sich an das umgekehrte Bild nicht nur der Landmesser und Astronom zu gewöhnen
vermag.

Daß aber der Refraktor in der ersten Hälfte des 19. Jahrhunderts als astronomisches Fernrohr die große Bedeutung gewann, ist doch in weit höherem Maße das Verdienst von J. Fraunhofer (1787—1826). Im Jahre 1809 wurde er von P. Guinand (1748—1824) in die Herstellung des optischen Glases eingeweiht, die dieser in der Werkstätte von Benediktbeuren eingeführt hatte. Wenn es auch nicht möglich ist, die Verdienste der beiden zu trennen, so war doch der größte Erfolg Fraunhofer nach dem Ausscheiden Guinands beschieden. Er ist wohl dem Umstand zu verdanken, daß bei seiner Arbeit wissenschaftliche Grundsätze und Grundlagen sich mehr auswirkten. Der Dorpater Refraktor (Abb. 261), das letzte von Fraunhofer hergestellte Objektiv, hatte ein Objektiv von 245 mm Durchmesser, während Dollond nur vereinzelt bis 125 gelangte. Ja Fraunhofer bot noch kurz vor seinem Tode für die geplante Sternwarte in Edinburgh ein Objektiv von 490 mm Durchmesser an. So war hier die Herstellung des Glases, besonders des Flintglases, für feinere optische Zwecke in ungeahntem Maße verbessert worden; in Frankreich und England war dies trotz eifriger Förderung durch die Regierungen nicht gelungen. Fraunhofer hat sich auch an der Aufgabe versucht, Glasarten zu schmelzen, aus denen man Objektive mit geringerem sekundärem Spektrum herstellen könnte; diese Glasarten kamen nicht zur Einführung, da das Kron zu leicht beschlug. Die früheren und gleichzeitigen Versuche, dies mit Flüssigkeitslinsen zu erreichen, übergehen wir, da sie keinen praktischen Erfolg haben konnten. Bei der Herstellung der Objektive verließ Fraunhofer ganz die Bahn der alten pröbelnden Optik. Von größter Wichtigkeit war dafür, daß es ihm gelang, mit Hilfe der nach ihm benannten, wenn auch von W. H. Wollaston gefundenen, dunklen Linien im Sonnenspektrum genaue Messungen der Brechzahlen bis auf die 5. Dezimale und damit auch der Farbenzerstreuung durchzuführen. So erst war es möglich, erfolgreich auf Grund der Rechnung zu arbeiten.

Er bevorzugte die trigonometrische Durchrechnung und hat wohl auch auf diese Weise die nach ihm benannte Bauart des Fernrohrobjektives gefunden, bei der der Komafehler außer der Achse* behoben ist. Die Daten des Königsberger Heliometerobjektives aus seiner Werkstätte mit $D = 158$ und $F = 2560$ mm sind für die Radien $r_1 = + 1891$; $r_2 = -753$; $r_3 = -768$; $r_4 = -2655$; für die Dicken $d_1 = 13,5$

---

* Fraunhofer hat unstreitig das Verdienst, die Form des zweilinsigen Fernrohrobjektivs gefunden zu haben, die eine Beseitigung der außeraxialen Koma ermöglicht. „Auskorrigiert" hinsichtlich der Koma nach heute gültigen Maßstäben waren seine Objektive wohl nicht, zumindest nicht das Königsberger Heliometerobjektiv. Das zeigt eine später durchgeführte Durchrechnung von C. A. Steinheil. Demnach hat dieses Objektiv noch eine merkliche Koma und ebenso eine deutliche Abweichung von der Sinusbedingung. Auf diesen Sachverhalt sei ausdrücklich hingewiesen, da man vielfach andere Darstellungen findet.

848

und $d_2 = 9$ mm; für die Brechzahlen $n_{1C} = 1,524738$; $n_{1F} = 1,53370$; $n_{2C} = 1,63031$; $n_{2F} = 1,64846$. Daß sich FRAUNHOFER auch bei den Okularen die Hebung des Astigmatismus außer der Achse angelegen sein ließ, zeigt sein Erdfernrohrokular ähnlich Abb. 131. Die Daten sind auf $f' = 25$ mm umgerechnet für die Radien $r_1 = \infty$; $r_2 = -28,55$; $r_3 = \infty$; $r_4 = -36,69$; $r_5 = +35,36$; $r_6 = \infty$; $r_7 = +22,68$; $r_8 = \infty$; für die Dicken $d_1 = 3,3$; $d_2 = 2,32$; $d_3 = 5,64$; $d_4 = 3,15$; für die Abstände $b_1 = 74,6$; $b_2 = 137,83$; $b_3 = 61,38$; die Brechzahl ist $n_D = 1,529$.

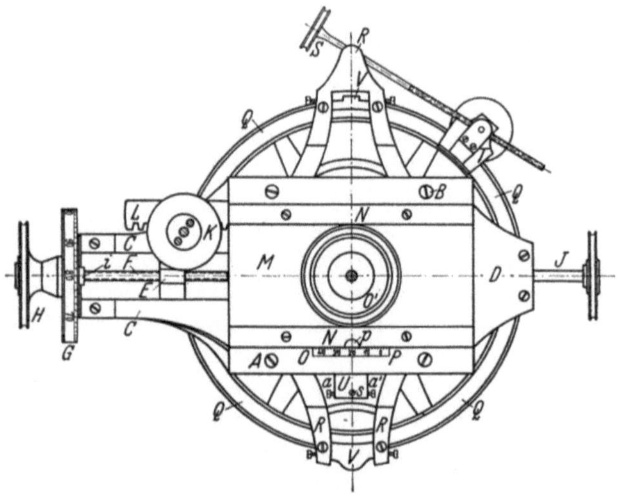

Abb. 462. Das Positionsmikrometer von FRAUNHOFER

Wohl hatten schon in den sechziger Jahren des 18. Jahrhunderts A. C. CLAIRAUT (1713—1765) und J. D'ALEMBERT (1717—1783) die Fehler außer der Achse eingehend untersucht; auch hatte CLAIRAUT unter anderem ein Objektiv angegeben, das mit der Bauart FRAUNHOFERs nahe übereinstimmt und von einem Liebhaberoptiker L'ESTANG ausgeführt wurde, wie auch andere bis zu 80 mm Durchmesser, doch alle mit ziemlich kleinem Öffnungsverhältnis. Desgleichen hatte D'ALEMBERT ein dreilinsiges verkittetes, ebenso korrigiertes Objektiv angegeben, das aber nicht ausgeführt wurde. Ein praktischer Erfolg, der sich auch nur mit DOLLONDs messen könnte, war aber in keiner Weise erreicht worden.

Nicht unerwähnt bleiben dürfen auch FRAUNHOFERs Leistungen für die genaue Herstellung der Linsenflächen, insbesondere durch die Einführung des Probeglasverfahrens, und für die Ausbildung der Montierung, einschließlich des Uhrwerkes und des Mikrometers; seine Montierung wurde in den folgenden Jahrzehnten ohne wesentliche Änderung nachgebaut. Abb. 261 zeigt die Montierung des Dorpater Refraktors. Die Polarachse ruht in zwei zylindrischen Lagern und stützt sich mit dem unteren erhabenen Ende gegen ein Widerlager. Der Stundenkreis von 35 cm Durchmesser kann mit Nonius bei Schätzung noch auf $^1/_2$ Zeitsekunde abgelesen werden, mit dem Deklinationskreis von 51,5 cm Durchmesser können noch 5″ abgelesen werden. Um Kardangelenke drehbare Hebel mit Gegengewichten wirken der Durchbiegung des 4,2 m langen Fernrohres entgegen. Ebenso werden die Achsen durch je ein Gegengewicht entlastet. Der Sucher hat 6,6 cm Öffnung.

Abb. 462 zeigt ein Positionsmikrometer von FRAUNHOFER. Sowohl um Repititionen der Messungen vornehmen zu können, wie auch um den Abstand der Fäden verändern zu kön-

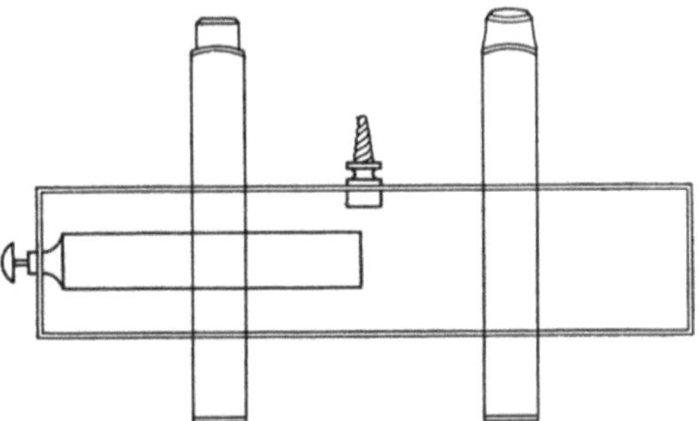

Abb. 463. Das Doppelfernrohr von CHOREZ

nen, damit Schraubenfehler ausgeschieden werden, sind zwei Schlitten $C\,C$ und D mit je einem Faden in dem Rahmen $A\,B$ verschiebbar. Der eine Schlitten wird durch die in der Mutter E bewegliche Schraube F mit Teiltrommel G (Zeiger i) und Triebknopf H verschoben, während an der Teilung $O\,P$ gegen den Zeiger p grob abgelesen wird. Der andere Schlitten wird mit dem Triebknopf J bewegt, der später auch eine Teilung erhielt. Mit den kleinen Schräubchen a und a' kann der Ansatz U des den einen Faden tragenden Rahmens bewegt und so parallel dem anderen gestellt werden. Die Platte M mit dem Okular O' kann mit Zahntrieb $K\,L$ so verschoben werden, daß die Fäden in die Mitte des Gesichtsfeldes kommen. Der Positionskreis $Q\,Q$ wird mit den beiden Nonien $V\,V$ abgelesen, für die Feindrehung des Mikro-

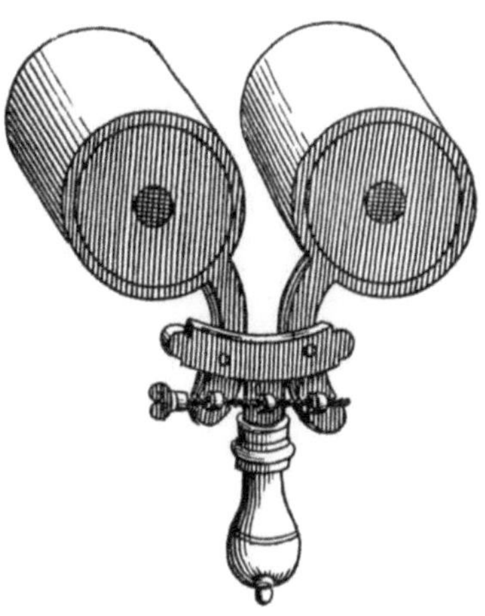

Abb. 464. Das Doppelfernrohr von
CHERUBIN D'ORLEANS

meters zum Kreis sind die Klemme T und die Schraube S angeordnet.

Wie oben erwähnt, hat schon LIPPERHEY ein holländisches Fernrohr für beide Augen gebaut. Im 17. Jahrhundert hat man sich vielfach mit Einrichtungen beschäftigt, die dazu dienen, den Abstand der Rohre an den der Augen anzupassen. Abb. 463 und 464 geben die Einrichtungen von D. CHOREZ und CHÉRUBIN D'ORLÉANS wieder. Das einfache, heute übliche Gelenk zeigt das Doppelfernrohr des Venezianers D. SELVA (Abb. 465) aus der Zeit vor 1758. Dies Doppelfernrohr hat sich aber nicht eingebürgert, selbst auch dann zunächst nicht, als man mit achromatischen Objektiven wie SELVA das Rohr kürzer baute. Erst FR. VOIGTLÄNDER in Wien gelang 1823 die Einführung von holländischen Doppelfernrohren mit fester Brücke und Einzeleinstellung der Okulare. Auf die gemeinsame Einstellung beider Okulare für ein scharfes Bild erhielt am 28. April 1825 PH. LEMIÈRE in Paris ein französisches Patent; es enthielt sowohl die heute übliche Einstellung mit Schraubentrieb in der

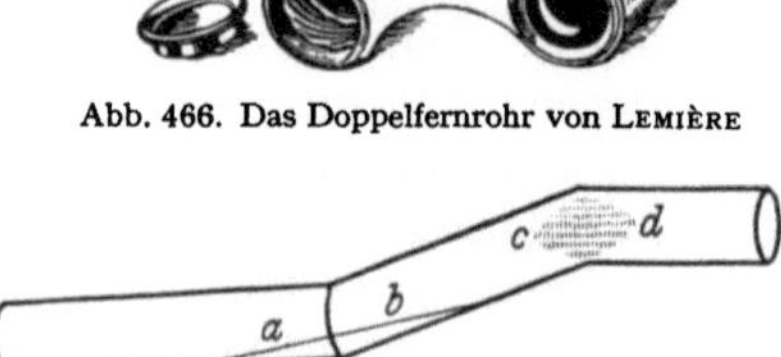

Abb. 466. Das Doppelfernrohr von LEMIÈRE

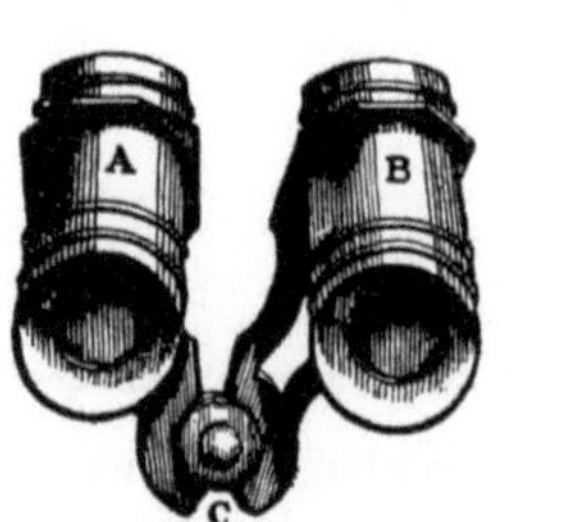

Abb. 465. Das Doppelfernrohr von SELVA

Abb. 467. Ein Fernrohr mit Spiegelumkehrung aus dem 17. Jahrhundert

Mitte, als auch die von ihm wohl zunächst ausgeführte mit Schraubentrieb in dem einen Rohr, wobei das andere Rohr durch die Brücke mitgenommen wird (Abb. 466).

Wenn FRAUNHOFER sich durch wissenschaftliche, kaufmännische und organisatorische Begabung nicht minder wie durch erfinderische Begabung auszeichnete, so tritt uns in P. J. PORRO (1801—1875) ein Mann entgegen, dem der Mangel der erstgenannten Fähigkeiten den Erfolg seiner vielen Erfindungen verkümmerte. Mit den von ihm begründeten Werkstätten in Turin 1842, Paris 1847, Mailand 1865, hatte er kein Glück. Er war als Artillerieoffizier mit Aufgaben der Landesvermessung betraut worden und hat sich später die Vervollkommung der Vermessungsgeräte besonders angelegen sein lassen. Wir können hier auf seine großen Leistungen auf diesem Gebiet nicht eingehen und beschränken uns auf das ihm 1854 in Frankreich und England patentierte Prismenfernrohr. Die Bildaufrichtung suchte man nach ZAHNs Oculus artificialis schon im 17. Jahrhundert durch Spiegel (Abb. 467), wo $a\,b$ und $c\,d$ die beiden Spiegel sind) in ähnlicher Weise wie DELABORNE (Abb. 39) 1838 zu erreichen, doch mußte man dabei die Geradsichtigkeit aufgeben. Auch die Verwendung von AMICIs Dachprisma (Abb. 41), zumindest in der Ausführung von NACHET (1843), sowie des patentierten Prismas von C. VARLEY 1811 (Hälfte des Umkehrprismas nach Abb. 50) für das Mikroskop dürfte PORRO bekannt gewesen sein. Die Verkürzung des Fernrohres durch zwei parallele, zur Achse etwas geneigte Spiegel hatte schon R. Hooke 1668 angegeben. Sie ist auch bei Zahn dargestellt, der daneben noch die Verkürzung durch zwei parallele, nicht wie bei Porro gekreuzte, 90°-Winkelspiegel zeigt. Die Bedeutung von Porros Erfindung wird dadurch nicht eingeschränkt, besonders da die Anwendung der Spiegelumkehrung für das Fernrohr schon solange bekannt war. Der Vorläufer des heute verbreiteten Prismenfeldstechers war Porros Longue-Vue Cornet (Abb. 468), die mit Schätzteilung für Entfernungsmessung ausgerüstet war; die Einstellung des Huygensschen Okulars erfolgte mit einem kleinen Hebel durch den Daumen. Von dieser Art soll er auch größere Marinefernrohre ausgeführt haben, eines mit einem Objektiv von 40 mm Öffnung, 700 mm Brennweite und 150 mm Länge, ferner eines mit einem Okulardrehwechsler für 12- und 26fache Vergrößerung (Abb. 469) und

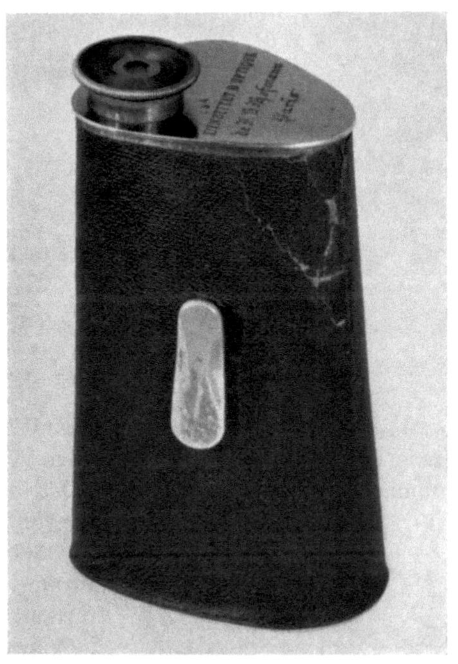

Abb. 468. Porros Lougue-Vue Cornet

mit einem Objektiv, für das $D = 40$ mm und $f' = 900$ mm war, die Länge betrug 300 mm. Für beidäugigen Gebrauch scheint er Fernrohre dieser Art nicht ausgeführt zu haben, obwohl er in der Patentschrift ein Theaterglas von 30 mm Länge anführt. Von der Bauart mit der zweiten Prismenform (Abb. 470b), Lunette Napoleon III. (Abb. 470a), überreichte er persönlich dem Kaiser am 22. Februar 1855 zwei Stück,

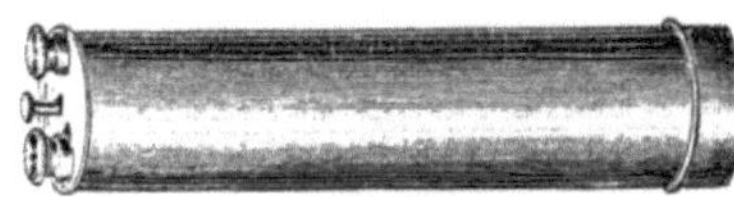

Abb. 469. Ein Porrosches Fernrohr mit Okularwechsler

davon das eine in Luxusausführung. Für diese Bauart wird die Vergrößerung mit 10fach, das Gesichtsfeld mit 3° angegeben; Objektiv und Okular waren als achromatische Linsen mit Planfläche ausgebildet und auf die äußeren Prismen aufgekittet; der äußere Rändelring diente zum Scharfstellen, vermutlich durch Verschieben des mittleren Prismas. Er erkannte auch, daß diese Form bei Höherschieben des Objektivprismas

sich als Polemoskop zur Beobachtung in Deckung eignet. Ein Prismendoppelfernrohr (Abb. 471) wurde A. A. BOULANGER 1859 patentiert und
von der Firma Luquin und l'Hermite hergestellt. PORROs Erfindung hat

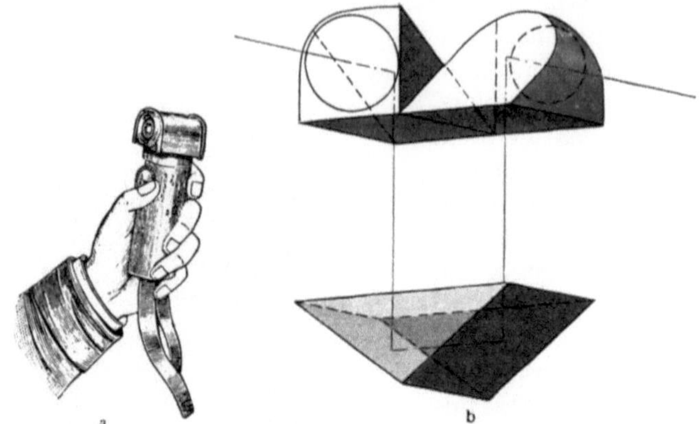

Abb. 470 a u. b. Porros Lunette Napoleon III.

zu ihrer Zeit keinen besonders großen Eindruck gemacht und wurde wohl
mehr als Merkwürdigkeit angesehen. Obwohl sie in BONNARDOTs volks-
tümlichem Buch über das Fernrohr von 1855 und ebenso in der 8. Auf-
lage von EISENLOHRs Lehrbuch der Physik von 1860 beschrieben war, war sie doch so gut wie vergessen, als PORRO nach vielen Enttäuschungen 1875 starb. 1873 hatte E. ABBE PORROs Fernrohr nacherfunden und ein Muster anfertigen lassen. Die Einführung verzögerte sich aber durch seine Arbeit für das Mikroskop und für die neuen Glasarten. Als aber dann in dem Borosilikatkron ein für die Prismen geeignetes Glas in guter Beschaffenheit geliefert wurde, konnte mit den verbesserten Hilfsmitteln der Mechanik und Optik PORROs Erfindung mit mehr Erfolg 1894 eingeführt werden. Die in § 20 ausführlich beschriebene Ausführungsform der Prismenfeldstecher mit erweitertem Objektivabstand wurde E. ABBE durch Patent geschützt, das von 1893 bis 1908 in Kraft war. Ohne das

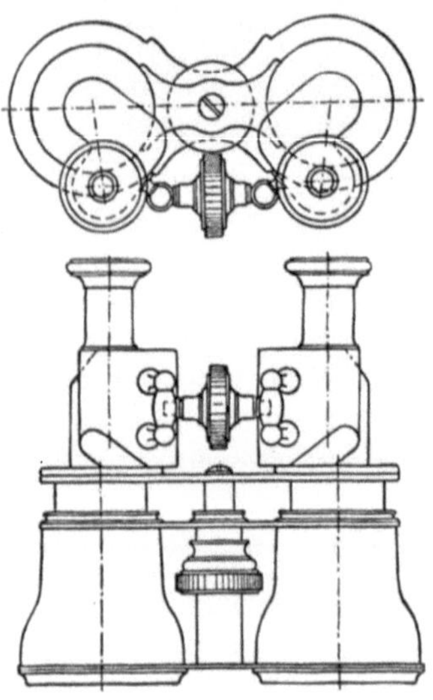

Abb. 471. Das Prismendoppelfernrohr
von BOULANGER

Verdienst PORROs zu schmälern, muß jedoch festgestellt werden, daß 1894
als das eigentliche Geburtsjahr des modernen Prismenfeldstechers anzu-
sprechen ist, das Jahr nämlich, in dem ABBE seine Konstruktion einführte.

Wir müssen uns versagen, die neuere Entwicklung des Fernrohres in der gleichen Ausführlichkeit zu behandeln. Das Wesentliche ist bereits im technischen Teil dieses Buches gesagt worden. Eine geschlossene Darstellung der neueren Entwicklung unter historischen Gesichtspunkten führt — wenn sie vor allem Anspruch auf lückenlose und objektive Würdigung aller Einzelheiten erhebt — zu erheblichen Schwierigkeiten. Die moderne Entwicklung ist ja bekanntlich in weitem Maße das Werk von Entwicklungsgruppen. Die einzelnen Erfinder sind vielfach der Öffentlichkeit nicht bekannt, ihre Namen treten größtenteils hinter den Namen ihrer Arbeitsstätten zurück. Ohne Anspruch auf Vollständigkeit, soll daher die neuere Entwicklung lediglich durch die stichwortartige Anführung der Namen der bedeutendsten Fachleute der letzten 100 Jahre mit kurzem Hinweis auf ihre Verdienste skizziert werden.

E. Abbe, 1840—1905. Begründer der Carl Zeiss-Stiftung, Professor in Jena, maßgeblicher Förderer der modernen angewandten Optik. Erfindungen auf dem Fernrohrgebiet: Orthoskopisches Okular, Prismenfeldstecher (s. oben), Förderung der Entwicklung des Raumbildentfernungsmessers, Anregung zur Erschmelzung neuer Gläser zur Schaffung apochromatischer Objektive.

J. Baker, Physiker am Harvard-Observatorium (USA). Erfinder der Zweispiegelsysteme mit Schmidt-Platte, er berechnete das „Super-Schmidt"- System für die Meteorbeobachtung nach Abb. 273.

W. Bauersfeld, geb. 1879. Seit 1908 Geschäftsleiter der Firma Carl Zeiss beeinflußte maßgebend die Konstruktion der Montierungen astronomischer Fernrohre (Ölkugelmontierung). Schöpfer des Planetariums.

H. Chrétien, geb. 1879. Professor am Institut d'optique in Paris, Erfinder des nach ihm benannten aplanatischen Spiegelsystems sowie der ersten anamorphotischen Fernrohre für die Breitschirmkinematographie.

A. Clark (Vater), 1804—1887 } Bedeutende amerikanische Instrumentenbauer,
A. G. Clark (Sohn), 1832—1897 } Schöpfer des großen Refraktors der Yerkes-Sternwarte (Abb. 262).

S. Czapski, 1861—1907. Erster Mitarbeiter von E. Abbe, nach dessen Tode sein Nachfolger. Er war wesentlich an der Entwicklung der Doppelfernrohre beteiligt, vor allem an den Scheren- und Relieffernrohren.

O. Eppenstein, 1876—1942. Leiter der Entwicklungsabteilung für Entfernungsmesser bei der Firma Carl Zeiss. Beeinflußte maßgebend die Entwicklung der Entfernungsmesser seit der Jahrhundertwende.

H. Erfle, 1884—1923. Wissenschaftlicher Mitarbeiter bei Carl Zeiss. Schöpfer der ersten „Weitwinkelokulare".

G. Hansen, geb. 1899. Geschäftsleiter der Firma Carl Zeiss in Oberkochen. Leistete bahnbrechende Entwicklungsarbeit auf dem Gebiet der Spektralapparate und Photometer. Er förderte die Entwicklung der Fernrohre für physikalisch-optische Meßinstrumente und entwickelte Prüfverfahren für Fernrohre.

J. Hartmann, 1865—1936. Professor der Astronomie in Göttingen und La Plata. Für die Fernrohrentwicklung bedeutungsvoll durch zahlreiche von ihm bekanntgegebene Prüf- und Meßverfahren.

H. Harting, 1868—1951. Zuletzt wissenschaftlicher Hauptleiter im Jenaer VEB. Auf dem Fernrohrgebiet bekannt geworden durch seine Arbeiten über die Theorie der Fernrohrachromate.

A. König, 1871—1946. Leiter der Abteilung für Erdfernrohre der Firma Carl Zeiss (vgl. den ausführlichen Lebenslauf).

D. D. Maksutow. Russischer Optiker, veröffentlichte als erster das konzentrische Spiegelsystem, das allerdings kurz vor ihm K. Penning und A. Bouwers patentiert wurde.

G. Merz, 1793—1867. Nachfolger Fraunhofers im Optischen Institut von J. Utzschneider, später dessen alleiniger Inhaber. Unter seiner Leitung entstanden die großen Refraktoren in der Mitte des vorigen Jahrhunderts, z. B. Pulkowa, Cambridge (USA), Cincinnati, Lissabon.

F. Meyer, 1868—1933. Langjähriger Leiter eines Konstruktionsbüros der Firma Carl Zeiss, Schöpfer der entlasteten Montierung für große astronomische Instrumente.

G. S. Plössl, 1794—1868. Optiker in Wien. Schuf als erster Fernrohre mit Teleobjektiven („Dialytische Fernrohre"). Bekannt ist ferner das nach ihm benannte Okular aus zwei benachbarten Kittgliedern.

C. Pulfrich, 1858—1927. Abteilungsleiter der Firma Carl Zeiss. Unter anderem verdient um die Einführung stereoskopischer Meßverfahren. Er leistete die ersten Arbeiten zur Realisierung des von Grousiller erfundenen Raumbildentfernungsmessers.

G. W. Ritchey, 1864—1945. Amerikanischer Astronom und Optiker. Seit 1900 am Yerkes-Observatorium unter E. Hale tätig. Entwickelte und veröffentlichte Herstellungs- und Prüfverfahren für große Spiegelteleskope. Unter seiner Leitung entstanden mehrere große moderne Spiegelteleskope, u. a. der 2,5 m-Spiegel auf dem Mt. Wilson. Gleichzeitig mit Chretien erfand er das „Ritchey-Chretien-System".

Bernhardt Schmidt, 1879—1935. Optiker, zuletzt in Hamburg lebend, Erfinder des nach ihm benannten aplanatischen „Schmidtspiegels".

H. Schröder, 1834—1902. Optiker, Inhaber einer optischen Werkstätte in Hamburg, später in Oberursel, zuletzt in London tätig. Fertigte mehrere bekannte Refraktoren mit Objektiven bis zu 30 cm Durchmesser. Von ihm stammt das nach ihm benannte Okular.

L. Schupmann, 1851—1920. Professor an der TH Aachen, bekannt durch die Erfindung der apochromatischen Medial-Objektivsysteme.

K. Schwarzschild, 1873—1916. Professor für Astronomie an der Universität Göttingen, bekannt durch die Entwicklung der Theorie der Spiegelsysteme und der Erfindung des ersten aplanatischen Zweispiegelsystems.

A. Sonnefeld, geb. 1886. Wissenschaftlicher Mitarbeiter der Firma Carl Zeiss, bekannt durch die Berechnung optischer Systeme, z. B. des AS-Objektivs und des nach ihm benannten Vierlinsers.

C. A. Steinheil, 1801—1870. Optiker in München, Gründer der gleichnamigen Firma, bekannt durch Berechnung von Objektiven und Okularen.

H. A. Steinheil, 1832—1893. Sohn des Vorhergehenden und Leiter des von seinem Vater gegründeten Unternehmens. Bekannt durch Entwicklung von Fernrohr-Objektiven und Okularen.

A. Steinle, geb. 1882. Langjähriger Leiter eines Konstruktionsbüros der Firma Carl Zeiss, zuletzt Direktor der Firma M. Hensoldt & Söhne, Wetzlar. Der größte Teil der neueren Beobachtungs- und Zielfernrohre wurden unter seiner Leitung konstruktiv gestaltet.

H. D. Taylor, 1862—1943. Englischer Optiker, bekannt durch die Berechnung dreilinsiger Apochromate sowie astrographischer Triplets.

Yrjö Väisälä, geb. 1891. Finnischer Astronom. Direktor der Sternwarte zu Turku. Schuf Prüfverfahren für große Objektivsysteme. Leitete als erster Beziehungen ab, um aus gemessenen Aberrationen die Definitionshelligkeit eines Systems zu berechnen. Er führte als erster den Schmidt-Spiegel mit Ebnungslinse aus und erfand gleichzeitig mit F. B. Wright ein komafreies Spiegelsystem mit Schmidt-Platte im vorderen Brennpunkt.

H. Wild, 1877—1951. Früher wissenschaftlicher Mitarbeiter der Firma Carl Zeiss, später Leiter des nach ihm benannten Unternehmens in Heerbrugg/Schweiz. Er führte das Fernrohr mit negativer Fokussierlinse in die Geodäsie ein und war somit der Wegbereiter der modernen geodätischen Instrumente.

Das Leben von Albert König

ALBERT KÖNIG wurde am 16. August 1871 als Sohn eines Baumeisters in Plettenberg (Westfalen) geboren. Nach Absolvierung des humanistischen Gymnasiums studierte er in Jena und Berlin Mathematik und Physik. 1895 wurde er unter WINKELMANN zum Dr. phil. promoviert. Das Thema seiner Dissertation lautete „Beiträge zur Theorie der Fresnelschen Beugungsspektra"; das Thema war von E. ABBE gestellt worden, der die Arbeit auch betreute. Noch vor Schluß der Arbeit war KÖNIG am 1. Oktober 1894 in das Zeiss-Werk in Jena eingetreten. 1895 übernahm er nach erfolgter Promotion die Berechnung astronomischer Objektive. Bemerkenswert war in diesen ersten Jahren die Schaffung des dreilinsigen astronomischen, achromatischen Objektivs, das unter der Bezeichnung B-Objektiv weite Verbreitung fand. Von 1900 an befaßte sich KÖNIG in zunehmendem Maße mit der Berechnung optischer Systeme für Erdfernrohre. Bis zu seinem Lebensende war er Leiter der Abteilung für Erdfernrohre des Jenaer Zeiss-Werkes. Außer der Entwicklung der Erdfernrohre im engeren Sinne (Feldstecher, Ziel- und Beobachtungsfernrohre, Entfernungsmesser u. a.) übernahm er 1921 die Berechnung der Optik der geodätischen und Feinmeßgeräte, im gleichen Jahr übernahm er auch die wissenschaftliche Leitung der Abteilung für geodätische Instrumente, die er bis zum Jahre 1930 neben seinen sonstigen Aufgaben innehatte. KÖNIG starb am 30. April 1946 im Alter von fast 75 Jahren, nach kurzem Krankenlager. Noch auf dem Krankenbett ist er bis wenige Tage vor seinem Tode mit der Berechnung optischer Systeme beschäftigt gewesen.

In 52 Berufsjahren schuf KÖNIG eine große Menge neuer optischer Systeme, die einzeln aufzuführen nicht möglich ist. Etwa 70 Patente wurden ihm im Laufe seiner Tätigkeit erteilt. Die wichtigsten Schöpfungen seien kurz skizziert:

Fernrohrokulare mit Gesichtsfeldern bis zu 90°.

Fernrohrokulare mit weit abliegender Austrittspupille und solche mit weit abliegendem Brennpunkt bei Gesichtsfeldern bis zu 70°.

Astigmatisch korrigierte Fernrohrobjektive aus drei benachbarten Linsen (Hemiplanare für Gesichtsfelder bis zu 25°).

Gewöhnliche Fernrohrobjektive sowie ein- und mehrteilige Umkehrsysteme bis zu Öffnungsverhältnissen von 1 : 1,5.

Geodätische Fernrohre mit negativer Fokussierlinse, mit vorausberechneter Lage des anallaktischen Punktes.

Ablesemikroskope für geodätische Geräte mit Keilmikrometern.

Meßmikroskope für Feinmeßzwecke bis zu freiem Objektabstand bis zu 100 mm, objektseitigem telezentrischem Strahlengang und völlig gehobener Verzeichnung.

Projektionsobjektive mit objektseitigem telezentrischem Strahlengang für Werkstattprojektoren sowie die Beleuchtungsoptiken für Werkstattprojektoren.

In großer Anzahl enstanden Feldstecher, Beobachtungsfernrohre, Zielfernrohre, Entfernungsmesser, Fluchtprüfer, Projektionseinrichtungen und vieles andere mehr.

Die ungeheure Arbeitsleistung wurde mit einem Minimum an Hilfskräften bewältigt. König beschäftigte selten mehr als drei optische Rechner, bei deren Auslese er allerdings einen äußerst strengen Maßstab anlegte. Er beherrschte souverän die Kunst, Durchrechnungen optischer Systeme auf das Mindestmaß zu beschränken. Seine reichen Erfahrungen, ein Schatz selbstgeschaffener Näherungsformeln und Faustregeln sowie ein natürliches optisches Gefühl kamen ihm dabei zu Hilfe. Trotz der Beschränkung der Durchrechnungen auf das mindeste Maß hat er kaum Enttäuschungen an ausgeführten Systemen erlebt.

Bemerkenswert ist seine Arbeitsmethode, für jede Gattung von Optiksystemen möglichst viele Einzelfälle vollständig fertig zu rechnen, und zwar vorausschauend, unabhängig von den augenblicklichen betrieblichen Anforderungen. Er war somit in der Lage, bei Auftreten eines Wunsches nach irgendeiner Optik sofort aus seinen laufenden systematischen Untersuchungen den geeigneten Fall herauszugreifen und mit meist geringfügigen Änderungen dem Betrieb zur Verfügung zu stellen. Sein glänzendes Gedächtnis und sein ausgeprägter optischer Instinkt kamen ihm dabei ausgezeichnet zu Hilfe, so daß er immer wieder seine Mitarbeiter in Staunen versetzte, wenn er komplizierte optische Systeme sozusagen im Handumdrehen hervorzauberte.

Umfangreich war auch die wissenschaftliche und publizistische Tätigkeit Königs. Er ist maßgebend an der Vertiefung der Kenntnisse über die Theorie der optischen Abbildung im vergangenen halben Jahrhundert beteiligt gewesen. Das fand seinen Niederschlag in zahlreichen Beiträgen zu Sammelwerken und Handbüchern. Sie seien im folgenden angeführt:

1. In dem von M. von Rohr herausgegebenen Sammelwerk, Die Theorie der optischen Instrumente, Berlin 1904:
    a) Durchrechnungsformeln (zusammen mit M. von Rohr).
    b) Die Theorie der sphärischen Aberrationen (ebenfalls zusammen mit M. von Rohr).
    c) Die Theorie der chromatischen Aberrationen.

2. In dem Sammelwerk, herausgegeben von S. Czapski und O. Eppenstein, Grundzüge der Theorie der optischen Instrumente nach Abbe, Leipzig 1924, die Kapitel:
    a) Farbenabweichungen und ihre Hebung.
    b) Verfahren zur Messung der Bestimmungsstücke optischer Instrumente.

3. Im Lehrbuch der Physik von Müller-Pouillet, Braunschweig 1926, das Kapitel: Optische Instrumente.

4. Im Handbuch der Astrophysik, herausgegeben von G. Eberhardt, A. Kohlschütter, H. Ludendorf, Berlin 1933, das Kapitel: Das Fernrohr.

5. Im Handbuch der Experimentalphysik, herausgegeben von W. WIEN und F. HARMS, Leipzig 1929, die Bände 20/1, Physiologische Optik (zusammen mit C. PULFRICH, nach dessen Tode er die Bearbeitung übernahm) und 20/2: Geometrische Optik.

Von KÖNIGs Einzelpublikationen sei auf folgende hingewiesen:

1. Die Fadenentfernungsmesser bei den Fernrohren mit Zwischenlinse der Zeiss-Wildschen Nivellierinstrumente. Zentralzeitung für Optik und Mechanik **42**, 197 (1921).

2. Der neue Zeiss-Theodolit. Zentralzeitung für Optik und Mechanik **45**, 151 (1924).

In der ersten der beiden genannten Einzelpublikationen gab er als erster eine brauchbare Berechnungsvorschrift zur Ermittlung des anallaktischen Punktes der Fernrohre mit negativer Fokussierlinse (vgl. § 27).

Zu erwähnen ist noch KÖNIGs wissenschaftliche Berichtertätigkeit, der er sich in seinen ersten Berufsjahren gewidmet hatte. Der größte Teil der Berichte, die er alle mit großer Sorgfalt und nie kritiklos wiedergibt, sind in den Jahren 1895 bis 1903 in der Zeitschrift für Instrumentenkunde erschienen, einige in der Zeitschrift für ophthalmologische Optik und in der Zentralzeitung für Optik und Mechanik. Es handelt sich um etwa 100 Referate, von denen besonders eins [Zentralzeitung für Optik und Mechanik **45**, 122 (1924)] bedeutungsvoll ist, in dem er Angriffe von H. D. TAYLOR, auf die in Deutschland üblichen Methoden der optischen Systemberechnung widerlegt und entkräftet.

Im persönlichen Leben zeichnete sich KÖNIG durch eine außerordentliche Bescheidenheit aus. Größere Ehren waren ihm zuwider. So kam es, daß seine im Jahre 1929 durch die Technische Hochschule Stuttgart erfolgte Promotion zum Dr.-Ing. E. h. kaum der Öffentlichkeit bekannt wurde. Ebensowenig wurde bekannt, daß ihm 1938 die goldene Medaille der Weltausstellung Paris für seine Leistungen auf dem Gebiet der Erdfernrohre verliehen wurde. Mit einer beispiellosen Treue diente er aus innerer Berufung der technischen Optik. Auch persönliches Leid, das ihm nicht erspart blieb, konnte seine Schaffenskraft nicht lähmen. — In tiefer Dankbarkeit bin ich ihm verbunden, der mich in der schweren Zeit des Zusammenbruches nach 1945 in die praktische geometrische Optik einführte, mich mit beispielloser Gründlichkeit für seine Amtsnachfolge vorbereitete und in der relativ kurzen Zeit unserer engeren Zusammenarbeit mir ein väterlicher Freund und Berater gewesen ist.

Literaturverzeichnis

ABBE, E.: Gesammelte Abhandlungen von ERNST ABBE. 1. Bd., 1904; 2. Bd. 1906.
Jena: G. Fischer.
BAKER, J.: Proc. Amer. Phil. Soc. 82, 323, 339 (1940).
BEREK, M.: Z. Instrumentenk. 63, 297 (1943). Z. Physik 125, 657 (1949).
BERTELE, M.: DRP 427048 vom 3. 5. 1924.
— DBP 861469 vom 7. 5. 1943.
— Schweizer Patent 248246 vom 18. 4. 1946.
— DRP 530843 vom 14. 8. 1929.
— DRP 570983 vom 2. 9. 1931.
— DBP 835202 vom 16. 9. 1949.
BOUWERS, A.: Achievements in optics, New York und Amsterdam 1946.
BRUNNKOW, K., E. REEGER und H. SIEDENTOPF: Z. Instrumentenk. 64, 86 (1944).
CHRÉTIEN, H.: Rev. d'opt 1, 13, 49 (1927)
C R. Acad. Sci., Fr. 185, 1125 (1927)
— Calcul des Combinaisons optiques. Paris 1959
CZAPSKI, S.: Verhandl. d. Ver. z. Beförd. d. Gewerbefleises in Preußen, S. 39, 1895.
CZAPSKI, S., u. O. EPPENSTEIN: Grundzüge der Theorie der opt. Instrumente,
3. Aufl.. Leipzig 1924.
DIEPERINK I. W.: Z. Instrumentenk. 19, 381 (1924)
ENGI, P.: Schweizer. Z. Vermessungsw. 20, 2 (1922).
ERFLE, H.: DRP 350333 vom 24. 11. 1917.
— DRP 350951 vom 24. 7. 1918.
— DRP 346028 vom 24. 2. 1921.
GAUSS, C. F.: 5. Bd. der Werke, hrsg. v. d. Ges. d. Wissensch. Göttingen, 1877 (auch:
Ostwalds Klassiker) „Dioptrische Untersuchungen".
— Göttinger Abh. 1838—1841, 1, S. 1—34 „Über die achromatischen Doppel-
objektive besonders in Rücksicht der vollkommenen Aufhebung der Farben-
zerstreuung".
— Lindenaus Z. Astr. 4, 345 (1817).
GÜNTHER, N.: Fernoptische Beobachtungs- und Meßinstrumente. Stuttgart 1959.
— Der koaxiale Entfernungsmesser. Optik 16 (1959) im Druck.
HANSEN, G.: Zeiss-Nachr. 4, Heft 1 (1941); 4, Heft 7 (1943).
— Optik 1, 227, 269 (1946); 2, 155 (1947).
— Naturwiss. 31, Heft 35/36 (1943).
— J. opt. Soc. Amer. 36, 321 (1946).
HANSEN, G., u. R. LEINHOS: „Ein Verfahren zur Messung der Lichtdurchlässigkeit
von Doppelfernrohren." Optik 16 (1959) im Druck.
HARTMANN, J.: Z. Instrumentenk. 20, 51 (1900); 24, 1, 33, 97 (1904); 29, 217 (1909).
— Eders Jbuch Photogr. Reproduktionst. 16, 151 (1902).
— Publ. Astrophysik. Obs. Potsdam 15, 46.
HASS, G.: J. opt. Soc. Amer. 45, 945 (1955).
HAWKINS, D. G., and E. H. LINFOOT: Monthly Not. Roy. Soc. 105, 334 (1945).
HELMHOLTZ, H. v.: Handbuch der physiologischen Optik 3. Bd. Hamburg und
Leipzig 1909, 1910, 1911.
— Wissensch. Abhandl. von. H. v. H. Leipzig 1895
HERING, E.: Leipziger Sitzungsberichte 51, S. 16, 1900.

JORDAN, W., u. O. EGGERT: Handbuch der Vermessungskunde Bd. II 1, 2. Stuttgart 1950 und 1955.
KÖHLER, H.: Dtsch. Opt. Wschr. 66, 41, 53, 60 (1949).
— Astronom. Nachr. 278, 1 (1949).
— Jenaer Zeiss-Jahrbuch 1950, 1951. Jena: G. Fischer.
— Z. Vermessungsw. 76, 65 (1951).
— Optik 9, 410 (1952; 10, 464 (1953); 12, 71 (1955); 13, 145, 216 (1956); 14, 241 (1954).
— Photo — Technik — Wirtschaft 12, 501 (1953).
— Kinotechnik 1954, 69.
— Zeiss-Werkz. 1956, 7.
— Phys. Verhandl. 8, 131, 138 (1957).
— Z. Instrumentenk. 66, 253 (1958).
KÖHLER, H., u. R. LEINHOS: Optica acta 4, 88 (1957).
KÖNIG, A.: siehe S. 453—455.
KÜHL, A.: Centralz. Opt. Mech. 50, 204 (1929).
— Deutsche Luftfahrtforschung, Forschungsberichte Nr. 1735/3.
— Phys. Z. 37, 912 (1936).
— Südd. Optikerz. 4, 97 (1949).
LANGE, M.: Centralz. Opt. Mech. 40, 248 (1919).
LEHMANN, H.: Z. Instrumentenk. 22, 327 (1902).
LEINHOS, R.: Zeiss-Mitt. 1, 286, Heft 7 (1959).
LÖHLE, F.: Optik 5, 287 (1949).
LYOT, B.: C. R. Acad. Sci., Fr. 191, 834 (1930).
— Z. Astrophys. 5, 73 (1932).
— Monthly Not. Roy. Soc. 99, 580 (1939).
— vgl. a. V. v. KEUSSLER: Z. angew. Phys. 1, 238 (1948).
MAKSUTOV, D. D.: J. opt. Soc. Amer. 34, 270 (1944).
— „Technologie der astronomischen Optik". Berlin 1954.
MARÉCHAL, A.: Rev. d'opt. 26, 257, 277 (1947); 27, 73, 269 (1948).
— C. R. Acad. Sci., Fr. 218, 395 (1944).
MEYER, F.: Z. Instrumentenk. 50, 58 (1930).
NIENHUIS, K.: "On the influence of diffraction on image formation in the presence of aberrations." Dissertation Groningen 1942.
NIENHUIS, K., u. B. R. A. NIJBOER: Physica 14, 590 (1949).
NIJBOER, B. R. A.: "The diffraction theory of aberrations". Dissertation Groningen 1942.
— Physica 10, 679 (1943); 13, 605 (1947).
NOETZLI: Z. Instrumentenk. 35, 65, 89 (1915).
— Dissertation Zürich 1915.
— Z. Vermessungsw. 47, 19 (1918).
PENNING, K.: DBP. 907 709 vom 9. 3. 1941.
REE (MÜLLER-REE, O.): Undersøgelser of øjet med et lysende punkt. Kopenhagen 1896.
RICHTER, R., u. H. SLEVOGT: DBP 904 602 vom 30. 8. 1941.
RITCHEY, G. W.: Bull. Soc. Astron. France 41, 529 (1927).
— C. R. Acad. Sci., Fr. 185, 266, 1024 (1927); 191, 22 (1930).
— Trans. opt. Soc. 29, 197 (1927).
— J. Can. R. A. 1928, S. 22 u. 159.
— »L'évolution de l'astrophotographie« St. Gobain 1930.
ROELOFS, R.: Z. Instrumentenk. 61, 137 (1941).
ROHR, M. v.: „Die binokularen Instrumente" 2. Aufl. Berlin 1920.
— DRP 230 745 vom 6. 2. 1909.

Ross, F. E.: Astrophys. J. **81**, 156 (1935).

Schober, H.: ,,Das Sehen" 1. Bd. Darmstadt 1950, 2. Bd. Leipzig 1954.

Schulz, H.: Z. Instrumentenk. **56**, 357 (1936).

— Allg. Verm.Nachr. **48**, 613 (1936); **49**, 238 (1937).

Schupmann, L.: ,,Die Medial-Fernrohre". Leipzig 1899.

— Z. Instrumentenk. **33**, 308 (1913); **41**, 212, 253 (1921).

— Astron. Nachr. **196**, 104 (1913).

Schwarzschild, K.: ,,Untersuchungen zur geometrischen Optik" Teil II (Theorie der Spiegelteleskope). Göttinger Abhandlungen, N. F. 4, Nr. 2 (1905).

Siedentopf, H.: ,,Grundriß der Astrophysik". Stuttgart 1950.

Siedentopf, H., E. J. Meyer u. J. Wempe: Z. Instrumentenk. **61**, 372 (1941).

Slevogt, H.: Z. Instrumentenk. **62**, 312 (1942).

Smakula, A.: DRP 685767 vom 1. 1. 1935.

— Phot. Ind. **39**, 400 (1941).

— Glastechn. Ber. **19**, 377 (1941).

Sonnefeld, A.: Centralz. Opt. Mech. **45**, 268 (1924).

— ,,Die Hohlspiegel" 2. Aufl. Berlin und Stuttgart 1957.

Stiles, W. C., u. B. H. Crawford: Proc. roy. Soc. B **122**, 428 (1933).

Strehl, K.: ,,Theorie des Fernrohrs". Leipzig 1894.

— Phys. Z. **28**, 476 (1927).

— Z. Instrumentenk. **47**, 154, 257 (1927).

Teucher, R., u. A. Kühl: Deutsche Luftfahrtforschung. Forschungsbericht Nr. 1735/2.

Theissing, H., u. O. Zinke: Optik **3**, 451 (1948).

Twyman, F.: "Prism and lens making". London 1952.

Väisälä, J.: Astron. Nachr. **254**, 361 (1935).

— Ann. Univ. Fenn. Aboensis **1**, 2 (1922); **2**, 1 (1924).

Wetthauer, A.: Z. Instrumentenk. **41**, 148 (1921); **44**, 189 (1924).

Whipple, F. L.: Harvard Meteor Program, Harvard College Observatory. Cambridge 1947.

— Astron. J. USA **56**, 144 (1951).

— Perkin Elmer Instr. News **4**, 1 (1952).

Whright, F. B.: Publ. Astr. Soc. Pac. **47**, 300 (1935).

Wynne, C. G.: Monthly Not. Roy. Astron. Soc. **107**, 356 (1947).

Zernike, F.: Physica **1**, 689 (1934).

Zernike, F., u. B. R. A. Nijboer: »Theorie de la Diffraction des Aberrations« in: »La Theorie des images optiques« hrsg. v. P. Fleury, A. Maréchal und C. Anglade, Paris 1949.

Namenverzeichnis

Sachverzeichnis

MIX
Papier aus verantwortungsvollen Quellen
Paper from responsible sources
FSC® C105338

If you have any concerns about our products,
you can contact us on
ProductSafety@springernature.com

In case Publisher is established outside the EU,
the EU authorized representative is:
**Springer Nature Customer Service Center GmbH
Europaplatz 3, 69115 Heidelberg, Germany**

Printed by Libri Plureos GmbH
in Hamburg, Germany